# Der Kosmos
# Tier- und Pflanzenführer

Gesamtbearbeitung: Frank Hecker

**Dr. Volker Dierschke, Andreas Gminder,
Frank Hecker, Dr. Wolfgang Hensel,
Margot Spohn**

**KOSMOS**

# Inhalt

## Alle Tiere im Überblick

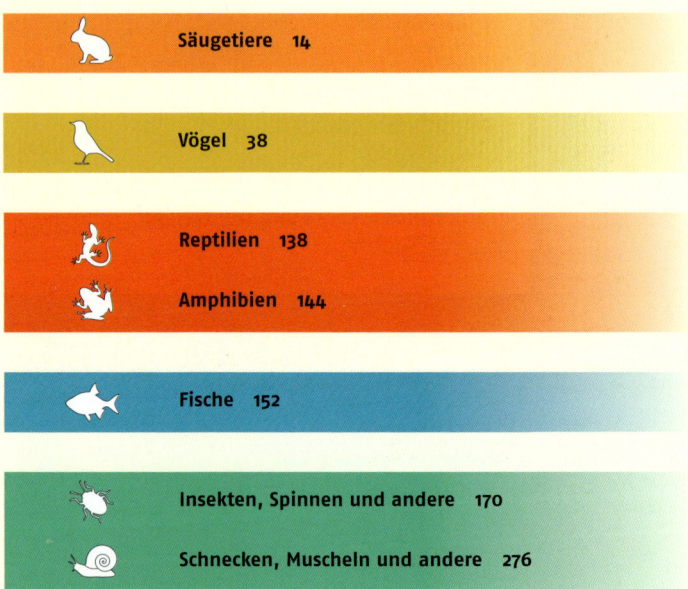

Säugetiere  14

Vögel  38

Reptilien  138

Amphibien  144

Fische  152

Insekten, Spinnen und andere  170

Schnecken, Muscheln und andere  276

# Alle Pflanzen und Pilze im Überblick

## Bäume und Sträucher Seite 294
Die Bäume und Sträucher anhand der Blätter bestimmen:

 Nadel- oder schuppenförmige Blätter   296

 Ungeteilte Blätter mit glattem Rand   306

 Ungeteilte Blätter mit gezähntem oder gesägtem Rand   322

 Gelappte Blätter   341

 Aus mehreren Blättchen zusammengesetzte Blätter   349

## Blumen und Gräser Seite 360
Die Blumen bestimmen anhand der Blütenfarbe:

 Rote Blüten   362

 Weiße Blüten   388

 Blaue Blüten   418

 Gelbe Blüten   440

 Grüne oder unscheinbare Blüten   478

 Gräser   490

 **Farne, Moose und andere   498**

 **Pilze   510**

# So finden Sie sich im Buch zurecht

**Größe**
Hier finden sich Angaben zur Höhe (H) einer Pflanze, der Länge (L) und des Gewichts eines Tieres, der Spannweite (SpW) der Flügel bei Vögeln und Fledermäusen.

**Wissenwertes**
Lesen Sie viele interessante Informationen z. B. zur Lebensweise oder Ernährung.

**Foto** zeigt das typische Aussehen und die wichtigsten Bestimmungsmerkmale.

**Lebensweise**
Angaben zur Hauptblütezeit der Blumen und Bäume, zur Wuchsform (einjährig, zweijährig, ausdauernd), zum Zugverhalten der Vögel, zum Vorkommen der ausgewachsenen Tiere und zum Lebensraum der Fische, Muscheln und Schnecken.

**Verbreitungskarten**

**Vögel**

(rot)
Brutgebiet

(gelb)
Durchzugsgebiet

(blau)
Überwinterungsgebiet

(grün)
ganzjähriges Vorkommen

(gelbe Striche)
Hauptzugroute

**Säugetiere, Reptilien, Amphibien, Fische, Libellen, Heuschrecken, Schmetterlinge**

(grün)
Vorkommen der Art

## Hausrots
*Phoenicurus ochru*
L 14–15 cm    SpW 23–27 c

Seit dem 19. Jahrhun
schwanz in die künst
Siedlungen eingewan
versch
Geb
na

Gesicht und
Brust schwarz

♂ mi

## Herbst-Zeitlos
*Colchicum autumnale* (Zeitlo
H 5–40 cm    Aug.–Nov.    Staude

Die Herbstzeitlose enthält ein
daher trat sie nie als Hausmitte
kannten die antiken Ärzte Gifti
sie als Mittel bei starken Gichta
Colchicin – so der Name des Gif
verwendet. Allerdings muss der

Blütenblätter
4–6 cm lang

dünne
Blütenröhre

**Schwanz**
(...chnäpper)
...rz-/Mittelstreckenzieher

Schwanz rotorange mit dunklem Zentrum

...st der Hausrot-
...n „Felslandschaften" menschlicher
Anstelle von Felsspalten nutzt er dort
...ste Öffnungen und Nischen an
...n, um sein Nest zu bauen. Bei der Jagd
...sekten hält er von erhöhten Plätzen
...chau.

Ober- und Unterseite graubraun

...cken grau

...weißes Flügelfeld

♀ und 1 Jahr alte ♂

...hre alt

**Vorkommen** Lebte ursprünglich in Felslandschaft, heute verbreitet in Dörfern, Städten und selbst Industriegebieten.

> **Brutzeit** April–Sept.
> 4–6 reinweiße Eier
> 1–3 Bruten im Jahr

**Stimme** Singt von Dächern aus eine helle Tonreihe, gefolgt von gepresstem Fauchen und weiteren hellen Tönen.

59

...ewächse)

Kapselfrucht erscheint mit den Blättern

...ch wirkendes Gift,
...Erscheinung. Immerhin
...und Wirkung und setzten
...en ein. Noch heute wird
...bei dieser Indikation
...stets Wirksamkeit und
...efahr gegeneinander
abwägen.

**Vorkommen** Feuchte Wiesen, Streuobstwiesen. Auf nährstoffreichen Böden. Mitteleuropa, Nordafrika.

> **Weidetiere meiden die giftige Pflanze**
> Fruchtknoten tief unter der Erde
> Blätter erscheinen im Jahr nach der Blüte

Blüte erinnert an die des Krokus

---

**Deutscher Name**
**Wissenschaftlicher Name**
**Familie**

Wenn Sie mit dem TING-Stift das Symbol berühren, ertönen typische Rufe und Gesänge.

**Lebensraum/Vorkommen**
Zeigt die Art im natürlichen Lebensraum. Der Text beschreibt die Lebensräume der Art und das Vorkommen in Europa.

**Farbcode**
Jeder der 8 Artgruppen ist mit einer Farbe gekennzeichnet (Seite 4 und 5).

**Symbol**
Kennzeichnet die Artengruppen (Seite 4 und 5);
bei den Bäumen zusätzlich die Blattform und bei den Blumen die Blütenform und Blütenfarbe

**Wichtige Merkpunkte**
Wissenswerte Information, z. B. zur Bestimmung, Verbreitung oder Nutzung

# Die Merkmale im Überblick: Tiere

## Säugetiere

Geweih

Schwanz

Kopf-Rumpflänge:
Maß der Längenangabe
bei Säugetieren

## Vögel

Scheitel

Hinterkopf

Nacken

Rücken

Bürzel

Schwanz

Ohrdecken

Spiegel

Schulterfedern

Armschwingen

Handschwingen

## Fische

Kiemendeckel

Maul

Rückenflosse

Fettflosse

Brustflosse

Schwanzflosse

Bauchflosse

Afterflosse

# Insekten

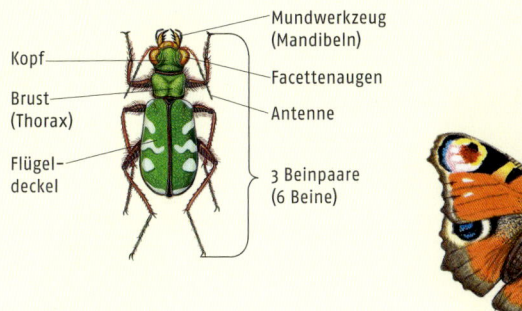

Kopf

Brust
(Thorax)

Flügel-
deckel

Mundwerkzeug
(Mandibeln)

Facettenaugen

Antenne

3 Beinpaare
(6 Beine)

Antenne

Vorderflügel

Hinterflügel

Hinterleib
(Abdomen)

# Spinnen

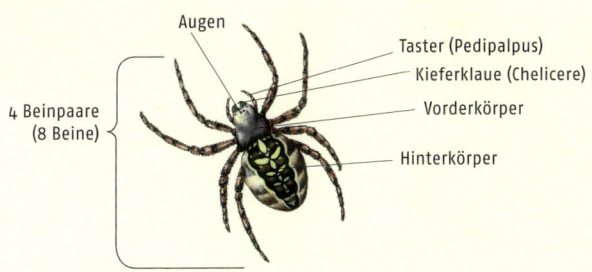

Augen

Taster (Pedipalpus)

Kieferklaue (Chelicere)

Vorderkörper

Hinterkörper

4 Beinpaare
(8 Beine)

# Schnecken

Gehäuse

Fühler

Auge

Fühler

Kopf

Fuß

# Die Merkmale im Überblick: Pflanzen/Pilze

## Bäume und Sträucher

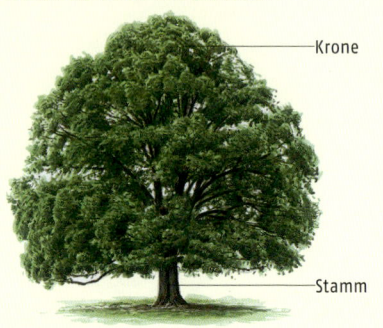

Krone

Stamm

## Blattbau

Spreite

Rand

Nerven

Stiel

## Blattformen

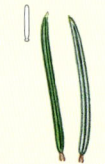

nadelförmige Blätter

gelappte Blätter

ungeteilte Blätter mit glattem Rand

ungeteilte Blätter mit gekerbtem, gezähntem oder gesägtem Rand

zusammenge- setzte Blätter

## Blumen

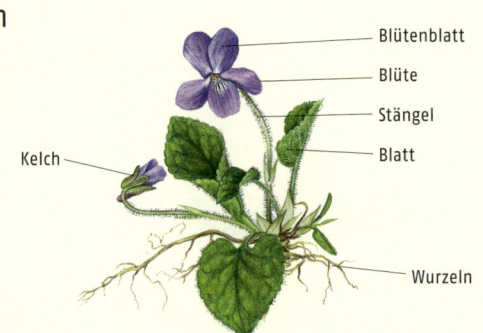

Blütenblatt

Blüte

Stängel

Blatt

Kelch

Wurzeln

# Blütenformen

Blüten mit höchstens 4 Blütenblättern

Blüten mit 5 Blütenblättern

Blüte mit mehr als 5 Blütenblättern oder Blüten im Körbchen

Blüten zweiseitig-symmetrisch

# Gräser

# Farne

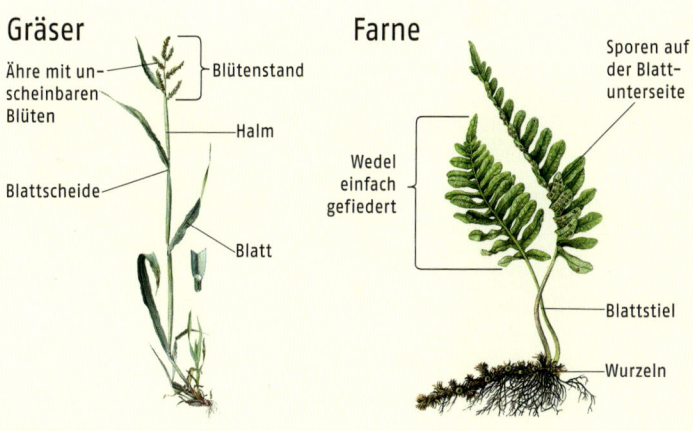

Ähre mit unscheinbaren Blüten

Blütenstand

Halm

Blattscheide

Blatt

Sporen auf der Blattunterseite

Wedel einfach gefiedert

Blattstiel

Wurzeln

# Pilze

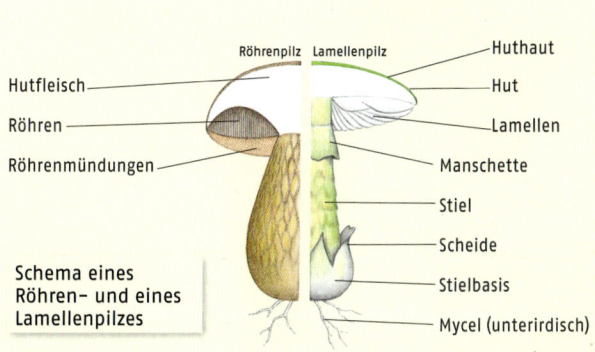

Röhrenpilz    Lamellenpilz

Hutfleisch

Röhren

Röhrenmündungen

Huthaut

Hut

Lamellen

Manschette

Stiel

Scheide

Stielbasis

Mycel (unterirdisch)

Schema eines Röhren- und eines Lamellenpilzes

# Die Arten

# Säugetiere aufspüren

Ob in freier Wildbahn, auf dem Land oder in der Stadt: Mit Sicherheit hat vor nicht allzu langer Zeit genau hier ein Säugetier Ihren Weg gestreift. Meist ungesehen und unerkannt huschen Maus, Marder und Waschbär durch menschliches Terrain – längst haben viele Wildtiere gelernt, dass in der Nähe menschlicher Behausungen Essbares nie weit, Jäger dafür umso weiter entfernt sind.

## Spuren lesen ...

Nur selten stehen wir Tiere von Angesicht zu Angesicht genüber. Doch gänzlich unentdeckt bleiben sie nicht, zahllose Spuren verraten uns ihr meist nächtliches Tun. So zeigen nach einer verschneiten Nacht kreuz und quer den pulverigen Schnee durchziehende Wildtierfährten, wer hier unterwegs war. Spannende Geschichten erzählen uns Eingänge zu geheimnisvollen Erdbauten, gut versteckte Nester aus Moos, Halmen und Reisig, geplünderte Zapfen, aufgenagte Nussschalen, geschälte Bäume, gerupfte Vögel und beknabberte Äste.

## Zur rechten Zeit ...

Ungewöhnliche Tageszeiten versprechen außergewöhnliche Begegnungen. Wer seinen Rhythmus kurzzeitig dem der Wildtiere angleicht, der darf auf Überraschungen gefasst sein: Zur Dämmerzeit werden viele Säugetiere erst richtig munter. Mit Einbruch der Dunkelheit schlüpfen Fuchs und Dachs mit ihren Jungen aus Höhlenverstecken, Fledermäuse jagen Nachtfalter im fahlen Abendlicht, Igel durchwühlen raschelndes Laub nach Schnecken und Spinnen und Marder machen sich auf zur Mäusejagd.

# Elch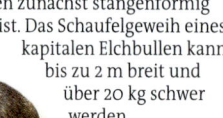

*Alces alces* (Paarhufer)
L 200–300 cm   Gewicht 250–550 kg

Weibchen mit Kalb

langer, pferdeähnlicher Kopf

**Vorkommen** Bewohnt große Wälder, Moore, Sümpfe und Seenlandschaften, im Winter auch in der Nähe menschlicher Siedlungen.

> größtes landlebendes Wildtier Europas
> lebt überwiegend einzelgängerisch
> liebt Wasser und badet und schwimmt gern

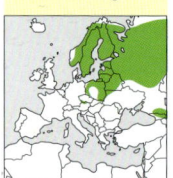

Während der Brunftzeit im Herbst kommt es zu heftigen Kämpfen zwischen rivalisierenden Elchbullen. Im Winter werfen sie ihr mächtiges Geweih ab. Im Frühjahr wird dann das neue Geweih gebildet, das bei Jungtieren zunächst stangenförmig ist. Das Schaufelgeweih eines kapitalen Elchbullen kann bis zu 2 m breit und über 20 kg schwer werden.

hoher, buckelartiger Widerrist

Losung: bräunliche, 2–3 cm lange Kotpillen

mächtiges, schaufelförmiges Geweih mit zahlreichen Fortsätzen

sehr lange Beine

männlicher Bulle

---

# Rentier

*Rangifer tarandus* (Paarhufer)
L 120–220 cm   Gewicht 100–200 kg

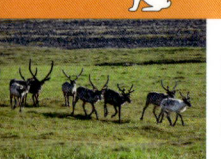

Weibchen trägt auch ein schwächeres Geweih

**Vorkommen** Bewohnt die arktische Tundra, die subarktische Taiga, nordische Gebirgsgegenden und offenes Waldland.

> lebt in großen Herden
> Paarungszeit September und Oktober
> einzige Hirschart, bei der auch das Weibchen ein Geweih trägt

Das Rentier ist die einzige Hirschart, die domestiziert wurde. Für den in Lappland (Nordnorwegen und Nordschweden) lebenden Volksstamm der Samen ist die Rentierzucht die herausragende wirtschaftliche Grundlage. Bei fast allen Rentieren Skandinaviens handelt es sich um gezüchtete Tiere. Wildrentiere leben in Europa nur noch in der norwegischen Hardangervidda, auf Spitzbergen und Grönland sowie in Teilen Finnlands.

relativ kleine Ohren

Aug- und Eissprossen des Geweihs nach vorn gerichtet

sehr dichtes Fell

♂

# Rothirsch

*Cervus elaphus* (Paarhufer)
L 160–250 cm   Gewicht 50–200 kg

Im Herbst hallen die röhrenden Brunftschreie der Hirsche durch den Wald. Sie werben damit um die Weibchen: Wer am lautesten ruft, hat die besten Chancen. Zieht sich der Unterlegene nicht freiwillig zurück, kommt es zum Kampf, bei dem ein Hirsch versucht, den anderen mithilfe des Geweihs zu Boden zu drücken. Wer zu Boden geht, hat verloren, der Sieger darf sich mit allen Hirschkühen paaren.

Kuh (Weibchen)

mit großem Stangengeweih

Schwanzumgebung („Spiegel") gelblich braun

helle Flecken

Hirsch (Männchen)

Kalb

**Vorkommen** Bei uns gebietsweise in großen Wäldern mit Freiflächen, Heidegebieten und Mooren, mitunter auf Äckern und Wiesen.

> **Brunftzeit im September und Oktober**
> frisst Kräuter, Blätter und Baumfrüchte
> Hirsch wirft im Winter sein Geweih ab

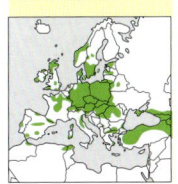

# Damhirsch

*Dama dama* (Paarhufer)
L 120–180 cm   Gewicht 50–130 kg

Jungtier (Kalb)

Wie groß und wie schwer ein Geweih ist, hängt davon ab, wie alt und wie gut genährt der Hirsch ist. Im ersten Jahr sind es nur zwei einfache Stangen. Einmal im Jahr wirft der Hirsch sein Geweih ab. Kurz darauf fängt es wieder an zu wachsen und ist während des Wachstums von einer schützenden Basthaut überzogen. Jedes Jahr wächst das Geweih ein bisschen größer nach und ist nach etwa 100 Tagen fertig.

Schaufelartiges Geweih

Hirsch

weißer Spiegel schwarz abgegrenzt, Schwanz oberseits schwarz

Kuh (Weibchen)

weiß gefleckt

**Vorkommen** Bevorzugt lichte Laub- und Mischwälder mit angrenzenden offenen Wiesenflächen und Feldern.

> **Brunftzeit im Herbst**
> wirft sein Geweih im April und Mai ab
> wird häufig in Parks und Gattern gehalten

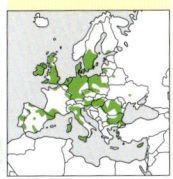

# Reh 🔊

*Capreolus capreolus* (Paarhufer)
L 100–130 cm    Gewicht 12–25 kg

weiß getupft

**Kitz**

**Vorkommen** Bevorzugt deckungsreiche, klein strukturierte Landschaften und lichte Wälder, zur Nahrungssuche häufig auf Feldern und Wiesen.

> **Brunftzeit („Blattzeit") im Juli und August**
> **überwiegend dämmerungs- und nachtaktiv**

Nachdem das Reh bei uns Ende des 18. Jahrhunderts schon fast ausgerottet war, gibt es gegenwärtig in Deutschland mit über 1 Million Tiere mehr Rehe als je zuvor. Grund dafür ist die Anpassungsfähigkeit des Rehs: Es ist imstande, in verschiedensten Lebensräumen dichte Bestände aufzubauen. So leben heute viele Rehe in Wäldern, aber auch in vielen sogenannten Offenlandlebensräumen; selbst in größeren Parks sind sie zu Hause und zählen damit zu den sogenannten Kulturfolgern.

**Männchen (Bock)**

mit meist 6-endigem Geweih

weiße Analregion, „Spiegel", kaum sichtbarer Schwanz

**Weibchen (Ricke)**

---

# Gämse 🔊

*Rupicapra rupicapra* (Paarhufer)
L 110–140 cm    Gewicht 15–45 kg

auch das Weibchen hat hakenförmige Hörner

**Vorkommen** In Hochgebirgen, eingebürgert in Mittelgebirgen wie Schwarzwald und Sächsischer Schweiz. Im Sommer oberhalb der Baumgrenze, im Winter meist darunter.

> **erinnert an Ziegen**
> **Fell im Sommer hellbraun, im Winter dunkelbraun**
> **geschickter Kletterer**

Die Gämse klettert in offenem und felsigem Gelände, wo sie Kräuter, Gräser, Knospen und Beeren frisst. Weibliche Gämsen leben mit ihren Jungen in großen Rudeln, der Bock lebt in kleinen Gruppen oder allein. Im Winter gesellen sich die Böcke zu den Weibchen und kämpfen mit kräftezehrenden Hetzjagden um deren Gunst.

kurze, hakenförmige Hörner

schwarz-weiße Gesichtszeichnung

**Männchen (Bock)**

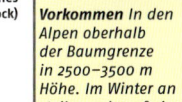

# Alpen-Steinbock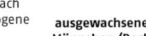

*Capra ibex* (Paarhufer)
L 100–160 cm   Gewicht 40–120 kg

Durch Überjagung wurde der Alpen-Steinbock Mitte des 19. Jahrhunderts fast ausgerottet. Nur im Gran-Paradiso-Nationalpark an der italienisch-österreichischen Grenze überlebten einige Herden. Von diesen aus wurde der Alpen-Steinbock in vielen Gebirgsregionen der Alpen wieder ausgesetzt und konnte sich erneut etablieren.

bis zu 1 m lange, säbelartig nach hinten gebogene Hörner

ausgewachsenes Männchen (Bock)

kurze, relativ dünne Hörner

junger Bock mit kurzen, relativ dicken Hörnern

**Weibchen mit Kitz**

*Vorkommen* In den Alpen oberhalb der Baumgrenze in 2500–3500 m Höhe. Im Winter an steilen, schneefreien Südhängen.

> *klettert und springt an steilen Felsen*
> *Paarungszeit von November bis Januar*
> *frisst Gräser, Kräuter und Flechten*

# Wildschwein

*Sus scrofa* (Paarhufer)
L 110–180 cm   Gewicht 50–250 kg

Das Wildschwein ist ein Allesfresser und hat sich in den letzten Jahrzehnten enorm vermehrt. So werden in Deutschland jedes Jahr einige Hunderttausend Wildschweine erlegt, ohne dass eine langfristige Abnahme zu beobachten wäre. Schneearme Winter und reichlich sprudelnde Nahrungsquellen in Form riesiger Maisäcker machen dem Dickhäuter das Leben leicht und sein reichhaltiger Nachwuchs gleicht Verluste rasch aus.

trapezförmiges Trittsiegel, da die Abdrücke der Afterklauen seitlich abgespreizt von den Schalenabdrücken sitzen

*Vorkommen* Bevorzugt in feuchten Mischwäldern, zunehmend auch in Siedlungsnähe. Zur Nahrungssuche häufig auf Feldern.

> *Stammform des Hausschweins*
> *Paarungszeit von November bis Januar*
> *Weibchen und Jungtiere leben im Familienverband ("Rotte")*

dichtes, borstiges Fell

Jungtier (Frischling) ist zunächst hell und dunkel gestreift

lange Schnauze

# Braunbär

*Ursus arctos* (Raubtiere)
L 170–250 cm    Gewicht 80–250 kg

Junge Bären sind sehr verspielt.

gelblicher
Brustkragen

**Vorkommen** *Ur-sprünglich in großen, unterwuchsreichen Wäldern, vielerorts durch Verfolgung in unzugängliche Gebirgsregionen zurückgedrängt.*

> **verschläft den Winter in Höhlen**
> **unser größtes Landraubtier**
> **lebt als Einzelgänger**

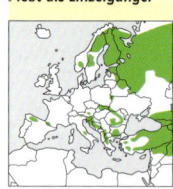

Der Braunbär wurde bis Ende des 19. Jahrhunderts in den Alpen ausgerottet. Die heute in den Alpen beheimateten Bären sind Einwanderer aus Nachbarländern oder Abkömmlinge von Auswilderungsprojekten. Der Braunbär frisst überwiegend Wurzeln und Früchte, außerdem Kleinsäuger, Insekten, Würmer, Schnecken und Aas, nur gelegentlich ver-greift er sich an unbewachtem Weidevieh.

dicke Hals-Nacken-Partie

Bären sind gute Kletterer

kräftige Beine mit großen Tatzen

---

# Wolf

*Canis lupus* (Raubtiere)
L 100–150 cm    Gewicht 25–60 kg

**Vorkommen** *In größeren, lockeren Wäldern, in einsamen Steppen-, Tundra- und Moorgebieten und in unzugänglichen Gebirgsregionen.*

> **lebt in Familienrudeln von bis zu 10 Tieren**
> **Paarungszeit von Dezember bis März**
> **Stammform des Haushundes**

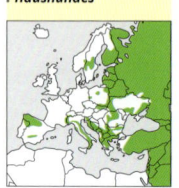

Verhasst, gnadenlos verfolgt und gejagt, war der Wolf in weiten Teilen Europas und speziell in Deutschland ausgerottet worden. Aber es gibt sie wieder: frei lebende Wölfe in Deutschland. Ausgehend von den Grenzregionen zu Polen, Tschechien und in den Alpen kehren die Wölfe wieder in ihre einstigen Lebensräume in Deutschland zurück.

**Das lang-gezogene, weit hörbare Heulen dient der Kom-munikation.**

aufrechte, spitz-dreieckige Ohren

Mähne auf der Halsoberseite

buschiger Schwanz

# Luchs

*Lynx lynx* (Raubtiere)
L 80–130 cm   Gewicht 15–30 kg

lange schwarze
Haarpinsel

Wie Braunbär und Wolf wurde auch der
Luchs in der Vergangenheit stark verfolgt und
in Westeuropa fast ausgerottet. Heute wandern Luchse
aus angrenzenden Siedlungsgebieten wieder ein oder wurden
durch gezielte Wiederansiedlungsprojekte gefördert. Aktuell sind
unter anderem die Alpen, der
Jura, die Vogesen, der Harz,
das Fichtelgebirge und
der Bayerische Wald von
Luchsen besiedelt.

stummelförmiger Schwanz mit
schwarzem Ende

**In der Zeit von
April bis Juni
werden 1–4 Junge
geboren.**

hochbeinig

große Pfoten

**Vorkommen** *Unge-
störte, ausgedehnte
Wälder mit dichtem
Unterholz und de-
ckungsreiche, felsige
Regionen, im Gebirge
bis auf 2500 m Höhe.*

> **größte europäische
Katze**
> **lebt einzelgängerisch,
versteckt und heimlich**
> **Paarungszeit im
Frühjahr**

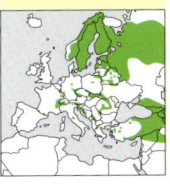

# Wildkatze

*Felis silvestris* (Raubtiere)
L 45–80 cm   Gewicht 4–10 kg

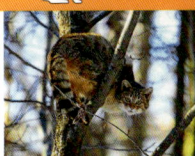

junges
Wildkätzchen

Die Nahrung – hauptsächlich Wühlmäuse –
wird entweder pirschend oder im gedul-
digen Ansitzen erbeutet. Wildkatzen wurden
im 19. und zu Beginn des 20. Jahrhunderts durch intensive
Bejagung nahezu ausgerottet. Die Bestände erholen sich davon
nur langsam, da es mittlerweile vielerorts an ungestörten Rück-
zugsgebieten fehlt, sodass die Wildkatze als stark gefährdete Art
eingestuft werden
muss.

dunkler Aalstrich
auf dem Rücken

gräulich mit
dunkler Tigerung

schwarz gerin-
gelter Schwanz
endet stumpf

**Vorkommen** *Bewohnt
urwüchsige Wälder
sowie deckungs-
reiche Gebüsch- und
Felslandschaften.*

> **sehr ähnlich wild-
farbenen, getigerten
Hauskatzen**
> **überwiegend
nachtaktiv**
> **Paarungszeit im
Februar und März**

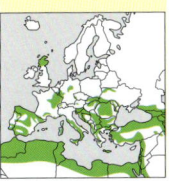

# Waschbär

*Procyon lotor* (Raubtiere)
L 40–70 cm   Gewicht 5–10 kg

**Vorkommen** *Bewohnt Laub- und Mischwälder mit Baumhöhlen, möglichst in der Nähe von Gewässern. Auch im Siedlungsbereich.*

> **nacht- und dämmerungsaktiv**
> **tagsüber meist in Baumhöhlen versteckt**
> **Paarungszeit Januar bis März**

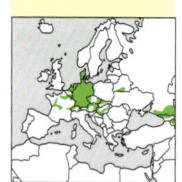

Der Waschbär ist ursprünglich in Nordamerika beheimatet. Seit Mitte des letzten Jahrhunderts hat er seinen Siegeszug durch Mitteleuropa angetreten, nachdem Tiere ausgesetzt wurden oder aus Wildgehegen und Pelztierfarmen entkommen konnten. Er ist ein sogenannter Allesfresser und ernährt sich von Mäusen, Vogeleiern, Insekten, Fischen, Getreide, Beeren und Obst.

Der Marderhund oder Enok (*Nyctereutes procyonoides*) war ursprünglich nur in Asien verbreitet. Aus Pelztierfarmen entkommen hat er sich mittlerweile in ganz Mitteleuropa ausgebreitet.

langer, schwarz-weiß gebänderter Schwanz

schwarze Gesichtsmaske

# Rotfuchs

Fuchswelpe

*Vulpes vulpes* (Raubtiere)
L 50–90 cm   Gewicht 4–9 kg

**Vorkommen** *Ursprünglich ein Waldbewohner, heute in fast allen Lebensräumen der Küste bis zum Hochgebirge, sogar in Großstädten.*

> **überwiegend dämmerungs- und nachtaktiv**
> **Paarungszeit im Januar und Februar**
> **frisst Mäuse, Kaninchen, Vögel, Insekten, Würmer, Beeren**

Der Fuchs verfügt über hervorragende Sinnesorgane: Er kann auch während der Dämmerung sehr gut sehen. Mit seinen Tasthaaren an der Schnauze spürt er selbst kleinste Bewegungen im Gras. Er ist in der Lage, Mäuse durch eine 30 cm dicke Schneedecke oder auch auf dem Boden kriechende Regenwürmer zu hören. Und wie bei allen Hundeartigen ist der Geruchssinn besonders gut ausgebildet.

spitze, stehende Ohren

Füchsin bringt ihre Jungen meist in Erdbauen zur Welt.

weiße Fellpartien an Kehle und Brust

buschiger Schwanz mit weißer Schwanzspitze

# Dachs

*Meles meles* (Raubtiere)
L 60–80 cm   Gewicht 10–20 kg

Ein mittelgroßer Dachsbau erstreckt sich unterirdisch über mehrere Etagen und hat mehr als 10 Ein- und Ausgänge. Von Fuchsbauen ist er leicht zu unterscheiden, denn beim Dachs führt stets eine Rutsche in den Bau hinab. Zwischen den Eingängen sind richtige Dachsstraßen und auch Toilettengruben der reinlichen Tiere zu finden. Dachsburgen werden über mehrere Generationen weitervererbt und oft von mehreren Tieren bewohnt.

Die langen Krallen drücken sich im Trittsiegel der Pfoten deutlich ab.

Dachsbau mit typischer „Rutschbahn"

schwarz-weiß gestreifte Gesichtsmaske

kurze Beine

**Vorkommen** *Weit verbreitet und meist häufig in Wäldern, deckungsreichen Feldgehölzen und breiten Hecken.*

> *dämmerungs- und nachtaktiv*
> **Allesfresser:** *Kleinsäuger, Frösche, Insekten, Eier, Pilze, Beeren, Eicheln, Wurzeln und Aas*

# Fischotter

*Lutra lutra* (Raubtiere)
L 60–90 cm   Gewicht 6–12 kg

Die Hauptbeute sind Fische.

Der Fischotter ist bei uns selten, nachtaktiv und scheu. Ihn jemals in freier Wildbahn zu Gesicht zu bekommen, ist schon ein außerordentlicher Glücksfall, eher wird man seine Spuren finden: Die Pfotenabdrücke mit den Schwimmhäuten zwischen den Zehen sind unverwechselbar. Er gräbt Erdhöhlen in Uferböschungen, deren Eingänge meist Unterwasser liegen. Er ist ein hervorragender Schwimmer und kann bis zu 8 Minuten tauchen.

etwa fuchsgroß

fleischiger, spitz zulaufender Schwanz

kurze „Dackelbeine"

**Vorkommen** *An naturnahen Flüssen und Bächen, Seen und Sümpfen mit reichhaltigem Fischangebot.*

> *Revier 2,5 bis 20 km Uferlänge*
> *frisst Fische, Krebse, Muscheln, Schnecken und Mäuse*

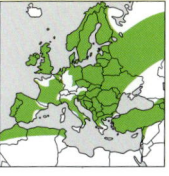

# Steinmarder 🔊

*Martes foina* (Raubtiere)
L 40–50 cm    Gewicht 1–2 kg

als „Automarder"
berüchtigt

**Vorkommen** *Als anpassungsfähiger Kulturfolger in unterschiedlichsten Lebensräumen verbreitet: in Wäldern, Ackerlandschaften, Dörfern und Städten.*

> *nachtaktiver Einzelgänger*
> *Fortpflanzungszeit Juli und August*

Der Steinmarder bewohnt gern Dachböden, wo er nachts herumpoltert und Isoliermaterial annagt. Gefürchtet ist er als „Automarder", der Bremsschläuche und Kabel im Motorraum parkender Autos zerbeißt. Der Steinmarder erbeutet Mäuse, Vögel und deren Eier, Insekten und Regenwürmer, frisst aber im Sommer und Herbst auch gern Früchte.

weiße
(nicht gelbe)
Kehle

langer
buschiger
Schwanz

etwa katzengroß
mit langem Körper
und kurzen Beinen

# Baummarder 🔊

*Martes martes* (Raubtiere)
L 40–50 cm    Gewicht 1–2 kg

im Herbst findet sich häufig Baummarder-
losung mit unverdauten Kirschkernen

**Vorkommen** *Besiedelt bevorzugt größere Waldgebiete mit einem reichen Angebot an Baumhöhlen; darüber hinaus auch in kleineren Wäldern und Feldgehölzen.*

> *dämmerungs- und nachtaktiver Einzelgänger*
> *Fortpflanzungszeit Juli und August*

Der Baummarder ist ein so flinker und wendiger Kletterer, dass gebietsweise Eichhörnchen seine Hauptbeute sind. Nachts kommen ihm sein vorzügliches Gehör und sein feiner Geruchssinn zugute, dann überrascht er Vögel im Schlaf auf dem Nest oder stöbert raschelnde Mäuse am Waldboden auf. Auf seinem Speisezettel stehen je nach Verfügbarkeit auch Eier, Obst und größere Insekten.

gelbliche
(nicht weiße)
Kehle

etwa katzengroß

die Jungen werden
meist in Baumhöhlen
zur Welt gebracht

# Hermelin 🔊

*Mustela erminea* (Raubtiere)
L 20–30 cm    Gewicht 100–350 g

Das Hermelin kann auch tagsüber beobachtet werden. Es ernährt sich fast ausschließlich von Wühlmäusen, im Frühling auch gelegentlich von jungen Wildkaninchen oder Vögeln. Die Umfärbung ins weiße Winterfell ist temperaturgesteuert; in den wärmeren Regionen seines Verbreitungsgebiets färbt sich das Hermelin im Winter deshalb gar nicht oder nur teilweise um.

im Winter reinweißes Fell mit schwarzer Schwanzspitze

braune Ober- von weißer Unterseite scharf abgegrenzt

schwarze Schwanzspitze

# Mauswiesel

*Mustela nivalis* (Raubtiere)
L 11–22 cm    Gewicht 50–150 g

Das Mauswiesel ist so klein, dass es Wühlmäuse mühelos auch in deren Gänge verfolgen kann. Erbeutet werden außerdem Eidechsen und Frösche, Vögel und deren Eier sowie Insekten und anderes Kleingetier. Auf einigen Mittelmeerinseln wurden Mauswiesel erfolgreich eingesetzt, um Mäuseplagen zu bekämpfen.

rötlich brauner Rücken

relativ kurzer Schwanz, keine schwarze Schwanzspitze (vgl. Hermelin)

weiße Kehle und Unterseite

# Feldhase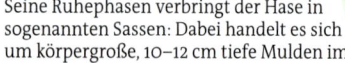

*Lepus europaeus* (Hasentiere)
L 50–70 cm    Gewicht 3–6 kg

Die Jungen werden mit Fell geboren, können gleich sehen und bereits nach wenigen Stunden laufen.

**Vorkommen** *Hat sich unserer Kulturlandschaft angepasst und besiedelt Acker- und Wiesenlandschaften.*

> **schlägt bei der Flucht Haken**
> **läuft bis zu 70 km/h**
> **zur Fortpflanzungszeit mehrere Hasen auf „Rammelplätzen"**

Seine Ruhephasen verbringt der Hase in sogenannten Sassen: Dabei handelt es sich um körpergroße, 10–12 cm tiefe Mulden im Boden oder Schnee. Oft ist der Boden sauber gescharrt und die blanke Erde sichtbar. Die Sasse liegt meist windgeschützt in einer Ackerfurche, hinter einem Grashügel oder in einer Böschung. Bei nahender Gefahr duckt der Hase sich in die Sasse und springt erst im letzten Augenblick heraus.

Ohren sehr lang, Ohrenspitzen schwarz

lange Hinterbeine

typische Spur aus 4 getrennten Fußabdrücken: Die Hinterfüße werden direkt nebeneinander vor die Vorderfüße aufgesetzt, die ihrerseits hintereinanderstehen

# Schneehase

*Lepus timidus* (Hasentiere)
L 45–65 cm    Gewicht 2–5 kg

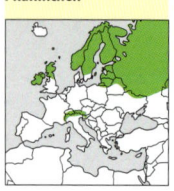

**Vorkommen** *In den Alpen von ungefähr 1300–3000 m Höhe, in Nordeuropa in Tundragebieten von der Küste bis ins Landesinnere.*

> **in manchen Gebieten im Winter nur teilweise Weißfärbung**
> **im Aussehen zwischen Feldhasen und Kaninchen**

Der Schneehase lebt häufig gesellig in kleineren Gruppen. Seine Nahrung setzt sich aus Gräsern, Kräutern, Zweigen und Rinde zusammen. 2–3-mal im Jahr bringt das Weibchen 2–5 Junge zur Welt. Sie können bereits bei der Geburt sehen, sind behaart, wachsen relativ schnell und werden schon nach etwa 4 Wochen entwöhnt.

**Sommerfell**

Ohren kürzer als beim Feldhasen, Ohrenspitzen schwarz

im Winter bis auf die schwarzen Ohrenspitzen komplett weiß und so gut im Schnee getarnt

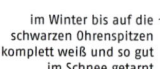
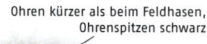

# Wildkaninchen

*Oryctolagus cuniculus* (Hasentiere)
L 35–45 cm    Gewicht 1,5–2,5 kg

Kaninchen leben als Großfamilie in weitverzweigten, unterirdischen Bauen. Die Wohnkessel liegen etwa 50 cm unter der Erde und werden mit Heu, Haaren und Moos ausgepolstert. Sie vermehren sich „wie die Karnickel", können in der Zeit von März bis September bis zu 7 Würfe bekommen und so pro Saison bis zu 40 Junge gebären.

**Wohnanlage mit zahlreichen Ein- und Ausgängen von etwa 10–15 cm Durchmesser.**

**Die Jungen werden blind und nackt geboren und erst nach 4 Wochen selbstständig (vgl. Feldhase).**

Ohren stets aufgerichtet und ohne schwarze Spitze (vgl. Feldhase)

rundlicher Kopf

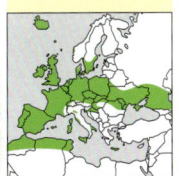

> ***Vorkommen*** *Häufig in Dünen und Heiden, an Waldrändern, in lichten Wäldern und parkähnlichen Landschaften mit trockenen, sandigen Böden.*

> *Wildform aller Hauskaninchen-Zuchtformen und Stall-„Hasen"*
> *in Großstädten in Parks und auf Friedhöfen*

# Alpen-Murmeltier

*Marmota marmota* (Nagetiere)
L 45–60 cm    Gewicht 4–8 kg

Das Murmeltier lebt gesellig in unterirdischen, weitverzweigten Bauen. Diese enthalten Wohn-, Schlaf- und Fluchtkammern und können bis zu 3 m tief sein. Als Nahrung dienen Gräser, Knospen, Kräuter und Wurzeln. Im Oktober ziehen sich die Familien in ihre Bauen zurück, kuscheln sich in Schlafkesseln eng aneinander und halten knapp 7 Monate Winterschlaf.

lange Schneidezähne

winzige Ohren

kurzer buschiger Schwanz

> ***Vorkommen*** *Im Gebirge auf offenen Almen und in Felsregionen zwischen 1000–3000 m Höhe, sofern der Boden das Graben von Bauen zulässt.*

> *etwa hasengroß*
> *stößt bei Gefahr schrille Pfiffe aus*
> *gebietsweise recht zutraulich*

# Eichhörnchen

*Sciurus vulgaris* (Nagetiere)
L 20–25 cm   Gewicht 200–450 g

baut 30–50 cm
große Baum-
nester, die als
Kobel bezeichnet
werden

Auf dem Speiseplan des Eichhörnchens
stehen Fichten- und Kiefernsamen, daneben
Bucheckern, Eicheln, Nüsse und verschiedene Knospen. Darüber hinaus lebt es
aber auch räuberisch von Raupen,
Insekten, Schnecken sowie Vogeleiern und Küken. Es hält keinen
Winterschlaf. Der Schwanz
wird bei Sprüngen als Steuer
eingesetzt.

im Winter deutliche
Ohrbüschel

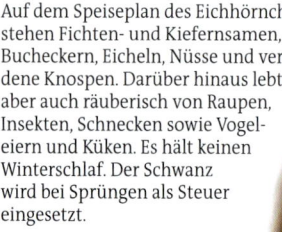

typische Sprungspur: 4 Pfoten trapezförmig
abgedrückt, die größeren Hinterpfoten
liegen nebeneinander vor den enger
zusammengerückten Vorderpfoten

fast körperlanger
buschiger Schwanz

weiße Unterseite

# Bisamratte

*Ondatra zibethicus* (Nagetiere)
L 25–35 cm   Gewicht 0,6–2 kg

baut kegelförmige Wohnburgen aus
Schilf und Rohrkolben, wenn keine
Dämme und Deiche vorliegen

Als wertvolles Pelztier und Jagd-
wild wurde die ursprünglich in
Nordamerika beheimatete Bisam-
ratte Anfang des 20. Jahrhunderts
in Mitteleuropa eingebürgert und
konnte sich schnell ausbreiten. Sie
frisst Wasserpflanzen, Weidenzweige, Gras,
Obst und gelegentlich Schnecken und Muscheln.
Durch ausgedehnte Gangsysteme unterhöhlt sie Dämme und
Deiche. Ist keine Ratte, sondern eine Wühlmaus.

kurze
Ohren

Schwanz fast
körperlang, schmal,
seitlich abgeplattet

# Biber

*Castor fiber* (Nagetiere)
L 80–100 cm    Gewicht 20–35 kg

Biber baut große, stabile Burgen inmitten seiner Wohngewässer

Der Biber ernährt sich von allerlei pflanzlicher Kost, insbesondere von Rinde, Zweigen und Blättern. Dazu fällt er ganze Bäume, vornehmlich Weiden, Pappeln, Birken und Eschen. Der Baumstamm wird etwa 0,5 m über dem Boden rundum benagt, sodass er sanduhrförmig immer dünner wird und schließlich umfällt. Von den gefällten Bäumen werden die Äste abgebissen, in transportable Längen genagt und als Baumaterial für die Wohnburg und den Damm genutzt. Der Biber war bei uns fast ausgestorben, mittlerweile breitet er sich wieder aus.

Diese Birke wird von einem Biber gefällt.

etwa fuchsgroß

breiter, platter, unbehaarter Schwanz

**Vorkommen** In naturnahen Flussauen mit stehenden und fließenden Gewässern.

> überwiegend dämmerungs- und nachtaktiv
> baut Dämme, um Flüsse und Bäche anzustauen
> Paarungszeit Dezember–April

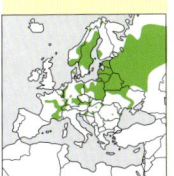

# Berg-Lemming

*Lemmus lemmus* (Nagetiere)
L 8–15 cm    Gewicht 40–130 g

Der Berg-Lemming ist für seine Massenwanderungen bekannt, die alle paar Jahre im Herbst durch Überbevölkerung und damit einhergehendem Nahrungsmangel ausgelöst werden. Auf diesen legendären Massenzügen verunglücken regelmäßig zahlreiche Tiere, die in Flüssen, Seen oder an der Küste ertrinken. Mit einem „Massenselbstmord", wie vielfach unterstellt, hat dieses Verhalten aber nichts zu tun.

Die bis 4 mm langen Kotpillen liegen dicht gedrängt insbesondere an den Baueingängen.

Verteilung von Schwarz, Braun, Gelb und Weiß individuell unterschiedlich

kleine Ohren

kurzer Stummelschwanz

**Vorkommen** Besiedelt die Tundra, alpine Wiesen, Sümpfe, felsiges und steiniges Hochland, Grasland sowie offene Wälder und Buschland.

> lebt in unterirdischen Bauen
> kräftige Krallen zum Graben
> reiner Pflanzenfresser

# Siebenschläfer

*Glis glis* (Nagetiere)
L 13–20 cm   Gewicht 70–150 g

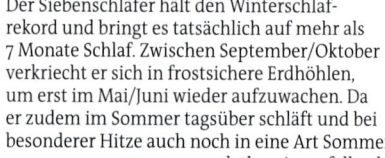

Der Siebenschläfer hält den Winterschlaf-
rekord und bringt es tatsächlich auf mehr als
7 Monate Schlaf. Zwischen September/Oktober
verkriecht er sich in frostsichere Erdhöhlen,
um erst im Mai/Juni wieder aufzuwachen. Da
er zudem im Sommer tagsüber schläft und bei
besonderer Hitze auch noch in eine Art Sommer-
lethargie verfallen kann,
darf man zu Recht behaupten,
dass er den Großteil seines
Lebens „verschläft".

baut seine
Nester gern in
Baumhöhlen

große
Augen

langer buschiger
Schwanz

# Haselmaus

*Muscardinus avellanarius* (Nagetiere)
L 7–9 cm   Gewicht 15–35 g

**Vorkommen** Besiedelt
lichte, unterholz-
reiche Laub- und
Mischwälder, Park-
anlagen, Obstgärten
sowie gebüschreiche
landwirtschaftliche
Flächen.

> **dämmerungs- und
nachtaktiv**
> **Winterschlaf
Oktober–April**

Die Haselmaus lebt meist auf Bäumen und Sträuchern, wo sie
auch ihre Schlaf- und Brutnester baut. Sie ernährt sich überwiegend vegetarisch und je nach Jahreszeit von Knospen, Keimen,
Blättern, Früchten, Obst und besonders gern von Haselnüssen.
Gelegentlich werden auch Insekten und deren Larven gefressen.

kurze
Ohren

Flicht aus Gräsern,
Laub und anderen
Materialien ein
etwa faustgroßes,
kugelförmiges
Nest in Büschen
und Bäumen, die
Vogelnestern zum
Verwechseln ähnlich
sehen.

dicht behaarter,
langer Schwanz

große Augen

# Wanderratte 🔊

*Rattus norvegicus* (Nagetiere)
L 20–28 cm   Gewicht 200–500 g

größere Ohren

über-körperlanger Schwanz

Als ursprünglicher Bewohner von Erdbauen besiedelt die Wanderratte in menschlicher Nähe besonders unterirdische, feuchte Hohlräume wie Abwasserkanäle. Darüber hinaus kommt sie z. B. in Kellern und Ställen vor. Sie lebt als Großfamilie in kopfstarken Rudeln, die ein bestimmtes Territorium für sich beanspruchen. Die Rudelmitglieder erkennen sich am charakteristischen Familiengeruch, fremde Wanderratten werden sofort erkannt und angegriffen.

Die etwas kleinere und schlankere Hausratte *(R. rattus)* stammt ursprünglich aus den Tropen.

nackter, knapp körperlanger Schwanz

Ohren kleiner als bei der Hausratte

> **Vorkommen** Ursprünglich in Asien beheimatet, heute fast weltweit verbreitet, hauptsächlich in menschlicher Nähe und an Gewässern.

> **Stammform der Farb- und Laborratten** überwiegend dämmerungs- und nachtaktiv **kann gut schwimmen, tauchen und klettern**

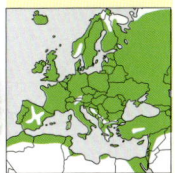

# Hausmaus

*Mus musculus* (Nagetiere)
L 7–10 cm   Gewicht 10–30 g

Innerhalb menschlicher Gebäude pflanzt sich die Hausmaus das ganze Jahr über fort und vermehrt sich mit 4–8 Würfen während eines Jahres sehr rasch. Bei zu starker Vermehrung kommt es zu einer biologischen Geburtenregelung: Die jungen Weibchen bleiben unfruchtbar, ausgelöst wird diese Entwicklungshemmung vermutlich hormonell durch den ansteigenden Stress bei zu hoher Populationsdichte.

Die Jungen kommen als Nesthocker nackt und blind zur Welt und wiegen bei ihrer Geburt nur etwa 1 g.

**Vorkommen** Ursprünglich aus Asien, durch Menschen weltweit verbreitet. Meist in Scheunen, Vorratslagern, Getreidesilos, Müllhalden und Häusern.

> **Stammform der gezüchteten (weißen) Labormäuse** **kann sehr gut klettern und springen**

mit muffigem Geruch

große Ohren

spitze Schnauze

langer nackter Schwanz

# Waldmaus
*Apodemus sylvaticus* (Nagetiere)
L 8–11 cm    Gewicht 20–30 g

Gelbhalsmaus
*(A. flavicollis)*,
etwas größer als
die Waldmaus

**Vorkommen** *Besiedelt Wälder, Hecken, Felder, Wiesen, Parks und Gärten, im Gebirge bis auf etwa 1000 m Höhe, im Winter auch in Gebäuden.*

> **häufigste Lang- schwanzmaus in Europa**
> **Paarungszeit März–Oktober**

Die Waldmaus lebt als Einzelgänger und ist hauptsächlich in der Dämmerung und nachts unterwegs. Sie springt sehr gut und klettert gern auf Bäume; außerdem gräbt sie tiefe Gänge mit Nest- und Vorratskammern. Hier hortet sie Haselnüsse, Eicheln und Bucheckern für den Winter. Im Sommer frisst sie Grassamen, Getreide, Knospen, Früchte, Insekten, Würmer und Schnecken.

Ihr Schwanz ist länger als der Körper, am Hals besitzt sie einen auffälligen gelben Kehlfleck

etwa körperlanger Schwanz

große Augen und Ohren

Unterseite weißlich

# Feldmaus
*Microtus arvalis* (Nagetiere)
L 8–12 cm    Gewicht 15–40 g

Feldmäuse bauen ein unterirdisches, ausgepolstertes Nest, in dem die Jungen geboren werden.

**Vorkommen** *Besiedelt offene Landschaften wie Äcker, Wiesen, Weiden, Brachland, Heide- und Steppengebiete sowie Gärten.*

> **unsere häufigste Wühlmaus**
> **überwiegend dämmerungs- und nachtaktiv**
> **kann sich ganzjährig fortpflanzen**

Die Feldmaus ist ein typischer Vertreter der Wühlmäuse, gräbt weitverzweigte, unterirdische Baue und nagt sich oberirdische Gänge („Laufstraßen") in die Vegetation. Sie frisst Gräser, Kräuter, Wurzeln, Feldfrüchte, Samen und Insekten. Alle 2–4 Jahre kommt es zu Massenvermehrungen der Feldmaus. In solchen „guten Mäusjahren" haben ihre Fressfeinde wie Mäusebussard, Schleiereule und Steinkauz besonders viele Nachkommen.

Relativ kleine Ohren ragen nur wenig aus dem Fell hervor.

kurzer Schwanz

# Rötelmaus

*Clethrionomys glareolus* (Nagetiere)
L 7–14 cm Gewicht 15–35 g

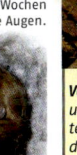

Junge Rötelmäuse öffnen nach etwa 2 Wochen erstmals ihre Augen.

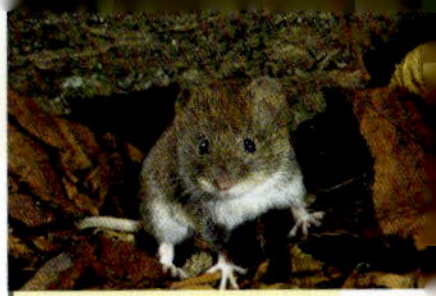

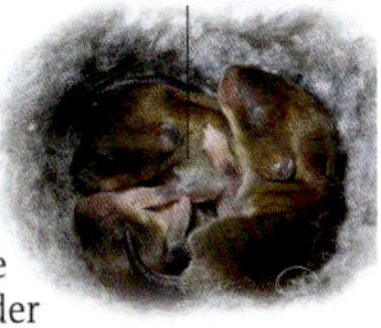

Die gesellige Wühlmaus ist überwiegend dämmerungs- und nachtaktiv, häufig aber auch am Tage tätig und dann leicht zu beobachten, da sie kaum scheu ist. Ihre Nestkammern baut sie in Reisighaufen oder morschen Baumstümpfen. Hier bringt das Weibchen bis zu 4-mal im Jahr 3–7 Junge zur Welt. Diese können sich bereits im Alter von 10 Wochen selbst fortpflanzen.

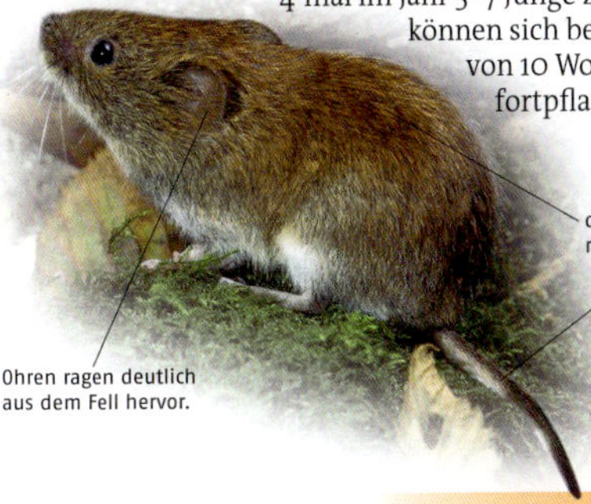

oberseits kräftig rotbraun

Schwanz zweifarbig: oben bräunlich, unten weißlich

Ohren ragen deutlich aus dem Fell hervor.

***Vorkommen** Häufig und verbreitet in unterholzreichen Wäldern, auf Wiesen, in Parks, Gärten, Hecken und Gebüschen, im Winter gelegentlich in Gebäuden.*

- ***auch als Waldwühlmaus bezeichnet***
- ***bei gutem Nahrungsangebot ganzjährige Fortpflanzung***

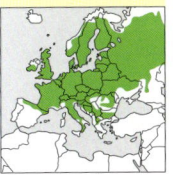

# Waldspitzmaus

*Sorex araneus* (Insektenfresser)
L 5–8 cm Gewicht 5–13 g

Schwanz im Verhältnis zur Körpergröße länger

Zwergspitzmaus (*S. minutus*)

deutlich kleiner als Waldspitzmaus

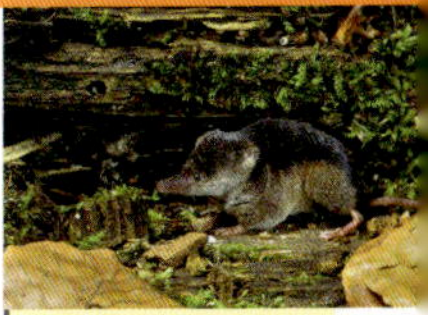

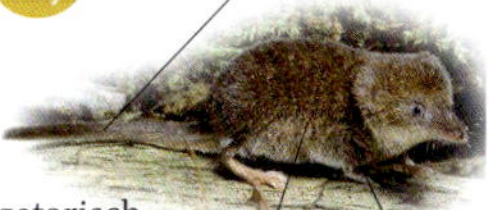

Die Spitzmaus ist nicht mit den vegetarisch lebenden Nagetieren wie den Mäusen, sondern mit Igel und Maulwurf verwandt. Als emsiger Vertilger von Würmern, Spinnen, Schnecken, Käfern und Aas ist sie für den Menschen ein ausgesprochener Nützling. Die Spitzmaus wird zwar vielfach von Eulen oder Katzen gefangen (auch sie halten die kleinen Tiere zunächst für Mäuse), dann aber wegen ihres penetranten Moschusgeruches meistens liegengelassen.

lange und spitze, rüsselförmige Schnauze

samtweiches Fell

winzige Augen und Ohren

***Vorkommen** Häufig und verbreitet in Wäldern, auf Wiesen, in Mooren, Gärten und Parks, im Gebirge bis über die Baumgrenze, im Winter auch in Gebäuden.*

- ***Einzelgänger***
- ***baut ein Kugelnest unter Baumwurzeln***
- ***Fortpflanzungszeit April bis September***

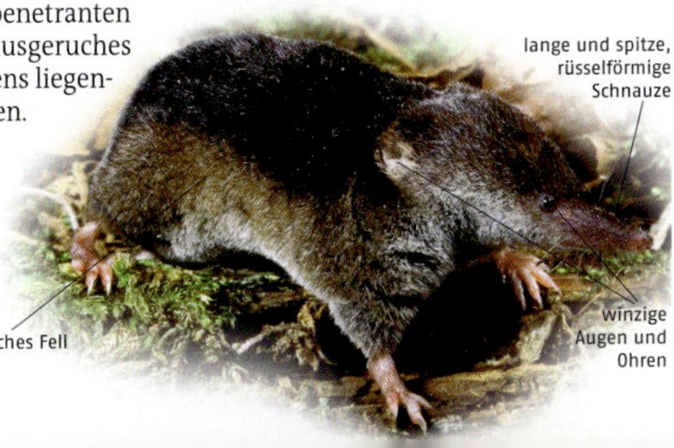

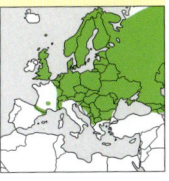

# Igel 🔊

*Erinaceus europaeus* (Insektenfresser)
L 22–30 cm    Gewicht 0,5–1,2 kg

An der Oberfläche der etwa 3–4 cm langen Losung lassen sich meist Überreste der Außenhülle (Chitin) von Insekten erkennen.

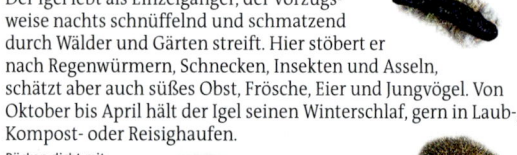

**Vorkommen** Besiedelt unterholzreiche, trockene Wälder, gebüschreiche Waldränder, Feldhecken, Parkanlagen und Gärten, im Gebirge bis in 2000 m Höhe.

> **kann 10 Jahre alt werden**
> **Fortpflanzungszeit April–August**

Der Igel lebt als Einzelgänger, der vorzugsweise nachts schnüffelnd und schmatzend durch Wälder und Gärten streift. Hier stöbert er nach Regenwürmern, Schnecken, Insekten und Asseln, schätzt aber auch süßes Obst, Frösche, Eier und Jungvögel. Von Oktober bis April hält der Igel seinen Winterschlaf, gern in Laub-, Kompost- oder Reisighaufen.

Rücken dicht mit 2–3 cm langen Stacheln besetzt

Rollt sich bei Gefahr zur Stachelkugel ein und schützt so seinen unbestachelten Kopf, Bauch und Beine.

spitze Schnauze

# Maulwurf

*Talpa europaea* (Insektenfresser)
L 11–15 cm    Gewicht 60–110 g

mächtige Grabklauen

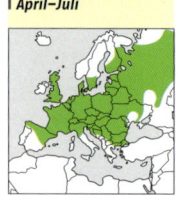

**Vorkommen** Verbreitet und häufig auf Wiesen mit lockerer Erde, in Gärten, Parks und lichten Laubwäldern, meidet steinige und staunasse Böden.

> **lebt einzelgängerisch**
> **frisst Würmer, Insekten, Tausendfüßler und Schnecken**
> **Fortpflanzungszeit April–Juli**

Der Maulwurf lebt ausschließlich unter Tage in weitverzweigten, selbst geschaufelten Gang- und Kammersystemen. Das Aushubmaterial wirft er mit seinen schaufelförmigen Vorderbeinen in Form der bekannten Maulwurfshügel auf, die im Schnitt einen Durchmesser von 10–20 cm haben. Größere Haufen entstehen, wenn unterirdische Nest- oder Vorratskammern angelegt und entsprechend mehr Boden ausgegraben wird.

winzige, im Fell verborgene Augen und Ohren

samtweiches Fell (strichfrei)

rüsselartige Schnauze

kurzer Schwanz

# Abendsegler

*Nyctalus noctula* (Fledertiere)

L 7–8 cm   SpW 35–40 cm   Gewicht 20–40 g

Der Abendsegler beginnt häufig bereits vor Sonnenuntergang mit seinen Jagdflügen. Dann sieht man die große Fledermaus nicht selten gemeinsam mit Schwalben und Mauerseglern jagen. Wie alle Fledermäuse ortet sie Fluginsekten mit Ultraschall: Schnell aufeinander ausgestoßene Peillaute werden von den Beuteinsekten reflektiert und mit den großen Ohren empfangen.

**Vorkommen** *Besiedelt Laub- und Mischwälder, Feldgehölze und Parks, auch in Dörfern und Städten.*

> **auffallend große Fledermaus**
> **fliegt relativ hoch**
> **tagsüber versteckt in Baumhöhlen**

Ohrmuscheln dickhäutig, oben abgerundet

stumpfe Schnauze

mit etwa 40 cm Spannweite größer als eine Rauchschwalbe

glänzendes Fell

# Zwergfledermaus

*Pipistrellus pipistrellus* (Fledertiere)

L 3,5–5 cm   SpW 18–22 cm   Gewicht 4–8 g

relativ schmale Flügel

Die Zwergfledermaus bevorzugt als Quartier engste Spalten und Ritzen, in denen sie Berührungskontakt mit Rücken und Bauch hat, z. B. unter Dachziegeln, hinter Holzverkleidungen, in Mauerspalten und unter loser Baumrinde. Durch die Renovierung alter Gebäude werden solche Schlafmöglichkeiten häufig zerstört, spezielle Fledermaus-Nistkästen können hier Ersatzquartiere bieten.

**Vorkommen** *Besiedelt sehr unterschiedliche Lebensräume: Wälder, Moore, Kulturland, Parks, Alleen, Gärten, Dörfer und Städte.*

> **kleinste Fledermaus Europas**
> **vertilgt große Mengen an Mücken**
> **Winterschlaf häufig zu Hunderten und Tausenden in Höhlen**

kaum länger als ein Streichholz

einheitlich gefärbt

kurze breite Schnauze

# Seehund 🔊

*Phoca vitulina* (Raubtiere)
L 140–200 cm   Gewicht 50–150 kg

Rücken dunkel gefleckt

relativ kleiner, rundlicher Kopf

**Vorkommen** In ruhigen Küstengewässern mit Sandbänken, im Wattenmeer sowie im Bereich von Flussmündungen.

> kann bis zu 100 m tief und 30 Minuten lang tauchen
> erbeutet Fische, Muscheln und Krebse
> kann 30–35 Jahre alt werden

Das Seehundweibchen bringt seine Jungen zwischen April und Juli auf einsamen Sandbänken zur Welt und säugt sie dort etwa 6 Wochen lang. Das Junge hat in den ersten Wochen nach der Geburt einen empfindlichen Bauchnabel. Wird es durch Schaulustige oder Wassersportler auf den Sandbänken gestört, führt das fluchtartige Robben über den Sand häufig zu Entzündungen und nicht selten zum Tod des Tiers.

auffällige Ohröffnung

Vorderbeine zu kurzen Flossen umgewandelt

# Kegelrobbe 🔊

*Halichoerus grypus* (Raubtiere)
L 150–300 cm   Gewicht 120–300 kg

kräftiges Gebiss

**Vorkommen** Besiedelt Küstengewässer, gern Fels-, Geröll und Klippenküsten.

> deutlich größer als Seehunde
> frisst Fische, Krebse und Muscheln
> Paarungszeit November–März

Die der Nordseeinsel Helgoland vorgelagerte Badedüne bietet beste Bedingungen zur Tierbeobachtung: Im Sommer trifft man hier sowohl Kegelrobbe als auch Seehund an, denen man sich bis auf wenige Meter nähern kann und die sich Schwimmern oft neugierig im Wasser nähern. Und im Winter kann hier die Kegelrobbe bei der Aufzucht ihrer Jungen hautnah beobachtet werden. Sie ist unser größtes Raubtier (bis zu 300 kg!).

Färbung variabel

Schnauze lang gestreckt, Kopf im Profil kegelförmig

# Schweinswal

*Phocoena phocoena* (Waltiere)
L 120–180 cm   Gewicht 40–60 kg

Rückenflosse
(Finne) niedrig
und abgerundet

Der Schweinswal ist der einzige regelmäßig in der Nord- und Ostsee vorkommende Wal. Seine Bestände sind gefährdet durch Lebensraumzerstörung und Umweltgifte. Außerdem sterben regelmäßig Schweinswale bei der Stellnetzfischerei: Sie verfangen sich als Beifang in den unter Wasser treibenden Netzen und ertrinken jämmerlich.

krümmt seinen Körper beim
Auftauchen halbkreisförmig und
taucht direkt nach dem Atemvorgang
wieder ab

*Vorkommen In Küstengewässern, dringen auch in Flussmündungen vor.*

> *auch als Braunfisch oder Kleiner Tümmler bezeichnet*
> *frisst bevorzugt Heringe und Makrelen*
> *Paarungszeit im Sommer*

rundliche
Schnauze

helle Unterseite

# Großer Tümmler

*Tursiops truncatus* (Waltiere)
L 200–380 cm   Gewicht 150–400 kg

Der spielfreudige Delfin lebt gesellig, gelegentlich in Gruppen – den sogenannten Schulen – von mehreren 100 Tieren, häufiger jedoch in Ansammlungen von 2 – 20 Individuen. Sie verhalten sich sehr sozial und solidarisch und helfen einander bei Geburt, Jagd und der Verteidigung gegen Räuber.

kann vollständig aus dem
Wasser springen

*Vorkommen Weltweit mit Ausnahme der arktischen und antarktischen Gewässer verbreitet, meist in Küstennähe.*

> *bekannt aus Delfinarien und durch die Serie „Flipper"*
> *frisst hauptsächlich Fisch*
> *kann bis zu 40 Jahre alt werden*

sichelförmige
Finne

kurze
Schnauze

# Vögel beobachten

Zum Vogelexperten wird man praktisch im
Vorbeigehen, denn wo auch immer wir Muße
finden zum Schlendern und Wahrnehmen,
da können wir auch Vögeln begegnen:
Ob beim Einkaufsbummel in der Stadt,
beim Spaziergang mit dem Hund oder beim
Unkrautjäten im Garten.

## Innehalten ...

Haben wir die ersten Arten kennen gelernt, dann fallen Unterschiede sofort ins Auge und ins Gehör: Das ist doch kein Meisenträllern und auch keine flötende Amsel? – Beim näheren Hinsehen entpuppt sich der merkwürdig grüne Buchfink als Grünfink.

Je weiter wir uns aus dem Siedlungsbereich entfernen, umso größer wird die Beobachtungsdistanz. Denn „in freier Wildbahn" sind Vögel nicht so an den Menschen gewöhnt und oft entsprechend scheuer. Hier hilft neben einem guten Fernglas vor allem eine gute Tugend weiter und die heißt Innehalten und Abwarten.

## Zur Tat schreiten ...

Wer Vögeln ein sicheres Quartier in Form eines Nistkastens bietet, dem ist es vergönnt, aktiv und hautnah an ihrem Leben teilzunehmen. Übrigens bestimmen Sie mit der Größe der Einflugöffnung, welche Vogelart hier einziehen kann.

Im Winter bietet die Vogelfütterung am Haus die vielleicht einfachste und effektivste Gelegenheit, in kurzer Zeit eine faszinierende Artenvielfalt anzulocken und zu beobachten.

# Uferschwalbe

*Riparia riparia* (Schwalben)
L 12 cm   SpW 27–29 cm   Langstreckenzieher

**Vorkommen** *Brütet in steilen Sandwänden, meist an Ufern oder Küsten. Nahrungssuche in umgebender offener Landschaft.*

> **Brutzeit April–Sept.**
> **4–6 reinweiße Eier**
> **1–2 Bruten im Jahr**

Die Uferschwalbe brütet meist in Kolonien. Ihre Brutröhren legt sie in die wenigen in der Landschaft vorhandenen Steilwänden an. Mehrere Tausend Paare umfassen die größten Kolonien an Steilufern der Ostsee. Die Brutweise hat den Vorteil, dass räuberische Säugetiere wie Dachs oder Fuchs die Nester nicht erreichen können.

Kehle weiß

braunes Brustband

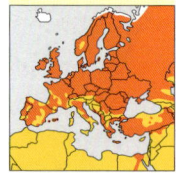

**Stimme** *Im Flug harte, schnurrende Rufe („tschrrrt"). Schwatzender, unauffälliger Gesang.*

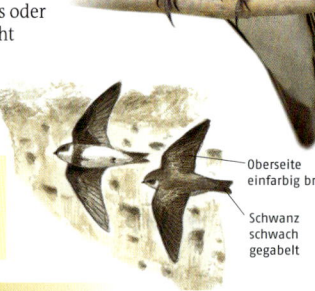

Oberseite einfarbig braun

Schwanz schwach gegabelt

# Rauchschwalbe

*Hirundo rustica* (Schwalben)
L 17–19 cm   SpW 32–34 cm   Langstreckenzieher

**Vorkommen** *Brütet vor allem in Dörfern; Nahrungsflüge bevorzugt über Grünland oder Gewässern.*

> **Brutzeit April–Sept.**
> **3–6 weiße Eier mit bräunlichen Tupfen**
> **1–3 Bruten im Jahr**

Die Rauchschwalbe brütet eigentlich in Felshöhlen, befestigt aber ihr aus Lehm und Halmen zusammengeklebtes Nest heute meist in offen stehenden Gebäuden (z. B. Ställe) oder unter niedrigen Brücken. Alte Nester werden gern wiederverwendet.

**Nest mit fast flüggen Jungen**

Oberseite blau schillernd

**Altvogel**

Bauch und Unterschwanz hell

lange Schwanzspieße

Kehle und Stirn rostrot

**Stimme** *Ruft im Flug oft „wit", auch wiederholt; zwitschernder Gesang, der mit Triller enden kann.*

# Rötelschwalbe

*Cecropis daurica* (Schwalben)
L 16–17 cm   SpW 32–34 cm   Langstreckenzieher

Brust schwach gestrichelt

Unterschwanz schwarz

Schwanz tief gegabelt

Nacken rostrot

Kehle hell

Von Aussehen, Lebensweise und Nistplatzwahl erinnert die Rötelschwalbe sehr an die Rauchschwalbe. Häufiger als diese nistet die Rötelschwalbe an natürlichen Felswänden, aber auch an Gebäuden. Das in ein- bis zweiwöchiger Arbeit aus Lehmklümpchen und Stroh zusammengeklebte Nest hat eine enge Eingangsröhre.

**Nest mit Eingangstunnel**

rostroter Rückenfleck

**Vorkommen** *Brütet entweder in felsigen Schluchten oder in Siedlungen; Nahrungssuche in offenerer Landschaft.*

> **Brutzeit April–Sept.**
> **3–5 reinweiße Eier**
> **1–3 Bruten im Jahr**

**Stimme** *Ähnlich Rauchschwalbe, aber Rufe weicher. Schwatzender Gesang tiefer und kürzer.*

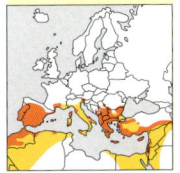

# Mehlschwalbe

*Delichon urbicum* (Schwalben)
L 13 cm   SpW 26–29 cm   Langstreckenzieher

großes, weiß leuchtendes Rückenfeld

Schwanz leicht gegabelt

Die Mehlschwalbe jagt nach kleinen Insekten meist hoch über dem Erdboden. Die erbeuteten Insekten vermengt sie mit Speichel und verfüttert sie als Ballen an die Jungvögel.

**Nest**

Oberseite schwarz mit bläulichem Glanz

**Vorkommen** *Ursprünglich Bewohner von Felswänden, aber heute überwiegend Brutvogel in Städten und Dörfern.*

> **Brutzeit Mai–Sept.**
> **3–5 weiße Eier**
> **1–2 Bruten im Jahr**

**Stimme** *Ruft im Flug rau „tschrrip". Gesang leise und zwitschernd.*

Unterseite reinweiß

Bein weiß befiedert

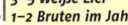

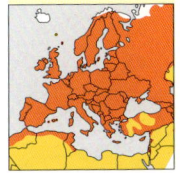

# Haubenlerche

*Galerida cristata* (Lerchen)

L 17 cm   SpW 29–38 cm   Standvogel

Die Haubenlerche liebt dürre und karge Lebensräume. In den vergangenen 100 Jahren entstanden mit der Bebauung großer Flächen zusätzliche Lebensräume, die inzwischen aber zu stark bewachsen sind. Mit der aktuellen Klimaerwärmung erhöhte Temperaturen wirken sich positiv, damit verbundene zunehmende Niederschläge in einigen Regionen Europas eher negativ auf die Verbreitung aus.

Unterflügel rostrot getönt

Haube spitz

Schnabel lang, Unterkante gerade

Bruststrichelung dünn

**Stimme** *Lauter, flötender Gesang, der im Flug oder am Boden vorgetragen wird. Rufe wehmütig pfeifend.*

# Feldlerche

*Aluda arvensis* (Lerchen)

L 18–19 cm   SpW 30–36 cm   Kurzstreckenzieher

Schwanzseiten weiß

Flügelhinterrand weiß

Die Feldlerche ist eigentlich ein Steppenvogel. Durch die Rodung von Wäldern und der nachfolgenden Bewirtschaftung von Wiesen und Feldern ist sie in weite Teile Europas eingewandert. Starke Düngung, Gifteinsatz und das Verschwinden von Ackerrandstreifen haben dazu geführt, dass die Feldlerchen deutlich seltener geworden sind. Den Singflug kann man ab März überall auf Feldern und Wiesen beobachten. Die Lerche steigt vom Boden fast senkrecht auf und singt in der Luft „stehend" mehrere Minuten lang.

schwache Haube (oft angelegt)

**Altvogel**

**Singflug**

**Stimme** *Trillernder Gesang im Singflug, mit Imitationen anderer Vogelstimmen. Raue Rufe.*

Brust gestrichelt

# Heidelerche

*Lullula arborea* (Lerchen)
L 15 cm   SpW 27–30 cm   Kurzstreckenzieher

weiße Abzeichen auf Oberflügel

kurzer Schwanz

Schnabel dünn

Die Heidelerche steigt beim Singflug in Spiralen auf und startet dabei auch von Baumspitzen aus. Davon abgesehen ist sie aber ein Bodenvogel, der in kargen Bereichen nach Insekten sucht. Auch das Nest befindet sich am Boden. Es ist gut zwischen Grasbüscheln versteckt und wird von den Jungen noch vor dem Flüggewerden verlassen.

Wange rötlich braun

Überaugenstreife treffen sich am Hinterkopf

**Vorkommen** Bevorzugt sandige, halb offene Landschaften: Heide, lichte Wälder oder Waldränder; zur Nahrungssuche auch auf Äckern.

> **Brutzeit März–Juli**
> **3–6 weißliche Eier mit brauner Punktierung**
> **1–2 Bruten im Jahr**

**Stimme** *Singflug mit Strophen aus wohlklingenden, abfallenden Flötentönen. Ruft jodelnd „didlüi".*

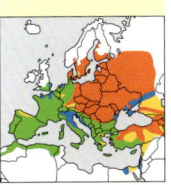

43

---

# Bachstelze

*Motacilla alba* (Stelzen und Pieper)
L 18 cm   SpW 25–30 cm   Kurz-/Mittelstreckenzieher

langer Schwanz

weiße Flügelbinden

Allein schon durch ihre Bewegungsweise ist die Bachstelze unverkennbar. Sie zeigt einen ausgeprägt wellenförmigen Flug, wippt fast ständig mit ihrem langen Schwanz, und bei der Jagd nach Insekten rennt sie häufig ruckartig mit Trippelschritten ihrer Beute hinterher.

Hinterkopf grau

♀

Kopf schwarz-weiß

Rücken grau

♂

**Vorkommen** Lebt in Dörfern und Vorstädten sowie in offener und halb offener Landschaft, dabei gern in Gewässernähe.

> **Brutzeit April–August**
> **5–6 hellgraue Eier mit feinen Punkten**
> **2 Bruten im Jahr**

**Stimme** *Ruft „zlipp" oder „zilipp"; unauffälliger Zwitschergesang mit eingebetteten Rufen.*

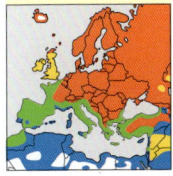

# Gebirgsstelze 🔊

*Motacilla cinerea* (Stelzen und Pieper)
L 18–19 cm   SpW 25–27 cm   Standvogel/Langstreckenzieher

**Vorkommen** *Lebt an schnell fließenden Gewässern, nur gelegentlich auch in trockenem Gelände.*

> **Brutzeit März–August**
> **4–6 schwach gezeichnete graue Eier**
> **2 Bruten im Jahr**

Ihr Nest baut die Gebirgsstelze nah am Wasser, meist unter Baumwurzeln oder zwischen Steinen, aber auch unter Brücken. Da sie ihre Nahrung nah am Wasser sucht, treten unter überwinternden Vögeln bei längeren Frostperioden Verluste auf.

Hinterrücken gelblich grün

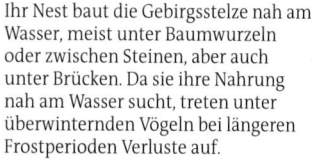

Rücken grau

♂

langer Schwanz

Kehle schwarz

**Stimme** *Ruft höher und schärfer als Bachstelze (S. 43). Der Gesang ist eine unmelodische Reihung rufähnlicher Töne.*

---

## 44

Rücken olivgrün

# Schafstelze 🔊

*Motacilla flava* (Stelzen und Pieper)
L 17 cm   SpW 23–27 cm   Langstreckenzieher

**Vorkommen** *Lebt in verschiedenartigen offenen Landschaften, besonders auf Wiesen, Weiden und Äckern.*

> **Brutzeit Mai–August**
> **5–6 bräunlich weiße Eier mit Punkten**
> **1–2 Bruten im Jahr**

Der Name „Schafstelze" passt, da sie zur Nahrungssuche kurzgrasige, beweidete Grünlandflächen oder freien Boden benötigt. Auf dem Zug und im Winterquartier trifft man die Schafstelze fast immer in Trupps an. Gegen Abend finden sich diese wiederum zu großen Schlafplatzgemeinschaften im Schilf zusammen, die mehrere Tausend Vögel umfassen können.

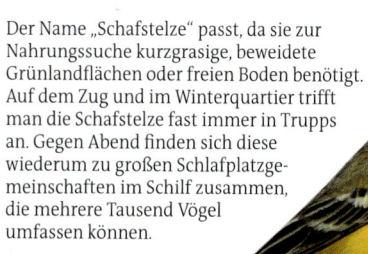

weißer Überaugenstreif

♂

gesamte Unterseite gelb

♀

Unterseite gelblich

**Stimme** *Ruft weich und leicht abfallend „psieh". Der stockende Gesang besteht aus etwa 3–4 rauen Tönen.*

# Baumpieper

*Anthus trivialis* (Stelzen und Pieper)

L 15 cm   SpW 25–27 cm   Langstreckenzieher

**Singflug**

So auffällig der Singflug des Baumpiepers ist, so versteckt hält er sich bei der Nahrungssuche. Er liest im Schutz von dichtem Pflanzenbewuchs kleine Insekten vom Boden auf. Die Strecke zwischen Brutgebiet und afrikanischem Winterquartier bewältigt er mit morgendlichen Flügen; den Rest des Tages sucht er Nahrung zum Auffüllen seiner Energiereserven.

längliches Kopfprofil

kräftige Bruststrichelung auf cremefarbenem Grund

feine Flankenstrichelung

**Stimme** Schmetternder Gesang, der nach dem Start von Baumspitzen aus im Flug vorgetragen wird; Flugruf rau „tsriie".

**Vorkommen** Brütet an Waldlichtungen und -rändern sowie in halb offener Landschaft mit einzelnen Bäumen.

> **Brutzeit April–August**
> **3–6 gefleckte Eier, Grundfarbe variabel**
> **1–2 Bruten im Jahr**

45

# Wiesenpieper

*Anthus pratensis* (Stelzen und Pieper)

L 14 cm   SpW 22–25 cm, Kurz-/Mittelstreckenzieher

schmale Flügelbinden

weiße Schwanzaußenkanten

Abgesehen vom auffälligen Singflug bemerkt man vom Wiesenpieper im Brutgebiet nicht viel. Zwar bewohnt er die offene Landschaft, versteckt sein Nest aber in dichtem Gras und bleibt auch bei der Nahrungssuche verborgen. Aufgrund großer skandinavischer Brutbestände tritt er aber als Durchzügler viel stärker in Erscheinung, zumal er tagsüber und ständig rufend zieht.

rundliches Kopfprofil

Strichelung auf Brust und Flanken gleich stark

**Stimme** Ruft „ist", oft mehrfach. Gesang aus verschiedenen Elementen im herabgleitenden Flug.

**Vorkommen** Lebt in offener Landschaft von Moor, Heide und Tundra bis hin zu Wiese und Ackerland.

> **Brutzeit März–August**
> **4–6 blasse Eier mit dunkler Fleckung**
> **1–2 Bruten im Jahr**

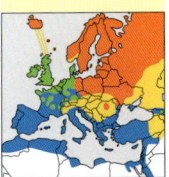

# Seidenschwanz

*Bombycilla garrulus* (Seidenschwänze)
L 18 cm  SpW 32–35 cm  Standvogel/Kurzstreckenzieher

gelbe Schwanzbinde

Flugprofil ähnlich Star

Zur Brutzeit ist der Seidenschwanz Insektenfresser. Jedoch hängt sein Zugverhalten vom Angebot an Früchten der Eberesche in Skandinavien ab. Gibt es viele Früchte, bleiben die meisten Vögel nahe dem Brutgebiet; fehlen sie, fällt der Seidenschwanz in Scharen in Mitteleuropa ein. Dort frisst er neben verschiedenen Beeren auch hängen gebliebene Äpfel.

rote Hornplättchen

Handschwingen kräftig gemustert

Kehle und Augenstreif schwarz

**Jungvogel ♀**

Handschwingen blass gemustert

**Winterschwarm**

**Stimme** Ruft hoch und schwirrend „sirr"; Gesang aus langen Folgen von Rufen und ähnlichen Lauten.

# Wasseramsel

*Cinclus cinclus* (Wasseramseln)
L 18 cm  SpW 26–30 cm  Standvogel/Kurzstreckenzieher

in Nordeuropa Bauch schwarzbraun

Als einziger Singvogel ist die Wasseramsel in der Lage, in Fließgewässern zu tauchen. Dies tut sie ausgiebig, um Insektenlarven, Flohkrebse und andere kleine Wassertiere vom Grund aufzusammeln. Auch bei der Balz spielt das Schwimmen eine Rolle. Ihr kugelförmiges Nest baut die Wasseramsel unmittelbar am Wasser und gut geschützt in Höhlungen aller Art.

**Altvogel**

Kehle und Brust weiß

Schwanz kurz

**Jungvogel**

Oberseite grau

Bauch rotbraun

Bauch gebändert

**Stimme** Hell klingender Gesang aus pfeifenden bis klirrenden Tönen, oft kaum im Wasserrauschen auszumachen.

# Zaunkönig

*Troglodytes troglodytes* (Zaunkönige)
L 9–10 cm   SpW 13–17 cm   Standvogel/Kurzstreckenzieher

Trotz der geringen Größe des Zaunkönig-Männchens gehört sein Gesang zu den lautesten und auffälligsten der europäischen Vogelwelt. Zu hören ist seine Stimme nahezu ganzjährig. Er grenzt mit ihr nicht nur das Brutterritorium, sondern im Winter auch ein Nahrungsrevier ab. Auf der Suche nach Insekten und Spinnen schlüpft der Zaunkönig durch dichtes Unterholz.

heller Überaugenstreif

Flügel kurz

kurzer, hochgestellter Schwanz

**Stimme** Weit hörbarer, schmetternder Gesang mit leiernden und trillernden Passagen; ruft hart „zrrrrt".

**Vorkommen** *Lebt in unterholzreichen Wäldern, Parks, Gärten und größeren Gebüschen.*

> **Brutzeit April–August**
> **5–7 weiße Eier mit braunen Flecken**
> **2 Bruten im Jahr**

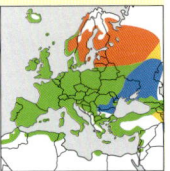

# Heckenbraunelle

*Prunella modularis* (Braunellen)
L 14 cm   SpW 19–21 cm   Standvogel/Kurzstreckenzieher

Die Heckenbraunelle fällt vor allem durch lauten Gesang auf; ansonsten huscht sie recht versteckt im Unterholz umher. Männchen und Weibchen haben zur Brutzeit jeweils ihre eigenen Reviere. Je nachdem, wie stark sich diese überlappen, kann ein Männchen mehrere Weibchen oder ein Weibchen bis zu zwei Männchen als Brutpartner haben.

**Vorkommen** *Bewohnt buschige Wälder, Feldgehölze, Hecken, Parks und Gärten.*

> **Brutzeit April–August**
> **4–6 türkisblaue Eier**
> **2–3 Bruten im Jahr**

Kopf überwiegend bräunlich

**Jungvogel**

Kopf überwiegend bläulich grau

dünner schwarzer Schnabel

**Altvogel**

**Stimme** Klirrender, von Buschspitzen aus vorgetragener Gesang; auf dem Zug hohe, trillernde Rufe.

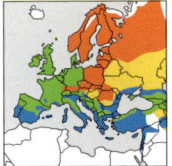

# Amsel 🔊

*Turdus merula* (Drosseln)
L 24–25 cm   SpW 34–39 cm   Standvogel/Kurzstreckenzieher

Schnabel dunkel ♀

Gefieder dunkelbraun

**Vorkommen** Bewohnt sowohl dichte Wälder als auch kleinere Gehölze, sehr häufig in Siedlungen bis hin zur Großstadt.

> **Brutzeit Feb.–August**
> **4–5 bläuliche, oft braun gezeichnete Eier**
> **2–4 Bruten im Jahr**

Vor 150 Jahren wanderte die Amsel allmählich von Wäldern aus in Gärten und andere städtische Lebensräume ein. In Büschen und Bäumen findet sie dort nicht nur geeignete Standorte für ihr Nest, kurzgrasige Rasenflächen bieten auch günstige Bedingungen zur Nahrungssuche. Mit schätzungsweise 40–80 Millionen Paaren gehört die Amsel heute zu den häufigsten europäischen Brutvogelarten.

Schnabel gelb

Gefieder schwarz ♂

**Stimme** Melodischer, flötender Gesang, der von erhöhter Warte aus vorgetragen wird; bei Gefahr laut schimpfend.

---

# Wacholderdrossel 🔊

*Turdus pilaris* (Drosseln)
L 26 cm   SpW 39–42 cm   Kurzstreckenzieher

Unterflügel weiß aufleuchtend

**Vorkommen** Brütet in Feldgehölzen, Parks und größeren Gärten; Nahrungssuche bevorzugt auf Grünland und Äckern.

> **Brutzeit April–Juli**
> **5–6 blassblaue, rötlich gefleckte Eier**
> **1–2 Bruten im Jahr**

Die Wacholderdrossel brütet gern in kleinen Kolonien. Zu mehreren attackieren sie eindringende Krähen oder Greifvögel und versuchen diese mit Kotspritzern zu vertreiben. Auch außerhalb der Brutzeit ist die Wacholderdrossel sehr gesellig; sowohl auf dem Zug als auch bei der Nahrungssuche sieht man sie in größeren Gruppen oder Schwärmen.

Nest

Kopf grau

Hinterrücken grau

Brust beige mit dunkler Fleckung

**Stimme** Raue, schackernde Rufe; Gesang krächzend und quietschend, oft im Flug vorgetragen.

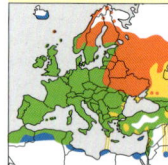

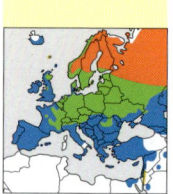

# Singdrossel 🔊

*Turdus philomelos* (Drosseln)

L 23 cm   SpW 33–36 cm   Standvogel/Mittelstreckenzieher

Wenn auch ihr lauter Gesang kaum zu überhören ist, so ist die Singdrossel doch die heimlichste Drossel. Beim Brüten bleibt sie unauffällig, denn ihr Nest baut sie am liebsten gut versteckt in Nadelbäumen. Auch bei der Nahrungssuche hält sie sich bevorzugt im Schutz des Unterholzes auf, wo man sie oft nur durch das Rascheln des Laubs entdeckt.

Brustfleckung auf bräunlichem Grund

Oberseite warm braun

Unterflügel gelblich braun

**Stimme** *Lauter Gesang aus kurzen, meist 2–3-mal wiederholten Strophen; ruft scharf „zipp".*

**Vorkommen** *Brütet in Wäldern, Parks und Gärten mit Bäumen; auf dem Zug und im Winter auch in offener Landschaft.*

> **Brutzeit März–August**
> **4–6 grünlich blaue Eier mit dunklen Flecken**
> **2 Bruten im Jahr**

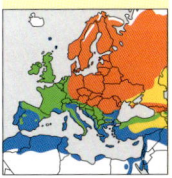

49

# Rotdrossel 🔊

*Turdus iliacus* (Drosseln)

L 21 cm   SpW 33–35 cm   Kurz-/Mittelstreckenzieher

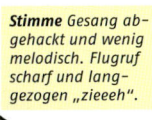

Unterflügel rostrot

Eigentlich baut die Rotdrossel ihr Nest gut versteckt in Nadelbäumen. Da sie aber als Brutvogel weit in die baumlosen Gebiete des Nordens und der Gebirge vordringt, nimmt sie auch mit Brutplätzen am Boden vorlieb. Auf dem Zug und im Winterquartier tritt sie meist in Trupps auf und ist häufig mit der Wacholderdrossel vergesellschaftet.

weißlicher Überaugenstreif

dunkle Strichel auf weißlicher Brust

Flanke rostrot

**Stimme** *Gesang abgehackt und wenig melodisch. Flugruf scharf und langgezogen „zieeeh".*

**Vorkommen** *Brütet in Laub-, Misch- und Nadelwäldern; außerhalb der Brutzeit häufig auf Wiesen und Weiden.*

> **Brutzeit April–August**
> **4–6 grünliche, braun gefleckte Eier**
> **1–2 Bruten im Jahr**

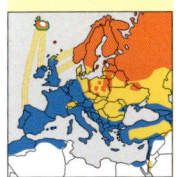

# Feldschwirl

*Locustella naevia* (Grassänger)
L 13 cm  SpW 15–19 cm  Langstreckenzieher

**Vorkommen** *Bewohnt feuchte, hochgewachsene Wiesen und Brachflächen, die meist mit Büschen durchsetzt sind.*

> *Brutzeit April–August*
> *5–6 weißliche, rotbraun gepunktete Eier*
> *1–2 Bruten im Jahr*

Der schwirrende Gesang besteht aus zwei sich abwechselnden Tönen, die der Feldschwirl etwa 25-mal pro Sekunde erzeugt. Dabei zeigt er große Ausdauer, denn eine einzige Gesangseinheit kann er über eine Stunde lang durchhalten. Zur Paarungszeit singt er fast durchgehend Tag und Nacht. Wie alle Schwirle lebt er sehr versteckt.

Unterschwanz dunkel gefleckt

Schwanz rundlich

Oberseite olivbraun mit dunkler Fleckung

**Stimme** *Der Gesang ist ein heuschreckenartiges, oft minutenlang vorgetragenes Schwirren.*

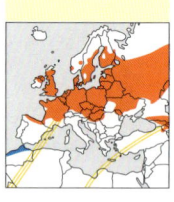

**50**

# Sumpfrohrsänger

*Acrocephalus palustris* (Zweigsänger)
L 13 cm  SpW 18–21 cm  Langstreckenzieher

**Vorkommen** *Brütet auf offenen, mit hohen Stauden und Büschen bewachsenen Flächen; auch in Getreidefeldern.*

> *Brutzeit Mai–Juli*
> *3–6 weißliche, braun gefleckte Eier*
> *1 Brut im Jahr*

Der Sumpfrohrsänger hält sich kaum im Schilf auf. Er ahmt Hunderte anderer Vogelstimmen nach, darunter auch viele afrikanische, deren Gesang er aus dem Winterquartier nach Europa exportiert. In Nordosteuropa brütet der sehr ähnliche Buschrohrsänger *(A. dumetorum)*, der ebenfalls kaum im Schilf vorkommt.

Oberseite graubraun

kontrastreiche Flügelfedern

Beine gelblich rosa

**Buschrohrsänger**

Überaugenstreif deutlicher als beim Sumpfrohrsänger

Beine dunkelgraubraun

kontrastarme Flügelfedern

**Stimme** *Die langen Gesangsabschnitte bestehen fast ausschließlich aus Imitationen anderer Vogelstimmen.*

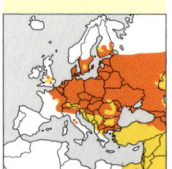

# Teichrohrsänger

*Acrocephalus scirpaceus* (Zweigsänger)
L 13 cm    SpW 17–21 cm    Langstreckenzieher

**Altvogel am Nest**

schwacher
Überaugenstreif

Gut einen halben Meter über der
Wasseroberfläche hängt das Weibchen
ein Nest an mehrere Schilfhalme. Der
Drosselrohrsänger *(A. arundinaceus)*
ist der mit Abstand größte Rohrsänger.
Singt rhythmisch „karre-karre-kiet-kiet",
deutlich lauter und langsamer als der
Teichrohrsänger.

**Vorkommen** Brütet
in Schilfbeständen,
auf dem Zug auch in
Gebüschen.

> **Brutzeit** Mai–Sept.
> 3–5 weißliche, braun
> gefleckte Eier
> 1–2 Bruten im Jahr

Oberseite warm
rötlich braun

**Drosselrohrsänger**

drosselartiger
Schnabel

Schnabel
recht
lang

**Stimme** Gesang aus
rhythmisch gereihten
Kratztönen, unterbro-
chen von einzelnen
pfeifenden Lauten.

kräftige,
dunkle Beine

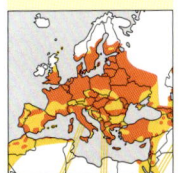

# Gartengrasmücke

*Sylvia borin* (Grasmücken)
L 14 cm    SpW 20–24 cm    Langstreckenzieher

Wäre da nicht ihr lauter Gesang, die
Gartengrasmücke bliebe fast unbemerkt.
Im Herbst ist sie eigentlich noch unauffäl-
liger, dabei frisst sie sich mithilfe verschiedener
Beeren unaufhörlich Fettreserven an. Auf dem Weg von
Nordeuropa nach Süden nimmt sie stetig an Gewicht zu, nach
dem letzten „Auftanken" in Nordafrika überquert sie in einem
Flug die Sahara und gelangt schließlich bis in den Südteil
Afrikas.

Auch manche Gartengras-
mücke zieht unfreiwillig
Kuckucksjunge auf.

**Vorkommen** Bewohnt
Feldgehölze und
Gebüsche, in Wäldern
nur in Lichtungen
und an Waldrändern.

> **Brutzeit** April–August
> 4–5 weißliche, grau
> gefleckte Eier
> 1–2 Bruten im Jahr

hellgraues
Nackenband

Oberseite bräunlich grau

**Stimme** Eintönig
anmutender, schwat-
zender Gesang mit
längeren Strophen als
bei der Mönchsgras-
mücke (S. 47) und
ohne Flötentöne.

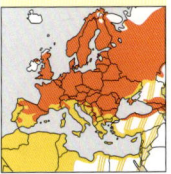

# Mönchsgrasmücke 🔊

*Sylvia atricapilla* (Grasmücken)
L 13 cm   SpW 20–23 cm   Kurz-/Langstreckenzieher

rotbraune Kappe

♀

**Vorkommen** *Lebt in Baumbeständen verschiedenster Art, von dichten Wäldern bis hin zu Gärten und Parks.*

> **Brutzeit April–August**
> **3–6 bräunliche, dunkel gefleckte Eier**
> **1 Brut im Jahr**

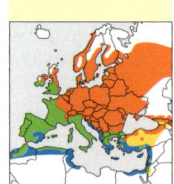

Das Zugverhalten der Mönchsgrasmücke zeigt große regionale Unterschiede. Während südeuropäische Brutvögel gar nicht oder nur über kurze Strecken ziehen, überwintern mitteleuropäische Mönchsgrasmücken am Mittelmeer. Überholt werden sie von ihren nordeuropäischen Artgenossen, deren Winterquartier südlich der Sahara in Afrika liegt.

schwarze Kappe

♂

Unterseite grau

**Stimme** *Gesang beginnt schwatzend, wird allmählich lauter und endet mit klaren Flötentönen; ruft hart „tack".*

---

# Dorngrasmücke 🔊

*Sylvia communis* (Grasmücken)
L 14 cm   SpW 19–23 cm   Langstreckenzieher

Kopf bräunlich

♀

**Vorkommen** *Brütet in offener Landschaft mit Büschen oder Hecken; seltener als andere Grasmücken in Gärten.*

> **Brutzeit April–August**
> **3–6 grünliche oder bräunliche, dunkel gefleckte Eier**
> **1–2 Bruten im Jahr**

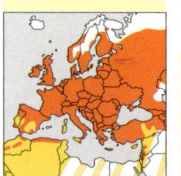

Selbst für die wärmeliebende Dorngrasmücke wurde es in der Sahelzone am Südrand der Sahara zu trocken. Die dort zeitweise schlechten Bedingungen bei der Überwinterung führten zu starker Bestandsabnahme. Auch das Abholzen von Hecken und Büschen in der modernen Agrarlandschaft hat sich ungünstig auf den Bestand ausgewirkt.

**Singflug**

Kopf grau

Kehle weiß

♂

Flügelfedern rostbraun gesäumt

**Stimme** *Singt lautes, raues „drida-drida-drida", oft umgeben von leisem, schwatzendem Gesang. Viele Rufe (u.a. „teck").*

# Klappergrasmücke
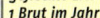

*Sylvia curruca* (Grasmücken)

L 13 cm   SpW 17–20 cm   Langstreckenzieher

Von den Grasmücken kommt die Klappergrasmücke am häufigsten in Siedlungen vor. Dort bemerkt man sie aber fast nur durch ihren lauten Gesang, denn bei der Nahrungssuche bleibt sie im dichten Gebüsch verborgen. Im Herbst schlägt sie eine südöstliche Zugrichtung ein, die sie in ihr Winterquartier führt, das zwischen Sudan und Nigeria liegt.

*Oberkopf grau*

**Stimme** *Beim Gesang folgt leisem, kaum hörbarem Gezwitscher ein lautes, leicht abfallendes „Klappern".*

*Oberseite graubraun*

*Kehle weiß*

**Vorkommen** *Bewohnt Waldränder, Hecken in offener Landschaft, Parks und Gärten.*

> **Brutzeit April–August**
> **3–7 weißliche, grau gefleckte Eier**
> **1 Brut im Jahr**

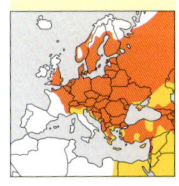

53

---

# Samtkopf-Grasmücke
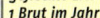

*Sylvia melanocephala* (Grasmücken)

L 14 cm   SpW 15–18 cm   Standvogel/Kurzstreckenzieher

*Oberseite braun*

*Oberkopf grau*

In vielen Bereichen des Mittelmeerraums ist die Samtkopf-Grasmücke sehr häufig. Fast überall kann man sie aus Gebüschen rufen hören. Verborgen inmitten des Gebüsches bauen Männchen und Weibchen gemeinsam nur knapp über dem Boden ein Nest.

♀

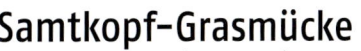

roter Augenring

*Oberkopf schwarz*

*Kehle weiß*

♂

**Stimme** *Schneller, kratzender Gesang mit längeren Strophen als die Weißbart-Grasmücke; gereihte, ratternde Rufe.*

**Vorkommen** *Bewohnt dichtes Gebüsch und lichte Eichenwälder; auch in Olivenhainen.*

> **Brutzeit März–August**
> **3–5 weißliche, dunkel gefleckte Eier**
> **2–3 Bruten im Jahr**

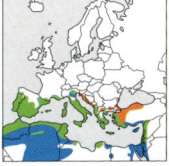

# Fitis

*Phylloscopus trochilus* (Laubsänger)
L 11 cm   SpW 17–22 cm   Langstreckenzieher

**Nordeuropa**
Gefieder grauer

**Vorkommen** *Lebt in lichten Wäldern und in offener Landschaft mit Baumgruppen.*

> *Brutzeit Mai–August*
> *4–8 weißliche, rot-braun gepunktete Eier*
> *1 Brut im Jahr*

Fitis-Männchen singen schon auf dem Durchzug. Sie verbreiten im Frühjahr vielerorts das Flair skandinavischer Birkenwälder, in denen diese Art der stimmgewaltigste Vogel ist. Der Vogel wandert erstaunlich weit; nordskandinavische und osteuropäische Brutvögel ziehen bis nach Südafrika, mittel- und westeuropäische immerhin bis West- und Zentralafrika.

**Jungvogel**

Brust gelblich

Oberseite grünlich grau

**Altvogel**

Beine bräunlich

**Stimme** *Melancholischer, in Tonhöhe fallender Gesang mit Überschlag am Ende („Buchfink in Moll"); ruft zweisilbig aufsteigend „hü-iht".*

**54**

---

# Zilpzalp

*Phylloscopus collybita* (Laubsänger)
L 10–11 cm   SpW 15–21 cm   Kurz-/Mittelstreckenzieher

**Jungvogel**

Brust gelblich (weniger intensiv als Fitis)

**Vorkommen** *Brütet in Wäldern, Parks und Gärten, bevorzugt in aufgelichteten Bereichen.*

> *Brutzeit April–August*
> *4–6 weiße, dunkel-braun gefleckte Eier*
> *2 Bruten im Jahr*

Anders als der ähnliche Fitis überwintert der Zilpzalp im Mittelmeerraum. Ebenso wie dieser baut er sein Nest am Boden, auch wenn man ihn bei der Nahrungssuche eher in höheren Bereichen von Büschen und Bäumen sieht. In Spanien brütet der Iberienzilpzalp *(P. ibericus)*, der nur am Gesang aus drei wiederholten Elementen zu erkennen ist.

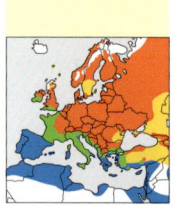

Oberseite grünlich grau, Farbtöne des Gefieders variabel

**Iberienzilpzalp**
tendenziell grüneres Gefieder, aber nicht sicher vom Zilpzalp unterscheidbar

**Altvogel**

Beine schwärzlich

**Stimme** *Singt unverkennbar monoton „zilp-zalp-zilp-zalp-...";  ruft leicht aufsteigend, aber eher einsilbig „huit".*

# Waldlaubsänger

*Phylloscopus sibilatrix* (Laubsänger)
L 12 cm   SpW 20–24 cm   Langstreckenzieher

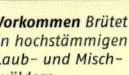

Nur wenige Wochen lang erklingt von Ende April an der charakteristische Gesang in Wäldern. Während der Jungenaufzucht verschwinden die Altvögel zur Nahrungssuche im Kronendach des Waldes und sind nur noch zu sehen, wenn sie ihren Nachwuchs am Waldboden füttern. Zum Überwintern sucht der Waldlaubsänger Regenwälder und Feuchtsavannen in Zentralafrika auf.

**Altvogel am Nest**

Oberseite leuchtend hellgrün

Kehle und Brust zitronengelb

Bauch weiß

**Stimme** *Zwei Gesänge: schwirrend „sip-sip-sip-sip-sirrrrr" oder weich flötend und abfallend „dü-dü-dü-dü-dü".*

**Vorkommen** *Brütet in hochstämmigen Laub- und Misch-wäldern.*

> **Brutzeit April–Juli**
> **5–8 weiße, dunkel-braun gepunktete Eier**
> **1 Brut im Jahr**

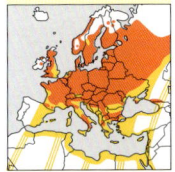

---

55

# Wintergoldhähnchen

*Regulus regulus* (Goldhähnchen)
L 9 cm   SpW 13–15 cm   Kurzstreckenzieher

Oberkopf grau

**Jungvogel**

Mit einem Gewicht von nur etwa 5 g ist das Wintergoldhähnchen der leichteste Vogel Europas. Dennoch scheut es sich nicht, auf dem Zug windige Meeresgebiete zu über-queren. Eigentlich hält es sich aber lieber im Geäst von Nadelbäumen auf, wo es unermüd-lich zwischen den Zweigen umherschlüpft und pausenlos kleine Insekten und Spinnen aufpickt.

Scheitel gelborange
♂

Scheitel gelb
♀

Oberseite graugrün

weißliche Flügelbinde

**Vorkommen** *Lebt in Nadelwäldern, aber auch in Parks und Gärten mit Nadelbäu-men; auf dem Zug auch in Laubbäumen und Büschen.*

> **Brutzeit März–August**
> **7–11 weißliche, hell-braun gefleckte Eier**
> **2 Bruten im Jahr**

**Stimme** *Rhyth-mischer, wispernder Gesang in sehr hoher Tonlage, zum Ende hin ansteigend; ruft scharf „srrie".*

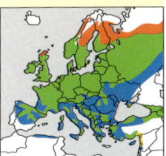

# Rotkehlchen 🔊

*Erithacus rubecula* (Schnäpper)
L 14 cm   SpW 20–22 cm   Standvogel/Kurzstreckenzieher

**Vorkommen** *Bewohnt Busch- und Baumbestände aller Art, von dichten Wäldern bis zu Parks und Gärten.*

> **Brutzeit April–August**
> **4–6 gelbliche, braun gepunktete Eier**
> **2 Bruten im Jahr**

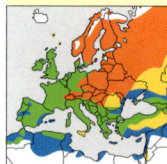

Zum Singen setzt sich das Rotkehlchen leicht erhöht auf einen Ast, sonst bewohnt es fast ausschließlich den Boden. Dort sucht es nach Kleintieren, von der Blattlaus bis zum Regenwurm. Auch das Nest baut das Weibchen am Boden, bevorzugt unter Baumwurzeln oder Grasbüscheln.

Oberseite und Schwanz einfarbig braun

Brust und Kehle orangerot mit bläulicher Umrahmung

**Altvogel am Nest**

**Stimme** *In der Tonhöhe abfallender, perlender Gesang; ruft scharf „tick" (oft in schneller Reihe).*

---

# Blaukehlchen 🔊

*Luscinia svecica* (Schnäpper)
L 13–15 cm   SpW 20–22 cm   Mittel-/Langstreckenzieher

rot

♂ **Nordeuropa, Alpen, Karpaten**

**Vorkommen** *Lebt in nassen, buschigen Bereichen mit Schilf; in Skandinavien in Tundra, Moor und Heide.*

> **Brutzeit April–August**
> **5–7 olivgrüne Eier**
> **1–2 Bruten im Jahr**

Die verschiedenen Unterarten des Blaukehlchens unterscheiden sich in der Farbe ihres „Sterns". Rotsternige Vögel, die von Skandinavien über Sibirien bis Alaska brüten, überwintern vor allem in Indien und Südostasien, die weißsternigen Artgenossen aus Mittel- und Südeuropa verbringen den Winter dagegen in der afrikanischen Savanne.

weiß

weißer Überaugenstreif

Brustzeichnung des Männchens nur angedeutet

♀

Brustband schwarz-weiß-orange

♂ **Mittel- und Südeuropa**

**Stimme** *Schneller werdender Gesang aus flötenden Tönen, durchsetzt mit Imitationen anderer Vogelstimmen.*

# Braunkehlchen

*Saxicola rubetra* (Schnäpper)
L 12–14 cm   SpW 21–24 cm   Langstreckenzieher

♀
Wangen und Scheitel braun

weißer Überaugenstreif

Wangen und Scheitel schwärzlich

Das Braunkehlchen ist in geeigneten Lebensräumen leicht zu entdecken. Es sitzt meist auf einem Zaunpfahl oder einer hohen Staude. Von dort hält es Ausschau nach Insekten oder singt. Fehlen solche Sitzwarten in der ausgeräumten Agrarlandschaft oder werden Wiesen sehr früh gemäht, bleibt das Braunkehlchen fern.

Schwanzaußenseiten weiß, Endbinde schwarz

Flügel braun mit schmalen weißen Flecken

Brust blassorange

♂

**Stimme** *Kurze Gesangsstrophen aus flötenden und kratzig klingenden Tönen; schnalzende Warnrufe.*

**Vorkommen** *Brütet in feuchten Wiesen, Weiden und Brachflächen; auf dem Zug auch in anderen offenen Lebensräumen.*

> **Brutzeit Mai–August**
> **5–7 grünlich blaue Eier**
> **1 Brut im Jahr**

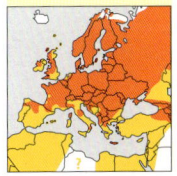

# Schwarzkehlchen

*Saxicola rubicola* (Schnäpper)
L 13 cm   SpW 18–21 cm   Standvogel/Kurzstreckenzieher

Flügel schwärzlich mit kräftigen weißen Flecken

Oberschwanz weißlich

Das Schwarzkehlchen ist dem Braunkehlchen in der Jagdweise recht ähnlich, zeigt aber ein anderes Zugverhalten. Es zieht nicht nach Afrika, sondern in den Mittelmeerraum; die Aufenthalte im Brutgebiet sind deutlich länger (März–Oktober). Von Russland bis Ostasien wird die Art vom sehr ähnlichen Pallasschwarzkehlchen (*S. maurus*) vertreten.

**Pallasschwarzkehlchen**

bräunlicher Überaugenstreif

Oberschwanz rahmfarben

♀

♂

Flanke weiß

Oberschwanz weiß

undeutlicher Überaugenstreif

♀

Kopf schwarz

weißes Nackenband

♂

Brust kräftig orange

**Stimme** *Der kurze Gesang besteht aus pfeifenden und gequetschten Tönen.*

**Vorkommen** *Bewohnt offene, vorzugsweise trockene Lebensräume mit Büschen, aber auch Moore.*

> **Brutzeit März–August**
> **4–6 grünlich blaue, schwach gezeichnete Eier**
> **2–3 Bruten im Jahr**

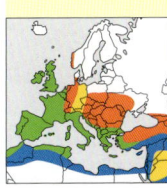

# Grauschnäpper
*Muscicapa striata* (Schnäpper)
L 15 cm    SpW 23–25 cm    Langstreckenzieher

Schwanz lang

**Vorkommen** *Lebt in Randbereichen und Lichtungen von Wäldern, in Baumgruppen und in baumbestandenen Siedlungen.*

> **Brutzeit Mai–August**
> **3–5 bräunliche, rot-braun gefleckte Eier**
> **1–2 Bruten im Jahr**

Als Halbhöhlenbrüter stehen dem Grauschnäpper allerlei Nistmöglich-keiten zur Verfügung. Er brütet nicht nur in Baumhöhlen, sondern auch in Mauernischen oder gar in Schwalben-nestern. Als typischer Ansitzjäger hält der Grauschnäpper oft von frei stehenden Ästen Ausschau nach fliegenden Insekten.

Schnabel zierlich

Oberseite graubraun

Brust undeutlich gestrichelt

**Stimme** *Ruft unauffäl-lig „ziet" und warnend „zie-tek-tek"; Gesang aus kurzer Folge unauffälliger Laute.*

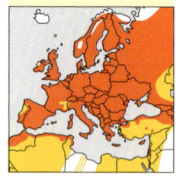

---

# Trauerschnäpper
*Ficedula hypoleuca* (Schnäpper)
L 13 cm    SpW 22–24 cm    Langstreckenzieher

Rücken durchgehend dunkel

**Vorkommen** *Brütet in Wäldern, Parks und Gärten mit ausrei-chendem Angebot an Baumhöhlen (oder Nistkästen).*

> **Brutzeit Mai–Juli**
> **4–8 blassblaue Eier**
> **1 Brut im Jahr**

Das Männchen des Trauerschnäppers besetzt oft zwei Brutreviere mit jeweils einem Weib-chen. Es muss sich dann um beide Bruten kümmern und zwei Reviere gegen Artgenossen und andere Singvögel verteidigen. Bei der Rückkehr aus Afrika im April sind viele geeignete Höhlen bereits von Kohlmeisen besetzt.

wenig Weiß an Stirn

♀

Oberseite bräunlich grau

weißes Flügelfeld

♂

**Stimme** *Gesang be-ginnt mit lautem Auf und Ab („wuti-wuti"), dem ein leiseres und variables Zwitschern folgt.*

# Hausrotschwanz

*Phoenicurus ochruros* (Schnäpper)
L 14–15 cm   SpW 23–27 cm   Kurz-/Mittelstreckenzieher

Schwanz rotorange mit dunklem Zentrum

Seit dem 19. Jahrhundert ist der Hausrotschwanz in die künstlichen „Felslandschaften" menschlicher Siedlungen eingewandert. Anstelle von Felsspalten nutzt er dort verschiedenste Öffnungen und Nischen an Gebäuden, um sein Nest zu bauen. Bei der Jagd nach Insekten hält er von erhöhten Plätzen Ausschau.

Rücken grau

weißes Flügelfeld

Ober- und Unterseite graubraun

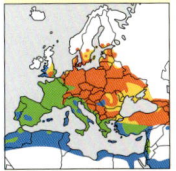

♀ und 1 Jahr alte ♂

Gesicht und Brust schwarz

♂ mind. 2 Jahre alt

**Vorkommen** *Lebte ursprünglich in Felslandschaft, heute verbreitet in Dörfern, Städten und selbst Industriegebieten.*

> *Brutzeit April–Sept.*
> *4–6 reinweiße Eier*
> *1–3 Bruten im Jahr*

**Stimme** *Singt von Dächern aus eine helle Tonreihe, gefolgt von gepresstem Fauchen und weiteren hellen Tönen.*

# Gartenrotschwanz

*Phoenicurus phoenicurus* (Schnäpper)
L 14 cm   SpW 21–25 cm   Langstreckenzieher

Schwanz rotorange mit dunklem Zentrum

Der Gartenrotschwanz brütet bevorzugt in Baumhöhlen. Die Brutbestände sind in ganz Europa sehr stark zurückgegangen. Verluste von Altholzbeständen mit reichem Höhlenangebot konnten nur teilweise durch aufgehängte Nistkästen ausgeglichen werden.

Stirn weiß

Brust und Bauch orange getönt

Oberseite wärmer braun als Hausrotschwanz

♂

♀

Kehle schwarz

Brust orange

**Vorkommen** *Bewohnt lichte Wälder, Parks, Gärten und andere halb offene Landschaften, die Bäume mit Nisthöhlen bieten.*

> *Brutzeit April–August*
> *5–7 grünlich blaue Eier*
> *1–2 Bruten im Jahr*

**Stimme** *Gesang beginnt mit einem hohen und zwei tiefen Tönen („di-dada"), gefolgt von schwatzenden Lauten.*

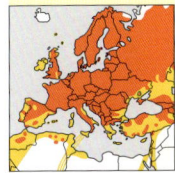

# Nachtigall

*Luscinia megarhynchos* (Schnäpper)
L 16–17 cm   SpW 23–26 cm   Langstreckenzieher

Schwanz etwas
rötlicher als Rücken

Oberseite
rötlich braun

**Vorkommen** *Bewohnt
dichtes Gebüsch,
bevorzugt an
feuchten Standorten
und in der Nähe von
Gewässern.*

> *Brutzeit Mai–Juli*
> *4–6 gelbliche bis
> braune Eier*
> *1–2 Bruten im Jahr*

Neben dem lauten Gesang ist Heimlichkeit
ein typisches Merkmal der Art. Selbst
wenn man unmittelbar vor einem Busch
mit singender Nachtigall steht, bekommt
man den Vogel kaum zu Gesicht. Bei der
Nahrungssuche bleibt die Nachtigall
innerhalb des Gebüschs meist am
Boden. Den Winter verbringt sie
in einem breiten Gürtel von
West- bis Ostafrika.

Brust nur
leicht
getönt

**Stimme** *Lauter, über-
wiegend nächtlicher
Gesang mit kräftigem
„Schlagen" und pfei-
fendem „Schluchzen".*

# Steinschmätzer

*Oenanthe oenanthe* (Schnäpper)
L 15–17 cm   SpW 26–32 cm   Langstreckenzieher

weißer
Schwanz mit
schwarzem „T"

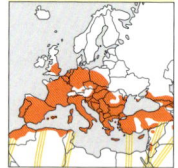

**Vorkommen** *Brütet in
offenem, kargem Ge-
lände (auch Gebirge
und Tundra). Auf dem
Zug auf Äckern, Wie-
sen und Stränden.*

> *Brutzeit April–August*
> *4–6 hellblaue Eier*
> *1–2 Bruten im Jahr*

Kopfseite
schwarz (bei
Weibchen
bräunlich)

Mit seinem im Flug aufblitzenden weißen
Schwanz ist der Steinschmätzer eine
auffällige Erscheinung in der offenen
Landschaft. Er hüpft viel am Boden
umher, hält immer wieder inne, um
nach Insekten Ausschau zu halten.
Er brütet bevorzugt in Höhlungen
unter Steinen, aber auch in
Kaninchenbauen.

Rücken grau

Brusttönung
variabel weiß
bis beige

♂ Altvogel

♀ und
Jungvogel

Rücken braun
(bei alten
Weibchen grauer)

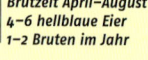

**Stimme** *Von Felsbrocken
aus wird der leise
Zwitschergesang mit
knirschenden Tönen vor-
getragen; ruft „tack".*

# Blaumerle

*Monticola solitarius* (Schnäpper)
L 20–23 cm   SpW 33–37 cm   Standvogel

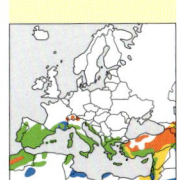

Schwanz
schwärzlich

Von Weitem erscheint das Gefieder der Blaumerle fast einfarbig dunkel. Zusammen mit dem ähnlichen Gesang wirkt sie daher wie eine „Amselausgabe" für felsiges Gelände. Dort brütet der scheue Vogel in Höhlungen verschiedenster Art. Abgesehen vom Brutgeschäft ist die Blaumerle ein Einzelgänger, der gut versteckt den Boden nach Kleintieren und Beeren absucht.

**Vorkommen** *Bewohnt sonnige, felsige Hänge, Schluchten und Felsküsten; brütet auch in Ruinen.*

> **Brutzeit April–Juli**
> **4–5 hellblaue Eier, manchmal gefleckt**
> **2 Bruten im Jahr**

Oberseite
braun

Unterseite
gebändert
♀

♂

Gefieder blau

**Stimme** *Melodisch flötender Gesang, der sehr an eine Amsel erinnert.*

Flügel schwarz

---

# Kleiber

*Sitta europaea* (Kleiber)
L 14 cm   SpW 23–27 cm   Standvogel

Der Kleiber brütet in Baumhöhlen, die er im Gegensatz zu Spechten nicht selbst zimmert. Ist das Einflugloch zu groß, wird es mit Lehm teilweise zugeklebt; daher der Name „Kleiber". Der Kleiber ist der einzige Vogel, der mit dem Kopf nach unten an Baumstämmen hinunterklettern kann.

**Vorkommen** *Lebt in Laub- und Mischwäldern, Parks und Gärten mit alten oder großen Bäumen.*

> **Brutzeit März–Juni**
> **5–9 weißliche, braun gefleckte Eier**
> **1 Brut im Jahr**

Hinterflanke rostrot

♂

♀

Unterseite
gelborange

flacher
Kopf

**Stimme** *Ruft viel und laut, oft gereiht „tjüktjük-tjüktjük"; Gesang aus Rufen und eingestreuten pfeifenden Elementen.*

kräftiger Schnabel

schwarzer Augenstreif

# Bartmeise 🔊

*Panurus biarmicus* (Bartmeisen)
L 13 cm   SpW 16–18 cm   Standvogel/Kurzstreckenzieher

**Vorkommen** *Lebt in Schilfbeständen an Gewässern verschiedener Art.*

> **Brutzeit März–August**
> **4–6 bräunliche, dunkel gefleckte Eier**
> **2–3 Bruten im Jahr**

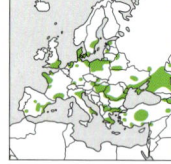

Die Bartmeise mag es gern gesellig: Im Herbst und Winter lebt sie in Trupps, selbst beim Brüten bildet sie oft lockere Kolonien. Im Sommer besteht die Nahrung aus Insekten, im Winter zumeist aus Schilfsamen. Mithilfe von verschluckten Steinchen werden diese im Magen zerkleinert.

**Stimme** *Ruft auffällig nasal „pjing"; Gesang aus drei rufähnlichen Lauten, aber leise und unauffällig.*

Kopf bläulich grau

♂ **Altvogel**

schwarzer „Bart"

Kopf orangebraun
♀

Schwanz lang

# Beutelmeise 🔊

*Remiz pendulinus* (Beutelmeisen)
L 11 cm   SpW 16–17 cm   Standvogel/Mittelstreckenzieher

**Nest**

**Vorkommen** *Brütet in lockeren Baumbeständen, meist an Gewässerufern. Außerhalb der Brutzeit meist im Schilf.*

> **Brutzeit April–August**
> **6–8 weiße Eier**
> **1–2 Bruten im Jahr**

An herabhängenden Ästen baut das Männchen ein beutelförmiges Nest aus wolligen Pflanzenteilen, Haaren und Fasern. Bei der Fertigstellung beteiligt sich oft auch das Weibchen. Die Jungenaufzucht übernimmt meist nur ein Elternteil, während das andere oft mit einem dritten Altvogel eine zweite Brut beginnt.

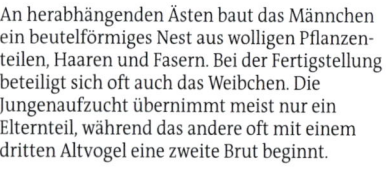

**Jungvogel**

Kopf einfarbig braun
♂

schmale schwarze „Maske"
♀

breite schwarze „Maske"

schmaler, spitzer Schnabel

Brust rotbraun

**Stimme** *Sehr hoher, abfallender Ruf („psiieeh"), etwas dünner und lang gezogener als bei der Rohrammer (S. 79).*

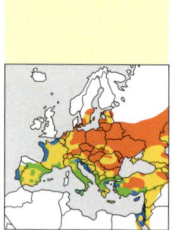

# Schwanzmeise

*Aegithalos caudatus* (Schwanzmeisen)
L 14 cm   SpW 16–19 cm   Standvogel/Kurzstreckenzieher

Die Schwanzmeise turnt meist in Trupps durch das Geäst von Büschen und Bäumen. Im Winter finden sich in der Regel 10–20 Vögel zusammen, die ein gemeinsames Nahrungsrevier gegen benachbarte Trupps verteidigen. Gebrütet wird zwar paarweise, doch helfen Altvögel mit erfolglosen Bruten anderen Paaren bei der Aufzucht der Jungvögel.

**Vorkommen** *Lebt in Laub- und Mischwäldern, Parks und Gärten.*

> **Brutzeit März–Juni**
> **8–12 weißliche, rötlich gepunktete Eier**
> **1 Brut im Jahr**
> **baut kugelförmige Nester**

schwarzer Kopfstreif

winziger Schnabel

Schwanz sehr lang

Kopf weiß

**Nordeuropa**

**Mitteleuropa**

**Stimme** *Häufig wiederholte hohe „zie"-Rufe sowie ein scharfes „zerrr"; Gesang leise.*

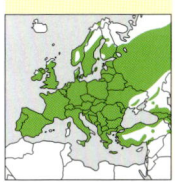

---

# Weidenmeise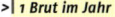

*Parus montanus* (Meisen)
L 12 cm   SpW 17–20 cm   Standvogel

glänzend schwarze Kappe

**Sumpfmeise**

Im zeitigen Frühjahr sucht die Weidenmeise nach einem morschen Baum. Mit dem kleinen, aber kräftigen Schnabel hackt sie dann in ein- bis zweiwöchiger Arbeit eine Bruthöhle in das faulende Holz. Sehr ähnlich ist die in Wäldern und Gärten verbreitete Sumpfmeise *(P. palustris).*

schwarzer Kinnfleck klein

**Vorkommen** *Lebt in Wäldern, bevorzugt in Nadel- und Mischwäldern im Gebirge sowie in Auwäldern.*

> **Brutzeit April–Juli**
> **5–10 weißliche, rotbraun gefleckte Eier**
> **1 Brut im Jahr**

Kopfkappe matt schwarz

weißes Flügelfeld

Unterseite braun getönt

**Stimme** *Rufe ähnlich wie Sumpfmeise, aber behäbiger (breit „dää-dää-dää"); Gesang aus einer Reihe abfallender Pfeiftöne.*

# Haubenmeise

*Parus cristatus* (Meisen)
L 12 cm   SpW 17–20 cm   Standvogel

**Nest**

**Vorkommen** *Lebt in Nadelwäldern sowie in Parks und großen Gärten mit Nadelbäumen.*

> **Brutzeit März–Juli**
> **4–8 weiße, rostrot gefleckte Eier**
> **1–2 Bruten im Jahr**

Brutpaare der Haubenmeise bleiben ihr Leben lang zusammen. Sie bewohnen ihr Revier auch im Winter, mitunter in gemischten Trupps mit anderen Meisenarten. Junge Vögel verpaaren sich bevorzugt mit bereits verwitweten Altvögeln. Zum Brüten benutzen sie meist selbst in morsches Holz gezimmerte Höhlen, aber auch Spechthöhlen oder Nistkästen.

schwarz-weiße Federhaube

Kehle schwarz

Oberseite einfarbig braun

**Stimme** *Gesang aus hohen Lauten und tieferen Trillern („si-si-dürrr-dürrr-…"), die jeweils auch als Rufe vorkommen.*

# Tannenmeise

*Parus ater* (Meisen)
L 11 cm   SpW 17–21 cm   Standvogel/Kurzstreckenzieher

**besucht Winterfütterungen**

**Vorkommen** *Lebt in Nadelwäldern, aber auch in Gärten und Parks mit Nadelbäumen.*

> **Brutzeit März–August**
> **5–12 weißliche, rostbraun gefleckte Eier**
> **1–2 Bruten im Jahr**

Meist brütet die Tannenmeise in Baumhöhlen. Sind diese knapp, nimmt sie auch mit Erdlöchern in Böschungen oder sogar Mauernischen vorlieb. Außerhalb der Brutzeit lebt sie in Trupps, oft zusammen mit anderen Meisen, Kleibern und Baumläufern. Sind in Sibirien Fichtensamen rar, dann wandern die dortigen Tannenmeisen im Herbst scharenweise nach Europa.

weißer Nackenfleck

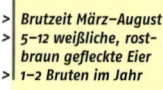

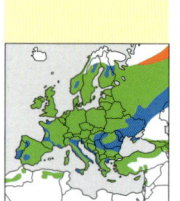

zwei weiße Flügelbinden

Unterseite bräunlich

**Stimme** *Singt monoton „wize-wize-wize-…"; ruft nasal und gedehnt „tsui".*

# Blaumeise

*Parus caeruleus* (Meisen)

L 12 cm   SpW 18–20 cm   Standvogel/Kurzstreckenzieher

Rücken grün
Flügel und Schwanz blau

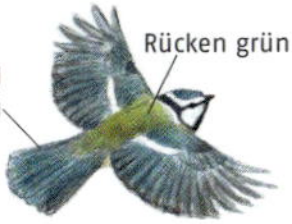

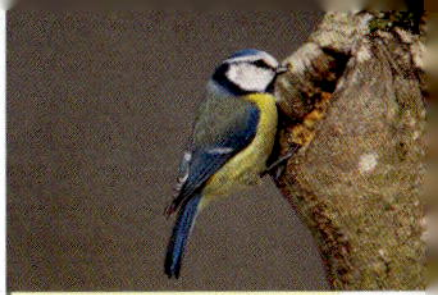

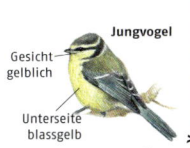

Die Blaumeise füttert zur Brutzeit ihren Nachwuchs mit Insekten. Als Nahrung treten im Winter Pflanzensamen in den Vordergrund, die sie mit kräftigen Schnabelhieben öffnet. Auf Insektennahrung muss sie aber auch im Winter nicht verzichten, denn mit dem Schnabel kann sie in Schilfhalmen verborgene Insekten heraushacken.

Jungvogel
Gesicht gelblich
Unterseite blassgelb

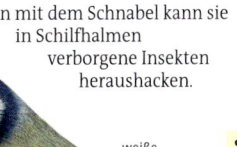

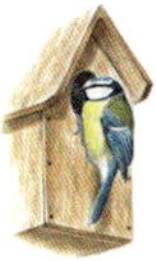

brütet gern in Nistkästen

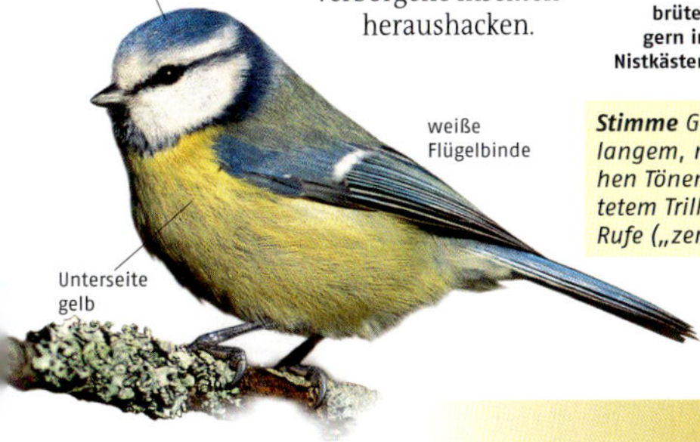

Kappe blau
weiße Flügelbinde
Unterseite gelb

***Vorkommen*** *Brütet in verschiedenartigen Wäldern, Parks und Gärten; im Winter gern im Schilf.*

> **Brutzeit März–August**
> **6–14 weiße Eier mit rotbrauner Fleckung**
> **1–2 Bruten im Jahr**

***Stimme*** *Gesang aus langem, mit 2–3 hohen Tönen eingeleitetem Triller; zeternde Rufe („zerrrrrr“).*

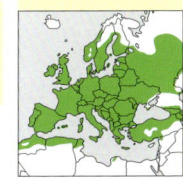

# Kohlmeise

*Parus major* (Meisen)

L 14 cm   SpW 23–25 cm   Standvogel/Kurzstreckenzieher

schmaler schwarzer Bauchstreif
♀
Unterseite gelb

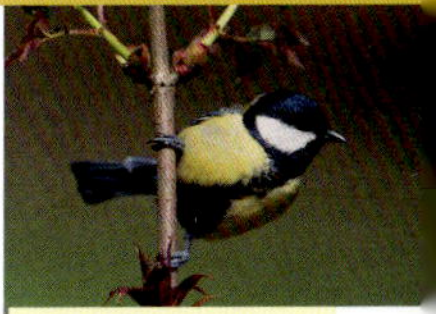

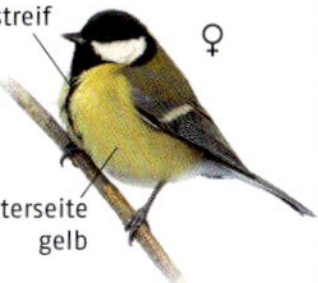

Die Kohlmeise ist ein äußerst vielseitiger und zudem konkurrenzfähiger Vogel. Ihre Überlegenheit zeigt sie zum einen beim Wettbewerb um Nisthöhlen, wo sie anderen Meisen und sonstigen Höhlenbrütern überlegen ist. Zum anderen nimmt sie auch im Verband mit Meisen, Baumläufern und Goldhähnchen, mit denen sie im Winter gern gemeinsam umherstreift, eine Spitzenposition in der „Hackordnung“ ein.

***Stimme*** *Viele verschiedene, teils laute, teils schnurrende Rufe; Gesang variabel, oft „zi-zi-bäh-zi-zi-bäh“.*

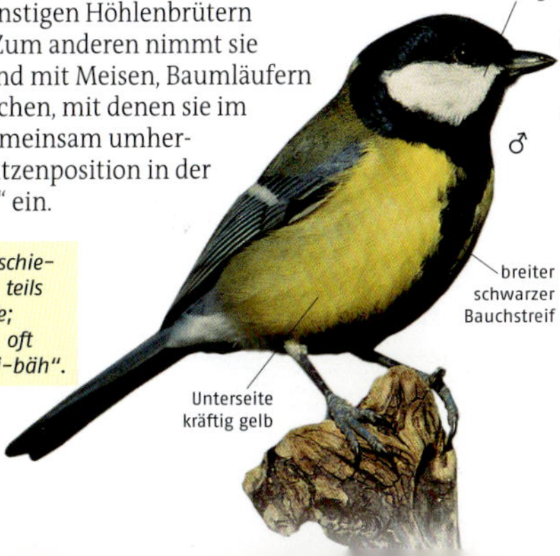

Kopf schwarz mit weißer Wange
♂
breiter schwarzer Bauchstreif
Unterseite kräftig gelb

***Vorkommen*** *Bewohnt alle Lebensräume mit Bäumen von dichten Wäldern bis hin zu Innenstädten.*

> **Brutzeit März–August**
> **6–12 weißliche, rotbraun gepunktete Eier**
> **1–2 Bruten im Jahr**

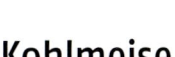

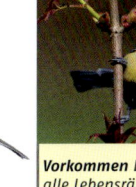

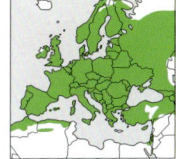

# Gartenbaumläufer

*Certhia brachydactyla* (Baumläufer)
L 13 cm    SpW 17–20 cm    Standvogel

**Vorkommen** *Lebt in Laub- und Mischwäldern, Feldgehölzen, Parks und Gärten und besiedelt dabei auch Grünzonen der Städte.*

> **Brutzeit März–Juli**
> 5–6 weiße, rotbraun gefleckte Eier
> 1–2 Bruten im Jahr

Die beiden Baumläuferarten haben ein sehr ähnliches Gefieder und sind am besten an der Stimme zu erkennen. Mit seiner eher kurzen Hinterkralle klettert der Gartenbaumläufer bevorzugt an Baumstämmen mit gefurchter Rinde. Nachts kuscheln sich Baumläufer gern in Gruppen eng aneinander, um beim Schlafen keine Wärme zu verlieren.

enge
**Schlafgemeinschaft**

Rücken nur
schwach
gesprenkelt

Hinterflanke
braun
getönt

schmaler weißer
Überaugenstreif

Flügelbinde
gleichmäßig,
ohne Stufe

**Stimme** *Ruft scharf „tüt"; singt laut und durchdringend „tü-ti-tilüit".*

# Neuntöter

*Lanius collurio* (Würger)
L 17 cm    SpW 24–27 cm    Langstreckenzieher

schwarz-weißes
Schwanzmuster

**Vorkommen** *Brütet in Hecken und Gebüschen der offenen Kulturlandschaft.*

> **Brutzeit Mai–August**
> 4–7 grünliche oder rötliche, dunkel gefleckte Eier
> 1 Brut im Jahr

Das Nest des Neuntöters besteht aus Zweigen, Halmen und Moos. Er baut es gut geschützt mitten in einen dornigen Busch. Diesen nutzt er zugleich als Vorratslager, denn im Überschuss erbeutete Insekten wie Käfer und Heuschrecken, aber auch Mäuse spießt er zum späteren Verzehr auf die Dornen. Nach seiner Beute hält er von Buschspitzen oder anderen erhöhten Warten Ausschau.

schwarze „Maske"

Oberkopf
grau

Oberkopf
graubraun

♀

Oberseite
rotbraun

Unterseite
gebändert

Haken-
schnabel

♂

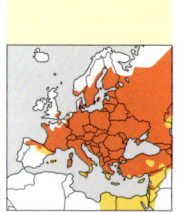

**Stimme** *Ruft heiser „dschääh" oder „teck" (auch gereiht); leise schwatzender Gesang.*

# Raubwürger

*Lanius excubitor* (Würger)

L 24–25 cm    SpW 30–34 cm    Standvogel/Mittelstreckenzieher

In Nordeuropa ist der Raubwürger ein Zugvogel; die Paare finden sich zu jeder Brutperiode neu. Unter den mitteleuropäischen Standvögeln herrscht dagegen meist lebenslange Partnertreue, auch wenn Männchen und Weibchen im Winter getrennte Nahrungsreviere besetzen.

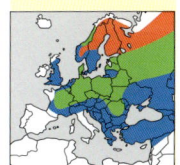

*Vorkommen Bewohnt verschiedenartige offene Landschaft mit Hecken, Büschen und einzelnen Bäumen.*

> *Brutzeit April–Juli*
> *4–7 weißliche, braun gefleckte Eier*
> *1 Brut im Jahr*

schwarze „Maske"

kräftiger Hakenschnabel

Oberseite hellgrau

Flügel schwarz-weiß

Schwanz lang

Unterseite weiß

*Stimme Verschiedene nasale oder harte Rufe, auch ähnlich Trillerpfeife; kurzer, metallisch klingender Gesang.*

# Rotkopfwürger

*Lanius senator* (Würger)

L 18 cm    SpW 26–28 cm    Langstreckenzieher

Rückenseiten weiß

Beim Rotkopfwürger singen Männchen und Weibchen im Duett. Dies festigt den Paarzusammenhalt und dient zugleich der Revierabgrenzung gegenüber benachbarten Paaren. Er jagt Insekten, legt aber keine Vorräte an. In offenen Wäldern Südosteuropas brütet der Maskenwürger (*L. nubicus*).

*Vorkommen Bewohnt trockene, sonnige Lebensräume mit Büschen oder einzelnen Bäumen; auch in Obstgärten.*

> *Brutzeit April–August*
> *5–6 grünliche Eier mit braunen Flecken*
> *1–2 Bruten im Jahr*

♂

Oberkopf und Nacken kastanienbraun

Oberseite schwarz-weiß

Oberseite bräunlich

**Jungvogel**

heller Schulterfleck

Unterseite weiß

Unterseite gebändert

Oberkopf schwarz

Stirn weiß

Flanke orange

**Maskenwürger** ♂

*Stimme Schwatzender Gesang mit Imitationen anderer Vogelstimmen; verschiedene gereihte Rufe.*

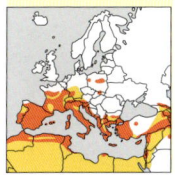

# Elster

*Pica pica* (Krähen)
L 44–46 cm   SpW 52–60 cm   Standvogel

Schwanz sehr lang

Flügel schwarz-weiß

**Vorkommen** Bewohnt halb offene Landschaft mit Büschen und Bäumen, Siedlungen und Parkanlagen.

> **Brutzeit März–August**
> **5–7 grünliche, dunkelbraun gefleckte Eier**
> **1 Brut im Jahr**

Der eigentliche Lebensraum der Elster, eine abwechslungsreiche, halb offene Landschaft, verschwand vielerorts. So wanderte die Elster als Brutvogel in Dörfer und Städte ein. Dort ist sie bei der Suche nach Insekten, Regenwürmern und Aas gut zu beobachten. Gelegentlich raubt sie auch Eier und Jungvögel. Ganz zu Unrecht wurde ihr deshalb ein negatives Image zuteil, denn die Bestände anderer Arten schädigt sie nicht.

Kopf und Brust schwarz

Bauch weiß

Flügel und Schwanz mit metallischem Glanz

**kugelförmiges Nest**

**Stimme** Häufig laute, schackernde Rufe, aber auch verschiedene andere Laute.

**68**

# Eichelhäher 🔊

*Garrulus glandarius* (Krähen)
L 34–35 cm   SpW 52–58 cm   Standvogel/Kurzstreckenzieher

Hinterrücken weiß

weißes Flügelfeld

**Vorkommen** Lebt in Wäldern, Parks und Gärten.

> **Brutzeit März–August**
> **4–6 grünliche, dunkelbraun gefleckte Eier**
> **1 Brut im Jahr**

Der Eichelhäher frisst auch Insekten und andere kleine Tiere, doch spielen Samen und Früchte eine weitaus größere Rolle bei der Ernährung. Im Herbst sammelt er Tausende von Eicheln und vergräbt sie als Vorrat für Winter und Frühjahr im Boden. Besonders in Nordeuropa verlassen Eichelhäher bei Nahrungsmangel ihre Heimat und kommen in Scharen nach Mitteleuropa.

schwarzer „Bart"

Gefieder bräunlich rosa

schwarz-blaue Flügelfedern

**Stimme** Warnt mit rätschenden Rufen; neben vielen anderen Lauten auch Nachahmung des Mäusebussards.

# Tannenhäher 🔊

*Nucifraga caryocatactes* (Krähen)
L 32–33 cm   SpW 52–58 cm   Standvogel

Der Tannenhäher ernährt sich von Nadelbaumsamen und Nüssen. Zu deren Reifezeit legt er bis zu 6000 Verstecke mit bis zu 100 000 Samen an, von denen er den Rest des Jahres zehrt. Nicht wiedergefundene Samen tragen zur Ausbreitung der entsprechenden Baumarten bei. Der kleinere Unglückshäher *(Perisoreus infaustus)* bewohnt Nadelwälder in Nordeuropa.

weiße Schwanzendbinde

dunkelbraune Kappe

Kopf und Oberseite dunkelbraun

**Unglückshäher**

Bauch orange

Außenschwanz rostrot

Unterschwanz weiß

Körpergefieder weiß gefleckt

**Stimme** *Schnarrende Rufe, rauer und schriller als beim Eichelhäher.*

**Vorkommen** *Brütet in Nadel- und Mischwäldern; bei der Nahrungssuche auch in Gärten.*

> **Brutzeit März–August**
> **3–4 grünliche, oliv-braun gefleckte Eier**
> **1 Brut im Jahr**

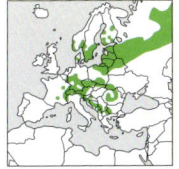

**69**

# Alpendohle 🔊

*Pyrrhocorax graculus* (Krähen)
L 38 cm   SpW 75–85 cm   Standvogel

**lebt meist im Schwarm**

Die Alpendohle ist ein Flugkünstler. Sie nutzt die Aufwinde im Gebirge geschickt zum Segeln und Gleiten. Mit angelegten Flügeln erreicht sie bei Sturzflügen an Felswänden entlang Geschwindigkeiten bis zu 200 km/h. Sie bevölkert Seilbahnstationen und Hütten, um Abfälle zu ergattern, frisst aber eigentlich Kleintiere und Beeren. Sie brütet in unzugänglichen Felswänden, aber auch an Gebäuden.

Schnabel gelb

Gefieder einfarbig schwarz

Beine kurz

Schwanzende rund

**Stimme** *Rufe scharf „srrü" oder metallisch pfeifend.*

**Vorkommen** *Bewohnt felsige Bereiche im Hochgebirge; sehr selten im Flachland.*

> **Brutzeit April–August**
> **2–5 weißliche, braun gefleckte Eier**
> **1 Brut im Jahr**

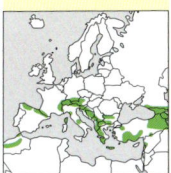

# Dohle 🔊

*Corvus monedula* (Krähen)
L 33–34 cm  SpW 67–74 cm  Standvogel/Mittelstreckenzieher

In vielen Städten brütet die Dohle in Mauernischen von Gebäuden und erfüllt die Luft mit ihren typischen Rufen. Vielerorts ist sie jedoch auch ein Waldvogel. Als Brutplatz bevorzugt sie dort alte Schwarzspechthöhlen, doch auch große Nistkästen nimmt sie gern an. Im Winter sind Dohlen oft gemeinsam mit Saatkrähen unterwegs.

Hinterkopf grau
Auge hell
Schnabel kurz

Flügelschlag schneller und tiefer als bei Krähen

**Nisthöhle im Baum**

**Stimme** *Ruft charakteristisch hell „kjack"; Gesang leises Zwitschern, nur am Nest.*

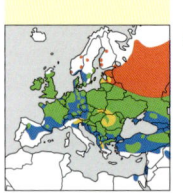

# Saatkrähe 🔊

*Corvus frugilegus* (Krähen)
L 44–46 cm  SpW 81–99 cm  Standvogel/Mittelstreckenzieher

Schwanzende rundlich

Zum Brüten bildet die Saatkrähe dichte Kolonien in Baumgruppen, oft mitten in Siedlungen. Bei der Suche nach Regenwürmern, Insekten und Getreidekörnern tritt sie meist in Trupps auf. Viel größere Ansammlungen gibt es im Winter an Schlafplätzen, die in der Abenddämmerung von bis zu 150 000 Vögeln angeflogen werden.

Schnabel dunkel
**Jungvogel**
steile Stirn
Schnabelwurzel befiedert
Schnabel hell und spitz
nackte graue Hautpartie an Schnabelwurzel
**Brutkolonie**

**Stimme** *Ruft rau „krraah", lang gezogener und heiserer als Rabenkrähe.*

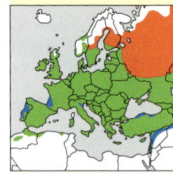

# Rabenkrähe

*Corvus corone* (Krähen)
L 45–49 cm   SpW 93–104 cm   Standvogel

Die Rabenkrähe ist ein recht anspruchsloser Allesfresser. So ist sie in der modernen Kulturlandschaft sehr erfolgreich, zumal mit Müll und im Straßenverkehr verunglückten Tieren zusätzliche Nahrung zur Verfügung steht. Nicht brütende Vögel sind gesellig und sammeln sich abends an Schlafplätzen. Die Nebelkrähe *(Corvus cornix)* vertritt die Rabenkrähe in Nord- und Osteuropa.

flache Stirn

kräftiger dunkler Schnabel

Kopf schwarz

Rücken und Bauch hellgrau

**Nebelkrähe**

**Vorkommen** *Lebt in fast allen offenen oder halboffenen Landschaftstypen, meidet aber geschlossene Wälder.*

> *Brutzeit März–Juli*
> *3–6 grünliche, dunkel gefleckte Eier*
> *1 Brut im Jahr*

**Stimme** *Ruft laut und rau „krrah", auch gereiht.*

---

# Kolkrabe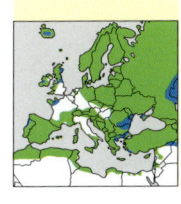

*Corvus corax* (Krähen)
L 64 cm   SpW 120–150 cm   Standvogel

Schwanz keilförmig

Der Kolkrabe brütet in Bäumen und auf Felsabsätzen und kommt dadurch sowohl im Flachland als auch im Gebirge vor. Nicht nur seinem Revier, in dem er sich von Aas und Kleintieren ernährt, sondern auch seinem Partner bleibt der Kolkrabe zeit seines Lebens treu. Dies kann sehr lange dauern, denn bei Wildvögeln wurden als Höchstalter 20 Jahre, bei Vögeln in Gefangenschaft sogar 69 Jahre nachgewiesen.

sehr kräftiger Schnabel

Gefieder einfarbig schwarz

**Vorkommen** *Brütet in Wäldern und an Felswänden; Nahrungssuche meist in offener Landschaft.*

> *Brutzeit Feb.–August*
> *36 blaue bis grüne, dunkel gefleckte Eier*
> *1 Brut im Jahr*

**Stimme** *Ruft meist tief gurgelnd „grrog", aber auch viele andere Laute.*

# Star 🔊

*Sturnus vulgaris* (Stare)
L 22 cm   SpW 37–42 cm   Standvogel/Mittelstreckenzieher

Flügel
dreieckig

Schwanz kurz

***Vorkommen*** *Brütet in Wäldern, Feldgehölzern, Obstgärten und Dörfern; Nahrungssuche auch in offener Landschaft.*

> ***Brutzeit März–Juli***
> *4–6 grünlich blaue Eier*
> *1–2 Bruten im Jahr*

Der Star zieht seine Jungen in Baumhöhlen und Nistkästen, aber auch in verschiedenen Öffnungen an Gebäuden auf. Auch seine Ernährung ist vielseitig, denn neben Käfern und Insektenlarven frisst er auch gern Kirschen und Beeren. Unmittelbar nach dem Ausfliegen der Jungvögel schließen sich Stare zu Schwärmen zusammen, die ruffreudig auf Feldern und Wiesen Nahrung suchen.

Kopfgefieder häufig gesträubt

Schnabel gelb

Schnabel schwärzlich

Gefieder metallisch glänzend

Unterseite weiß gefleckt

**Schlichtkleid**

**Prachtkleid**

***Stimme*** *Gesang kratziges Quietschen und Pfeifen mit eingebetteten Imitationen anderer Vogelstimmen. Ruft heiser „ärr".*

# Haussperling 🔊

*Passer domesticus* (Sperlinge)
L 14–15 cm   SpW 21–25 cm   Standvogel

Hinterrücken grau

Schwanz einfarbig

***Vorkommen*** *Bewohnt Städte und Dörfer; zur Nahrungssuche auch in offener Landschaft.*

> ***Brutzeit März–Sept.***
> *4–6 bläulich weiße, braun gefleckte Eier*
> *2–4 Bruten im Jahr*

Der Haussperling nistet fast immer in Hohlräumen von Gebäuden. Oft finden sich mehrere Paare zu kleinen Kolonien zusammen, die mitunter sogar ein großes Gemeinschaftsnest mit mehreren Eingängen bauen. Er ernährt sich überwiegend von Getreide und anderen Pflanzensamen, seine Jungen füttert er jedoch fast ausschließlich mit Insekten.

Kopfplatte grau

Kopfseite weiß

Nacken braun

Kehle schwarz

heller Überaugenstreif

♀

Unterseite grau

♂

***Stimme*** *Verschiedene schilpende und ratternde Rufe; „Gesang" aus Reihe langsam wiederholter „schilp"-Rufe.*

# Feldsperling

*Passer montanus* (Sperlinge)

L 14 cm   SpW 20–22 cm   Standvogel/Kurzstreckenzieher

**fütternder Altvogel am Nistkasten**

Im Vergleich zum Haussperling (S. 72) zeigt der Feldsperling größere Scheu vor Menschen. Doch auch er brütet in Siedlungen und besetzt dort Nistkästen. Bruthöhlen sichert er sich schon ab Herbst, nutzt sie aber zunächst nur zum Schlafen. Auf der Suche nach Sämereien ist er oft gemeinsam mit Goldammern und Finken anzutreffen.

**Kappe braun**

**Jungvogel**
Wangenfleck nur angedeutet

weißer Nackenring

**Altvogel**

schwarzer Wangenfleck

**Vorkommen** *Lebt in Dörfern und Gärten; häufiger als der Haussperling in offener Landschaft.*

> **Brutzeit April–August**
> **3–7 weiße bis grünliche, braun gefleckte Eier**
> **2–3 Bruten im Jahr**

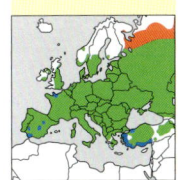

**Stimme** *Ähnlich dem Haussperling, häufig aber härtere und rauere Rufe.*

73

---

# Buchfink

*Fringilla coelebs* (Finken)

L 14 cm   SpW 25–28 cm   Standvogel/Mittelstreckenzieher

zwei deutliche weiße Flügelbinden

Hinterrücken olivgrün

Der Buchfink ist mit grob geschätzt etwa 200 Millionen Brutpaaren die mit Abstand häufigste Vogelart in Europa. Zum Singen setzt sich das Männchen gern auf einen frei stehenden Ast und präsentiert seine rosa Brust. Der laute Gesang ist unverwechselbar. Als Merksatz ist die Umschreibung „ich-ich-ich bin dein Bräutigam" hilfreich.

**Vorkommen** *Lebt in Wäldern, Parks, Gärten und anderen Baumbeständen.*

> **Brutzeit April–August**
> **3–6 rötliche bis bläuliche, gefleckte Eier**
> **1–2 Bruten im Jahr**

Oberseite grünlich grau

♀

Unterseite grau

**Kappe und Nacken blaugrau**

♂ **Prachtkleid**

Unterseite bräunlich rosa

**Stimme** *Laut schmetternder, abfallender Gesang mit Überschlag am Ende; ruft „pink", rau „rrüp" und im Flug „tjüp".*

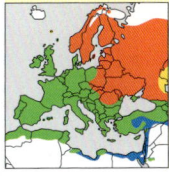

# Bergfink

*Fringilla montifringilla* (Finken)
L 14 cm   SpW 25–26 cm   Kurz–/Mittelstreckenzieher

♂ **Schlichtkleid**
Kopf grau–schwarz

♂ **Prachtkleid**
Schnabel schwarz

♀ Kopf grau

**Vorkommen** *Brütet in lichten Nadel- und Birkenwäldern; im Winter in Buchenwäldern und Gärten.*

> **Brutzeit Mai–August**
> 5–7 rötliche bis bläuliche, dunkel gezeichnete Eier
> 1 Brut im Jahr

Die Winterverbreitung des Bergfinken unterliegt von Jahr zu Jahr starken Schwankungen. Sie ist abhängig von seiner Hauptnahrung, den Bucheckern. In manchen Jahren kann er gebietsweise fast völlig fehlen, in „Mastjahren" der Buche kann er dagegen in gewaltigen Schwärmen von mehreren Hunderttausend Vögeln auftreten.

Kopf und Vorderrücken schwarz

♂

Brust orange

Bauch weiß

**Stimme** *Gesang monoton, abfallend und rau „rrrrüh" (ähnlich dem Schlusston der Grünfinkenstrophe); Ruf quäkend.*

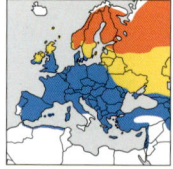

# Grünfink

*Carduelis chloris* (Finken)
L 15 cm   SpW 25–27 cm   Standvogel/Kurzstreckenzieher

gelber Schwanzfleck

gelbgrünes Flügelfeld

**Vorkommen** *Bewohnt Feldgehölze, Parks und Gärten; auch in Siedlungen und an Waldrändern.*

> **Brutzeit März–August**
> 3–7 bläulich weiße, braun gefleckte Eier
> 1–2 Bruten im Jahr

Im Frühjahr sucht das Weibchen einen geeigneten Nistplatz in Büschen, Bäumen oder auch in Kletterpflanzen an Gebäuden und baut das Nest. Die Jungvögel werden von beiden Elternteilen gefüttert, zunächst mit Blattläusen, bald aber mit zuvor im Kropf aufgeweichten Samen.

Schnabel dick, graurosa

♀
Oberseite schwach gestreift

Unterseite grünlich grau

♂

Unterseite gelblich grün

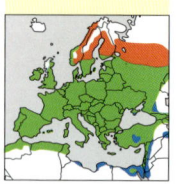

**Stimme** *Abgehackt wirkender Gesang aus trillernden und zwitschernden Elementen mit langem, rauem Schlusston.*

# Girlitz

*Serinus serinus* (Finken)

L 12 cm  SpW 20–23 cm  Standvogel/Kurzstreckenzieher

Der aus dem Mittelmeerraum stammende Girlitz ist erst in den letzten 80–200 Jahren nach Mitteleuropa eingewandert. Während er bei der Nahrungssuche am Boden eher unauffällig ist, kann man seinen Gesang weit hören. Er postiert sich dabei auf Baumspitzen und Antennen oder vollführt einen fledermausartigen Singflug.

grünlich gelber Hinterrücken

kontrastarme Kopfzeichnung

Unterseite gelblich weiß mit Strichelung

♀

kontrastreiche Kopfzeichnung

Schnabel kurz, dick

♂

**Stimme** *Schneller, quietschend klirrender Gesang; trillernde Rufe.*

Brust gelb mit Strichelung

**Vorkommen** *Bewohnt Parks, Gärten und Siedlungen, in Südeuropa auch lichte Nadelwälder.*

> **Brutzeit April–August**
> **3–6 bläuliche, braun gefleckte Eier**
> **2 Bruten im Jahr**

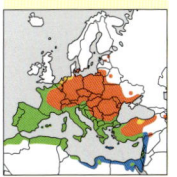

**75**

# Erlenzeisig

*Carduelis spinus* (Finken)

L 12 cm  SpW 20–23 cm  Mittelstreckenzieher

Hinterrücken grünlich gelb

breite gelbe Flügelbinde

Kopfüber an Erlenzapfen hängend – so sieht man den Erlenzeisig typischerweise im Winter. Denn mit seinem spitzen Schnabel ist er darauf spezialisiert, die Samen aus den Zapfen herauszuarbeiten. Gerne frisst er aber auch Samen von Fichte und Birke. Fliegende Trupps wirken sehr gedrängt, da die Vögel nur geringen Abstand voneinander halten.

Oberseite grünlich grau, gestrichelt

♀

Unterseite weiß, gestrichelt

Stirn und Kehle schwarz

**Stimme** *Unauffälliger Gesang aus feinem Zwitschern mit abschließendem Summen; feine, traurig klingende Rufe.*

Schnabel spitz

Brust gelblich

♂

**Vorkommen** *Brütet in Nadel- und Mischwäldern; außerhalb der Brutzeit auch in Gehölzen mit Laubbäumen.*

> **Brutzeit Feb.–August**
> **4–5 bläuliche, braun gefleckte Eier**
> **1–2 Bruten im Jahr**

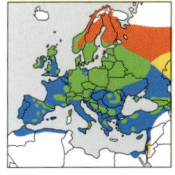

# Stieglitz 🔊

*Carduelis carduelis* (Finken)

L 12 cm   SpW 21–25 cm   Standvogel/Kurzstreckenzieher

Rücken hellbraun

breite gelbe
Flügelbinde

**Vorkommen** *Brütet in lichten Wäldern und lockeren Baumbeständen; Nahrungssuche an Wegrändern und auf Brachflächen.*

> *Brutzeit April–Sept.*
> *4–6 bläuliche Eier mit rotbraunen Flecken*
> *2–3 Bruten im Jahr*

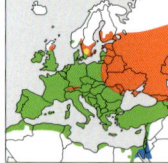

Der Stieglitz brütet gern in lockeren Gruppen von bis zu zehn Paaren. Diese gehen oft zusammen im kleinen Trupp auf Nahrungssuche. Nicht umsonst heißt der Stieglitz im Volksmund auch Distelfink: Sehr oft kann man ihn an Distelblüten beobachten. Mit seinem für Finkenvögel recht langen und spitzen Schnabel zieht er dort geschickt die Samen aus dem Blütenboden.

Kopf rot-weiß-schwarz

Schnabel lang
und spitz

**Stimme** *Namensgebender dreisilbiger Ruf („sti-ge-litt"); leise zwitschernder Gesang mit eingeflochtenen Rufen.*

---

# Bluthänfling 🔊

*Carduelis cannabina* (Finken)

L 13 cm   SpW 21–25 cm   Kurz-/Mittelstreckenzieher

keine
Flügelbinde

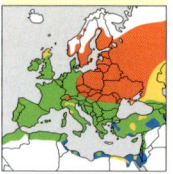

**Vorkommen** *Bewohnt offene Landschaft mit dichtem Gebüsch; auch im Bereich von Siedlungen.*

> *Brutzeit April–August*
> *4–6 bläuliche, dunkel gefleckte Eier*
> *1–3 Bruten im Jahr*

Dem Bluthänfling wurden durch Rodungen von Hecken zahlreiche Brutplätze genommen. Er ist jedoch flexibel genug, um auch in menschlichen Siedlungen erfolgreich zu brüten. Sein Nest baut er dort in Ziersträuchern; seine aus Sämereien bestehende Nahrung sucht er aber außerhalb von Orten an Wegrändern und auf Brachflächen.

Kopf grau

♀

Oberseite
schwach
gestreift

Stirn rot

♂

Schnabel
grau

Rücken
einfarbig braun

Brust rot

**Stimme** *Zwei- oder dreisilbige Rufe, weicher als Grünfink (S. 74) („tü-gitt"); Gesang aus solchen Rufen, Quäken und Trillern.*

# Kernbeißer
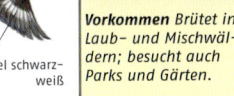

*Coccothraustes coccothraustes* (Finken)
L 18 cm   SpW 29–33 cm   Standvogel/Kurzstreckenzieher

zigarren-
förmiger
Körper

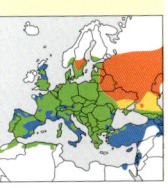

Seinen überaus kräftigen Schnabel benutzt der
Kernbeißer, um stabile Pflanzensamen, bis hin
zum Kirschkern, zu knacken. Da er sich meist im
Kronenbereich von Bäumen aufhält, verschwindet er
mit beginnender Belaubung im Frühjahr aus unserem
Blickfeld, ist aber gelegentlich beim Trinken an
Pfützen zu sehen.

Flügel schwarz-
weiß

**Vorkommen** Brütet in
Laub- und Mischwäl-
dern; besucht auch
Parks und Gärten.

> **Brutzeit April–August**
> **4–6 graue, dunkel-
> braun gepunktete Eier**
> **1 Brut im Jahr**

Kopf kräftig orangebraun

graues
Nackenband

♂

Schnabel
sehr dick

♀

Gefieder blasser als ♂

**Stimme** Ruft scharf
„zick"; leiser
Gesang, Mischung
der scharfen Rufe
mit lang gezogenen,
gepressten Tönen.

77

---

# Gimpel

Hinterrücken weiß

*Pyrrhula pyrrhula* (Finken)
L 15–17 cm   SpW 22–29 cm   Standvogel/Mittelstreckenzieher

Gimpelpaare finden oft schon im Herbst zusammen. Sie streifen
im Winter gemeinsam umher und suchen ab März einen Nistplatz. Sie ernähren sich vegetarisch und bevorzugen die Knospen
von Pflaume und Ahorn sowie Samen von Brennnessel und
Ahorn. Ihre Jungvögel ziehen sie jedoch mit Insekten groß.

**Vorkommen** Brütet
in Mischwäldern und
Parks; im Winter gern
auch in Gärten.

> **Brutzeit April–Juli**
> **4–6 hellblaue, schwarz
> gepunktete Eier**
> **2 Bruten im Jahr**

noch ohne
schwarze Kappe

**Jungvogel**

♀

Unterseite
bräunlich rosa

Schnabel dick, sehr kurz

schwarze
Kappe

**Stimme** Weiche, leicht
abfallende, traurig
klingende Rufe („düü");
Gesang aus leisem
Pfeifen und Trillern.

Unterseite
kräftig rosarot

♂

weiße Flügelbinde

# Grauammer

*Emberiza calandra* (Ammern)
L 18 cm   SpW 26–32 cm   Standvogel/Kurzstreckenzieher

lässt im Flug
oft die Beine
hängen

**Vorkommen** *Lebt auf Feldern und in wenig genutzter offener Landschaft.*

> **Brutzeit Mai–August**
> **4–5 rötliche, schwarz gezeichnete Eier**
> **1–2 Bruten im Jahr**

Das Männchen der Grauammer markiert mit seinem durchdringenden Gesang seine Reviergrenzen, an die sich die Weibchen aber nicht halten. Dadurch haben manche Männchen mehrere Weibchen, während andere leer ausgehen. Infolge der Intensivierung der Landwirtschaft ist die Grauammer in Mitteleuropa vielerorts als Brutvogel verschwunden.

Schnabel
dick, gelblich

Oberseite graubraun,
dunkel gestrichelt

Brust
weißlich,
dunkel
gestrichelt

singt von
erhöhter Warte

**Stimme** *Metallisch klirrender Gesang; ruft leise und fast tonlos „tck".*

78

---

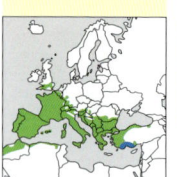

# Zaunammer

*Emberiza cirlus* (Ammern)
L 16 cm   SpW 22–25 cm   Standvogel/Kurzstreckenzieher

**Vorkommen** *Lebt an locker mit Büschen und Bäumen bestandenen Hängen und Weinbergen.*

> **Brutzeit April–August**
> **2–5 gräuliche, dunkelbraun gepunktete Eier**
> **2–3 Bruten im Jahr**

Das Männchen der Zaunammer markiert mit seinem Gesang das Brutrevier, das es oft selbst im Winter nicht verlässt. Weibchen und Jungvögel streifen zwar nach der Brutzeit auch noch mehrere Wochen lang im Brutgebiet umher, verteilen sich im Winter aber weiträumiger. Intensivierter Weinbau und feuchteres Klima haben in einigen Gebieten zum Rückgang der hübschen Art geführt.

♀ Kopfseiten stärker
gestreift als bei der
Goldammer

Kopf schwarz-gelb gestreift

Kehle schwarz

♂

Brustband
grau

**Stimme** *Gesang schneller und tiefer als bei der Goldammer und ohne deren Schlusston; ruft hoch „zip".*

# Goldammer

*Emberiza citrinella* (Ammern)
L 16–17 cm   SpW 23–29 cm   Standvogel/Kurzstreckenzieher

Hinterrücken
rotbraun

Das Nest wird im Schutz der Vegetation gebaut, bei
frühen Bruten meist am Fuß eines Busches am
Boden. Als Nestlingsnahrung sammeln die Altvögel
Insekten, im Herbst verlegen sie sich auf Körner.
Zur Stimmung von Sommerabenden gehört in
buschiger Landschaft der lieblich klingende
Gesang, der sich mit dem Merksatz
„ich-ich-ich-hab-dich-lieb" umschreiben
lässt.

Kopf goldgelb

♀

Kopfstreifung
gelb

Unterseite
stark gestreift

Oberseite braun-
schwarz gestreift

Brustband
rotbraun

♂

**Vorkommen** *Lebt in
offener Landschaft
mit Gebüschen
und Hecken, an
Waldrändern und in
Waldlichtungen.*

> *Brutzeit April–Sept.*
> *3–5 weißliche, dunkel
> gezeichnete Eier*
> *1–3 Bruten im Jahr*

**Stimme** *Gesang aus
mehreren kurzen Tönen
und einem lang gezo-
genen Schlusston; ruft
rau „trütt".*

# Rohrammer

*Emberiza schoeniclus* (Ammern)
L 15–16 cm   SpW 21–28 cm   Standvogel/Mittelstreckenzieher

Rücken mit hellen
Längsstreifen

In altem Schilf oder in hohen Grasbüscheln baut das
Weibchen das Nest so, dass es durch überhängende Blätter
gut versteckt ist. Besonders erfolgreich sind Nester, die sich über
dem Wasser befinden, da diese von Räubern schwer erreicht
werden können.

Kopf und Kehle schwarz

weißes
Nackenband

♂

Unterseite
weißlich mit
Flankenstrichelung

weißlicher Überaugenstreif

Kopfseite
schwärzlich
braun

♀

**Vorkommen** *Brütet in
Schilfgebieten sowie
an Gräben und in
feuchten Brachflächen.*

> *Brutzeit April–August*
> *4–5 bräunliche,
> schwarz gefleckte Eier*
> *2 Bruten im Jahr*

**Stimme** *Gesang aus
langsam vorgetragenen
Einzeltönen; ruft lang
gezogen, leicht abfal-
lend „psüüü".*

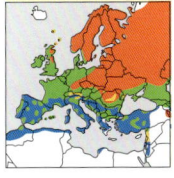

# Schneeammer

*Calcarius nivalis* (Ammern)
L 16–17 cm   SpW 32–38 cm   Kurz-/Langstreckenzieher

♂ **Altvogel Schlichtkleid**

viel Weiß im Flügel

**Vorkommen** *Brütet in karger, felsiger Tundra; im Winter an der Küste sowie in Steppengebieten.*

> **Brutzeit Mai–August**
> **5–6 grünlich weiße, rotbraun gefleckte Eier**
> **1–2 Bruten im Jahr**

Ganz ohne Mauser, nur durch die Abnutzung der Federspitzen wird aus dem bräunlichen Wintergefieder das herrlich weiße Prachtkleid. Dieses tarnt im schneereichen Lebensraum gut. Zur Brutzeit nutzt die Schneeammer den Insektenreichtum der Tundra. Im Winter ist sie dagegen auf Sämereien spezialisiert, die sie vor allem an der Hochwasserlinie der Küste findet.

♀ **Schlichtkleid**   Brust weiß

Kopf und Bauch weiß

Rücken schwarz

Flügelspitze schwarz

♂ **Prachtkleid**

**Stimme** *Weich trillernde Rufe, oft gefolgt von melancholischem „pjü". Gesang aus hellem, kratzendem Gezwitscher.*

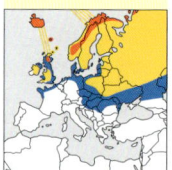

---

# Bienenfresser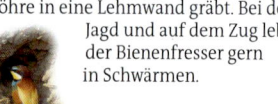

*Merops apiaster* (Spinte)
L 27–29 cm   SpW 44–49 cm   Langstreckenzieher

Unterflügel hell

Schwanz-spieße

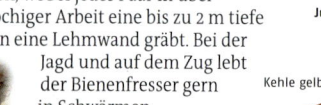

**Vorkommen** *Lebt in abwechslungsreicher Landschaft mit Steilwänden und Bäumen.*

> **Brutzeit Mai–August**
> **5–7 weiße Eier**
> **1 Brut im Jahr**

Der Bienenfresser ist ein geschickter Jäger, der fliegende Insekten fängt. Vor dem Verzehr tötet er die Beute mit Schlägen gegen seine Sitzwarte. Er brütet meist in Kolonien, wobei jedes Paar in über zweiwöchiger Arbeit eine bis zu 2 m tiefe Röhre in eine Lehmwand gräbt. Bei der Jagd und auf dem Zug lebt der Bienenfresser gern in Schwärmen.

Oberseite grünlich

**Jungvogel**

**Altvogel an Niströhre**

Kehle gelb

Rücken gelb-rot-braun

**Stimme** *Charakteristischer rauer Ruf („prrütt"), der von fliegenden Vögeln fast ständig zu hören ist.*

Schnabel lang, leicht gebogen

Unterseite türkisblau

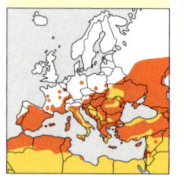

# Wiedehopf

*Upupa epops* (Wiedehopfe)
L 26–28 cm   SpW 42–46 cm   Kurz-/Langstreckenzieher

Der Speisezettel des Wiedehopfs ist recht anspruchsvoll, denn er bevorzugt große Insekten wie Grillen und größere Käfer. Um sie zu finden, braucht er Lebensräume mit geringem Bodenbewuchs. Zugleich braucht er auch geeignete Bruthöhlen, die er in alten Bäumen, in Felsspalten und Gebäudenischen oder in Steinhaufen findet.

große, aufstellbare Federhaube

Flügel schwarz-weiß gestreift

langer, dünner Schnabel

Kopf und Hals orangebraun

**Brütet meist in Baumhöhlen**

*Stimme* Ruft hohl und meist dreisilbig „uh-uh-uh".

**Vorkommen** *Bewohnt lichte Wälder, Obstgärten, Weinberge und baumbestandene Ackerlandschaft in trockenen Gebieten.*

> **Brutzeit April–August**
> **5–8 bläulich graue Eier**
> **1–2 Bruten im Jahr**

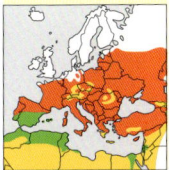

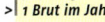 **81**

# Blauracke

*Coracias garrulus* (Racken)
L 29–34 cm   SpW 66–73 cm   Langstreckenzieher

Flügel blau/ schwarz

Die bunte Blauracke sitzt ganz offen auf Pfählen oder Leitungsdrähten. Von dort aus startet sie, um Käfer, Würmer oder Eidechsen zu fangen. Sie brütet in Baumhöhlen, stellenweise aber auch in Felsspalten oder Erdlöchern. Das Männchen markiert das Brutrevier mit einer spektakulären Flugdarbietung: Nach einem steilen Aufstieg folgt ein Sturzflug.

Gefieder blass

**Jungvogel**

Rücken rotbraun

Kopf und Bauch türkisblau

*Stimme* Dünne, krächzende Rufe, die beim Balzflug in schneller Abfolge dargeboten werden.

**Vorkommen** *Bewohnt altholzreiche Wälder, Feldgehölze und andere Baumgruppen; brütet auch in Steilwänden und Ruinen.*

> **Brutzeit Mai–August**
> **3–5 weiße Eier**
> **1 Brut im Jahr**

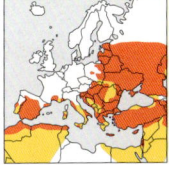

# Mauersegler 
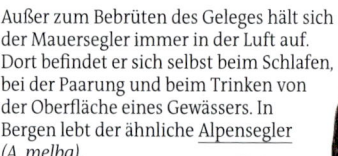

*Apus apus* (Segler)
L 16–17 cm   SpW 42–48 cm   Langstreckenzieher

**Vorkommen** *Brütet in Städten und Dörfern, selten auch in Wäldern; Nahrungssuche in allen Landschaftstypen.*

> **Brutzeit Mai–Sept.**
> **2–3 weiße Eier**
> **1 Brut im Jahr**

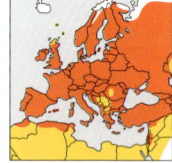

Außer zum Bebrüten des Geleges hält sich der Mauersegler immer in der Luft auf. Dort befindet er sich selbst beim Schlafen, bei der Paarung und beim Trinken von der Oberfläche eines Gewässers. In Bergen lebt der ähnliche Alpensegler (*A. melba*).

Kehle weißlich

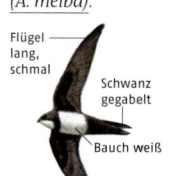

Flügel lang, schmal

Schwanz gegabelt

Bauch weiß

**Alpensegler**

Flügel schmal, sichelförmig

Schwanz gegabelt

Gefieder einfarbig schwarzbraun

**Stimme** *Die charakteristischen, lang gezogenen Flugrufe klingen schrill und rau („srrrieh").*

# Eisvogel 

*Alcedo atthis* (Eisvögel)
L 16–17 cm   SpW 24–26 cm   Standvogel/Kurzstreckenzieher

**Vorkommen** *Lebt an Gewässern und benötigt dort Steilufer, in die Niströhren gegraben werden können.*

> **Brutzeit März–Sept.**
> **6–7 weiße Eier**
> **2–4 Bruten im Jahr**

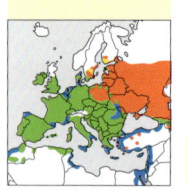

Von überhängenden Ästen aus stürzt sich der „fliegende Edelstein" ins Wasser, um kleine Fische zu erbeuten. In strengen Wintern mit vereisten Gewässern verhungern viele Eisvögel. Die Überlebenden gleichen Verluste durch eine höhere Anzahl von Bruten aus.

Schnabel lang

Oberseite türkisblau

Unterseite orange

Schwanz kurz

**Stimme** *Ruft hoch und durchdringend „tiit".*

# Pirol

*Oriolus oriolus* (Pirole)
L 24 cm   SpW 44–47 cm   Langstreckenzieher

Flügel schwarz

Abgesehen vom wohltönenden Gesang lebt der Pirol unauffällig in Baumkronen. Dort nimmt er Früchte und Beeren, besonders aber Raupen zu sich. Auch das Brutgeschäft findet verborgen im hohen Geäst statt. Nach fünfwöchiger Jungenaufzucht trennt sich die Familie; Alt- und Jungvögel machen sich nun einzeln auf den Weg in das südafrikanische Winterquartier.

Schnabel rot

♂

Körpergefieder gelb

♀

Oberseite grün

Unterseite weißlich, gestrichelt

**Vorkommen** *Brütet in hochstämmigen, oft feuchten Laubwäldern, bevorzugt in Gewässernähe.*

> *Brutzeit Mai–August*
> *2–5 weißliche, schwarz gefleckte Eier*
> *1 Brut im Jahr*

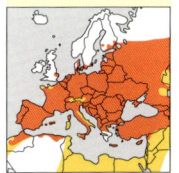

**Stimme** *Kräftige, melodische Gesangsstrophen aus 3–5 klaren Flötentönen. Heisere, leicht ansteigende Rufe („wäääk").*

# Kuckuck

*Cuculus canorus* (Kuckucke)
L 32–34 cm   SpW 55–60 cm   Langstreckenzieher

langer Schwanz

schmale, spitze Flügel

Bekannt ist der Kuckuck durch seinen typischen Ruf und durch sein Fortpflanzungsverhalten. Das Weibchen legt sein Ei in ein fremdes Nest, dessen Besitzer es ausbrüten. Kurz nach dem Schlüpfen schmeißt das Kuckucksjunge die anderen Eier aus dem Nest.

Einige Weibchen haben braunes Gefieder.

kleiner, schwarzer Schnabel

Brust grau

Junge Kuckucke sind viel größer als ihre Wirtsvögel (hier Teichrohrsänger).

Bauch gebändert

**Vorkommen** *Lebt in verschiedensten Landschaften – im Wald, in offener Landschaft und in Schilfbeständen an Gewässern.*

> *Brutzeit April–Sept.*
> *Eier farblich an Wirtsvögel angepasst*
> *9–25 Eier pro Weibchen*

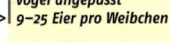

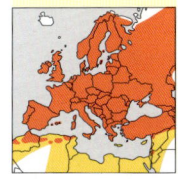

**Stimme** *Männchen ruft unverwechselbar „kuckuck"; auch kichernde und heisere Laute.*

# Ringeltaube
*Columba palumbus* (Tauben)
L 41–45 cm  SpW 75–80 cm  Standvogel/Kurzstreckenzieher

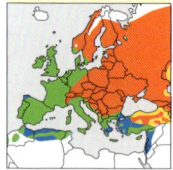

Die Ringeltaube gehört zu den erfolgreichsten Vogelarten in unserer Kulturlandschaft. Bäume in Siedlungen bieten ihr auch in der Stadt viele Nistmöglichkeiten. Auf Feldern findet sie reichlich liegen gebliebene Körner, besonders Mais. Im Winter und auf dem Zug kann man die Art in kleinen Trupps, aber auch in Schwärmen von mehreren Tausend Vögeln antreffen.

keine schwarzen Flügelbinden

weißer Flügelstreifen

Nacken grün schillernd

Auge gelblich

weißer Halsfleck („Ringel")

**Stimme** *Fünfsilbiger, dumpfer Gesang „gru-gruh-gru-gu-gu" (2. Silbe betont).*

# Felsentaube, Straßentaube
*Columba livia* (Tauben)
L 31–34 cm  SpW 63–70 cm  Standvogel

Wegen ihrer Fähigkeit, über große Distanzen heimzufinden, wurde die Felsentaube schon früh als Brieftaube genutzt. Verwilderte Haustauben und zugewanderte Felsentauben bevölkern als Straßentauben Europas Städte. Echte Wildvögel findet man meist nur noch in Gebirgsregionen.

Rücken und Oberflügel hellgrau

Trupps von Straßentauben

Nacken grün schillernd

2 breite schwarze Flügelbinden

Straßentauben mit sehr variabler Gefiederfärbung

Schnabel schwarz

**Stimme** *Tiefes, mitunter raues Gurren in verschiedenen Variationen.*

# Hohltaube

*Columba oenas* (Tauben)
L 32–34 cm   SpW 63–69 cm   Kurzstreckenzieher

Rücken und Oberflügel dunkelgrau

Ihr Nest baut die Hohltaube in Baumhöhlen, bevorzugt in ausgedienten Nisthöhlen des Schwarzspechts (S. 88). Da an der Küste große Bäume meist fehlen, benutzt sie dort Kaninchenbaue und andere Bodenhöhlen. Am besten zu Gesicht bekommt man sie bei der Nahrungssuche auf Feldern und auf dem Zug.

(S. 88)

Schnabel gelb

ohne schillernden Halsfleck

**Jungvogel**

Nacken grün schillernd

**brütet in Baumhöhlen**

2 schmale schwarze Flügelbinden

**Vorkommen** *Brütet in Wäldern und Feldgehölzen, an der Küste auch in Dünen; Nahrungssuche meist in offener Landschaft.*

> **Brutzeit März–Oktober**
> **2 weiße Eier**
> **3 Bruten im Jahr**

**Stimme** *Gesang aus gereiht vorgetragenen, kurzen, dumpf klingenden „hu"-Lauten.*

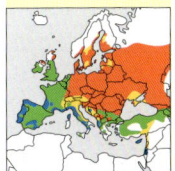

# Türkentaube

*Streptopelia decaocto* (Tauben)
L 30–32 cm   SpW 47–55 cm   Standvogel

Oberseite wirkt einfarbig

weiße Schwanzendbinde

Vom Balkan aus hat sich die Türkentaube seit 1920 rasant über ganz Europa ausgebreitet und als Brutvogel etabliert. Sie ernährt sich von Grassamen und liegen gebliebenen Getreidekörnern, nutzt aber auch das Futter auf Hühnerhöfen. Ihr aus wenigen Zweigen bestehendes Nest baut sie am liebsten in Bäumen, gelegentlich auch an Gebäuden.

**Nahrungssuche oft im Trupp**

schwarzer Nackenstreif

Gefieder beigegrau

**Stimme** *Singt kräftig und klar „hu-huu-hu" (2. Silbe betont); ruft beim Starten und Landen heiser „wääie".*

**Vorkommen** *Bewohnt Dörfer und Städte mit Baumgruppen.*

> **Brutzeit März–Oktober**
> **2 weiße Eier**
> **2–6 Bruten im Jahr**

# Ziegenmelker

*Caprimulgus europaeus* (Nachtschwalben)
L 25–28 cm  SpW 57–64 cm  Langstreckenzieher

Schwanz-ecke weiß

♂ Schwanz lang

Flügel schmal mit weißen Abzeichen

Tagsüber sitzt der Ziegenmelker bewegungslos auf Ästen oder am Boden und vertraut dabei auf sein tarnfarbenes Gefieder. In der Dämmerung wird er aktiv und fliegt mit weit geöffnetem Rachen umher, um Nachtfalter und andere Fluginsekten zu fangen.

winziger Schnabel (aber sehr großer Rachen)

♀

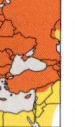

Gefieder wie Borke gefärbt

weißer Kehlfleck

Flügelbug schwärzlich

**Stimme** *Der Gesang besteht aus minutenlangem, heiserem Schnurren, das nur nachts zu hören ist.*

# Wendehals

*Jynx torquilla* (Spechte)
L 16–17 cm  SpW 25–27 cm  Langstreckenzieher

Hervorragend tarnt das Borkenmuster seines Gefieders den Wendehals am Baumstamm. Seine Nahrung sucht er aber vorwiegend am Boden. Mit dem Schnabel hackt er Ameisenbauten auf, schiebt seine klebrige Zunge weit hinein und erbeutet dadurch vor allem Larven und Puppen. Zum Brüten benutzt er Baumhöhlen.

Altvogel an Bruthöhle

Oberseite grau-braun gemustert

Kehle gestreift

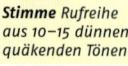

**Stimme** *Rufreihe aus 10–15 dünnen, quäkenden Tönen.*

# Buntspecht

*Dendrocopos major* (Spechte)
L 20–24 cm   SpW 34–39 cm   Standvogel

weißer
Schulterfleck
länglich

Der Buntspecht ist sowohl in der Wahl seines Lebensraums als auch bei seiner Ernährung sehr vielseitig. So bevorzugt er im Sommerhalbjahr meist Insekten, hämmert aber auch Bruthöhlen von Singvögeln auf, um deren Eier und Jungvögel zu fressen. Im Winter sind die Samen von Nadelbäumen die Hauptnahrung, hinzu kommen Nüsse und Bucheckern.

roter Fleck am Hinterkopf

♂

Rücken
schwarz

Hinterkopf
schwarz

♀

Unter-
schwanz rot

rote Kopfplatte

**Jungvogel**

**Vorkommen** *Lebt in Wäldern, Feldgehölzen, Parks und Gärten.*

> **Brutzeit April–August**
> **4–7 weiße Eier**
> **1 Brut im Jahr**

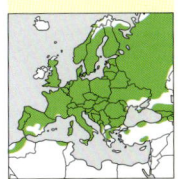

87

---

# Mittelspecht

*Dendrocopos medius* (Spechte)
L 20–22 cm   SpW 33–34 cm   Standvogel

Kopfplatte rot

schwarzes
Nackenband
nicht
geschlossen

Bauch
gestrichelt

Der Mittelspecht hält sich ganzjährig in seinem Brutrevier auf, lebt aber selbst zur Balzzeit recht versteckt. Die von ihm ins Holz gehämmerte Bruthöhle benutzt er mehrere Jahre lang. Bei der Suche nach Insekten stochert er am liebsten in morschem Holz. Im Herbst und Winter besteht die Nahrung aber vor allem aus Nüssen und anderen Baumfrüchten.

weißer Schulterfleck
rundlich

**Vorkommen** *Bewohnt Laub- und Mischwälder, bevorzugt mit Eichenbeständen; auch in Parks und Gärten.*

> **Brutzeit April–August**
> **5–6 weiße Eier**
> **1 Brut im Jahr**

**Stimme** *Ruft heiser quäkend „gwäh", daneben kürzere, z. T. gereihte Rufe; trommelt selten.*

# Schwarzspecht

*Dryocopus martius* (Spechte)
L 45–57 cm    SpW 64–68 cm    Standvogel

im Vergleich zur Krähe Flügel breiter und Schwanz schmaler

Kopfplatte rot

Auge hell
♂

**Vorkommen** *Lebt in Nadel-, Misch- und Laubwäldern und brütet dort in Altholzbeständen.*

> *Brutzeit März–August*
> *3–5 weiße Eier*
> *1 Brut im Jahr*

Der Schwarzspecht beginnt sein Brutgeschäft meist mit dem Zimmern einer bis zu 50 cm tiefen Nisthöhle. Gelegentlich benutzt er auch Höhlen aus dem Vorjahr. Da neue große Höhlen in vielen Wäldern sonst fehlen würden, ermöglicht der Schwarzspecht anderen Höhlenbrütern, besonders Hohltaube und Dohle, ein Dasein.

nur Hinterkopf rot

♀

**Stimme** *Ruft gereiht „kwi-kwi-kwi-…", rau „krrü-krrü-krrü…" oder klagend „kliööh"; lange Trommelwirbel aus Schnabelhieben.*

# Grünspecht

*Picus viridis* (Spechte)
L 31–33 cm    SpW 40–42 cm    Standvogel

Hinterrücken gelblich grün

viel Rot am Kopf

**Vorkommen** *Bewohnt Feldgehölze und Wälder mit Lichtungen sowie Parks und baumreiche Gärten (auch in Siedlungen).*

> *Brutzeit April–August*
> *5–8 weiße Eier*
> *1 Brut im Jahr*

Der Grünspecht hackt seine Bruthöhle in morsches Holz. Bei der Nahrungssuche hämmert er seltener als andere Spechte im Holz, denn meist hält er sich am Boden auf. Um Ameisen zu erbeuten, setzt er dort seinen Schnabel vielseitig ein: Er gräbt Löcher in die Erde, schafft Schnee beiseite und entfernt Moos aus Pflasterritzen.

Kappe rot

Augenregion schwarz

♀

Nacken grün

♀

schwarzer „Bart"

♂

roter „Bart"

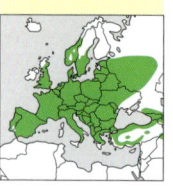

**Stimme** *Lachende, glucksende, nicht in der Tonhöhe abfallende Rufreihe („kjü-kjü-kjü-kjü-…").*

# Dreizehenspecht

*Picoides tridactylus* (Spechte)
L 20–24 cm   SpW 32–35 cm   Standvogel

Rücken
schwarz–weiß
gebändert

Dieser Specht hat sich darauf spezialisiert,
Larven und Puppen von Käfern unter der
Rinde abgestorbener Bäume herauszu-
arbeiten. Er ist deshalb darauf ange-
wiesen, dass tote Bäume in seinem
Brutgebiet stehen gelassen werden. Er
fehlt in intensiv bewirtschafteten
Wäldern. Besonders günstige Lebens-
bedingungen findet er in Wäldern mit
Sturmschäden vor.

Kopf schwarz–weiß
gestreift

Unterseite
stark
gefleckt
♀

**Vorkommen** *Lebt in
Nadelwäldern mit
vielen toten und
morschen Bäumen.*

> *Brutzeit Mai–Sept.*
> *3–4 weiße Eier*
> *1 Brut im Jahr*

Kopfplatte
gelb

Kopfplatte
weißlich

♂

♀

**Stimme** *Ruft kurz
„kück", auch gereiht;
Trommelwirbel länger
und langsamer als
beim Buntspecht.*

89

# Schleiereule

*Tyto alba* (Schleiereulen)
L 33–35 cm   SpW 85–93 cm   Standvogel

sehr helle
Unterflügel

Die Bestände der Schleiereule können innerhalb weniger Jahre
sehr stark schwanken. Sie sind abhängig vom Angebot an Mäusen
und von der Härte des Winters. Gibt es viele Mäuse,
brütet sie bis zu dreimal im Jahr, in schlechten
Mäusejahren sind die Gelege kleiner oder die
Brut fällt ganz aus. Die Schleiereule brütet in
Hohlräumen von Dachböden, Scheunen und
Kirchtürmen, wenn eine Einflugöffnung
vorhanden ist. Spezielle Nistkästen
erleichtern ihr die Suche nach einem
geeigneten Brutplatz.

**Vorkommen** *Brütet
meist in Dörfern,
die an geeignete
Jagdgebiete, offene
Landschaften mit
Hecken und Gräben,
grenzen.*

> *Brutzeit März–Dez.*
> *4–12 weiße Eier*
> *1–2 Bruten im Jahr*

weißes,
herzförmiges
Gesicht

**Familie im Nistkasten**

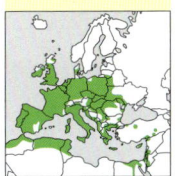

Unterseite
in West– und
Südeuropa
weiß

**Stimme** *Nachts sind im
Brutgebiet kreischende und
fauchende Laute zu hören.*

# Waldkauz

**Strix aluco** (Ohreulen und Käuze)
L 37–42 cm   SpW 90–104 cm   Standvogel

*Flügel breit und rund*

*Auge dunkel*

**Vorkommen** *Brütet in alten Bäumen in Wäldern, Parks und anderen Gehölzen; nächtliche Jagd auch in offenem Gelände.*

> **Brutzeit Feb.–August**
> **3–5 weiße Eier**
> **1 Brut im Jahr**

Der aus Gruselfilmen bekannte heulende Gesang des Männchens ist im Herbst und im zeitigen Frühjahr zu hören. Der Waldkauz brütet in großen Baumhöhlen. Die Jungvögel sitzen im Alter von vier Wochen als „Ästlinge" frei in Bäumen oder am Boden. In Nordeuropa und den Bergwäldern Südosteuropas lebt der größere Habichtskauz *(S. uralensis)*.

**Kopf groß mit weißen Streifen**

**Stimme** *Männchen nachts mit langen, heulenden Rufreihen; Weibchen ruft kurz und scharf „kuitt".*

**Ästling**

*helles, gebändertes Gefieder*

*Gesicht einfarbig*

**Habichtskauz** ——Schwanz lang

Schwanz kurz ——

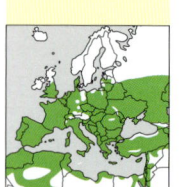

90

# Steinkauz

**Athene noctua** (Ohreulen und Käuze)
L 21–23 cm   SpW 54–58 cm   Standvogel

*Schwanz kurz*   *Hals länglich*

**Vorkommen** *Lebt in offener Landschaft mit Baumreihen, gebietsweise auch in Ortschaften.*

> **Brutzeit März–August**
> **3–5 weiße Eier**
> **1 Brut im Jahr**

Seinem Brutrevier bleibt der Steinkauz in der Regel ein Leben lang treu. Auch der Nachwuchs siedelt sich, wenn er im Alter von zwei bis drei Monaten das elterliche Revier verlässt, meist nur wenige Kilometer vom Geburtsort an. Der Steinkauz bevorzugt in Mitteleuropa Baumhöhlen als Nistplatz, am liebsten in alten Kopfweiden und Obstbäumen. In Südeuropa brütet er häufig in Felshöhlen oder an Gebäuden.

**Gesicht breit**
**Auge gelb**

*Oberkopf weiß gesprenkelt*

**Kopf dunkel**

**Jungvogel**

**Stimme** *Ruft kräftig „uuuh", meist in lockerer Reihe.*

# Raufußkauz

*Aegolius funereus* (Ohreulen und Käuze)

L 24–26 cm   SpW 53–62 cm   Standvogel

Kopf gedrungen

Bei seiner nächtlichen Jagd lauscht der Raufußkauz von einem
Ansitz aus. Raschelt in der Nähe eine Maus oder
ein kleiner Vogel, ergreift er seine Beute in laut-
losem Sturzflug. Zum Brüten bezieht er fast
immer eine Schwarzspechthöhle. Im Sommer
wie im Winter deponiert er in solchen Höhlen überschüssige Beute als Vorrat.

offener
Gesichtsausdruck

Auge gelb

Kopf wirkt
eckig

Gefieder
dunkelbraun

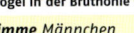

**Altvogel in der Bruthöhle**

**Jungvogel**

**Stimme** *Männchen
singen leicht anstei-
gende Tonreihe („hu-
hu-hu-hu-hu-hu")
Weibchen mit kurzen,
scharfen Rufen.*

**Vorkommen** *Lebt in
Nadelwäldern, meist
im Bergland.*

> **Brutzeit März–Sept.**
> **3–6 weiße Eier**
> **1–2 Bruten im Jahr**

# Sperlingskauz

*Glaucidium passerinum* (Ohreulen und Käuze)

L 16–19 cm   SpW 34–38 cm   Standvogel

Schwanz kurz

Kopf länglich

Die kleinste europäische Eule ist oft schon zu Beginn der
Abenddämmerung aktiv. Sie jagt bevorzugt Singvögel, besonders
zur Brutzeit aber auch Mäuse. Ab Februar führt das Männchen
dem Weibchen mehrere Höhlen
von Bunt- oder Dreizehenspecht
vor, von denen das Weibchen
eine als Bruthöhle auswählt.

**Vorkommen** *Lebt in
Nadel- und Misch-
wäldern, meist im
Bergland.*

> **Brutzeit April–August**
> **4–7 weiße Eier**
> **1 Brut im Jahr**

Kopf
rundlich

Rücken kaum
gefleckt

Flanke
dunkelbraun

**Jungvogel**

schmale
Bruststrichelung

**Stimme** *Gesang aus
starkem Anfangslaut,
gefolgt von leiseren
Tönen („tüh-düdü-
düdü"); auch lang
gezogene Rufe.*

**Blick aus der
Bruthöhle**

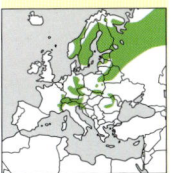

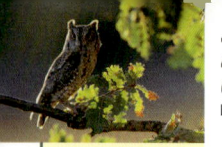

# Zwergohreule

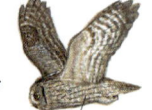

*Otus scops* (Ohreulen und Käuze)

L 18–20 cm SpW 49–54 cm Kurz-/Mittelstreckenzieher

Unterseite längs gestrichelt

***Vorkommen*** *Bewohnt in trockener Landschaft Baumbestände verschiedener Art, fehlt aber in geschlossenen Wäldern.*

- > **Brutzeit April–August**
- > **3–5 weiße Eier**
- > **1 Brut im Jahr**

Durch ihr borkenfarbenes Gefieder bestens im Geäst von Bäumen getarnt, bekommt man die Zwergohreule fast nie zu Gesicht. Erst bei völliger Dunkelheit wird sie aktiv, lässt ihren eintönigen Gesang erklingen und macht Jagd auf Mäuse und große Insekten. Sie brütet in Hohlräumen von Bäumen oder Mauern. Überwintert wird südlich der Sahara in Afrika.

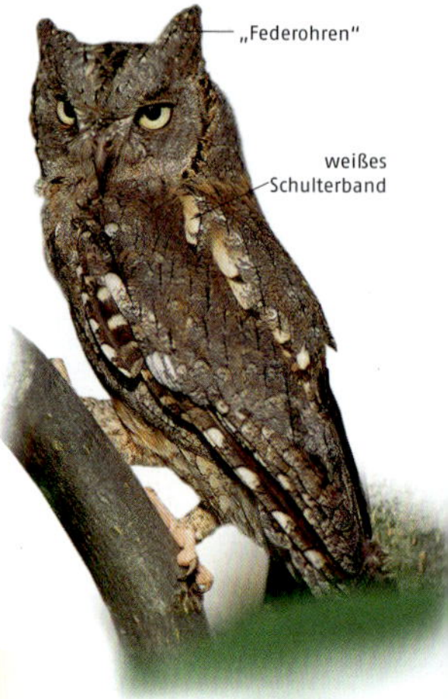

„Federohren"
weißes Schulterband

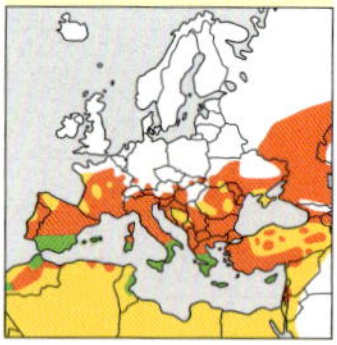

***Stimme*** *Gesang aus monotoner Folge traurig klingender Laute („düh.... düh....düh....").*



# Waldohreule

*Asio otus* (Ohreulen und Käuze)

L 35–40 cm SpW 90–100 cm Standvogel/Kurzstreckenzieher

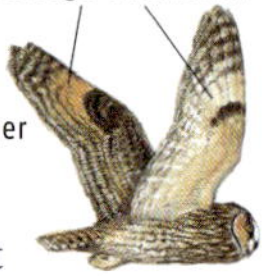

Ober- und Unterflügel kontrastarm

***Vorkommen*** *Brütet an Waldrändern, in Feldgehölzen und Baumgruppen; nächtliche Nahrungssuche in offenem Gelände.*

- > **Brutzeit März–August**
- > **3–8 weiße Eier**
- > **1 Brut im Jahr**

große, meist aufgestellte „Federohren"
Auge orange

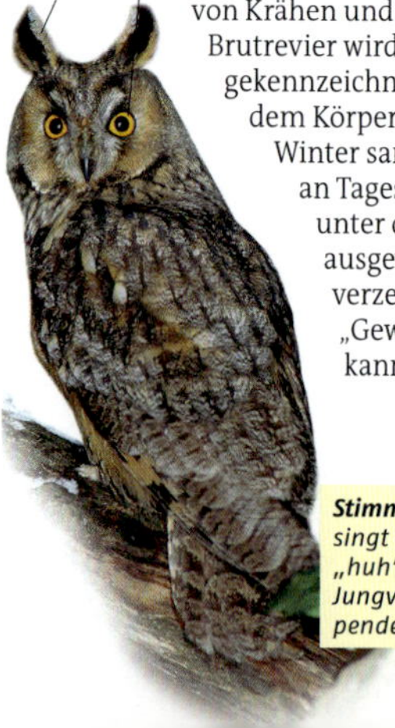

Die Waldohreule benutzt das Nest von Krähen und Greifvögeln. Das Brutrevier wird mit Rufen und einem Balzflug gekennzeichnet, bei dem die Flügel unter dem Körper zusammenklatschen. Im Winter sammeln sich oft mehrere Eulen an Tagesschlafplätzen in Nadelbäumen, unter denen man die ausgewürgten Reste verzehrter Mäuse als „Gewölle" finden kann.

bereits mit kleinen „Federohren"

**Ästling**

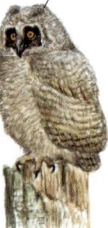

***Stimme*** *Männchen singt gereiht dumpfe „huh"-Laute; von Jungvögeln sind fiepende Rufe zu hören.*

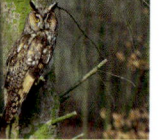

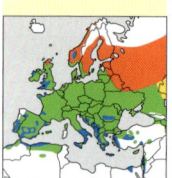

# Sumpfohreule

*Asio flammeus* (Ohreulen und Käuze)
L 34–42 cm   SpW 95–110 cm   Standvogel/Kurzstreckenzieher

Oberflügel kontrastreich

Spitze des Unterflügels
kontrastreich gebändert

kleine, kaum sichtbare
„Federohren"

Auge gelb

Die Sumpfohreule ist nicht nur in der Dämmerung, sondern auch am Tag aktiv. Ähnlich einer Weihe (S. 98) patrouilliert sie in gaukelndem Suchflug flach über dem Boden und stürzt sich mit rascher Wendung auf erblickte Mäuse. Gut versteckt zwischen Grasbüscheln scharrt das Weibchen eine Nestmulde.

**Jungvogel,
3 Wochen alt**

**Vorkommen** *Lebt in feuchter, offener Landschaft (Moore, Dünen, nasse Wiesen).*

> **Brutzeit März–August**
> **7–10 weiße Eier**
> **1 Brut im Jahr**

**Stimme** *Gesang des Männchens besteht aus leicht ansteigender Reihe dumpfer Laute („bu-bu-bu-bu-bu").*

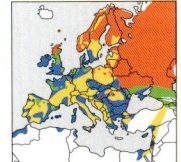

# Uhu

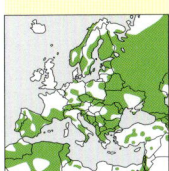

*Bubo bubo* (Ohreulen und Käuze)
L 60–75 cm   SpW 160–188 cm   Standvogel

kräftige, greifvogelartige
Gestalt

schmale
„Federohren"

Auge orange

Brust stark gefleckt

Als größte Eule kann der Uhu Beutetiere bis zur Größe von Hasen und Reihern schlagen. In Europa war der Uhu vielerorts schon fast oder ganz ausgerottet. Schutzmaßnahmen, wie die Horstbewachung, ließen die Bestände wieder anwachsen. Als Brutplatz dient oft eine geschützte Nische in Felswänden, wobei die Altvögel den Nachwuchs bis zu fünf Monate lang versorgen.

Gesicht hell

**Jungvogel,
2 Monate alt**

**Vorkommen** *Lebt in abwechslungsreicher Landschaft mit Felswänden oder großen Bäumen als Nistplatz.*

> **Brutzeit Februar–Juli**
> **2–4 weiße Eier**
> **1 Brut im Jahr**

**Stimme** *Männchen ruft tief und dumpf „u-oh" (Betonung auf der 1. Silbe).*

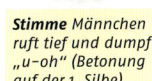

# Schneeeule

mehr oder weniger deutliche Schwanz-endbinde

großer Kopf

*Bubo scandiacus* (Ohreulen und Käuze)
L 53–66 cm  SpW 142–166 cm  Kurzstreckenzieher

**Vorkommen** *Lebt in der Tundra, gern nahe der Küste.*

> **Brutzeit Mai–Sept.**
> **4–9 weiße Eier**
> **1 Brut im Jahr**

Die Schneeeule brütet offen auf dem Boden. Ihr Nest verteidigt sie so heftig gegen Polarfüchse, dass sich Ringelgänse gern in ihrer Nähe ansiedeln, um von diesem Schutz zu profitieren. Zur Brutzeit ernährt sie sich überwiegend von Lemmingen. Wenn diese fehlen, fällt die Brut aus.

Auge gelb

fast alle Federn mit dunkler Spitze

♂

Gefieder fast reinweiß

**Jungvogel, 7 Wochen alt**

Dunenkleid dunkelgrau

♀

**Stimme** *Der Gesang des Männchens ist eine eintönige Reihe rauer Laute, die an Hundegebell erinnern.*

# Gänsegeier

*Gyps fulvus* (Habichtverwandte)
L 95–105 cm  SpW 240–280 cm  Standvogel

**Vorkommen** *Lebt in Bergland und Gebirgen mit felsigen Bereichen.*

> **Brutzeit Jan.–August**
> **1 weißes Ei, manchmal leicht gefleckt**
> **1 Brut im Jahr**

Der Gänsegeier fliegt fast ohne Flügelschlag und startet erst nach Sonnenaufgang. Dabei nutzt er zum Aufsteigen thermische Aufwinde aus. Aus bis zu 3000 m Höhe sucht er riesige Gebiete nach Tierkadavern ab und achtet dabei auf Artgenossen, die bereits im Sinkflug sind. Brutkolonien befinden sich in Felswänden.

Unterflügel kontrastreich

Schwanz rund

Kopf und Hals nackt hellgrau

braune Halskrause (bei Altvögeln weiß)

Rücken hellbraun

**Jungvogel**

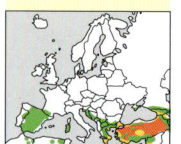

**Stimme** *Kreischende und gackernde Rufe, besonders bei Streit an Kadavern.*

# Bartgeier

*Gypaetus barbatus* (Habichtverwandte)
L 100–115 cm   SpW 250–282 cm   Standvogel

Sowohl im hohen Gleitflug als auch im niedrigen Suchflug spürt der Bartgeier seine Nahrung auf. Von Kadavern verzehrt er nicht nur das Fleisch, sondern auch die Knochen. Große Knochenstücke und Schildkrötenpanzer zerkleinert er, indem er sie aus großer Höhe fallen lässt. Das lebenslang treue Bartgeierpaar baut mehrere Nester in Felswände.

Kopf hell mit schwarzem „Bart"

Oberseite schwärzlich

**Altvogel**

Schwanz keilförmig

Bauch orange-braun

**Jungvogel**

Kopf schwarzbraun

Bauch braun

**Vorkommen** *Lebt in felsigen Gebieten, vor allem im Hochgebirge.*

> *Brutzeit Dez.–August*
> *1–2 bräunliche Eier*
> *1 Brut im Jahr*

*Stimme Wenige pfeifende und trillernde Laute, selten zu hören.*

95

# Schmutzgeier

*Neophron percnopterus* (Habichtverwandte)
L 58–70 cm   SpW 155–180 cm   Langstreckenzieher

Der Schmutzgeier verzehrt Aas und Abfälle aller Art. Bei größeren Tierkadavern ist er darauf angewiesen, dass der Körper zuvor von größeren Geiern aufgerissen wurde. Erst wenn diese satt sind, kommt auch er zum Zuge. Im afrikanischen Winterquartier öffnet er Straußeneier mit Steinwürfen.

dünner Haken-schnabel

Vorderkopf nackt und gelb

**Altvogel**

Schwanz keilförmig

Unterseite dunkelbraun

**Jungvogel**

Unterseite schwarz-weiß

**Vorkommen** *Bewohnt offene Landschaften mit Felswänden als Nistplatz.*

> *Brutzeit März–Juli*
> *2 helle, braun gefleckte Eier*
> *1 Brut im Jahr*

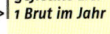

*Stimme Wenig ruffreudig, bei Erregung zischende, grunzende oder trillernde Laute.*

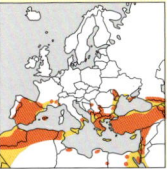

# Fischadler 🔊

*Pandion haliaetus* (Fischadler)
L 55–58 cm  SpW 145–170 cm  Langstreckenzieher

**Vorkommen** *Lebt an fischreichen Gewässern mit hohen Bäumen zum Nestbau; auch an Meeresküsten.*

> **Brutzeit März–August**
> **3 weiße, braun gefleckte Eier**
> **1 Brut im Jahr**

Es ist ein spektakulärer Anblick, wenn sich ein Fischadler mit vorgestreckten Füßen ins Wasser stürzt. Kurz darauf erhebt er sich wieder mit einem großen Fisch. Nur zwei Fische benötigt er für seinen Tagesbedarf, doch steigt der Aufwand, wenn der Nachwuchs drei Monate lang gefüttert werden muss. Im August beginnt der Zug nach Afrika.

Kopf weiß mit dunklem Streif zum Nacken

Oberseite schwärzlich braun

schwarzes Querband am Unterflügel

Bauch weiß

braunes Brustband

**Stimme** *Verschiedene kurze, hohe Rufe, meist gereiht.*

---

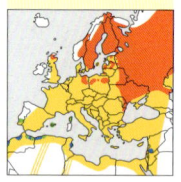

# Seeadler 🔊

*Haliaeetus albicilla* (Habichtverwandte)
L 69–92 cm  SpW 200–245 cm  Standvogel

**Vorkommen** *Bewohnt große Binnengewässer und Meeresküsten mit Baumbeständen.*

> **Brutzeit Feb.–August**
> **2 weiße Eier**
> **1 Brut im Jahr**

Erst im Alter von vier Jahren beginnt der Seeadler zu brüten. Paare bleiben ein Leben lang zusammen und halten sich meist ganzjährig im Brutrevier auf. Hoch auf einem Baum errichtet der Seeadler aus Ästen ein Nest von 1 m Durchmesser, das er viele Jahre benutzen kann. Als vielseitiger Jäger greift er große Fische aus dem Wasser, Wasservögel schlägt er auf der Wasseroberfläche oder verfolgt sie im Flug.

Schwanz weiß, leicht keilförmig

**Altvogel**

Schnabel kräftig, gelb

Kopf und Hals dunkelbraun

Schnabelspitze dunkel

Schwanz dunkel

**Jungvogel**

Hals und Kopf warm hellbraun

**Stimme** *Zur Balzzeit Reihen heller Rufe (auch im Duett), bei Weibchen tiefer als bei Männchen.*

# Steinadler

*Aquila chrysaetos* (Habichtverwandte)
L 77–90 cm   SpW 190–210 cm   Standvogel

goldbraunes Flügelfeld

Der Steinadler – typischer Greifvogel europäischer Gebirge – erbeutet vor allem Murmeltiere, Hasen und junge Gämsen, aber auch Schneehühner und andere Vögel. Erst ab dem fünften Lebensjahr kann er brüten und baut dazu ein Nest auf einem Felsvorsprung oder einem Baum.

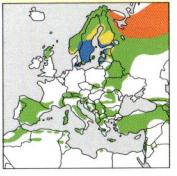

Kopf orangebraun

**Altvogel**

großes weißes Flügelfeld

Flügelvorderrand goldbraun

schwarze Schwanz- endbinde

Schwanz undeutlich gebändert

**Jungvogel**

*Stimme Selten zu hörende, keckernde und miauende Rufe.*

**Vorkommen** *Brütet im Gebirge; im Winter auch in tieferen Lagen.*

> **Brutzeit März–August**
> **2 weißliche Eier mit braunen Flecken**
> **1 Brut im Jahr**

97

---

# Mäusebussard

*Buteo buteo* (Habichtverwandte)
L 50–57 cm   SpW 113–128 cm   Standvogel/Kurzstreckenzieher

Kaum eine Vogelart ist in der Gefieder- färbung so variabel wie der Mäuse- bussard. Von einfarbig schwarzbraun bis fast weiß kommen die verschiedensten Muster vor. Er ernährt sich von Mäusen und anderen Kleintieren. In Bäumen baut er sein Nest. Mit etwa einer Million Brutpaaren ist die Art der häufigste Greifvogel Europas.

Schwanz kurz und rundlich, fein gebändert, dunkle Endbinde

kompakte Gestalt

Fuß unbe- fiedert gelb

**Gefieder variabel gefärbt**

*Stimme Weit hörbarer Ruf ("kiääh").*

**Vorkommen** *Brütet in Wäldern und Gehölzen; Nahrungs- suche in der offenen Landschaft.*

> **Brutzeit März–August**
> **2–3 weiße Eier mit bräunlicher Fleckung**
> **1 Brut im Jahr**

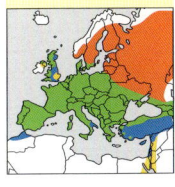

# Wiesenweihe 🔊

*Circus pygargus* (Habichtverwandte)
L 43–47 cm   SpW 105–120 cm   Langstreckenzieher

weißlicher Kragen
Unterflügel dunkel
♀

♂

keil-förmig

**Steppenweihe**

Die Wiesenweihe brütet am Boden, manchmal auch in lockeren Kolonien. Sie überwintert in Afrika. Neben Mäusen frisst sie große Insekten, Eidechsen und kleine Vögel. Die ebenfalls schlank gebaute und sehr ähnlich gefärbte Steppenweihe *(C. macrourus)* brütet vom Schwarzen Meer ostwärts.

**Jungvogel**
heller Kragen angedeutet
Flügel sehr schmal
♀
Hinterrücken schmal weiß
♂
schwarzer Flügelstreif

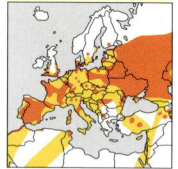

Kopf, Brust und Oberseite grau

Bauch rotbraun gefleckt
♂

**Stimme** *Keckernde Rufreihen beim Balzflug des Männchens.*

98

# Rohrweihe 🔊

*Circus aeruginosus* (Habichtverwandte)
L 48–56 cm   SpW 110–130 cm   Mittel-/Langstreckenzieher

Vorderrand des dunkelbraunen Flügels gelblich
♀

Flügel braun-grau-schwarz
♂

Das Nest wird vor allem vom Weibchen gebaut, während das Männchen das Nistmaterial bringt. Die Rohrweihe frisst Mäuse und Kleinvögel, zur Brutzeit auch Eier und Jungvögel anderer Vogelarten. Typisch für alle Weihenarten ist ein gaukelnder Suchflug. Dabei fliegt der Vogel mit v-förmig hochgestellten Flügeln nah über dem Boden und „schaukelt" um seine eigene Achse.

Kopf hellbraun

Rücken braun

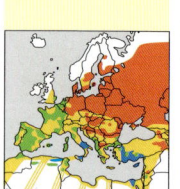

**Küken im Nest**

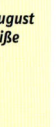

♂

Beine lang

**Stimme** *Beim Balzflug des Männchens nasal quakende Rufe; bei Gefahr keckernde Rufe.*

# Sperber

**Kurzfangsperber**

*Accipiter nisus* (Habichtverwandte)
L 28–38 cm   SpW 55–70 cm   Standvogel/Kurzstreckenzieher

Flügelspitze schwarz

schlanke Gestalt

Flügel breit, rundlich

Wie beim Habicht unterscheiden sich beim Sperber die Geschlechter deutlich in der Körpergröße. Da er seine Beute, Kleinvögel, nur kurz verfolgen kann, muss er Überraschungsangriffe starten und dabei die Deckung von Büschen und Bäumen ausnutzen. Vom Balkan ostwärts brütet der ähnliche, aber dunkeläugige Kurzfangsperber (*A. brevipes*).

Oberseite bläulich grau

Unterseite rotbraun gebändert

Oberseite graubraun

Auge gelb

Unterseite weiß mit schwarzer Bänderung

**Stimme** *Lange Rufreihen, auch im Duett („gi-gi-gi-gi-…"), bei Gefahr schneller.*

*Vorkommen Brütet in Nadelwäldern und Feldgehölzen; jagt gern in deckungsreicher, aber auch in offener Landschaft.*

> **Brutzeit April–August**
> **4–6 bläulich weiße, dunkel gefleckte Eier**
> **1 Brut im Jahr**

---

# Habicht

*Accipiter gentilis* (Habichtverwandte)
L 48–62 cm   SpW 135–165 cm   Standvogel

Oberseite braun

Unterseite rötlich mit braunen Flecken

**Jungvogel**

Das Männchen ist deutlich kleiner als das Weibchen. Ebenso unterschiedlich ist die Größe der Beute, die sie nach kurzem Verfolgungsflug überwältigen können. Während das Männchen meist taubengroße Vögel erbeutet, kann das Weibchen sogar große Hühnervögel schlagen. Im Winter frisst der Habicht auch Mäuse und Kaninchen.

**Jungvogel ♂**

Schwanz lang

Unterseite längs gefleckt

**Altvogel ♀**

kräftige Gestalt

Unterseite quer gebändert

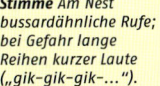

Oberseite dunkelgrau

Unterseite weiß mit schwarzer Bänderung

**Stimme** *Am Nest bussardähnliche Rufe; bei Gefahr lange Reihen kurzer Laute („gik-gik-gik-…").*

*Vorkommen Brütet in Wäldern; Jagd bevorzugt im Waldrandbereich, auch in halb offener Landschaft.*

> **Brutzeit März–Juli**
> **2–5 weißliche Eier**
> **1 Brut im Jahr**

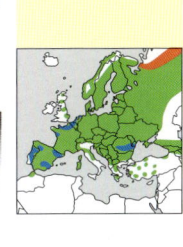

# Rotmilan

*Milvus milvus* (Habichtverwandte)
L 60–66 cm   SpW 175–195 cm   Kurzstreckenzieher

helles Band auf Oberflügel

rotbrauner Schwanz tief gegabelt

Flügel meist leicht angewinkelt

Außenflügel unterseits weißlich mit schwarzer Spitze

Kopf hellgrau

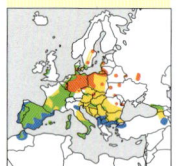

**Vorkommen** *Brütet in Wäldern und Feldgehölzen; Nahrungssuche in offener Landschaft.*

> **Brutzeit April–August**
> **2–3 weiße, braun gefleckte Eier**
> **1 Brut im Jahr**

Als Aasfresser schnappt sich der Rotmilan gern im Straßenverkehr getötete Tiere. In relativ niedrigem Flug sucht er den Boden ab. Zur Brutzeit hat jedes Paar sein eigenes Revier. Ansonsten ist der Rotmilan recht gesellig. Größere Gruppen kann man an Mülldeponien beobachten; abends sammeln sich viele zum Übernachten in einer Baumgruppe.

**Stimme** *Auf und ab steigendes Pfeifen („wiuuu-wiu-wiu-wiu").*

# Turmfalke

*Falco tinnunculus* (Falken)
L 32–39 cm   SpW 65–82 cm   Standvogel/Langstreckenzieher

Rüttelflug

schwarze Schwanzendbinde

♀

Kopf bräunlich

♂

Schwanz grau

Kopf grau

Oberseite rotbraun, dunkel gefleckt

Brust dicht gefleckt

♂

**Vorkommen** *Brütet in felsiger Landschaft, Städten und Feldgehölzen sowie an Waldrändern; jagt in offener Landschaft.*

> **Brutzeit März–Juli**
> **4–6 gelbliche Eier mit braunen Flecken**
> **1 Brut im Jahr**

In der Wahl seines Brutplatzes ist der Turmfalke sehr vielseitig. Er benutzt alte Nester von Krähen und Elstern auf Bäumen oder Hochspannungsmasten, brütet aber auch in Fels- und Gebäudenischen. In Städten besiedelt er Kirchtürme und andere Bauwerke. Typisch für den Turmfalken ist der „Rüttelflug". Dabei „steht" er mit gefächertem Schwanz in der Luft, schlägt schnell mit den Flügeln und lässt seinen Blick über den Erdboden schweifen. Eine entdeckte Maus versucht er sofort im Sturzflug zu erbeuten.

**Stimme** *Ruft durchdringend „ki-ki-ki-ki-ki-…".*

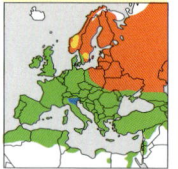

# Wanderfalke

*Falco peregrinus* (Falken)

L 36–48 cm   SpW 80–120 cm   Standvogel/Kurzstreckenzieher

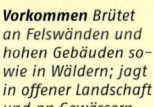

Unterflügel hell

für Falken recht kurzer Schwanz

Kopf mit schwarzer „Haube"

Die Nahrung des Wanderfalken besteht aus Vögeln, in der Größe zwischen Drosseln und Möwen. Der Wanderfalke gehört zu den schnellsten Vogelarten. Wenn er aus kreisendem Suchflug ein Beutetier entdeckt hat, winkelt er die Flügel an und erreicht im Sturzflug Geschwindigkeiten von mehr als 300 km/h.

Oberseite dunkelbraun

Unterseite bräunlich mit dunkelbraunen Flecken

**Jungvogel**

Oberseite schiefergrau

Unterseite dunkel gebändert

***Vorkommen** Brütet an Felswänden und hohen Gebäuden sowie in Wäldern; jagt in offener Landschaft und an Gewässern.*

> ***Brutzeit März–Juni***
> ***3–4 gelbliche, braun gefleckte Eier***
> ***1 Brut im Jahr***

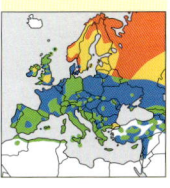

*Stimme Rufreihen („grä-grä-grä-grä-…") rauer als beim Turmfalken (S. 100).*

# Fasan

*Phasianus colchicus* (Glatt- und Raufußhühner)

L 53–89 cm   SpW 70–90 cm   Standvogel

Küken

nackte, rote Haut an Kopfseiten

Seine Nahrung, die aus Pflanzensamen, Schösslingen, Würmern und Insekten besteht, sucht der Fasan am Boden. Schon seit Langem ist der Fasan ein gern bejagter Vogel. Wahrscheinlich wurde er schon zur Römerzeit in Europa eingebürgert. Noch heute wird er jährlich zu Zigtausenden ausgesetzt, denn allein kann er seinen Bestand nicht halten.

***Vorkommen** Bewohnt Ackerland und Wiesen mit Deckung bietenden Büschen, Schilf oder Feldgehölzen.*

> ***Brutzeit April–Sept.***
> ***8–12 graubraune Eier***
> ***1 Brut im Jahr***

♂

Kopfgefieder blau und grün schillernd

Körpergefieder rötlich braun mit schwarzer Bänderung

Schwanz sehr lang

♀

Gefieder hellbraun mit dunkler Fleckung

*Stimme Männchen ruft laut „gröö-göck", gefolgt von lautstarkem Flügelschütteln.*

# Birkhuhn

*Tetrao tetrix* (Glatt- und Raufußhühner)
L 32–39 cm   SpW 65–80 cm   Standvogel

Schnabel klein

♀

Hals und Bauch braun gebändert

**Vorkommen** *Bewohnt Heide- und Moorgebiete in Waldnähe.*

> **Brutzeit April–Sept.**
> **6–10 gelbbraune, gefleckte Eier**
> **1 Brut im Jahr**

Im Frühjahr finden sich frühmorgens und abends mehrere Männchen in einer „Balzarena" ein. Dort werben sie mit verschiedenen Posen und Sprüngen um die Gunst der ebenfalls anwesenden Weibchen. Die erfolgreichsten Männchen dürfen mehrere Weibchen begatten; an Brut und Jungenaufzucht beteiligen sie sich nicht.

scharlachrote „Rose"

Gefieder schwarz mit bläulichem Glanz

**Stimme** *Balzende Männchen erzeugen kullernde und zischende Laute; beim Weibchen gackernde Rufe.*

♂

# Auerhuhn

*Tetrao urogallus* (Glatt- und Raufußhühner)
L 54–95 cm   SpW 87–125 cm   Standvogel

♀

wuchtige Gestalt

**Vorkommen** *Lebt in ungestörten Nadel- und Mischwäldern mit offenen Bereichen.*

> **Brutzeit April–August**
> **5–11 gelbliche, dunkel gefleckte Eier**
> **1 Brut im Jahr**

Neben Knospen und Beeren frisst das Auerhuhn auch Nadeln von Nadelbäumen, die es mit dem scharfen Schnabel abschneidet und mithilfe von verschluckten Steinchen im Magen zerkleinert. Mit Glück kann man im Frühjahr das berühmte Balzverhalten des Auerhahns beobachten. In einer „Balzarena" posieren mitunter mehrere Männchen mit aufgerichtetem Hals und breit gefächertem Schwanz.

Schnabel kräftig

♀

Rücken braun

♂

Vorderhals und Brust orangebraun

Schwanz lang

nackte, rote Hautstelle über Auge

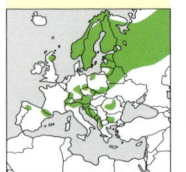

**Stimme** *Der Balzgesang des Männchens enthält glucksende, knallende und trillernde Laute; Weibchen gackern.*

# Rebhuhn

*Perdix perdix* (Glatt- und Raufußhühner)
L 29–31 cm   SpW 45–48 cm   Standvogel

Schwanz rotbraun

Junge Rebhühner werden schnell selbstständig, bleiben aber bis zum Ende des Winters gern im Familienverband. Intensive Landwirtschaft macht dem Rebhuhn das Überleben schwer: Es fehlen vielerorts Hecken als Brutplatz und Unterschlupf; Pestizide und frühzeitiges Umpflügen von Stoppelfeldern reduzieren das Angebot an Insekten und Pflanzensamen.

Gesicht rotbraun

**Vorkommen** *Lebt in Steppen, Ackerland, Brachflächen und Heide, möglichst mit einzelnen Büschen oder Hecken.*

> *Brutzeit April–Oktober*
> *10–20 bräunliche Eier*
> *1 Brut im Jahr*

Flügel braun gefleckt

Brust grau

Küken suchen früh selbst Nahrung

**Stimme** *Der Revierruf des Männchens ist ein raues „kirrräck" (auf der 2. Silbe betont).*

# Wachtel

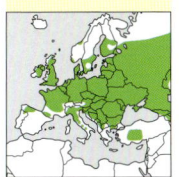

*Coturnix coturnix* (Glatt- und Raufußhühner)
L 16–18 cm   SpW 32–35 cm   Langstreckenzieher

Oberseite gestreift

lange Flügel

Wenn der kleinste europäische Hühnervogel durch Wiesen und Felder schleicht, ist er fast nie zu sehen. Seine Rufe sind dagegen sehr weit zu hören. Jungvögel entwickeln sich extrem schnell und brüten schon im Alter von vier Monaten. Es wird vermutet, dass Jungvögel aus dem Mittelmeerraum dazu im Sommer nach Mitteleuropa einfliegen.

Kehlmitte schwarz

♂

**Vorkommen** *Bewohnt Getreidefelder, Wiesen und Brachflächen mit nicht zu trockenen Böden.*

> *Brutzeit März–Oktober*
> *7–13 gelbliche, dunkel gefleckte Eier*
> *1–2 Bruten im Jahr*

Oberseite mit gelblichen Längsstreifen

Kehle hell

♀

**Stimme** *Männchen singt rhythmisch „pick-we-rick", meist mehrfach und auch nachts auf dem Zug.*

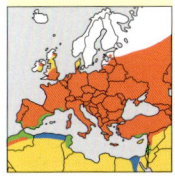

# Alpenschneehuhn

*Lagopus muta* (Glatt- und Raufußhühner)
L 33–38 cm   SpW 54–60 cm   Standvogel

Flügel reinweiß

Das Gefieder des Alpenschneehuhns passt sich dem vorherrschenden Untergrund an. Im Sommer ist es graubraun wie der felsige Lebensraum, im Winter ist es rein weiß wie der Schnee. Um auch im Winter an Blätter und Knospen zu gelangen, gräbt es Gänge im Schnee. Die Nacht verbringt es gut geschützt vor eisigen Polar- und Gebirgsnächten in Schneehöhlen.

**Vorkommen** *Lebt in der Tundra und im Gebirge oberhalb der Baumgrenze.*

> **Brutzeit Mai–Sept.**
> **5–8 bräunliche Eier mit Flecken**
> **1 Brut im Jahr**

Rücken, Hals und Brust graubraun

♀ vertraut beim Brüten auf tarnfarbenes Gefieder

**Sommer**

Bauch weiß

**Stimme** *Beim Männchen knarrende und bellende Gesangsstrophen; daneben verschiedene raue und scharfe Rufe.*

---

# Rosaflamingo

*Phoenicopterus roseus* (Flamingos)
L 120–145 cm   SpW 140–165 cm   Standvogel/Kurzstreckenzieher

Hals sehr lang

Flügel schwarz-rot

Das Vorkommen des Rosaflamingos beschränkt sich auf wenige Kolonien. Dicht an dicht werden dort nah am Wasser Nester aus Schlamm gebaut. Der Schnabel enthält seitliche Lamellen, mit denen er Krebstierchen und Insekten aus dem Wasser sieben kann. Stellenweise leben in Europa auch entflogene Chileflamingos (*Ph. chilensis*).

**Vorkommen** *Lebt an flachen, meist salzigen Seen und Küstenlagunen.*

> **Brutzeit April–Sept.**
> **1 weißes Ei**
> **1 Brut im Jahr**

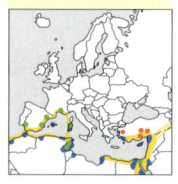

Schnabel grau

**Jungvogel**

Gefieder graubraun

**Altvogel**

Schnabel rosa, gebogen

Beine lang, rötlich

halber Schnabel schwarz

nur „Knie" rot

**Chileflamingo**

**Stimme** *Tiefe, raue, an Gänse erinnernde Rufe.*

# Weißstorch

*Ciconia ciconia* (Störche)
L 100–102 cm   SpW 155–165 cm   Langstreckenzieher

Mit seinen Nestern mitten in Dörfern ist der Weißstorch ein bekannter und symbolträchtiger Kulturfolger. Besonders im westlichen Europa hat aber intensive Landwirtschaft zu jahrzehntelangen Bestandsrückgängen geführt. Auch der Nahrungsmangel im afrikanischen Wintergebiet und tödliche Unfälle an Stromleitungen setzten der beliebten Art zu.

Hals gestreckt

Flügel schwarz-weiß

Schnabel rot, kräftig

**Nest auf Schornstein**

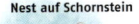

Kopf bis Rücken weiß

Beine rot

*Stimme Auf dem Nest lautes Schnabelklappern; sonst nur leise zischende Laute.*

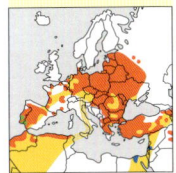

# Schwarzstorch

*Ciconia nigra* (Störche)
L 95–100 cm   SpW 144–155 cm   Langstreckenzieher

Der Schwarzstorch ist ein scheuer Waldvogel und meist nur bei Flügen zwischen Nest und Nahrungsgebieten zu sehen. Anders als sein etwas größerer Verwandter hält er sich auch bei der Suche nach Fischen und Fröschen lieber im Verborgenen auf. Ungestörte Waldgebiete sind für seinen Schutz besonders wichtig.

Hals gestreckt

nur Bauch weiß

Schnabel rot, kräftig

Kopf bis Rücken schwarz

**Jungvogel**

Kopf bis Rücken schwärzlich braun

Schnabel bräunlich

Beine bräunlich

Beine rot

*Stimme Ruft im Flug bussardähnlich „fio", am Nest verschiedene leise Laute.*

**Vorkommen** *Brütet in Laub- und Mischwäldern; Nahrungssuche an Tümpeln, Bächen und Sümpfen.*

> **Brutzeit April–Sept.**
> *3–5 weiße Eier*
> *1 Brut im Jahr*

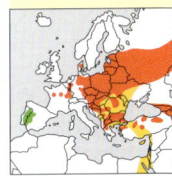

# Graureiher

*Ardea cinerea* (Reiher)
L 90–98 cm   SpW 175–195 cm   Kurzstreckenzieher

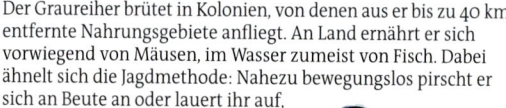

Hals angelegt, dick

**Vorkommen** *Brütet meist in gewässerna-hen Gehölzgruppen; Nahrungssuche auf Äckern und Wiesen sowie in flachen Gewässern.*

> **Brutzeit Feb.–August**
> **3–5 hellblaue Eier**
> **1 Brut im Jahr**

Der Graureiher brütet in Kolonien, von denen aus er bis zu 40 km entfernte Nahrungsgebiete anfliegt. An Land ernährt er sich vorwiegend von Mäusen, im Wasser zumeist von Fisch. Dabei ähnelt sich die Jagdmethode: Nahezu bewegungslos pirscht er sich an Beute an oder lauert ihr auf, dann stößt er blitzschnell mit seinem dolchartigen Schnabel zu.

Kopf schwarz-weiß

Kappe grau

Schnabel kräftig, gelb

Jungvogel

Teil einer Brutkolonie

**Stimme** *Heisere, lang gezogene Rufe („rrrräck").*

# Nachtreiher

*Nycticorax nycticorax* (Reiher)
L 56–65 cm   SpW 105–112 cm   Langstreckenzieher

Flügel grau

Hals kurz, dick

**Vorkommen** *Brütet in buschigen Baumbe-ständen an den Ufern von Seen und großen Flüssen, manchmal auch im Schilf.*

> **Brutzeit April–Sept.**
> **3–5 bläulich grüne Eier**
> **1–2 Bruten im Jahr**

Ihrem Namen entsprechend ist die kleine Reiherart fast nur in der Nacht und in der Dämmerung aktiv. Tagsüber verharrt der Nachtreiher regungslos im Schutz von Büschen und Bäumen. Zu sehen bekommt man ihn meist nur im Flug, wenn er von der Brutkolonie aus seine bis zu 20 km entfernten Nahrungsgebiete aufsucht.

Gefieder braun, hell gefleckt

Kappe schwarz

Rücken schwarz

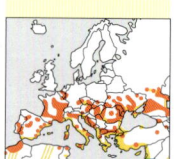

Unterseite hellgrau

Jungvogel

**Stimme** *Charakte-ristisch sind nasale „quack"-Rufe am Brutplatz und im Flug.*

# Silberreiher

*Casmerodius albus* (Reiher)

L 80–104 cm  SpW 140–170 cm  Standvogel/Kurzstreckenzieher

Beine ragen weit über Schwanz hinaus

Nur zur Brutzeit trägt der Silberreiher lange weiße Schmuckfedern an Hals und Rücken. Bei der Balz werden sie radförmig gespreizt. Für die Balzzeremonie errichtet das Männchen aus Zweigen und Schilfhalmen eine Plattform, die später zum Nest ausgebaut wird. Obwohl fast weltweit verbreitet, dringt die Art in Europa erst seit Kurzem nach Norden vor.

Schnabel lang, gelb

**Vorkommen** *Brütet im Schilf oder auf Bäumen am Wasser; Nahrungssuche auf Wiesen und Feldern sowie in flachem Wasser.*

> **Brutzeit April–August**
> **3–5 blassblaue Eier**
> **1 Brut im Jahr**

Gefieder reinweiß

**Balz**

**Schlichtkleid**

Beine dunkel

**Stimme** *Tiefe, heisere Rufe.*

# Seidenreiher

*Egretta garzetta* (Reiher)

L 55–65 cm  SpW 86–95 cm  Standvogel/Kurzstreckenzieher

Gefieder reinweiß

Der Seidenreiher wirkt wie eine kleine Ausgabe des Silberreihers. Auch bei ihm spielen die Schmuckfedern eine große Rolle bei der Balz. Früher wurden ihm diese Federn zum Verhängnis, denn ihretwegen wurde er stark bejagt. Der europäische Brutbestand breitet sich nun wieder aus und hat auf etwa 100 000 Paare zugenommen.

**Vorkommen** *Nahrungssuche in offenem, nassem Gelände oder in Flachgewässern; brütet an Gewässern mit Büschen und Bäumen.*

> **Brutzeit April–Sept.**
> **3–5 grünlich blaue Eier**
> **1 Brut im Jahr**

Schnabel schwarz

**Altvogel mit Schmuckfedern am Nest**

Zehen gelb

Bein schwarz

**Stimme** *Verschiedene raue Rufe.*

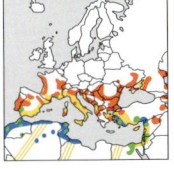

# Rohrdommel

*Botaurs stellaris* (Reiher)

L 64–80 cm   SpW 125–135 cm   Standvogel/Kurzstreckenzieher

Hals zusammen-
gelegt, dick

**Vorkommen** *Bewohnt
ausgedehnte Schilf-
bestände; im Winter
gelegentlich recht
offen an Gräben.*

> *Brutzeit März–Sept.*
> *5–6 olivbraune Eier*
> *1 Brut im Jahr*

Bei Gefahr nimmt die Rohrdommel augen-
blicklich ihre bekannte Pfahlstellung ein. Mit nach
oben gerichtetem Hals unterscheidet sich das Gefieder
kaum noch von den umgebenden Schilfhalmen. Auch
sonst ist die Rohrdommel selten zu sehen, denn das
Nest ist gut im Röhricht versteckt. Im Schutz
der Dämmerung und nachts sucht sie
nach Fischen und Fröschen.

dunkle
Kopfplatte

Haltung
geduckt

**Pfahlstellung**

Beine kurz

**Stimme** *Zur Brutzeit
weit hörbare, tiefe,
dumpf klingende Rufe
(„ummmp").*

---

## 108

---

# Löffler

*Platalea leucorodia* (Ibisse)

L 70–95 cm   SpW 115–135 cm   Mittel-/Langstreckenzieher

Schnabel gebogen

**Sichler**

**Vorkommen** *Lebt an
Gewässern verschie-
dener Art, auch im
Wattenmeer.*

> *Brutzeit April–Sept.*
> *3–5 weiße, braun
gefleckte Eier*
> *1 Brut im Jahr*

Der Schnabel des Löfflers ist unverwechselbar.
Er bewegt ihn im flachen Wasser seitlich hin und
her, um kleine Fische und andere Wassertiere zu
erhaschen. Zum Brüten lässt er sich gern in
Kolonien anderer Vögel nieder, meist
bei Reihern (S. 106–107). Von
Südfrankreich bis zum
Kaspischen Meer lebt
der verwandte Sichler
*(Plegadis falcinellus).*

Gefieder
braun,
glänzend

Hals gestreckt

**Jungvogel**

weißer
Schopf

Flügelspitze
schwarz

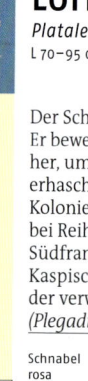

Schnabel
rosa

löffelartiger
Schnabel

Brust gelb

**Jungvogel**

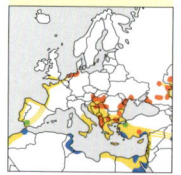

**Stimme** *Relativ
stumm, nur am Brut-
platz grunzende oder
heulende Laute.*

# Kranich

*Grus grus* (Kraniche)

L 110–120 cm  SpW 200–220 cm  Mittelstreckenzieher

Hals lang und gestreckt

Beine weit den Schwanz überragend

Kopf schwarz-weiß mit rotem Stirnfleck

Hals lang, schwarz

Zur Brutzeit verrät der Kranich seine Anwesenheit oft nur mit Balzrufen. Auf dem Zug und im Winterquartier ist er jedoch ein auffälliger Schwarmvogel, abends kommt es zu gewaltigen Ansammlungen an den Schlafplätzen. Die Art galt lange Zeit als gefährdet, mittlerweile haben Schutzmaßnahmen aber zu einer Bestandszunahme auf über 200 000 Vögel in Europa geführt.

**Balzgruppe**

lang herabhängende Schirmfedern

Beine sehr lang

**Stimme** *Am Brutplatz lautes Trompeten; im Flug weit hörbar „krrrü".*

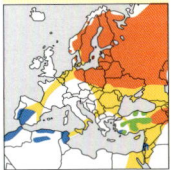

**Vorkommen** *Brütet in Mooren und Feuchtwiesen; Nahrungssuche auf Feldern und Wiesen.*

> **Brutzeit März–Sept.**
> **2 oliv- bis rotbraune Eier mit braunen Flecken**
> **1 Brut im Jahr**

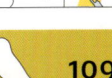

---

# Austernfischer

*Haematopus ostralegus* (Austernfischer)

L 40–47 cm  SpW 80–86 cm  Standvogel/Kurzstreckenzieher

breiter weißer Flügelstreif

An den europäischen Küsten gehört der Austernfischer wegen seiner durchdringenden Rufe zu den auffälligsten Vogelarten. Im Winter kann die Art große Schwärme bilden. Der Austernfischer kann seinen kräftigen Schnabel bei der Nahrungssuche vielfältig einsetzen. In weichen Wattböden stochert er nach Würmern; Muschelschalen öffnet er durch Hämmern oder Hebeln.

**Schlichtkleid**

weißes Halsband

**Vorkommen** *Brütet auf Stränden, Salzwiesen und kurzgrasigem Grünland; Nahrungssuche auf Watt- und Schlammflächen.*

> **Brutzeit April–August**
> **3 bräunliche, dunkel gefleckte Eier**
> **1 Brut im Jahr**

Schnabel lang, orangerot

Gefieder schwarz-weiß

Beine rosarot

**Stimme** *Sehr ruffreudig; Balzrufe „kiwick-kiwick-kiwick" (in Triller endend); im Flug „kiwiep".*

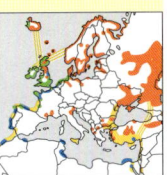

# Säbelschnäbler

*Recurvirostra avosetta* (Säbelschnäbler)
L 42–45 cm   SpW 77–80 cm   Standvogel/Mittelstreckenzieher

Flügel schwarz-weiß

**Vorkommen** Bewohnt Flachwasserbereiche an Meeresküsten und an Binnengewässern, oft in Lagunen und Wattgebieten.

> Brutzeit April–August
> 4 bräunliche, dunkel gefleckte Eier
> 1 Brut im Jahr

Seinen markanten Schnabel zieht der Säbelschnäbler bei der Nahrungssuche seitlich im flachen Wasser hin und her. Mit seinem besonders geformten Schnabel gelangt er an Würmer, Krebse und andere kleine Wassertiere. Seine Nestmulde legt er oft sehr nah am Gewässerufer an, sodass Hochwasser schnell zu Verlusten führen kann.

Schnabel dünn, nach oben gebogen

Hals lang

Schon beim Küken ist der Schnabel nach oben gebogen

**Stimme** Ruft laut und meist gereiht „klütt".

Beine lang, bläulich

110

# Stelzenläufer

*Himantopus himantopus* (Säbelschnäbler)
L 35–40 cm   SpW 67–83 cm   Mittelstreckenzieher

**Vorkommen** Lebt an flachen, oft salzhaltigen Gewässern in der offenen Landschaft.

> Brutzeit April–August
> 4 hellbraune, schwarz gefleckte Eier
> 1 Brut im Jahr

Der Stelzenläufer hat im Verhältnis zur Körpergröße ungewöhnlich lange Beine. So kann er bei der Suche nach Wasserinsekten und anderen kleinen Wassertieren in tieferem Wasser waten als verwandte Arten. Er brütet in lockeren Kolonien, meist geschützt auf kleinen Inselchen. Beim Brüten ragen die zusammengelegten Beine weit über den Nestrand hinaus.

Schnabel dünn, gerade

Körpergefieder weiß

Beine überragen Schwanz sehr weit

Flügel schwarz

extrem lange, rote Beine

**Stimme** Ruft rau und gereiht „kwät" oder „kwüt".

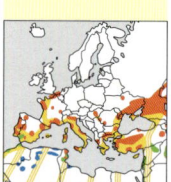

# Kiebitz

*Vanellus vanellus* (Regenpfeifer)
L 28–31 cm   SpW 82–87 cm   Kurzstreckenzieher

Im größten Teil seines Brutgebiets ist der
Kiebitz Kulturfolger, da er vor allem auf
landwirtschaftlichen Nutzflächen
brütet. Als Bodenbrüter werden ihm aber
heute intensiver Maschineneinsatz und das
frühe Mähen von Wiesen zum Verhängnis.

lappenartige Flügel,
schwarz mit weißer
Spitze

lange, dünne
„Holle"

Oberseite grün
schillernd

Brust und
Kehle
schwarz

„Holle" nur
angedeutet

Oberseite schuppig

**Jungvogel**

**Stimme** *Bei der Balz
explosives „tjuuu-witt-
witt"; andere Rufe
heiser „kwiiieh" oder
nasal „gwä-riih".*

**Vorkommen** *Lebt auf
Grün- und Ackerland,
in Mooren und ähn-
licher Offenlandschaft;
auch in Flachwasser-
bereichen.*

> **Brutzeit März–August**
> **4 bräunliche Eier mit**
> **schwarzen Flecken**
> **1 Brut im Jahr**

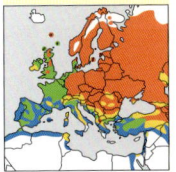

# Goldregenpfeifer

*Pluvialis apricaria* (Regenpfeifer)
L 26–29 cm   SpW 67–76 cm   Kurzstreckenzieher

Durch Abtorfung und Entwässerung von Mooren
ist die Art in Mitteleuropa fast ausgestorben. Die
traurig anmutenden Rufe gehören in Skandinavien
noch zur charakteristischen Klangkulisse.
Außerhalb der Brutzeit tritt der Goldregen-
pfeifer oft in Schwärmen von mehreren
Tausend Vögeln auf, die tagsüber rasten und
nachts auf Nahrungssuche gehen.

Unterflügel
weiß

Auge groß,
dunkel

Brust warm
braun gefleckt

**Jungvogel
(Schlichtkleid
ähnlich)**

Oberseite warm
braun

Oberseite
goldbraun
gepunktet

Gesicht und
Vorderhals
schwarz

Bauch
schwarz

**Prachtkleid**

**Stimme** *Ruft me-
lancholisch „düü";
Gesang klingt ähn-
lich und besteht aus
mehreren Silben.*

**Vorkommen** *Brütet
in Moor, Heide und
Tundra; außerhalb
der Brutzeit meist auf
Äckern, Wiesen und
Wattflächen.*

> **Brutzeit April–August**
> **4 hellbraune, schwarz
> gefleckte Eier**
> **1 Brut im Jahr**

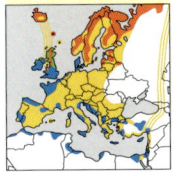

# Flussregenpfeifer

*Charadrius dubius* (Regenpfeifer)

L 14–17 cm   SpW 42–48 cm   Langstreckenzieher

kein Flügelstreif

**Vorkommen** Lebt auf Sand- und Schotterflächen an Binnengewässern, z. B. an Flussufern, Baggerseen und Klärteichen.

> **Brutzeit April–Sept.**
> **4 bräunliche, schwarz gepunktete Eier**
> **1–2 Bruten im Jahr**

Der Flussregenpfeifer legt seine Eier gut getarnt in eine Mulde zwischen Kieselsteinen. Bei Gefahr stellen sich die Altvögel krank und locken mögliche Feinde mit hängenden Flügeln von Nest oder Jungvögeln weg. Durch Warnrufe alarmiert ducken sich die Küken auf den Boden und sind dank ihrer Tarnfärbung kaum zu entdecken.

schwarzes Stirnband

Schnabel schwarz

Oberkopf braun

Halsband dunkelbraun, vorn offen

**Prachtkleid**

**Jungvogel**

gelber Augenring

Halsband schwarz, geschlossen

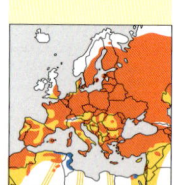

**Stimme** Ruf abfallend „piu"; oft Rufreihen wie „ti-ti-ti-ti-ti" oder beim Balzflug heiser „griä-griä-griä".

Beine blass-bräunlich rosa

# Sandregenpfeifer

*Charadrius hiaticula* (Regenpfeifer)

L 18–20 cm   SpW 48–57 cm   Kurz-/Langstreckenzieher

deutlicher weißer Flügelstreif

**Vorkommen** Brütet auf Sand- und Schotterflächen, meist an der Küste; Überwinterung an Stränden und in Wattgebieten.

> **Brutzeit März–August**
> **4 sandfarbene, schwarz gepunktete Eier**
> **1–2 Bruten im Jahr**

Der Sandregenpfeifer erbeutet mit wenigen Trippelschritten klein im Schlamm lebende Tiere. Ist er mit der Ausbeute nicht zufrieden, hilft er nach: Durch Trampeln auf der Stelle scheucht er ruhende Wattorganismen auf. Obwohl er den Winter viele Tausend Kilometer entfernt verbringen kann, kehrt er jedes Jahr an denselben Brutplatz zurück.

deutlicher weißer Fleck hinter dem Auge

**Jungvogel**

Halsband schwarz, geschlossen

Halsband dunkelbraun, vorn offen

Beine grünlich gelb

Schnabel orange mit schwarzer Spitze

**Prachtkleid**

Beine orange

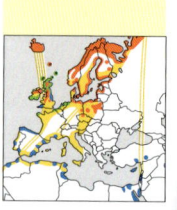

**Stimme** Ruft „tü-ih" (2. Silbe betont); beim Balzflug gereiht „düje-düje-düje-…" (jeweils 1. Silbe betont).

# Seeregenpfeifer

*Charadrius alexandrinus* (Regenpfeifer)
L 15–17 cm  SpW 42–45 cm  Standvogel–Mittelstreckenzieher

deutlicher weißer Flügelstreif

Der Seeregenpfeifer bevorzugt als Brutplatz eher kahle Gebiete. Die Nestmulde aber dreht er gern im Schutz eines kleinen Grasbüschels. Männchen und Weibchen teilen sich das Bebrüten der Eier und führen die Küken schon wenige Stunden nach dem Schlüpfen zu Nahrungsflächen.

Kappe orangebraun

Kappe mattbraun ♀

Halsband schwarz, vorn offen

Halsband nur angedeutet

Federn der Oberseite hell gesäumt

Schnabel schwarz

♂ Prachtkleid

Beine schwärzlich

Jungvogel

**Stimme** *Ruft kurz „tit"; beim Balzflug schnurrende Laute.*

***Vorkommen*** *Bewohnt Sand- und Schotterflächen an Küstengewässern (Lagunen, Watt) und an salzigen Binnenseen.*

> *Brutzeit April–Sept.*
> *3 bräunliche, dunkel gefleckte Eier*
> *1 Brut im Jahr*

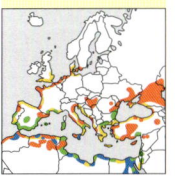

113

# Uferschnepfe

*Limosa limosa* (Schnepfen)
L 36–44 cm  SpW 70–82 cm  Mittel-/Langstreckenzieher

breiter weißer Flügelstreif

weißer Schwanz mit breiter schwarzer Endbinde

langer Schnabel orange mit schwarzer Spitze

Mit ihrem langen Schnabel stochert die Uferschnepfe auf Wiesen nach Regenwürmern. Aus Wattböden zieht sie Borstenwürmer. Nicht alle Uferschnepfen überwintern an der Küste, viele bevölkern außerhalb der Brutzeit Feuchtgebiete im Inneren Westafrikas und fressen dort Pflanzensamen.

Jungvogel

Beine überragen Schwanz weit

Hals und Brust orangerot

Bauch gebändert

**Prachtkleid**

Brust gelblich braun

Oberseite graubraun

Unterseite hell

**Schlichtkleid**

**Stimme** *Beim Balzflug laut und klar „gritta-gritta-gritta"; im Brutgebiet auch nasal „witte-witte-witte".*

***Vorkommen*** *Brütet in feuchten Wiesen; Überwinterung in flachen Gewässern und auf Wattflächen.*

> *Brutzeit April–Juli*
> *4 grünliche, dunkel gefleckte Eier*
> *1 Brut im Jahr*

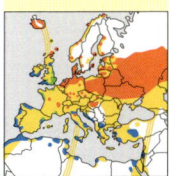

# Großer Brachvogel

*Numenius arquata* (Schnepfen)
L 50–60 cm    SpW 80–100 cm    Kurzstreckenzieher

kein Flügelstreif

Schwanz gebändert

Rückenmitte weiß

Beine überragen Schwanz

**Vorkommen** *Brütet in Mooren und Feuchtwiesen; im Winter auf Wattflächen, Wiesen und Äckern.*

› **Brutzeit März–August**
› **4 grünliche oder bräunliche, gefleckte Eier**
› **1 Brut im Jahr**

In Mooren und Feuchtwiesen gehört der Balzflug mit Trillergesang zu den stimmungsvollsten Naturerlebnissen. Außerhalb der Brutzeit leben die meisten Brachvögel in Wattgebieten, wo sie den schlammigen Boden nach Muscheln und Würmern absuchen und sich bei Hochwasser zu Hunderten an Rastplätzen sammeln.

Schnabel lang, nach unten gebogen

Gefieder braun mit schwarzer Strichelung

**Stimme** *Melancholischer, flötender Gesang, der in Trillern endet; ansteigender Flugruf „tlü–ih".*

# Bekassine

*Gallinago gallinago* (Schnepfen)
L 25–27 cm    SpW 44–47 cm    Kurzstreckenzieher

plumpe Gestalt

mehrere weiße Flügelbinden

**Doppelschnepfe**

**Vorkommen** *Brütet in Mooren und Feuchtwiesen; sonst auch an schlammigen Ufern und anderen nassen Stellen.*

› **Brutzeit März–Juli**
› **4 grünliche, dunkel gefleckte Eier**
› **1 Brut im Jahr**

Im Volksmund heißt die Bekassine auch „Himmelsziege". Beim Balzflug erzeugt sie durch Vibration der Schwanzfedern ein „meckerndes" Summgeräusch. Auf der Suche nach Würmern durchstochert die Bekassine mit ihrem langen Schnabel schlammige Böden. In Feuchtwiesen und Mooren Nord- und Osteuropas brütet die sehr ähnliche Doppelschnepfe (*G. media*).

Schnabel kürzer als Bekassine

auch Bauch gebändert

Schnabel lang, gerade

Bauch weiß, nur Flanke gebändert

**Stimme** *Flugruf nasal „gwät", oft mehrfach hintereinander; Gesang lang gereiht, scharf „tücke-tücke-tücke-…".*

weißer Flügelhinterrand

# Flussuferläufer

*Actitis hypoleucos* (Schnepfen)
L 19–21 cm   SpW 38–41 cm   Mittel-/Langstreckenzieher

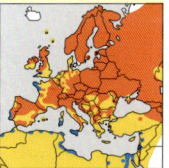

Wenn der Flussuferläufer nach Insekten sucht, wippt er fast ununterbrochen mit dem Schwanz. Auch seine Flugweise ist unverwechselbar, kurze schwirrende Flügelschläge wechseln mit Gleitphasen. Meist fliegt er flach über dem Wasser. Ähnlich, aber auf kleine Krebse spezialisiert, ist der in Nordosteuropa brütende Terekwasserläufer *(Xenus cinereus)*.

Schwanz-
außenseite
weiß

breiter, weißer
Flügelstreif

**Terekwasserläufer**

schwarzer
Rückenstreif

Schnabel nach
oben gebogen

Beine kurz, orange

Brust
fleckig
braun

Bauch weiß

Beine kurz,
graubraun

**Vorkommen** *Brütet auf Kiesflächen an Flüssen und Baggerseen; auf dem Zug und im Winter auch an anderen Gewässerufern.*

> *Brutzeit April–Juli*
> *4 hellbraune, dunkelbraun gepunktete Eier*
> *1 Brut im Jahr*

**Stimme** *Ruft hoch und scharf „hi-di-di", oft in langen Reihen; bei Gefahr lang gezogen „iiiht".*

# Grünschenkel

*Tringa nebularia* (Schnepfen)
L 30–35 cm   SpW 68–70 cm   Mittel-/Langstreckenzieher

weißer Keil
auf Rücken

kein Flügelstreif

Den Grünschenkel sieht man oft durch flaches Wasser waten und immer wieder mit dem Schnabel ins Wasser stoßen. Auf diese Weise erbeutet er Würmer, Krebse und Insekten , aber auch Kaulquappen und kleine Fische. Der etwas kleinere Teichwasserläufer *(T. stagnatilis)* mit ähnlicher Gefiederfärbung vertritt den Grünschenkel in Steppengebieten Osteuropas.

**Vorkommen** *Brütet an Gewässern in Mooren, Tundra und lockeren Baumbeständen; sonst in Flachgewässern und Wattgebieten.*

> *Brutzeit April–August*
> *4 hellbraune Eier mit dunkelbrauner Fleckung*
> *1 Brut im Jahr*

Schnabel sehr dünn

Oberseite
bräunlich grau

Kopf und Hals
grau gestrichelt

graugrüne
Beine länger als
Grünschenkel

**Teichwasserläufer**

Schnabel leicht nach
oben gebogen

Beine
graugrün

**Stimme** *Flugruf härter als Rotschenkel dreisilbig „tjü-tü-tü" (alle Silben gleich kräftig), manchmal rauer.*

# Rotschenkel 🔊

*Tringa totanus* (Schnepfen)
L 27–29 cm   SpW 59–66 cm   Kurz-/Langstreckenzieher

breiter, weißer Flügelhinterrand

Schwanz gebändert

weißer Keil auf Rückenmitte

**Vorkommen** *Brütet an Salzwiesen der Küste sowie in Feuchtwiesen und Mooren; sonst in Flachgewässern und Wattgebieten.*

> **Brutzeit März–August**
> **4 hellbraune, dunkel gefleckte Eier**
> **1 Brut im Jahr**

Am Brutplatz sitzt der Rotschenkel oft auf Zaunpfählen. Von dort hält er Ausschau nach Feinden, deren Annäherung er lauthals verkündet. Sofort verstecken sich dann die Küken unter Grasbüscheln. Viele Rotschenkel ziehen im Herbst bis Westafrika, einige verbringen den Winter an der Nordsee, wo sie sich von kleinen Krebstieren und Würmern ernähren.

**Jungvogel**

Flügel gefleckt

Beine orange

**Prachtkleid**

Schnabel rot mit schwarzer Spitze

Brust und Bauch stark gefleckt

Beine rot

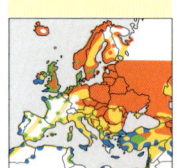

**Stimme** *Ruft melancholisch dreisilbig „tjü–dü–dü" (1. Silbe betont), auch lang „tjüht"; jodelnder Gesang.*

# Kampfläufer 🔊

*Philomachus pugnax* (Schnepfen)
L 20–32 cm   SpW 48–58 cm   Langstreckenzieher

Schwanzmitte dunkel, Außenseiten weiß

**Jungvogel**

schmaler weißer Flügelstreif

**Vorkommen** *Brütet in Tundra, Mooren und Feuchtwiesen; auf dem Zug und im Winter in flachen Gewässern und auf Äckern.*

> **Brutzeit Mai–August**
> **4 graugrüne, braun gefleckte Eier**
> **1 Brut im Jahr**

Mit aufgestellter Federhaube und aufgerichtetem Kragen tanzen Kampfläufermännchen in Balzarenen. Nach der Begattung ist das Weibchen alleinerziehend, denn während es brütet und die Jungen führt, befindet sich das Männchen bereits im Mausergebiet und entledigt sich seiner prächtigen Federn. Außerhalb der Brutzeit ist der Kampfläufer fast immer im Trupp anzutreffen.

bunte Federhaube

nacktes, warziges Gesicht

bunter Federkragen

♂ **Prachtkleid**

♀

Brust grob gefleckt

Beine orange

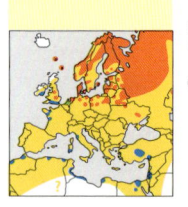

**Stimme** *Selten zu hörende, leise Rufe.*

# Steinwälzer

*Arenaria interpres* (Schnepfen)

L 21–26 cm SpW 50–57 cm Langstreckenzieher

weißer Flügelstreif

weiße Streifen auf Mitte und Seite des Rückens

Seinen Namen trägt der Vogel, weil er mit dem Schnabel Steine oder Tang wendet, um an darunter versteckte Kleintiere zu kommen. Er hämmert Seepocken auf oder meißelt fest sitzende Schnecken von Steinen. Brutvögel Nordeuropas überwintern in Afrika, gleichzeitig verbringen kanadische und grönländische Vögel den Winter in Europa.

**Vorkommen** *Brütet in steiniger Tundra und an Meeresküsten; im Winter an Felsküsten und Stränden sowie in Wattgebieten.*

Kopf schwarz-weiß

Oberseite orangebraun-schwarz gemustert

Oberseite schwärzlich braun

dunkles Brustband

Bauch weiß

**Schlichtkleid**

Schnabel kurz, kräftig

**Prachtkleid**

Beine kurz, leuchtend orange

> **Brutzeit Mai–August**
> **4 grünliche, braun gefleckte Eier**
> **1 Brut im Jahr**

**Stimme** *Ruft hart „trük", meist gereiht, auch gedehnt „tliuu"; rhythmischer Gesang aus ähnlichen Elementen.*

# Alpenstrandläufer

*Calidris alpina* (Schnepfen)

L 16–20 cm SpW 38–43 cm Mittel-/Langstreckenzieher

Jungvogel

weiße Schwanz-außenkanten

weißer Flügelstreif

Mit dem Schnabel durchstochert der Alpenstrandläufer schlammige Böden und ertastet Würmer, kleine Muscheln und Schnecken. Wie mit einer Pinzette ergreift er die Beute mit seiner biegsamen Schnabelspitze, die er auch tief im Schlamm öffnen kann. Im Wattenmeer und an vielen anderen Küsten ist der Alpenstrandläufer die häufigste Vogelart.

**Vorkommen** *Brütet in Tundra, Mooren und Salzwiesen; sonst in Wattgebieten, an Stränden und flachen Binnengewässern.*

Oberseite graubraun

Rücken rotbraun–gelbbraun–schwarz gemustert

Brust etwas gestrichelt

**Schlichtkleid**

Schnabel schwarz, leicht nach unten gebogen

**Prachtkleid**

Bauch schwarz

> **Brutzeit April–August**
> **4 bräunliche oder grünliche, gefleckte Eier**
> **1 Brut im Jahr**

**Stimme** *Ruft scharf und rau „trrrie"; Gesang aus heiseren, schnurrenden Trillern, auch im Flug vorgetragen.*

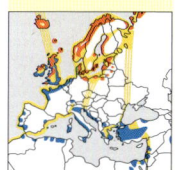

# Skua 🔊

*Stercorarius skua* (Raubmöwen)
L 51–56 cm  SpW 145–155 cm  Kurz-/Langstreckenzieher

auffälliges weißes Flügelfeld

Schwanz kurz

Bauch dick

dunkelbraune Kappe

Die Skua beschränkt sich bei Angriffen
auf andere Seevögel nicht nur auf die im
Schnabel getragene Nahrung, sondern tötet mitunter Papagei-
taucher (S. 124) oder andere Vögel. Ihr Nest verteidigt sie mit
wilden Sturzflügen, wobei sie auch Menschen
blutige Wunden zufügen kann. Im Winter bleibt
sie im Nordatlantik und kann die amerikanische
Küste erreichen.

Kopf dunkelbraun

**Jungvogel**

Gefieder
fleckig

Unterseite orangebraun

**Altvogel**

Schnabel
kräftig

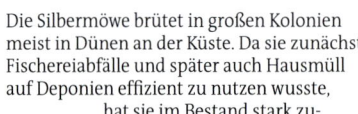

# Silbermöwe 🔊

*Larus argentatus* (Möwen)
L 55–67 cm  SpW 138–150 cm  Standvogel/Kurzstreckenzieher

Schwanz
reinweiß

**Altvogel**

Die Silbermöwe brütet in großen Kolonien
meist in Dünen an der Küste. Da sie zunächst
Fischereiabfälle und später auch Hausmüll
auf Deponien effizient zu nutzen wusste,
hat sie im Bestand stark zugenommen und auch das
küstennahe Binnenland
besiedelt.

Schwanz
gebändert,
Endbinde
dunkelbraun

**Jungvogel
(wenige Monate alt)**

Auge gelblich

Oberseite
teilweise grau

Schnabel
rosa, zur
Spitze hin
schwarz

**Jungvogel (1 Jahr alt)**

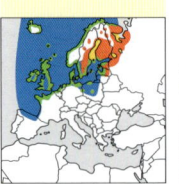

Schnabel gelb
mit rotem Punkt

**Altvogel**

Beine rosa

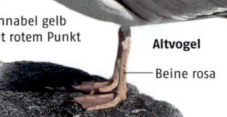

# Mittelmeermöwe

*Larus michahellis* (Möwen)

L 58–68 cm   SpW 140–158 cm   Standvogel

Handflügel sehr dunkelbraun

Jungvogel

Unterflügel dunkel

schwarze Schwanzendbinde

Haushalts- und Fischereiabfälle bieten der Mittelmeermöwe vielerorts einen reich gedeckten Tisch. So kam es im 20. Jahrhundert zu einem starken Bestandsanstieg, die Art breitete sich nach Norden aus und siedelt nun vereinzelt auch an Binnengewässern Mitteleuropas.

Altvogel

Oberseite etwas dunkler als Silbermöwe

Jungvogel

Kopf hell

viel Schwarz in Flügelspitze

Altvogel

Beine kräftig gelb

Flügelspitze schwarz mit wenigen weißen Punkten

**Stimme** Ähnliches Rufrepertoire wie Silbermöwe, tendenziell in etwas tieferer Tonlage.

**Vorkommen** Lebt an Meeresküsten und Binnengewässern; Nahrungssuche auch auf Feldern und Mülldeponien.

> **Brutzeit März–August**
> **1–3 olivbraune, dunkel gefleckte Eier**
> **1 Brut im Jahr**

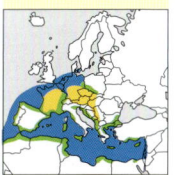

119

# Heringsmöwe

*Larus fuscus* (Möwen)

L 51–64 cm   SpW 135–150 cm   Standvogel/Langstreckenzieher

Altvogel

wenig Weiß in Flügelspitze

Als am weitesten ziehende Großmöwe überwintert die Heringsmöwe von Spanien bis Westafrika; finnische Vögel ziehen nach Ostafrika. Von den Brutkolonien aus fliegt die Heringsmöwe bis zu 100 km weit auf das Meer hinaus, um dort Fische und Schwimmkrabben zu fangen oder Fischereiabfälle zu ergattern.

Oberseite recht dunkelbraun

Schnabel schwarz

Jungvogel

Oberseite schwärzlich grau

Rückenfedern schwärzlich braun mit hellem Saum

Schwanz fast weiß mit schwarzer Endbinde

Jungvogel

durch lange Flügel schlank wirkend

Beine gelb

**Stimme** Ähnlich Silbermöwe, aber oft tiefer und nasaler.

**Vorkommen** Brütet an Meeresküsten und großen Seen; Nahrungssuche zumeist auf hoher See, aber auch auf Feldern.

> **Brutzeit April–August**
> **2–3 olivgrüne Eier mit schwarzen Flecken**
> **1 Brut im Jahr**

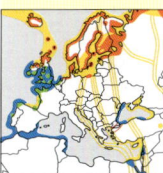

# Lachmöwe

*Larus ridibundus* (Möwen)

L 34–43 cm   SpW 94–110 cm   Standvogel/Kurzstreckenzieher

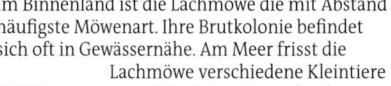

Flügelvorderrand weiß

Flügelhinterrand schwarz

Unterflügel hell
**Altvogel**

Schnabel orange mit schwarzer Spitze

Oberflügel braun

Beine orange
**Jungvogel**

kleiner dunkler Fleck hinter Auge

Oberseite grau

**Altvogel Schlichtkleid**

**Vorkommen** *Lebt an Meeresküsten und Binnengewässern; bei der Nahrungssuche auch auf angrenzenden Wiesen und Feldern.*

> *Brutzeit April–Juli*
> *3 braune bis grüne Eier mit dunklen Flecken*
> *1 Brut im Jahr*

Im Binnenland ist die Lachmöwe die mit Abstand häufigste Möwenart. Ihre Brutkolonie befindet sich oft in Gewässernähe. Am Meer frisst die Lachmöwe verschiedene Kleintiere und Fisch, im Binnenland vor allem Regenwürmer und Insektenlarven. Oft folgt sie dem Pflug, der diese Beute leicht zugänglich macht.

Schnabel dunkelrot

Auge dunkel, teilweise weiß eingefasst

Kopf schokoladenbraun, Nacken weiß

**Prachtkleid**

Beine leuchtend rot

**Stimme** *Ruft rau krähend lang gezogen „krrräääh", auch kurz „kek-kek".*

# Mantelmöwe

*Larus marinus* (Möwen)

L 64–79 cm   SpW 150–167 cm   Kurzstreckenzieher

Schwanz gebändert

**Altvogel**

**Jungvogel** viel Weiß in Flügelspitze

**Vorkommen** *Brütet bevorzugt an felsigen Küsten; Nahrungssuche und Überwinterung an Küsten und auf hoher See.*

> *Brutzeit April–August*
> *2–3 grünliche, dunkel gefleckte Eier*
> *1 Brut im Jahr*

Die größte europäische Möwe beginnt erst im Alter von 4–5 Jahren zu brüten und findet sich dazu in Kolonien zusammen. Sie ernährt sich vielseitig und nutzt häufig Abfälle auf Mülldeponien. Die Hauptnahrung sind aber Fische. Zwar kann die Mantelmöwe auch selbst Fische fangen, von großer Bedeutung sind aber über Bord geworfene Fischereiabfälle.

Jungvogel (wenige Wochen alt)

Kopf weiß

Oberseite kontrastreich gemustert

Schnabel schwarz

Oberseite schwarz

Schnabel dick, gelb mit rotem Punkt

**Altvogel**

Beine rosa

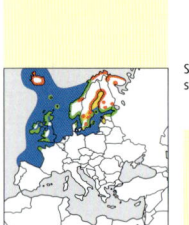

**Stimme** *Ruft deutlich tiefer als Silbermöwe, am häufigsten ist ein kehliges „kao" zu hören.*

# Sturmmöwe

*Larus canus* (Möwen)
L 40–46 cm   SpW 110–130 cm   Standvogel/Kurzstreckenzieher

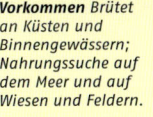

**Altvogel**

viel Weiß
in Flügel-
spitze

Die Sturmmöwe brütet oft in großen Kolonien. Von dort schwärmt sie aus, um Futter für die Jungvögel heranzuschaffen. Auf Wiesen und Feldern findet sie vor allem Regenwürmer, vom Meer bringt sie Fisch mit, und als Feinschmecker pflückt sie Kirschen. Im Winter trifft man die Art meist im Trupp an, an Schlafplätzen in Schwärmen auch zu mehreren Tausend.

Auge dunkel

**Altvogel Schlichtkleid**

Kopf
gestrichelt

rundes Kopfprofil

Oberseite
gräulich braun

schwarze
Schnabelbinde

**Jungvogel**

Schnabel
dünn,
grünlich gelb

**Prachtkleid**

Beine grünlich gelb

**Vorkommen** Brütet an Küsten und Binnengewässern; Nahrungssuche auf dem Meer und auf Wiesen und Feldern.

> **Brutzeit April–Juli**
> 2–3 olivgrüne, schwarz gefleckte Eier
> 1 Brut im Jahr

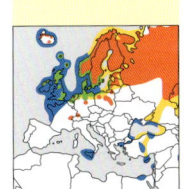

**Stimme** Ruft kräftig, leicht nasal und manchmal heiser endend „kiää".

# Dreizehenmöwe

*Rissa tridactyla* (Möwen)
L 38–40 cm   SpW 91–120 cm   Standvogel

**Jungvogel**

schwarze Endbinde

Hinterflügel weiß

schwarzes Flügelband

Um auf schmalen Vorsprüngen sitzen zu können, ist die hintere Zehe ihres Fußes stark zurückgebildet. Die Möwe hält sich von der Küste fern, von Stürmen kann sie ins Binnenland geweht werden. Sie ernährt sich von kleinen Fischen, die sie selbst fängt, Seeschwalben (S. 122–123) oder Lummen (S. 124) abjagt oder hinter Fischkuttern aufsammelt.

**Altvogel**
schwarze
Flügelspitze
ohne weiße
Punkte

diffuser Fleck
am Hinterkopf

gräulich
verwaschene
Kopfzeichnung

**Altvogel
Schlichtkleid**

Schnabel
schwarz

Auge
dunkel

Schnabel
dünn,
gelb

**Jungvogel**

Beine schwarz

**Prachtkleid**

**Vorkommen** Brütet an steilen Felsküsten und lebt ansonsten ausschließlich auf dem offenen Meer.

> **Brutzeit Mai–August**
> 1–3 graue oder braune Eier mit dunklen Flecken
> 1 Brut im Jahr

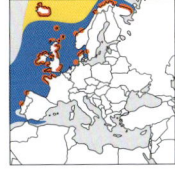

**Stimme** Ruft nasal quäkend „kitti-wääh".

# Zwergseeschwalbe

*Sterna albifrons* (Seeschwalben)
L 22–28 cm   SpW 47–55 cm   Langstreckenzieher

viel Schwarz in Flügelspitze

**Altvogel**
schnell flatternder
Flügelschlag

Schwanz
gegabelt

**Jungvogel**

**Vorkommen** *Brütet
auf Sandstränden und
Kiesbänken an Küsten
und Binnengewäs-
sern; Nahrungssuche
im flachen Wasser.*

> **Brutzeit Mai–August**
> **2–3 weißliche, dunkel
>   gefleckte Eier**
> **1 Brut im Jahr**

Auf Sand- und Kiesflächen ohne Pflan-
zen sind die in Mulden gelegten Eier
der Zwergseeschwalbe bestens getarnt.
Dennoch gelingt es immer wieder Füchsen und anderen Tieren,
Gelege aufzuspüren, sodass vielerorts nur von Naturschützern
eingezäunte Vögel erfolgreich brüten können.
Zusätzlich gibt es Brutverluste durch
Hochwasser.

Stirn weiß

Oberseite bräunlich,
geschuppt

Schnabel
gelb

Oberkopf
gestrichelt

**Jungvogel**

Beine orange

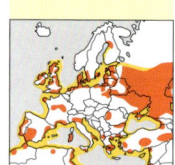

**Stimme** *Gedehnte, heisere Rufe („wäät"), die
auch in Reihen ratternder
Laute eingestreut werden.*

---

# Flussseeschwalbe

*Sterna hirundo* (Seeschwalben)
L 31–39 cm   SpW 72–98 cm   Langstreckenzieher

schwarzer Rand an
Flügelspitze recht
breit

**Altvogel**

Schwanz gegabelt,
deutliche
Schwanzspieße

**Vorkommen** *Brütet
an Küsten und
Binnengewässern mit
Kiesbänken; über-
wintert überwiegend
im küstennahen
Meeresgebieten.*

> **Brutzeit April–August**
> **2–3 braune bis grüne
>   Eier mit dunklen Flecken**
> **1 Brut im Jahr**

Die Flussseeschwalben kehren im Frühjahr
aus dem Winterquartier zurück. Dabei
besetzen in der Brutkolonie zunächst die älte-
sten Vögel die besten Nistplätze – jüngere Vögel müssen oft mit
ungünstigeren Plätzen vorlieb nehmen. Nach dem Schlüpfen
wärmt und bewacht das Weibchen die Küken, während anfangs
nur das Männchen kleine Fische und Würmer herbeischafft.

Stirn weiß

Rücken bräunlich, geschuppt

Schnabel orangerot
mit schwarzer
Spitze

**Jungvogel**

Unterseite
weiß

**Stimme** *Ruft schrill
klirrend „kriierrr",
oft zusammen mit
keckernden Lauten.*

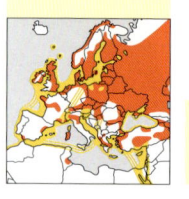

Beine rot, länger
als die der
Küstenseeschwalbe

# Küstenseeschwalbe

*Sterna paradisaea* (Seeschwalben)
L 33–36 cm   SpW 75–85 cm   Langstreckenzieher

Hinterrand des Armflügels weiß

**Jungvogel**

schwarzer Rand an Flügelspitze schmal

**Altvogel**

sehr lange Schwanzspieße

Die Küstenseeschwalbe gilt als Weltrekordler im Vogelzug! Von arktischen Brutgebieten nahe dem Nordpol zieht sie zum Überwintern bis zur Antarktis und erreicht damit fast den Südpol. Im Sturzflug fischt die Seeschwalbe nach Nahrung – mit derselben Technik wehrt sie Feinde von der Brutkolonie ab. Eindringlinge müssen mit scharfen Hieben rechnen.

Rücken grau, geschuppt

Stirn weiß

**Jungvogel**

Schnabel dunkelrot

**Altvogel**

Unterseite oft grauer als Flussseeschwalbe

Beine rot, recht kurz

**Stimme** Ähnlich Flussseeschwalbe, aber etwas höher und klarer klingend.

**Vorkommen** Brütet an Küsten sowie an Binnengewässern der Tundra; überwintert küstennah am Meer.

> **Brutzeit Mai–August**
> **1–3 grüne, braune oder blaue Eier mit Flecken**
> **1 Brut im Jahr**

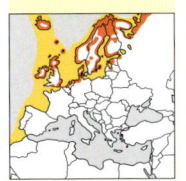

# Basstölpel

*Sula bassana* (Tölpel)
L 87–100 cm   SpW 165–180 cm   Kurz-/Langstreckenzieher

Flügel lang und schmal, mit schwarzer Spitze

**Jungvogel (1 Jahr alt)**

**Altvogel**

**Jungvogel (2 Jahre alt)**

Eindrucksvoll ist die Jagd des Basstölpels nach Fischen. Aus einem 30–40 m hohen Suchflug stürzt er sich fast senkrecht hinab, nimmt durch Anlegen der Flügel eine pfeilförmige Gestalt an und taucht so bis zu 3 m tief ins Meer hinein. Mithilfe von Flügelschlägen kann er sogar Wassertiefen von 20 m erreichen und dabei Fische verfolgen. Am Brutplatz sind Basstölpel wenig scheu. Sie lassen sich aus geringer Distanz bei Nestbau, Balz und Aufzucht der Jungen beobachten.

**Altvogel** stoßtauchend

Schnabel lang, kräftig

Kopf gelb

Ober- und Unterseite weiß

**Stimme** Ruft am Brutplatz laut und tief „arrrrr" oder wiederholt „krrok-krrok-krrok".

**Vorkommen** Brütet an Steilküsten und auf felsigen Meeresinseln; Nahrungssuche meist auf offenem Meer.

> **Brutzeit April–Sept.**
> **1 bläuliches Ei**
> **1 Brut im Jahr**

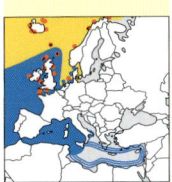

# Papageitaucher 🔊

*Fratercula arctica* (Alken)
L 26–29 cm   SpW 47–63 cm   Kurzstreckenzieher

Unterflügel
dunkelgrau

**Schlichtkleid**

kompakte Gestalt

schwarzes
Halsband

**Prachtkleid**

Kopfseite silbrig
weiß

**Vorkommen** *Brütet
an grasbewachsenen
Klippen der Meeres-
küste; sonst stets auf
dem offenen Meer.*

> **Brutzeit April–August**
> **1 weißliches Ei mit
> schwacher Zeichnung**
> **1 Brut im Jahr**

Der wissenschaftliche Name des Papagei-
tauchers bedeutet so viel wie „arktische
Brüderchen". Der Vogel brütet in großen
Kolonien an steilen Meeresküsten. Dort
gräbt er bis zu 1 m tiefe Höhlen in den
Boden oder benutzt vorhandene
Hohlräume zum Brüten. Er ernährt sich von kleinen Fischen,
die er auf bis zu 60 m tief
führenden Tauchgängen fängt.

rundes Kopfprofil
**Jungvogel**

mächtiger,
bunter
Schnabel

Schnabel
kleiner als
Altvogel

**Prachtkleid**

Kopfseite
schwärzlich

Beine rot

**Stimme** *Am Brutplatz
tiefe knurrende oder
knarrende Laute.*

---

---

# Trottellumme 🔊

*Uria aalge* (Alken)
L 38–43 cm   SpW 64–71 cm   Kurzstreckenzieher

**Schlichtkleid**

Flügel
schmal,
unterseits
hell

**Prachtkleid**

**Vorkommen** *Brütet
an steilen Felsküsten;
lebt ansonsten auf
dem offenen Meer.*

> **Brutzeit April–Juli**
> **1 weiß bis türkis
> gefärbtes Ei**
> **1 Brut im Jahr**

Dicht an dicht drängeln sich Trottel-
lummen auf schmalen Felsabsätzen der
Steilküsten. Das auf den blanken Fels
gelegte Ei ist kreiselförmig, damit es
nicht hinunterrollen kann. Flossenartige
Flügel und am Hinterende sitzende Beine
machen die Trottellumme zu einem
hervorragenden Taucher. Bis in
100 m Tiefe fängt sie Fische.
An Land wirkt sie dagegen unbeholfen, was ihr den deutschen
Namen verschafft hat.

Kopf, Hals
und Oberseite
schwärzlich
braun (im
Sommer oft
ausgeblichen)

Schnabel lang
und spitz

Kopfseite weiß mit
schwarzem Streif

**Schlichtkleid**

**Prachtkleid**

Beine schwarz, mit
Schwimmhäuten

**Stimme** *Am Brutplatz
lang gezogenes,
dumpfes bis gurrendes
Heulen („hooorrrrr");
Küken rufen dünn
„pili-pili".*

# Tordalk

*Alca torda* (Alken)
L 37–39 cm   SpW 63–68 cm   Kurzstreckenzieher

Gestalt gedrungener als Trottellumme

Schlichtkleid

Prachtkleid

Der Tordalk bildet oft gemeinsame Brutkolonien mit der Trottellumme, bevorzugt
jedoch etwas geschütztere Felsbereiche in
Nischen oder kleinen Höhlen. Er vollführt
eigenartige Balzflüge mit zeitlupen-
artigem Flügelschlag. Das Küken
springt, noch flugunfähig, ins
Meer und wird von den Eltern
zu den Nahrungsgründen
geführt.

Unterflügel kontrastreicher als Trottellumme

Kopf, Hals und Oberseite tiefschwarz

Prachtkleid

dicker, eckiger Schnabel mit weißer Binde

Schlichtkleid

Schwanz länger als Trottellumme, oft leicht aufgerichtet

Kopfseite weiß

**Stimme** *Ruft rau knarrend „arrr".*

**Vorkommen** *Brütet an steilen Felsküsten; sonst nur auf dem offenen Meer.*

> *Brutzeit April–August*
> *1 weißliches, leicht geflecktes Ei*
> *1 Brut im Jahr*

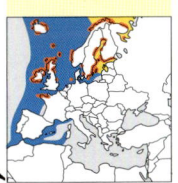

# Gryllteiste

*Cepphus grylle* (Alken)
L 30–32 cm   SpW 52–58 cm   Standvogel/Kurzstreckenzieher

Schlichtkleid

Unterflügel weiß

Die Gryllteiste bleibt zur Nahrungssuche in
Küstennähe und fängt dort kleine Fische
und Krebse. Auch im Brutverhalten
unterscheidet sie sich von den anderen
Alkenarten, denn sie bildet allenfalls
lockere Kolonien und brütet oft auch
einzeln. Die Eier werden entweder in
Felshöhlen oder in Hohlräumen sandiger
Steilwände ausgebrütet.

Prachtkleid

weißes Flügelfeld

wirkt etwas dickbäuchig

Schnabel lang und spitz

Jungvogel

Rücken gestreift

Gefieder schwarz

weißes Flügelfeld

Flügelfeld gestreift

Schlichtkleid

Kopf, Hals und Unterseite weiß

Prachtkleid

Beine rot

**Stimme** *Pfeifende und zwitschernde Rufe.*

**Vorkommen** *Lebt im küstennahen Meer und brütet dort an steilen Fels- oder Sandufern.*

> *Brutzeit Mai–August*
> *1–2 weiße bis bräun-liche, gefleckte Eier*
> *1 Brut im Jahr*

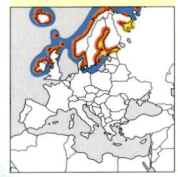

# Sterntaucher

*Gavia stellata* (Seetaucher)
L 53–69 cm   SpW 106–116 cm   Kurz-/Mittelstreckenzieher

Kopf stark gesenkt

**Vorkommen** *Brütet an Tümpeln und Seen in der Tundra; im Winter vor allem auf dem küstennahen Meer, auch an größeren Seen.*

> **Brutzeit Mai–August**
> *1–3 bräunliche, dunkelbraun gefleckte Eier*
> *1 Brut im Jahr*

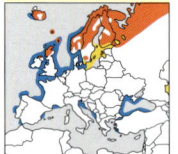

Ein schlanker Körperbau und die weit hinten sitzenden Beine kennzeichnen den Sterntaucher als gewandten Tauchvogel. An Land ist er dagegen unbeholfen. Das Wasser verlässt er deshalb nur zum Brüten auf dem unmittelbar am Gewässerufer platzierten Nest. Von kleineren Brutgewässern aus unternimmt er Flüge zum nahe gelegenen Meer, um dort Fische zu fangen.

Hals schmutzig grau

**Jungvogel**

Schnabel aufsteigend

Schlichtkleid

**Stimme** *Im Flug gänseähnlich „gak gak"; bei der Balz miauende Rufe beider Partner im Duett.*

Hinterhals grau

Prachtkleid

Kehle rostrot

# Haubentaucher

*Podiceps cristatus* (Lappentaucher)
L 46–61 cm   SpW 85–90 cm   Standvogel/Kurzstreckenzieher

**Vorkommen** *Brütet an stehenden, meist mit Schilf bestandenen Gewässern; überwintert auf größeren Seen und an Küsten.*

> **Brutzeit März–Oktober**
> *2–6 weißliche, ungefleckte Eier*
> *1–2 Bruten im Jahr*

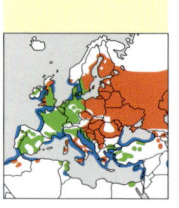

Der Haubentaucher baut schwimmende Nistplattformen und verankert sie an Wasserpflanzen. Jungvögel halten sich bis zu drei Wochen lang auf dem Rücken der Eltern auf. Vom Ufer aus kann man von März bis Juni das zeremonienreiche Balzverhalten beobachten, z. B. Kopfschütteln, Präsentieren von Nistmaterial, planschendes Aufrichten.

**Jungvogel**

Kopf gestreift

schwarz-rotbraune Federhaube

Schlichtkleid

Schnabel lang, rosa

Prachtkleid

**Stimme** *Die nur zur Brutzeit geäußerten Rufe klingen rau: kurz „grrök grrök" oder lang gezogen „örrrr".*

# Zwergtaucher

*Tachybaptus ruficollis* (Lappentaucher)
L 25–29 cm   SpW 40–45 cm   Standvogel/Kurzstreckenzieher

Fühlt sich ein Zwergtaucher gestört, taucht er blitzschnell ab. Er lugt erst im Schutz dichter Ufervegetation wieder vorsichtig aus dem Wasser. Im Brutgebiet fällt er deshalb oft nur durch seine Balztriller auf. Küken können zwar schon am ersten Tag tauchen, lassen sich aber gern eine Woche lang auf dem Rücken der Eltern chauffieren.

Hals bräunlich

Schnabel blass

**Schlichtkleid**

**Altvogel mit Küken**

Kopf rostrot

**Prachtkleid**

gelber Fleck an Schnabel-basis

*Stimme Balztriller aus schnell aufeinander-folgenden Einzeltönen, oft im Duett beider Partner vorgetragen.*

**Vorkommen** *Stehen-de, oft sehr kleine Binnengewässer mit klarem Wasser; au-ßerhalb der Brutzeit auch auf Flüssen.*

> *April–Oktober*
> *5–6 weißliche, ungefleckte Eier*
> *2 Bruten im Jahr*

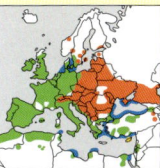

127

# Rothalstaucher

*Podiceps grisegena* (Lappentaucher)
L 40–50 cm   SpW 77–85 cm   Kurzstreckenzieher

Im Sommer ist der Rothalstaucher unverwechselbar. Im Schlichtkleid ähnelt er dem größeren Haubentaucher. Zum Brüten bevorzugt der Rothalstaucher kleinere Gewässer, im Winter dagegen die Weite des Meeres. Dort taucht er vor allem nach kleinen Fischen, im Sommer aber auch nach Wasserinsekten, Krebstierchen und Fröschen.

Kopf gestreift

**Jungvogel**

Kopfseiten silbrig

Schnabel gelb

Vorderhals grau

**Schlichtkleid**

Hals rotbraun, kürzer als Haubentaucher

**Prachtkleid**

*Stimme Zu Beginn der Brutzeit Reihen scharfer „keck"-Rufe; auch wiehernde Rufe einzeln oder im Duett.*

**Vorkommen** *Brütet an kleinen, flachen Seen und Teichen; im Winter auf größeren Seen und an Meeres-küsten.*

> *Brutzeit April–Sept.*
> *2–6 weißliche, ungefleckte Eier*
> *1–2 Bruten im Jahr*

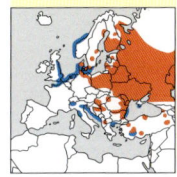

# Singschwan 🔊

*Cygnus cygnus* (Entenverwandte)

L 140–165 cm   SpW 205–235 cm   Kurz-/Mittelstreckenzieher

Hals lang

**Vorkommen** *Brütet an Seen; im Winter sowohl auf Seen und flachen Küstenge- wässern wie auch auf Äckern und Wiesen.*

> **Brutzeit April–Oktober**
> **4–6 gelblich weiße Eier**
> **1 Brut im Jahr**

Der Singschwan braucht sehr viel Zeit für seine Brut. Nach dem Nestbau vergehen etwa 10 Tage, bis das Weibchen alle Eier gelegt hat. Diese müssen dann 5–6 Wochen bebrütet werden, doch erst nach 3 Monaten ist der Nachwuchs flügge. Eltern und Jungvögel ziehen anschließend gemeinsam ins Winterquartier und bleiben bis zum Frühjahr zusammen.

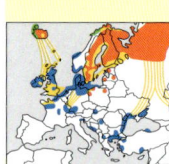

Hals meist gerade gehalten

Schnabel ohne Höcker

**Stimme** *Laute, heu- lende Rufe („uuug"), auch mehrsilbig („ug-uuug").*

Gefieder weiß

**Jungvogel**

**Altvogel**

Schnabel weißlich rosa

Schnabel mit viel Gelb

# Höckerschwan 🔊

*Cygnus olor* (Entenverwandte)

L 125–160 cm   SpW 208–240 cm   Standvogel

schwarzer Schnabelhöcker

**Vorkommen** *Bewohnt Seen, langsam fließende Flüsse und Gräben, auch Küstenlagunen; Nahrungssuche auch auf Äckern.*

> **Brutzeit April–Oktober**
> **5–8 grünlich graue Eier**
> **1 Brut im Jahr**

Der Höckerschwan wurde früher viel bejagt. Vor 100 Jahren war er aus großen Teilen Europas verschwunden. Verwilderte Park- vögel haben aber zu Zunahme und Wiederbesiedlung verloren gegangener Brutgebiete geführt. Am Brutplatz verteidigt das Männchen Nest und Nahrungsgründe gegen Eindringlinge.

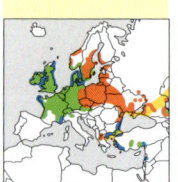

Gefieder bräunlich

Schnabel grau

**Jungvogel**

Gefieder weiß

**Stimme** *Nasales „uink", gegenüber Feinden auch fauchendes „kchrr"; pfei- fendes Fluggeräusch.*

Schnabel dunkelorange

# Graugans

*Anser anser* (Entenverwandte)

L 76–89 cm   SpW 147–180 cm   Standvogel/Kurzstreckenzieher

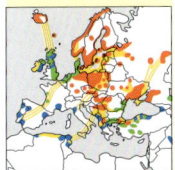

Die Zahl der Graugänse nahm in den letzten Jahren zu. Gründe dafür sind ergriffene Schutzmaßnahmen und Auswilderungsprojekte. An Gewässern ist die Graugans der früheste Brutvogel: Schon am Ende des Winters kann man sie auf dem Nest sehen, und bereits im April tauchen die ersten Küken auf, die von beiden Eltern betreut werden.

**Vorkommen** *Brütet an verschiedensten deckungsreichen Gewässern, auch in Parks; im Winter auf Wiesen und Feldern.*

> **Brutzeit März–Juli**
> **4–6 weiße Eier**
> **1 Brut im Jahr**

Schnabel kräftig

Oberflügel hell

Bauch leicht gestreift

**Stimme** *Ruft meist dreisilbig „ang-ang-ang", etwas tiefer und rauer als andere graue Gänse.*

**129**

# Kanadagans

*Branta canadensis* (Entenverwandte)

L 90–100 cm   SpW 160–183 cm   Standvogel/Kurzstreckenzieher

lang gestreckter Hals

Die aus Nordamerika stammende Art wurde schon vor über 300 Jahren in England eingebürgert. Im 20. Jahrhundert erfolgten Aussetzungen zunächst in Schweden, später auch in Deutschland und anderen Ländern. Wie viele Gänsearten ernährt sich die Kanadagans meist von Pflanzen an Land, mit fast schwanenartig langem Hals erreicht sie auch Wasserpflanzen.

**Vorkommen** *Brütet an Seen und Teichen; Nahrungssuche auf Feldern und Wiesen, im Winter auch in flachen Küstengewässern.*

> **Brutzeit März–August**
> **5–6 gelbliche Eier**
> **1 Brut im Jahr**

weißer Kopffleck

**Altvogel mit Küken**

Hals lang, schwarz

Oberseite braun

**Stimme** *Ruft laut trompetend „a-honk".*

# Weißwangengans

*Branta leucopsis* (Entenverwandte)
L 58–71 cm  SpW 132–145 cm  Kurz-/Langstreckenzieher

Oberflügel hellgrau

Bauch weiß

**Vorkommen** Brütet an Felsen in der Tundra und an felsigen Küsten; im Winter auf Salzwiesen und anderem Grasland.

> **Brutzeit Mai–Sept.**
> **4–5 weißliche Eier**
> **1 Brut im Jahr**

Im Winter kann man Weißwangengänse auf Salzwiesen beim Grasen beobachten. Zum Brüten suchen sie jedoch Felswände in Klippen auf. Die frisch geschlüpften Küken springen aus großer Höhe herab. Rasch führt das Elternpaar sie zum nächsten Gewässer; erst dort sind sie sicher vor Polarfüchsen, die bei der Kolonie auf Beute warten.

Gesicht weiß

Hals kurz, schwarz

**grasender Schwarm**

**Stimme** Ruft heller als die Ringelgans „grrak".

130

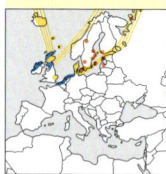

---

# Brandgans

*Tadorna tadorna* (Entenverwandte)
L 58–67 cm  SpW 110–133 cm  Kurzstreckenzieher

Flügel schwarz-weiß

**Vorkommen** Lebt an Meeresküsten sowie an küstennahen Binnengewässern.

> **Brutzeit April–August**
> **8–10 gelbliche Eier**
> **1 Brut im Jahr**

Die Brandgans ist ein Höhlenbrüter und nistet bevorzugt in Kaninchenbauen. Unmittelbar nach dem Schlüpfen führen beide Eltern ihre Küken zum Wasser, wo diese sofort nach Schnecken und Krebstierchen tauchen. Bald darauf wandern viele Altvögel zum Mausern ins Wattenmeer, die Jungen mehrerer Paare finden sich daraufhin zu „Kindergärten" zusammen.

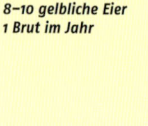

Schnabel rot, mit Höcker

♂

Kopf grünlich schwarz

Kopf graubraun

♀

Schnabel ohne Höcker

Schnabel blass

**Jungvogel**

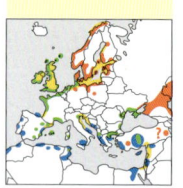

Brustring orange

**Stimme** Im Brutgebiet kann man ein schnelles, tiefes Gackern sowie ein helles Pfeifen („pjiu") hören.

# Eiderente

*Somateria mollissima* (Entenverwandte)
L 50–71 cm   SpW 80–108 cm   Kurzstreckenzieher

Flügel schwarz-weiß

Bei Tauchgängen erbeutet die Eiderente verschiedene Meerestiere. Vielerorts sind Miesmuscheln die Hauptnahrung, die sie ganz verschluckt und erst im kräftigen Muskelmagen knackt. Die weichen Daunenfedern, mit denen das Weibchen das Nest auspolstert, werden in skandinavischen Ländern als Füllmaterial für Kissen benutzt.

♀

Kopfform dreieckig

Nacken grün

♂

Oberseite und Flanke gestreift

**Stimme** Bei der Balz äußern Männchen ein nasales Jaulen („a-huui"); bei Weibchen tiefes Gackern.

**Vorkommen** Brütet an Meeresküsten; Überwinterung in flachen Küstengewässern, selten im Binnenland.

> **Brutzeit April–August**
> **4–6 grünliche bis bräunliche Eier**
> **1 Brut im Jahr**

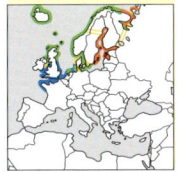

# Mandarinente

*Aix galericulata* (Entenverwandte)
L 41–51 cm   SpW 65–75 cm   Standvogel

Flanke mit kleinen hellen Flecken

Schnabel dunkel

♀

**Brautente**

Durch Bejagung ist die Mandarinente in ihrer ostasiatischen Heimat sehr selten geworden. In Großbritannien und Mitteleuropa bilden Gefangenschaftsflüchtlinge und ausgewilderte Vögel einen fast ebenso großen Bestand. Auch die nordamerikanische Brautente (*A. sponsa*) kommt in Europa frei fliegend vor, brütet aber seltener als die Mandarinente.

♂

Schnabel mit heller Spitze

weißer Augenreif

♀

**Vorkommen** Lebt an baumbestandenen Binnengewässern, häufig in Parks.

> **Brutzeit April–August**
> **9–12 cremefarbene Eier**
> **1 Brut im Jahr**

bunter Schopf

orangefarbenes „Segel"

♂

Flanke mit großen hellen Flecken

**Stimme** Verschiedene Rufe bei der Balz, sonst meist stumm.

# Löffelente 🔊

*Anas clypeata* (Entenverwandte)
L 44–52 cm    SpW 70–85 cm    Mittel-/Langstreckenzieher

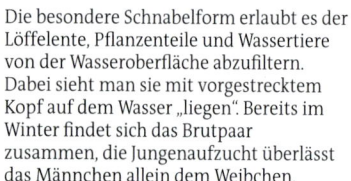

Bauch rostbraun

Innenflügel hellblau

Schnabel lang und löffelartig verbreitert ♀

**Vorkommen** *Brütet an Seen und in Sümpfen; im Winter an Binnengewässern, nur selten an der Meeresküste.*

> **Brutzeit April–August**
> **8–12 grünliche bis gelbliche Eier**
> **1 Brut im Jahr**

Die besondere Schnabelform erlaubt es der Löffelente, Pflanzenteile und Wassertiere von der Wasseroberfläche abzufiltern. Dabei sieht man sie mit vorgestrecktem Kopf auf dem Wasser „liegen". Bereits im Winter findet sich das Brutpaar zusammen, die Jungenaufzucht überlässt das Männchen allein dem Weibchen.

**Stimme** *Abgesehen von rauen Rufen bei der Balz wenig ruffreudig.*

Kopf metallisch grün

Brust weiß

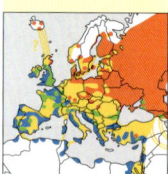

# Stockente 🔊

*Anas platyrhynchos* (Entenverwandte)
L 50–65 cm    SpW 81–99 cm    Standvogel/Mittelstreckenzieher

blaues Feld am Flügelhinterrand ♀

**Vorkommen** *Lebt in Gewässern aller Art, von großen Seen bis zu kleinen Tümpeln; am Meer meist nur in flachen Bereichen.*

> **Brutzeit Feb.–Sept.**
> **7–13 grünliche bis bräunliche Eier**
> **1 Brut im Jahr**

Ab Herbst imponiert das Männchen mit seinem Prachtkleid, das später eine Rolle bei der Balz spielt. Wie bei allen Enten beschränkt sich der Beitrag des Männchens bei der Fortpflanzung auf die Begattung; danach wird das prächtige Gefieder abgelegt und durch ein schlichteres Sommergefieder ersetzt.

Kopf metallisch grün

Schnabel gelb ♂

blaues Flügelfeld

Schnabel orange ♀

Bauch und Rücken grau

**Stimme** *Verschiedene quakende und pfeifende Laute.*

# Tafelente 🔊

*Aythya ferina* (Entenverwandte)
L 42–58 cm   SpW 72–82 cm   Kurz-/Mittelstreckenzieher

Flügel kontrastarm hell ♂

♀

Obwohl ihr abgerundeter Hinterkörper im Wasser wenig Widerstand verursacht, taucht die Tafelente möglichst nur bis zu 2 m tief. Ihre Beute ist dabei vielfältig, von Pflanzenteilchen und Insektenlarven bis hin zu Muscheln. In Osteuropa lebt die kleinere, fast ganz braune Moorente *(A. nyroca)*.

Auge weiß ♂

Unterschwanz weiß ♀

**Moorente**

Kopf rostrot ♂

Rücken und Flanken hellgrau

Rücken und Flanken bräunlich grau ♀

heller Fleck vor Auge

**Vorkommen** *Brütet an Seen und Teichen mit dicht bewachsenem Ufer; im Winter auch auf langsam fließenden Flüssen.*

> *Brutzeit April–Sept.*
> *7–11 grünliche bis bräunliche Eier*
> *1 Brut im Jahr*

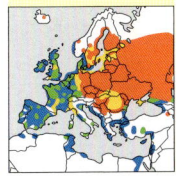

**Stimme** *Wenig ruffreudig, nur bei der Balz verschiedene kurze Laute.*

# Reiherente 🔊

*Aythya fuligula* (Entenverwandte)
L 40–47 cm   SpW 67–73 cm   Kurz-/Mittelstreckenzieher

Oberflügel schwarz ♂

breiter weißer Flügelstreif ♀

Die Reiherente kann sehr gut tauchen. Am Gewässergrund ertastet sie mit dem Schnabel ihre Nahrung, hauptsächlich Muscheln. Dies geschieht überwiegend im Dunkel der Nacht, der Tag wird meist zum Verdauen und Ausruhen genutzt. Besonders im Winter kommt es dabei zu großen Ansammlungen in geschützten Buchten.

angedeuteter Schopf ♀

Rücken braun

schwarzer Schopf

Auge gelb

Rücken schwarz ♂

**Vorkommen** *Lebt an Seen, Teichen und Küstenlagunen.*

> *Brutzeit Mai–Sept.*
> *6–11 graugrüne Eier*
> *1 Brut im Jahr*

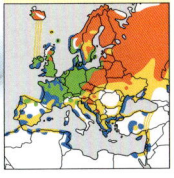

**Stimme** *Wenig ruffreudig, nur bei der Balz verschiedene kurze Laute.*

# Krickente 🔊

*Anas crecca* (Entenverwandte)

L 34–43 cm   SpW 53–59 cm   Kurz-/Langstreckenzieher

♂

grünes
Flügelfeld

♀

**Vorkommen** *Brütet an Seen und Gräben; außerhalb der Brutzeit an flachen Binnen- und Küstengewässern.*

> **Brutzeit April–August**
> **8–11 gelblich graue Eier**
> **1 Brut im Jahr**

Außerhalb der Brutzeit tritt die Krickente gern in Trupps auf. Tagsüber sieht man sie häufig ruhen, denn die Nahrungssuche findet vor allem nachts statt. Pflanzenteilchen und kleine Wassertiere pickt sie aus dem Wasser (auch mit dem Kopf unter Wasser), auf Schlammflächen schlabbert sie mit vorgestrecktem Hals Essbares von der Oberfläche.

**Stimme** *Ruft hell „krück".*

Kopf kaum gestreift

♀

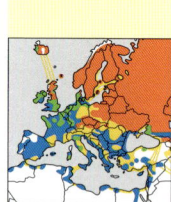

Kopf braun-
grün

weißer Seitenstreif

♂

gelber
Fleck am
Körperende

---

---

# Schellente 🔊

*Bucephala clangula* (Entenverwandte)

L 42–50 cm   SpW 65–80 cm   Kurzstreckenzieher

♂

großes weißes
Flügelfeld

♀

**Vorkommen** *Brütet in Baumbeständen an Seen und Flüssen; im Winter an Seen, Flüssen und flachen Küstengewässern.*

> **Brutzeit März–August**
> **8–11 blaugrüne Eier**
> **1 Brut im Jahr**

Die Schellente trägt ihren Namen wegen des klingelnden Flügelschlaggeräusches. Sie taucht nach Insektenlarven, Krebstierchen und Muscheln, die sie mit ihrem pinzettenartigen Schnabel ergreift. Dazu benötigt sie ausreichend Licht, sodass sie nur tagsüber frisst und sich abends an Schlafplätzen sammelt. Die Eier brütet das Weibchen in einer Baumhöhle aus.

**Stimme** *Bei der Balz wirft das Männchen den Kopf zurück und ruft rau „gwäää".*

Kopf dunkelbraun

Auge
gelb

♀

weißer Fleck an Schnabelbasis

Brust weiß

♂

Schnabel
kurz

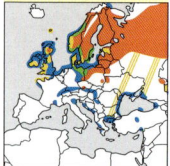

# Blässhuhn

*Fulica atra* (Rallen)

L 36–39 cm   SpW 70–80 cm   Standvogel/Kurzstreckenzieher

Gefieder grau

Anstelle von Schwimmhäuten hat das
Blässhuhn nur leicht lappig verbreiterte
Zehen. Es schimmt ruckartig und holt mit
dem Hals Schwung. Das Blässhuhn ernährt sich
sowohl von Pflanzenteilen als auch von kleinen
Wassertieren. Oft sieht man es tauchen oder
Nahrungsteile von der Wasseroberfläche
picken, doch weidet es auch an Land.

Vorderhals weiß
**Jungvogel**

Gefieder gräulich schwarz

weißer Stirnschild

Küken anfangs
mit nacktem
rotem Kopf

Schnabel
weiß

**Stimme** *Ruft laut
„tück" oder „trück".*

**Vorkommen** *Lebt an
langsam fließenden
und stehenden
Gewässern aller Art;
im Winter auch in
Küstengewässern.*

> **Brutzeit März–August**
> **5–10 graue, dunkel
> gepunktete Eier**
> **1–2 Bruten im Jahr**

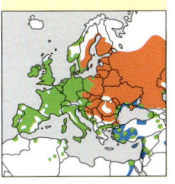

# Teichhuhn

*Gallinula chloropus* (Rallen)

**Jungvogel**

L 32–35 cm   SpW 50–55 cm   Standvogel/Kurzstreckenzieher

Schwanz meist aufgerichtet

Das Nest des Teichhuhns befindet
sich versteckt in dichtem Gebüsch
oder Schilf am Gewässerufer. Dort werden die Küken ein paar
Tage lang gefüttert, ehe sie von den Eltern im Brutrevier
herumgeführt werden. Sie picken dann selbst Beutetiere auf und
begeben sich zum Ruhen in eigens
vom Männchen errichtete
Schlafnester.

Gefieder bräunlich

Oberseite braun

Küken anfangs
mit nacktem rot-
blauem Kopf

Schnabel
rot mit gelber
Spitze

Unterschwanz weiß

weiße
Seitenlinie

**Vorkommen** *Lebt
an schilf- oder
gebüschbestandenen
Gewässerufern;
Nahrungssuche auch
an Land in offenen
Bereichen.*

> **Brutzeit April–Sept.**
> **5–11 gelbliche, braun
> gefleckte Eier**
> **1–3 Bruten im Jahr**

**Stimme** *Ruft
gurgelnd „gurrrk";
ferner verschiedene
kurze scharfe Rufe.*

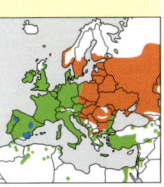

# Gänsesäger 🔊

*Mergus merganser* (Entenverwandte)
L 58–66 cm   SpW 82–97 cm   Kurzstreckenzieher

weißes Flügelfeld ♂

♀ langer Hals

Schopf nach unten gerichtet

**Vorkommen** *Brütet an baumbestandenen Gewässern (auch Küste); im Winter an Seen, Flüssen und flachen Küstengewässern.*

> **Brutzeit März–Sept.**
> **8–12 rahmfarbene Eier**
> **1 Brut im Jahr**

Zum Brüten sucht sich das Weibchen eine Baumhöhle, mitunter auch eine Felshöhle. Selbst in Kirchtürmen sind Bruten bekannt. Im Alter von 1–2 Tagen springen die Küken aus großer Höhe zu Boden und werden vom Weibchen zum Gewässer geführt. Dort beginnen sie gleich, nach Wasserinsekten und kleinen Fischen zu tauchen.

♀

scharfe Abgrenzung des braunen Kopfes

Schnabel lang und dünn

Kopf grünlich schwarz

♂

Brust und Bauch lachsfarben

**Stimme** *Im Flug ist ein hartes „korrr" zu hören, ferner verschiedene Rufe bei der Balz.*

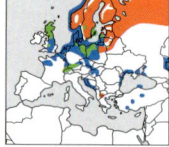

# Rosapelikan 🔊

*Pelecanus onocrotalus* (Pelikane)
L 140–175 cm   SpW 270–360 cm   Mittel-/Langstreckenzieher

Unterflügel schwarz-weiß

Hals eingezogen, wirkt sehr dick

**Vorkommen** *Brütet an verschiedenartigen Seen, Nahrungssuche auch im küstennahen Meer.*

> **Brutzeit April–Sept.**
> **2 weiße Eier**
> **1 Brut im Jahr**

Der Rosapelikan brütet nicht nur in Kolonien, sondern geht auch bei der Jagd gern gemeinschaftlich vor. Fischschwärme werden umkreist und zusammengetrieben, bis jeder Pelikan seine Beute mit dem sackartig vergrößerten Schnabel aus dem Wasser schöpfen kann. Ebenfalls sehr selten brütet in Südosteuropa der Krauskopfpelikan (*P. crispus*).

Unterflügel hell

Kehlsack orange

**Krauskopfpelikan**

hält sich oft im Trupp auf

**Stimme** *Am Brutplatz verschiedene knurrende Laute, sonst stumm.*

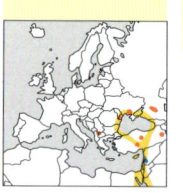

Augenregion nackt rosa

Schnabel lang

Kehlsack gelb

# Krähenscharbe

*Phalacrocorax aristotelis* (Kormorane)
L 65–80 cm   SpW 90–115 cm   Standvogel/Kurzstreckenzieher

Aus Tang oder anderen Wasserpflanzen baut die Krähenscharbe ihr Nest. Sie befestigt es auf Klippen oder in Spalten von Felswänden. Nur wenn nicht ausreichend Fisch als Nahrung vorhanden ist, verlässt sie den Bereich des Brutgebiets. In der Regel siedelt sich ein Jungvogel im Alter von drei Jahren in seiner Geburtskolonie an.

Hals dünn

Schnabel dünner als Kormoran

Federhaube

Gefieder schwarz mit grünlichem Glanz

**Prachtkleid**

Stirn steil

**Jungvögel**

Kehle weiß

Unterseite braun

**Schlichtkleid**

Unterseite weiß

**Mittelmeer**   **Atlantik**

***Vorkommen*** *Lebt fast ausschließlich an felsigen Meeresküsten; nur sehr selten an Binnengewässern.*

> ***Brutzeit März–August***
> ***1–6 blassblaue Eier***
> ***1 Brut im Jahr***

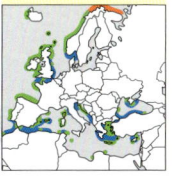

***Stimme*** *Am Brutplatz gurgelnde Rufe sowie klickende Laute.*

# Kormoran

*Phalacrocorax carbo* (Kormorane)
L 80–100 cm   SpW 130–160 cm   Standvogel/Mittelstreckenzieher

Kormorane brüten in großen Kolonien. Gemeinschaftliches Fischen und abendliche Versammlungen an großen Schlafplätzen kennzeichnen ihn als geselligen Vogel. Häufig kann man den Kormoran mit ausgebreiteten Flügeln am Ufer oder auf Bäumen sehen. Anders als die meisten Wasservögel kann er sein Gefieder nicht einfetten. Dadurch taucht er besser, muss die Federn aber anschließend trocknen.

**Prachtkleid**

Gesicht weiß

Gefieder schillernd schwarz

**Jungvogel**

Hals und Oberseite braun

zur Brutzeit weißer Fleck

Bauch hell

Hals krumm

***Vorkommen*** *Brütet auf Klippen der Meeresküste und in Gehölzen an Seen; Nahrungssuche auf Gewässern aller Art.*

> ***Brutzeit März–August***
> ***3–4 hellblaue Eier***
> ***1 Brut im Jahr***

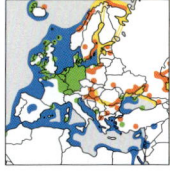
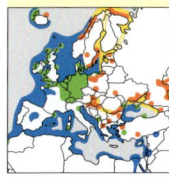

***Stimme*** *An Brut- und Schlafplätzen lautes Gackern in tiefer Tonlage.*

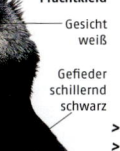

# Europäische Sumpfschildkröte

*Emys orbicularis* (Schildkröten)

L 10–25 cm   März–Oktober

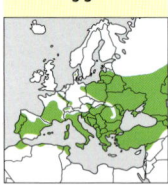

Die Sumpfschildkröte sonnt sich häufig am Gewässerufer oder auf Stämmen und Steinen über der Wasseroberfläche, bei Gefahr taucht sie rasch ab. Ihre Nahrung besteht aus Insekten und Krebsen, Würmern, kleinen Fischen, Fröschen und Aas, gelegentlich auch aus pflanzlicher Kost. In Mitteleuropa überwintert die Schildkröte vergraben im Bodenschlamm der Gewässer.

Hals dicht mit gelben Pünktchen gezeichnet

zahlreiche gelbe Tupfen und Pünktchen auf Panzer, Hals, Kopf und Beinen

relativ flacher Rückenpanzer

# Kaspische Wasserschildkröte

*Mauremys rivulata* syn. *Mauremys caspica rivulata* (Schildkröten)

L 10–25 cm   Februar–November

Wie alle Reptilien ist auch die Schildkröte ein wechselwarmes Lebewesen und steuert ihre Körpertemperatur durch das Aufsuchen wärmerer oder kühlerer Stellen. Um sich aufzuheizen, nimmt das meist gesellig lebende Tier ausgiebige Sonnenbäder. Beginnen kleinere Tümpel auszutrocknen, vergräbt sich die Schildkröte im Bodenschlamm und verfällt in einen Ruhezustand. In Stresssituationen wird ein nach Moschus riechendes Sekret ausgeschieden.

Die Rotwangen-Schmuckschildkröte *(Trachemys scripta)* stammt ursprünglich aus Nordamerika und wurde in etliche europäische Gewässer eingeschleppt. Hauptkennzeichen sind die leuchtend roten Schläfenflecken.

auffällige gelbe Halsstreifen

# Griechische Landschildkröte

*Testudo hermanni* (Schildkröte)
L 15–25 cm   März–November

Bei der Paarung versucht das Männchen das Weibchen durch wiederholte Rammstöße und Bisse zum Stillhalten zu bewegen, um aufsteigen zu können, und stößt dabei gut hörbare Laute aus. Das Schildkrötenweibchen gräbt mit den Hinterbeinen eine Grube, in die es vorsichtig 5–10 hartschalige Eier platziert. Danach wird die Grube sorgfältig zugeschaufelt und der Sonne zum Ausbrüten überlassen.

*Vorkommen Lichte Kiefern- und Eichenwälder, Hecken, Strauch- und Heidelandschaften.*

> **beliebtes Haustier**
> **frisst überwiegend Kräuter und Gräser, außerdem Früchte, Insekten, Aas und Kot**
> **verfällt in Winterstarre**

hoch gewölbter Rückenpanzer

Kopf und Vorderbeine mit kleinen Schuppen bedeckt

Die in Griechenland und auf Sardinien lebende Breitrandschildkröte (*T. marginata*) wird größer und weist eine Hutkrempen-ähnliche Verbreiterung der hinteren Randschilder auf.

# Mauergecko

*Tarentola mauritanica* (Geckos)
L 10–15 cm   März–November

Der Mauergecko ist in der Lage, mithilfe seiner Haftscheiben an den Füßen selbst an glatten Oberflächen und Scheiben empor- und sogar kopfüber an Decken zu klettern. Das Weibchen legt 2 Eier in Mauerspalten, zwischen Felsen oder in sandige Erde. Nach 3–4 Monaten schlüpfen 5 cm lange Jungtiere, die aussehen wie die erwachsenen Tiere.

*Vorkommen Lebt an Legesteinmauern, Ruinen, an der Rinde von knorrigen alten Bäumen und in Holzstapeln.*

> **größter europ. Gecko**
> **weitgehend nachtaktiv, tagsüber oft beim Sonnenbad**
> **frisst Insekten, Spinnen, Asseln und Hundertfüßer**

Der zierlichere, in Südosteuropa vorkommende Ägäische Nacktfinger (*Cyrtopodion kotschyi*) hat keine Haftscheiben an den Zehen.

Zehen mit Haftlamellen

senkrechte Pupillen

dunkle Querbinden

auffällige Höcker auf Rumpf und Schwanz

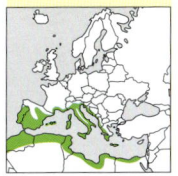

# Smaragdeidechse

*Lacerta bilineata* (Eidechsen)
L 20–40 cm   März–Oktober

Rücken
leuchtend
hellgrün

**Vorkommen** Besiedelt trockene, sonnen-exponierte Lebens-räume wie Weinberge, Trockenrasen, Geröll-halden, Legestein-mauern, in Deutsch-land nur im Süden.

> in Südosteuropa die Östliche Smaragd-eidechse (L. viridis)
> erbeutet hauptsächlich Insekten und Spinnen

Bald nach der Winterruhe in frostfreien Verstecken beginnt die Paarungszeit, in der das Männchen ein Territorium bezieht und dieses gegen andere Männchen in oft heftigen Kämpfen verteidigt. Nach der Paarung werden 10–15 Eier vom Weibchen in selbst gegrabenen Röhren abgelegt. Die Jungen schlüpfen meist im August. Die Smaragdeidechse hält sich meist am Bo-den auf, kann aber auch sehr gut klettern und springen.

Männchen mit leuchtend blauer Kehle, Hals und Wange

das Jungtier ist bräunlich gefärbt

Schwanz etwa doppelt so lang wie der Körper

# Zauneidechse

*Lacerta agilis* (Eidechsen)
L 18–25 cm   März–Oktober

Männchen besonders zur Paarungszeit mit leuch-tend grünen Flanken und grüner Kehle

**Vorkommen** In halboffenem Gelände auf Brachland, in Heidegebieten, an Straßenböschungen, in Kiesgruben und in Gärten.

> mit variabler Streifen- und Punktzeichnung
> wirkt relativ gedrun-gen und plump
> Fortpflanzungszeit April–Juni

Nach der Winterstarre in Erdlöchern und frostfreien Spalten erscheint zunächst das Männchen und erst etwas später das Weibchen an der Oberfläche. Typi-scherweise badet die Eidechse zweimal am Tag in der Sonne, um den wechselwarmen Organismus auf „Betriebstemperatur" zu bringen – einmal vor-mittags und dann am späten Nachmittag, dazwischen geht sie auf Beutefang. Bei großer Mittags-hitze sowie nachts verkriechen sich die Zauneidechsen in ihren Unter-schlüpfen.

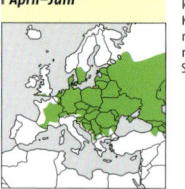

kräftiger Kopf mit relativ kurzer, rundlicher Schnauze

Schwanz etwa 1,5-mal so lang wie der Körper

# Waldeidechse

*Zootoca vivipara* (Eidechsen)
L 10–18 cm   Februar–Oktober

kleiner, abgeflachter Kopf kaum
vom Körper abgesetzt

Die Waldeidechse legt, anders als andere Eidechsen, keine Eier, sondern bringt nach einer Tragzeit von etwa 3 Monaten fertig entwickelte Jungeidechsen zur Welt. Bei dieser als Ovoviviparie bezeichneten Fortpflanzung werden die Eier im Mutterleib ausgebrütet und die Jungtiere schlüpfen noch im Körper des Muttertiers. Dies ermöglicht ihnen das Vordringen auch in kältere Lebensräume.

Um wachsen zu können, muss die alte, starre Haut abgestreift werden („Häutung").

Eidechsen können bei Gefahr ihren Schwanz abwerfen, um den Fressfeind zu irritieren, währendessen kann die „restliche" Eidechse flüchten.

# Blindschleiche

*Anguis fragilis* (Schleichen)
L 30–50 cm   März–Oktober

Die Blindschleiche kriecht zur Dämmerung aus feuchten Verstecken unter morschen Baumstümpfen o. Ä. hervor und erbeutet Nacktschnecken, Würmer, Asseln und Spinnen. Die Blindschleiche gehört zu den Echsen und nicht zu den Schlangen. Ebenso wie Eidechsen kann sie ihren Schwanz bei Gefahr abwerfen, um dann den Rest ihres Körpers in Sicherheit zu bringen.

In Südosteuropa lebt der ebenfalls zu den Schleichen zählende, bis 1,3 m lange, kräftig gebaute Scheltopusik *(Pseudopus apodus)*.

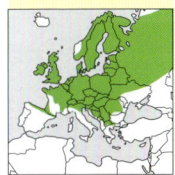

Kopf nicht durch einen Hals vom Rumpf abgesetzt

Körper meist mehr oder minder stark glänzend

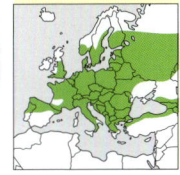

# Ringelnatter

*Natrix natrix* (Schlangen)
L 70–180 cm   März–Oktober

Schlangen züngeln regelmäßig und nehmen so ihre Umgebung wahr.

runde Pupille

gelbe Halbmonde am Hinterkopf

Für Menschen ist die ungiftige Ringelnatter völlig harmlos und wird zu Unrecht gefürchtet. Ergreift man sie, so beißt sie nicht, sondern scheidet allenfalls eine stinkende Flüssigkeit aus oder zeigt den sogenannten Totstellreflex: Dabei dreht sich das Tier auf den Rücken, wird völlig schlaff und lässt die Zunge aus dem weit geöffneten Maul hängen. Vermutlich schützt sie dieser Trick vor ihren natürlichen Feinden wie Igel, Marder oder Graureiher, deren Jagdinteresse damit sinkt.

Häutung einer Ringelnatter: pergamentartige Schlangenhaut wird auch als „Natternhemd" bezeichnet

# Würfelnatter

*Natrix tessellata* (Schlangen)
L 60–130 cm   März–Oktober

namengebende Würfelzeichnung

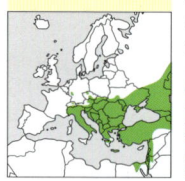

Die Würfelnatter ernährt sich in erster Linie von Fischen. Wie alle Schlangen ist sie in der Lage, Beutetiere zu verschlingen, die deutlich größer sind als ihr eigener Kopf. Ihre Schädelknochen sind an elastischen Bändern aufgehängt, wodurch sie ihre Kiefer sehr weit aufreißen kann. Im Winter verkriecht sich die Schlange in Hohlräumen oder Spalten, um sich vor Frost zu schützen.

runde Pupillen

Nasenlöcher nach oben gerichtet (Anpassung an das Leben im Wasser)

# Kreuzotter
*Vipera berus* (Schlangen)
L 50–80 cm   Februar–Oktober

Die scheue Kreuzotter ist bei vielen Menschen gefürchtet, dabei greift sie nur an und beißt, wenn sie in die Enge getrieben wird. Bei Gefahr ist ihre erste Reaktion eine Flucht in die Vegetation oder unter Steine. Der Biss gilt als sehr schmerzhaft, ist aber kaum je tödlich; ein Arzt sollte dennoch auf jeden Fall aufgesucht werden.

Giftzähne sind spezielle Fangzähne, mit denen Giftschlangen ihrer Beute ähnlich wie mit einer Injektionsnadel Gift einspritzen.

markante Zickzackzeichnung auf dem Rücken

Insbesondere im Gebirge finden sich schwarz gefärbte Kreuzottern, die auch als „Höllenotter" bezeichnet werden.

schlitzförmige, senkrechte Pupille

# Hornotter
*Vipera ammodytes* (Schlangen)
L 60–100 cm   Februar–Oktober

senkrechte, schlitzförmige Pupille

Eine ausgewachsene Hornotter jagt hauptsächlich Mäuse und andere Kleinsäuger, daneben auch Vögel, Eidechsen und kleinere Schlangen. Die Beutetiere werden durch einen Giftbiss getötet. Wie alle europäischen Ottern ist auch die Hornotter ovovivipar, das heißt, die Eier entwickeln sich im Mutterleib, dort schlüpfen die Jungschlangen auch und werden im Frühherbst geboren.

auffälliges, schuppenbesetztes Schnauzenhorn

Zickzackband auf der Rückenmitte

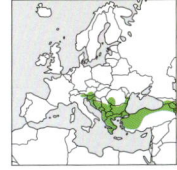

# Frösche und Kröten verstehen

Im Frühjahr tauchen sie plötzlich und in Massen auf – Frösche und Kröten auf Wanderschaft kennen keine Straßenschilder, zielsicher und ungeachtet jeglicher Gefahren leitet ihr Instinkt sie zum vertrauten Teich oder Tümpel. Hierhin wollen sie, unbedingt und alle gleichzeitig.

## Geheimes Doppelleben

Genauso plötzlich wie sie erschienen, sind sie auch wieder verschwunden. Abgetaucht im Teich feiern Frösche, Kröten und Molche ausgiebig Hochzeit. Ihre zahlreichen Eier – zwischen 1000 und 2000 Stück pro Paar – lassen sie gut verpackt in gallertigen Hüllen im Teich zurück, sie selbst gehen wieder an Land, um hier bei Nacht Schnecken, Insekten und Spinnen nachzustellen. Aus den Eiern schlüpfen derweil fischähnliche Wesen, zunächst nur wenige Millimeter groß, die sich in den nächsten Wochen zu stattlichen Kaulquappen von 4–5 cm Größe entwickeln. Nach und nach schmilzt nun ihr Fischschwanz und zeitgleich beginnen Arme und Beine zu wachsen, bis im Sommer daraus richtige Mini-Frösche und -Kröten geworden sind; bereit, an Land zu gehen wie ihre Eltern.

# Feuersalamander

*Salamandra salamandra* (Salamander)

L 14–20 cm   Februar–November

Der Feuersalamander legt im Gegensatz zu den meisten anderen Amphibien keine Eier ab, sondern die Jungtiere entwickeln sich im Mutterleib, bis sie nach einer Tragzeit von etwa 8 Monaten als ca. 3,5 cm lange Larven in kühle, sauerstoffreiche Gewässer geboren werden. Nach 4 Monaten sind sie schließlich ausgewachsen und gehen an Land. Den Winter verbringt der Feuersalamander in frostfreien Verstecken unter Baumwurzeln oder in Felsspalten.

auffällige und unverkennbare gelb-schwarze Fleckenzeichnung

Larven besitzen zur Atmung hinter dem Kopf ansitzende, äußere Kiemenbüschel.

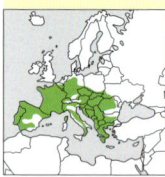

# Alpensalamander

*Salamandra atra* (Salamander)

L 10–15 cm   April–Oktober

Biologisch sensationell ist seine Fortpflanzung: Das Weibchen des Alpensalamanders trägt die befruchteten Eier sowie die daraus geschlüpften Larven 2–3 Jahre lang im Bauch, wo sie heranwachsen und in einer bestimmten Nährzone fressen können. Es werden dann „fertige", 4–5 cm kleine Alpensalamander geboren. Damit sind sie vom Wasser komplett unabhängig.

neugeborener Alpensalamander unterscheidet sich nur in der Größe von seinen Eltern

komplett lackschwarz

# Bergmolch

*Triturus alpestris* (Molche)
L 8–12 cm   Februar–Oktober

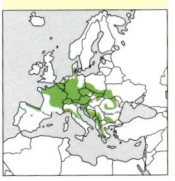

Der Bergmolch lebt etwa von März bis August in seinem kühlen Laichgewässer. Seine Nahrung besteht hier aus Wasserinsekten, Kleinkrebsen, Würmern und Kaulquappen. Nach dem Laichgeschäft geht der Molch an Land, führt ein nachtaktives Leben und verbirgt sich tagsüber unter verrottendem Holz, zwischen Baumwurzeln und Steinen.
Hier lebt er von Würmern, Asseln, Spinnen und Insekten.

Weibchen zur Paarungszeit oberseits grün-gräulich marmoriert

Bauch ungefleckt, orange

niedrige, ganzrandige, schwarz-gelb gebänderte Rückenleiste

Männchen zur Paarungszeit überwiegend kräftig blau gefärbt

im Schlichtkleid Oberseite unscheinbar gräulich-schwärzlich

Bauch ungefleckt, orange

**Vorkommen** *Laub-wälder und park-ähnliche Landschaften mit stehenden oder langsam fließenden Gewässern, im Gebirge bis auf 2500 m Höhe.*

> auch **Alpenmolch** genannt
> **Weibchen** faltet bis zu 250 Eier einzeln in Wasserpflanzenblätter ein

147

# Teichmolch

*Triturus vulgaris* (Molche)
L 6–11 cm   Februar–November

in der Landtracht weniger farbig, Kamm ist dann zurückgebildet

Die Fortpflanzung des Teichmolches findet im Wasser statt. Hier werden die Eier einzeln an Wasserpflanzen abgelegt. Nach 1–3 Wochen schlüpfen die 6–10 mm kleinen Larven. Ihre äußeren Kiemenbüschel sind hinter dem Kopf sichtbar. Sie entwickeln zuerst dünne Vorderbeine und später die Hinterbeine, um nach etwa 2–3 Monaten die Metamorphose zum Landtier zu vollziehen.

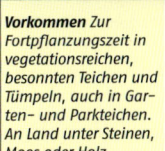

Kopf längs gestreift

Männchen im Hochzeitskleid mit gewelltem Kamm auf Rücken

Schwanz ohne Einbuchtung an der Schwanzbasis (vgl. Kammmolch)

orangefarbener Bauch mit kräftigen dunklen Flecken

Weibchen faltet die Eier einzeln in Wasserpflanzenblätter ein

**Vorkommen** *Zur Fortpflanzungszeit in vegetationsreichen, besonnten Teichen und Tümpeln, auch in Garten- und Parkteichen. An Land unter Steinen, Moos oder Holz.*

> häufigste Molchart
> **Wanderung** zu den Laichgewässern witterungsabhängig bereits ab Februar

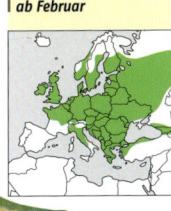

# Kammmolch

*Triturus cristatus* (Molche)
L 11–18 cm   Februar–November

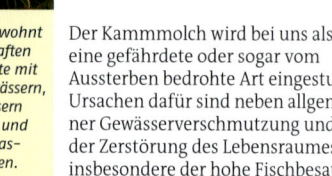

Weibchen: Bauchseite gelb-orange mit schwarzen Flecken (vgl. Bergmolch)

**Vorkommen** Bewohnt offene Landschaften und Waldgebiete mit besonnten Gewässern, auch in Altwässern von Auwäldern und der Natur überlassenen Kiesgruben.

> **Männchen umwirbt die Weibchen mit „Katzenbuckeln" und Schwanzschlägen**

Der Kammmolch wird bei uns als eine gefährdete oder sogar vom Aussterben bedrohte Art eingestuft. Ursachen dafür sind neben allgemeiner Gewässerverschmutzung und der Zerstörung des Lebensraumes insbesondere der hohe Fischbesatz in den Laichgewässern, wodurch es durch Fraß zu hohen Verlusten bei Eiern und Larven kommt.

wasserlebende Larve mit äußeren Kiemenbüscheln

Männchen zur Paarungszeit mit hohem, gezacktem Rückenkamm, der an der Schwanzbasis durch eine tiefe Einbuchtung vom Schwanzkamm getrennt ist (vgl. Teichmolch)

perlmuttfarbenes Längsband entlang der Schwanzseiten

# Gelbbauchunke

*Bombina variegata* (Unken)
L 3,5–5,5 cm   März–Oktober

Die ähnlich Rotbauch- oder Tieflandunke (*B. bombina*) schließt sich im Norden und Osten an das Verbreitungsgebiet der Gelbbauchunke an.

**Vorkommen** Bewohnt warme, sonnenexponierte Tümpel, Teiche und periodisch austrocknende Kleinstgewässer, mitunter auch in Fahrspuren und größeren Pfützen.

> *auch Bergunke genannt*
> *frisst überwiegend Insekten*

Die Gelbbauchunke sucht ihre Laichgewässer ab April auf und verbleibt bis Oktober im oder am Wasser. Mit seinen wohltönenden, glockenartigen und leisen „ung...ung...ung"-Rufen lockt das Männchen die Weibchen an. Ist eine Unke in Gefahr, präsentiert sie mit durchgebogenem Rücken und hochgezogenen Beinen die Warnfarben ihrer Unterseite, dies ist die sogenannte Kahnstellung.

Unterseite von Bauch, Kopf, Beinen und Füßen leuchtend gelb gefärbt mit dunklen Flecken

Oberseite bräunlich-grünlich mit Warzen

herzförmige Pupille

# Erdkröte

*Bufo bufo* (Kröten)

L 6–13 cm   Februar–November

Kaulquappe ernährt sich hauptsächlich von Algen

Bekannt sind die Krötenwanderungen im zeitigen Frühjahr, wenn die Tiere in großer Zahl von ihren Winterquartieren zu den Laichgewässern unterwegs sind. Die Erdkröte ist sehr ortstreu und kehrt immer wieder an den Ort ihrer Geburt zurück. Führen die traditionellen Wanderrouten über Straßen, endet für viele Tiere dieser Ausflug tödlich. Amphibienschutzzäune stellen an solch gefährdeten Stellen einen wirksamen Schutz dar.

**Vorkommen** *Lebt auf Wiesen, in Wäldern, im Gebirge und im Siedlungsbereich. Laichgewässer sind Seen, Teiche sowie strömungsberuhigte Flussabschnitte.*

> **unsere häufigste und größte Krötenart**
> **überwiegend nachtaktiv**

kupferfarbene Augen mit waagerecht gestellten Pupillen

relativ trockene, warzige Haut

große Ohrdrüsen

3–5 m lange Laichschnüre werden um untergetauchte Pflanzen oder Ästchen geschlungen und enthalten 3000 bis 8000 gallertige Eier

# Wechselkröte

*Bufo viridis* (Kröten)

L 6–10 cm   März–Oktober

Die Wechselkröte wird auf der Roten Liste als stark gefährdete Art eingestuft. Hauptursache hierfür ist vor allem der Verlust der Laichgewässer durch Zerstörung, zu starke Eutrophierung mit einhergehender Verkrautung oder Fischbesatz. Wichtige Ersatzbiotope können aufgelassene Kies- und Sandgruben mit Kleingewässern sein, in denen durch extensive Beweidung oder regelmäßiger Entfernung des Aufwuchses eine Verbuschung verhindert wird.

Männchen besitzt an der Kehle eine Schallblase, mit der es zur Paarungszeit Trillerrufe erzeugt

**Vorkommen** *Bewohnt offenes, sonniges Gelände wie steppenartige Wiesen, Heideflächen, Trockenrasen, Dünen oder Kiesgruben. Laichgewässer sind vegetationsarme Teiche mit flachen Uferbereichen.*

> **überwiegend dämmerungs- und nachtaktiv**
> **stark gefährdete Art**

Oberseite mit unregelmäßig geformten, grünen Feldern und scharf davon abgegrenzten hellen Zonen

zahlreiche kleine rötliche Warzen auf Rücken und Flanken

Tarnfarben im „NATO-Look"

# Laubfrosch

(Laubfrösche)
L 3–6 cm   März–Oktober

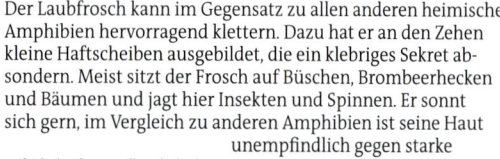

Kaulquappe

Der Laubfrosch kann im Gegensatz zu allen anderen heimischen Amphibien hervorragend klettern. Dazu hat er an den Zehen kleine Haftscheiben ausgebildet, die ein klebriges Sekret absondern. Meist sitzt der Frosch auf Büschen, Brombeerhecken und Bäumen und jagt hier Insekten und Spinnen. Er sonnt sich gern, im Vergleich zu anderen Amphibien ist seine Haut unempfindlich gegen starke Sonneneinstrahlung.

meist lackartig grasgrün mit dunklem Flankenstreifen, mitunter auch bläulich oder gräulich

rufendes Männchen

Dieser Laubfrosch hat seinen Kaulquappenschwanz noch nicht eingeschmolzen.

# Teichfrosch

*Rana esculenta* (Echte Frösche)
L 6–12 cm   März–Oktober

Der Teichfrosch gilt als Kreuzung zwischen den Arten Kleiner Wasserfrosch *(Rana lessonae)* und Seefrosch *(R. ridibunda)* und zeigt Merkmale beider Elterntiere. Die drei Arten sind kaum zweifelsfrei auseinanderzuhalten. Sie werden unter dem Begriff „Wasserfrösche" oder „Grünfrösche" zusammengefasst.

Grünfroschmännchen ruft mit 2 Schallblasen, die aus einem Spalt zu beiden Seiten des Kopfes hinter den Mundwinkeln ausgestülpt werden.

oberseits hell- bis dunkelgrüne Grundfärbung

# Grasfrosch

*Rana temporaria* (Echte Frösche)
L 5–11 cm   Februar–November

etwa 5 Wochen alte Kaulquappe

Der Grasfrosch lebt außerhalb der Paarungszeit an Land, wo er sich tagsüber meist in feuchten Verstecken aufhält. Bereits zwischen Mitte Februar und April wandert er zu seinen Laichgewässern. Ähnlich wie die Erdkröte sucht auch der Grasfrosch zur Fortpflanzung wieder das Gewässer auf, in dem er geboren wurde. Auf welche Weise er alljährlich seinen Weg dorthin findet, ist bisher ungeklärt.

**Vorkommen** *Besiedelt fast alle feuchten Biotope, regelmäßig auch in naturnahen Gärten und Gartenteichen.*

> **häufigster Frosch**
> **frisst Schnecken, Regenwürmer, Insekten und anderes Kleingetier**
> **überwintert im Gewässer oder in frostfreien Landverstecken**

relativ stumpfe Schnauze

Oberseite variabel aus Braun-, Grau- oder Gelbtönen, meist mit dunkelbraunem Fleckenmuster

Eier werden in großen Laichballen im flachen Randbereich der Gewässer abgelegt.

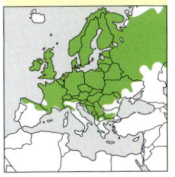

# Moorfrosch

*Rana arvalis* (Echte Frösche)
L 4–7 cm   Februar–November

Im März und April treffen sich die Moorfrösche in großer Zahl an ihren Laichgewässern. Die meisten Tiere verpaaren sich innerhalb von nur einer Woche. Wie auch der Grasfrosch zählt der Moorfrosch zu den sogenannten Früh- und Explosivlaichern, die innerhalb weniger Tage bis zu 3000 Eier in großen Laichballen ablaichen.

Außerhalb der Paarungszeit ist der Moorfrosch bräunlich gefärbt.

**Vorkommen** *Bewohnt insbesondere Erlenbrüche, Moorgebiete und Sumpfwiesen, Laichgewässer sind meist voll besonnte Tümpel, Torfstiche und Wassergräben.*

> **Männchen rufen meist im Chor**
> **stark gefährdete Art**

oft heller Längsstreifen auf der Rückenmitte

Zur Paarungszeit färben sich die Männchen prächtig blau.

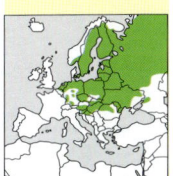

# Fluss-Neunauge

*Lampetra fluviatilis* (Neunaugen)
L 30–50 cm   Süß- und Meerwasser

In Bächen lebt das bleistiftdünne, 10–15 cm lange <u>Bachneunauge (*L. planeri*)</u>.

**Vorkommen** In Flüssen und deren Mündungsbereichen sowie in den europäischen Küstengewässern.

> auch Pricke oder Flusspricke genannt
> hat keine Schuppen
> stark gefährdete Art

Das Fluss-Neunauge gehört zu den anadromen Wanderarten: Das geschlechtsreife Tier wandert aus dem Meer in die Flüsse, um sich zu paaren. Aus den Eiern schlüpfen die Larven, die man Querder nennt. Nach 3–5 Jahren zieht das erwachsene Neunauge wieder ins Meer. Es saugt sich mit seinem Maul an Fischen fest und raspelt mit den Zähnen deren Haut- und Muskelgewebe ab.

rundes Saugmaul

wenige scharfe, kräftige Hornzähne

Die „Neun Augen" sind 1 Nasenöffnung, 1 Auge und 7 Kiemenöffnungen.

aalähnliche, etwa daumendicke Gestalt

# Dornhai

*Squalus acanthias* (Haie)
L 70–120 cm   Meerwasser

auffällig große Augen

spitze Schnauze

5 Kiemenspalten

**Vorkommen** In Atlantik, Nordsee und Mittelmeer, selten in der Ostsee, meist in 10–200 m Tiefe über weichen Meeresböden.

> „Schillerlocken" sind geräucherte Bauchlappen, sollten aber nicht gegessen werden, da die Bestände überfischt sind
> oft in Schwärmen

Der Dornhai lebt grundnah und erbeutet überwiegend Dorsche, Heringe und Makrelen, außerdem Tintenfische und Krebse. Er gehört zu den lebend gebärenden Haiarten: Die Eier sowie die daraus geschlüpften Embryonen entwickeln sich im Leib der Mutter (ovovivipar), die Junghaie werden mit einer Länge von etwa 20–30 cm geboren.

vor den Rückenflossen jeweils ein langer Dorn

lang gestreckter Körper

weiße Flecken an den Flanken

# Kleingefleckter Katzenhai

*Scyliorhinus canicula* (Haie)
L 50–100 cm  Meerwasser

Der nacht- und dämmerungsaktive Katzenhai hält sich meist in Bodennähe auf, wo er Muscheln, Schnecken, Krebse und kleinere Fische erbeutet. Das Weibchen laicht 18–20 gelbliche, transparente Eikapseln ab, in denen sich jeweils ein Embryo entwickelt. Seinen deutschen Namen verdankt der Katzenhai den bei Helligkeit senkrecht stehenden Pupillen, die an Katzenaugen erinnern.

an den Ecken fädige, spiralig gewundene Anhänge

Eikapsel

etwa 6 cm lang und 3 cm breit

kurze, abgerundete Schnauze

2 Rückenflossen

zahlreiche, unregelmäßig verteilte Flecken und Punkte

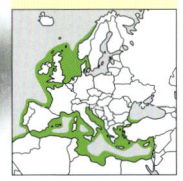

# Nagelrochen

*Raja clavata* (Echte Rochen)
L 50–120 cm  Meerwasser

Eikapsel etwa 4 x 6 cm groß

an den Ecken kurze, hornförmige Fortsätze

Der Nagelrochen lebt bodenorientiert, seine Nahrung besteht aus Krabben, Garnelen und kleinen Fischen wie z. B. Sandaalen und Plattfischen. Um seine Beutetiere zu lähmen, kann der ausgewachsene Nagelrochen kräftige elektrische Schläge austeilen. Zur Laichzeit wandert er in Küstennähe, wo in seichten Zonen die Begattung stattfindet.

30–50 nagelähnliche Dornen entlang der Rückenlinie

abgeflachter, rautenförmiger Körper

langer, schlanker Schwanz mit 2 kleinen Rückenflossen

# Aal
*Anguilla anguilla* (Flussaale)
L 50–150 cm   Süß- und Meerwasser

Die Entwicklung des Aales beginnt in der Sargassosee im Atlantischen Ozean. Von dort treiben die Larven mit den Meeresströmungen an die Küsten Europas und beginnen mit dem Aufstieg in die Flüsse, wo sie 5–15 Jahre leben. Der geschlechtsreife Aal wandert nun zurück ins Meer und findet mithilfe magnetischer Felder bis zu 7000 km zurück zu seiner Geburtsstätte, um sich hier mit Abermillionen von Aalen zur Paarung zu treffen.

Weil die Jungfische noch durchscheinend sind, werden sie als „Glasaale" bezeichnet. Sie werden in großen Mengen in den Mündungsbereichen von Flüssen gefangen und als Besatz in Binnengewässer eingebracht.

Rücken-, After- und Schwanzflosse bilden einen Flossensaum.

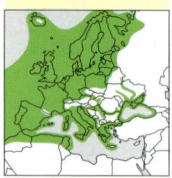

Bauchflossen fehlen

# Hering
*Clupea harengus* (Heringe)
L 20–40 cm   Meerwasser

leicht oberständiges Maul

Kiemendeckel glatt

Der Hering ernährt sich überwiegend von im freien Wasser treibenden Zooplankton. Zur Fortpflanzungszeit zieht er zu Abermillionen an die Küsten und lockt hier Angler an. In der kommerziellen Fischerei spielt der Hering eine herausragende Rolle und kommt frisch, geräuchert oder eingelegt auf den Markt. U. a. gehen Matjes, Bücklinge, Bismarckheringe, Rollmöpse und Sild auf Heringe zurück.

tief gegabelte Schwanzflosse

Seitenlinie fehlt

Bauchflosse setzt hinter dem Ansatz der Rückenflosse an.

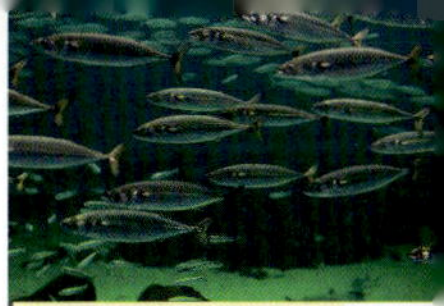

# Makrele

*Scomber scombrus* (Makrelen)

L 30–50 cm  Meerwasser

Die Makrele ist ein schmackhafter Fisch von hoher Bedeutung für die Fischereiwirtschaft. Sie kommt frisch, geräuchert oder in Konserven auf den Markt. Da ihre Bestände zurzeit als nicht überfischt und stabil gelten und ihr Fang umweltschonend und ohne übermäßigen ungewollten Beifang möglich ist, kann der Verzehr von Makrelen auch aus umwelt- und naturschützerischer Sicht empfohlen werden.

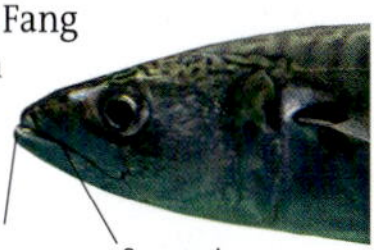

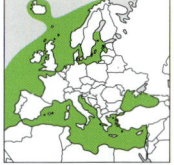

spitze Schnauze
großes, endständiges Maul

***Vorkommen** In Atlantik, Mittelmeer, Nord- und Ostsee oft nahe der Wasseroberfläche, im Winter in bis zu 250 m Tiefe.*

- ***lebt in riesigen Schwärmen***
- ***zur Fortpflanzungszeit an den Küsten***
- ***frisst u.a. Heringe***

2 weit voneinander getrennte Rückenflossen
Schwanzstiel mit kleinen Flösselchen
zebraähnliches, dunkles Streifenmuster

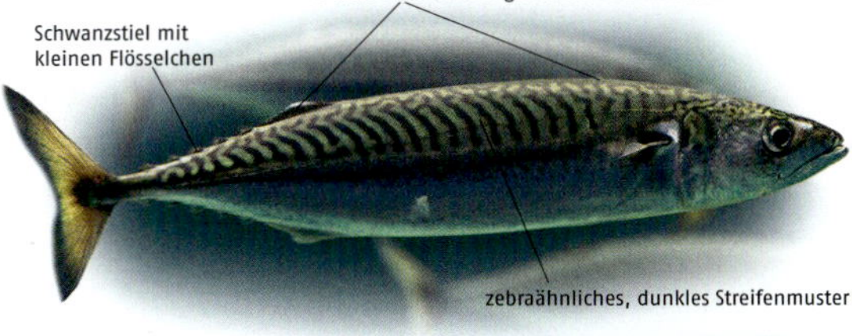

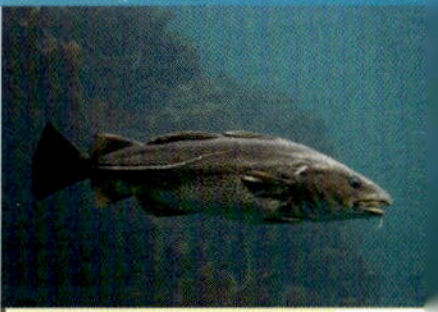

# Dorsch, Kabeljau

*Gadus morhua* (Dorsche)

L 50–150 cm  Meerwasser

Oberkiefer vorstehend, Maul dadurch unterständig
lange kräftige Kinnbartel

Seit je ist Kabeljau bzw. Dorsch insbesondere in nördlichen Regionen eine der wirtschaftlich bedeutendsten Fischarten und galt bereits in der Wikingerzeit als wichtige Handelsware. Er lässt sich gut lagern und ist dabei recht leicht zu fischen. Als Stockfisch (gesalzen und getrocknet) und Klippfisch (luftgetrocknet) ist er vor allem in Norwegen, Südfrankreich, Spanien und Portugal sehr beliebt.

**Trockenfischgestell in Norwegen**

***Vorkommen** Im Nordatlantik sowie in Nord- und Ostsee meist in Grundnähe in 20–200 m Wassertiefe, mitunter auch bis zu 600 m tief.*

- ***oft in größeren Schwärmen***
- ***ernährt sich räuberisch***
- ***Laichzeit Januar–April***

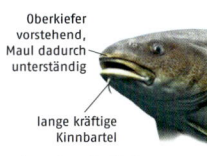

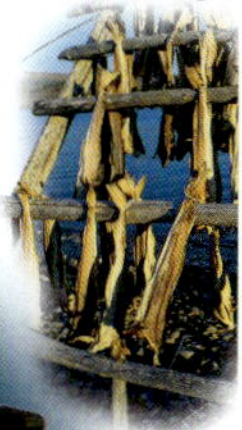

3 Rückenflossen
Seitenlinie weißlich
2 Afterflossen

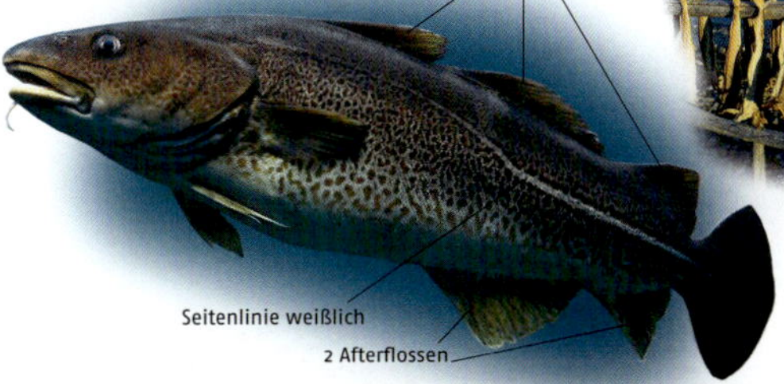

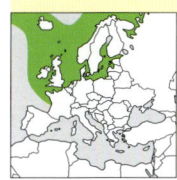

# Atlantischer Lachs

*Salmo salar* (Lachsfische)
L 60–150 cm   Süß- und Meerwasser

**In Skandinavien werden Lachse zunehmend in Aquakulturanlagen herangezogen.**

Der Lachs ist ein anadromer Wanderfisch, der nach einer Wachstumsphase im Meer im Alter von etwa 4–8 Jahren zum Laichen bis weit in die Oberläufe und Bäche aufsteigt. Bemerkenswert ist dabei, dass der geschlechtsreife Fisch stets genau den Fluss wiederfindet, in dem er selbst zur Welt kam. Der Junglachs verweilt 1–4 Jahre im Süßwasser, um dann ins Meer zu ziehen.

Jungfisch mit dunklen Querbinden auf den Flanken

Fettflosse zwischen Rücken- und Schwanzflosse

Maulspalte reicht bis unter die Augen.

schlanker Schwanzstiel

# Bachforelle

*Salmo trutta f. fario* (Lachsfische)
L 20–60 cm   Süßwasser

Die Bachforelle ist ein standorttreuer Fisch, die unter überhängenden Wurzeln, Ästen oder Steinen, in tiefen Gumpen oder hinter Felsblöcken und anderen Strömungshindernissen ihr Revier bildet, das sie gegen Artgenossen verteidigt. Individuenreiche, aus mehreren Jahrgängen bestehende Bachforellenbestände sind Zeiger für saubere und natürliche Gewässerabschnitte.

schwarze Punkte auf dem Rücken

Fettflosse zwischen Rücken- und Schwanzflosse

mit hell gesäumten roten Punkten

# Regenbogenforelle

*Oncorhynchus mykiss* (Lachsfische)
L 25–70 cm   Süßwasser

Die Regenbogenforelle wurde Ende des 19. Jahrhunderts aus Nordamerika eingeführt und in zahlreichen Gewässern ausgesetzt. Gegenüber der heimischen Forelle gilt sie als weniger anspruchsvoll, erträgt schlechtere Wasserqualität und benötigt weniger Versteckmöglichkeiten. Da sie sich zudem mit Kunstfutter ernähren lässt und äußerst raschwüchsig ist, eignet sie sich bestens für eine lukrative Teichwirtschaft.

**Vorkommen** Ursprünglich in Nordamerika, nach Besatzmaßnahmen in allen Gewässern Europas.

> regelmäßig in Forellenteichen
> natürliche Fortpflanzung in unseren Gewässern nur ausnahmsweise

zahlreiche schwarze Punkte

Fettflosse zwischen Rücken- und Schwanzflosse

rosa-rötlich schillerndes Längsband, „Regenbogen"

Jungfisch mit dunklen Flecken an den Seiten

# Große Maräne, Renke

*Coregonus spec.* (Renken)
L 20–80 cm   Süßwasser

Die unübersichtliche Gruppe der Maränen bzw. Renken bildet zahllose lokale und ökologische Formen aus, deren Bestimmung schwierig und auch unter Wissenschaftlern unklar ist. Da die Maräne gebraten oder geräuchert eine sehr schmackhafte Delikatesse ist, ist sie örtlich von großer wirtschaftlicher Bedeutung für Berufsfischer. Ihr Bestand wird durch aufwendige Zucht- und Besatzmaßnahmen gefördert.

**Vorkommen** Überwiegend in tiefen und kühlen Seen und Fließgewässern Norddeutschlands sowie der Voralpen- und Alpenregion.

> silberglänzend
> Plankton- und Kleintierfresser
> auch als Kilch, Gangfisch, Felchen bezeichnet

relativ kleiner Kopf

Fettflosse zwischen Rücken- und Schwanzflosse

kleine Mundspalte

tief eingeschnittene Schwanzflosse

# Äsche

*Thymallus thymallus* (Äschen)
L 25–55 cm   Süßwasser

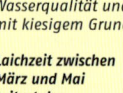

Die Äsche frisst ihrem relativ engen Maul entsprechend überwiegend Kleintiere wie Insektenlarven, Krebstiere und Würmer, außerdem nimmt sie sogenannte Anflugnahrung wie z. B. auf die Wasseroberfläche gefallene Insekten auf. Das wohlschmeckende Fleisch der Äsche riecht nach Thymian, woraus sich auch der wissenschaftliche Name herleitet. Jungfische bilden oft kleinere Schwärme.

fahnenartig verlängerte
Rückenflosse

Fettflosse zwischen
Rücken- und
Schwanzflosse

kleine schwarze Flecken

# Rotauge

*Rutilus rutilus* (Karpfenfische)
L 20–45 cm   Süßwasser

Das Rotauge ist ein Schwarmfisch, die sich bevorzugt in pflanzenbestandenen Uferregionen aufhält. Es ernährt sich von Plankton, Würmern, Muscheln, Schnecken, Kleinkrebsen, Insektenlarven, kleinen Fischen und pflanzlicher Kost. Das Rotauge ist relativ widerstandsfähig gegenüber Wasserverunreinigungen und überlebt noch in Gewässern, in denen andere Arten längst abgewandert oder verendet sind.

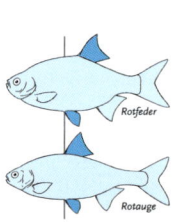

Rotfeder

Rotauge

**Rotfeder und Rotauge im
Vergleich zeigen deutlich
die unterschiedliche
Stellung der Rücken- und
Bauchflosse zueinander**

Flossen gelblich bis rötlich

rote Iris

endständiges,
kleines Maul

# Elritze

*Phoxinus phoxinus* (Karpfenfische)
L 5–15 cm   Süßwasser

Die Elritze hält sich meist nahe der Wasseroberfläche auf und frisst Insektenlarven, Kleinkrebse und gelegentlich pflanzliche Kost. Bei Gefahr flüchtet der Schwarm schnell zwischen Steine, Wasserpflanzen oder überhängende Wurzeln. Aufgrund von Gewässerausbau sowie der allgemeinen Wasserverschmutzung und Überdüngung sind die Bestände der Elritze zurückgegangen.

Zur Paarungszeit legt das Männchen sein farbenfrohes Hochzeitskleid an.

**Vorkommen** Bevorzugt klare, sauerstoffreiche Fließgewässer, auch stehenden Gewässern, auch im Brackwasser der Ostsee.

> **lebhafter Schwarmfisch**
> **Fortpflanzungszeit April–Juli**
> **in der Roten Liste als gefährdete Art eingestuft**

Flanken mit dunklen Querbinden

Seitenlinie reicht meist nur bis zur Körpermitte

kleines endständiges Maul

159

---

# Rotfeder

*Scardinius erythrophthalmus* (Karpfenfische)
L 20–45 cm   Süßwasser

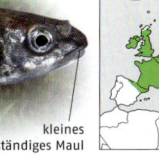

Die Rotfeder lebt in Schwärmen, die sich gern in pflanzenbestandenen Uferbereichen aufhalten. Sie frisst Algen, Laichkraut und andere weichblättrige Wasserpflanzen, außerdem auch wirbellose Kleintiere wie Wasserflöhe und Insektenlarven. Wird im Sommer der Sauerstoff im Wasser knapp, sieht man die Rotfeder oft in Gruppen dicht unter der Wasseroberfläche stehen.

Für den Besatz in Gartenteichen gibt es attraktive goldfarbene Züchtungen.

**Vorkommen** Regelmäßig und häufig in vegetationsreichen stehenden oder langsam fließenden Gewässern.

> **lebt in Schwärmen**
> **Laichzeit April–Juni**
> **ernährt sich überwiegend vegetarisch**

vorderer Ansatz der Rückenflosse hinter dem der Bauchflosse (vgl. Rotauge)

oberständiges, nach oben gerichtetes Maul

Bauch-, After- und Schwanzflossen rötlich

# Karpfen

*Cyprinus carpio* (Karpfenfische)
L 30–120 cm    Süßwasser

Das Maul kann weit zu einem Rüssel ausgestülpt werden.

**Vorkommen** Bevorzugt als Lebensraum warme, pflanzenreiche Seen und Teiche sowie relativ langsam fließende, weichgründige Flüsse.

> **geselliger, dämmerungsaktiver Friedfisch**
> **kann 40–50 Jahre alt werden**

Der Karpfen wurde bereits im Mittelalter von Mönchen in flachen, warmen Klosterteichen gezüchtet, weil sein Verzehr während der fleischlosen Fastentage erlaubt war. Auch heutzutage ist er der wichtigste Zuchtfisch der kommerziellen Teichwirtschaft. Hinsichtlich der Beschuppung werden Zuchtformen wie Schuppen-, Spiegel- und Lederkarpfen unterschieden.

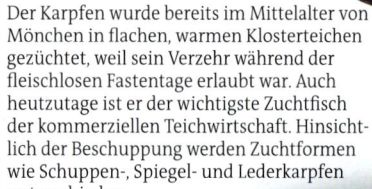

wenige große Schuppen

**Zuchtform: Spiegelkarpfen**

2 lange und 2 kurze Barteln an der Oberlippe

# Karausche

*Carassius carassius* (Karpfenfische)
L 15–50 cm    Süßwasser

Jungfische sind noch flachrückig

**Vorkommen** In fast allen Gewässertypen, auch in Kleinstgewässern wie Gräben und Tümpeln; fehlt in schnell fließenden Gebirgsbächen.

> lebt meist gesellig in Bodennähe
> Laichzeit Mai–Juli
> auch als „Moorkarpfen" bezeichnet

Die Karausche gilt als unser widerstandsfähigster und zählebigster Fisch: Gewässerverschmutzung und extremen Sauerstoffmangel erträgt sie monatelang, kurzfristiges Austrocknen ihrer Gewässer überdauert sie im Schlamm eingegraben, und auch das Durchfrieren im Winter soll sie noch überleben.

Rückenflosse lang mit konvexer (nach außen gewölbter) Oberkante

im Alter und gut genährt extrem hochrückig

endständiges Maul ohne Barteln

# Schleie

*Tinca tinca* (Karpfenfische)
L 20–70 cm   Süßwasser

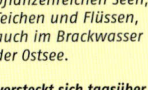

Die Schleie ist eine einzelgängerische, dämmerungs- und nachtaktive Bewohnerin von Gewässern mit schlammigem Untergrund. Diesen durchwühlt sie nach Schnecken, Muscheln, Insektenlarven und anderen Bodentieren, außerdem frisst sie weiche Pflanzenteile. In heißen Sommern und damit einhergehender Sauerstoffarmut vergräbt sie sich im Bodenschlamm und verfällt in eine Art Hitzestarre.

In Gartenteichen wird gerne die goldgelbe Zuchtform „Goldschleie" gehalten.

sehr kleine, tief in die schleimige Haut eingebettete Schuppen

endständiges Maul mit zwei kurzen Barteln

Flossen abgerundet

*Vorkommen* In pflanzenreichen Seen, Teichen und Flüssen, auch im Brackwasser der Ostsee.

> **versteckt sich tagsüber in dichten Pflanzenbeständen**
> **Laichzeit Mai und Juli**
> **verfällt in der kalten Jahreszeit in Winterstarre**

# Brachse

*Abramis brama* (Karpfenfische)
L 25–75 cm   Süßwasser

Die Brachse durchwühlt mit ihrem ausstülpbarem Rüssel den weichen Untergrund nach Fressbarem. Zur Laichzeit von Mai bis Juli versammelt sie sich in Schwärmen in flachen, pflanzenbestandenen Uferzonen, um hier ihre klebrigen Eier an Wasserpflanzen abzulegen. Die Brachse hinterlässt bei der Nahrungssuche charakteristische trichterförmige Fraßlöcher im Gewässerboden.

leicht unterständiges, zu einem Rüssel ausstülpbares Maul

erwachsene Brachse extrem hochrückiger und seitlich stark abgeflachter Körper

lange Afterflosse

*Vorkommen* In stehenden oder langsam fließenden Gewässern mit schlammigem Untergrund, auch im Brackwasser der Ostsee.

> **auch als Brasse oder Blei bekannt**
> **in Fließgewässern „Leitart" der „Brachsenregion"**
> **häufiger, schwarmbildender Bodenfisch**

# Bachschmerle

*Barbatula barbatula* (Plattschmerlen)
L 8–18 cm   Süßwasser

unterständiges
Maul mit 6 Barteln
an der Oberlippe

**Vorkommen** *In schnell fließenden klaren Bächen und Flüssen sowie in sandig-kiesigen Uferregionen sauberer Seen.*

> **dämmerungs-
> und nachtaktiv**
> **braucht sauberes
> Wasser**
> **Männchen betreibt
> Brutpflege**

Die Bachschmerle versteckt sich tagsüber zwischen Pflanzen oder unter Steinen. Zur Dämmerung und nachts verlässt sie ihre Schlupfwinkel, um im Boden nach Insektenlarven, Kleinkrebsen und Würmern zu suchen. In der Zeit von März bis Mai werden die klebrigen Eier an Steinen und Pflanzen abgelegt. Das Männchen bewacht den Laich bis zum Schlüpfen der Larven.

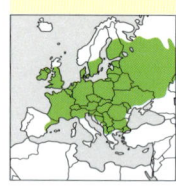

helle, gut
erkennbare
Seitenlinie

unregelmäßige dunkle
Marmorierung

# Barbe, Flussbarbe

*Barbus barbus* (Karpenfische)
L 30–90 cm   Süßwasser

wulstige
Lippen
4 Barteln
unterständiges Maul

**Vorkommen** *In Fließgewässern, vorwiegend in rasch strömenden, sauerstoffreichen Gewässerabschnitten mit kiesigem und steinigem Grund.*

> **in Fließgewäs-
> sern Leitart der
> „Barbenregion"**
> **Fortpflanzungszeit
> Mai–Juli**

Die Barbe ist ein gesellig lebender Grundfisch. Sie ist vorwiegend nachtaktiv und verbirgt sich tagsüber zwischen Geröll, unter überhängenden Wurzeln oder hinter Brückenpfeilern und Wehren. Mit Einbruch der Dämmerung zieht sie in ruhigere Wasserzonen, wo sie den Bodengrund nach Fressbarem durchsucht.

mit abgeplattetem
Bauch

spitz zulaufende Schnauze

# Gründling

*Gobio gobio* (Karpfenfische)
L 8–20 cm   Süßwasser

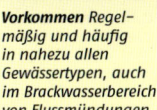

Der Gründling durchwühlt zur Nahrungssuche den Boden und frisst wirbellose Kleintiere, mitunter auch Aas. Die beiden Barteln dienen ihm dabei zum Aufspüren von Fressbarem. Während er bei uns aufgrund seiner Kleinwüchsigkeit kaum gefischt wird, ist er beispielsweise in Frankreich als wohlschmeckender Speisefisch geschätzt.

**Vorkommen** *Regelmäßig und häufig in nahezu allen Gewässertypen, auch im Brackwasserbereich von Flussmündungen.*

> **bildet oft große Schwärme**
> **tagaktiver Grundfisch**
> **Laichzeit im Mai und Juni**

mit Längsreihe dunkler, oft bläulich schimmernde Flecken

Rücken- und Afterflosse mit vielen kleinen dunklen Flecken

Maul unterständig

2 Barteln, die zurückgelegt max. bis zur Augenmitte reichen

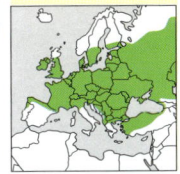

# Bitterling

*Rhodeus amarus* (Karpfenfische)
L 5–9 cm   Süßwasser

Zur Fortpflanzung braucht der Bitterling Teich- oder Flussmuscheln: Das Weibchen bildet eine lange Legeröhre, mit der sie ihre Eier in die Muschel abgibt. Das Männchen gibt seinen Samen in der Nähe der Muschel ab, die diese mit dem Atemwasser einsaugt. Im Innern der Muschel kommt es zur Befruchtung der Eier. Auch die frisch geschlüpften Fischchen verbleiben die ersten 4–5 Wochen in der Muschel und finden hier Schutz.

**Weibchen legt seine Eier in eine Muschel.**

**Vorkommen** *In der pflanzenreichen Uferzone stehender oder langsam fließender Gewässer.*

> **geselliger Schwarmfisch**
> **Laichzeit Mai–Juni**
> **gilt in Deutschland als stark gefährdet**

Seitenlinie erstreckt sich nur über die ersten 5–6 Schuppen.

kleines, endständiges Maul

blaugrüne Längsbinde von Seitenmitte bis Schwanzwurzel

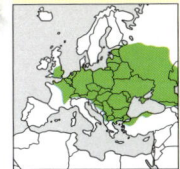

# Moderlieschen

*Leucaspius delineatus* (Karpfenfische)
L 6–12 cm   Süßwasser

Das Moderlieschen ernährt sich von Plankton sowie von Anflugnahrung, beides schnappt es mit seinem oberständigen Maul von der Wasseroberfläche. Zur Fortpflanzungszeit im April und Mai klebt das Weibchen seine Eier an Pflanzenstängel. Das Männchen betreibt fortan Brutpflege, indem es den Laich bewacht und ihm Frischwasser zufächelt.

Der Ukelei (*Alburnus alburnus*), ist in Aussehen, Größe und Lebensraum ähnlich, weist allerdings eine deutlich vollständige Seitenlinie auf.

kurze Seitenlinie reicht nur über die ersten 7–12 Schuppen

Flanken silbrig mit bläulichem Längsstreifen

# Roter Knurrhahn

*Trigla lucerna* (Knurrhähne)
L 40–75 cm   Meerwasser

Der Knurrhahn kann mit seinen an Finger erinnernden freien Brustflossenstrahlen auf dem Meeresgrund umherstelzen. Zugleich befinden sich an diesen „Fingern" Sinnesorgane, mit denen er tasten und so seine Nahrung aufspüren kann. Seinen Namen verdankt der Knurrhahn seiner Fähigkeit, knurrende oder quietschende Geräusche zu erzeugen. Dazu wird die Schwimmblase durch Muskeln in rasche Schwingungen versetzt.

riesiges Maul

die ersten 3 Strahlen der Brustflossen fingerartig frei beweglich

großer Kopf

große, flügelähnliche Brustflossen

# Hecht

*Esox lucius* (Hechte)
L 40–150 cm   Süßwasser

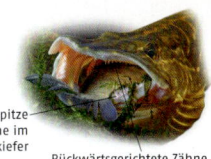

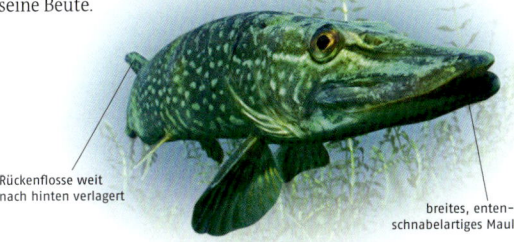

große, spitze Zähne im Unterkiefer
Rückwärtsgerichtete Zähne im Oberkiefer verhindern ein Herausrutschen selbst glitschiger Fische.

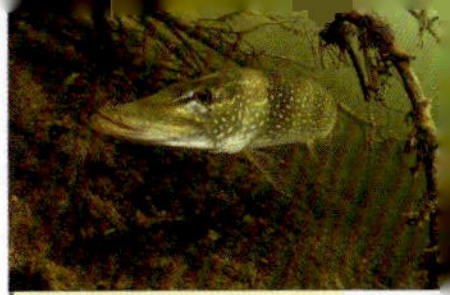

Ins Beutespektrum des Hechts gehören alle Arten von Fischen, außerdem Frösche und auch Küken von Wasservögeln. Der Hecht verschmilzt aufgrund seiner Körperfärbung optisch mit dem Hintergrund. Seine Beutetiere können den Raubfisch aufgrund dieser Tarnung und des ruhigen Verhaltens nicht wahrnehmen und nähern sich ahnungslos der drohenden Gefahr. Durch blitzschnelles Vorschießen aus der Deckung ergreift der torpedoförmige Hecht seine Beute.

Rückenflosse weit nach hinten verlagert
breites, entenschnabelartiges Maul

***Vorkommen*** *Zwischen Pflanzen, Baumwurzeln oder überhängenden Zweigen in Seen und Flüssen, auch im Brackwasser der Ostsee.*

> ***standorttreuer Ansitzjäger***
> ***Fortpflanzungszeit Februar–Mai***
> ***in Deutschland Angelfisch Nr. 1***

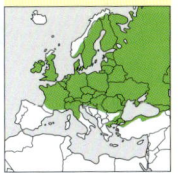

# Wels, Waller

*Silurus glanis* (Welse)
L 80–300 cm   Süßwasser

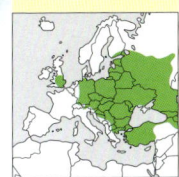

Während kleinere Welse Insektenlarven, Muscheln, Krebse und andere Kleintiere fressen, besteht die Hauptnahrung des erwachsenen Tiers aus Fischen aller Art. Dabei ist er mit seinem riesigen Maul in der Lage, auch relativ große Beute zu verschlingen. Mit Beginn der kalten Jahreszeit stellt der Wels seine Nahrungsaufnahme ein und überwintert in tiefen Gewässerstellen.

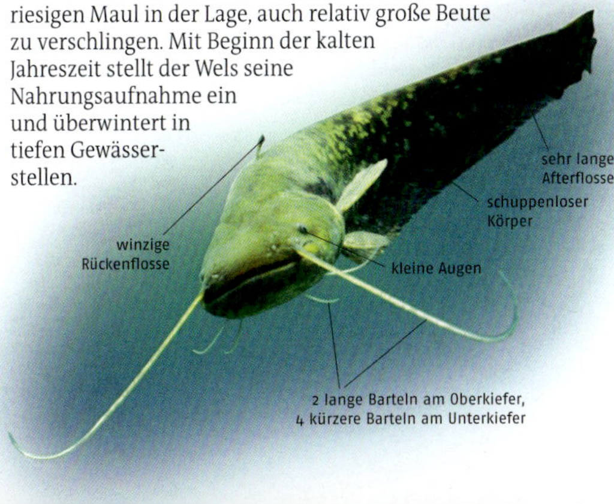

sehr lange Afterflosse
schuppenloser Körper
winzige Rückenflosse
kleine Augen
2 lange Barteln am Oberkiefer, 4 kürzere Barteln am Unterkiefer

***Vorkommen*** *Bewohnt langsam fließende und stehende Gewässer, auch im Brackwasser der Flussmündungen und der Ostsee.*

> ***vorwiegend dämmerungs- und nachtaktiv***
> ***Fortpflanzungszeit Mai–Juli***
> ***in Deutschland stark gefährdete Art***

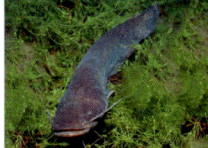

# Flussbarsch

*Perca fluviatilis* (Echte Barsche)

L 15–50 cm   Süßwasser

**Vorkommen** *Einer der am weitverbreitetsten Fische in allen Gewässertypen, auch im Brackwasser der Ostsee.*

> **erbeutet überwiegend kleine Fische**
> **Fortpflanzungszeit März–Juni**
> **beliebter, schmackhafter Angelfisch**

Das Weibchen legt bis zu 1 m lange und etwa 2–4 cm breite, netzartige, gallertige Laichschnüre an Wasserpflanzen, versunkenem Astwerk, Wurzeln und anderen Substraten ab. Die Eier werden anschließend von einem oder auch mehreren Männchen befruchtet und schließlich sich selbst überlassen, eine Brutpflege erfolgt nicht.

Laichschnur

zweigeteilte Rückenflosse

5–9 dunkle, manchmal gegabelte Querbinden auf den Flanken

Bauch-, After- und Teile der Schwanzflosse rötlich

# Zander

*Sander lucioperca* (Echte Barsche)

L 40–130 cm   Süßwasser

**Vorkommen** *Bevorzugt langsam fließende Gewässer und größere Seen mit festem Grund; auch im Brackwasser.*

> **relativ lichtscheu, meidet die Ufer- und Oberflächenbereiche**
> **Fortpflanzungszeit April–Juni**
> **beliebter Speise- und Angelfisch**

Zur Fortpflanzung finden sich die laichreifen Zander paarweise zusammen. Als Eiablageplatz werden versunkenes Astwerk, Wurzeln und ähnliche Strukturen ausgewählt. Bis zum Schlüpfen der Larven bleibt das Männchen bei den Eiern, verteidigt sie entschlossen gegen Laichräuber und fächelt ihnen regelmäßig frisches Wasser zu.

auffällig große Fangzähne ("Hundszähne")

zweigeteilte Rückenflosse

zahlreiche dunkle Punkte auf den Flossen

bis hinter die Augen reichende Mundspalte

# Kuckucks–Lippfisch

*Labrus bimaculatus* (Lippfische)
L 25–35 cm   Meerwasser

3 schwärzliche und 4 helle abwechselnde Flecken

rötlich

**Weibchen und Jungtiere sehen gleich aus**

Während der Laichzeit bildet das Männchen Reviere, baut aus Pflanzenmaterial ein Nest zwischen Algen oder Steinen und bewacht die Eier bis zum Schlupf. Das als Geschlechtsdimorphismus bezeichnete unterschiedliche Aussehen von Männchen und Weibchen ist bei Kuckucks-Lippfischen so stark ausgeprägt, dass man sie lange Zeit für 2 Arten hielt.

lange Rückenflosse >

dicke, wulstige Lippen

**farbenprächtiges Männchen**

 **167**

# Goldbrasse

*Sparus aurata* (Meerbrassen)
L 30–70 cm   Meerwasser

sichelförmiges Goldband auf der Stirn zwischen den Augen

Ihre Nahrung besteht zum großen Teil aus Muscheln und Krebsen, die sie mit ihren kräftigen Mahlzähnen zerknacken kann. Die Goldbrasse ist in der mediterranen Küche besonders beliebt und eignet sich zum Braten, Dünsten und Grillen ebenso wie als eine der zentralen Grundlagen der klassischen Bouillabaisse. In vielen Mittelmeerländern wird sie in Netzgehegen oder abgesperrten Lagunen gezüchtet.

lange Rückenflosse

großer schwarzer Fleck oberhalb der Brustflosse

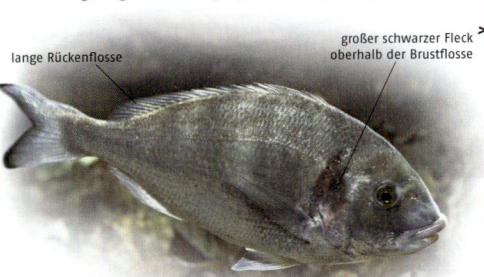

# Dreistachliger Stichling

*Gasterosteus aculeatus* (Stichlinge)
L 5–10 cm   Süß- und Meerwasser

Das Männchen baut ein tunnelförmiges Nest aus Pflanzenteilen und betreibt Brutpflege.

**Vorkommen** In stehenden oder langsam fließenden Gewässern, auch in den Küstengewässern der Meere.

> Männchen mit farbenfrohem Hochzeitskleid
> Fortpflanzungszeit zwischen März und Juni
> frisst verschiedene Kleintiere

Beim Dreistachligen Stichling gibt es 2 Varianten, die unterschiedliche ökologische Nischen besetzen: Zum einen gibt es die im Meer lebende Wanderform, die zur Paarungszeit in Laichschwärmen in die Süßwasserflüsse zieht. Zum anderen existiert eine Binnenform, die ihren ganzen Lebenszyklus im Süßwasser verbringt und hier flache, strömungsarme, pflanzenreiche Gewässer besiedelt.

3 Stacheln auf dem Rücken

2. Rückenflosse weit nach hinten versetzt

# Langschnauziges Seepferdchen

*Hippocampus ramulosus* (Seenadeln)
L 15–16 cm   Meerwasser

fädige Hautanhänge an Kopf und Rücken

**Vorkommen** Küstennah im Flachwasser der Algen- und Seegrasregion bis in 20 m Tiefe.

> Kopf erinnert an den eines Pferdes
> schwimmt aufrecht im Wasser
> perfekt zwischen Unterwasserpflanzen getarnt

Das Seepferdchen ernährt sich von Kleinkrebsen, die es mit seiner pipettenartigen Schnauze einsaugt. Außergewöhnlich ist das Balz- und Fortpflanzungsverhalten: Das Weibchen spritzt seine Eier in die am Bauch des Männchens gelegene Bruttasche. Im Innern dieser Tasche werden die Eier von einem Gewebe umwachsen, das die Atmung und Ernährung der Embryonen regelt. Deren Entwicklung dauert 10–12 Tage, dann gebärt das trächtige Männchen die Jungfische.

lange, röhrenartige Schnauze

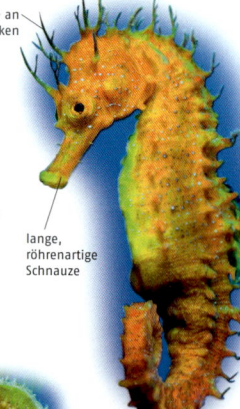

Das Kurzschnauzige Seepferdchen (*H. hippocampus*) hat eine kürzere Schnauze, außerdem fehlen ihm die lang ausgezogenen Hautanhänge an Kopf und Rücken.

langer Greifschwanz, der spiralig eingerollt werden kann

# Steinbutt

*Psetta maxima* (Butte)
L 50–100 cm   Meerwasser

Die Larven aller Plattfische sehen zunächst wie normale Fischchen aus. Ab einer Länge von etwa 1–3 cm wandert ein Auge auf die andere Körperseite, die Tiere werden extrem hochrückig und beginnen auf einer Körperseite liegend ihr Bodenleben. Die nun entstandene „Augenseite" wird zur künftigen Oberseite, die augenlose zur Unterseite, und die Rücken- und Afterflossen bilden einen an den Seiten liegenden Flossensaum.

**Vorkommen** *Küstennah auf sandigen und kiesigen Böden in 10–80 m Tiefe.*

> Augen auf der linken Seite
> ernährt sich räuberisch
> geschätzter, sehr wertvoller Speisefisch

Perfekte Tarnung: Kann Färbung und Musterung dem Untergrund anpassen

Körperscheibe fast kreisrund

stark abgeplattet

große, unregelmäßig verteilte Knochenhöcker

# Scholle

*Pleuronectes platessa* (Schollen)
L 25–90 cm   Meerwasser

Augen liegen auf der rechten Körperseite

großes Maul reicht bis zu den Augen

Schollen gehören mit zu den wirtschaftlich bedeutendsten Speisefischen und werden in riesigen Mengen mit Grundschleppnetzen angelandet, die den Meeresboden auf zum Teil katastrophale Weise durchwühlen und zerstören. Zudem gelten die Bestände mittlerweile als überfischt. Der WWF und Greenpeace raten Verbrauchern deshalb vom Verzehr der Schollen ab.

**Vorkommen** *Küstennah auf Sand-, Schill- oder Schlickböden in 1–200 m Wassertiefe, im Mittelmeer auch bis 400 m tief.*

> lebt in Schwärmen
> Fortpflanzungszeit im Winter und Frühjahr
> Fischereiwirtschaftlich von großer Bedeutung

mit ovalem Körperumriss

rötliche Flecken auf Oberseite

Seitenlinie fast gerade

# Insekten faszinieren

Sie können fliegen, tauchen und klettern, viele leben unterirdisch, manche laufen auf dem Wasser und andere kopfüber an der Zimmerdecke. Insekten fressen sich durch Holz, bilden hochorganisierte Staaten und einige sind so giftig, dass sie ein Pferd töten können. Rund 900.000 verschiedene Arten von Insekten leben auf der Erde – das ist mehr, als jede andere Tiergruppe zu bieten hat.

## Meister der Verwandlung

Typisch für viele Insekten ist ihre enorme Wandlungsfähigkeit. Manche wechseln gleich mehrfach im Leben ihre Gestalt. So begann das Leben eines jeden Schmetterlings einmal als wurmähnliche Raupe, die zu einer scheinbar leblosen Puppe wird, aus der schließlich der schöne Falter schlüpft. Auch die Käfer machen es wie die Schmetterlinge, nur dass ihre Larve, der Engerling, verborgen vor unseren Blicken unter der Erde lebt. Der Engerling ruht, bevor er zum Käfer wird, mehrere Wochen lang als Puppe. Diese Form der Entwicklung mit einem dazwischengeschalteten Puppenstadium bezeichnet man als „vollkommene Entwicklung". Das Gegenstück dazu, die „unvollkommene Entwicklung", finden wir bei der Libelle, die ebenfalls in zwei grundsätzlich verschiedenen Gestalten erscheint, nur dass sie dazwischen keine Puppe ausbildet. Ihre Jugendform ist eine aschgraue Larve, ausgestattet mit Kiemen wie ein Fisch, die am Grund aller Arten von Gewässern lebt. Aus dieser Larve schlüpft eines Tages die fertige Libelle.

# Felsenspringer

*Archaeognatha* (Felsenspringer)
L 9–20 mm   ganzjährig

Mundwerkzeuge mit
langen Tastern

große Facettenaugen
und lange Antennen

**Vorkommen** *Vor allem in feuchten und steinigen Gebieten, oft an Moospolstern oder unter Baumrinde, auch in der Spritzwasserzone der Meere und im Gebirge.*

> **flügelloses Insekt**
> **nach oben gebogener Körper**
> **überwiegend dämmerungs- und nachtaktiv**

Felsenspringer stellen die primitivste Gruppe der Insekten dar. Weltweit sind etwa 450 Felsenspringer-Arten bekannt, etwa 50 davon leben in Mitteleuropa. Der Felsenspringer ernährt sich von Algen und Flechten. Bei Gefahr kann er sich durch Sprünge in Sicherheit bringen. Seinen Namen verdankt er seinem beachtlichen Sprungvermögen, wobei er seinen Körper stark einkrümmt und sich dann blitzschnell mithilfe seiner Schwanzanhänge und den Beinen vom Boden abstößt.

Körper mit bunten
Schuppen besetzt

Hinterleibsende
mit 3 eng aneinanderliegenden
Schwanzfäden

*Lepismachilis y-signata*

# Silberfischchen

*Lepisma saccharina* (Fischchen)
L 9–12 mm   ganzjährig

lange, fadenförmige Fühler

**Vorkommen** *Bei uns fast nur in Gebäuden, besonders an warmen, feuchten Stellen, in Küchen und Badezimmern.*

> **lichtscheu und nachtaktiv**
> **huscht in Verstecke, sobald das Licht angeht**
> **frisst kleinste organische Partikelchen**

Sporadisch in Bad oder Küche auftretende Silberfischchen sind völlig harmlos und keine Krankheitsüberträger – eine Bekämpfung ist aus hygienischer Sicht nicht erforderlich. Ein extremer Befall kann auf ein Feuchtigkeitsproblem und Schimmelbefall hindeuten. Die Silberfischchen sind in diesem Fall aber nur ein Warnsignal. Da das Silberfischchen u. a. Hausstaubmilben frisst, die beim Menschen Allergien auslösen können, ist es eher ein Nützling.

silbriggrau
beschuppter,
stromlinienförmiger Körper

am Hinterende mit
3 Schwanzfäden

Das Ofenfischchen *(Thermobia domestica)* benötigt viel Wärme und findet sich mitunter in Backstuben und anderen warmen Räumen, es frisst bevorzugt Mehl und Brot.

# Eintagsfliege

*Ephemeroptera* (Eintagsfliegen)
L 5–30 mm   April–September

Der Name „Eintagsfliege" ist auf die extrem kurze Lebenszeit des erwachsenen Tiers zurückzuführen, die bei einigen Arten tatsächlich nur wenige Stunden betragen kann. In dieser Zeit konzentriert sie sich voll auf die Fortpflanzung. Den Großteil ihres Lebens verbringt sie als Larve im Wasser.

Die etwa 5 mm lange Wimpernhafte *(Caenis spec.)* hat breite Vorderflügel und keine Hinterflügel.

**Vorkommen** *Je nach Art an sauberen Bächen und Flüssen oder stehenden Gewässern.*

> **Männchen tanzen in Schwärmen am Gewässer**
> **Lebensdauer der Erwachsenen beträgt nur 1–4 Tage**
> **Larve gräbt im Gewässergrund**

die im Wasser lebende Larve der Gemeinen Eintagsfliege

3 sehr lange Schwanzfäden

Vorderflügel und gelblicher Hinterleib dunkel gefleckt

Gemeine Eintagsfliege *(Ephemera spec.)*

etwa 2 cm lang, blassgelblich, kurze, kräftige Beine, 3 kurze, bewimperte Schwanzfäden

# Steinfliege

*Plecoptera* (Steinfliegen)
L 3–30 mm   April–September

abgeflachter Körper

2 lange Schwanzanhänge

**Larve**

Die Steinfliege kann nicht sonderlich gut fliegen und hält sich meist am Ufer auf. Ihre Larve entwickelt sich im Wasser. Da sie dabei auf saubere, sauerstoffreiche Fließgewässer angewiesen ist, gilt ihr Vorkommen als Hinweis („Zeiger") auf gute Wasserqualität. Die Larve lebt meist unter Steinen oder zwischen Wasserpflanzen und ernährt sich von abgestorbenen organischen Stoffen, von Algen und Pflanzen oder räuberisch. Am Ende ihrer Entwicklung kriecht sie aus dem Wasser und häutet sich zum flugfähigen erwachsenen Tier.

**Vorkommen** *Die meisten Steinfliegen-Arten leben an rasch strömenden Bächen und Flüssen mit guter Wasserqualität.*

> **fliegt unbeholfen und ungern**
> **Larven im Wasser**
> **in Mitteleuropa gibt es über 100 Steinfliegen-Arten**

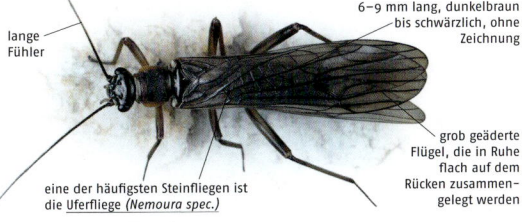

lange Fühler

6–9 mm lang, dunkelbraun bis schwärzlich, ohne Zeichnung

grob geäderte Flügel, die in Ruhe flach auf dem Rücken zusammengelegt werden

eine der häufigsten Steinfliegen ist die Uferfliege *(Nemoura spec.)*

# Gebänderte Prachtlibelle

*Calopteryx splendens* (Libellen)
L 45–50 mm   Mai–September

**Vorkommen** *Die Larve entwickelt sich nur in Fließgewässern. Die ausgewachsene Libelle lebt in der Ufervegetation, mitunter auch abseits der Gewässer.*

> *ernähren sich räuberisch von Kleintieren*
> *Larven zwischen freigespülten Wurzeln und im Wasser strömenden Pflanzen*

Die Prachtlibelle sitzt gern sonnenexponiert auf überhängenden Zweigen und Halmen. Das geschlechtsreife Männchen besetzt ein Revier, das es gegen andere Männchen verteidigt. Nähert sich ein Weibchen, wird es durch einen trudelnden Balzflug zur Paarung stimuliert und zu günstigen Eiablageplätzen geführt. Das Weibchen sticht seine Eier in Wasserpflanzen, oftmals taucht es dazu teilweise oder auch vollständig ab.

die im Wasser lebende Larve

3 Schwanzblättchen als Kiemen

lange, stelzenartige Beine

Weibchen grün metallisch schimmernd mit blassgrünen Flügeln

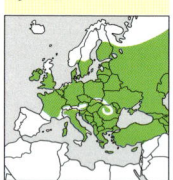

Männchen blau metallisch schimmernd

Flügel mit breiter blauer Flügelbinde, an der Basis und an der Spitze durchsichtig–grünlich

# Weidenjungfer

*Chalcolestes viridis* (Libellen)
L 40–50 mm   Juli–Oktober

Der Hinterleib der männlichen und ebenfalls häufigen Binsenjungfer *(Lestes sponsa)* ist an den Segmenten 1–2 und 8–10 hellblau bereift.

**Vorkommen** *Häufig und verbreitet an Teichen, Tümpeln und Seen mit einem Gebüschsaum am Ufer.*

> *Eiablage nur in Holzgewächse*
> *fliegen auch fernab von Gewässern*
> *mehrere Pärchen häufig dicht gedrängt bei der Eiablage*

Das Pärchen trennt sich nicht gleich nach der Paarung, sondern bleibt in der so genannten Tandemstellung. Dabei fliegt das Männchen vorn und hält das Weibchen hinter dem Kopf mit den Hinterleibszangen gepackt. So fliegen sie an über das Wasser ragende Erlen- oder Weidenzweige. Das Weibchen sticht nun seine Eier in das Pflanzengewebe. Die Eier überdauern den Winter, erst im darauffolgenden Frühjahr schlüpfen die Larven und fallen ins Wasser.

Körper grün metallisch schimmernd

Flügelmal einfarbig hellbraun

Flügel in Ruhestellung halb geöffnet, schräg vom Körper abgespreizt

Weibchen kupferfarben

Männchen

# Federlibelle

*Platycnemis pennipes* (Libellen)
L 30–40 mm   Mai–September

Die Paarung der Libelle ist einzigartig und eine akrobatische Meisterleistung: Sie wird durch die Bildung des sogenannten Tandems eingeleitet (Foto rechts oben). Hierzu ergreift das Männchen im Flug ein Weibchen mit seinen Hinterleibszangen am Kopf. Entweder im Flug oder sitzend biegt das Weibchen nun seinen Hinterleib so weit nach vorn, bis es seine Geschlechtsöffnung an die Samentasche des Männchens koppeln kann. Die so entstandene Form wird Paarungsrad genannt.

Die Kiemenblättchen der wasserlebenden Larve sind dunkel und hell gescheckt und in einen langen, fadenförmigen Zipfel ausgezogen. >

ein Paarungsrad

Männchen hellblau mit schwarzer Zeichnung

Beine mit deutlich verbreiterten, reich beborsteten und dadurch federartigen Schienen

# Frühe Adonislibelle

*Pyrrhosoma nymphula* (Libellen)
L 35–40 mm   April–August

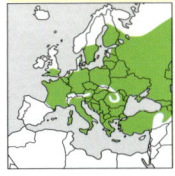

Die Frühe Adonislibelle zählt zu den ersten Libellen, die im Frühjahr schlüpfen. Meist lebt sie relativ verborgen am Ufer zwischen den Pflanzen. Die Eier werden in der Regel in der „Tandemposition" abgelegt (siehe Federlibelle), wobei das Pärchen mitunter auch komplett ins Wasser abtaucht.

Die Flugzeit der bei uns vom Aussterben bedrohten Späten Adonislibelle (*Ceriagrion tenellum*) beginnt erst im Juni. Sie hat rötliche Beine, der Hinterleib der Männchen ist einfarbig rot, ohne schwarze Zeichnungen.

**Weibchen**

schwarze Hinterleibszeichnung ausgedehnter

schwarze Beine

feuerrote Grundfärbung mit schwarzer Zeichnung

**Männchen**

# Große Pechlibelle

*Ischnura elegans* (Libellen)
L 35–40 mm   Mai–September

Wie alle anderen Libellen ernährt sich die Pechlibelle räuberisch von verschiedenen Fluginsekten, nicht selten von anderen Libellen. Relativ häufig findet man die Große Pechlibelle als Paarungsrad am Ufer auf Pflanzen sitzend, wo sie mitunter stundenlang verweilt. Die Eier werden in Pflanzenteile eingestochen, zuweilen taucht das Weibchen dazu komplett ab. Die Larve schlüpft nach einigen Wochen und lebt bis zum kommenden Frühjahr räuberisch unter Wasser.

**Larve**

Brust und 1. Hinterleibssegment blau

3 Kiemenblättchen am Hinterleib

Hinterleib oben schwärzlich, unten gelblich

8. Hinterleibssegment blau, dadurch auffallendes „Schlusslicht"

# Hufeisen–Azurjungfer

*Coenagrion puella* (Libellen)
L 35–40 mm   Mai–September

Es gibt etliche weitere Azurjungfer-Arten, deren Männchen ebenfalls einen blauen Hinterleib mit schwarzer Zeichnung haben. Sie unterscheiden sich u. a. durch die Zeichnung auf dem 2. Hinterleibssegment. Diese Zeichnung erinnert oft an eine Figur, die im deutschen Artnamen genannt wird: z. B. Pokal-, Fledermaus-, Helm-, Becher-, Speer-, Vogel-, Gabel- oder Mond-Azurjungfer.

Männchen hellblau mit schwarzer Zeichnung

Weibchen mit grünlich–bräunlicher Grundfärbung und großflächiger schwarzer Zeichnung, Hinterleib dadurch oberseits fast völlig schwärzlich

Die schwarze Zeichnung auf dem 2. Hinterleibssegment des Männchens ähnelt einem zum Kopf hin geöffneten U oder Hufeisen (Name!).

# Becher-Azurjungfer

*Enallagma cyathigerum* (Libellen)
L 35–40 mm   Mai–September

Die Eiablage wird meist in der „Tandemstellung" (Foto rechts oben) vollzogen, wobei das Männchen senkrecht über dem Weibchen steht und dieses mit den Hinterleibszangen am Nacken festhält. Taucht das Weibchen dabei längere Zeit ab, um die Eier in untergetauchte Pflanzenteile zu stechen, koppelt sich das Männchen ab, erwartet aber sein Weibchen an der Oberfläche, um es dann wieder vor konkurrierenden Männchen geschützt zum nächsten Ablageplatz zu geleiten.

typisch ist die schwarze Zeichnung auf dem 2. Hinterleibssegment, die an einen gestielten Becher erinnert (Name!) >

Weibchen bräunlich, blassbläulich oder grünlich mit lanzettartiger, ausgedehnter schwarzer Zeichnung auf den Hinterleibssegmenten

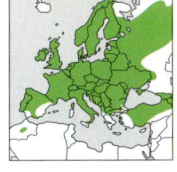

Segmente 8 und 9 einfarbig blau

Männchen leuchtend blau mit schwarzer Zeichnung

# Blaugrüne Mosaikjungfer

*Aeshna cyanea* (Libellen)
L 70–80 mm   Juni–Oktober

die großen Komplexaugen stoßen aneinander

Typisch ist der Patrouillenflug des Männchens entlang der Uferlinien, bei dem es nach Weibchen Ausschau hält. Häufig bleibt es dabei hubschrauberähnlich in der Luft stehen und zeigt dem ruhigen Betrachter gegenüber wenig Scheu. Entdeckt das Männchen ein Weibchen, wird dieses ergriffen und zur Paarung oft hoch in die Bäume geschleppt. Seine Eier sticht das Weibchen in feuchten Boden am Ufer oder in Pflanzen auf und im Wasser.

auf der Oberseite der Brustsegmente 2 auffällige ovale grüne Flecken

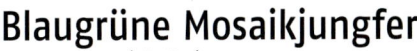

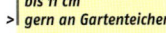
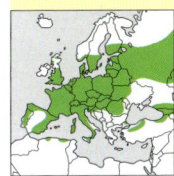
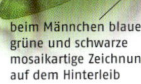

beim Männchen blaue, grüne und schwarze mosaikartige Zeichnung auf dem Hinterleib

Die bräunliche Larve lebt räuberisch unter Wasser. Meist braucht sie 2 Jahre zur Entwicklung und ist ausgewachsen bis zu 5 cm lang.

# Große Königslibelle

*Anax imperator* (Libellen)
L 70–85 mm   Juni–September

Die Mundwerkzeuge der Libellenlarve sind zu einer Fangmaske umgebildet, die zum Ergreifen von Beutetieren blitzschnell vorgeschleudert werden kann.

**Vorkommen** *Überall verbreitet an vegetationsreichen stehenden Gewässern, auf ihren Jagdflügen kann sie sich allerdings sehr weit vom Wasser entfernen.*

> **eine der größten heimischen Libellen**
> **Flügelspannweite bis 12 cm**

Das kräftige Männchen der Königslibelle ist ein ausdauernder Flieger: An warmen Sommertagen fliegt es sein Revier am Ufer und über dem offenen Wasser ununterbrochen ab, versucht dabei andere Großlibellen zu vertreiben und liefert sich mit anderen Königslibellen-Männchen oft erbitterte Kämpfe in der Luft. Nur selten setzt das Männchen sich mal an Pflanzen ab.

Vorderkörper einfarbig grün ohne Zeichnungen

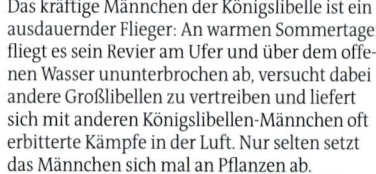

Hinterkörper beim Männchen blau mit schwarzem Längsstreifen

Weibchen bei der Eiablage, typischerweise auf der offenen Wasserfläche in treibendes Pflanzenmaterial

# Gemeine Keiljungfer

*Gomphus vulgatissimus* (Libellen)
L 45–50 mm   Mai–Juli

Komplexaugen deutlich voneinander getrennt

**Vorkommen** *An sandigen, sauberen Bächen und Flüssen, mitunter am Brandungsufer klarer Seen.*

> **Männchen sitzt meist auf der Ufervegetation, auf Steinen oder direkt am Boden**
> **stark gefährdete Art**

Die verschiedenen Arten der Fließgewässer-Großlibellen reagieren sehr empfindlich auf Wasserverschmutzung und die Regulierung von Bächen. Sie sind in ihren Beständen stark zurückgegangen und gelten als gefährdet. Den Artnamen „vulgatissimus" (= sehr häufig) erhielt die Gemeine Keiljungfer einst wegen ihrer Häufigkeit, heute jedoch ist sie äußerst selten.

schwarz und gelb gezeichnet

Hinterleibsende verbreitert

Beine einfarbig schwarz

Die fertig entwickelte Larve kriecht an Stängeln aus dem Wasser empor. Hier reißt die Rückenhaut auf und aus dem entstandenen Spalt zwängt sich die erwachsene Libelle heraus.

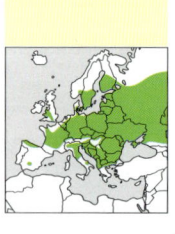

# Plattbauch

*Libellula depressa* (Libellen)
L 40–50 mm   Mai–August

Die Plattbauch-Libelle sonnt sich gern und ausgiebig auf exponierten Sitzwarten – beispielsweise trockenen Ästen oder aus dem Wasser ragenden Schilfhalmen – und kehrt nach kurzen Jagd- und Verteidigungsflügen oder auch nach Störungen meist an exakt die gleiche Stelle zurück (was sehr praktisch ist zum Beobachten und Fotografieren).

Die Larve ist widerstandsfähig und kann das Austrocknen ihrer Wohngewässer im Schlamm vergraben über einen längeren Zeitraum überdauern.

**Vorkommen** *Häufig und verbreitet an stehenden Gewässern, besonders an kleinen vegetationsarmen Teichen und Tümpeln.*

> *Paarung findet im Flug statt und dauert nur wenige Sekunden*
> *Entwicklung der Larve meist 2 Jahre*
> *Erstbesiedler an Gartenteichen*

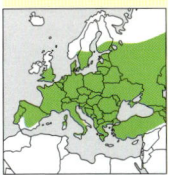

große schwärzliche Flecken
an den Flügelansätzen

Weibchen ockergelb
bis olivbräunlich

charakteristischer, stark abgeplatteter Hinterleib (Name!)

Männchen kräftig
blau bereift

# Vierfleck

*Libellula quadrimaculata* (Libellen)
L 40–50 mm   Mai–August

Die Vierfleck-Libelle bildet mitunter Wanderschwärme, die in früheren Zeiten spektakuläre Ausmaße erreichten. So wird von einer Massenwanderung im Mai 1862 berichtet, die über zwei Milliarden Tiere umfasst und eine Ausdehnung von 40 km Länge und 6 km Breite erreicht haben soll. Heute sind die Schwarmbildungen selten und weitaus weniger umfangreich. Welchem Zweck sie dienen und wie sie ausgelöst werden, ist nicht geklärt.

Die im Wasser lebende Larve lebt räuberisch von verschiedenen Kleinlebewesen.

**Vorkommen** *Häufig und verbreitet an stehenden Gewässern aller Art.*

> *Männchen sitzt gerne auf exponierten Sitzwarten, auf die es nach kurzen Flügen zurückkehrt*
> *die Paarung dauert nur wenige Sekunden und findet im Flug statt*

Hinterflügel am Ansatz auffällig schwarz

Flügelmal

Körper bräunlich, am Ende des Hinterleibs schwärzlich

neben dem schwarzen Flügelmal, das bei allen Libellenarten ausgebildet ist, jeweils ein weiterer schwarzer Fleck auf etwa halber Flügellänge an der Vorderkante

# Großer Blaupfeil

*Orthetrum cancellatum* (Libellen)
L 45–50 mm   Mai–September

Insbesondere beim älteren Männchen fällt häufig auf, dass seine blaue Bereifung abgegriffen ist. Dies kommt daher, dass sich das Weibchen mit seinen klauenbewehrten Beinen während der 10–15-minütigen Paarung daran festklammert.

Die Komplexaugen berühren sich auf der Stirn an einem Punkt.

junges Weibchen leuchtend gelb und schwarz gezeichnet, später bräunlich

brauner Vorderkörper

Männchen auf den Hinterleibssegmenten 2–7 intensiv blau bereift

am Hinterleibsende schwärzlich

# Feuerlibelle

*Crocothemis erythraea* (Libellen)
L 40–45 mm   Mai–Oktober

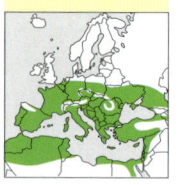

Die Feuerlibelle nimmt, wie einige andere Libellenarten, an sonnenreichen Tagen eine handstandähnliche Position ein. Bei dieser sogenannten Obelisken-Stellung wird der Hinterleib direkt auf die Sonne ausgerichtet, um die der Wärmestrahlung ausgesetzte Körperoberfläche zu minimieren und dadurch einer Überhitzung vorzubeugen.

Selbst Stirn und Augen sind beim Männchen leuchtend rot.

weißlicher Streifen zwischen den Flügeln

Hinterleib deutlich abgeflacht

das Weibchen ist gelblich braun gefärbt

Hinterflügel an der Basis mit großem Fleck

ausgewachsenes Männchen ist leuchtend rot gefärbt

# Blutrote Heidelibelle

*Sympetrum sanguineum* (Libellen)
L 40–45 mm   Juni–Oktober

Bei uns leben einige weitere, zum Teil sehr ähnliche Heidelibellen-Arten. Interessanterweise ähneln sich die Weibchen einiger Arten so sehr, dass selbst die paarungswilligen Männchen beim Erkennen Schwierigkeiten zu haben scheinen und die Falschen ergreifen. Der Name ist wohl auf die relativ späte Flugzeit zurückzuführen, die mit der ebenfalls recht späten Blütezeit des Heidekrautes zusammenfällt.

Die Larve lebt räuberisch unter Wasser zwischen Wasserpflanzen.

Männchen leuchtend rot

Weibchen gelblich–braun gefärbt

Hinterleib am Ende keulig verbreitert

Beine einheitlich schwarz, ohne gelbe Zeichnung

**Vorkommen** *Häufig und verbreitet an stehenden Gewässern aller Art. Gern auch an Fisch- und Gartenteichen.*

> *entfernt sich oft weit vom Gewässer*
> *sitzt auf exponierten Warten oder am Boden*
> *Eiablage im Tandemflug*

# Gemeiner Ohrwurm

*Forficula auricularia* (Ohrwürmer)
L 10–16 mm   ganzjährig

Der Ohrwurm ernährt sich sowohl von pflanzlicher als auch von tierischer Nahrung. Die Einen sehen in ihm einen Schädling, der an Früchten, insbesondere an Weintrauben und Pfirsichen, frisst. Andere stufen ihn als Nützling ein, da er eine Vielzahl verschiedener Schadinsekten, wie Blattläuse und deren Eier, vertilgt.

In Wäldern häufig ist der Wald-Ohrwurm *(Chelidurella acanthopygia)* ohne Hinterflügel und mit sehr kurzen Vorderflügelstummeln.

Hinterleibsanhänge beim Weibchen kürzer und kaum gebogen

Vorderflügel zu kurzen Stummeln reduziert, darunter die Hinterflügel eingefaltet

Männchen mit langen, kräftigen Hinterleibszangen

**Vorkommen** *Überall häufig, wo es geeignete Verstecke gibt, z. B. unter Laub, zwischen Ritzen und Spalten und auf Pflanzen, gern auch in und um Häuser.*

> *heißt auch Ohrenkneifer, kriecht aber nicht in Ohren und kneift dort auch nicht*
> *Weibchen legt Eier in unterirdisch angelegte Bodennester*

# Grünes Heupferd

*Tettigonia viridissima* (Heuschrecken)
L 30–40 mm   Juli–Oktober

Das Weibchen sticht seine Eier mit dem kräftigen Legebohrer in den Boden, wo diese sich entwickeln. Im Frühjahr schlüpft die Larve. Sie frisst und wächst stetig und häutet sich insgesamt 7-mal bis zum geschlechtsreifen, erwachsenen Tier.

Fühler länger als der Körper

Die kleine Larve oder Nymphe ähnelt bereits dem erwachsenen Tier.

Häufig in feuchteren Biotopen ist die Zwitscherschrecke *(T. cantans)* mit deutlich kürzeren Flügeln.

sehr lange Flügel

2–3 cm langer, säbelartiger Legebohrer zur Eiablage

# Gewöhnliche Strauchschrecke

*Pholidoptera griseoaptera* (Heuschrecken)
L 13–20 mm   Juli–November

Die Strauchschrecke ist ein Allesfresser, der andere Insekten erbeutet, aber auch Gräser und Kräuter verzehrt. Das Weibchen legt seine Eier im Herbst mit seinem kräftigen Legesäbel in Totholz oder in die Erde. Aus den Eiern schlüpfen erst im Sommer des 2. Jahres die kleinen Larven und entwickeln sich innerhalb einiger Wochen zu den geschlechtsreifen Tieren.

Flügel beim Männchen etwa 5 mm lang

Flügel nur etwa 1 mm lang

Seiten des Halsschildes mit schmalem hellem Rand

Das Vorkommen der etwas größeren Alpen-Strauchschrecke *(P. aptera)* ist auf die Alpen und das Alpenvorland begrenzt.

Weibchen mit langer, gebogener Legeröhre

# Feldgrille

*Gryllus campestris* (Heuschrecken)
L 20–26 mm    Mai–August

Die Feldgrille gräbt sich etwa 20 cm tiefe Erdröhren, in die sie bei Gefahr flüchtet. Auch die Eier werden in selbst gegrabene Erdhöhlen abgelegt, daraus schlüpfen nach 2–3 Wochen die Larven. Abends sitzt das Männchen vor dem Eingang seiner Röhren und zirpt sein bis zu 100 m weit zu hörendes „zri zri zri" bei warmem Wetter bis tief in die Nacht hinein.

Zum Gesang hebt das Männchen beide Vorderflügel an, spreizt sie etwas ab und bewegt sie rhythmisch gegeneinander.

**Weibchen**

gerade Legeröhre

mächtiger Kopf, breiter als der Körper

**Männchen**

schwarz mit bräunlichen Flügeln

**Vorkommen** *In trockenen, sonnigen Gebieten mit niedrigem Pflanzenwuchs, in Heiden, auf trockenen Rasen und an Böschungen.*

> *frisst hauptsächlich Gräser und Kräuter*
> *Männchen verteidigt sein Revier gegen Artgenossen*

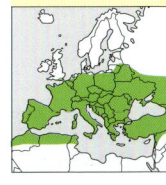

# Maulwurfsgrille

*Gryllotalpa gryllotalpa* (Heuschrecken)
L 35–50 mm    ganzjährig

Die Maulwurfsgrille lebt unterirdisch und wühlt sich auf der Suche nach Würmern und Insektenlarven mithilfe ihrer kräftigen Grabschaufeln durch den Boden. Da sie auch Pflanzenwurzeln benagt, verursacht sie mitunter nicht unerhebliche Schäden in Gärten, auf Äckern und in Wäldern und wird dort bekämpft.

Die Eier werden in einer selbst gegrabenen Erdhöhle abgelegt.

Vorderbeine sind zu mächtigen Grabschaufeln umgebildet.

samtartig behaart

relativ kurze Fühler

**Vorkommen** *Lebt auf Äckern und in Gärten mit lockeren, feuchten Böden. Im Norden sehr selten, im Süden Deutschlands regelmäßig.*

> *durch die Grabschaufeln unverwechselbar*
> *lebt unterirdisch wie ein Maulwurf*

# Ägyptische Wanderheuschrecke

*Anacridium aegypticum* (Heuschrecken)

L 30–70 mm   September–Juni

**Vorkommen** Verbreitet und häufig im gesamten Mittelmeergebiet in gebüschreichen, trockenen Biotopen und lichten Wäldern.

> über den gesamten Winter zu finden
> wird gelegentlich mit Obst und Gemüse nach Mitteleuropa eingeschleppt

Trotz ihrer Größe ist die Art in Gebüschen aufgrund ihrer Tarnfarben nur schwer zu entdecken. Meist sieht man sie erst, wenn sie auffliegt und dabei ein wenig an kleine aufgeschreckte Vögel erinnert. Im Sommer findet sich ihre grüne Larve, die leicht an den gestreiften Augen zu erkennen ist.

Die Augen sind auffällig hell-dunkel längs gestreift.

längs der Mitte des Halsschildes auffällig gekielt

Flügel dunkel gefleckt

# Blauflügelige Ödlandschrecke

*Oedipoda caerulescens* (Heuschrecken)

L 15–28 mm   Juli–Oktober

durchsichtige Flügelspitze

schwärzliche Binde

**Vorkommen** Liebt es trocken und warm und besiedelt spärlich bewachsene Trockenrasen, Ödland, Dünen, lichte Kiefernwälder, ehemalige Sandkuhlen und ähnliche Biotope.

> perfekte Tarnung auf Untergrund
> wirkt gepanzert
> gefährdete Art

Die Ödlandschrecke passt sich im Laufe ihrer Entwicklung von einem Larvenstadium zum nächsten farblich immer mehr dem Untergrund an und verschmilzt als ausgewachsenes Tier schließlich optisch mit ihm. Wird sie aufgeschreckt, fliegt sie nur ein kurzes Stück und ist nach der Landung auch schon wieder perfekt getarnt entschwunden. Sie ernährt sich überwiegend von Gräsern.

Die leuchtend blauen Hinterflügel sind nur im Flug sichtbar.

dunkle Binden auf den Vorderflügeln

Die Körperfärbung ist sehr variabel und reicht von Gelblich über Rotbraun bis fast Schwarz.

# Gemeiner Grashüpfer

*Chorthippus parallelus* (Heuschrecken)
L 14–24 mm   Juni–November

Die Flügel des Weibchens reichen nur bis zur Körpermitte.

Der Grashüpfer kann weit springen, aber mit seinen verkürzten Flügeln meist nicht fliegen. Das Männchen singt an warmen Sommerabenden noch bis Mitternacht. Dazu reibt es seine Hinterbeine über die Flügel. Die Verse dauern nur 1–1,5 Sekunden, sind kurz und kratzig und klingen wie „sräsräsräsrä". Sie werden im 3-Sekunden-Takt vorgetragen.

Beim Männchen reichen die Flügel bis fast ans Körperende.

Hinterbeine mit dunklen Knien

**Vorkommen** *Häufig und weit verbreitet so gut wie überall dort, wo Pflanzen wachsen, sogar auf überdüngten Wiesen.*

> *unsere häufigste Heuschrecke*
> *meist grünliche Grundfärbung, aber auch bräunlich, gelblich oder rötlich*

# Gottesanbeterin

*Mantis religiosa* (Fangschrecken)
L 40–75 mm   August–November

In der Abwehrhaltung wird je ein schwarzer Fleck an der Basis der Vorderhüften sichtbar.

Namensgebend für die Gottesanbeterin war, dass sie meistens regungslos auf Pflanzen sitzt, wobei sie die Fangbeine leicht ausgestreckt vor dem Oberkörper gefaltet hat und es so aussieht, als betete sie. Nähert sich ein Opfer, schnellen ihre Vorderbeine nach vorn und die Beute wird zwischen Schenkel und Schiene gepackt. Gelegentlich kommt es vor, dass das Weibchen während oder nach der Paarung das sie begattende Männchen auffrisst. Solch ein „Gattenmord" ist auch bei Spinnen bekannt.

Vorderbeine sind zu dornenbewehrten Fangbeinen umgebildet.

Schlupf mehrerer Jungtiere aus dem Eigelege im Frühling

**Vorkommen** *Im gesamten Mittelmeerraum an sonnigen Hängen, auf Wiesen und zwischen Gebüschen. In Mitteleuropa auf ausgesprochene Wärmeinseln beschränkt.*

> *Körperfarbe Grün oder Bräunlich*
> *erbeutet verschiedene Insekten*

# Küchenschabe

*Blatta orientalis* (Schaben)
L 20–30 mm   ganzjährig

**Vorkommen** Mit Ausnahme arktischer und antarktischer Gebiete weltweit verbreitet in Gebäuden.

> besitzt Stinkdrüsen
> nachtaktiv und lichtscheu
> kann sich durch engste Spalten zwängen

Die Wärme in Backstuben, Großküchen und Lebensmittelbetrieben sowie die ständige Verfügbarkeit von nahrhaften Stoffen bieten ein Eldorado für die Küchenschabe, die auch Kakerlake genannt wird. Da sie mit Bakterien und Pilzen aller Art in Berührung kommt und diese so verbreitet, stellt ihr Vorkommen ein großes Hygieneproblem dar. Sie kann nicht fliegen.

ebenfalls weltweit in Gebäuden verbreitet ist die nur 10–13 mm lange, voll geflügelte Deutsche Schabe oder Hausschabe *(Blattella germanica)*

lange, fadenförmige Fühler

abgeflachter Körper

Die Vorderflügel des Männchens erreichen das Hinterende nicht ganz.

Weibchen mit stummelförmigen Flügeln

# Waldschabe

*Ectobius lapponicus* (Schaben)
L 9–13 mm   Mai–November

Körper des Weibchens kürzer und oval

**Vorkommen** Weit verbreitet und recht häufig in und auf der Kraut- und Bodenschicht von Laub-, Misch- und Nadelwäldern, in Hecken, Parks und Gärten.

> tagaktiv und wärmeliebend
> nur das Männchen kann fliegen
> Halsschild und Flügel durchscheinend

Die Waldschabe ernährt sich hauptsächlich von vermodernden Pflanzenstoffen, außerdem noch von Kleintieren. Das Männchen ist mit seinen gut ausgebildeten Hinterflügeln flugfähig, während das Weibchen nur verkümmerte Flugflügel besitzt und sich ausschließlich krabbelnd fortbewegt. In Mitteleuropa leben einige weitere sehr ähnliche Ectobius-Arten.

Hinterflügel beim Weibchen verkümmert

Die Eier werden in einer sogenannten Oothek mit herumgetragen.

Männchen mit dunklem Halsschild

Körper des Männchens länglich-oval

lange, fadenförmige Fühler

# Schwarze Bohnenblattlaus

*Aphis fabae* (Blattläuse)

L 1–3 mm   April–September

Die Blattlaus schädigt ihre Wirtspflanzen in zweierlei Hinsicht: Zum einen sticht sie die Pflanzen an und saugt deren Säfte, zum anderen überträgt sie zahlreiche pflanzenschädliche Viren und Pilze. In Mitteleuropa leben etwa 850 Blattlaus-Arten, von denen etliche auf ganz bestimmte Pflanzen-Arten spezialisiert sind.

Aus den Siphonen tritt ein orangefarbenes Tröpfchen aus. Dieses Abwehrsekret ist klebrig und soll Angreifern den Mund verschmieren und damit den Appetit auf Läuse verderben.

am Hinterende mit 2 Röhren („Siphone")

weißliche Wachs-flecken auf dem Rücken

Es treten geflügelte und ungeflügelte Tiere innerhalb einer Kolonie auf.

**Vorkommen** *Weit verbreitet und sehr häufig, im Sommer insbesondere an Bohnen, Rüben und anderen krautigen Pflanzen, im Herbst an Pfaffenhütchen und Schneeball.*

> **kugelig bis birnen-förmig**
> **lebt in großen Kolonien**
> **überschüssiger Zucker wird als Honigtau abgesondert, der Ameisen als Nahrung dient**

# Fichten-Galllaus

*Sacchiphantes* spec. *und Adelges* spec. (Blattläuse)

L 1–3 mm   April–Oktober

Im Frühjahr legt die Blattlaus ihre Eier an die frischen Fichtentriebe. Die daraus schlüpfende Larve saugt an den Nadeln und bewirkt damit ein abnormes Wachstum des Pflanzengewebes zur Galle (ananasför-mige Wucherung). Im Herbst wird die Ananas-galle braun und hart, öffnet sich und entlässt die fertig entwickelten Blattläuse.

Die etwa 1–3 cm > große Galle erinnert an eine kleine Ananas.

winzige, bräunlich gefärbte Blattlaus

Querschnitt durch eine Galle: In der innen gekam-merten Galle entwickeln sich die Larven.

**Vorkommen** *Weit verbreitet und häufig an Nadelbäumen in Wäldern, Parks und Gärten, die Galle stets an Fichten.*

> **Wirtswechsel zwischen Fichte und Lärche**
> **Massenbefall kann Bäume schädigen**
> **durch europäisches Pflanzgut nach Nord-amerika verschleppt**

# Kopflaus

*Pediculus capitis* (Tierläuse)
L 2–4 mm   ganzjährig

**Vorkommen** Weltweit verbreitet und ausschließlich an Menschen parasitierend, besonders am Hinterkopf auf der Kopfhaut und den Kopfhaaren.

> stark abgeflacht und flügellos
> saugt Blut
> kann ohne Blutmahlzeit maximal 24 Stunden überleben

Die einzige Nahrung der Kopflaus ist das Blut des Menschen. Um an dieses zu gelangen, sticht sie mit ihrem Mundwerkzeug in menschliche Kopfhaut und beginnt zu saugen. Dabei sondert sie ein Betäubungsmittel ab, sodass der Stich in der Regel nicht sofort spürbar ist. Ihre Eier, die sogenannten Nissen, kittet die Kopflaus an den Haaren ihres Wirts fest. Sie kann weder springen noch fliegen. Allen sich hartnäckig haltenden Vorurteilen zum Trotz hat der Befall mit Kopfläusen nichts mit mangelnder Hygiene zu tun.

Endglieder der Beine sind zu hakenförmigen Krallen umgeformt.

durchscheinend, mit Blut gefüllter Verdauungstrakt sichtbar

Das Weibchen klebt seine Eier mit einer wasserunlöslichen Substanz in unmittelbarer Nähe der Kopfhaut an die Haare und umschließt sie mit einem Gehäuse aus Chitin, der sogenannten Nisse.

# Wasserskorpion

*Nepa rubra* (Wanzen)
L 15–20 mm   ganzjährig

**Vorkommen** In weiten Teilen Europas verbreitet und häufig in stehenden und langsam fließenden Gewässern, meist im flachen Uferbereich, auch in Gartenteichen.

> flacher Körper
> kann schmerzhaft stechen
> Weibchen sticht Eier meist in abgestorbenes Pflanzenmaterial

Der Wasserskorpion lebt als Lauerjäger und verharrt oft stundenlang versteckt zwischen Wasserpflanzen, die Fangarme weit ausgebreitet. Sein als Schnorchel fungierendes Atemrohr durchbricht dabei die Wasseroberfläche zum Luftholen. Blitzschnell packt er vorbeischwimmende Kleintiere mit seinen klappmesserartigen Fangarmen, sticht die Tiere mit dem Rüssel an und saugt sie aus.

Das Atemrohr des Jungtieres (Nymphe) ist noch kurz.

Vorderbeine zu skorpionähnlichen Fangarmen umgestaltet

kurzer, kräftiger, nach vorn gerichteter Rüssel

Der Wasserskorpion besitzt voll entwickelte Flügel, mit denen er fliegen kann.

etwa 1 cm langes Atemrohr am Hinterkörper

# Rückenschwimmer

*Notonecta glauca* (Wanzen)
L 13–16 mm   ganzjährig

Häufig sieht man das Insekt in Rückenlage direkt unter der Wasseroberfläche
hängen, wo es seinen zwischen den
Bauchhaaren hängenden Luftvorrat
auftankt. Der Rückenschwimmer kann
mit seinen langen und kräftigen Ruder-
beinen hervorragend schwimmen. Als
Nahrung erbeutet er alles, was er gerade
noch überwältigen kann. Wie bei Wanzen
üblich, werden die Opfer mit dem Rüssel
angestochen und ausgesaugt.

Jungtier (Nymphe)
weißlich mit roten
Augen

Halsschild
vorn hell,
hinten
dunkel

Hinterbeine als Ruder mit
langen Schwimmhaaren
ausgebildet

schwimmt meist
in Rückenlage

große rötliche
Augen

# Wasserläufer

*Gerris spec.* (Wanzen)
L 10–20 mm   ganzjährig

Der Wasserläufer lebt räuberisch
auf der Wasseroberfläche. Er erbeutet auf das Wasser gefallene Insekten oder solche, die zum Luftholen
an die Oberfläche kommen, und saugt sie mit seinem Stechrüssel
aus. Gene und Umwelteinflüsse haben Auswirkungen auf die Flügel: So gibt es voll geflügelte, kurzflügelige
und völlig ungeflügelte Individuen. Die
flugfähigen Tiere besiedeln schnell
neue Lebensräume.

Während der Paarung trägt das Weibchen das Männchen auf dem Rücken.

lange dünne Mittel-
und Hinterbeine

schlanker Körper

# Prachtwanze

*Miris striatus* (Wanzen)
L 9–12 mm   Mai–Juli

**Vorkommen** *Über ganz Mitteleuropa verbreitet, vor allem auf Laubgehölzen an sonnigen Waldrändern, in lockeren Gebüschen, in Parkanlagen und naturnahen Gärten.*

> *ovaler, länglich gestreckter Körperumriss*
> *vor allem auf Weißdorn, Schlehe, Hasel und Birken anzutreffen*
> *Überwinterung als Ei*

Weichwanzen (Miridae) sind mit weltweit mehr als 10 000 beschriebenen Arten die artenreichste Familie der Wanzen. In Europa leben davon weit über 1000 Arten. Der deutsche Name „Weichwanze" bezieht sich auf den im Vergleich mit anderen Wanzen-Arten weniger verhärteten Körperpanzer. Die Prachtwanze ernährt sich überwiegend räuberisch von Insektenlarven und Blattläusen.

Halsschild schwarz mit hellem Längsstrich

Ebenfalls zu den Weichwanzen gehört im feuchten Biotopen häufig anzutreffende Graswanze (*Leptopterna dolobrata*).

am ganzen Körper behaart

schwarz-gelbe Zeichnung variabel

Flügeladern gelb

Beine rötlich braun

---

# Rote Mordwanze

*Rhinocoris iracundus* (Wanzen)
L 14–17 mm   Mai–Juli

**Vorkommen** *In Mitteleuropa und im Mittelmeerraum verbreitet an sonnigen und trockenwarmen Orten, an Waldrändern, auf Trockenwiesen.*

> *auch Zornige Raubwanze genannt*
> *einige sehr ähnliche Arten in Europa*
> *kann beim Ergreifen schmerzhaft zustechen*

Die Mord- oder Raubwanze lauert auf Blüten und Blättern auf Beuteinsekten. Diese werden mit den zu einer Art Fangarmen ausgebildeten Vorderbeinen geschnappt, mit dem kräftigen Rüssel angestochen und schließlich ausgesaugt. Zwischen den Vorderbeinen besitzt die Wanze kleine Riefen und Rippen und kann an ihnen zirpende Geräusche produzieren, indem sie mit ihrem Rüssel darüberstreicht.

Männchen und Weibchen bei der Paarung

Die Raubwanze besitzt einen kurzen, dreigliedrigen, sehr kräftigen Stechrüssel, der in Ruheposition sichelartig zurückgekrümmt ist.

Kopf und Fühler schwarz

kräftig, auffällig schwarz-rot gezeichnet

Beine größtenteils rot

# Feuerwanze

*Pyrrhocoris apterus* (Wanzen)
L 10–12 mm   August–Juni

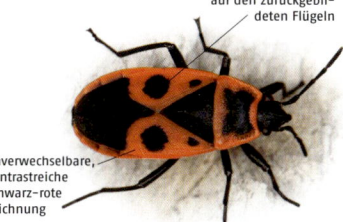

am ganzen Körper
dicht behaart

die ebenfalls
charakteristisch gefärbte
Zimtwanze (*Corizus
hyoscyami*)

Für Vögel und andere Fressfeinde
ist die Feuerwanze ungenießbar, da
sie ein widerlich schmeckendes und
zudem giftiges Wehrsekret ausschei-
det. Potenzielle Fressfeinde lernen aus schlechten Erfahrungen,
künftig Feuerwanzen als Beute zu meiden. Die deutliche rotschwarze Signalfärbung wirkt dann als Warntracht. Die Feuerwanze ernährt sich überwiegend von den abgefallenen Samen
von Linden und Robinien, an denen sie saugt.

je 2 schwarze Punkte
auf den zurückgebil-
deten Flügeln

Die Larve ist überwiegend
rot gefärbt, nur entlang des
Rückens hat sie mehrere
kleine schwarze Flecken.

unverwechselbare,
kontrastreiche
schwarz-rote
Zeichnung

**Vorkommen** Ver-
breitet und häufig
in Mittel- und Süd-
europa, insbesondere
an sonnigen Orten
unter Linden und
Robinien, auch in
Gärten und Parks.

> **lebt gesellig, häufig
> massenhaft an
> einem Ort**
> **im Vorfrühling beim
> Sonnenbaden zu
> beobachten**
> **überwintert als
> erwachsenes Tier**

191

---

# Streifenwanze

*Graphosoma lineatum* (Wanzen)
L 8–12 mm   August–Juni

Wie bei den Feuerwanzen dient die
auffällige Farbenpracht der Streifen-
wanze als Warnung: Sie signalisiert
damit potenziellen Fressfeinden ihre
Ungenießbarkeit – haben sie einmal das
schwarz-rote Insekt pro-
biert, erinnern sie sich bei einem Wieder-
sehen an den widerlichen Geschmack und
tun das nie wieder.

Die Larve der Stink-
wanze ist grünlich mit
schwarzer Zeichnung.

schwarz-rot
gestreift

Eine der häufigsten und überall
zu findenden Wanzen ist die
grasgrün gefärbte Stinkwanze
(*Palomena prasina*).

**Vorkommen** In Süd-
und Mitteleuropa
verbreitet und häufig
auf Wiesen, an
Wegrändern und in
Gärten, meist auf
Doldenblütlern wie
Wiesenkerbel, Bären-
klau, Engelwurz oder
Wilder Möhre.

> **saugt mit Vorliebe
> an den Samen von
> Doldenblütlern**
> **Den Winter verbringt
> das erwachsene Tier im
> Boden vergraben oder
> an geschützten Stellen
> verborgen.**

# Singzikade

*Cicadetta montana* (Zikaden)
L 20–28 mm    Mai–Juni

Die Larve lebt unterirdisch, ihre Vorderbeine sind zu maulwurfsähnlichen Grabbeinen umgebildet.

Der typische, mit einem Mittelmeerurlaub untrennbar verbundene Gesang der Singzikaden ähnelt dem von Heuschrecken oder Grillen. Es ist das Männchen, das mit speziell ausgebildeten Organen singt und mit seinem Gesang vor allem Weibchen anlockt und Reviergrenzen festlegt.

Im Mittelmeerraum weit verbreitet ist die Manna- oder Eschenzikade *(Cicada orni)*. Das laute und lang anhaltende Zirpen dieser Singzikade wird meist aus Baumwipfeln vorgetragen.

Schenkel des Vorderbeins mit 3 Dornen

orangefarbene Umrandung an den Hinterleibssegmenten

durchsichtige, glänzende Flügel

---

# Blutzikade

*Cercopis vulnerata* (Zikaden)
L 9–11 mm    Mai–August

Die Larve lebt im Schaumnest im oder am Boden, wo sie vom Saft der Wurzeln oder der unteren Teile ihrer Wirtspflanzen saugt.

Die ausgewachsene Blutzikade lebt auf verschiedenen Gräsern und Kräutern, die sie mit ihrem Rüssel ansticht und deren Pflanzensäfte sie zur Ernährung aufsaugt. Mit ihrer auffälligen Warnfärbung täuscht sie Fressfeinden eine Giftigkeit vor.

Flügel werden dachförmig zusammengelegt.

hintere rote Band auf Flügel breit und tief ausgebuchtet, s-förmig gebogen, dem Verlauf der Flügelspitze folgend

Sehr ähnlich ist die Binden-Blutzikade *(Cercopis sanguinolenta)*: Sie hat weniger Rotfärbung, die hintere Binde verläuft eher gerade und folgt nicht dem Schwung der Flügelspitze.

3 leuchtend rote Binden auf schwarzen Flügeldecken

# Wiesen-Schaumzikade

*Philaenus spumarius* (Zikaden)
L 5–7 mm   Mai–Juli

Die Larve der Schaumzikade verarbeitet überschüssig aufgesaugte Pflanzensäfte sowie körpereigene Zusätze durch das Einpumpen von Luftbläschen zu Schaum. Diese 1–2 cm großen, weißlichen Schaumgebilde umgeben die Larve und erinnern im Aussehen an Spucke. Da man sich lange nicht erklären konnte, woher die absonderlichen Gebilde stammen, haben sich Namen wie „Hexenspucke" und „Kuckucks-speichel" eingebürgert.

Im Inneren des Schaums lebt eine einzelne Larve und saugt an der betreffenden Pflanze. >

**Vorkommen** *Über ganz Europa verbreitet und häufig auf feuchten Wiesen, an Wegrändern und in offenen Wäldern.*

> *sticht mit ihrem unter dem Bauch verborgenen Rüssel Pflanzen an und saugt deren Säfte*
> *ausgewachsene Zikade kann extrem weit springen*

Färbung unscheinbar und variabel

Körperformumriss breitlänglich oval

Der Schaum dient der kleinen Larve als Schutz vor Fressfeinden und Austrocknung.

# Rhododendron-Zikade

*Graphocephala fennahi* (Zikaden)
L 8–9 mm   Juli–November

Halsschild mit orangefarbenen Flecken

Man kann die Zikaden häufig in großer Zahl beim Sonnen auf der Oberseite von Rhododendronblättern entdecken, bei Störungen verstecken sie sich sofort auf den Blattunterseiten. Übermäßiger Befall kann Rhododendronbüsche schädigen: Beim Anstechen wird ein schädlicher Pilz übertragen, der gemeinsam mit der Rhododendron-Zikade aus Nordamerika eingeschleppt wurde und zum Absterben der Knospen führt („Knospenbräune"). Die Saugtätigkeit der Tiere an den Blättern führt in der Regel zu keinem großen Schaden.

dunkel gefärbter Streifen auf der Stirn

**Vorkommen** *Aus Nordamerika eingeschleppt, heute über ganz Europa verbreitet in Gärten, auf Friedhöfen und in Parks auf Rhododendron-Büschen.*

> *unverwechselbare Körperfärbung*
> *Larve ernährt sich ausschließlich vom Pflanzensaft der Rhododendren*
> *ausgewachsenes Tier saugt gelegentlich auch an anderen Pflanzen*

je 2 schräg verlaufende orange Längslinien auf den Vorderflügeln

Rand der Flügelspitze ist dunkel gefärbt

# Schlammfliege

*Sialis spec.* (Netzflüglerartige)
L 20–30 mm   Mai–August

fadenförmige
Fühler, etwa von
halber Flügellänge

Die Larve lebt während ihrer 2-jährigen
Entwicklung zwischen Wasserpflanzen, am
Teichgrund und im Bodenschlamm, wo sie
sich räuberisch von Insekten und deren Larven, Kleinkrebsen und Würmern ernährt.
Zur Verpuppung verlässt sie das Wasser und
gräbt sich eine kleine Höhle im feuchten
Erdreich. Nach weiteren 2 Wochen schließlich schlüpft die geflügelte Schlammfliege,
die nur eine kurze Lebensdauer hat.

Flügel grob
geadert

Nach der Paarung legt das
Weibchen mehrere 100 Eier
fladenförmig und dicht
aneinandergepresst an
Pflanzen und Pfählen ab.

Die 2–3 cm lange Larve lebt im Wasser: Hinterleib
mit 7 Paar beinähnlichen, behaarten Kiemen-
anhängen und gefiedertem Schwanzfaden.

Die Flügel werden in Ruhestellung dachartig über dem
Hinterleib zusammengelegt.

# Kamelhalsfliege

*Phaeostigma notata* (Netzflüglerartige)
L 8–15 mm   April–August

Das ausgewachsene Tier lebt vor allem
im Blattwerk verschiedener Bäume und
Büsche und ernährt sich dort als Räuber von
Waldinsekten und deren Larven, vor allem
von Blattläusen. Die Larve wohnt unter der
Rinde und ernährt sich ebenfalls räuberisch,
vor allem von Borken- und Bockkäfern und
deren Larven sowie von Eiern und Raupen
forstschädigender Schmetterlinge.

Die lang gestreckte Larve
besitzt einen verstärk-
ten Vorderkörper, der
restliche Körper ist eher
weichhäutig.

schlanker Körper mit
halsartig verlängerter
Vorderbrust

Flügel in Ruhe dachförmig
über dem Körper gefaltet

Die Schlangenköpfige
Kamelhalsfliege oder
das Otternköpfchen
(*Raphidia ophiopsis*).

Weibchen mit langer,
beweglicher Legeröhre

# Ameisenjungfer
*Myrmeleon formicarius* (Netzflüglerartige)
L 30–35 mm   Mai–August

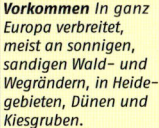

Fühler keulenförmig, gebogen

Die Larve der Ameisenjungfer wird als Ameisenlöwe bezeichnet. Sie errichtet an regengeschützten, sandigen Stellen einen im Durchmesser etwa 5 cm großen Fangtrichter, an dessen Grund sie sich im Boden vergräbt und auf Beute lauert. Ameisen und andere Kleininsekten rutschen in den Trichter und schaffen es meist nicht, an den steilen, ständig nachrutschenden Trichterwänden wieder hinauszuklettern. Sind die Beutetiere erst einmal an den Trichtergrund gerutscht, greift die Larve sie mit den Zangen, lähmt sie durch ihr Gift und saugt sie schließlich aus.

Larve mit 2 langen, spitzen, kräftigen Greifzangen am Kopf

Die auffälligen Fangtrichter der Larven im Sand sind ein eindeutiges Zeichen für das Vorkommen von Ameisenjungfern im Gebiet.

stabförmiger Hinterleib

*Vorkommen* In ganz Europa verbreitet, meist an sonnigen, sandigen Wald- und Wegrändern, in Heidegebieten, Dünen und Kiesgruben.

> ausgewachsene Ameisenjungfer erinnert an eine Libelle
> Flügel in Ruhestellung dachförmig über dem Rücken zusammengelegt
> in Europa etwa 40 Ameisenjungfern-Arten

195

---

# Schmetterlingshaft
*Libelloides spec.* (Netzflüglerartige)
L 25–35 mm   Mai–August

Die Larve ähnelt Ameisenlöwen (s. o.), baut aber keine Trichter und hat an den Hinterleibsseiten lappige Anhängsel.

Das harmlose schmetterlingsähnliche Aussehen täuscht: Schmetterlingshafte sind keine Vegetarier, sondern geschickte Jäger. Sie ernähren sich von anderen Insekten, die sie im Flug erbeuten, mit ihren kräftigen Kaukiefern zerlegen und sogleich in der Luft fressen. Die Larve lebt ebenfalls räuberisch, meist versteckt am Boden oder unter Steinen auf Beute lauernd.

Flügel gelb geadert

Schwarzer Fleck reicht fast bis an den hinteren Flügelwinkel.

lange Fühler an der Spitze keulig verdickt

*Vorkommen* Im südlichen Mitteleuropa und im Mittelmeerraum in wärmebegünstigten Lebensräumen wie Trockenrasen, warmen Geröllhängen mit offener Vegetation, sonnigen Lichtungen.

> erinnert an Schmetterlinge
> Kopf und Brust lang und dicht behaart
> 15 Arten in Europa, 3 in Mitteleuropa

Vorderflügel mit 2 schwarzen Flecken

Östlicher Schmetterlingshaft (*Libelloides macaronius*)

Flügel netzartig schwarz geadert

Libellen-Schmetterlingshaft (*Libelloides coccajus*)

# Florfliege

*Chrysopa spec.* (Netzflüglerartige)
L 8–12 mm   ganzjährig

Die lang gestreckte Florfliegen-Larve erbeutet kleinere Insekten, insbesondere Blattläuse, und wird daher auch als „Blattlauslöwe" bezeichnet.

**Vorkommen** In ganz Europa häufig und weit verbreitet in Wäldern, auf Wiesen, in Gärten, auch in Städten.

> im Winter oft in Häusern
> auch als „Goldauge" bezeichnet
> etwa 60 einander recht ähnliche Arten in Europa

Die Florfliege und insbesondere deren Larve gelten im Garten sowie in der Land- und Forstwirtschaft als ausgesprochene Nützlinge und werden zur biologischen Schädlingsbekämpfung gegen Blattlaus- und Thripsebefall sogar extra gezüchtet und verkauft. Die Florfliegen-Larve ergreift ihre Beute mit ihren Zangen und injiziert eine lähmende Substanz. Anschließend wird die Beute ausgesaugt. Im Laufe ihrer Entwicklung tötet eine einzige Florfliegen-Larve bis zu 800 Blattläuse.

schwarze Flecken auf Kopf und Körper

Florfliegen-Eier sitzen auf bis zu 10 mm langen, dünnen Stielen, oftmals in Bündeln.

lange, fadenförmige Fühler

Augen metallisch glänzend

# Feld-Sandlaufkäfer

*Cicindela campestris* (Käfer)
L 10–16 mm   April–Oktober

Mit ihrem abgeflachten Kopf und Halsschild kann die Larve den Röhreneingang nach oben hin verschließen.

**Vorkommen** Über ganz Europa verbreitet in sandigen Gegenden, auf Wegen, Feldern, Heiden, Trockenhängen, Sandstränden und in Kiesgruben, vom Flachland bis ins Gebirge.

> vor allem bei starker Sonneneinstrahlung aktiv
> sehr schneller Läufer
> fliegt aufgescheucht nur wenige Meter weit

Der Sandlaufkäfer ist ein geschickter und flinker Jäger, der sich räuberisch von Insekten und Spinnen ernährt. Seine Larve lebt in selbst gegrabenen, senkrechten Erdröhren, in denen sie auf sich nähernde Beute lauert, diese blitzschnell ergreift und in die Röhre zieht. In dieser Röhre überwintert und verpuppt sich die Larve auch.

große, vorstehende Augen

lange, spitze Oberkiefer

metallisch grün mit punktförmigen Flecken

Der kupferfarbene Dünen-Sandlaufkäfer *(C. hybrida)* besiedelt offene Sandflächen und Dünen.

# Lederlaufkäfer

*Carabus coriaceus* (Käfer)
L 30–41 mm    ganzjährig

Hat der Laufkäfer seine dolchartig gebogenen Klauen in sein Opfer geschlagen, spritzt er ihm ein buttersäurehaltiges Sekret. Damit wird das Innere des Tiers zu einem Brei aufgelöst. Das Gift dient aber nicht nur dazu, Beute zu zersetzen, sondern wird auch benutzt, um damit gezielt Feinde anzuspritzen: Bis zu 1 m weit versprüht der Leder-Laufkäfer in Not seine ätzende Buttersäure.

Die Larve verpuppt sich im Boden, aus der Puppe schlüpft ab Mai der fertige Käfer.

Flügeldecken lederartig gerunzelt

Auch die Larve lebt überwiegend räuberisch.

große Oberkieferzangen

**Vorkommen** *Über weite Teile Europas verbreitet in feuchten Laub- und Mischwäldern, auch in Heidegebieten, auf Trockenrasen und in Gärten, von der Ebene bis ins Hochgebirge.*

> **größte Laufkäferart Mitteleuropas**
> **kann nicht fliegen**
> **überwiegend nachtaktiver Räuber, frisst Schnecken, Aas, Insekten und Würmer**

 197

# Goldlaufkäfer

*Carabus auratus* (Käfer)
L 17–30 mm    ganzjährig

Da der Goldlaufkäfer – wie alle anderen Laufkäferarten auch – auf Feldern und in Gärten Jagd auf verschiedene pflanzenfressende Insekten und deren Larven machen, wird er allgemein als Nützling eingestuft. Darüber hinaus verzehrt er Würmer, Schnecken, Pilze und Aas. Der Goldlaufkäfer kann ein Alter von 2 Jahren erreichen.

**Vorkommen** *Häufige Art über weite Teile Mitteleuropas, besiedelt Äcker, Wiesen, Waldränder, Trockenrasen, gelegentlich auch in Gärten.*

die Rippen auf den Flügeldecken schwarz, nicht goldgrünlich

nur das 1. Antennensegment rot

die ersten 4 Antennensegmente rot

Beine rötlich

> **auch Goldhenne oder Goldschmied genannt**
> **wärmeliebende, tagaktive Art**
> **klettert auch auf Bäume**

Ähnlich und relativ häufig ist der Gold-glänzende Laufkäfer (*C. auronitens*).

Oberseite glänzend goldgrün gefärbt

# Gewöhnlicher Schaufelläufer

*Cychrus caraboides* (Käfer)

L 12–20 mm    ganzjährig

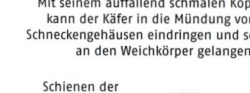

Mit seinem auffallend schmalen Kopf kann der Käfer in die Mündung von Schneckengehäusen eindringen und so an den Weichkörper gelangen.

**Vorkommen** *Häufig und weit verbreitet in Nord- und Mitteleuropa in feuchten Wäldern, Parks und Gärten, vom Flachland bis in 2000 m Höhe.*

> **Körper hoch gewölbt, dadurch fast eiförmig**
> **überwiegend dämmerungs- und nachtaktiv**
> **asselartige Larve**

Sowohl die Larve als auch der Käfer fressen hauptsächlich Nackt- und Gehäuseschnecken, er ist daher in der Landwirtschaft und im Gartenbau ein gern gesehener Nützling. Tagsüber kann man den Käfer unter Moos, Steinen, Rinde oder Totholz finden.

Schienen der Beine rötlich gelb

schwarz glänzend, Flügeldecken fein gerunzelt

Der Schmale Schaufelläufer *(C. attenuatus)* hat einen leichten Bronzeschimmer in der Färbung.

Beine schwarz

langer Kopf und lang vorgestreckte Mundwerkzeuge

# Gelbrandkäfer

*Dytiscus marginalis* (Käfer)

L 27–35 mm    ganzjährig

hängt sich zum Luftholen mit der Hinterspitze an die Wasseroberfläche

**Vorkommen** *Häufig und weit verbreitet in weiten Teilen Europas in stehenden und langsam fließenden Gewässern, regelmäßig auch in pflanzenreichen Gartenteichen.*

> **kann hervorragend schwimmen und tauchen**
> **kann über 5 Jahre alt werden**
> **ist ein hervorragender Flieger, der bei Wasser- oder Nahrungsmangel neue Gewässer aufsucht**

Der Gelbrandkäfer lebt als Lauerjäger und erbeutet von Mückenlarven über Wasserschnecken, Würmern, Kaulquappen bis hin zu kleinen Fischchen alles, was er gerade noch überwältigen kann. Zur Paarung reitet das Männchen huckepack auf das Weibchen auf und hält sich dort oft mehrere Tage mit seinen an den Vorderbeinen gelegenen Saugnäpfen fest.

Weibchen eher grünlich braun mit tiefen Längsfurchen

Die 5–7 cm lange Larve ist ein gefräßiger Räuber. Mit ihren kräftigen, dolchartig gebogenen Mundwerkzeugen packt sie ihre Beute und injiziert ein lähmendes Gift.

Flügeldecken des Männchens glänzend dunkelgrün und glatt

Hinterbeine mit langen Schwimmborsten

Halsschild ringsherum und Flügeldecken seitlich mit auffälligem gelbem Randstreifen

# Taumelkäfer

*Gyrinus spec.* (Käfer)
L 5–7 mm ganzjährig

Der Taumelkäfer lebt räuberisch an der Wasseroberfläche und erbeutet meist auf das Wasser gefallene Insekten. Seine Augen sind zweigeteilt: Der obere Teil liegt über, der untere unter dem Wasser. So werden Feinde wie Beute von ober- und unterhalb gleichermaßen gut erkannt. Typisch ist an Sonnentagen die Schwarmbildung, wobei die Käfer dann in Scharen schnelle Kreise auf der Wasseroberfläche drehen.

Die Larve lebt im Gewässerboden.

schmutzig weiß, etwa 15 mm lang

10 Paar Tracheenkiemen am Hinterleib

regelmäßige Punktreihen auf den Flügeldecken

schwarz glänzend, wirkt wie poliert

# Kolbenwasserkäfer

*Hydrophilus aterrimus* (Käfer)
L 30–43 mm ganzjährig

Der Käfer lebt meist verborgen im Wasserpflanzengewirr und ernährt sich von frischen Blättern und Algen. Zum Luftholen kommt er an die Wasseroberfläche und trägt anschlie-ßend seinen Luftvorrat als glänzende Luftblase an der Bauchseite mit sich. Fängt man ihn, beißt er meist heftig und schmerzhaft zu.

Die bis zu 7 cm lange Larve frisst hauptsächlich Schnecken: Dabei kriecht sie mit dem Kopf voran in deren Gehäuse.

glänzend schwarz

Die Eier werden in einen Eikokon gelegt, der aus einem abgestorbenen Blatt und Ge-spinstfäden hergestellt wird. Zur ausreichenden Belüftung wird das Gespinst mit einem bis zu 3 cm langen, über die Wasser-oberfläche reichenden Atemrohr aus Gespinstfäden versehen.

# Glühwürmchen, Leuchtkäfer

*Lamprohiza splendidula* (Käfer)

L 8–10 mm    Juni–Juli

Männchen mit fein
gerunzelten Flügeldecken

Das Leuchten dient dem kleinen Käfer zur Paarfindung: Das Männchen fliegt wie eine kleine Laterne durch die Luft und sucht nach dem ebenfalls leuchtenden Weibchen. Dieses sitzt unten im Gras und winkt mit seinem leuchtenden Hinterleib dem überfliegenden Männchen zu. Das Licht entsteht durch den Abbau des Stoffes Luciferin. Er wird tagsüber in den Leuchtorganen angereichert und bei Dunkelheit nach und nach abgebaut.

Kopf unter
Halsschild verborgen

**Vorkommen** Bewohnt im gemäßigten Mitteleuropa sowie in Südeuropa Laubwälder, Gebüsche, Wiesen, Parkanlagen und Gärten.

> tanzen wie winzige Irrlichter durch den nächtlichen Wald
> Käfer lebt nur kurz und nimmt keine Nahrung zu sich.
> Auch Ei und Larve erzeugen ein schwaches Leuchten.

larvenähnliches
Weibchen ist flügellos

Leuchtorgane
am Hinterleib

Die asselähnliche
Larve ernährt sich
hauptsächlich von
Schnecken.

# Soldatenkäfer

*Cantharis fusca* (Käfer)

L 11–15 mm    Mai–Juli

Larve etwa 2 cm lang,
samtig schwarz

Der Soldatenkäfer gehört zur Familie der Weichkäfer, die mit etwa 500 Arten in Europa vorkommen. Ihr deutscher Name rührt daher, dass ihr Außenpanzer nur schwach chitinisiert ist. Meist sieht man den Soldatenkäfer bei Sonnenschein auf Blüten oder Blättern, wo er Blattläuse und andere kleine Insekten frisst, zusätzlich auch Knospen, junge Triebe und Pollen.

**Vorkommen** In Europa weit verbreitet und häufig, besiedelt Waldränder, Gebüsche, Wiesen und Felder, Parkanlagen und Gärten bis in eine Höhe von etwa 1000 Metern.

> überwiegend tagaktiv
> Larve bei Gärtnern beliebt, weil sie Schnecken frisst
> Larve überwintert, an warmen Tagen krabbelt sie auf Schnee umher („Schneewurm")

rotes Halsschild mit
schwarzem Fleck

Ebenfalls häufig ist der
Rotschwarze Weichkäfer
(*C. pellucida*) mit einfarbig
rotgelbem Halsschild,
schwarzen Flügeldecken
und rotgelben Beinen.

dunkle Flügeldecken
samtartig behaart

rötlicher Hinterleib

# Rotgelber Weichkäfer

*Rhagonycha fulva* (Käfer)
L 7–10 mm   Juni–August

Der Käfer findet sich oft auf Blüten,
insbesondere von Doldengewächsen,
wo er sich von kleinen Insekten,
wie Blattläusen, sowie von Pollen
ernährt. Nach der Paarung legt das
Weibchen seine Eier am Boden ab.
Aus ihnen schlüpfen kleine samt-
braune Larven, die sich mehrmals
häuten, den Winter überdauern und
sich in den Frühlingsmonaten des
folgenden Jahres verpuppen.

Bereits nach einer Woche schlüpft
der fertige Käfer aus der Puppe.

Die Larve frisst
Schnecken
und Würmer. >

lange dünne Fühler

Spitzen der
Flügeldecken
schwärzlich

Kopf, Halsschild und
Flügeldecken bräunlich rot

# Bienenkäfer

*Trichodes apiarius* (Käfer)
L 9–15 mm   Mai–August

Den Käfer findet man meist auf Blüten,
wo er andere Insekten erbeutet, aber auch
Pollen frisst. Seine Larve entwickelt sich in
Nestern von Solitärbienen (Bienen, die keine
Staaten bilden wie die Honigbiene) oder auch
in Bienenstöcken und frisst dort die Larven und Puppen
der Bienen. Die Käferlarve ist stark behaart und unempfindlich
gegenüber Bienenstichen. Der angerichtete Schaden bei Honigbienen ist im Allgemeinen eher geringfügig.

Etwas seltener ist der
sehr ähnliche Zottige
Bienenkäfer *(T. alvearius)*:
Die 3. schwarze Querbinde
stößt bei ihm nicht bis
ans Flügelende.

Flügeldecken
leuchtend rot mit 3
schwarzen Querbinden

auffällige Behaarung

Hintere Querbinde
stößt bis ans
Flügelende.

# Schwarzer Moderkäfer

*Ocypus olens* (Käfer)
L 20–32 mm    ganzjährig

Die Käferfamilie der Kurzflügler ist mit über 2000 mitteleuropäischen Arten extrem artenreich. Allen gemeinsam sind der schlanke Körperbau und die stark verkürzten Flügeldecken. Der Schwarze Moderkäfer sowie dessen Larven leben räuberisch unter Totholz, Steinen und zwischen runtergefallenem Laub.

Fühlt sich der Käfer bedroht, geht er in eine typische Abwehrhaltung: Der Hinterleib wird nach vorn gebogen und die großen Mandibeln zum Zubeißen gespreizt.

Häufig ist der Rotflügelige Kurzflügler (*Platydracus stercorarius*) mit kurzen roten Flügelstummeln, roten Beinen und hellen Flecken auf dem Hinterleib.

großer Kopf

sehr kurze Flügeldecken

# Schwarzhörniger Totengräber

*Necrophorus vespilloides* (Käfer)
L 10–18 mm    ganzjährig

Der Totengräber macht seinem Namen Ehre: Liegt im Wald ein totes Tierchen wie eine Maus oder Ähnliches herum, so dauert es nicht lange, bis eine ganze Schar Totengräber herbeifliegt, um es zu „beerdigen". Dazu graben sie die Erde unter dem Kadaver weg, sodass dieser immer tiefer in die Erde einsinkt. Der vergrabene Tierleichnam dient als Nahrung für den Nachwuchs.

Neben den Totengräbern erscheint auch die unverwechselbare Rothalsige Silphe (*Oeceoptoma thoracicum*) am Kadaver.

Fühlerkeulen schwarz

2 orangerote Querbinden auf Flügeldecken

Flügeldecken hinten gerade abgestutzt

Der sehr ähnliche Gemeine Totengräber (*N. vespillo*) hat rötliche Fühlerkeulen.

Oft mit gelblichen Milben. Diese verzehren Fliegeneier auf den Kadavern und werden im Gegenzug von den Käfern direkt an ihre Nahrung transportiert.

# Zierlicher Prachtkäfer

*Anthaxia nitidula* (Käfer)
L 5–7 mm   April–August

Der tagaktive Käfer ist ein Blütenbesucher und frisst Pollen und Blütenblätter. Das Weibchen legt seine Eier in die Rinde von verschiedenen Obstgehölzen, Weißdorn oder Schlehe. Die beinlose Larve entwickelt sich unter der Rinde. Sie ernährt sich von Holz und kann damit Schäden am Baum verursachen.

Weibchen mit kupferrotem Kopf und Halsschild

kurze Fühler

Fraßgänge der Larven in einem Obstgehölz

Männchen einfarbig grünlich metallisch glänzend

Vorkommen In Süd- und Mitteleuropa weit verbreitet, vor allem in wärmeren Gebieten an sonnigen Waldrändern, in Gebüschen und Obstgärten.

> Vorliebe für gelbe Blüten sowie Wildrosen
> etliche weitere kleine Prachtkäfer-Arten in Europa
> geschützte Art

203

# Mehlkäfer

*Tenebrio molitor* (Käfer)
L 12–18 mm   ganzjährig

dunkle Ringe am hinteren Rand der Segmentgrenzen

Der Mehlkäfer gehört zur Käferfamilie der Schwarzkäfer (Tenebrionidae), von denen einige Arten gefürchtete Vorratsschädlinge sind. Er besiedelt in der Umgebung der Menschen Mehl und andere Getreideprodukte und hält sich hier bevorzugt an dunklen und warmen Stellen auf.

Die bis 4 cm lange Larve wird wegen ihres wurmartigen Aussehens als Mehlwurm bezeichnet und häufig als Lebendfutter für Vögel und Terrarientiere verwendet.

Halsschild fein punktiert

glänzend kastanienbraun bis schwarz

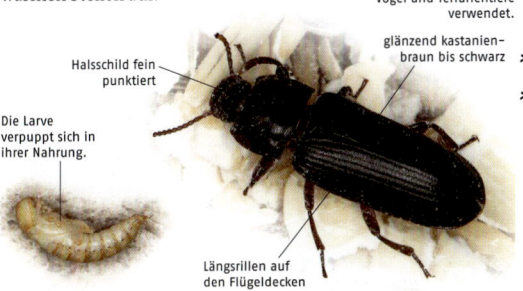

Die Larve verpuppt sich in ihrer Nahrung.

Längsrillen auf den Flügeldecken

Vorkommen Weltweit verbreitet als Kulturfolger in Mühlen, Getreidelagern, Bäckereien, Wirtschaftsgebäuden und Häusern, im Freiland in morschem Holz, hohlen Bäumen und Vogelnestern.

> dämmerungs- und nachtaktiv
> extreme Toleranz gegenüber Trockenheit

# Siebenpunkt-Marienkäfer

*Coccinella septempunctata* (Käfer)
L 5–8 mm   ganzjährig

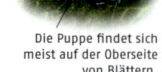

Die Puppe findet sich meist auf der Oberseite von Blättern.

**Vorkommen** *Weit verbreitet und häufig in ganz Europa, in Wäldern und Ge-büschen, auf Wiesen, in Parkanlagen und Gärten überall dort, wo auch Blattläuse vorkommen.*

> gilt als Glücksbringer
> Nützling in der biolo-gischen Schädlings-bekämpfung
> gelegentlich Massen-auftreten

Der Marienkäfer und seine Larven sind wichtige Vertilger von Pflanzenläusen und Spinnmilben. Seine zitronengelben Eier legt das Weibchen in dichten Klumpen meist in unmittelbarer Nachbarschaft von Blattlauskolonien ab, so finden die Larven gleich nach dem Schlupf einen reich gedeckten Tisch. Die auffällige Signalfärbung soll Fressfeinde vor der gallbitteren Flüssigkeit warnen, die der Käfer in Not absondert.

rote Flügeldecken mit 7 schwarzen Flecken

je 1 weißer Fleck an den Seiten des schwarzen Halsschildes

Larve bläulich grau mit gelben Flecken. Eine Larve frisst während ihrer 4–6-wöchigen Entwick-lungszeit 400–600 Blattläuse!

# Zweipunkt-Marienkäfer

*Adalia bipunctata* (Käfer)
L 4–6 mm   ganzjährig

**Vorkommen** *In Europa weit verbreitet und häufig, bewohnen Wälder, Waldränder, Hecken, Parkanlagen und Gärten, kommen im Herbst auch in Häuser und andere Gebäude, um dort zu überwintern.*

> sehr variabel in der Färbung
> wird kommerziell gezüchtet
> dient zur biologischen Schädlingsbekämpfung gegen Blattläuse

Sowohl der Käfer als auch die Larve ernähren sich von Blattläu-sen. Nach der Paarung im Frühjahr legt das Weibchen seine Eier portions-weise in die Nähe der Blattlauskolonien ab. Nach 1–2 Wochen schlüpfen die Larven, die sich nach etwa 2 Wochen Entwicklungszeit verpuppen. Nach weiteren 1–2 Wochen schlüpfen die Käfer aus den Puppen. Im Winter nimmt die Stoffwechselaktivität ab, der Käfer überwintert, indem er an geschützten Orten in Winterstarre fällt.

Farbvariation mit schwarzen Flügeldecken und roten Flecken

typisches Zeichnungsmuster: 2 schwarze Flecken auf den roten Flügeldecken

Die Larve ernährt sich von Blattläusen.

# Asiatischer Marienkäfer

*Harmonia axyridis* (Käfer)

L 5–8 mm    ganzjährig

Der Asiatische Marienkäfer ist ursprünglich in Ostasien beheimatet. Er wurde in Europa zur biologischen Schädlingsbekämpfung gezüchtet und zum Schutz von Zier- und Nutzpflanzen vor Blattläusen eingesetzt. Inzwischen tritt er an vielen Stellen massenhaft wild auf, und es ist zu befürchten, dass er einheimische Marienkäfer-Arten und auch andere Insekten verdrängt. Im Herbst bildet er große Schwärme, die Häuser und andere geschützte Orte zur Überwinterung aufsuchen.

Eine häufige Färbungsvariante ist überwiegend schwarz mit 4 roten Punkten.

auf dem Halsschild häufig eine schwarze w-förmige Zeichnung

Die bläulich graue, stachelige Larve hat gelbliche Flecken auf den hinteren Körpersegmenten.

**Vorkommen** Ursprünglich in Japan und China beheimatet, als „biologischer Schädlingsbekämpfer" eingeführt und mittlerweile über weite Teile Europas verbreitet und häufig.

> auch als „Harlekin" bezeichnet
> sehr variabel in Zeichnung und Färbung
> Massenansammlungen an Überwinterungsplätzen

---

205

# Ölkäfer

*Meloe spec.* (Käfer)

L 10–35 mm    April–Juni

Der tagaktive Ölkäfer kriecht träge am Boden herum und ernährt sich von Pflanzenteilen. Die klitzekleine, frisch geschlüpfte Larve wartet in Blüten auf die Gelegenheit, sich an Erdbienen festzuklammern und sich in deren Nest tragen zu lassen. Dort frisst sie die Eier und den Nahrungsvorrat der Bienen und durchläuft weitere Entwicklungsstadien.

Der Käfer schützt sich vor Fressfeinden, indem er eine ölige Flüssigkeit aus den Beingelenken absondert, die das starke Gift Cantharidin enthält.

kurze, auseinanderklaffende Flügeldecken

stark angeschwollener Hinterleib

**Vorkommen** In weiten Teilen Europas in wärmebegünstigten Biotopen wie Trockenrasen, Weinanbaugebieten, sonnigen Waldrändern und Sandgebieten.

> schwärzlich blau glänzender, plumper Käfer
> auch als „Maiwurm" bezeichnet
> flugunfähig

# Scharlachroter Feuerkäfer

*Pyrochroa coccinea* (Käfer)
L 14–18 mm   Mai–Juli

Der ausgewachsene Käfer lebt von Pflanzensäften und dem Honigtau von Blattläusen. Die Larve wohnt unter loser Rinde und in morschem Holz und ernährt sich räuberisch von Insektenlarven. Da sie dabei auch Borkenkäferlarven vertilgt, gilt sie in der Forstwirtschaft als Nützling.

Die Larve ist gelblich braun und abgeplattet.

2 dornartige Fortsätze am Hinterende

Kopf schwarz

Halsschild und Flügeldecken leuchtend rot

Ähnlich ist der Rotköpfige Feuerkäfer (*P. serraticornis*), dessen Kopf aber rot gefärbt ist.

oberseits samtartig behaart

---

# Wald-Mistkäfer

*Anoplotrupes stercorosus* (Käfer)
L 12–19 mm   ganzjährig

Häufig finden sich auf dem Mistkäfer Jugendstadien von Milben, die den Käfer nicht parasitieren, sondern ihn als Transportmittel zum nächsten Mist nutzen.

Der Mistkäfer frisst tierische Exkremente und spielt somit eine wichtige Rolle im Naturkreislauf, da er zur Nährstoffzersetzung beiträgt. Neben den Kothaufen graben Männchen und Weibchen 30–40 cm tiefe Röhren in den Boden, füllen sie mit Kot und legen ein Ei hinein. Die geschlüpfte Larve ernährt sich von ihrem Kotvorrat, verpuppt sich darin und kommt im nächsten Jahr als fertiger Käfer heraus.

schimmert je nach Lichteinfall grünlich bis bläulich

In eher offenem Gelände lebt der Frühlings-Mistkäfer (*G. vernalis*), dessen Flügeldecken glatt sind.

Fühler verdicken sich am Ende fächerartig zu Lamellen.

kräftige Beine mit Dornen und Widerhaken

Flügeldecken mit Längsfurchen

# Matter Pillendreher

*Sisyphus schaefferi* (Käfer)
L 8–12 mm   April–August

Der Käfer stellt Pillen aus dem Dung von Schafen, Rindern oder Wild her. Dazu krabbelt er an den Rand des Kothaufens, löst daraus eine Kugel und verdichtet diese mit seinen Beinen. Dann werden die Kugeln emsig fortgerollt und im Boden vergraben. Das Weibchen legt jeweils ein Ei auf den Kotvorrat – er dient später der schlüpfenden Larve als Nahrung.

Die Kotpillen sind etwa 10–15 mm groß.

Vorderbeine als Grabbeine ausgebildet

stark gewölbter, nach hinten zugespitzter Körper

lange, gebogene Hinterbeine

Im Mittelmeerraum leben mehrere Pillendreher-Arten der Gattung Scarabaeus. Sie sind deutlich größer und haben ein breites, nach vorne halbkreisförmiges, gezacktes Halsschild.

*Vorkommen In Südeuropa weit verbreitet, in Mitteleuropa auf klimatisch begünstigte Wärmeinseln beschränkt, besiedelt sonnige Grashänge, Trockenrasen und steiniges Ödland.*

*in Deutschland stark gefährdete Art*

---

# Maikäfer

*Melolontha melolontha* (Käfer)
L 20–30 mm   April–Juni

die Antennen des Männchens mit jeweils einem Fächer aus 7 Lamellen (die des Weibchens mit jeweils einem Fächer aus 6 kürzeren Lamellen)

Der Maikäfer ernährt sich von Blättern verschiedener Laub- und Obstbäume, vor allem von Eichen. Nach der Paarung legt das Weibchen seine Eier in selbst gegrabene Erdhöhlen. Die aus dem Ei schlüpfende Larve, die 3–4 Jahre in der Erde lebt, bezeichnet man als Engerling. Sie frisst die Wurzeln verschiedener Pflanzen. Im Herbst schlüpft dann der fertige Käfer, überwintert aber noch im Boden. Insbesondere im Mai schwärmen die Käfer innerhalb weniger Nächte aus.

Die Larven erreichen eine Länge von 5–6 cm.

schwarzes Halsschild

Hinterleib spitz ausgezogen

weißliche, dreieckige Flecken an den Bauchseiten

*Vorkommen Über weite Teile Mitteleuropas verbreitet, in Wäldern, an Waldrändern, auf Feldern, in Parkanlagen und Gärten.*

> *produziert laute Fluggeräusche*
> *alle 3–4 Jahre kommt es zu Massenvermehrungen („Maikäferjahre")*
> *durch den Einsatz von Insektiziden im Vergleich zu früheren Jahren deutlich seltener geworden*

# Junikäfer

*Amphimallon solstitiale* (Käfer)

L 14–18 mm    Mai–Juli

**Vorkommen** *In Mittel- und Südeuropa weit verbreitet und meist häufig, besiedelt Waldränder, Gärten, Parks, Wiesen, Felder und Alleen von der Ebene bis ins Hügelland.*

> *auch als Gerippter Brachkäfer bekannt*
> *gehört in die Verwandtschaft der Maikäfer*
> *dämmerungs- und nachtaktiv, tagsüber meist verborgen*

Der Käfer ernährt sich von Blättern und Blüten. Die 4–5 cm lange Larve (Engerling) lebt im Boden vergraben und frisst an den Wurzeln verschiedener Pflanzen und benötigt 2–3 Jahre zur Entwicklung. Insbesondere in der Abenddämmerung warmer Juni- und Julinächte wird der Käfer aktiv und umschwirrt Baumwipfel in teilweise großen Schwärmen.

Ebenfalls zu den Maikäfern gehört der 25–35 mm große Walker *(Polyphylla fullo)*, der vor allem in lichten, sandigen Kiefernwäldern lebt.

3-gliedriger Fühlerfächer

hellbraune, leicht durchscheinende Flügeldecken

dicht behaart

# Gartenlaubkäfer

*Phyllopertha horticola* (Käfer)

L 8–12 mm    Mai–Juli

**Vorkommen** *In Mitteleuropa weit verbreitet und häufig auf Wiesen und Feldern, in Hecken und Waldrändern sowie Parkanlagen und Gärten.*

> *tagaktiv*
> *Käfer ernährt sich sowohl von verschiedenen Laubblättern als auch von Kirsch- und Rosenblüten*

Die Larve, auch als Engerling bezeichnet, lebt im Boden und frisst hier die Wurzeln von Gräsern und anderen Pflanzen. Im Gartenbau gilt der Gartenlaubkäfer daher als Schädling, ein starker Befall kann größere Rasenbereiche zum Absterben bringen. Er wird mit Insektiziden, Fallen oder dem Einsatz natürlicher Feinde (z. B. dem Ausbringen bestimmter Fadenwürmer) bekämpft.

Der mit 12–15 mm Länge etwas größere Julikäfer *(Anomala dubia)* ist ähnlich gefärbt, das Halsschild ist aber unbehaart.

Kopf und Halsschild grünlich glänzend

Flügeldecken rötlich braun

ganzer Körper dicht abstehend behaart

# Nashornkäfer

*Oryctes nasicornis* (Käfer)
L 25–40 mm   Mai–August

Die Larve erreicht eine Länge von 12 cm und ist damit die größte Käferlarve Europas.

Der Nashornkäfer stammt ursprünglich aus dem Mittelmeerraum, wo sich die Larve im Mulm von Baumstümpfen und in alten Laubbäumen entwickelt. In unseren Breiten lebt die Larve aber viel häufiger in Sägemehlhaufen von Sägewerken, Kompostmieten und ähnlichen Ansammlungen verrotteten organischen Materials, wo durch das Verrotten höhere Temperaturen herrschen. Die Entwicklung zum Käfer dauert 3–5 Jahre. Die Verpuppung erfolgt in einem etwa hühnereigroßen Kokon, der aus Lehm, Holzstückchen oder Sägespänen zusammengeklebt ist.

Männchen mit langem, gebogenem Kopfhorn

Halsschild muldenartig eingesenkt

ohne langes Kopfhorn

Das kleinere Weibchen wird max. 30 mm lang.

# Rosenkäfer

*Cetonia aurata* (Käfer)
L 14–20 mm   April–Oktober

Die Larve (Engerling) ist stark bogenförmig gekrümmt und wird bis zu 5 cm lang.

Der sonnenliebende Rosenkäfer fliegt insbesondere die Blüten von Rosen, Obst, Holunder und Doldenblütlern an und ernährt sich hier von Pollen, Blütenblättern und weiteren Blütenteilen. Die Larve entwickelt sich in morschem Holz, im Kompost und gelegentlich auch in Ameisenhaufen. Die Familie der Rosenkäfer hat ihre Hauptverbreitung in den Tropen und bringt dort riesige Exemplare, z. B. den bis 10 cm langen Goliathkäfer, hervor.

grün-, braun- oder bronzemetallisch glänzend mit weißen Flecken oder kurzen Querlinien

Fühler keulenförmig verdickt

Der schwarz glänzende Trauer-Rosenkäfer (*Oxythyrea funesta*) ist dicht weiß behaart.

# Hirschkäfer

*Lucanus cervus* (Käfer)
L 30–75 mm   Mai–August

Das kleinere Weibchen erreicht 30–45 mm Länge und trägt kurze Zangen.

**Vorkommen** In Süd-
und Mitteleuropa in
naturnahen Laub-
und Mischwäldern
mit altem Eichen-
bestand sowie
Eichenalleen.

> **größter heimischer
Käfer**
> **fliegt laut brummend
in der Abend-
dämmerung**
> **gefährdete und
geschützte Art**

Der Hirschkäfer ist auf das Vorkommen alter Eichen angewiesen, da sich
die bis 10 cm lange Larve während ihrer
5–8 Jahre dauernden Entwicklung von morschem Eichenholz
ernährt, nur in Ausnahmefällen werden andere Baumarten
besiedelt. Der erwachsene Käfer ritzt Bäume an und leckt die
ausfließenden Baumsäfte auf.

Mit ihren mächtigen
Zangen kämpfen
die Männchen
gegeneinander um
die Weibchen.

Männchen mit mächtigen,
geweihartigen Zangen am Kopf

Kopf und Halsschild
schwarz

# Balkenschröter

*Dorcus parallelipipedus* (Käfer)
L 20–32 mm   Mai–August

Kopfhornschröter *(Sinodendron
cylindricum)*, 12–16 mm lang

Männchen mit langem, nach
hinten gebogenem Kopfhorn

**Vorkommen** Verbrei-
tet in Mittel- und
Südeuropa und meist
nicht selten, besiedelt
feuchte Laub- und
Mischwälder, Au-
wälder sowie Streu-
obstwiesen, Parkan-
lagen und Alleen mit
altem Baumbestand.

> **ähnelt Hirschkäfer-
weibchen und wird
auch Zwerg-Hirsch-
käfer genannt**
> **Schröter gehört in die
Verwandtschaft der
Hirschkäfer (Lucanidae)**
> **tag- und nachtaktiv**

Der Balkenschröter ernährt sich
hauptsächlich von austretenden
Baumsäften, die er aufleckt.
Seine Larve entwickelt sich
innerhalb von 2–3 Jahren in
morschen Baumstubben, Totholz und absterbenden Eichen,
Buchen, Ulmen, Linden und
Obstbäumen.

Rindenschröter
*(Ceruchus chrysomelinus)*,
11–16 mm lang, stark glänzend

Männchen trägt
kräftige Mandibeln

Männchen
mit kräftigen
Oberkiefern

Kopf- und
Halsschild fein
punktiert

Flügeldecken
gerunzelt

# Moschusbock

*Aromia moschata* (Käfer)

L 15–35 mm   Mai–August

Männchen mit deutlich
überkörperlangen Fühlern

großer,
schlanker
Körper

Der imposante Käfer
ernährt sich von
Blütenpollen und aus Bäumen
austretenden Säften. Die 2–3-jährige
Larvenentwicklung vollzieht sich im
Holz von Weiden, Pappeln und Erlen.
Der Käfer stellt in seinen Duftdrüsen
ein moschusartig riechendes,
aromatisches Sekret her, das in
früheren Zeiten zum Parfümieren
von Pfeifentabak verwendet wurde.

*Vorkommen* Über
weite Teile Europas
verbreitet und meist
nicht selten in Fluss-
niederungen, Auwäl-
dern, Erlenbrüchen,
bachbegleitenden
Weidengehölzen und
Waldrändern.

> *Färbung variabel:
metallisch grün, gold-
grün, blauviolett oder
kupferfarben*
> *Käfer sitzt bevorzugt
auf großen Dolden-
blütlern, auf denen er
gut landen und Halt
finden kann*

Fühler des Weibchens
knapp körperlang

Flügeldecken mit
2–3 Längsrippen

Der seltene <u>Große Eichenbock oder
Heldbock *(cerambyx cerdo)*</u> wird bis zu
52 mm lang, er kommt nur dort vor,
wo alte Eichen vorhanden sind.

# Alpenbock

*Rosalia alpina* (Käfer)

L 15–38 mm   Juli–September

Der Käfer fliegt an sonnigen
Tagen. Seine Eier legt das
Weibchen in morsches,
trockenes Buchen- oder
Eschenholz. Darin
verbringen die ge-
schlüpften Larven
3 Jahre und mehr,
graben sich dann
eine Erdhöhle
zum Verpuppen
und verlassen diese
schließlich als „fertige"
Käfer. Der Alpenbock ist leider eine
aussterbende, vielerorts bereits
verschwundene Art. Wo er noch
vorkommt, lässt sich sein Bestand
dadurch fördern, dass alte Buchen-
stämme liegen gelassen werden.

Pärchen bei der Paarung: Die Fühler
des Weibchens sind deutlich kürzer
als die des Männchens.

hellbläulich mit
schwarzer Zeichnung

sehr lange Fühler mit auffälligen
schwarzen Haarbüscheln auf
den mittleren Fühlergliedern

*Vorkommen* Verbrei-
tet in mittel- und
südeuropäischen
Gebirgen und deren
Vorländern. Lebt in
alten, naturnahen
Buchenwäldern.

> *unverwechselbarer
Bockkäfer*
> *Käfer lebt 3–6 Wochen*
> *in Deutschland selten,
nur noch an wenigen
Stellen der Alpen und
der Schwäbischen Alb*

# Roter Halsbock

*Stictoleptura rubra* (Käfer)
L 10–19 mm   Mai–September

Die Larve gelangt manchmal in Kaminholz in Wohnungen und schlüpft dort.

Der Bockkäfer ist häufig auf waldnahen Wiesen und Lichtungen zu finden, wo er insbesondere auf Dolden- und Korbblütlern Pollen und andere Blütenteile frisst. Das Weibchen legt seine Eier in alte Baumstubben, abgestorbene Stämme oder ins Rundholz von Nadelbäumen, insbesondere Fichten und Kiefern. Die Larve lebt im Holz und nagt dabei Fraßgänge aus, verpuppt sich nach 2-jähriger Entwicklung am Holzrand und schlüpft schließlich als fertiger Käfer durch eine runde Öffnung ins Freie.

Halsschild und Kopf schwarz

Flügeldecken ockergelb

Weibchen mit leuchtend rotbraunen Flügeldecken am Halsschild

schwarzer Kopf

Männchen deutlich kleiner und schlanker

# Gefleckter Schmalbock

*Rutpela maculata* (Käfer)
L 14–20 mm   Mai–August

Es gibt eine ganze Anzahl von Schmalbock-Arten, die auffallend leuchtend schwarz-gelb gezeichnet sind. Potenzielle Fressfeinde werden getäuscht und halten den Käfer für eine Wespe. Dieses Nachahmen eines wehrhaften oder aber auch giftigen bzw. ungenießbaren Tiers durch harmlose Tiere stellt eine Form der Tarnung dar und wird als Mimikry bezeichnet.

Der Schlanke Schmalbock *(Strangalia attenuata)* hat einen sehr schmalen Körper, der sich nach hinten noch mehr verschmälert.

Antennen im Gegensatz zu allen anderen z. T. sehr ähnlichen Schmalböcken gelb-schwarz geringelt

Beine gelb-schwarz gezeichnet

Antennen einheitlich schwarz

gelbe Flügeldecken mit schwarzer, individuell sehr variabler Zeichnung

Der ähnliche Vierbindige Schmalbock *(Strangalia quadrifasciata)* hat 4 gelbe Bänder auf den Flügeldecken.

# Echter Widderbock

*Clytus arietis* (Käfer)
L 7–14 mm   Mai–Juli

Die holzfressende Larve lebt in trockenen Ästen von Laubhölzern, wie Eichen, Buchen, Weißdornen oder Obstbäumen.

Den tagaktiven Käfer findet man häufig bei dessen Blütenbesuch, insbesondere an Doldenblütlern und blühenden Sträuchern wie Weißdorn. Er ernährt sich von Nektar und Pollen. Meist ist er ziemlich scheu und fliegt bei Störung schnell davon.

Der kräftigere, bis 20 mm lange Eichen-Widderbock *(Plagionotus arcuatus)* ist ausgedehnter gelb gezeichnet und hat bis zur Spitze hin leuchtend gelb orange gefärbte Fühler.

Fühler bräunlich gelb, zum Ende hin verdickt und geschwärzt

senkrecht zur Flügelnaht stehende, gelbe Schulterflecken

geschwungenes Querband auf Flügeldecke erinnert an das Horn eines Widders

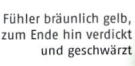

**Vorkommen** *Über weite Teile Mittel- und Südeuropas verbreitet und häufig. Besiedelt Laub- und Mischwälder, Waldränder, Feldgehölze, Hecken und Obstanlagen von der Ebene bis ins niedrige Bergland.*

> *auch als Wespenbock bezeichnet: Tarnung des harmlosen Käfer als wehrhafte Wespe*
> *Larve benötigt 2 Jahre für ihre Entwicklung*
> *einige ähnliche Arten*

---

# Kartoffelkäfer

*Leptinotarsa decemlineata* (Käfer)
L 6–10 mm   April–Oktober

Larve rosarot mit 2 schwarzen Fleckenreihen an der Seite

Erstmals gelangte der Kartoffelkäfer im Jahr 1876 mit Handelsschiffen von Amerika nach Frankreich in den Hafen von Bordeaux, bereits 1877 wurde er in Deutschland festgestellt und konnte sich schnell ausbreiten. Der Käfer und seine Larve fressen „nur" die Blätter (nicht die Knollen) von Kartoffeln sowie einigen nah verwandten Pflanzen. Bei Massenbefall kann es zu beträchtlichen Schäden kommen.

**Vorkommen** *Ursprünglich nur in Nordamerika vorkommend, von dort verschleppt und heute weltweit auf Kartoffelfeldern und in Gemüsegärten.*

> *gehört zur Käferfamilie der Blattkäfer (Chrysomelidae)*
> *oft 2 Käfer-Generationen pro Jahr*
> *natürliche Feinde mit Ausnahme einiger Laufkäfer-Arten fehlen weitestgehend*

schwarze Längsstreifen auf den gelben Flügeldecken

Kopf- und Halsschild mit schwarzem Fleckenmuster

Nach der Paarung legt das Weibchen über 2000 Eier in kleinen Paketen an die Unterseite von Kartoffelblättern.

# Erlenblattkäfer

*Agelastica alni* (Käfer)

L 6–7 mm   Juli–Mai

Die schwarze Larve lebt meist gesellig und in großer Zahl auf Erlenblättern.

**Vorkommen** *Über weite Teile Europas verbreitet und häufig in Erlenbrüchen, an Gewässerrändern und in Sumpfgebieten auf Erlen.*

› *Gelegentlich kommt es zu einem Massenbefall, bei dem die Erlen komplett entlaubt werden können.*

› *Bei Nahrungsknappheit kann der Käfer auch an anderen Pflanzen wie Birke, Haselnuss oder Hainbuche auftreten.*

Käfer und Larve ernähren sich von Erlenblättern, dabei werden die Blätter teilweise komplett skelettiert. Ab August erscheint nach der Verpuppung der Larven im Boden eine neue Käfergeneration, die im Boden überwintert. Für die Erle stellt der Käferbefall meist keine tödliche Gefahr dar: Sie bildet nach dem Verlust von Blattmasse neue Blätter mit einer veränderten Zusammensetzung der Inhaltsstoffe, die eine höhere Larvensterblichkeit und geringere Fruchtbarkeit der nachfolgenden Käfer-Generation bewirkt. Einer Massenvermehrung wird dadurch vorgebeugt.

Weibchen mit dickem, von Eiern gefülltem Hinterleib

blauschwarz, blauviolett, dunkelblau oder grünlich gefärbt

An Pappeln und Weiden findet sich häufig der auffällig gefärbte Pappelblattkäfer (*Melasoma populi*).

# Borkenkäfer, Buchdrucker

*Ips typographus* (Käfer)

L 4–5 mm   April–August

Bei günstigen Temperaturen braucht die madenartige, beinlose Larve nur wenige Wochen zur Entwicklung.

**Vorkommen** *Verbreitet in Nord- und Mitteleuropa in Nadelwäldern, insbesondere an geschwächten Fichten.*

› *gefürchteter Forstschädling*

› *profitiert von artenarmen Monokulturen mit standortfremd gepflanzten und dadurch geschwächten Fichten*

› *in Mitteleuropa gibt es weit über 100 Borkenkäfer-Arten*

Seinen Namen verdankt der Buchdrucker seinen hübschen Fraßbildern, die man unter der Rinde abgestorbener Fichtenstämme finden kann. Zu den Mustern kommt es, indem das Weibchen nach der Begattung in der so genannten Rammelkammer seine Eier im bis zu 15 cm langen Muttergang legt und die geschlüpften Larven eigene Gänge ins Holz fressen. Am Ende dieser Gänge verpuppen sich die Larven und nagen sich schließlich ein Schlupfloch ins Freie.

Muttergang

Fraßgang der Larve endet in Puppenwiege

rötlich braun mit deutlicher, abstehender Behaarung

das markante Fraßbild von Buchdruckern

kleine Zähnchen am Hinterende

# Haselnussbohrer

*Curculio nucum* (Käfer)
L 6–9 mm    April–August

Im Spätsommer und Herbst finden sich oft Haselnüsse, die ein etwa 1–2 mm kleines, kreisrundes Loch aufweisen. Hier war die Larve des Haselnussbohrers am Werk: Nachdem ein Weibchen ein Ei in die unreife Nuss gebohrt hat, entwickelt sich die Frucht äußerlich zunächst normal weiter. Im Innern jedoch frisst die Larve den Kern, zurück bleibt nur bröseliger brauner Kot. Ist die Larve ausgewachsen, bohrt sie sich ein kleines Loch, durch das sie hinausschlüpft, sich in der Erde eingräbt und verpuppt, um schließlich als fertiger Käfer zu schlüpfen.

Die geknieten Fühler sitzen am langen Rüssel.

gesamter Körper schwarz, weiß und grau beschuppt

fast körperlanger, gebogener Rüssel

Haselnüsse mit der unverkennbaren Fraßspur des Haselnussbohrers

> **Vorkommen** In Mittel- und Südeuropa, verbreitet an Waldrändern und Hecken sowie in Parks und Gärten an und unter Haselnuss-Sträuchern, vom Tiefland bis ins Gebirge.

> gehört zur Käferfamilie der Rüsselkäfer (Curculionidae)

> Ähnlich in Lebensweise und Aussehen ist der Eichelbohrer (C. venosus), dessen Larve sich in Eicheln entwickelt, die später ebenfalls kleine Löchlein aufweisen.

# Brennnesselblatt-Rüssler

*Phyllobius pomaceus* (Käfer)
L 6–8 mm    April–Juli

Der Käfer findet sich regelmäßig an den Blättern von Brennnesseln, frisst aber auch an anderen Pflanzen. Die Paarungszeit des Rüsselkäfers liegt im Frühsommer, das Weibchen legt seine Eier in den feuchten Boden in der Nähe von Futterpflanzen. Die Larve lebt im Erdboden und ernährt sich dort von Wurzeln, insbesondere von Brennnesseln.

Auf verschiedenen Laubgehölzen sowie an Obstbäumen lebt der ebenfalls sehr häufige Silberne Grünrüssler (P. argentatus).

gesamter Körper mit grünlich glänzenden Schuppenhaaren bedeckt

Rüssel verhältnismäßig kurz

weite Teile Europas verbreitet und häufig, bewohnt Waldränder, Gebüsche, Wegränder, Bachsäume und feuchte Wiesen mit Brennnesseln.

> ein Grünrüssler, von denen es in Europa etwa 80 einander ähnliche Arten gibt

> tagaktiv

> kann an Erdbeeren und Hanf Schaden anrichten

# Eichenblattroller
*Attelabus nitens* (Käfer)
L 4–7 mm   Mai–August

Der Käfer ernährt sich von Eichenblättern, in Südeuropa auch von Esskastanienblättern. Das Weibchen bildet spezielle Blattrollen, in die es seine 1–3 Eier legt und in denen sich die Larvenentwicklung vollzieht. Hierzu wird das Blatt zunächst angeritzt, um es zum Austrocknen zu bringen. Anschließend werden die trockenen Blattspitzen eingerollt und mit Stichen „vernäht".

Das Weibchen schneidet ein Eichenblatt von den Seiten her ein, wobei die Schnitte bis zur Mittelrippe führen, anschließend werden die Blattoberseiten aufeinandergelegt und zu einer kompakten Blattrolle aufgewickelt.

Antennen an der Basis rötlich

Beine komplett schwarz

schwarze Antennen

Basis der Schenkel rot

Hauptsächlich an Hasel lebt der in Aussehen und Verhalten ähnliche Haselblattroller *(Apoderus coryli)*.

# Skorpionsfliege
*Panorpa communis* (Schnabelfliegen)
L 15–25 mm   April–September

Höcker auf dem 3. Hinterleibsglied

Um sich paaren zu dürfen, muss das Männchen dem Weibchen ein „Hochzeitsgeschenk" überreichen. Dies kann ein Nahrungsbröckchen oder ein eiweißhaltiges Sekrettröpfchen sein, welches das Männchen aus seinen Speicheldrüsen ausscheiden kann. Durch fortwährende Geschenkgaben kann das Männchen dann die Paarung gezielt auf über 2 Stunden ausdehnen. Während der Kopulation ergreift das Männchen mit seinem zangenartigen Begattungsorgan den Hinterleib des Weibchens.

Ebenfalls häufig ist die Deutsche Skorpionsfliege *(Panorpa germanica)*, ihre Hinterflügel haben keine durchgehende schwarze Binde.

Kopf schnabelartig verlängert

schwarze Binde auf Hinterflügel

Männchen mit skorpionsschwanzartiger Hinterleibsspitze

der Hinterleib des Weibchens zu Eilegeröhre zugespitzt

# Katzenfloh

*Ctenocephalides felis* (Flöhe)

L 1–3 mm   ganzjährig

Vor der Eiablage muss der weibliche Katzenfloh mindestens einmal Blut aufgenommen haben. Aus den Eiern, die direkt in das Fell des Wirtstiers abgelegt werden, schlüpfen bei Zimmertemperatur innerhalb von 2 Tagen wurmförmige Larven, die sich hauptsächlich von dem Kot der erwachsenen Katzenflöhe ernähren. Der komplette Entwicklungszyklus des Katzenflohs dauert 1–2 Monate.

Beim Reinigen von Vogelnistkästen oder im Hühnerstall kann man meist Vogelflöhe *(Ceratophyllus gallinae)* finden.

Eine kleine Attraktion auf Jahrmärkten ist der sogenannte Flohzirkus, bei dem Flöhe kleine Kutschen ziehen und andere „Kunststücke" vollführen.

flügellos mit seitlich komprimiertem Körper >

letztes Beinpaar zu kräftigen Sprungbeinen umgebildet

**Vorkommen** Weltweit verbreitet. Hauptwirt ist die Hauskatze, Nebenwirte sind z. B. Hunde, Menschen, Ratten, Mäuse sowie Zwergkaninchen.

> kann fast 1 m weit springen
> Mundwerkzeuge sind zu einem Stech– und Saugrüssel ausgebildet.
> Flohstiche liegen meist in Reihen und jucken heftig.

# Schnake

*Tipula spec.* (Zweiflügler)

L 15–40 mm   April–Oktober

Larve: bis zu 5 cm langer, walzenförmiger, geringelter Körper, Haut fühlt sich derb an, am Hinterende 6 Fortsätze

Mit ihren langen Beinen kann die Schnake sich gut an relativ weit voneinander entfernten Halmen oder Blättern festhalten. Recht häufig findet man Tiere mit weniger als 6 Beinen, da diese leicht abbrechen. Das ist ein gewisser Schutz vor Fressfeinden, denen die Schnake unter Verlust eines Beins entkommen kann. Die Eier werden in feuchten Böden oder im Schlamm flacher Ufer abgelegt, die Larve ernährt sich teils räuberisch, teils pflanzlich. Die erwachsene Schnake ernährt sich von freiliegenden Flüssigkeiten wie Wasser oder Nektar.

Bei der Paarung sind die Hinterleiber aneinandergekoppelt und die Köpfe in die jeweils entgegengesetzte Richtung abgewandt.

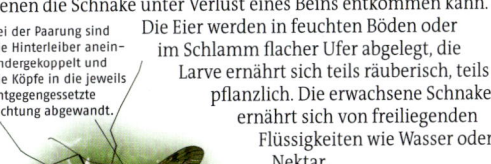

mit 2, je nach Art unterschiedlich gezeichneten Flügeln

extrem lange, dünne Beine

**Vorkommen** Über ganz Europa verbreitet und überall häufig, insbesondere in feuchten Landschaften, auch in Gärten und Gebäuden.

> Mundwerkzeuge zurückgebildet
> sie können weder stechen noch Blut saugen
> zahlreiche, schwer unterscheidbare Arten

Mit einer Flügelspannweite bis zu 65 mm ist die Riesenschnake *(T. maxima)* unser größter heimischer Zweiflügler.

# Stechmücke

*Culex spec., Aedes spec.* (Zweiflügler)
L 4–10 mm    ganzjährig

Die Larve lebt im Wasser: Sie hängt mit ihrem Atemrohr kopfunter an der Wasseroberfläche und erbeutet Mikroorganismen.

**Vorkommen** *Überall häufig und weit verbreitet in feuchten Wäldern, auf Wiesen, in Parks und Gärten, Larvenentwicklung insbesondere in Kleinstgewässern, Pfützen und Regentonnen.*

> **Nur das Weibchen sticht.**
> **Männchen mit büschelförmig gefiederten Fühlern**
> **schnelle Entwicklung: 3–4 Generationen im Jahr**

Das Weibchen saugt Blut von Vögeln, Säugetieren und Menschen – es benötigt die Kraftmahlzeit für die Entwicklung seiner Eier. Die Männchen können nicht stechen, man sieht sie häufig in großen Schwärmen über Uferwiesen auf und nieder tanzen. Ihre Eier legen Culex-Arten als charakteristische, aus 200 bis 400 Eiern bestehenden „Eischiffchen" auf die Wasseroberfläche, Aedes-Arten dagegen einzeln auf Pflanzen.

Das aufgesogene Blut scheint durch den Hinterleib durch.

Die Mundwerkzeuge sind zu einem hoch spezialisierten Stechrüssel umgebildet.

Weibchen mit langem Stechrüssel

lange, nach hinten weggebogene Hinterbeine

# Kriebelmücke

*Simuliidae* (Zweiflügler)
L 3–6 mm    Mai–August

Larve: etwa 1 cm lang, hellbräunlich gefärbt mit keulenförmig verdicktem Hinterende

**Vorkommen** *Über ganz Europa verbreitet und häufig in Gewässernähe, auf Wiesen, an Waldrändern und in Gärten.*

> **Weibchen ist tagaktiver, lästiger Blutsauger**
> **Männchen ernährt sich von Blütennektar**
> **in den Tropen gefürchteter Krankheitsüberträger**

Die nur in Fließgewässern lebende Larve heftet sich mit dem Hinterleib an eine feste Unterlage. Mit einem Borstenfächer am Kopf filtert sie im Wasser treibende Algen, Abfallstoffe und Kleinstlebewesen aus der Strömung. Durch den recht dicken Rüssel des erwachsenen Tiers ist der Stich schmerzhaft. Bei Weidevieh kann ein Massenauftreten von stechenden Kriebelmücken sogar zum Tod von Weidevieh führen, da der beim Saugen abgegebene Speichel Gift enthält und in großer Menge ein Herz-Kreislauf-Versagen hervorrufen kann.

schwärzlich mit silbriger Behaarung

wirkt in der Seitenansicht buckelig

Ebenfalls winzige und sehr lästige Blutsauger sind die 2–3 mm langen, fliegenähnlichen Gnitzen (Culicoides spec.).

hell gefleckte Beine

# Zuckmücke

*Chironomidae* (Zweiflügler)
L 10–15 mm   ganzjährig

Die Zuckmücke wird auch Tanz-
mücke genannt, da sie an warmen
Sommerabenden in riesigen, säulen-
förmigen Schwärmen über den Gewässern tanzt. Die Ernährungsweise
der verschiedenen Larvenarten ist
vielgestalt: Die meisten wühlen
im Schlamm nach organischen
Abfällen, einige erbeuten Kleintiere,
andere sind Pflanzenfresser, wieder
andere leben als Parasiten in Wasserschnecken oder Libellenlarven.

Einige Larvenarten bauen aus
einem Speichelsekret und Sand
oder Pflanzenteilchen Gehäuse, in
die sie sich zurückziehen.

Rote Zuckmückenlarven
werden im Zoohandel als viel
verwendetes Lebendfutter für
Zierfische angeboten.

*Männchen mit stark
gefiederten Fühlern*

*verlängerte
Vorderbeine nach
vorn ausgestreckt*

**Vorkommen** *In ganz
Europa an allen Ge-
wässertypen verbrei-
tet und häufig, wird
von Licht angelockt,
auch in Wohnungen.
Die Larve lebt im
Wasser.*

> *zuckt im Sitzen mit
ihren Vorderbeinen*
> *lebt nur wenige Tage
und nimmt keine
Nahrung auf, sticht
also auch nicht*
> *über 1000 Arten in
Mitteleuropa*

# Märzfliege

*Bibio marci* (Zweiflügler)
L 8–11 mm   März–Mai

Zur Partnerfindung tanzen Märzfliegen mit-
einander in der Luft, auch die nachfolgende
Paarung beginnt in der Luft und wird am
Boden oder in niedrigen Büschen fortgesetzt.
Die erwachsene Märzfliege ernährt sich von
Nektar. Ihre Larve entwickelt sich im Boden und ernährt sich
von Pflanzenresten, frisst aber auch an Wurzeln. Wird auch
Markusfliege genannt, weil sie in der Zeit um den Markustag,
dem 25. April, besonders häufig ist.

*Kopf und Augen der
Weibchen klein*

**Vorkommen** *Über
weite Teile Europas
verbreitet und häufig
an Waldrändern, in
Gebüschen, auf Wie-
sen und in Gärten,
gern in der Nähe von
Gewässern.*

> *keine Fliege,
sondern eine Mücke
(Märzhaarmücke)*
> *lässt die Beine im Flug
auffällig hängen*

*Im Herbst fliegt die
ebenfalls recht häufige
Haarmücke (B. clavipes).*

*schwarz glänzend*

*stark behaart*

*Männchen mit großem
Kopf und großen Augen*

# Buchen-Gallmücke

*Mikiola fagi* (Zweiflügler)
L 4–5 mm   März–Mai

**Vorkommen** *Über weite Teile Europas verbreitet und häufig an Rotbuchen (Fagus sylvatica) in Buchenwäldern, an Waldrändern, in Parkanlagen und Gärten.*

> *im Vergleich zu anderen Gallmücken relativ groß*
> *die charakteristische Galle ist von Mai–Oktober häufig zu finden*
> *etwa 1500 europäische Gallmücken-Arten*

Die im März und April schlüpfende Gallmücke legt ihre Eier einzeln an den Blattknospen von Rotbuchen ab. Die schlüpfende Larve sondert chemische Stoffe ab, durch deren Wirkung sich auf der Blattoberfläche die typische Galle bildet. In jeder Galle lebt eine weiße Larve. Im Herbst löst sich die Galle von den Blättern, fällt zu Boden und die Larve überwintert dort. Die Verpuppung erfolgt im Frühjahr in der Galle.

Die eiförmige, oben zugespitzte, 5–12 mm lange, rötliche Galle findet sich auf der Blattoberseite von Buchen.

dicke, feste Wand

im Innern Hohlraum mit 1 Larve

Galle im Querschnitt

Hinterleib rötlich

# Rinder-Bremse

*Tabanus bovinus* (Zweiflügler)
L 20–25 mm   Mai–September

Die Larve lebt im Wasser oder in sehr feuchtem Boden und ernährt sich von verwesenden Materialien oder erbeutet Kleinstlebewesen.

**Vorkommen** *In weiten Teilen Europas verbreitet und häufig, bevorzugt auf Weiden, Wiesen und an Waldrändern, oft in Wassernähe, vom Flachland bis in etwa 2000 m Höhe.*

> *fliegt mit deutlich hörbarem Brummen*
> *ist in der Lage, durch die Kleidung hindurchzustechen*
> *mehrere einander sehr ähnliche Tabanus-Arten*

Die Rinderbremse gehört zu den blutsaugenden Insekten. Die weibliche Bremse benötigt vor der Eiablage eine eiweißreiche Blutmahlzeit. Dabei bevorzugt sie das Blut von Rindern und Pferden und findet sich entsprechend häufig auf deren Koppeln. Sie geht aber auch an andere Säugetiere und sticht auch uns Menschen äußerst schmerzhaft. Besonders aktiv ist das Insekt an schwülen Tagen.

Thorax braun-oliv gefärbt mit undeutlichen, hellen Längslinien

große, grünlich schillernde Augen

kurzer, kräftiger Saugrüssel mit messerartigen Mandibeln

nach vorn zeigende helle Dreiecke auf der Hinterleibsmitte

# Goldaugenbremse

*Chrysops relictus* (Zweiflügler)
L 9–13 mm   Mai–September

Die Bremse sticht eigentlich nicht, sie beißt vielmehr – aber das nicht minder schmerzhaft. Mit messerscharfen Mundwerkzeugen ritzt sie die Haut von Mensch und Tier an und leckt dann das austretende Blut auf. Während des Leckens lässt sie sich nicht verscheuchen und kann leicht erschlagen werden. Die Eier legt sie in feuchte Böden, darin entwickeln sich auch ihre Larven, die Maden.

Flügel in Ruhestellung flach über dem Rücken zusammengelegt

8–11 mm lang

Die Regenbremse (*Haematopota pluvialis*) ist sehr häufig und insbesondere an schwül warmen Sommertagen ein extrem lästiger Blutsauger.

mit bunten Binden schillernde Augen

kräftiger Stechrüssel

Flügel in Ruhestellung schräg abgespreizt

schwarze Querbinde auf den Flügeln

leuchtend gold grünliche Augen mit rötlich-blauen, rundlichen Reflexen

# Wollschweber

*Bombylius major* (Zweiflügler)
L 9–12 mm   März–Juni

Nach der Paarung legt das Weibchen seine Eier direkt vor die Eingänge von Wildbienennestern. Die geschlüpfte Larve dringt allein in die Wirtsnester ein und ernährt sich zunächst von den Vorräten in den Bienenzellen und später von den Bienenlarven. Die Puppe überwintert, die Fliege erscheint zeitig im Jahr mit den ersten Frühjahrsblühern ab Ende März.

steht wie ein kleiner Kolibri mit weit vorgestrecktem Rüssel im Schwirrflug vor Blüten und saugt Nektar

extrem langer, nach vorn gestreckter Rüssel

Körper dicht pelzartig behaart

Ebenfalls zu den Wollschwebern gehört der überwiegend schwarz gefärbte Trauerschweber (*Anthrax anthrax*). Auch seine Larve lebt als Parasit an den Larven von Wildbienen.

Flügel am Vorderrand mit dunkler Binde, in Ruhestellung weit abgespreizt

# Raubfliege

*Asilidae* (Zweiflügler)
L 5–30 mm  Mai–September

Die Raubfliege kann Insekten erbeuten, die ihre eigene Körpergröße bei weitem übersteigen.

Kopf mit „Bart" aus langen Borsten

**Vorkommen** *Über ganz Europa verbreitet in lichten Wäldern, an Wald- und Wegrändern, in Gebüschen, auf Wiesen und Weiden, Moor- und Heidegebieten.*

> **tagaktiv**
> **hat einen harten, spitzen Stechrüssel, mit dem sogar Käfer-Flügeldecken durchstoßen werden können**
> **in Mitteleuropa etwa 150 Arten**

Die Raubfliege ist ein Lauerjäger: Meist gut getarnt verharrt sie auf einem Blatt, einem Ästchen oder einem Stein, um blitzschnell ein vorbeifliegendes Beutetier im Flug zu ergreifen, mit ihren mit Borsten besetzten Beinen zu umklammern und schließlich auszusaugen. Die Larve der meisten Arten lebt im Boden oder unter Rinde und ernährt sich räuberisch von anderen Insektenlarven und sonstigen Kleintieren.

Auffällig gezeichnet ist die 15–25 mm lange Kleine Wolfsfliege *(Molobratia teutonus)*, die von Mai–Juli auf Feuchtwiesen zu finden ist.

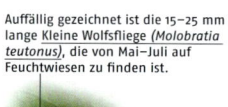

schlanker Hinterleib

kräftige Brust

222

---

# Hain-Schwebfliege

*Episyrphus balteatus* (Zweiflügler)
L 10–11 mm  ganzjährig

Schwebfliege „steht" oftmals im Flug vor Blüten

**Vorkommen** *In Europa weit verbreitet und eine der häufigsten Schwebfliegen-Arten in allen möglichen, blütenreichen Lebensräumen, regelmäßig auch in Gärten.*

> **gelb-schwarze Warnfärbung**
> **Weibchen überwintert**
> **manchmal an warmen Wintertagen zu sehen, daher auch Winter-Schwebfliege genannt**
> **wichtiger Blütenbestäuber**

Die Schwebfliege ist ein Blütenbesucher und ernährt sich von Nektar und Pollen. Das Weibchen legt seine Eier, genau wie Marienkäfer, gezielt an Blattlaus-Kolonien ab. So hat ihre Larve nach dem Schlüpfen gleich ihre Lieblingsspeise vor der Nase: Sie fängt die Läuse und saugt sie aus. Viele Schwebfliegen erinnern in ihrem Aussehen an Wespen, Bienen oder Hummeln. Sie täuschen mit dieser als Mimikry bezeichneten Nachahmung Fressfeinde wie Vögel, die die vermeintlich gefährlichen Tiere lieber in Ruhe lassen.

Die Larve gilt als ausgesprochener Nützling, da sie sich räuberisch von Blattläusen ernährt.

3 hellgraue Längslinien auf der Oberseite des Brustsegments

charakteristische Zeichnung am Hinterleib

# Schnauzen-Schwebfliege

*Rhingia campestris* (Zweiflügler)
L 8–11 mm   April–September

Die Larve ernährt sich saprophag, d. h. abfallfressend: Nach der Paarung legt das Weibchen die Eier an Grashalmen über Kuhfladen ab. Die schlüpfende Larve fällt hinunter und ernährt sich vom Kuhdung, wo sie allerdings kaum zu sehen ist, da sie über und über mit Kot verklebt und somit hervorragend getarnt ist. Bis der Dung austrocknet ist, ist die Larve ausgewachsen, verpuppt sich in der Nähe und schlüpft schließlich als neue Fliegengeneration.

Stirn schnabelartig verlängert

4 dunkle Längslinien auf der Oberseite des Brustsegments

Hinterleib gelblich

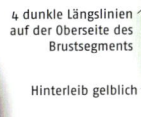

Der lange Saugrüssel ist in Ruhestellung unter dem Schnabelfortsatz verborgen.

**Vorkommen** In vielen Teilen Europas häufig und weit verbreitet auf Feldern, Wiesen, Rinderweiden, in Laub- und Mischwäldern, an Waldrändern und -wegen.

> auch Feld-Schnabelschwebfliege oder Kegelfliege genannt
> kann mit ihrem extrem langen Rüssel auch Blüten besuchen, die für andere Schwebfliegen zu tief sind
> 2 weitere Rhingia-Arten in Mitteleuropa

# Mistbiene

*Eristalis tenax* (Zweiflügler)
L 14–17 mm   ganzjährig

Die erwachsene Mistbiene, die zu den Schwebfliegen gehört, ist ein Blütenbesucher. Ihre Eier legt sie an den Rand kleinster, nährstoffreicher, oft stark verschmutzter Wasserstellen. Die Larve durchwühlt den Bodenschlamm und filtert dabei kleinste verwertbare Nahrungspartikel heraus. Zur Verpuppung verlässt sie das Wasser.

bis zu 4 cm langes, teleskopartig ausziehbares Atemrohr

auf dem 2. Hinterleibssegment keilförmige, gelbliche Flecken

Die sogenannte Rattenschwanzlarve gelangt mithilfe des Atemrohres an atmosphärischen Sauerstoff und ist daher in der Lage, auch faulige, nahezu sauerstofffreie Gewässer zu nutzen. Damit entgeht sie Räubern, die ihr in dieses unwirtliche Milieu nicht folgen können.

**Vorkommen** Über weite Teile Europas verbreitet und eine der häufigsten heimischen Schwebfliegen in ländlichen Gegenden in verschiedensten Lebensräumen vom Flachland bis ins Gebirge.

> bienenähnliches Aussehen, gehört aber zu den Schwebfliegen
> Larve kann selbst in Jauchegruben und Abwässern überleben.
> einige im Aussehen und Lebensweise ähnliche Arten

# Essigfliege, Fruchtfliege
*Drosophila melanogaster* (Zweiflügler)
L 2–3 mm   ganzjährig

Unter günstigen Bedingungen kann die Generationsdauer bei nur 10 Tagen liegen.

**Vorkommen** Ursprünglich eine tropische und subtropische Art, ist jedoch vom Menschen verschleppt worden und hat sich weltweit ausgebreitet; lebt in unseren Breiten in Haushalten, Großküchen, Keltereien, Brauereien und Obstlagern.

> auch Taufliege oder Gärfliege genannt
> kann Bakterien und andere Krankheitserreger übertragen

Die Fruchtfliege wird in ganzen Schwärmen von überreifem Obst und gärenden Fruchtsäften angelockt und kann daher in Küchen, besonders aber in Fruchtpressereien, Weinkellern und Brauereien lästig werden. An der Fruchtfliege wurden und werden noch die Gesetzmäßigkeiten der Vererbung von Merkmalen erforscht und gelehrt. Sie ist dafür besonders geeignet, da sie sich kostengünstig halten lässt und sich rasch vermehrt. Im Labor hat man so z. B. Tiere ohne Flügel, mit weißen oder schwarzen Augen und veränderter Flügeläderung gezüchtet und untereinander gekreuzt, um zu untersuchen, wie und in welcher Kombination sich die veränderten Merkmale an die Nachkommen vererben.

rote Augen

Hinterleib mit schwarzer Spitze

# Stubenfliege
*Musca domestica* (Zweiflügler)
L 6–8 mm   ganzjährig

Die weißliche, kopf- und beinlose, bis 12 mm lange Fliegenlarve wird auch als Made bezeichnet.

**Vorkommen** Weltweit in allen Lebensräumen verbreitet, besonders häufig im Siedlungsbereich in Stallungen, Wohnungen, auf Müllhalden und Dunghaufen.

> kann Krankheitserreger auf Lebensmittel übertragen
> sehr schnelle und hohe Vermehrungsrate

Die Stubenfliege ernährt sich von Nahrungsresten, die sie mit ihrem stempelartigen Saugrüssel auftupft. Feste Nahrung feuchtet sie erst mit Speichel an, um sie dann in verflüssigter Form aufzunehmen. Das Weibchen legt seine bis zu 150 Eier in Aas, auf Dung oder in Komposthaufen ab. Bereits nach kurzer Zeit wimmelt es darin von weißen Fliegenmaden und schon nach 2–3 Wochen sind es fertige Stubenfliegen.

Ideale Entwicklungsbedingungen für die Larve bieten Komposthaufen mit Haushaltsabfällen, Tierställe, Müllhalden, Dunghaufen und Mülltonnen.

Hinterleib gelblich mit schwarzen Rückenstreifen

rötliche Augen

Ebenfalls ganzjährig und überall häufig ist die **Herbstfliege** (*M. autumnalis*), die auch Stall- oder Augenfliege genannt wird.

4 schwarze Längsstreifen auf dem Thorax

# Fleischfliege

*Sarcophaga carnaria* (Zweiflügler)
L 13–15 mm   April–Oktober

Die Eier der Fleischfliege entwickeln sich schon im Körper des Weibchens und werden direkt auf die Nahrung der Larve – bevorzugt Aas, Kot, Fleisch – ablegt. Die Maden schlüpfen unmittelbar nach der Ablage und geben Enzyme ab, mit deren Hilfe die Nahrung verflüssigt und schließlich aufgesogen wird.

Das Mundwerkzeug ist zu einem hochspezialisierten, stempelförmigen Rüssel umgebildet, mit dem die Fliege Nahrung auflecken kann.

dunkle Längsstreifen auf dem Thorax

grau und schwarzes Würfelmuster auf dem Hinterleib

rötlich braune Augen

Weltweit verbreitet und häufig in Gebäuden ist auch die <u>Blaue Schmeißfliege</u> *(Calliphora vicina)*, die auch als Brummer bekannt ist.

225

*Vorkommen Über weite Teile Europas verbreitet und überall häufig, fast immer in der Nähe menschlicher Siedlungen, gelangt auch oft in Wohnungen.*

> *Die Fliege ernährt sich von Obst und Früchten sowie von Blütennektar.*
> Larve entwickelt sich auch im Innern von Regenwürmern, die daran sterben.
> überträgt Bakterien und Krankheitskeime

# Goldfliege

*Lucilia spec.* (Zweiflügler)
L 6–11 mm   April–Oktober

Die Goldfliege ernährt sich von Blütennektar, dem Saft reifer Früchte und dem Honigtau von Blattläusen. Regelmäßig wird sie auch vom Aasgeruch der Stinkmorcheln angelockt. Ihre Maden entwickeln sich in Aas und tierischen Nahrungsabfällen auf Müllhalden und Komposthaufen, mitunter auch in offenen Wunden.

Die Larve der Goldfliege wird wegen ihrer Färbung auch als Pinky Made bezeichnet und als Angelköder und Futtermittel in der Terraristik verwendet.

Eine von den Larven der <u>Krötenfliege</u> oder Krötengoldfliege *(L. bufonivora)* befallene und dadurch im Schnauzen- und Kopfbereich entstellte Erdkröte. Die Larven fressen das innere Gewebe von lebenden Kröten, bis diese sterben.

grüngold glänzender Körper

rötliche Augen

*Vorkommen Über ganz Europa verbreitet und häufig auf Wiesen und Weiden, in Parks und Gärten, kommt auch in Wohnungen.*

> gehört zu den Schmeißfliegen (Calliphoridae)
> in der sogenannten Madentherapie werden sterile Larven zur Wundbehandlung eingesetzt
> mehrere sehr ähnliche Arten in Europa

# Dungfliege
*Scatophaga stercoraria* (Zweiflügler)
L 5–10 mm    April–Oktober

**Vorkommen** *Über weite Teile Europas verbreitet und häufig auf Wiesen und Weiden, an Weg- und Waldrändern in ländlichen Gebieten, besonders häufig in der Nähe von Rinderweiden oder Misthaufen.*

> *wird auch als Kotfliege oder Mistfliege bezeichnet*
> *oft in großer Zahl auf Kuhfladen oder Pferdeäpfeln*
> *tagaktive Art*

Die erwachsene Dungfliege ist ein Blütenbesucher und ernährt sich von Nektar und Pollen. Mitunter kann man sie aber auch mit erbeuteten Kleininsekten sehen, die sie mit ihren kräftigen Vorderbeinen hält und mit ihrem spitzen Rüssel aussaugt. Sie legt ihre Eier meist auf den Kot von Weidevieh ab. Die weißlich gelbe Larve entwickelt sich im Dung und ernährt sich dort räuberisch von anderen Fliegenlarven.

Das Weibchen ist gräulich-grünlich gelb gefärbt.

rötliche Augen

Fühler schwarz

Beine und Hinterleib des Männchens pelzartig gelb behaart

# Lausfliege
*Hippobosca equina* (Zweiflügler)
L 6–8 mm    Mai–Oktober

**Vorkommen** *Über weite Teile Europas verbreitet auf Wiesen und Weiden, an Weg- und Waldrändern.*

> *stark abgeflachter Körper*
> *lebt meist im Fell verborgen*
> *Blutsauger insbesondere an Pferden, Eseln und Rindern, sticht aber auch Menschen*

Die Lausfliege gehört zu einer Gruppe von stechenden Fliegen, die als Außenparasiten an Säugetieren und Vögeln Blut saugen. Es gibt sowohl geflügelte und ungeflügelte Arten als auch solche, die ihre Flügel nach Erreichen des Wirts abwerfen. Viele Arten sind auf bestimmte Wirte spezialisiert (z. B. gibt es die Hirsch-Lausfliege, Schaf-Lausfliege, Fledermaus-Lausfliege). Das Weibchen legt keine Eier ab, sondern bringt direkt verpuppungsreife Larven zur Welt.

Die Mauersegler-Lausfliege *(Crataerina pallida)* befällt insbesondere Mauersegler und Schwalben und saugt deren Blut.

kräftige Klammerbeine

helle Fleckenzeichnung auf dem Rücken

# Feld–Blattwespe

*Tenthredo campestris* (Hautflügler)

L 8–13 mm   Mai–August

Die Blattwespe gehört zusammen mit Wespen, Bienen, Hummeln und Ameisen zu den sogenannten Hautflüglern. In Europa leben über 1000 Blattwespen-Arten, die 2–20 mm lang werden. Das ausgewachsene Insekt ist überwiegend ein Blütenbesucher, lebt aber teilweise auch räuberisch von kleineren Insekten. Die Larve ernährt sich von Pflanzen, oft gesellig in größeren Gruppen.

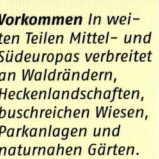

Die 10–12 mm lange, grasgrüne Grüne Blattwespe (Rhogogaster viridis) mit schwarzer Zeichnung lebt räuberisch vor allem von anderen Insekten.

Hinterleib gelb und schwarz gefärbt

Fühler und Beine gelb

Blattwespen-Larven wie hier die der Weiden-Blattwespe (Pteronus salicis) erinnern an Schmetterlingsraupen. Bei Störung verkrümmen sie ihren Körper charakteristisch s-förmig.

mit erbeutetem Käfer

**Vorkommen** In weiten Teilen Mittel- und Südeuropas verbreitet an Waldrändern, Heckenlandschaften, buschreichen Wiesen, Parkanlagen und naturnahen Gärten.

> sitzt gern auf besonnten Blättern
> erwachsene Blattwespe ernährt sich von Pollen, Nektar und kleineren Insekten
> Larve frisst an den Blättern von Giersch

# Holz–Schlupfwespe

*Rhyssa persuasoria* (Hautflügler)

L 18–35 mm   Juli–September

Mit ihren hochempfindlichen Sinnesorganen in Fühlern und Beinen erspürt das Weibchen die Larven von Holzwespen oder Bockkäfern, die sich tief im Holz von abgestorbenen Baumstämmen befinden. Ist eines dieser Tiere aufgespürt, bohrt die Holz-Schlupfwespe mit ihrem Legestachel in drehenden Bewegungen ein bis zu 30 mm tiefes Loch in das Holz, betäubt das Tier mit Gift und legt ein Ei in die Larve. Die Schlupfwespen-Larve ernährt sich schließlich von ihrem Wirt.

In ihrem 1-wöchigen Leben parasitiert eine einzige Blattlaus-Schlupfwespe (Aphidius spec.) bis zu 200 Blattläuse, indem sie jeweils ein Ei auf diese ablegt. Nach 1–2 Tagen schlüpft die Larve, die sich vom Inneren der Blattlaus ernährt.

Weibchen beim Holzbohren mit bis zu 35 mm langem Legebohrer

lange, braunrote Beine

Körper schwärzlich mit weißlicher Fleckenzeichnung

**Vorkommen** In Europa weit verbreitet in Nadelwäldern, insbesondere auf offenen Flächen wie Lichtungen, Waldwegen und Schneisen, wo sich abgestorbene oder gefällte Baumstämme befinden.

> Männchen ohne Legebohrer
> ernährt sich von Blütennektar und Pflanzensäften
> Schlupfwespen werden in der biologischen Schädlingsbekämpfung eingesetzt.

# Hornisse 🔊

*Vespa crabro* (Hautflügler)
L 18–35 mm   März–Oktober

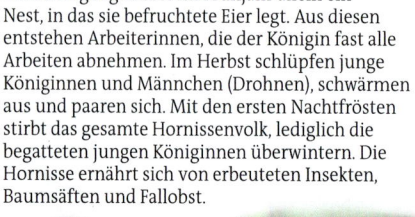

Die Hülle des Nestes ist bräunlich und muschelartig gemustert.

ein umfangreiches Hornissen-Nest im geschützten Giebel eines Dachs

Eine Königin gründet im Frühjahr allein ein Nest, in das sie befruchtete Eier legt. Aus diesen entstehen Arbeiterinnen, die der Königin fast alle Arbeiten abnehmen. Im Herbst schlüpfen junge Königinnen und Männchen (Drohnen), schwärmen aus und paaren sich. Mit den ersten Nachtfrösten stirbt das gesamte Hornissenvolk, lediglich die begatteten jungen Königinnen überwintern. Die Hornisse ernährt sich von erbeuteten Insekten, Baumsäften und Fallobst.

Hinterleib gelb und schwarz

Kopfschild im Gegensatz zur Wespe einfarbig gelb ohne schwarze Zeichnungen

Brustsegment rot und schwarz gezeichnet

# Gemeine Wespe 🔊

*Vespula vulgaris* (Hautflügler)
L 11–19 mm   April–Oktober

Oft werden die Nester unterirdisch in Mäusenester angelegt.

Die überwinternde Jungkönigin beginnt im Frühjahr mit dem Nestbau und der Eiablage. Als Baumaterial dient ihr fein zerkautes Holz, das mit Speichel vermischt wird. Nach dem Schlupf der ersten Arbeiterinnen verlässt die Königin das Nest nicht mehr, sondern legt nur noch Eier. Der entstehende Insektenstaat ist streng arbeitsteilig organisiert und die Arbeiterinnen sind entweder mit dem Nestbau, der Zellensäuberung, der Larvenfütterung, der Verteidigung des Nestes, der Versorgung der Königin oder der Nahrungsbeschaffung beschäftigt. Die Größe des Nestes nimmt rasch zu und wächst auf 3000–4000 Individuen oder sogar mehr an.

zwischen dem unteren Augenrand und der Basis des Oberkiefers kein Zwischenraum (Merkmal für „Kurzkopfwespen" der Gattung *Vespula*)

gelbes Kopfschild mit schwarzer, ankerförmiger Zeichnung

Hinterleib schwarzgelb gemustert

gelbe Beine

# Sächsische Wespe

*Dolichovespula saxonica* (Hautflügler)
L 11–18 mm   Mai–Oktober

im Porträt: zwischen dem unteren Augenrand und der Basis des Oberkiefers deutlicher Zwischenraum (Merkmal für „Langkopfwespen" der Gattung *Dolichovespula*)

Die Völker der Sächsischen Wespe sind verhältnismäßig klein und bestehen maximal aus 200–300 Individuen. Die Nester werden gern in Gebäuden, wie Scheunen und Gartenhütten, angelegt und finden sich häufig frei hängend am Dachgebälk. Zum Nestbau raspeln die Arbeiterinnen der Wespe mit ihren Mandibeln (Mundwerkzeugen) morsches Holz ab und vermischen dieses mit Speicheldrüsensekret zu einem Brei. Die Wespe ernährt sich hauptsächlich von Blütennektar.

Das gräulich gefärbte Papiernest erreicht einen Durchmesser von bis zu 25 cm.

Die gelbe Hinterleibszeichnung ist variabel.

**Vorkommen** Verbreitet und recht häufig in Mittel- und Nordeuropa, besiedelt verschiedene offene Biotope sowie menschliche Siedlungen.

> selbst im Nestbereich friedfertig, wird nicht lästig und geht auch nicht an Lebensmittel
> Nester gelegentlich in Vogelnistkästen
> Zur Versorgung der Larven werden andere Insekten erbeutet.

# Feldwespe

*Polistes spec.* (Hautflügler)
L 10–18 mm   April–Oktober

Die Gallische Feldwespe (*P. dominulus*) siedelt sich häufig in menschlicher Nähe an und baut ihre Nester beispielsweise unter Dachziegeln oder in Schuppen.

Die Feldwespe ist eine emsige Blütenbesucherin. Uns Menschen wird sie nicht lästig und ist meist friedlich, lediglich in direkter Nähe des Nestes oder bei unmittelbarer Störung greift sie an und kann dann auch schmerzhaft zustechen. Im Frühjahr gründen meist mehrere Königinnen gemeinsam ein kleines Volk, in dessen Verlauf sich eine Rangordnung bildet, an deren Spitze es dann eine „Chefin" gibt.

sehr dünne „Wespentaille"

schlanker Hinterleib auch nach vorn hin deutlich verschmälert (vgl. *Vespula* und *Dolichovespula*)

Das Papiernest von Feldwespen besteht aus offenen, frei liegenden Waben ohne schützende Hülle und ist mit einem Stiel am Untergrund befestigt.

**Vorkommen** Je nach Art in offenen Landschaften wie Heidegebieten, Trockenrasen, Wiesen und Hängen über weite Teile Europas verbreitet.

> Nester papierartig aus zerkauten und eingespeichelten Holzfasern
> Nester oft an sonnenexponierten Stellen
> in Europa 7 einander sehr ähnliche Polistes-Arten

# Schornsteinwespe

*Odynerus spinipes* (Hautflügler)

L 10–13 mm   Mai–Juli

Hinterleib schmal gelb geringelt

Das Weibchen der Schornsteinwespe gräbt an Steilwänden Nistgänge, die schräg in das Substrat hinabführen. Der dabei anfallende Aushub wird mit Flüssigkeit angefeuchtet und ringförmig um das Eingangsloch geklebt, wobei die charakteristischen Brutröhren entstehen. Am Ende des Ganges werden einige Brutkammern angelegt, die mit jeweils einem Ei belegt und mit bis zu 20 Rüsselkäferlarven als Nahrung für die eigenen Larven aufgefüllt werden.

Fühler keulenförmig verdickt

Mit einem Angebot an senkrechten, sonnenexponierten Lehmflächen lässt sich die Schornsteinwespe in Gärten und sogar auf Balkonen leicht und wunderbar beobachten.

Brutröhre im Anschnitt

1 angeheftetes Ei

Rüsselkäfer-Larven als Nahrungsvorrat

# Sandwespe

*Ammophila sabulosa* (Hautflügler)

L 14–24 mm   Mai–Oktober

Die Sandwespe gräbt ihre Brutröhren senkrecht in den Sandboden. Die fertiggestellte Röhre wird mit einem Steinchen verschlossen und getarnt. Nun wird eine Schmetterlingsraupe von oft beachtlicher Größe erbeutet und in die Brutröhre getragen. Da die Raupe nur gelähmt ist, bleibt sie als Nahrung frisch für die in den nächsten Tagen schlüpfenden Larven. Die Sandwespe betreibt eine aufwendige Brutpflege und bringt regelmäßig weitere Raupen in die Röhren, die jedes Mal erneut verschlossen werden.

Die erbeuteten Raupen werden meist zu Fuß zur Brutröhre gebracht.

vorderer Bereich des Hinterkörpers rötlich

langer Stiel zwischen Brust und Hinterkörper

# Eichen-Gallwespe

*Cynips quercusfolii* (Hautflügler)
L 3–4 mm  November–Juli

Im Sommer sticht das Weibchen der Eichen-Gallwespe seine Eier in die Blattnerven, wodurch die Pflanze angeregt wird, eine Galle auszubilden. Im Inneren, jeder Galle entwickelt sich in einer kleinen Kammer die Larve. Mit dem Laubfall im Herbst gelangt die Galle auf den Boden. Im zeitigen Frühjahr schlüpft daraus eine Gallwespe (1. Generation), die ihre Eier in Eichenknospen sticht. Hier entsteht eine kleinere Galle, aus der im Sommer die 2. Generation der Gallwespen schlüpft, die den oben beschriebenen Gallapfel erzeugt. So schließt sich der Kreislauf.

ein geöffneter Gallapfel mit der darin lebenden Larve

Die 15–20 mm große, runde Galle sitzt an der Unterseite eines Eichenblattes und ist anfangs grünlich, später zusätzlich rötlich und bräunlich gefärbt.

buckeliger Rücken

relativ lange Flügel

**Vorkommen** Über weite Teile Europas, an Eichen, an Wald- und Wegrändern, in Wäldern, Alleen, Parks und Gärten.

> **Die Galle am Blatt wird als „Gallapfel" bezeichnet.**
> **Galläpfel werden zur Herstellung der sogenannten Eisen-Gallus-Tinte benötigt.**
> **Der Befall ist für die Eichen ohne Schaden.**

# Rosen-Gallwespe

*Diplolepis rosae* (Hautflügler)
L 3–5 mm  Mai–August

Die winzige Rosen-Gallwespe legt im Frühjahr ihre Eier ins Pflanzengewebe von Rosentrieben, wodurch die Pflanze angeregt wird, die Galle zu produzieren. In der Galle entwickeln sich die weißlichen Larven, überwintern in ihnen und verpuppen sich im Frühjahr. Im Frühjahr nagen sich die fertig entwickelten Gallwespen ins Freie und der Kreislauf beginnt von Neuem. Der Name „Schlafapfel" rührt daher, dass sich nach altem Volksglauben unter das Kissen gelegte Rosengallen schlaffördernd auswirken.

Aufgeschnittene Galle: Im Inneren liegen mehrere Kammern, in denen sich jeweils eine Larve entwickelt.

Kopf und Vorderkörper schwarz

Hinterkörper rötlich-braun

Als Galle bildet sich ein zottig behaartes und verzweigtes, bis zu 5 cm großes Knäuel an den Trieben und auf den Blättern von Rosen: anfangs grünlich, später rot, ab Spätherbst verholzend und bräunlich.

**Vorkommen** Über weite Teile Europas verbreitet an verschiedenen Wildrosen-Arten auf Wiesen, an Wald- und Wegrändern und in Parks und Gärten, selten auch an Rosen-Zuchtformen.

> **alte Galle verbleibt mitunter jahrelang an den Zweigen**

# Goldwespe

*Chrysididae* (Hautflügler)
L 4–12 mm    Mai–September

Die englische Bezeichnung „Cuckoo wasps" (deutsch: „Kuckucks-Wespe") weist auf die Lebensweise der Goldwespen hin: Alle Arten parasitieren andere Bienen- oder Wespen-Arten. Sie legen ihre Eier in deren Nester, die Larven der Goldwespen ernähren sich von den Eiern oder den Larven ihrer Wirte, manche Arten zusätzlich von den Futtervorräten in den jeweiligen Brutkammern.

Goldwespen lassen sich auch in Gärten locken: An speziellen Wildbienen- und Wildwespen-Nisthilfen („Insektenhotels") suchen sie nach den für sie geeigneten Wirtstieren.

alle Arten auffallend irisierend, metallisch glänzend von Rot über Grün und Blau bis zu Golden

Besonders farbenfroh ist die Goldwespe *Chrysis equestris*.

# Mörtelbiene

*Megachile parietina* (Hautflügler)
L 14–18 mm    April–August

beim Männchen Kopf, Brust und vorderer Teil des Hinterleibs rötlich braun behaart

Ende des Hinterleibs schwarz behaart

Jedes Weibchen baut ein eigenes Nest aus Mörtel und Steinchen, das an Felsen oder Hauswänden angeheftet wird. Mörtel stellt es her, indem es Lehm und Sand mit Nektar und Speichel anfeuchtet. Nach Fertigstellung einer Zelle wird diese mit Pollen und Nektar gefüllt. Danach wird ein Ei auf den Nahrungsvorrat gelegt und die Brutzelle mit einem Mörtelpfropf verschlossen.

Füße rötlich behaart

Flügel bläulich schwarz

Die Blattschneiderbiene *(M. spec.)* baut ihre Nester in kleinen Hohlräumen und kleidet diese mit abgeschnittenen Blattstückchen verschiedener Pflanzen aus.

Körper des Weibchens schwarz behaart

# Rote Mauerbiene

*Osmia rufa* (Hautflügler)
L 8–12 mm   März–Juni

Nach der Paarung legt das Weibchen in rohrförmigen Hohlräumen wie Ritzen, Löchern in Totholz oder Schilfstängeln Nester aus Lehm an, die aus einzelnen hintereinanderliegenden Zellen bestehen. In jeder Zelle befinden sich ein Ei und ein Nahrungsvorrat aus Pollen und Nektar, von dem sich die geschlüpfte Larve ernährt. Im Herbst schlüpft die erwachsene Biene, bleibt aber noch bis zum nächsten Frühjahr im Nest.

Ein sogenanntes Insektenhotel bietet Nistmöglichkeiten für viele Wildbienen und solitäre Wespen

hohle Schilfstängel, Baumscheibe und Steine mit Bohrlöcher sowie einem Lehmangebot

dichte rötlich braune Behaarung

Die mit Pollen und jeweils einem Ei gefüllten Brutzellen sind durch dünne Lehmwände voneinander getrennt.

**Vorkommen** Besiedelt weite Teile Europas und ist häufig an Waldrändern, auf buschreichen Wiesen, in Obstgärten, Parkanlagen und naturnahen Hausgärten.

> bildet im Schilf von Reetdächern oftmals hohe Bestände
> eine der häufigsten Gäste von Insektenhotels
> etliche ähnliche Osmia-Arten in Europa

# Pelzbiene

*Anthophora plumipes* (Hautflügler)
L 14–16 mm   März–Juni

Bereits im zeitigen Frühjahr fällt die Pelzbiene durch ihren schnellen Flug von Blüte zu Blüte auf. Als Nistplatz kommen lehmige oder sandige Steilwände und Abbruchkanten, Trockenmauern oder Lehmwände von Gebäuden infrage, in die sie ihre Bruthöhlen gräbt. Die Pelzbiene nimmt regelmäßig auch im Garten angebotene Lehmnisthilfen als Brutplatz an.

Das Männchen ist meist gräulich behaart.

helle Gesichtsbehaarung

Weibchen mit rötlich gelber Sammelbürste an den Hinterbeinen

dicht pelzig, oftmals schwärzlich behaart

Die Färbung der Weibchen ist variabel, neben den schwarzen treten regelmäßig auch bräunliche Tiere auf.

**Vorkommen** In ganz Europa verbreitet und häufig in verschiedensten Lebensräumen, in denen sie Nistmöglichkeiten und ein reiches Blütenangebot vorfindet, regelmäßig auch in Gärten.

> erinnert an eine kleine Hummel
> in Gärten häufig an Lungenkraut zu beobachten
> mehrere ähnliche Anthophora-Arten in Europa

# Holzbiene

*Xylocopa violacea* (Hautflügler)
L 20–24 mm  April–September

**Vorkommen** *In Südeuropa weit verbreitet und häufig, in Mitteleuropa auf wärmebegünstigte Regionen beschränkt, besiedelt sonnige Standorte mit trockenem Totholzbestand wie Waldränder, Streuobstwiesen, Parkanlagen und naturnahe Gärten.*

> **hummelartig, eine der größten europäischen Bienen**
> **breitet sich im Zuge der Klimaerwärmung Richtung Norden aus**

Die Holzbiene ist auf das Vorhandensein von Totholz angewiesen und nagt mit ihren kräftigen Kiefern tiefe Gänge in trockene Äste, Stämme oder alte Zaunpfähle, um an deren Ende ihre Brutzellen anzulegen. Wer der bei uns seltenen Holzbiene Nistmöglichkeiten im Garten anbieten möchte, kann dies mit senkrecht angebrachten sonnenexponierten Totholzstämmen tun.

Flügel bläulich violett schimmernd

bläulich schwarz glänzend

Männchen mit leicht geknicktem, rötlich gefärbtem Fühlerende

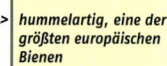

# Steinhummel

*Bombus lapidarius* (Hautflügler)
L 12–22 mm  März–Oktober

Männchen mit gelber Binde vorn am Thorax

**Vorkommen** *In Mitteleuropa weit verbreitet und häufig, besiedelt offenes Gelände wie Wiesen, Weiden, Wegränder, Parkanlagen und Gärten.*

> **wichtige Blütenbestäuber**
> **kann mit ihrem Giftstachel stechen, ist aber außer in direkter Nestnähe wenig aggressiv**
> **weitere sehr ähnliche Arten in Europa**

Die Gründung eines Nests erfolgt durch eine Jungkönigin in ober- oder unterirdischen Hohlräumen. Das können verlassene Mäusenester, Vogelnistkästen, Mauerspalten und Ähnliches sein. Die Jungkönigin formt aus Pollen und Nektar einen Klumpen und belegt ihn mit einem Ei. Sie bebrütet die Eier und versorgt die Larve mit Blütenpollen. Ab April sind die ersten Arbeiterinnen voll entwickelt; nun schaffen sie die Pollen für die vielen Eier heran, die die Königin im Lauf des Sommers noch legt.

Hinterende mit rötlicher Behaarung

geöffnetes Nest eines Steinhummel-Volkes mit Honigtöpfchen und Kokons für die Larven und Puppen

Kopf und Brust samtschwarz gefärbt

# Erdhummel

*Bombus terrestris* (Hautflügler)

L 11–23 mm    Februar–Oktober

Nahaufnahme des Sammelbeins

Die verbreiterte Schiene der Hinterbeine ist gewölbt wie eine kleine Schale, gesäumt von langen Borstenhaaren, und wird Körbchen genannt.

An ihren Hinterbeinen trägt die Hummel alle Werkzeuge, die sie zum Sammeln und Transportieren des Blütenstaubs benötigt. Unterhalb des Beinglieds mit dem Pollenpaket (Körbchen) liegt ein Beinglied, das auf der Innenseite die sogenannte Bürste trägt: Sie besteht aus vielen dicht stehenden Borsten, mit denen die Hummel nach einem Blütenbesuch den Blütenstaub – sogar im Flug – aus ihrem Pelz kämmt. Am oberen Ende der Bürste stehen steife Borsten ab: Das ist der Kamm, mit dem sie ihre volle Bürste reinigt. Direkt unter den Borsten des Kamms liegt eine kleine Vorwölbung. Mit diesem Schieber werden die Pollen hochgeschoben zum Pollenhöschen.

vorne am Thorax gelbliche Binde

gelbliche Binde auf dem Hinterleib

**Vorkommen** In ganz Mitteleuropa verbreitet und häufig, bewohnt Wiesen, Weiden, Brachland, Böschungen, Gebüsche, Parks und Gärten.

> *Frühjahrsbote: Eine der ersten Hummelarten im Jahr*
> *Nester meist in unterirdischen Hohlräumen*
> *Ein Volk kann aus bis zu 600 Hummeln bestehen.*

letzte Segmente weiß gefärbt

Die dicken gelben Päckchen voller Blütenstaub werden Pollenhöschen genannt.

# Honigbiene

*Apis mellifica* (Hautflügler)

L 11–18 mm    März–Oktober

Ein Imker kontrolliert seine Bienen.

Die Honigbiene bildet riesige Staaten, in denen 40 000–60 000 Tiere leben können. Ihre Nester (Waben) fügt sie aus vielen Tausend Zellen zusammen, die aus Wachs bestehen. In einem Teil der Waben wachsen ihre Larven heran. Andere Teile dienen der Vorratshaltung, in denen Honig und Pollen für schlechte Zeiten aufbewahrt werden. Den Honig bildet die Biene aus Blütennektar, dem noch bestimmte Stoffe aus ihren Drüsen beigefügt werden.

**Vorkommen** Als domestiziertes Nutztier über ganz Europa verbreitet und überall häufig auf Wiesen und Weiden, an Weg- und Waldrändern, in Obstplantagen, Parks und Gärten.

> *liefert unseren Honig*
> *Schon die alten Ägypter erkannten vor 4000 Jahren, dass die Biene ein äußerst nützliches Tier ist.*
> *kann schmerzhaft stechen, wenn sie sich bedroht fühlt*

bräunlich behaart

Die Varroamilbe ist ein bei Imkern gefürchteter Schädling, der Körperflüssigkeit aus Larven, Puppen und Bienen saugt und bei starkem Befall ganze Völker zum Absterben bringen kann.

gelbliche Hinterleibsringe

Pollenhöschen an den Hinterbeinen

# Schwarze Wegameise
*Lasius niger* (Hautflügler)
L 3–9 mm   März–November

Die Ameise gehört, wie die Wespen, Honigbienen und Hummeln, zu den Staaten bildenden Insekten und zeichnet sich durch eine ausgeklügelte Sozialstruktur aus. An warmen Hochsommertagen schwärmen die Jungköniginnen und die Männchen aus. Im Gegensatz zu den Arbeiterinnen verfügen beide über Flügel. Die begatteten Jungköniginnen gründen ein Nest, in dem sie ihre Eier ablegen und die erste Generation von Arbeiterinnen großziehen.

Die Königin ist mit 8–9 mm deutlich länger als die Arbeiterinnen und hat einen dicken, mit Eiern gefüllten Hinterleib.

Die Wegameise ernährt sich hauptsächlich von Honigtau, den sie Blattläusen abzapft. Diese werden von der Ameise regelrecht wie Nutztiere gehalten, bewacht und vor Fressfeinden verteidigt.

Farbe variiert zwischen Dunkelbraun und Schwarz.

Silbrige Körperbehaarung, darunter finden sich stets auch einige längere Haare.

# Gelbe Wiesenameise
*Lasius flavus* (Hautflügler)
L 2–9 mm   März–Oktober

Die Gelbe Wiesenameise lebt fast ausschließlich unterirdisch und ernährt sich dort von winzigen Wurzelläusen. Diese werden zum Einen gefressen, meist aber sorgsam betreut und „gemolken", da sie süße Ausscheidungen produzieren. Vor dem Winter holt die Ameise ihre „Haustiere" in ihr Nest und bringt sie im zeitigen Frühjahr zurück zu den Nahrungspflanzen, an denen die Läuse Säfte saugen.

Arbeiterinnen versorgen die erheblich größere Königin, die mit der Eiablage beschäftigt ist.

kleine, aufgrund der überwiegend unter-irdischen Lebensweise zurückgebildete Augen

Typisch und augenfällig sind ihre Nester: Die Erdhügel können bis einen halben Meter im Durchmesser und in der Höhe erreichen und sind häufig von Gras überwachsen.

blassgelb bis gelbbraun gefärbt

# Rote Waldameise

*Formica rufa* (Hautflügler)
L 4–11 mm   März–November

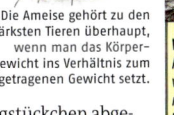
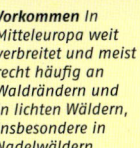

Die Rote Waldameise baut an windgeschütz-
ten, sonnigen Standorten bis zu 1,5 m hohe,
kuppelförmige Haufen. Die obersten Schich-
ten sind mit Fichtennadeln und kleineren Zweigstückchen abge-
deckt. Das Innere der Nestkuppel besteht überwiegend aus Erde.
Das Ameisennest setzt sich unterhalb des Haufens in bis zu 2 m
Tiefe fort. In der Erde finden sich zahlreiche Kammern, die über
Gänge miteinander in Verbindung stehen. Je nach Entwicklungs-
stadium und Witterungsbedingungen werden die Eier, Larven
oder Puppen in die für sie günstigsten Nestbereiche transportiert.

Die Ameise gehört zu den
stärksten Tieren überhaupt,
wenn man das Körper-
gewicht ins Verhältnis zum
getragenen Gewicht setzt.

Rücken, Brust und Kopf-
unterseite rot gefärbt

In einem großen Ameisen-
haufen lebt ein Volk aus bis
zu 800 000 Tieren.

Hinterleib
schwarz

Kopfoberseite schwarz

**Vorkommen** *In
Mitteleuropa weit
verbreitet und meist
recht häufig an
Waldrändern und
in lichten Wäldern,
insbesondere in
Nadelwäldern.*

> **frisst vor allem
Insekten**
**gilt durch das Erbeuten
von Forstschädlingen
als überaus nützlich**
**mehrere sehr ähnliche
Arten in Europa**

237

# Rossameise

*Camponotus ligniperda* (Hautflügler)
L 7–18 mm   April–Oktober

Die Königin erreicht eine
imposante Länge von 18 mm.

Die Rossameise ernährt sich vorwiegend
von den Ausscheidungen von Blattläusen
(Honigtau), erbeutet aber auch Insekten und leckt Pflanzensäfte
auf. Sie lebt in Symbiose mit einer Bakterienart: Im Verdauungstrakt der Ameise machen die Bakterien ihr wichtige Inhaltsstoffe
(Aminosäuren) verfügbar und erhalten im Gegenzug Stoffwech-
selprodukte. Die Nester werden in Totholz oder am Boden unter
Steinen gebaut und setzen sich unterirdisch fort.

Die Geschlechtstiere
sind geflügelt.

Brust, Beine,
Schuppe und
vorderer Teil
des Hinterleibs
rötlich braun

Kopf
schwarz

hinterer Teil des
Hinterleibs
schwarz glänzend

Auch die Haarige Holzameise
(*C. vagus*) gehört zu den großen
Rossameisen; sie ist einheitlich
schwarz gefärbt und dicht behaart.

**Vorkommen** *Über
weite Teile Mitteleu-
ropas verbreitet und
meist recht häufig,
besiedelt insbeson-
dere im Bergland
sonnige Bereiche in
Laub- und Misch-
wäldern, an Wald-
rändern, Feldrainen
und in verbuschten
Trockenrasen.*

> **gehört zu den größten
heimischen Ameisen**
> **wärmeliebende Art**
> **tag- und nachtaktiv**

# Gewöhnliche Köcherfliege

*Limnephilus spec.* (Köcherfliegen)
L 10–17 mm   Mai–Oktober

Larve in einem Köcher aus
Pflanzenteilchen

238

**Vorkommen** *Über
weite Teile Europas
verbreitet und
häufig an langsam
fließenden sowie an
stehenden Gewässern
aller Art.*

> *Die dämmerungs- und
> nachtaktive Köcher-
> fliege wird vom Licht
> angelockt.*
> *tagsüber zwischen
> Uferpflanzen verborgen*
> *über 30 heimische
> Limnephilus-Arten,
> einige davon auch
> regelmäßig in
> Gartenteichen*

Die Köcherfliegen-Larve lebt im Wasser und sammelt unterschiedlichste Baumaterialien wie Pflanzenteilchen, Sand, Steinchen und kleine Schneckengehäuse, um damit einen Köcher zu bauen, der sie schützt. Im Laufe ihres Wachstums erweitert die Larve den Köcher ständig. Die Larve lebt am Gewässergrund und ernährt sich hauptsächlich von pflanzlichen und tierischen Abfallstoffen. Nach einer 2–3-wöchigen Puppenruhe kriecht die Puppe zur Wasseroberfläche und häutet sich hier zum erwachsenen Fluginsekt.

Die Larve hat ihren
Köcher aus kleinen
Schneckengehäusen
gebaut.

Fühler etwa so lang
wie der Körper

Nach der Paarung legt das Weibchen
seine Eier in grünlichen, etwa 1 cm
großen Klumpen an Pflanzen über
dem Wasser ab.

blassschwärzliche
Flügelzeichnung

# Pilzkopf-Köcherfliege

*Anabolia spec.* (Köcherfliegen)
L 10–15 mm   August–Oktober

Kopf der Larve

**Vorkommen** *Über
weite Teile Europas
verbreitet und häufig
in mäßig strömenden
Fließgewässern und
größeren Seen mit
sandigem Grund.*

> *Larve wie „Wandelndes
> Stöckchen" im Wasser*
> *Larve ernährt sich von
> verrottenden Pflanzen*
> *einige ähnliche Arten
> in Europa*

Der Larvenköcher besteht aus einer etwa 3 cm langen Röhre aus Sandkörnern und kleinen Steinchen. An den Längsseiten werden Stöckchen angesponnen, die den eigentlichen Köcher vorn und hinten oft weit überragen. Diesen Köcher verlässt die Larve nie. Durch das Anbringen der langen Ästchen am Köcher wird das gesamte Bauwerk recht groß und sperrig. So stellt es einen wirksamen Schutz dar gegen die Fressfeinde Nummer 1: Fische können dieses Gebilde nicht als Ganzes verschlucken.

Die Larve baut einen
charakteristischen
Köcher.

Körper und Flügel
bräunlich

# Langhornmotte

*Nemophora degeerella* (Schmetterlinge)
SpW 15–20 mm   Mai–August

Fühler der Weibchen kürzer, am Ende weißlich

Im Frühsommer sieht man die Männchen im Sonnenschein in Schwärmen vor Bäumen und Sträuchern auf- und abtanzen. Sobald ein Weibchen sich nähert, wird es von einem Männchen zur Paarung ergriffen. Die Raupe frisst zunächst in den Blättern von Buschwindröschen und verschiedener Waldkräuter: Sie gilt als Minierer, da sie sich im Pflanzengewebe entwickelt und dort Fraßgänge anlegt. Später lebt die Raupe am Waldboden in einem aus Pflanzenteilen zusammengewobenen Köcher.

Im April und Mai fällt auch die häufige Langhornmotte (*Adela reaumurella*) auf, die in oft großen Schwärmen an sonnenbeschienenen Stellen an Waldrändern und Gebüschen umhertanzt.

messingfarbene Flügel

Männchen mit extrem langen, fadenförmigen Fühlern

breite gelbe Querbinde

**Vorkommen** *Relativ häufig in feuchten, lichten Laubwäldern, an Wald- und Wegrändern, an Gebüschen und Hecken, in Parks und Gärten.*

> *mottenähnlicher Schmetterling*
> *schwirrt im Sonnenschein oft in größeren Gruppen umher*

# Gespinstmotte

*Yponomeuta spec.* (Schmetterlinge)
SpW 20–27 mm   Juni–August

Die Raupen der Gespinstmotten leben in großer Anzahl auf den befallenen Büschen, fressen die Blätter vollständig ab und hinterlassen ein gespenstisch aussehendes, völlig mit dichten, weißen Gespinsten überzogenes Buschgerippe. Die abgestorben wirkenden Büsche erholen sich rasch vom Kahlfraß und schlagen bereits kurz nach dem Verpuppen der Raupen wieder aus.

Eine von Gespinstmotten befallene Traubenkirsche.

Raupen leben gesellig.

Vorderflügel silbrig weiß mit schwarzen Pünktchen

Flügel schmal

etwa 2 cm lang, gelblich mit schwarzer Fleckenzeichnung

**Vorkommen** *Häufig auf Büschen und Bäumen entlang von Wald-, Weg- und Straßenrändern.*

> *mehrere sehr ähnliche Yponomeuta-Arten Traubenkirschen-Gespinstmotte (Y. evonymella) entwickelt sich hauptsächlich an Traubenkirschen.*

# Brennnessel-Zünsler

*Anania hortulata* (Schmetterlinge)
SpW 24–28 mm   Mai–August

Die Raupe des Zünslers kann oft massenhaft an der Hauptfutterpflanze Brennnessel auftreten. Sie rollt deren Blätter tütenförmig ein und hält die so entstandene Blattrolle mit Spinnfäden zusammen. Die Raupe überwintert, frisst im Frühjahr weiter, um sich schließlich zu verpuppen und im Sommer als Falter zu schlüpfen.

Verbreitet und recht häufig an pflanzenreichen Tümpeln, Teichen und Gräben mit Schwimmblattbeständen ist der Seerosen-Zünsler (*Elophila nymphaeata*), seine Raupen leben im Wasser.

Kopf und Brustsegment mit gelben Schuppen

die grünliche, bis 20 mm lange Raupe

schwarze Kopfkapsel

Flügel charakteristisch gezeichnet

Hinterkörper dunkel mit gelber Bänderung

# Pelzmotte

*Tinea pellionella* (Schmetterlinge)
SpW 11–18 mm   Mai–August

Das Weibchen legt seine Eier an Textilien, vor allem an Wolle, Pelzen oder Federn ab. Die madenähnliche Raupe baut sich beiderseits offene Gespinstköcher und frisst an den Stoffen. Da sich die Motte schnell vermehrt und eine versteckte Lebensweise hat, bleibt ein Massenauftreten anfangs meistens unentdeckt und Kleidung und Polstermöbel werden zerstört.

Die 7–9 mm lange Raupe frisst Löcher in Textilien.

Falter hat verkümmerte Mundwerkzeuge und nimmt keine Nahrung zu sich

Vorderflügel gelblich mit Metallglanz

auffälliger dunkler Punkt

In Aussehen und Lebensweise sehr ähnlich ist die Kleidermotte (*Tineola bisselliella*): Ihre Vorderflügel sind ockergelb und ohne Zeichnung.

# Hornissen–Glasflügler

*Sesia apiformis* (Schmetterlinge)
SpW 30–45 mm   Mai–August

Das Weibchen des Hornissen-Glasflüglers legt seine Eier an Pappeln ab. Die daraus schlüpfende Raupe bohrt sich in die Rinde ein und ernährt sich vom Holz. Ihr Aussehen erinnert an eine Käferlarve. Im Laufe ihrer 3–4-jährigen Entwicklung frisst sie sich immer tiefer ins Holz und verlässt es schließlich als Falter durch ein etwa 1 cm breites Loch, das auch noch lange Zeit später als Austrittsloch erkennbar ist.

hörnerartige Fühler

gelbe „Schultern"

glasartige Flügel, nur Adern und Rand bräunlich beschuppt

Hinterleib gelb und schwarz geringelt

schwarze „Schultern"

bräunlicher Kopf

Die bis 40 mm lange Raupe lebt verborgen im Holz.

sehr ähnlich ist der seltenere Großer Weiden-Glasflügler (*S. bembeciformis*), seine Raupen leben in Weiden

**Vorkommen** In offenem, leicht feuchtem Gelände mit Pappelbeständen wie Wald- und Wegränder, lichte Auwälder und Gewässerufer.

> wärmt sich gern in der Morgensonne auf
> ahmt im Aussehen eine wehrhafte Hornisse nach, das schützt ihn vor Fressfeinden

# Eichenspanner

*Hypomecis roboraria* (Schmetterlinge)
SpW 40–50 mm   Mai–August

Rückenbuckel auf den Segmenten 5 und 11

Die bis 50 mm lange Raupe ist perfekt als „Ästchen" getarnt.

Die Raupe lebt vorwiegend in den Kronen älterer Eichen und Laubbäume und frisst deren Blätter. In Ruhestellung ist sie praktisch nicht zu finden, da sie das Aussehen kleiner Zweige perfekt nachahmt. Diese Form der Tarnung oder des Versteckens wird in der Biologie als Mimese bezeichnet. Der Falter ist nachtaktiv und besucht u. a. die Blüten von Kratzdisteln.

dunkle, gewellte Querlinien auf hellem Untergrund

Die Fühler oder Antennen des Männchens sind groß und auffällig gefiedert. Ihre Oberfläche ist dicht mit Geruchssinnesorganen bedeckt. Das Weibchen sendet einen Duft aus, der das Männchen zur Paarung anlockt. Manche Falter können ein Weibchen schon riechen, wenn es noch einige Kilometer entfernt ist.

**Vorkommen** Verbreitet und häufig in Laub- und Mischwäldern mit Eichenanteil, an Waldrändern, in Parkanlagen und Gärten.

> auch Großer Rindenspanner genannt
> auffallend großer Spanner
> wird vom Licht angelockt

# Birkenspanner

*Biston betularia* (Schmetterlinge)
SpW 35–60 mm   Mai–August

zweispitzige Kopfkapsel

Die Färbung der bis 50 mm
langen Raupe variiert
zwischen Rötlich, Grünlich,
Gräulich und Bräunlich.

In vielen Biologiebüchern wird der Birkenspanner als Fallbeispiel von aktueller Evolution behandelt: Man erklärt das vermehrte Aufkommen der dunklen Form des Falter als eine Anpassung an die sich veränderte Umgebung. Durch die zugenommene Industrialisierung wurden die hellen Birkenstämme zunehmend vom Ruß aus den vielen Kaminen dunkel gefärbt. Somit seien die dunklen Tiere besser getarnt als die hellen und hätten einen Selektionsvorteil. Man prägte dafür den Begriff „Industriemelanismus". Bis heute ist diese These allerdings heftig umstritten und nicht bewiesen.

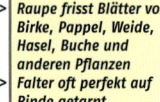

Die dunkle Form
(*f. carbonaria*) ist oftmals
völlig schwarz gefärbt.

die helle Form mit dunkler Zeichnung
und Flecken auf weißlichen Flügeln

# Gammaeule

*Autographa gamma* (Schmetterlinge)
SpW 35–40 mm   Februar–Dezember

Raupe vorwiegend
nachtaktiv, tagsüber an
der Blattunterseite oder
am Boden verborgen

weiße Längsbinde

Die Gammaeule gehört zu den sogenannten Wanderfaltern, die alljährlich aus dem Süden nach Mitteleuropa einwandern und im Herbst in zum Teil riesigen Mengen in den Mittelmeerraum zurückfliegen. Die Raupe frisst an Salat, Kohl, Brennnessel, Löwenzahn und vielen anderen Kräutern.

Die bis zu 35 mm lange,
hellgrüne Raupe ist vorn
deutlich schmaler als hinten.

Schuppenbüschel auf
dem Rücken

Borstenbüschel auf dem Rücken

messingfarben
glänzende
Flügelfelder

Häufig und auch in Gärten zu
beobachten ist die Messingeule
(*Diachrysia chrysitis*).

in der Mitte der Vorderflügel
ein auffälliger silbriger Fleck in
Form eines Y

# Zackeneule

*Scoliopteryx libatrix* (Schmetterlinge)
SpW 40–45 mm    ganzjährig

Die Raupe der Zackeneule ernährt sich vor allem von Weiden- und Pappelblättern. Der Falter überwintert an Orten mit hoher Luftfeuchtigkeit, z. B. auch in Garagen, Schuppen und Kellern. Dort kann man ihn dann gelegentlich in größeren Gruppen finden. Nach der Überwinterung findet man den Falter im zeitigen Frühjahr vor allem an blühenden Weidenkätzchen.

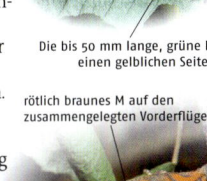
Die bis 50 mm lange, grüne Raupe hat einen gelblichen Seitenstreifen.

rötlich braunes M auf den zusammengelegten Vorderflügeln

ein überwinternder Falter

Hinterrand der Vorderflügel unregelmäßig gezackt

doppelte Querlinie

Vorkommen Verbreitet und häufig in Laub-, Misch- und Auwäldern, regelmäßig auch in Gärten und Parks.

> auch Zimteule genannt
> nachtaktiv
> Falter kann mit seinem kräftigen Rüssel reife Beeren aussaugen

## 243

# Mondvogel

*Phalera bucephala* (Schmetterlinge)
SpW 50–65 mm    Mai–August

weiß behaart

Nach der Paarung legt das Weibchen seine Eier auf der Blattunterseite der Futterpflanzen ab, dies sind u. a. Weide, Pappel, Eiche, Linde, Hasel und Birke. Dort frisst die heranwachsende Raupe, bis sie sich Ende August im Boden vergräbt und verpuppt. Die Puppe überwintert unterirdisch, bis im Mai die nächste Faltergeneration schlüpft.

Die bis 70 mm lange Raupe ist charakteristisch gelb und schwarz gezeichnet.

Kopfbereich gelb

Die Eier werden direkt an der Futterpflanze auf der Blattunterseite abgelegt.

Porträt der Raupe mit gelber v-förmiger Zeichnung

gelber Fleck an der Flügelspitze

Vorkommen Weit verbreitet und häufig in Laub-, Misch- und Auwäldern, an Waldrändern und Gebüschen in Parks und Alleen.

> Tarnung: Der Falter sieht von der Seite aus wie ein abgebrochenes Ästchen.
> Raupe lebt gesellig

# Gabelschwanz

*Cerura vinula* (Schmetterlinge)
SpW 55–75 mm   April–Juli

**Vorkommen** *Häufig und weit verbreitet in feuchten Wäldern und an Waldrändern, auf verbuschtem Gelände, in Steinbrüchen und Kiesgruben, in Pappelalleen und Parkanlagen.*

> **Falter nachtaktiv**
> **Raupe kann bei Gefahr Ameisensäure ausspritzen**

Die auffällige Raupe frisst an Pappeln und Weiden. Sie nimmt bei Gefahr eine eindrucksvolle Drohhaltung an, indem sie die Schwanzgabel nach vorn krümmt und aus den Gabelspitzen rote Fäden herausschiebt. Zusätzlich wird dem vermeintlichen Angreifer der genauso bedrohlich wirkende leuchtend rote Rand um den Kopf mit den beiden schwarzen Scheinaugen entgegengestreckt.

Körper dicht pelzig behaart

Schwanzgabel am Hinterende

dunkler Sattelfleck

Raupe wird bis 8 cm lang

Eine Jungraupe ist gerade aus dem Ei geschlüpft.

Scheinaugen

Wellenlinien–Muster auf Vorderflügel

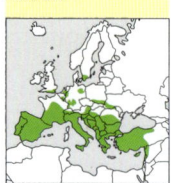

# Eichen-Prozessionsspinner

*Thaumetopoea processionea* (Schmetterlinge)
SpW 25–35 mm   Juli–September

**Vorkommen** *Besiedelt trockene, lichte, eichenreiche Wälder, daneben auch Eichen-Alleen und Parks.*

> **Haare der Raupe lösen heftige Hautreaktionen und Juckreiz aus**
> **Raupen können Baum komplett kahl fressen; dieser erholt sich aber davon und schlägt neu aus**

Auffällig und namengebend ist die Geselligkeit der Raupen: In langen Prozessionen ziehen sie morgens und abends im „Gänsemarsch" zur Nahrungssuche und wieder zurück. Sie fressen insbesondere Eichenblätter. Gefürchtet ist das Massenvorkommen der Raupen, und mitunter müssen ganze Waldgebiete gesperrt werden: Die Raupe besitzt mikroskopisch kleine Brennhaare, die leicht abbrechen, in der Luft umherfliegen und schwere allergische Reaktionen (Hautausschläge, Atemnot) bei Menschen verursachen.

Tagsüber sitzen die Raupen dicht gedrängt gemeinsam in einem Gespinstnest.

dunkles Rückenband

sehr lange weißliche Haare

gräulich braun gefärbte Vorderflügel

2 dunkle Querbinden

gräuliche Flanken

Raupe bis 4 cm lang

# Totenkopfschwärmer

*Acherontia atropos* (Schmetterlinge)
SpW 80–120 mm  Mai–Oktober

Die Verpuppung findet
in der Erde statt.

Der Totenkopfschwärmer hat eine außergewöhnliche Nahrungsquelle aufgetan: Er dringt in Bienenstöcke ein und saugt dort mit seinem kräftigen Rüssel den Honig aus den Waben. Er wird nicht von den Bienen aufgespürt, die alle Eindringlinge über deren fremden Geruch wahrnehmen, da der Schmetterling ihren Geruch annimmt. Sollte es doch mal zum Bienenstich kommen, verträgt er das Gift unbeschadet.

totenkopfähnliche
Zeichnung

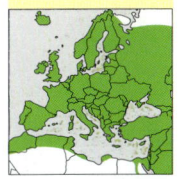

kräftige Raupe, bis 12 cm lang

bläuliche
Schrägstreifen

geschwungenes Horn
am Hinterende

# Mittlerer Weinschwärmer

*Deilephila elpenor* (Schmetterlinge)
SpW 45–60 mm  Mai–August

2 auffällige, augenartige Fleckenpaare

kurzes Horn am
Hinterende

Im kolibriartigen Schwirrflug besucht der Weinschwärmer nektarreiche Blüten, die besonders in der Nacht süß und intensiv duften, z. B. Jelängerjelieber, Nachtkerze, Geißblatt, Lichtnelke oder auch Gartenphlox. Die Raupe hat einen Trick, um Feinde abzuschrecken: Sie zieht ihren Kopf ein und bläht ihren Hals dahinter dick auf. So erscheinen die Augenflecken wie riesige, gefährliche Augen über einem großen Maul.

bis 8 cm lange,
grün oder bräunlich
gefärbte Raupe

Vorderflügel grünlich mit
rosa-rötlichen Binden

Hinterkörper gelblich
braun mit rötlicher
Mittellinie

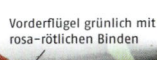

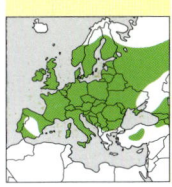

Ähnlich ist der Kleine Weinschwärmer (*D. porcellus*), der sich in der Zeichnung der Flügel und des Hinterkörpers unterscheidet.

# Taubenschwänzchen

*Macroglossum stellatarum* (Schmetterlinge)
SpW 35–50 mm   Mai–Oktober

bei der Paarung

**Vorkommen** *Wander-falter, der alljährlich aus dem Mittelmeer-raum die Alpen überquert. Bewohnt blütenreiche Land-schaften wie Wiesen, Trockenrasen, Heide-gebiete, Parks und Gärten.*

> **tagaktiver Nachtfalter**
> **Raupe frisst an Labkraut.**

Im Gegensatz zu den anderen heimischen Schwärmer-Arten ist das Taubenschwänzchen auch tagsüber aktiv und selbst in den Mittagsstunden bei der Nahrungssuche auszumachen. Dadurch lässt es sich besonders gut bei seinem perfekten Schwirrflug vor Blüten beobachten, bei dem es kolibriartig in der Luft steht und seinen langen Rüssel geschickt in die nektarreichen Blüten lenkt.

langer Saugrüssel

bläuliches Horn am Hinterende mit gelber Spitze

Raupe meist grünlich, bis 50 mm lang

Hinterflügel orange-braun

schwarz und weiß gezeichneter Hinterleib („Taubenschwanz")

weißer Längsstreifen auf Flanke

---

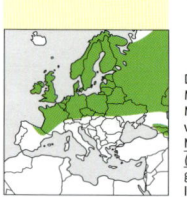

# Kleines Nachtpfauenauge

*Saturnia pavonia* (Schmetterlinge)
SpW 60–85 mm   März–Juni

die bis 6 cm lange, grünliche Raupe mit bors-tentragenden Warzen

**Vorkommen** *Sonnige, warme Landschaften wie Heidegebiete, lichte Kiefernwälder, Waldlichtungen und Trockenrasen.*

> **Raupe frisst an Heidekraut, Schlehe, Brombeere, Himbeere und einigen weiteren Pflanzen.**
> **Männchen ist tagaktiv**

Der imposante Falter hat keine Mundwerkzeuge und nimmt keine Nahrung auf. Er zehrt allein von den Reserven, die er sich als Raupe angefressen hat, und lebt daher nur wenige Tage nach seinem Schlüpfen. Das Männchen kann die vom paarungsbereiten Weibchen ausgesandten Lockstoffe mit seinen großen Fühlern kilometerweit riechen.

kein helles Feld um Vorderflügel-„Augen"

helles Feld um Vorderflügel-„Augen"

Das im südlichen Mitteleuropa und Mittelmeerraum verbreitete Große Nachtpfauenauge (S. pyri) ist der größte Schmetter-ling Europas.

Augenflecken auf allen 4 Flügeln

Männchen mit gelblichen Hinter-flügeln (beim Weibchen gräulich)

rötliche Vorder-flügelspitzen

# Schlehenspinner

*Orgyia antiqua* (Schmetterlinge)
SpW 25–30 mm   Mai–Oktober

Der Schlehenspinner hat eine ungewöhnliche Fortpflanzungsstrategie: Das frisch aus dem Kokon geschlüpfte Weibchen ist flugunfähig und verbleibt an Ort und Stelle. Es verströmt einen intensiven Lockstoff, den das umherflatternde Männchen mit seinen großen Antennen aufnimmt. Kurz nach der Paarung beginnt das Weibchen mit der Eiablage.

Dem plump wirkenden Weibchen fehlen die Flügel.

**Vorkommen** *Weit verbreitet und häufig in Laub- und Mischwäldern, in Gebüschen, in Parkanlagen und Gärten.*

> *wegen des Aussehens der Raupe auch Bürstenspinner genannt*
> *Raupe frisst an vielen verschiedenen Laubbäumen und Sträuchern*

weißer Fleck im Vorderflügel

Männchen mit rötlich braunen Vorderflügeln

Die farbenprächtige, bizarre Raupe wird bis 30 mm lang.

4 gelbe, pinselartige Bürsten auf dem Rücken

# Blutbär

*Tyria jacobaeae* (Schmetterlinge)
SpW 40–50 mm   Mai–August

Sowohl Falter als auch Raupe sind auffällig gefärbt und folglich nicht vor Fressfeinden getarnt. Das wollen sie auch nicht. Stattdessen warnen sie durch ihr auffälliges Erscheinungsbild vor ihrer Giftigkeit: Die Raupe ernährt sich nämlich hauptsächlich vom giftigen Jakobs-Greiskraut *(Senecio jacobaea)*, nimmt dessen Gift beim Fressen auf und wird dadurch für andere Tiere giftig.

**Vorkommen** *In offenen Landschaften mit Greiskraut: Wiesen und Weiden, lichte Gebüsche, Weg- und Straßenränder, Trockenrasen.*

> *auch Jakobskrautbär genannt*
> *Raupe oft in Massen an den Futterpflanzen, die sie komplett kahl fressen können*

Vorderflügel grau mit rotem Streifen und 2 roten Flecken

auffällig schwarz und leuchtend gelb geringelt

Raupe bis 30 mm lang

# Brauner Bär
*Arctia caja* (Schmetterlinge)
SpW 45–65 mm   Juni–September

die bis 6 cm lange Raupe mit langen, rötlich braunem Haarpelz

**Vorkommen** *Weit verbreitet und häufig auf Wiesen und Weiden, in lichten Wäldern, in Parkanlagen und Gärten.*

> *ruht am Tag mit zusammengefalteten Flügeln gut getarnt auf Rinde oder im Pflanzengewirr*
> *Falter wird von Licht angelockt*

Im Juli legt das Weibchen seine Eier in großen Gelegen an die Futterpflanzen. Die Raupen schlüpfen im August und überwintert. Erst ist im Juni des folgenden Jahres sind sie ausgewachsen, verpuppen sich und schlüpfen schließlich zum Falter. Die roten Hinterflügel mit den augenartigen Flecken dienen zur Verwirrung seiner Feinde: Hat ein Vogel den Falter erspäht, öffnet dieser ruckartig die Flügel, und während der Vogel noch stutzt, ist er schon auf und davon.

rötlicher Kopfbereich

Der ähnliche Schwarze Bär *(A. villica)* hat schwarze Vorderflügel und ist in Südeuropa verbreitet.

Hinterflügel leuchtend rot mit bläulichen Punkten

Vorderflügel braun mit weißlichem Linienmuster

# Blutströpfchen, Sechsfleck-Widderchen
*Zygaena filipendulae* (Schmetterlinge)
SpW 30–37 mm   Mai–September

**Vorkommen** *Häufigste Widderchen-Art und weit verbreitet auf mageren Wiesen, an sonnigen Hängen und Waldrändern und an Weg- und Straßenrändern.*

> *Raupe frisst an Hornklee*
> *ähnliche Arten, die sich in Form und Anzahl der Flügelflecken unterscheiden*

Der Falter saugt vor allem an Disteln, Kletten und Flockenblumen. Mitunter versammeln sich Blutströpfchen in großer Zahl an einer Blüte. Die auffällige Färbung von Falter und Raupe ist eine Warnfarbe, die signalisiert: „Vorsicht, ungenießbar und giftig!"

keulenförmige, hakenartig gekrümmte Fühler

Vorderflügel glänzend blauschwarz mit jeweils 6 roten Flecken

Die bis etwa 20 mm lange Raupe ist gelb und schwarz gezeichnet.

Auf blütenreichen Wiesen weit verbreitet ist auch das Fünffleck-Widderchen *(Z. viciae)* mit jeweils 5 Flecken auf den Vorderflügeln.

# Rostfarbiger Dickkopffalter

*Ochlodes sylvanus* (Schmetterlinge)
SpW 25–30 mm   Mai–September

Das Weibchen legt seine Eier einzeln auf den Blättern verschiedener Gräser ab. Direkt nach dem Schlupf beginnt das kleine Räupchen damit, die Gräser mit Seidenfäden zu einer Röhre zusammenzuziehen. In den so entstandenen Blattrollen ist es vor Fressfeinden geschützt. Hier kann es fressen und überwintern.

die hellgrüne bis 28 mm lange Raupe

dunklere Rückenlinie

dunklere Rückenlinie

Kopf dunkelbraun

breiter Kopf

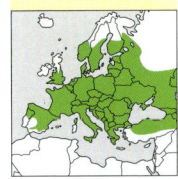

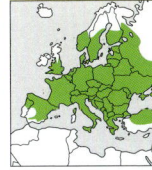

Männchen mit dunklem Strich auf Vorderflügel

ebenfalls weit verbreitet ist der Gelbwürfelige Dickkopffalter *(Carterocephalus palaemon)*

**Vorkommen** *Weit verbreitet und häufig auf Wiesen und Weiden, in lichten Wäldern, an Wald- und Wegrändern, auch in Parkanlagen und Gärten.*

> **tagaktiver Falter**
> **weitere ähnliche Arten in Europa**

---

# Kleiner Feuerfalter

*Lycaena phlaeas* (Schmetterlinge)
SpW 22–27 mm   April–Oktober

Das Männchen des Feuerfalters zeigt ein deutliches Revierverhalten: In das eigene Territorium einfliegende Konkurrenten werden sofort angeflogen und vertrieben. Die lange Flugzeit vom Frühjahr bis in den Herbst hinein erklärt sich daraus, dass die Falter in mehreren Generationen pro Saison schlüpfen. Die Raupe der letzten Generation überwintert und vollendet ihre Entwicklung im nächsten Frühjahr.

die walzenförmige, abgeplattete, bis 15 mm lange Raupe

grüne Grundfärbung mit rötlicher Mittel- und Seitenlinie

**Vorkommen** *Besiedelt vor allem locker bewachsene und offene, sonnenexponierte Gebiete wie Wiesen, Sandgruben, Binnendünen, Trockenrasen und Böschungen.*

> **oft beim Sonnenbaden mit ausgebreiteten Flügeln auf dem Boden sitzend**
> **Raupe frisst an Ampfer**

Flügeloberseite beim Männchen leuchtend orange

schwarzer Flügelsaum

dunkelbrauner Außenrand

Vorderflügel mit würfelförmigen Flecken

der auf Feuchtwiesen verbreitete, aber relativ seltene Dukatenfalter *(Lycaena virgaureae)*

braune Hinterflügel mit orange leuchtender Binde

# Bläuling

*Polyommatus icarus* (Schmetterlinge)
SpW 25–30 mm   Mai–Oktober

helle
Seitenlinie

die grüne, bis 13 mm
lange Raupe

**Vorkommen** *Verbreitet und meist häufig auf blütenreichen Wiesen, an Wald- und Wegrändern, mitunter auch in naturnahen Gärten.*

> **häufigster heimischer Bläuling**
> **Weibchen dunkelbraun mit orangefarbenen Randflecken auf den Flügeln**

Der Falter tritt in Mitteleuropa in 2–3 Generationen pro Jahr auf. Bei sonnigem, warmem Wetter ist insbesondere das Männchen sehr aktiv und ständig am Umherfliegen. Besser beobachten lässt es sich daher in den ersten Abendstunden, in denen die Falter im Gras oftmals größere Schlafgemeinschaften bilden. Die Raupe frisst bevorzugt an Hornklee, Hauhechel und Klee.

Flügelunterseite mit schwarzen, weiß umrandeten Flecken

Männchen oberseits leuchtend blau

orangerote Randflecken

Flügelrand mit schwarz abgesetztem, weißem Saum

250

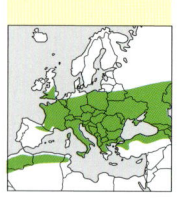

# Schachbrettfalter

*Melanargia galathea* (Schmetterlinge)
SpW 35–50 mm   Juni–August

Kopf braun

feine Längsstreifung

Die bis 3 cm lange Raupe ist grünlich, gelblich oder bräunlich gefärbt.

**Vorkommen** *Verbreitet auf sonnigen Wiesen, in Heidegebieten, an Wald- und Wegrändern.*

> **Falter saugt häufig an lila blühenden Korbblütlern wie Flockenblumen und Disteln**
> **Überwinterung als junge Raupe**

Das Weibchen legt seine Eier nicht gezielt auf den Futterpflanzen der Raupe ab, wie dies bei den meisten Schmetterlingen der Fall ist, sondern lässt sie im Flug einfach fallen. Nach dem Schlüpfen versteckt sich die Raupe tagsüber im Gras oder zwischen Wurzeln und frisst nur nachts an verschiedenen Gräsern. Bei Gefahr rollt sie sich zusammen und lässt sich auf den Boden fallen.

variabel schachbrettartig schwarz und weiß gezeichnet

Flügelunterseite mit Augenflecken

# Waldbrettspiel

*Pararge aegeria* (Schmetterlinge)
SpW 30–40 mm    April–Oktober

Das Männchen sitzt häufig im Halbschatten auf Blättern, verteidigt sein Revier gegen Konkurrenten und wartet auf vorbeikommende Weibchen. Der Falter saugt nicht nur an verschiedenen Blüten, sondern auch an Baumsäften und reifen Früchten. Die Raupe frisst dagegen an verschiedenen Waldgräsern.

die bis 3 cm lange, recht schlanke Raupe

1 Augenfleck auf Vorderflügel

Unterseite mit Vorderflügel-Augenfleck

3–4 Augenflecke auf Hinterflügeln

oberseits dunkelbraun mit hellen Flecken

**Vorkommen** *Verbreitet und meist häufig in lichten Laub- und Mischwäldern, in Auwäldern, an Waldrändern und auf Waldlichtungen.*

> **Falter wärmt sich gern an sonnigen Stellen im Wald auf**
> **2–3 Falter-Generationen pro Jahr**

# Landkärtchen

*Araschnia levana* (Schmetterlinge)
SpW 30–40 mm    April–September

Die Falter des Landkärtchens fliegen in einer Frühjahrs- und einer Sommergeneration, die sich in Färbung und Zeichnung deutlich voneinander unterscheiden und für verschiedene Arten gehalten werden könnten. Das Weibchen legt seine Eier in kleinen Türmchen auf die Blattunterseite von Brennnesseln, an denen die Raupen gesellig leben und fressen.

im Sommer schwärzlich mit weißer Bindenzeichnung

die 2–3 cm lange Raupe mit zahlreichen verzweigten Stacheln

**Vorkommen** *Verbreitet und häufig an Wald- und Gebüschrändern, auf Waldlichtungen und Kahlschlägen, auf Wiesen, in Parks und Gärten.*

> **Flügelunterseite mit Landkartenzeichnung**
> **Raupe ist auf Brennnesseln als Futterpflanze angewiesen**

die typischen Eitürmchen

im Frühjahr rötlich braun mit weißen und schwarzen Flecken

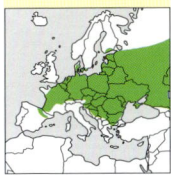

# Tagpfauenauge
*Inachis io* (Schmetterlinge)
SpW 50–55 mm   ganzjährig

Bauchfüßchen
gelblich rot

Die 4–5 cm lange schwarze Raupe weist zahlreiche weiße Pünktchen und Dornen auf.

Wer im Garten für Schmetterlinge Gutes tun möchte, pflanzt nektarreiche Blumen und Sommerflieder. So werden viele Falter und sonstige Insekten angelockt. „Rund" wird die Sache aber erst, wenn man auch an die Raupen denkt: Gerade unsere beliebten Garten-schmetterlinge wie Tagpfauenauge, Kleiner Fuchs, Landkärtchen und Admiral sind als Raupen-nahrung auf Brennnesseln angewiesen – also ruhig mal eine „wilde Ecke" im Garten zulassen.

leuchtend blaue Augenflecken

Der fertig entwickelte Falter schlüpft aus der Puppe.

252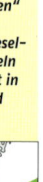

# Kleiner Fuchs
*Aglais urticae* (Schmetterlinge)
SpW 40–50 mm   ganzjährig

Raupe bis 35 mm lang

gelbe Längsstreifen

kurze Stacheln

Der Kleine Fuchs gehört mit dem Tagpfauenauge oder dem Zitronenfalter zu den wenigen heimischen Schmetterlingen, die als Falter überwintern. Die meis-ten anderen Arten verbringen die kalte und blütenfreie Jah-reszeit als Ei, Raupe oder Puppe. Wir finden den Kleinen Fuchs häufig auf Dachböden, in Kellern oder Schuppen. Er kommt früh im Jahr aus seinem geschützten Versteck hervor und saugt Nek-tar an früh blühenden Pflanzen wie Weiden und Huflattich.

keine blauen Flecke am Vorder-flügelrand

blaue Flecken-reihe auf Vorder- und Hinterflügel

weißer Fleck am Vorder-flügel

In wärmeren Gebieten Mittel-europas sowie am Mittelmeer fliegt der weniger leuchtend gefärbte *Große Fuchs (Nymphalis polychloros)*.

# Admiral

*Vanessa atalanta* (Schmetterlinge)

SpW 50–60 mm   Februar–November

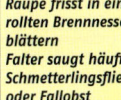

Raupe bis etwa 4 cm lang

zahlreiche Stacheln

gelbliche Flecken- reihe auf Flanken

Der Admiral ist ein typischer Wanderfalter. Alljährlich kommt es im Frühjahr zu einem Einflug von Faltern aus Südeuropa. Bei uns entwickeln sich dann bis zum Herbst ein bis zwei Faltergenerationen. Ein Teil der Herbstgeneration fliegt gen Süden, ein anderer Teil versucht hier zu überwintern, überlebt die frostige Zeit aber meist nicht.

**Vorkommen** *Häufig und weit verbreitet an Wald- und Wegrändern, in Ostwiesen und Parkanlagen, regelmäßig auch in blütenreichen Gärten.*

> **Raupe frisst in eingerollten Brennnesselblättern**
> **Falter saugt häufig an Schmetterlingsflieder oder Fallobst**

weiße Fleckenzeichnung auf schwarzen Vorderflügelspitzen

leuchtend orange farbenes Band auf Vorderflügel

Unterseite der Hinterflügel tarnfarben

leuchtend orange farbenes Band am Hinterflügelrand

# Distelfalter

*Vanessa cardui* (Schmetterlinge)

SpW 45–60 mm   April–Oktober

verzweigte Stacheln

Raupe bis 4 cm lang, längs gestreift

Der Distelfalter ist ein Wanderfalter, der alljährlich aus dem europäischen und dem afrikanischen Mittelmeerraum bei uns einfliegt und hier eine oder auch mehrere Nachfolgegenerationen produziert. Um dem kalten Winter zu entgehen, fliegt der Distelfalter im Herbst – ähnlich unseren Zugvögeln – zurück in die wärmeren Gebiete.

**Vorkommen** *Häufig und weit verbreitet in offenen Landschaften wie Wiesen und Feldern, Wegrändern, Parks und Gärten.*

> **Falter im Garten oft an Schmetterlingsflieder**
> **Raupe frisst an Disteln, Brennnesseln und einigen anderen Pflanzen**
> **Flügel vom langen Flug oft stark abgenutzt**

Unterseite des Hinterflügels mit einer Reihe Augenflecken

weiße Fleckenzeichnung auf schwarzen Vorderflügelspitzen

Hinterflügel orange mit schwarzer Fleckenzeichnung

# Großer Schillerfalter

*Apatura iris* (Schmetterlinge)
SpW 55–65 mm   Juni–August

**Vorkommen** Verbreitet in lichten Au-, Laub- und Mischwäldern, gern auf Waldwegen. In Deutschland als seltene Art auf der Roten Liste.

> der ähnliche Kleine Schillerfalter (A. ilia) mit deutlichem Augenfleck auch auf dem Vorderflügel

winkelig angeordnete, gelbliche Streifen

2 auffällige Kopfhörner

Raupe, etwa 4 cm lang

Meist findet man den Falter an feuchten Bodenstellen, auf Aas oder Kot, wo er Kohlenhydrate und Mineralien aufsaugt. Der fantastische Blauschimmer des Männchens entsteht durch die Lichtbrechung in bestimmten, luftgefüllten Flügelschuppen und ist abhängig vom Lichteinfall. Die Raupe frisst insbesondere an Salweide.

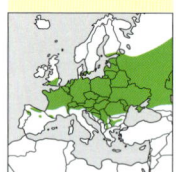

Dem Weibchen fehlt der Blauschimmer.

Männchen blau schillernd

kontrastreiche weiße Zeichnung

orange geränderter Augenfleck auf Hinterflügel

# Kaisermantel

*Argynnis paphia* (Schmetterlinge)
SpW 55–65 mm   Juni–September

**Vorkommen** Verbreitet auf blütenreichen, sonnigen Waldwiesen, an Waldrändern und -wegen, auf Lichtungen.

> Männchen gibt einen Duft ab, der das Weibchen zur Paarung stimuliert.
> Falter sonnt sich gern.
> einige ähnliche Arten in Europa

doppelte gelbe Rückenlinie

zahlreiche verzweigte Stacheln

Raupe, 4–5 cm lang

Der Falter saugt Nektar an den Blüten von Brombeeren, Wasserdost und Disteln. Auf sonnigen Waldlichtungen lassen sich die flatterhaften Balztänze beobachten. Dabei wird das Weibchen immer wieder vom Männchen unter- und überflogen. Das Weibchen legt seine Eier an Baumrinde ab. Die Raupe schlüpft erst nach dem Winter und frisst an Veilchen-Arten.

Hinterflügel mit charakteristischen Silberstreifen

oberseits leuchtend orange gefärbt mit schwarzer Zeichnung

Männchen mit in Längslinie angeordneten Duftschuppen

unterseits grünlich gefärbt

# Großer Kohlweißling

*Pieris brassicae* (Schmetterlinge)
SpW 50–65 mm   April–Oktober

Bei Gärtnern bekannt und unbeliebt ist die Raupe wegen ihrer Vorliebe für alle möglichen Kohlsorten: Der Falter legt seine Eier auf Kohlblättern ab, die geschlüpfte Raupe lebt in geselligen und gefräßigen Gruppen und „skelettiert" dabei die Blätter, bis nur noch die Mittelrippe übrig ist.

gelbe Rückenlinie

Raupe, 4–5 cm lang

Vorderflügel mit 2 schwarzen Flecken

Spitze der Vorderflügel kräftig schwarz

Hinterflügel unterseits gelblich

Vorderflügel unterseits mit 2 schwarzen Flecken, davon meist nur 1 sichtbar

**Vorkommen** Weit verbreitet und meist häufig auf blütenreichen Wiesen und an Weg- und Waldrändern, insbesondere aber auf Gemüsefeldern (Kohl) und in Gärten.

> **meist 3 Faltergenerationen pro Jahr**
> **weitere sehr ähnliche Weißlinge in Europa**

# Aurorafalter

*Anthocharis cardamines* (Schmetterlinge)
SpW 35–45 mm   März–Juli

Den orangerot leuchtenden Flügelenden des Männchens verdankt der Falter seinen Namen. „Aurora" bedeutet im Lateinischen „Göttin der Morgenröte". 2 Pflanzen sind für den Aurorafalter besonders wichtig: das auf sumpfigen Wiesen im April blühende Wiesenschaumkraut und die an schattigen Waldrändern blühende Knoblauchsrauke. Dies sind die Hauptfutterpflanzen der Raupe, und deshalb heftet das Weibchen auch seine Eier an diese Pflanzen.

Raupe, schlank, bis 3 cm lang

Flanken weißlich

Männchen mit leuchtend orangefarbenen Flügelspitzen

Flügel unterseits grünlich marmoriert

**Vorkommen** Weit verbreitet und meist häufig auf feuchten Wiesen, in lichten Auwäldern, an Wald- und Wegrändern, in Parks und Gärten.

> **einer der ersten Schmetterlinge im Jahr, schon ab Ende März**
> **Raupe ist sehr gut getarnt auf den Futterpflanzen.**

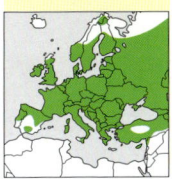

# Zitronenfalter

*Gonepteryx rhamni* (Schmetterlinge)

SpW 50–55 mm    ganzjährig

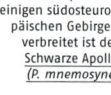

Zitronenfalter überwintert bei Eis und Schnee

**Vorkommen** *Bewohnt lichte Laub-, Misch- und Auwälder, Wald- ränder und Gebüsche, Hecken, Parkanlagen und Gärten.*

> **Männchen leuchtend zitronengelb gefärbt, Weibchen viel blasser**
> **Falter kann 1 Jahr alt werden und ist damit unser langlebigster Schmetterling**

Der Falter überdauert den Winter ungeschützt in der Vegetation, zwischen trockenem Laub auf dem Boden oder auf Zweigen. Er kann Temperaturen bis −20 °C schadlos überstehen und sogar komplett von Schnee bedeckt werden. Im Frühjahr gehört er dann zu den ersten umherfliegenden Schmetterlingen. Die Raupe frisst an den Blättern des Faulbaums und Kreuzdorns.

sitzt immer mit zusam- mengeklappten Flügeln

Flügel in Zipfel ausgezogen

Die bis 4 cm lange Raupe sitzt oft genau auf der Mittelrippe eines Blatts und ist dadurch sehr gut getarnt.

jeweils 1 rötlicher Punkt in Flügelmitte

# Apollofalter

*Parnassius apollo* (Schmetterlinge)

SpW 65–75 mm    Mai–September

Flügel durchscheinend weißlich grau ohne rote Zeichnungen

Flügelspitzen durchsichtig

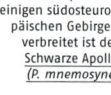

**Vorkommen** *Besiedelt sonnenexponierte, trockene, felsige Hänge und Geröllhalden, auch Bahn- und Straßen- böschungen, meist in 1000–2000 m Höhe.*

> **auch Roter Apollo genannt**
> **vom Aussterben bedrohte und streng geschützte Art**

Die Larve des Apollofalters ist hochspe- zialisiert und frisst nur an sehr wenigen Pflanzenarten, insbesondere am Weißen Mauerpfeffer. Durch den Rückgang der tradi- tionellen Bewirtschaftung und Beweidung von Bergwiesen wachsen dort kleine Sträucher und Bäume. Sie führen zur Beschattung der Wiesen und damit zum Verschwinden des Sonne liebenden Mauerpfeffers – und schließlich auch zum Rückgang des Falters.

in den Alpen und einigen südosteuro- päischen Gebirgen verbreitet ist der Schwarze Apollo (*P. mnemosyne*)

Raupe, bis 5 cm lang

schwärzlich

orangerote Fleckenreihe

Spitze der Vorderflügel transparent

rote, schwarz geränderte Augenflecke

# Segelfalter

*Iphiclides podalirius* (Schmetterlinge)
SpW 50–70 mm   März–August

gelblicher Rückenstreif

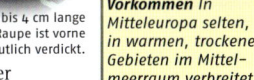

Die bis 4 cm lange Raupe ist vorne deutlich verdickt.

Als „Hilltopping" wird ein bei Segelfaltern und auch Schwalbenschwänzen zu beobachtendes Phänomen bezeichnet, bei dem mehrere Falter auf markanten Erhebungen wie Bergkuppen oder Burgruinen eintreffen, um dort gemeinsam ihre Balzflüge zu vollziehen. Die im Blattwerk gut getarnte Raupe frisst vorzugsweise an Schlehe, Weißdorn und Zwetschge.

**Vorkommen** *In Mitteleuropa selten, in warmen, trockenen Gebieten im Mittelmeerraum verbreitet und häufig.*

> **häufig im Segelflug ohne Flügelschlag**
> **Raupe sonnt sich gern**
> **Überwinterung als Puppe**

Vorderflügel mit Streifenmuster

Die sogenannte Gürtelpuppe wird durch einen „Gürtel" an einem Stein oder Ast festgehalten.

Augenflecken

Hinterflügel lang schwanzartig ausgezogen

# Schwalbenschwanz

*Papilio machaon* (Schmetterlinge)
SpW 50–75 mm   April–September

Die Raupe ernährt sich vor allem von verschiedenen Doldenblütlern wie der Wilden Möhre, Fenchel, Dill und Kümmel. Zu frühem und zu häufigem Mähen von Wildwiesen fallen viele Raupen und Eier zum Opfer. Der Schwalbenschwanz überwintert im Puppenstadium.

Bei Störung stülpt die Raupe eine orangerote Nackengabel hervor, die einen unangenehmen Duftstoff absondert.

**Vorkommen** *Bewohnt offene, sonnige Landschaften wie Wiesen, Trockenrasen, Wegränder, blütenreiche Hänge und Waldlichtungen, auch Parks und Gärten.*

> **Raupe frisst im Gemüsebeet an Karotten-Kraut und Petersilie**
> **Falter in Gärten an Schmetterlingsflieder**

dunkel eingefasste gelbliche „Halbmunde" im Vorderflügel

Raupe wird bis 5 cm lang

orangefarbene Punkte

rötliche Augenflecke

Hinterflügel mit „Schwalbenschwanz"

# Gartenkreuzspinne
**Araneus diadematus** (Spinnen)
L 6–16 mm   August–Oktober   Land

Im Frühling schlüpfen die Jungspinnen aus ihrem Kokon.

**Vorkommen** *Weit verbreitet und häufig an Wald- und Wegrändern, auf Wiesen, in Parks und in Gärten.*

> baut große Radnetze
> variabel gelblich, rötlich oder bräunlich gefärbt
> Männchen viel kleiner als Weibchen

Die Gartenkreuzspinne lauert meist im Zentrum ihres Netzes, bis sich ihre Beute darin verfängt. Dann eilt sie hin, wickelt sie mit Spinnfäden ein und tötet sie mit ihrem Giftbiss. Spinnfäden sind um ein Vielfaches stabiler als ein ähnlich dicker Stahldraht, gleichzeitig aber federleicht und elastisch wie Gummi. Kein Wunder, dass Forscher versuchen, dieses einzigartige Biomaterial nachzubauen.

Zeichnung mit welligem Rand auf Rücken

kreuzförmige Zeichnung aus weißen Flecken

Spinndrüsen

258

# Wespenspinne
**Argiope bruennichi** (Spinnen)
L 5–20 mm   Juli–Oktober   Land

**Vorkommen** *Im Mittelmeergebiet weit verbreitet und häufig, zunehmend auch in Mitteleuropa, auf offenen, sonnigen Flächen mit niedrigem Pflanzenwuchs.*

> auch Zebraspinne genannt
> Wärmeliebende Art
> Männchen unscheinbar bräunlich gefärbt

Das Radnetz der Wespenspinne hängt zwischen Gräsern, Kräutern und kleinen Sträuchern. In der Mitte lauert die Spinne auf Beute, die zu einem großen Teil aus Heuschrecken besteht. Das winzige Männchen wird vom Weibchen oft noch während der Begattung verspeist.

schwarz-gelb gestreifter Hinterleib

charakteristisches Zickzackband im Netz

Vorderkörper silbrig weiß behaart

Das Weibchen spinnt im Herbst einen ballonförmigen Kokon, in dem die Jungspinnen überwintern.

# Streckerspinne

*Tetragnatha spec.* (Spinnen)
L 6–12 mm   Mai–September   Land

Die Streckerspinne baut ein relativ einfaches Spinnennetz, das sie am Ufer zwischen Pflanzen aufspannt. Bei der Paarung greift das Männchen mit seinem vergrößerten Oberkiefer den des Weibchens und schafft es auf diese Weise, dem bei Spinnen berüchtigten „Gattenmord" zu entgehen.

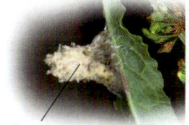

Der Eikokon wird an Blättern befestigt und ist durch eine weißliche, flockige Struktur gekennzeichnet.


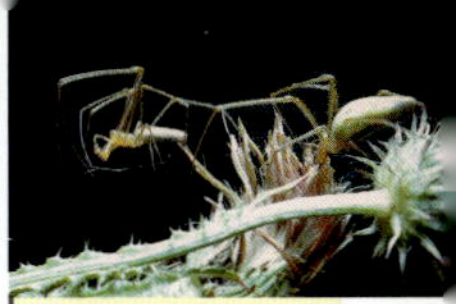

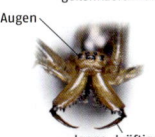

8 Augen
lange, kräftige Kieferklauen (Cheliceren)


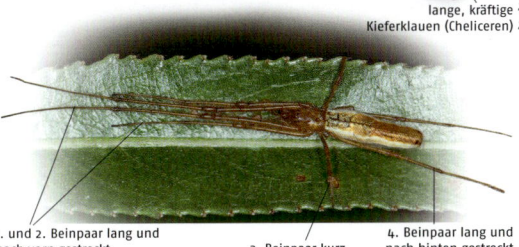

1. und 2. Beinpaar lang und nach vorn gestreckt
3. Beinpaar kurz
4. Beinpaar lang und nach hinten gestreckt


***Vorkommen** In ganz Europa verbreitet und häufig in Gewässernähe zwischen der Ufervegetation und auf Feuchtwiesen.*

- > ***wirkt in Ruhestellung stabförmig und ist perfekt getarnt***
- > ***oberseits glänzend***
- > ***in Mitteleuropa etwa 15 einander sehr ähnliche Arten***



# Haus-Winkelspinne

*Tegenaria atrica* (Spinnen)
L 10–20 mm   ganzjährig   Land

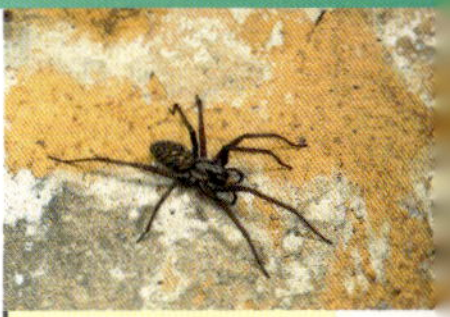

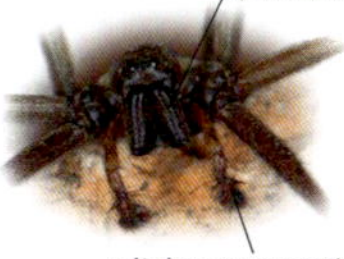

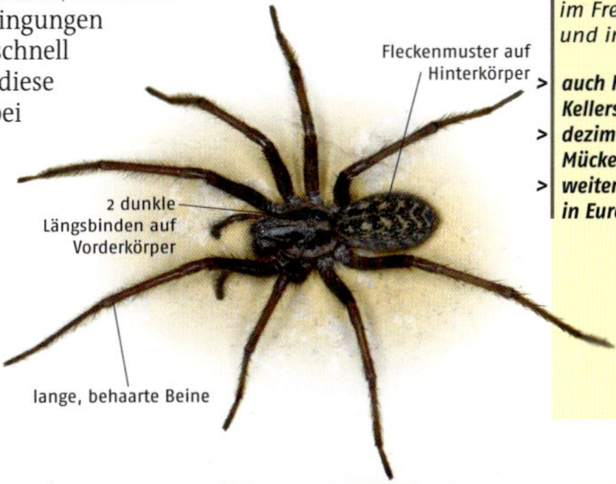

kräftige Kieferklauen (Cheliceren)
mit dem sogenannten Pedipalpus überträgt das Männchen sein Sperma


Das Netz der Haus-Winkelspinne mündet in einer Röhre, in der sich die lichtscheue Spinne bei Tag versteckt. Im Dunkeln kommt sie heraus und lauert auf ihrem Netz. Gerät ein Insekt oder eine Assel darauf, nimmt die Spinne die Schwingungen wahr, läuft blitzschnell zur Beute, beißt diese und injiziert dabei ein Gift. Die Haus-Winkelspinne kann ein für Spinnen erstaunliches Alter von bis zu 6 Jahren erreichen.

Fleckenmuster auf Hinterkörper
2 dunkle Längsbinden auf Vorderkörper
lange, behaarte Beine


***Vorkommen** In Mitteleuropa weit verbreitet und häufig, insbesondere in Häusern, Kellern, Ställen, Garagen und anderen Gebäuden, im Freiland an Felsen und in Höhlen.*

- > ***auch Haus- oder Kellerspinne genannt***
- > ***dezimiert Fliegen und Mücken in Gebäuden***
- > ***weitere ähnliche Arten in Europa***

# Wasserspinne

*Argyroneta aquatica* (Spinnen)

L 5–15 mm ganzjährig Süßwasser/Land

Die Wasserspinne ist die einzige fast ständig unter Wasser lebende heimische Spinnenart. Ihren Sauerstoffbedarf deckt sie über eine luftgefüllte Taucherglocke. Dazu spinnt sie zunächst eine horizontal zwischen Wasserpflanzen aufgespannte Gespinstdecke, von der aus ein Spinnfaden zur Wasseroberfläche führt. Entlang dieses Fadens läuft die Spinne dann immer wieder nach oben, um eine Luftblase unter das Gespinst zu bringen, bis schließlich eine Glocke entstanden ist. In dieser Taucherglocke findet der Großteil ihres Lebens statt.

Wasserspinne sitzt mit Beute unter Wasser in ihrer „Taucherglocke".

Hinterkörper mit feinen Härchen bedeckt, an denen unter Wasser eine glänzende Lufthülle hängt

Vorderkörper bräunlich

# Wolfspinne

*Pardosa spec.* (Spinnen)

L 5–8 mm April–September Land

Die Wolfspinne baut keine Netze, sondern jagt frei auf dem Boden. Dabei erbeutet sie ihre Opfer ähnlich wie Wölfe (Name!), nämlich nach vorsichtigem Anschleichen durch einen gezielten Sprung. Die Weibchen sind fürsorgliche Mütter: Ihre Eier spinnen sie in einen seidenen Kokon, den sie 4–6 Wochen lang an ihrem Hinterleib mit sich herumtragen. Sind die Jungspinnen geschlüpft, dürfen sie auf dem Rücken der Mutter reiten, bis sie groß genug für eigene Jagdausflüge sind.

Das Weibchen trägt seine Jungen einige Tage auf dem Rücken.

Vorderkörper fällt vorn steil ab

Weibchen mit Eikokon am Hinterleib

# Listspinne

*Pisaura mirabilis* (Spinnen)

L 10–22 mm   Mai–September   Land

Das Weibchen trägt seinen Eikokon zwischen den Kieferklauen umher.

Die Listspinne baut keine Fangnetze, sondern jagt ihre Beute frei auf dem Boden. Das Männchen muss um die Gunst des Weibchens werben: Dazu fängt es ein Insekt, spinnt es ein und übergibt es dem Weibchen. Wenn dieses das „Brautgeschenk" akzeptiert und frisst, nutzt das Männchen die Gelegenheit, sich zu paaren und anschließend zu entkommen, um nicht auch gefressen zu werden.

**Vorkommen** Weit verbreitet und häufig an Wald- und Wegrändern, in Gebüschen, Parkanlagen und naturnahen Gärten.

> sonnt sich gerne auf Blättern
> flüchtet bei Störung blitzschnell auf die Blattunterseite
> raffiniertes Balzverhalten

unscharfe, blattähnliche Zeichnung auf Hinterköper

gelbliche Längsbänder an den Seiten

Hinterleib länglich oval

dunkles Mittelband, das durch schmale weißliche Linie getrennt wird

An Gewässerufern lebt die Gerandete Jagdspinne (*Dolomedes fimbriatus*).

# Baldachinspinne

*Linyphia triangularis* (Spinnen)

L 5–7 mm   Juli–Oktober   Land

typisches Netz einer Baldachinspinne

Typisch ist das Netz der Baldachinspinne: Von einem waagerecht gespannten Gespinstteppich gehen nach oben hin Fang- und Stolperfäden ab. In diesem Fadengewirr verfangen sich Insekten, fallen auf den Baldachin und werden von der unter dem Netz lauernden Spinne gegriffen.

**Vorkommen** Weit verbreitet und häufig in Wäldern, an Wald- und Wegrändern, auf Wiesen und Heiden, in Parks und Gärten.

> lauert mit dem Bauch nach oben unter ihrem Netz
> Netze fallen besonders im Spätsommer und Herbst durch die morgendlichen Tautröpfchen auf und überziehen oft massenweise die niedrige Vegetation

lange dünne Beine

Männchen mit sehr langen Kieferklauen (Cheliceren)

Seiten des Hinterkörpers mit weißlicher Zeichnung

Vorderkörper gelblich braun

# Zitterspinne

*Pholcus phalangioides* (Spinnen)
L 7–10 mm   ganzjährig   Land

Die Zitterspinne baut ihr Fangnetz meist in den Ecken zwischen Zimmerwand und Zimmerdecke. Ihren Namen verdankt sie der Eigenschaft, bei drohender Gefahr ihr Netz durch zittrige Bewegungen in Schwingungen zu bringen, wodurch sich ihr Körper optisch aufzulösen scheint. Mit ihrem Giftbiss ist sie in der Lage, auch Beute zu überwältigen, die ihre eigene Größe bei Weitem überschreitet.

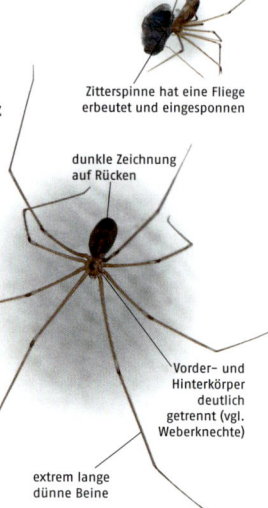

Zitterspinne hat eine Fliege erbeutet und eingesponnen

dunkle Zeichnung auf Rücken

Vorder- und Hinterkörper deutlich getrennt (vgl. Weberknechte)

Weibchen trägt Eikokon mit sich, die Jungspinnen stehen kurz vorm Schlupf

extrem lange dünne Beine

# Zebra-Springspinne

*Salticus scenicus* (Spinnen)
L 5–7 mm   Februar–November   Land

Wie auch die anderen Vertreter aus der Familie der Springspinnen pirscht sich die auffällige Zebra-Springspinne vorsichtig an ihre Beute (z. B. Fliegen) an, um urplötzlich vorzuspringen und mit ihren kräftigen Giftklauen zuzuschlagen. Damit sie selbst dabei nicht abstürzt, spinnt sie sich stets einen „Sicherheitsfaden".

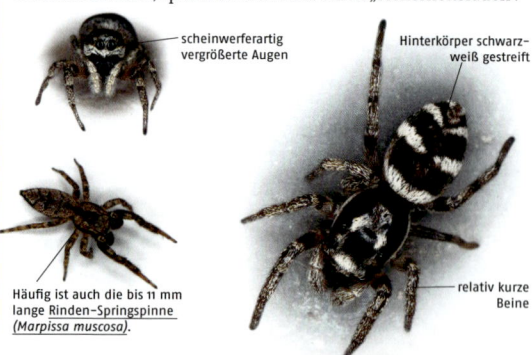

scheinwerferartig vergrößerte Augen

Hinterkörper schwarz-weiß gestreift

Häufig ist auch die bis 11 mm lange Rinden-Springspinne (*Marpissa muscosa*).

relativ kurze Beine

# Veränderliche Krabbenspinne

*Misumena vatia* (Spinnen)
L 3–10 mm   Mai–August   Land

Die Krabbenspinne lebt meist auf
Blüten, auf denen sie durch ihre Färbung
äußerst schwer zu entdecken ist. So geht es
auch Blüten besuchenden Schwebfliegen,
Bienen und Schmetterlingen, die so zur
Beute der lauernden Spinne werden.
Oft entdeckt man die Spinne
nur, weil ein Beutetier,
das sie gerade aussaugt,
leblos von der Blüte
hängt.

weißliches Weibchen

abgerundeter
Hinterkörper

Das Männchen wird
nur 3–5 mm lang.

vordere beiden Beinpaare
länger als hintere beiden

**Vorkommen** *Weit
verbreitet und meist
häufig auf sonnigen
Wiesen, Trockenra-
sen, an Wald- und
Wegrändern, auch in
blüten- und insek-
tenreichen Parks und
Gärten.*

> *Weibchen sehr variabel
gefärbt*
> *auf Blüten perfekt
getarnt*
> *kann ihre Körperfarbe
der jeweiligen Blüten-
farbe anpassen*

# Weberknecht

*Opiliones* (Spinnentiere)
L 4–10 mm   Juni–November   Land

Der Weberknecht lauert meist auf
Sträuchern und höheren Kräutern
auf Beute, wobei er seine gelenkigen
Beine lassoartig um die Pflanzenstängel
schlingen kann. Fliegt ein Insekt vorbei,
greift er es blitzschnell mit seinen langen
Beinen aus der Luft. Oftmals findet man
einen Weberknecht mit nur 6 oder 7
Beinen, denn die Tiere werfen bei
Gefahr, z. B. wenn ein Vogel sie
am Bein packt, dieses Bein
einfach ab.

Einer der häufigsten
Weberknechte in Gärten
und an Gebäuden
ist *Opilio canestrinii*,
der keinen deutschen
Namen trägt.

Vorder- und
Hinterkörper
miteinander
verschmolzen

extrem lange
dünne Beine

**Vorkommen** *Je
nach Art in den
verschiedensten
Lebensräumen, viele
Arten als Kulturfolger
regelmäßig auch in
Parks, Gärten und an
Gebäuden.*

> *auch Schneider oder
Schuster genannt*
> *baut keine Fangnetze*
> *in Mitteleuropa etwa
50 Weberknecht-Arten*

# Zecke, Holzbock

*Ixodes ricinus* (Spinnentiere)
L 3–10 mm   ganzjährig   Land

Auch wir Menschen werden öfter von Zecken befallen.

Die weibliche Zecke benötigt für die Entwicklung ihrer Eier Blut. Sie lauert an Pflanzen, um im geeigneten Moment auf Mäuse, Hunde usw. überzugehen. Dabei kann sie uns durch ihren Biss mit lebensbedrohlichen Krankheiten infizieren. In bestimmten Gebieten überträgt sie die Frühjahrs-Meningo-Enzephalitis (FSME) mit schweren Gesundheitsschäden bis hin zum Tod. Hiergegen kann man sich vorsorglich impfen lassen. Keinen Impfstoff gibt es bisher gegen die Lyme-Borreliose; sie lässt sich im Frühstadium durch eine starke Rötung um die Bissstelle herum erkennen und kann mit Antibiotika behandelt werden.

erinnert prall mit Blut vollgesogen an eine gräuliche Kaffeebohne

mit etwas Blut gefüllt

Haustiere werden sehr häufig von Zecken heimgesucht.

winziges Tier, das kein Blut gesogen hat

# Samtmilbe

*Trombidium spec.* (Spinnentiere)
L 2–4 mm   März–September   Land

Die Samtmilbe lebt meist verborgen in der Bodenstreu oder unter loser Rinde und ernährt sich hier räuberisch von Insekteneiern und kleinen Bodentierchen. Von Gärtnern wird sie als Nützling eingestuft, da sie Eier und Larven von Blattläusen vertilgt. Die Larven der Samtmilbe leben parasitisch auf Schmetterlingen, Heuschrecken oder Weberknechten und ernähren sich von der Gewebeflüssigkeit ihrer Wirte.

die parasitisch lebende Larve

8 Beine

samtartige, rote Behaarung

# Gallmilbe

*Eriophyes spec.* (Spinnentiere)
L 0,1–0,2 mm   April–November   Land

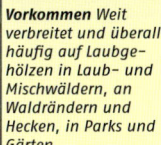

Die Gallmilbe sticht Blätter an, um sie auszusaugen. Dabei gibt sie bestimmte Eiweiße
ab, die das Pflanzengewebe veranlassen
zu wuchern. Bereits nach 2 Stunden sind
warzenartige Wölbungen erkennbar, nach etwa
10 Tagen ist die Milbe komplett umwachsen. In dieser
roten Galle lebt die Milbe,
gut von Pflanzen-
säften genährt
und vor Feinden
geschützt.

Das Blatt eines
Pflaumenbaums ist
überzogen mit Gallen der
Milbe *E. padi.*

Galle leuchtend rot

10–15 mm lang,
keulenförmig, zugespitzt

Die Linden-Gallmilbe *(Eriophyes tiliae)*
lebt auf Linden-Blättern.

**Vorkommen** Weit
verbreitet und überall
häufig auf Laubge-
hölzen in Laub- und
Mischwäldern, an
Waldrändern und
Hecken, in Parks und
Gärten.

> winzige Milbe mit
  bloßem Auge kaum
  erkennbar
> je nach Art an
  bestimmten Laub-
  gehölzen
> etwa 250 Gallen
  erzeugende, heimische
  Milbenarten

# Gelber Skorpion

*Buthus occitanus* (Spinnentiere)
L 50–90 mm   April–September   Land

Der Stich eines Gelben Skorpions ist sehr
schmerzhaft und sollte unbedingt ärztlich
behandelt werden. Zwar gibt es aus Europa
keine Todesmeldungen, wohl aber aus
Afrika, wo die Toxizität seines Giftes
höher ist. Der Skorpion ernährt sich
von größeren Insekten, die er mit
den Scheren packt und mit einem
Giftstich tötet.

Neugeborene Skorpione
verbringen die ersten
Lebenstage auf dem
Rücken der Mutter.

breite
Scheren

im Mittelmeergebiet mehrere dunkel
gefärbte *Euscorpius-Arten*, deren Gift
weit weniger wirksam ist >

lange, relativ schmale Scheren

Giftstachel am
Schwanzende

**Vorkommen** Verbrei-
tet im westlichen
Mittelmeergebiet
(Südfrankreich,
Spanien, Portugal)
und in Nordafrika
in trockenen, dürren
Lebensräumen,
gelegentlich auch in
Gärten in Mauerritzen
und dergleichen.

> sehr giftig!
> vor allem nachtaktiv,
  am Tag unter Steinen
  oder eingegraben
> der ähnliche Skorpion
  Mesobuthus gibbosus
  lebt im östlichen
  Mittelmeergebiet

# Brauner Steinläufer

*Lithobius forficatus* (Tausendfüßer)
L 20–30 mm    ganzjährig    Land

kräftige Giftklauen auf
Kopfunterseite

**Vorkommen** Weit
verbreitet und häufig
unter Steinen und
Rinde in Wäldern, an
Wald- und Wegrän-
dern, auf Wiesen und
Brachland, in Parks
und Gärten.

> **nachtaktiv**
> **erbeutet Insekten,
> Spinnen und anderes
> Kleingetier**
> **in Mitteleuropa etwa
> 25 ähnliche Arten**

Kriecht nachts aus seinen Verstecken hervor
und läuft flink am Waldboden umher, bis
seine langen, empfindsamen Antennen ein
Tierchen berühren. Ohne zu zögern packen seine gebogenen
Klauen zu, injizieren das tödliche Gift und die Beute kann bequem verspeist werden. Wie
bei Schlangen und Skor-
pionen macht auch dem
Steinläufer sein eigenes
Gift nichts aus.

Der im Mittelmeer-
raum verbreitete,
bis 10 cm lange
Skolopender
*(Scolopendra
cingulata)* hat einen
sehr schmerzhaften
Giftbiss.

letztes Beinpaar
auffallend
verlängert

punktförmige
Augen

15 Beinpaare

# Erdläufer

*Geophilus spec.* (Tausendfüßer)
L 15–40 mm    ganzjährig    Land

Erdläufer mit erbeu-
tetem Regenwurm

**Vorkommen** Verbrei-
tet und häufig in
Wäldern, auf Wiesen,
Feldern und in Gärten
an schattigen und
feuchten Orten in der
Laubschicht, unter
Steinen, Baumstäm-
men und Rinde, auch
in Komposthaufen.

> **nachtaktiver Räuber**
> **Weibchen bewacht ihre
> Eier in Erdhöhle**
> **in Mitteleuropa etwa
> 20 Erdläufer-Arten**

Der Erdläufer frisst am liebsten Regenwürmer. Der wendige und schlanke Tau-
sendfüßer verfolgt seine Beute bis tief hinunter in deren Wohnröhren, umschlingt sie spiralig, tötet sie mit seinen Giftklauen
und frisst sie noch vor Ort auf. Bei Gefahr rollt sich der Erdläufer
zusammen und gibt ein übel schmeckendes Wehrsekret ab.

letztes Beinpaar
nicht vergrößert

ohne Augen

49–57 Beinpaare

sehr dünner, biegsamer Rumpf

# Schnurfüßer

*Julidae* (Tausendfüßer)
L 15–60 mm   ganzjährig   Land

Das Weibchen legt seine Eier meist in einer Erdhöhle ab. Der frisch geschlüpfte Schnurfüßer hat zunächst nur wenige Körperringe und Beine. Während des Wachstums verlässt er seinen harten Panzer, indem er sich häutet. Nach jeder Häutung hat er mehr Körpersegmente und entsprechend mehr Beine.

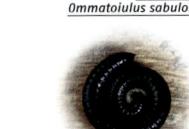

2 rötliche Längsstreifen auf dem Rücken

der Schnurfüßer
*Ommatoiulus sabulosus*

rollt sich bei Störung scheibenartig zusammen

im Querschnitt drehrund

2 Beinpaare pro Rumpfring ("Doppelfüßer")

**Vorkommen** *Weit verbreitet und häufig in allen möglichen Lebensräumen, meist in der Laubschicht, unter Steinen und loser Rinde, in Komposthaufen.*

> **wirkt im Vergleich zu Hundertfüßern steif und wenig biegsam**
> **Nahrung besteht hauptsächlich aus verrottenden Pflanzenteilen**
> **in Mitteleuropa etwa 50 Arten**

# Bandfüßer

*Polydesmus spec.* (Tausendfüßer)
L 15–23 mm   ganzjährig   Land

Das Weibchen des Bandfüßers baut charakteristische Eikammern: Zunächst legt sie einen kreisförmigen Erdwall an, legt ihre Eier hinein und schließt danach das Ganze mit einer gewölbten Kuppel. Die Larven sind zunächst durchscheinend und haben nur sieben Beinpaare, deren Anzahl von Häutung zu Häutung zunimmt.

die Eikammer eines Weibchens

flache, geflügelte Rückenschilder

pro Körpersegment 2 Beinpaare

20 Körperringe

**Vorkommen** *Weit verbreitet und häufig in Wäldern, an Wald- und Wegrändern, in Parks und Gärten unter Steinen, in der Laubstreu und in morschem Holz.*

> **frisst morsches Holz, Pflanzenreste und Pilze**
> **überwiegend dämmerungs- und nachtaktiv**
> **etwa 10 mitteleuropäische Arten**

# Wasserfloh

*Daphnia spec.* (Krebstiere)

L 2–5 mm   März–November – Süßwasser

die Dauereier eines
Wasserflohs

**Vorkommen** Verbrei-
tet und sehr häufig
in stehenden und
mäßig fließenden
Gewässern, auch in
Gartenteichen.

> durch Schlagen seiner
kräftigen Antennen
entsteht eine hüpfende
Bewegung im Wasser
> frisst Bakterien, im
Wasser treibende,
mikroskopisch kleine
Algen und organische
Abfallstoffe

Unter guten Bedingungen produziert das
Weibchen Unmengen sogenannter „Som-
mereier", die nicht von Männchen befruch-
tet werden müssen. Aus den Eiern schlüpfen nach kurzer Zeit
kleine Krebschen, die nach wenigen Tagen selbst Eier produzieren. So produziert der Wasserfloh in kurzer Zeit unglaublich
viele Nachkommen und nutzt gute Lebensbedingungen optimal
aus. Kommt es zu Nahrungsengpässen oder niedrigeren Wasser-
temperaturen, werden so genannte „Dauereier" produziert.
Diese sind dotterreich, hartschalig
und müssen befruchtet werden. Nach der Befruch-
tung können Dauerei-
er bei ungünstigen
Umständen monate-
lang überleben und
z. B. Trockenheit oder
Frost trotzen.

durchscheinender Darm

lange Antennen

268

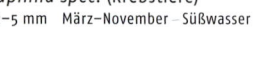

# Hüpferling

*Cyclops spec.* (Krebstiere)

L 1–4 mm   ganzjährig   Süßwasser

Weibchen mit 2
seitlichen Eisäcken

**Vorkommen** Verbrei-
tet und sehr häufig
in stehenden und
mäßig fließenden
Gewässern, auch in
Gartenteichen.

> „Hüpft" im Wasser
> hat nur 1 Auge
> es gibt unter den
Hüpferlingen Räuber,
Pflanzen- und Aas-
fresser

Der Hüpferling gehört zu den häufigsten
Kleinkrebsen in unseren heimischen Gewässern und zählt zur Gruppe der Ruderfußkrebse
(Copepoden). Gemeinsam mit dem Wasserfloh ist er ein wesentlicher Bestandteil des
tierischen Planktons (Zooplankton). Plankton
(griechisch: das Umherirrende) ist die Bezeichnung für frei im Wasser treibende Organis-
men. Der Gattungsname *Cyclops* leitet
sich von den einäugigen Zyklopen aus
der griechischen Mythologie ab.

Auge in Stirnmitte

langer, tropfen-
förmiger Körper

der Kleine Schwebekrebs
*(Eudiaptomus gracilis)*

kräftige Antennen

# Bachflohkrebs

*Gammarus spec.* (Krebstiere)
L 10--24 mm   ganzjährig   Süßwasser

Flohkrebse leben am Gewässergrund meist zwischen Wasserpflanzen und unter Steinen verborgen. Sie „laufen" auf der Seite liegend, können aber auch gut schwimmen, indem sie ihren Hinterleib abwechselnd einkrümmen und wieder strecken. Ihre Nahrung besteht aus abgestorbenen Pflanzenteilen und Aas, gelegentlich auch aus verschiedenen Kleintieren.

bei der Paarung Männchen huckepack auf Weibchen

Körper gekrümmt und seitlich zusammengedrückt

**Vorkommen** Verbreitet und oft massenhaft in Bächen und Flüssen, seltener in stehenden Gewässern.

> liegen meist auf der Seite
> eine der wichtigsten Nahrungsgrundlagen räuberischer Fische
> Individuendichten von bis zu 400 Tieren pro Quadratmeter

# Wasserassel

*Asellus aquaticus* (Krebstiere)
L 8–12 mm   ganzjährig   Süßwasser

Die Wasserassel lebt relativ verborgen am Gewässergrund zwischen Wasserpflanzen, Steinen und versunkenem Falllaub. Während der Paarung reitet das Männchen oft tagelang auf dem Weibchen. Die Eier entwickeln sich in einem gut durchströmten, durch die Beine gebildeten Brutraum unter dem Bauch des Weibchens. Dort leben auch die Jungen für 3–6 Wochen, um schließlich als kleine Mini-Asseln ins freie Leben überzugehen.

In unterirdischen Gewässern lebt die 5–8 mm lange, weißliche Höhlenassel (*A. cavaticus*).

lange Antennen

letzte Hinterleibssegmente zu einer Platte verschmolzen

**Vorkommen** Verbreitet und häufig in Süßgewässern aller Art, mit Ausnahme extrem strömungsreicher Bäche.

> typische asselförmige Gestalt
> frisst hauptsächlich verrottendes organisches Material
> oft massenhaft am Gewässergrund

# Kellerassel

*Porcellio scaber* (Krebstiere)
L 15–18 mm   ganzjährig   Land

Körperende deutlich verschmälert

**Vorkommen** Weit verbreitet und häufig an feuchten Orten in Wäldern und an Waldrändern unter loser Rinde und Steinen, im Siedlungsbereich in Komposthaufen und gelegentlich in Kellern und Garagen.

> ernährt sich hauptsächlich von verrottenden Pflanzen
> stellt sich bei Gefahr tot
> durch den Menschen weltweit verschleppt

Asseln sind landbewohnende Krebse und atmen wie Fische durch Kiemen. Deshalb können sie nur an Orten überleben, die so nass sind, dass ihre Hinterbeine stets feucht gehalten werden. Denn hier sind ihre Kiemen verborgen. Assel-Mütter tragen ihre Jungen 40–50 Tage lang am Bauch in einem Brutbeutel umher.

Häufig in Moos und unter Holz ist auch die Moosassel *(Ligidium hypnorum)*.

Antenne mit zwei Endgliedern (Geißel) (vgl. Mauerassel)

Körperoberfläche grob gekörnt

# Mauerassel

*Oniscus asellus* (Krebstiere)
L 15–18 mm   ganzjährig   Land

**Vorkommen** Verbreitet und häufig in feuchten Lebensräumen im Fallaub, unter Steinen, moderndem Holz oder der Rinde abgestorbener Bäume, auch in Gärten.

> versteckte Lebensweise
> oft gemeinsam mit der Kellerassel
> etwa 50 mitteleuropäische Landassel-Arten

Die Mauerassel ernährt sich hauptsächlich von verrottenden Pflanzen und erfüllt damit eine wichtige Aufgabe im Stoffkreislauf der Wälder. Mauerasseln leben gesellig, dreht man Steine um oder hebt Rinde und Bretter hoch, findet man meist viele der Tierchen eng aneinanderlebend.

Die nur 3–5 mm lange, rein weiße Ameisenassel *(Platyarthus hoffmannseggi)* lebt in Ameisennestern.

breit ovaler Körperumriss

Antenne mit 3 Endgliedern (Geißel) (vgl. Kellerassel)

helle Fleckenzeichnung

# Kugelassel

*Armadillidium spec.* (Krebstiere)

L 10–12 mm   ganzjährig   Land

Die Kugelassel gehört gemeinsam mit anderen Asselarten, vielen Tausendfüßern und Regenwürmern ins Heer der „Bio-Häcksler". Sie alle fressen Holzreste, runtergefallenes Laub und anderes abgestorbenes Pflanzenmaterial, Kadaver und Kot. So helfen sie, organische Stoffe in Humus zu verwandeln und dem Stoffkreislauf wieder zurückzuführen.

Auch die zu den Tausendfüßern zählenden Saftkugler *(Glomeris spec.)* kugeln sich bei Gefahr zusammen.

rollt sich bei Gefahr zu einer Kugel zusammen

Körper hochgewölbt

glänzende, fein punktierte Oberseite

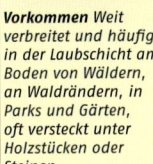

**Vorkommen** *Weit verbreitet und häufig in der Laubschicht am Boden von Wäldern, an Waldrändern, in Parks und Gärten, oft versteckt unter Holzstücken oder Steinen.*

> *auch Rollassel genannt*
> *lichtscheu*
> *mehrere ähnliche Arten*

# Seepocke

*Semibalanus balanoides* (Krebstiere)

Durchmesser 8–15 mm   ganzjährig   Meerwasser

Die Seepocke ist ein Krebs von ungewöhnlicher Gestalt und Lebensweise: Ihr ganzer Körper ist in einem Berg aus Kalkplatten verborgen und sie lebt festgewachsen auf allen möglichen harten Untergründen. Mit rhythmischen Bewegungen ihrer Fangarme filtert sie fressbare Schwebteilchen aus dem Wasser. Die Seepocke übersteht das Trockenfallen bei Ebbe, indem sie ihren Kalkpanzer komplett dicht macht.

Gehäuse aus 4 Kalkplatten

Mit Schiffen eingeschleppt und mittlerweile bei uns häufig ist die Australische Seepocke *(Eliminius modestus)*.

gefiederte Fangarme

Gehäuse zusammengesetzt aus 6 Kalkplatten

**Vorkommen** *Verbreitet und häufig an den Küsten von Atlantik, Nord- und Ostsee, festgewachsen auf Fels, Molen, Muschelschalen, Krebspanzern und Schiffsrümpfen.*

> *häufigste heimische Seepocke*
> *nur als Larve frei beweglich*
> *weitere ähnliche Arten*

# Schlickkrebs

*Corophium volutator* (Krebstiere)
L 5–10 mm ganzjährig Meerwasser

Der Schlickkrebs lebt in einer u-förmigen Wohnröhre im sandigen oder schlickigen Meeresboden. Mit seinen kräftigen Anten- nen harkt er die direkte Umgebung des Röhreneingangs nach Nahrungspartikeln ab, ohne dabei die schützende Röhre zu verlassen. Auf diese Art und Weise entste- hen die charakteristischen Kratzspuren um die Röhrenmündung herum.

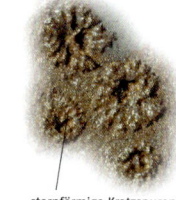

sternförmige Kratzspuren der Nahrungssuche um die Wohnröhre

langer, gestreckter Körper

2. Antennen beim Männchen etwa körper- lang und kräftig

1. Antennen dünn

# Nordsee-Garnele

*Crangon crangon* (Krebstiere)
L 50–80 mm ganzjährig Meerwasser

Die Garnele ruht tagsüber kaum sichtbar am Meeresboden und geht nur nachts auf Beutefang nach Würmern, Schnecken und kleinen Krebsen. Als „Krabben" haben Nordsee-Garnelen eine hohe fischereiwirt- schaftliche Bedeutung an der Nordsee. Sie werden mit speziellen Kuttern mit Schleppnetzen gefangen, noch an Bord gekocht und schließlich in den Handel gebracht.

gekochte „Krabben" frisch vom Kutter

Schwanz segmentiert

ein Krabbenkutter auf der Nordsee mit hochgestellten Schleppnetzen

Schwanzfächer

dünne Laufbeine

# Europäischer Flusskrebs

*Astacus astacus* (Krebstiere)

L 120–200 mm   ganzjährig   Süßwasser

rötliche Querstreifen
auf Hinterleib

Der Edelkrebs war früher weit verbreitet und häufig und wurde kulinarisch genutzt. Heute ist er vom Aussterben bedroht. Hauptursache dafür ist die um 1870 aus Nordamerika eingeschleppte Krebspest, an der nahezu die gesamten Krebsbestände zugrunde gegangen sind. Der Erreger dieser Seuche ist der Pilz *Aphanomyces astaci*. Weitere Gründe für das Verschwinden dieser imposanten Art sind die Verschmutzung vieler Gewässer sowie der Besatz mit Aalen.

Der Amerikanische Flusskrebs oder Kamberkrebs *(Orconectes limosus)* wurde aus Nordamerika eingeführt. Da er gegen die Krebspest immun ist und weniger hohe Ansprüche an die Wasserqualität stellt, ist er mittlerweile die häufigste Flusskrebs-Art.

4 Laufbeinpaare

**Vorkommen** In stehenden und fließenden, sauerstoffreichen und sauberen Gewässern, meist zwischen Wasserpflanzen, in kleinen Höhlen und unter Steinen.

> auch Edelkrebs genannt
> frisst Wasserpflanzen, kleinere Wassertiere und Aas
> kann 20 Jahre alt werden

1. Bein zu kräftigen Scheren umgebildet

# Wollhandkrabbe

*Eriocheir sinensis* (Krebstiere)

L 40–75 mm   ganzjährig   Süß-/Meerwasser

Die Wollhandkrabbe stammt ursprünglich aus Asien und wurde Anfang des 20. Jahrhunderts vermutlich als Larve mit dem Ballastwasser von Handelsschiffen eingeschleppt. Seither hat sie sich invasionsartig ausgebreitet. Nach Ansicht vieler Gewässerökologen stellt sie eine Bedrohung dar, weil sie als Allesfresser in beträchtliche Nahrungskonkurrenz zur heimischen Fauna treten kann.

In sauberen Bergbächen im Mittelmeerraum lebt die Süßwasserkrabbe *(Potamon spec.)*.

die „Wollhand"

Rückenpanzer im Umriss nahezu quadratisch

**Vorkommen** Über ganz Europa verbreitet in größeren Flüssen und Kanälen, in Flussmündungen und in küstennahen Meeresregionen.

> lebt am Gewässergrund
> ist überwiegend nachtaktiv
> ernährt sich von Wasserpflanzen, Insektenlarven, Muscheln, Schnecken, kleineren Fischen und Aas

4 lange, abgeflachte Laufbeinpaare

vorderstes Beinpaar zu kräftigen Scheren umgewandelt und pelzartig behaart

# Einsiedlerkrebs

*Pagurus bernhardus* (Krebstiere)

L 50–100 mm   ganzjährig   Meerwasser

kleiner Einsiedlerkrebs
im Gehäuse einer
Strandschnecke

**Vorkommen** *Verbreitet und häufig auf Weich- und Hartböden der Küstengewässer von Atlantik, Mittelmeer, Nord- und Ostsee.*

> *auch Bernhardkrebs genannt*
> *frisst Schnecken, Würmer und andere Kleintiere, auch Aas*
> *oft in Symbiose mit Stachelpolypen*

Der Einsiedlerkrebs wohnt in leeren Schneckengehäusen und trägt diese stets mit sich herum. Darin verbirgt er seinen weichhäutigen, ungepanzerten Hinterleib. Der Einsiedlerkrebs muss regelmäßig umziehen: Wird sein Schneckenhaus zu klein, krabbelt er in ein nächstgrößeres hinein. Bei Gefahr kann sich der Krebs komplett in sein Haus zurückziehen und es mit seinen Scheren verschließen.

die von Einsiedlerkrebsen
bewohnten Schneckengehäu-
se sind häufig bewachsen mit
Stachelpolypen *(Hydractinia echinata)*

Hinterkörper im Gehäuse einer
Wellhornschnecke verborgen

2 kräftige Laufbeinpaare

eine deutlich
größere Schere

# Strandkrabbe

*Carcinus maenas* (Krebstiere)

L 40–60 mm   ganzjährig   Meerwasser

Endglieder des letzten
Beinpaares paddelartig
erweitert zu Schwimmbeinen

**Vorkommen** *Auf Sand- und Felsböden der Küstengewässer von Atlantik, Mittelmeer, Nord- und Ostsee, oft auf Muschelbänken und in Häfen.*

> *auf Plattdeutsch Dwarslöper (Querläufer), weil oft im Seitwärtsgang*
> *streckt dem Feind bei Gefahr die geöffneten Scheren entgegen*
> *kann auf Miesmuschel- und Austernbänken Schäden anrichten*

Die Strandkrabbe ist insbesondere bei Nacht und Flut aktiv und ernährt sich von lebenden Kleintieren, wie Fischen, Krebsen und Muscheln, die sie mit ihren kräftigen Scheren öffnet. Tagsüber und bei Ebbe versteckt sich die Krabbe zwischen Wasserpflanzen und Steinen oder gräbt sich im Sandboden ein. Um wachsen zu können, muss sie ihren harten Panzer verlassen und ist als sogenannter „Butterkrebs" für eine gewisse Zeit relativ ungeschützt.

die ähnliche Schwimmkrabbe
*(Liocarcinus holsatus)*

1 Paar kräftige Scheren

Endglied des letzten
Beinpaares nicht erweitert

Rückenpanzer mit
Seepocken bewachsen

4 Laufbeinpaare

# Taschenkrebs

*Cancer pagurus* (Krebstiere)
L 100–200 mm   ganzjährig   Meerwasser

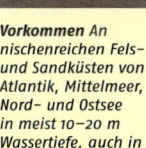

eine Taschenkrebs-Larve

Der nachtaktive Taschenkrebs ernährt sich hauptsächlich von Krebsen, Muscheln und Schnecken, deren Schalen er mit seinen kräftigen Scheren mühelos zermalmen kann. Taschenkrebse paaren sich im Herbst, allerdings legt das Weibchen die 500 000–3 000 000 Eier erst etwa 1 Jahr später ab. Nach weiteren 7–8 Monaten schlüpfen die wenige mm langen Larven, die zunächst frei treibend im Plankton der Meere leben.

Die Scheren gelten als Delikatesse und werden den lebendigen Krebsen vom Körper gerissen.

**Vorkommen** *An nischenreichen Fels- und Sandküsten von Atlantik, Mittelmeer, Nord- und Ostsee in meist 10–20 m Wassertiefe, auch in Hafenanlagen.*

> *bis 30 cm breit und 3–4 kg schwer*
> *versteckt sich tagsüber in kleinen Höhlen und unter Steinen*
> *die Scheren werden als „Knieper" vermarktet*

oberseits rötlich

Scherenspitze schwarz

sehr kräftige Scheren

# Hummer

*Homarus gammarus* (Krebstiere)
L 200–500 mm   ganzjährig   Meerwasser

Der Hummer wächst sein gesamtes Leben lang und kann wahrlich gigantisch anmutende Ausmaße erreichen: So liegt der Rekord eines vor England gefangenen Tieres bei 1,26 m Länge und einem Gewicht von 9,3 kg. Der Hummer ist ein Einzelgänger und lebt in Höhlen oder Spalten, die er nachts zum Fressen verlässt. Er gilt als kostbare Delikatesse und wird mit sogenannten Hummerkörben gefangen.

Ebenfalls von hoher fischereiwirtschaftlicher Bedeutung ist die im Mittelmeer und Atlantik lebende Languste *(Palinurus vulgaris)*.

**Vorkommen** *Im Atlantik, Mittelmeer und in der Nordsee an spalten- und nischenreichen Küstengewässern meist in Tiefen von 4–50 m.*

> *größter Krebs Europas*
> *bleibt seinem Unterschlupf meist ortstreu*
> *kann über 50 Jahre alt werden*

4 Laufbeinpaare

Fächer am Schwanzende

mit Dornen versehene Greifschere

größere Knackscheren

# Seestern

*Asterias rubens* (Stachelhäuter)
Durchmesser 50–300 mm   ganzjährig   Meerwasser

Mundöffnung

bewegliche
Saugfüßchen

**Vorkommen** *Verbreitet und häufig in Atlantik, Nord- und Ostsee vom Uferbereich bis in 200 m Wassertiefe, auch in Gezeitentümpeln und in Hafenanlagen, gern auf Muschelbänken.*

> *abgerissene oder abgebissene Arme können nachwachsen*
> *Fortpflanzung im Frühjahr*
> *kann Schäden in kommerziellen Muschelzuchten anrichten*

Ein Seestern wirkt auf den ersten Blick so friedlich, ist aber ein gnadenloser Räuber: Er stülpt sich über seine Opfer, meist Muscheln, und zieht mit seinen Saugnäpfen unter den muskulösen Armen oft stundenlang die Schalen auseinander. Kann die Muschel dem Dauerzug nicht mehr standhalten, stülpt er seinen Magen in sie hinein und verdaut ihr Inneres.

Oberseite dicht bestachelt

Körperscheibe klein

5 Arme

Sonnenstern
(*Crossaster papposus*)

8–13 Arme

Körperscheibe groß

# Zerbrechlicher Schlangenstern

*Ophiotrix fragilis* (Stachelhäuter)
Durchmesser 100–160 mm   ganzjährig   Meerwasser

Dunkler Schlangenstern
(*Ophiocomina nigra*)

schwärzliche Färbung

**Vorkommen** *Im Atlantik, Mittelmeer, Nord- und Ostsee vom Uferbereich bis in 300 m Wassertiefe, meist auf Felsböden, in Seegraswiesen oder zwischen Algenbeständen.*

> *Arme brechen leicht ab (Name!)*
> *mitunter in Massenansammlungen*
> *von anderen Schlangensternen durch die besonders langen Borsten zu unterscheiden*

Der Schlangenstern ernährt sich räuberisch von kleinen Muscheln, Schnecken, Krebschen und Würmern, außerdem nutzt er seine ins freie Wasser stehenden Arme zum Planktonfang. Die Tiere sind überwiegend nachtaktiv und können sich mithilfe ihrer Arme recht flink fortbewegen.

Körperscheibe 5-eckig

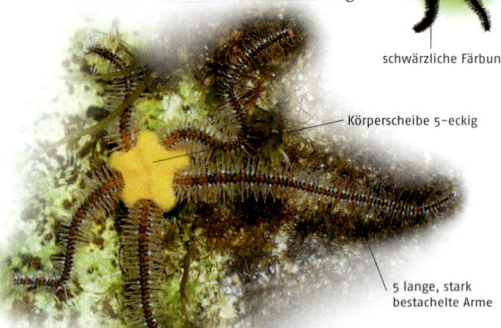

5 lange, stark bestachelte Arme

# Essbarer Seeigel

*Echinus esculentus* (Stachelhäuter)
Durchmesser 50–150 mm ganzjährig Meerwasser

Der Seeigel bewegt sich mit zahlreichen winzigen Saugnäpfchen fort, die zwischen den Stacheln hervorragen. So weidet er gemächlich Algen und kleine, festsitzende Tierchen von Pflanzen und Steinen ab. In südlichen Ländern werden die Weichteile des Stachelhäuters gegessen (Name!). Auf einen Seeigel zu treten ist äußerst schmerzhaft! Die Stacheln brechen dabei ab und injizieren ein zwar harmloses, aber brennendes Gift in die Wunde.

**Vorkommen** Im Atlantik und der Nordsee vom Uferbereich bis in 50 m Wassertiefe, meist auf Felsböden und Muschelbänken, an Molen und Kaimauern, in Seegraswiesen oder zwischen Algenbeständen.

> **Mundöffnung auf der Unterseite**
> **Schale nahezu kugelförmig**
> **wird etwa 8 Jahre alt**

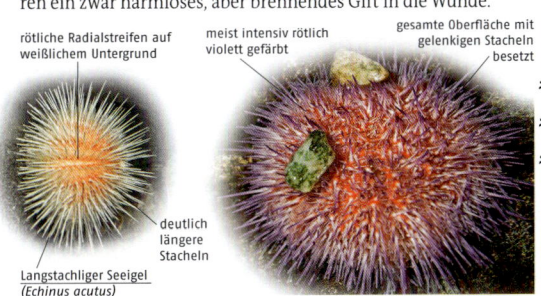

rötliche Radialstreifen auf weißlichem Untergrund

meist intensiv rötlich violett gefärbt

gesamte Oberfläche mit gelenkigen Stacheln besetzt

deutlich längere Stacheln

Langstachliger Seeigel
(*Echinus acutus*)

# Kleiner Strandigel

*Psammechinus miliaris* (Stachelhäuter)
Durchmesser 30–40 mm ganzjährig Meerwasser

Oftmals finden sich auf der Oberseite des Strandigels und auch auf anderen Seeigelarten Pflanzenreste, kleine Steinchen oder Muschelschalen. Diese Teilchen werden mit den Saugfüßchen festgehalten und dienen dem Seeigel als Tarnung. Der Strandigel läuft langsam über den Untergrund und weidet dabei Algen und kleine festsitzende Tierchen mit seinen scharfen Zähnen ab.

Der Kieferapparat bei Seeigeln besteht aus 5 Zähnen.

Saugfüßchen

Die Mundöffnung liegt auf der Unterseite.

**Vorkommen** Bewohnt die Küstengewässer von Atlantik, Nord- und Ostsee vom Ufer bis in etwa 100 m Tiefe, auch in Gezeitentümpeln.

> **auf Fels, Molen und Tangen, unter Steinen, in Seegraswiesen**
> **ober- und unterseits deutlich abgeflacht**
> **seine leere Schale findet sich mitunter im Spülsaum**

grünliche Stacheln mit violetten Spitzen

# Rote Wegschnecke

*Arion rufus* (Weichtiere)

L 10–15 mm   März–November   Land

**Vorkommen** In Mittel- und Westeuropa bevorzugt in feuchten Wäldern, auf Wiesen, in Mooren, Parkanlagen und Gärten.

> „Nacktschnecke"
> Färbung variabel orange, bräunlich oder schwärzlich
> überwiegend nachtaktiv, bei feuchtem Wetter auch am Tage

Ursprünglich war die Rote Wegschnecke bei uns weit verbreitet. Seitdem sie von der äußerlich sehr ähnlichen Spanischen Wegschnecke *(A. vulgaris)* verdrängt wird, ist sie zunehmend selten geworden und wird bereits auf den Roten Listen als bedrohte Art geführt. Die Wegschnecke ernährt sich von frischen grünen Pflanzen, Aas und gelegentlich auch Kot.

meist tiefschwarz gefärbt

Schwarze Wegschnecke (A. ater)

Jungschnecken schlüpfen aus den Eiern.

Atemloch

Körperoberfläche mit dicken Runzeln

# Tigerschnegel

*Limax maximus* (Weichtiere)

L 100–200 mm   März–November   Land

**Vorkommen** Über weite Teile Europas verbreitet und meist häufig in feuchten Wäldern, Gebüschen, Parks und Gärten, gelegentlich auch in feuchten Kellern.

> farblich sehr variabel
> versteckt sich tagsüber unter Holz, Steinen und in Ritzen
> eine nützliche Nacktschnecke

Der Tigerschnegel ist ein Allesfresser, der von Pilzen, Algen, organischen Resten und Pflanzen lebt, aber auch andere Nacktschnecken erbeutet und deren Gelege frisst. In Gärten reduziert er insbesondere die gefürchtete Spanische Wegschnecke und kann daher als regulierender Nützling gesehen werden. Schnegel sind Zwitter und befruchten sich bei der Paarung gegenseitig.

heller Rückenkiel

heller Rückenkiel

Schwarzer Schnegel (L. cinereoniger)

Körper schwärzlich

dunkle Streifen- und Fleckenzeichnung

# Garten-Schnirkelschnecke

*Cepaea hortensis* (Weichtiere)
Gehäuse 15–20 mm   März–November   Land

Die Schnirkelschnecke frisst überwiegend grüne Blätter. Wird diese Nahrung im Herbst knapp, schließt sie ihr Gehäuse mit einem Kalkdeckel, gräbt sich ein und wartet auf den Frühling. Ihre 60–80 kugeligen weißen Eier, die wie Styroporkügelchen aussehen, gräbt sie sorgsam in die Erde ein. Nach 3–4 Wochen schlüpfen daraus die winzigen Jungschnecken mit noch durchsichtigen Gehäusen.

**Vorkommen** *Über weite Teile Mitteleuropas verbreitet und häufig in lichten Wäldern, an Wald- und Wegrändern, in Gebüschen, auf Wiesen, Parks und Gärten.*

> *auch Bänderschnecke genannt*
> *Bänderung variabel oder sogar fehlend*
> *beliebte Beute von Singdrosseln*

Mündung dunkel

Mündung gelblich weiß

gelbes Gehäuse

Hain-Schnirkelschnecke
(*Cepaea nemoralis*)

gelblich gefleckt

dunkles Spiralband

Gefleckte Schnirkelschnecke
(*Arianta arbustorum*)

dunkle Bänder

# Weinbergschnecke

*Helix pomatia* (Weichtiere)
Gehäuse 40–50 mm   März–November   Land

Eiablage

Die Weinbergschnecke paart sich im Sommer. Wie die meisten Schnecken ist auch sie ein Zwitter und die Partner befruchten sich gegenseitig. Anschließend gräbt die Schnecke eine Erdhöhle in lockeren Boden, legt ihre Eier hinein und verschließt das Ganze wieder. Die frisch geschlüpften Jungschnecken sind zunächst durchscheinend weißlich gefärbt.

Bei Hitze wird das Gehäuse mit einem sogenannten Diaphragma verschlossen und vor Austrocknung geschützt.

**Vorkommen** *In Mittel- und Südeuropa weit verbreitet und häufig in lichten Wäldern, an Wald- und Wegrändern, in Weinanbaugebieten und Gärten.*

> *ernährt sich überwiegend von Pflanzen*
> *wird in vielen Ländern gegessen*
> *kann 30 Jahre alt werden*

Gehäuse mit meist 5 Umgängen

Fühler mit Augen an der Spitze

# Bernsteinschnecke

*Succinea putris* (Weichtiere)
Gehäuse 10–25 mm   März–Oktober   Land

**Vorkommen** *In ganz Europa verbreitet und häufig am Ufer stehender und langsam fließender Gewässer, in Sümpfen, Auwäldern und auf Feuchtwiesen.*

> **an Gewässer gebunden, aber immer über Wasser**
> **ernährt sich von Pflanzen**
> **befruchten sich als Zwitter gegenseitig**

Regelmäßig finden sich Bernsteinschnecken mit auffällig verdickten, grünlich geringelten Fühlern. Dabei handelt es sich um die Keimschläuche eines parasitischen Saugwurms: Sie verursachen das raupenähnliche Aussehen der Fühler. Nahrungssuchende Vögel werden so getäuscht und infizieren sich nach dem Fressen der vermeintlichen Beute mit den Parasiten.

bernsteinfarbenes, durchscheinendes, zerbrechliches Gehäuse

Fühler durch parasitischen Saugwurm angeschwollen

letzter Umgang bauchig erweitert

# Posthornschnecke

*Planorbarius corneus* (Weichtiere)
Gehäuse 20–30 mm   März–November   Süßwasser

**Vorkommen** *In ganz Europa verbreitet und meist häufig in stehenden und langsam fließenden, vegetationsreichen Gewässern.*

> **Gehäuse posthornartig gedreht**
> **unverwechselbar groß**
> **im Winter zurückgezogen am Gewässerboden**

Die imposante Posthornschnecke lebt meist am schlammigen Gewässergrund, wo sie sich von Algen, verrottenden Pflanzen und Aas ernährt. Ihre Eier klebt sie als 1,5–3 cm große, tellerartige Laichklumpen an Pflanzen und Steine. Es gibt eine Vielzahl tellerförmiger Wasserschnecken in unseren Gewässern. Sobald das vorgefundene Tier aber wenigstens 2 cm groß ist, handelt es sich um die Posthornschnecke.

weidet mit Mund Algen ab

Gehäuse scheibenförmig

# Tellerschnecke

*Planorbis planorbis* (Weichtiere)
Gehäuse 10–18 mm   ganzjährig   Süßwasser

Die Tellerschnecke kriecht auf
Wasserpflanzen und am Gewässerboden umher und weidet hier
Algenaufwuchs ab oder frisst
absterbende Pflanzenteile. Die
Tellerschnecke gehört wie die
Posthorn- und Schlammschnecke
zu den Lungenatmern und muss
regelmäßig an die Wasser-
oberfläche kommen,
um ihren Luftvorrat
aufzufrischen.

Scharfe Tellerschnecke
*(Anisus vortex)*

6 ¹/₂–7 Umgänge

**Vorkommen** In ganz
Europa verbreitet und
häufig in stehenden
und langsam flie-
ßenden Gewässern.

> Zwitter
> überlebt periodisches
> Trockenfallen ihrer
> Gewässer
> mehrere ähnliche
> Arten

Gehäuse scheibenförmig

deutlicher Kiel am Rand

5 ¹/₂–6 Umgänge

# Spitz-Schlammschnecke

*Lymnaea stagnalis* (Weichtiere)
Gehäuse 40–60 mm   März–November   Süßwasser

Die Schlammschnecke schabt mit ihrer Raspelzunge den
Algenaufwuchs von Pflanzen und Steinen ab, außerdem frisst sie
Aas und weichere Pflanzenteile. Häufig sieht man sie unter der
Wasseroberfläche „hängen": Langsam gleitet sie dabei vorwärts
und frisst den darauf befindlichen Film aus organischen
Partikeln ab.

**Vorkommen** Ver-
breitet und häufig
in ganz Europa
in stehenden und
langsam fließenden,
vegetationsreichen
Gewässern, auch in
Gartenteichen.

> muss zum Atmen an
> die Wasseroberfläche
> kommen
> überwintert im
> Bodenschlamm
> weitere, kleiner
> bleibende Schlamm-
> schnecken-Arten

Fühler flach dreieckig

Die Laichschnüre werden
an Wasserpflanzen und
Steinen angeheftet.

letzter Gehäuseumgang
im Mündungsbereich stark
bauchig erweitert

Gehäuse mit langer Spitze

# Schließmundschnecke

*Alinda biplicata* (Weichtiere)
Gehäuse 25–20 mm   März–November   Land

Die Schließmundschnecke kann ihr Gehäuse mit einem ausgeklügelten Mechanismus verschließen (Name!): Sobald ihr die Luftfeuchtigkeit draußen nicht mehr behagt, dient ihr eine gebogene Kalkplatte mit einem elastischen Stiel an der Seite als Tür. Will die Schnecke aus dem Haus kriechen, drückt sie die Tür mit ihrem Körper auf; hat sie sich wieder in ihr Haus zurückgezogen, federt die Tür von allein wieder zu und verschließt das Haus fast hermetisch.

glatte Gehäuseoberfläche

Gehäuse spindelförmig

Oberfläche gleichmäßig gerippt

Glatte Schließmundschnecke (*Cochlodina laminata*)

# Napfschnecke

*Patella vulgata* (Weichtiere)
Gehäuse 40–70 mm   ganzjährig   Meerwasser

Innenseite mit schwach irisierendem Perlmutt belegt

Bei Flut wandert die Napfschnecke gemächlich über den felsigen Untergrund und weidet hier Algen ab. Zur Ebbe kehrt sie an ihren festen Sitzplatz zurück, den sie mit ihrem Schalenrand ein wenig vertieft und genau für sie passend angelegt hat. Diesen Platz verteidigt sie gegen Artgenossen und hält ihn frei von Algen- oder Seepockenansiedlungen.

kegelförmiges Gehäuse

strahlenförmig gerippt

Im Mittelmeer lebt die bis 4 cm große *Patella caerulea*.

kräftige Radialrippen

# Strandschnecke

*Littorina littorea* (Weichtiere)
Gehäuse 20–30 mm ganzjährig Meerwasser

Die Strandschnecke raspelt mit ihrer rauen Zunge Algenbeläge von der Oberseite von Steinen, Molen und großen Algen ab. Sie kann ihr Gehäuse mit einer Hornplatte komplett verschließen und so auch längeres Trockenfallen unbeschadet überstehen. Insbesondere in Frankreich und Schottland gelten gekochte Strandschnecken als geschätzte Delikatesse.

**Vorkommen** *Verbreitet und häufig in Atlantik, Nord- und Ostsee an Fels- und Sandküsten, auf Muschelbänken, in Hafenanlagen vom Uferbereich bis in etwa 50 m Wassertiefe.*

> **dickwandiges Gehäuse**
> **bei Ebbe oft in Massen an Felsen**
> **weitere ähnliche Arten**

Gehäuse endet flach.

Letzte Gehäusewindung nimmt Hälfte der Gesamthöhe ein.

Flache Strandschnecke
(L. obtusata)

Gehäuse endet in Spitze.

# Wellhornschnecke

*Buccinum undatum* (Weichtiere)
Gehäuse 80–120 mm ganzjährig Meerwasser

Mit ihrem langen, in alle Richtungen beweglichen Sipho riecht die Wellhornschnecke Aas auf größere Entfernung und nähert sich rasch der Nahrungsquelle. Auch Muscheln werden erbeutet, indem die Schnecke ihren Sipho oder den Gehäuserand zwischen die Schalenklappen schiebt und die Muschel so daran hindert, sich wieder zu schließen. Anschließend wird die Muschel ausgefressen.

leere Schneckengehäuse

**Vorkommen** *Verbreitet und häufig in Atlantik, Nord- und Ostsee meist in Tiefen zwischen 5–200 m, aber auch deutlich tiefer, mitunter in Gezeitentümpeln.*

> **eine der größten europäischen Schnecken**
> **Gehäuse oft mit Seepocken bewachsen**
> **wird in einigen Ländern gegessen**

dickwandiges Gehäuse

langer Sipho

Weichkörper weißlich mit schwarzen Flecken

Nach dem Schlupf der Jungschnecken finden sich die schwammartigen, etwa apfelgroßen Laichballen am Strand im Angespül.

# Wattschnecke

*Hydrobia ulvae* (Weichtiere)
Gehäuse 4–7 mm    ganzjährig    Meerwasser

Die Wattschnecke besiedelt insbesondere die Gezeitenzone des Wattenmeers, es wurden schon über 200 000 Individuen pro Quadratmeter gezählt. Bei Ebbe bleibt sie auf dem trocken gefallenen Meeresboden liegen und weidet Algen, Kieselalgen und Bakterien ab. Bei Flut heftet sich die Schnecke mit dem Fuß nach oben an die Wasseroberfläche, lässt sich so treiben und produziert ein Schleimband, an dem winzige Nahrungspartikel kleben bleiben.

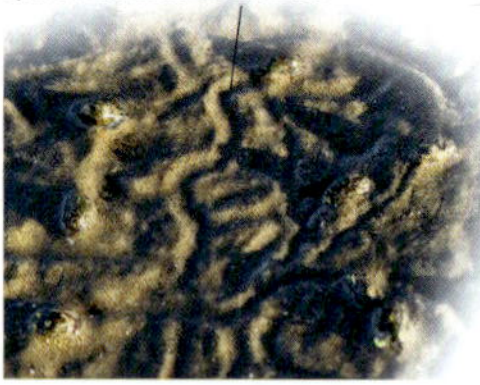

die charakteristischen Kriech-
spuren auf dem Wattboden

kegelförmiges Gehäuse

5–7 Windungen

# Turmschnecke

*Turritella communis* (Weichtiere)
Gehäuse 40–55 mm    ganzjährig    Meerwasser

Die Turmschnecke lebt flach eingegra-ben im Sediment, so dass nur die Mün-dung direkt an der Oberfläche liegt. Mit ihren feinen Kiemen filtriert sie kleinste Nahrungspartikel aus dem Wasser. Meist verlässt sie ihren Wohnort nie. Zur Fortpflanzung gibt das Männchen einfach seine Spermien ins freie Wasser ab, die von einem Weibchen eingestrudelt werden.

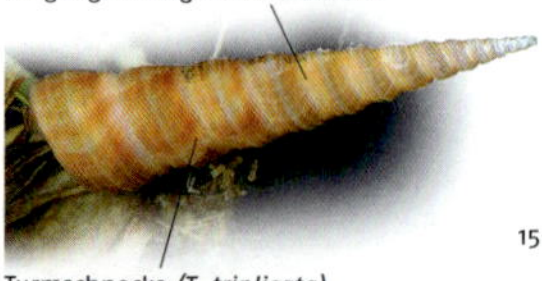

hohes turmförmiges Gehäuse

Umgänge weniger hervortretend

Turmschnecke (*T. triplicata*),
im Mittelmeer häufig

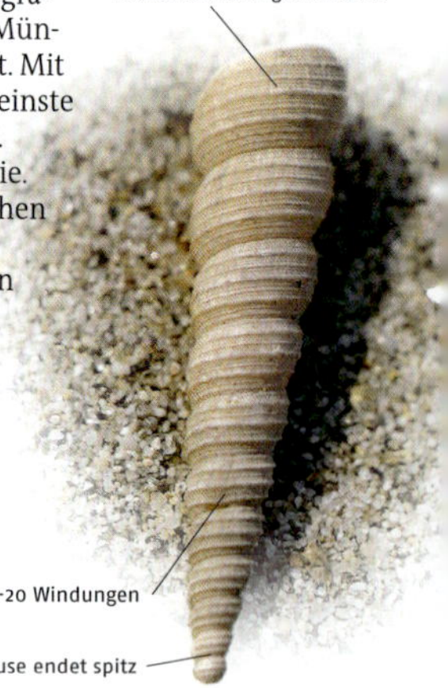

15–20 Windungen

Gehäuse endet spitz

# Miesmuschel

*Mytilus edulis* (Weichtiere)
Schale 50–100 mm    ganzjährig    Meerwasser

leere Schale am Spülsaum

Die Miesmuschel heftet sich mit sehr klebrigen Fäden, den sogenannten Byssusfäden, am Untergrund fest und bildet neben-, über- und untereinander liegend riesige Muschelbänke aus Abertausenden von Tieren. Sie filtriert pausenlos das Wasser und ernährt sich von darin schwebenden winzigen Teilchen und vermindert dadurch die Wassertrübung ganz erheblich.

konzentrische Wachstumsstreifen

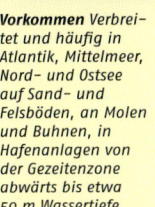

**Vorkommen** Verbreitet und häufig in Atlantik, Mittelmeer, Nord- und Ostsee auf Sand- und Felsböden, an Molen und Buhnen, in Hafenanlagen von der Gezeitenzone abwärts bis etwa 50 m Wassertiefe.

> „Klärwerk des Wattenmeers"
> begehrte Speisemuschel
> verbreitet sich über Schwimmlarven, die sich wieder festsetzen

Einstromöffnung

Die Pferdemuschel oder Große Miesmuschel *(Modiolus modiolus)* wird bis zu 23 cm lang.

Ausstromöffnung

285

# Europäische Auster

*Ostrea edulis* (Weichtiere)
Schale 80–120 mm    ganzjährig    Meerwasser

Pazifische Auster *(Crassostrea gigas)*

In Deutschland ist die Europäische Auster durch Überfischung, Wasserverschmutzung und Krankheiten (Muschelpest) Mitte des vergangenen Jahrhunderts ausgestorben. Schalen, die man heute im Spülsaum findet, sind daher mindestens 70 Jahre alt. Heute werden kommerzielle Austernbänke mit der robusteren und schneller wüchsigen Pazifischen Auster bestückt, die sich mittlerweile weit ausgebreitet hat und Miesmuschelbänke überwuchert.

bis 20 cm lang, im Umriss länglich

violettfarbener Schließmuskelansatz mehr seitlich

**Vorkommen** Verbreitet in Atlantik, Mittelmeer und Nordsee auf Sand- und Felsböden von der Gezeitenzone abwärts bis etwa 50 m Wassertiefe.

> leere Schalen häufig im Spülsaum
> Muschelbänke sind Lebensraum für Hunderte Tier- und Pflanzenarten
> gilt roh ausgeschlürft als Delikatesse

Schließmuskelansatz in der Schalenmitte

im Umriss rundlich

dicke, blattartig geschichtete Schale

# Jakobsmuschel

*Pecten jacobaeus* (Weichtiere)
Schale 70–120 mm   ganzjährig   Meerwasser

**Vorkommen** Verbreitet im Mittelmeer auf Sand- und Geröllböden, meist in Wassertiefen von 25–100 m.

> auch Kamm- oder Pilgermuschel genannt
> Symbol der Pilger (Jakobsweg)
> als Delikatesse geschätzt

Mit ihren blau irisierenden Augen kann die Jakobsmuschel Helligkeitsunterschiede und Bewegungen wahrnehmen. Im Gegensatz zu anderen Muscheln kann sich die Kammmuschel durch kräftiges Schließen und Öffnen ihrer Schale mittels Rückstoßprinzip ruckartig fortbewegen und so bei Gefahr meterweit davonschwimmen.

bläuliche Linsenaugen

Tentakel am Mantelrand

14–16 kantige Radialrippen

Große Kammmuschel *(P. maximus)*, bis zu 15 cm Schalenlänge, verbreitet im Atlantik

fast runder Umriss

„Ohren" auf beiden Seiten des Wirbels

# Essbare Herzmuschel

*Cerastoderma edule* (Weichtiere)
Schale 20–50 mm   ganzjährig   Meerwasser

**Vorkommen** Verbreitet und häufig in Atlantik, Mittelmeer, Nord- und Ostsee in Sand- und Schlickböden von der Gezeitenzone abwärts bis in etwa 10 m Wassertiefe, auch im Wattenmeer.

> eine der häufigsten Muscheln unserer Küsten
> wird in vielen Ländern kommerziell gefischt
> mehrere ähnliche Arten

Die Herzmuschel lebt knapp unter der Oberfläche im Meeresboden vergraben, nur ihre beiden kurzen Ein- und Ausströmöffnungen reichen ins Wasser und strudeln Atemwasser mitsamt kleinster Nahrungspartikelchen ein. Mit ihrem kräftigen Fuß kann sie sich im Sediment fortbewegen, ein- und ausgraben und bei Gefahr sogar „Rettungssprünge" von bis zu 50 cm Weite unternehmen.

gräbt im Sediment

Schalenklappen sehr fest und stark gewölbt

22–28 kräftige Radialrippen

feine konzentrische Querrippen

# Amerikanische Scheidenmuschel

*Ensis directus* (Weichtiere)
Schale 100–170 mm   ganzjährig   Meerwasser

Die Amerikanische Scheidenmuschel stammt ursprünglich aus Nordamerika und ist wahrscheinlich in den 70er-Jahren des letzten Jahrhunderts mit Schiffen nach Europa gelangt. Sie lebt senkrecht im Sand eingegraben, sodass nur noch eine Art Schnorchel herausschaut. Damit saugt sie Wasser ein, filtert Nahrungspartikel heraus und prustet das Restwasser wieder heraus. Mit ihrem muskulösen Fuß vermag sie sich flink im Sand einzugraben, und wenn sie ihre Schalen heftig bewegt, schwimmt sie sogar im Wasser.

Schalenklappen gerade

Gerade Schotenmuschel
*(E. siliqua)*

Schalenklappen leicht gebogen

oberseits von bräunlicher Hornhaut überzogen

# Sandklaffmuschel

*Mya arenaria* (Weichtiere)
Schale 100–150 mm   ganzjährig   Meerwasser

Die Sandklaffmuschel lebt bis zu 30 cm tief senkrecht im Meeresboden eingegraben. Ihren langen Sipho streckt sie ins Wasser. In ihm befinden sich zwei Röhren – eine Ein- und eine Ausströmöffnung –, durch die die Muschel frisches Wasser mit darin befindlichen Nahrungsteilchen einsaugt und ausstößt.

Mit ihrem Sipho hält die eingegrabene Muschel Kontakt zum Wasser.

Schale am hinteren Ende auffällig gestutzt

linke Klappe mit auffälligem Fortsatz am Wirbel

Abgestutzte Klaffmuschel
*(M. truncata)*

Schalenklappe oval, am Hinterende zugespitzt

# Teichmuschel

*Anodonta anatina* (Weichtiere)
Schale 70–110 mm   ganzjährig   Süßwasser

**Vorkommen** Verbreitet über weite Teile Europas in stehenden und langsam fließenden Gewässern mit sandigem oder schlammigem Substrat, oft mit reichem Pflanzenwuchs.

> **häufigste heimische Großmuschel**
> **wird bis zu 15 Jahre alt**
> **weitere ähnliche Arten in Europa**

Die Teichmuschel strudelt durch ihre Einströmöffnung pro Tag bis zu 40 l Wasser ein, filtert Plankton und organische Schwebstoffe als Nahrung heraus und gibt das Wasser durch die Ausströmöffnung wieder ab. Damit ist sie enorm wichtig für die Reinigung eines Gewässers. Die Larven der Muschel heften sich für einige Monate an den Flossen von Fischen an und lassen sich so verbreiten.

Schale bis 20 cm lang, dünnwandiger

Große Teichmuschel (*A. anatina*)

stark entwickeltes, dreieckiges Schildchen

Kiemenöffnung

Schale dickwandig und schwer

# Wandermuschel

*Dreissena polymorpha* (Weichtiere)
Schale 20–40 mm   ganzjährig   Süßwasser

Großmuscheln werden mitunter völlig überwachsen

**Vorkommen** Stammt ursprünglich aus den Zuflüssen des Kaspischen und Schwarzen Meers, seit etwa 150 Jahren über weite Teile Europas verbreitet und häufig in Flüssen, Kanälen und Seen.

> **auch Zebra- oder Dreieckmuschel genannt**
> **der Bewuchs mit Wandermuscheln kann zu Beeinträchtigungen an Rohrleitungen, Kühlwassersystemen oder Schiffsrümpfen führen**

Die Wandermuschel spinnt mit einer speziellen Drüse sehr stabile Fäden, mit denen sie sich an Steinen, Pfeilern, untergetauchten Hölzern, größeren Muschelschalen, versunkenem Müll und anderen Unterlagen festheftet. Mitunter bilden sich dabei regelrechte Muschelbänke, wo die Tiere dicht an dicht und übereinander sitzen, teilweise bilden sich Massenvorkommen mit bis zu 100 000 Tieren pro Quadratmeter.

vorn 3-kantig

hinten rundlich

mit braunen wellen- oder zickzackförmigen Bändern

# Tintenfisch

*Sepia officinalis* (Weichtiere)
L 30–60 cm  ganzjährig  Meerwasser

Der Tintenfisch lebt meist etwas eingegraben am Meeresgrund und greift mit seinen Fangarmen Fische, Krebse und Muscheln. Am Grund der Arme ist eine Art Papageischnabel, mit dem er Stücke aus dem Opfer reißt. Feinden entflieht er, indem er schwarze Tinte verspritzt (Name!). Das kalkige Innenskelett des Tintenfisches wird „Schulp" genannt und findet sich regelmäßig im Spülsaum.

ein Schulp im Spülsaum

großes Auge

Fangarme

Flossensaum

**Vorkommen** Verbreitet in Atlantik, Mittelmeer und Nordsee, meist über sandigen Meeresboden vom Ufer bis in etwa 200 m Wassertiefe.

> 10 Arme
> zoologisch gesehen kein Fisch, eher „Tintenschnecke"
> kann sich zur Tarnung farblich an den Untergrund anpassen

 **289**

# Krake

*Octopus vulgaris* (Weichtiere)
L 70–150 cm  ganzjährig  Meerwasser

Der dämmerungs- und nachtaktive Krake versteckt sich tagsüber in Felsspalten und kleinen Höhlen. Da er keine innere Schale oder Skelett besitzt, ist er sehr flexibel und kann sich durch die engsten Öffnungen zwängen. Mit seinen Fangarmen erbeutet er Krebse, Krabben, Schnecken und Muscheln und beißt mit seinem kräftigen Hornschnabel ein Loch in die Schale der Beute.

weiße Flecken auf rotem Grund

Arme länger und schlanker

Weißpunktkrake (*O. macropus*) lebt im Mittelmeer

2 Reihen von Saugnäpfen

8 Arme

**Vorkommen** In Atlantik, Mittelmeer und Nordsee von der Uferlinie bis in 200 m Tiefe in versteckreichen Lebensräumen mit Steinen, Korallengrund, Algen- oder Seegrasbeständen.

> auch Oktopus genannt
> sehr intelligent und lernfähig
> wird in vielen Ländern gefischt und gegessen

# Regenwurm

*Lumbricus spec.* (Ringelwürmer)
L 6–25 cm   ganzjährig   Land

Eikokon

**Vorkommen** Weit ver-
breitet und häufig in
Wäldern, auf Wiesen,
Äckern und in Gärten,
in Komposthaufen,
unter Steinen, zwi-
schen Falllaub.

> **Zwitter, die sich ge-
genseitig befruchten**
> **meidet Trockenheit
und Sonne**
> **etwa 50 heimische
Regenwurm-Arten**

Der Regenwurm lebt unterirdisch in bis zu
etwa 1,5 m tiefen Gängen, wo er pausenlos
Erde und abgestorbene Pflanzenteile frisst.
Damit sorgt er einerseits für eine gute Durchlüftung
des Bodens und erzeugt andererseits durch die Umsetzung in
seinem Körper wertvollen Humus. Unter 1 Quadratmeter Boden-
fläche können etwa 50 Regenwürmer leben, die Würmer auf
1 Hektar scheiden pro Jahr 40–50 Tonnen fruchtbaren Kot aus.

scheidet etwa
1–2 cm hohe Haufen
aus Erdwürstchen
an der Bodenober-
fläche aus

Segmente 32–37 mit deutlich
abgesetztem, glattem,
orangefarbenem „Gürtel"

Körper aus gleichförmigen
Segmenten zusammengesetzt

# Fischegel

*Piscicola geometra* (Ringelwürmer)
L 20–80 mm   ganzjährig   Süßwasser

**Vorkommen** Über
ganz Europa verbrei-
tet und häufig in fast
allen Gewässern, in
denen auch Fische
leben.

> **kann gut schwimmen**
> **kann nach Blut-
mahlzeit mehrere
Monate ohne erneute
Nahrungsaufnahme
leben**
> **kann gefährliche
Fischkrankheiten
übertragen**

Der Fischegel lauert mit seinem hinteren Saugnapf an Wasserpflanzen oder Steinen festgeheftet mit meist schräg vorgestrecktem Körper auf vorbeikommende Fische. Kann er einen Fisch
erreichen, heftet er sich mit dem vorderen Saugmaul an
Flossen, Körper, Kiemen oder sogar in der Maulhöhle
fest. Dann ritzt er dessen Haut auf und saugt das
Blut. Sein Ziel sind ausschließlich Fische.

hinterer Saugnapf

mit auffallenden
rötlichen Längsbändern

Medizinischer Blutegel *(Hirudo
medicinalis)*, 10–15 cm lang

vorderer Saugnapf

Querstreifen

# Dreikant-Röhrenwurm

*Pomatoceros triqueter* (Ringelwürmer)

L 20–25 mm   ganzjährig   Meerwasser

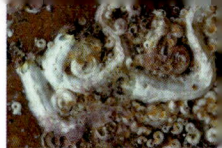

Der Dreikant-Röhrenwurm gehört in eine Gruppe von Meereswürmern, die ihren weichen Körper in einer Kalkröhre verbergen und mit ihrer Tentakelkrone kleinste Nahrungspartikelchen aus dem Wasser filtrieren. Der Wurm ist ein Zwitter und gibt seine männlichen Geschlechtszellen ins freie Wasser ab. Die Eier werden in der Röhre abgelegt, wo sich auch die Larven entwickeln.

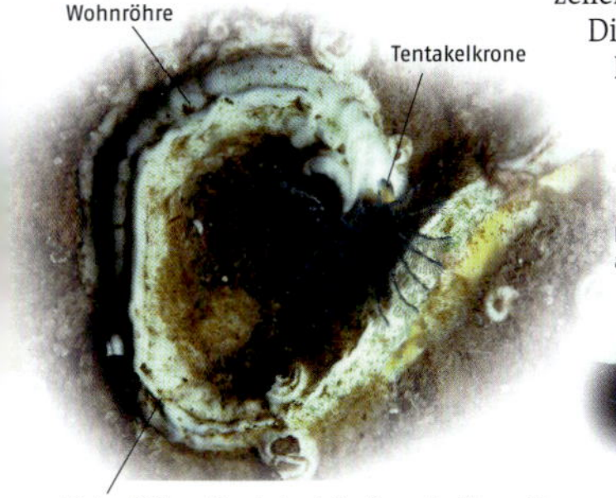

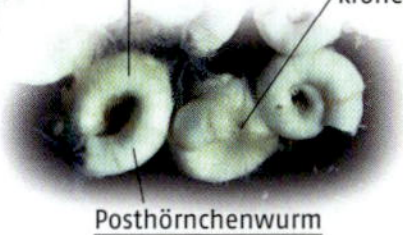

verkalkte Wohnröhre
Tentakelkrone
Kiel auf Oberseite, dadurch im Querschnitt 3-eckig

Kalkröhre posthorn-artig gewunden
Tentakel-krone

Posthörnchenwurm
(*Spirorbis spirorbis*)

***Vorkommen*** *Verbreitet und häufig in Atlantik, Mittelmeer, Nord- und Ostsee von der Gezeitenzone abwärts bis in große Meerestiefen, besiedelt Fels, Tange, Muschelschalen und andere harte Unterlagen.*

- > ***zieht sich bei Störung komplett in Röhre zurück***
- > ***kann Röhre mit Deckel verschließen***
- > ***besiedelt auch Schiffsrümpfe***



# Wattwurm

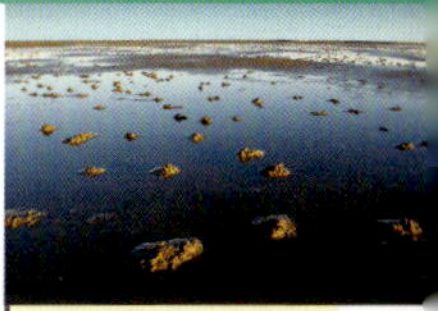

*Arenicola marina* (Ringelwürmer)

L 15–30 cm   ganzjährig   Meerwasser

ausgeschiedene Sandwürstchen
Fraßtrichter

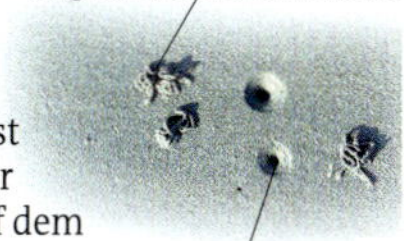

Der Wattwurm lebt unterirdisch in selbst gegrabenen, u-förmigen Wohnröhren. Er hinterlässt charakteristische Spuren auf dem Meeres- oder Wattboden: Häufchen aus gedrehten Sandwürstchen und daneben ein Loch. Das Loch ist ein Fraßtrichter: Darunter frisst der Wurm Sand oder Schlick und lebt von den darin enthaltenen Nährstoffen. Dort, wo der Kothaufen liegt, kommt er regelmäßig nach oben, um die unverdaulichen Reste auszuscheiden.

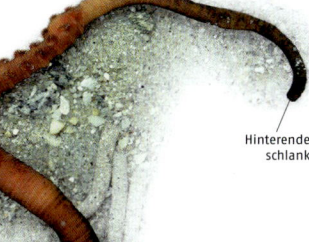

Hinterende schlank
gefiederte Kiemenbüschel
Vorderende dicklich

***Vorkommen*** *Verbreitet in Atlantik, Mittelmeer, Nord- und Ostsee in sandigen und schlickigen Meeresböden der Gezeitenzone, massenweise im Wattenmeer.*

- > ***auch Pier-, Sandpier- oder Köderwurm genannt***
- > ***lebt ähnlich wie unser Regenwurm im Garten***
- > ***wichtige Nahrung für Vögel im Watt***

# Süßwasserpolyp

*Hydra spec.* (Nesseltiere)
L 10–20 mm    ganzjährig    Süßwasser

Beute wird im Ganzen verschluckt.

Der Süßwasserpolyp lebt mit seinem Fuß fest geheftet auf Wasserpflanzenblättern, Steinen, Schnecken- und Muschelschalen und anderen festen Unterlagen. Seine Tentakel streckt er ins freie Wasser. Diese wirken wie Fangarme, die Wasserflöhe, Insektenlarven und andere Kleintiere umschlingen. Eingelagerte Nesselzellen explodieren bei der kleinsten Berührung; die herausschnellenden Stacheln durchbohren die Haut des Opfers und entlassen ein lähmendes Gift.

blütenblattartig ausgebreitete Tentakel

Der unverwechselbare Grüne Süßwasserpolyp (*Chlorohydra viridissima*) fällt durch seine grasgrüne Färbung auf, die durch die Einlagerung von einzelligen Grünalgen entsteht.

Fußstiel

# Ohrenqualle

*Aurelia aurita* (Nesseltiere)
Durchmesser 20–35 cm    ganzjährig    Meerwasser

Die Ohrenqualle tritt in zwei verschiedenen Erscheinungsformen auf, und zwar als schirmförmige, frei schwimmende Meduse und als der weniger bekannte, fest sitzende Polyp. Die Meduse vermehrt sich durch Befruchtung; aus den Larven entwickeln sich die Polypen, die schließlich wieder Medusen abschnüren. Die Qualle wird meist einfach mit der Strömung getrieben, kann aber auch durch zusammenziehende Bewegung ihres Schirms aktiv schwimmen.

wird oft am Strand angespült

4 ohrförmige Geschlechtsorgane

flach gewölbter Schirm

# Feuerqualle

*Cyanea capillata* (Nesseltiere)
Durchmesser 40–80 cm   ganzjährig   Meerwasser

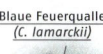
Blaue Feuerqualle
(C. lamarckii)

Ihre Nesselzellen durchbohren auch die menschliche Haut, daher kann der Kontakt beim Baden mit einer Feuerqualle sehr schmerzhaft sein und erinnert an das „Verbrennen" an Brennnesseln. Besonders bei allergisch reagierenden Personen kann das Nesselgift aber auch deutlich stärkere Reaktionen wie Atembeschwerden, Schwindel, Erbrechen, Fieber und heftige Hautausschläge hervorrufen.

ebenfalls stark nes-
selnd, bis 30 cm groß >

**Vorkommen** *Verbreitet in den Küstengewässern von Atlantik, Nord- und Ostsee.*

> *auch Gelbe Haarqualle genannt*
> *ernährt sich von Plankton und kleinen Fischchen*
> *nesselt schmerzhaft*

auffällige
Radialstreifen

feine, mehrere Meter
lange Randtentakel

die Kompassqualle
(Chrysaora hysoscella)
wird bis 30 cm groß

Rand grob gelappt

---

# Dickhörnige Seerose

*Urticina felina* (Nesseltiere)
L 10–15 cm   ganzjährig   Meerwasser

spitze Tentakel

Gehört innerhalb der Nesseltiere gemeinsam mit vielen anderen Arten aus allen Weltmeeren zu den so genannten Blumentieren, die in ihrer Bezeichnung Namen wie Rose, Seerose, Anemone, Dahlie oder Nelke tragen. Sie leben fest gewachsen auf allen möglichen Unterlagen und erbeuten mit ihren nesselnden Tentakeln kleine Meerestiere.

Pferdeaktinie
(Actinia equina),
5–6 cm hoch

**Vorkommen** *Verbreitet in den Küstengewässern von Atlantik, Mittelmeer, Nord- und Ostsee auf Felsböden, an Hafenanlagen und Molen, auch in Gezeitentümpeln.*

> *auch Seedahlie genannt*
> *keine Blume, sondern ein „Raubtier"*
> *für Menschen völlig harmlos*

bis zu 150 stumpf
endende Tentakel

zahlreiche in Büscheln
angeordnete Tentakel

glatte Säule

Seenelke
(Metridium senile),
bis 25 cm hoch

farbenprächtige Zeichnung

# Bäume erhaben und lebensspendend

Sie sind die Rekordhalter unter den Erdenwesen:
Mit einem Alter bis weit über 4000 Jahre, einer
Höhe bis über 100 m und einem Stammumfang
von 50 m und mehr, muten wir selbst im
direkten Vergleich ungewohnt winzig und
kurzlebig an.

## Jeder Baum ein Lebensraum

An einem einzigen Baum finden bequem 1000 verschiedener Tiere Nahrung und Unterschlupf: Während Heer-
scharen geschäftiger Käferlarven Holz und Rinde knabbern,
machen sich unzählige Schmetterlingsraupen und Maikäfer
über die saftiggrünen Blätter her. Gleichzeitig umschwär-
men Bienen und Hummeln Baumblüten, um sich an den
süßen Blütensäften zu laben. Einen gewissen Schutz bietet
der Baum mit feinsten Rindenritzen für Schmetterlingseier,
Spinnen und winzige Insekten, doch Baumläufer und Kleiber
sind unermüdlich dabei, den Stamm abzulaufen und diesen
Kleintieren nachzustellen. Größere Tiere wie Spechte, Fledermäuse, Siebenschläfer und Marder leben in Astlöchern und
Baumhöhlen; und während weit unten im Erdreich zwischen
Baumwurzeln Mäuse, Fuchs und Dachs ihre Erdlöcher bud-
deln, bauen hoch oben in der Baumkrone Buchfink, Mäusebussard und Eichhörnchen ihre Reisignester. So beherbergt
ein einziger, ehrwürdiger Baum in der Tat nicht weniger Tiere
als eine mittelgroße Stadt Einwohner hat.

# Weiß-Tanne

*Abies alba* (Kieferngewächse)

H 30–50 m   Mai   Baum

Zapfen aufrecht, etwa 10 cm lang

Schuppen mit feinen Spitzen

**Vorkommen** *Wälder in den Gebirgen Mittel- und Südeuropas, oft gemeinsam mit der Gemeinen Fichte oder der Rot-Buche. Typische, hellgraue Borke.*

> **kann an die 600 Jahre alt werden**
> **Wurzeln reichen tief in den Boden**
> **liefert harzfreies Holz**

Für würzigen Tannenhonig besuchen Bienen nicht die Blüten der Bäume, sondern sammeln die zuckerhaltigen Ausscheidungen verschiedener auf Tannen und Fichten saugender Läuse. Wenn man im Wald Zapfen auf dem Boden findet, handelt es sich nie um Tannenzapfen. Diese zerfallen bei Reife von selbst auf dem Baum: Es fallen dann ihre Schuppen auf den Boden und die zentrale Spindel bleibt auf dem Ast sitzen.

Wipfel bei jungen Bäumen spitz, bei alten rundlich

Wuchs schmal kegelförmig

Äste stehen waagerecht ab, oft ungleich lang

Spitze rund oder gekerbt

oben glänzend dunkelgrün

unten mit 2 weißen Bändern

Nadeln biegsam, bis 3 cm lang

Nadeln seitlich orientiert, Zweige dadurch flach

# Douglasie

*Pseudotsuga menziesii* (Kieferngewächse)

H 25–50 m   Mai   Baum

männliche Blüten am Ende der Zweige

**Vorkommen** *Stammt aus dem westlichen Nordamerika. In Mitteleuropa als Forstbaum, in Gärten und Parks. An den typischen Zapfen gut zu erkennen.*

> **Nadeln duften zerrieben nach Orange oder Zitrone**
> **kann in der Heimat bis über 100 m hoch werden**
> **Zapfen fallen als Ganzes ab**

Krone kegelförmig

Die Douglasie wächst rasch und liefert hartes, dauerhaftes Holz. An gleichen Standorten kann ihr Holzertrag doppelt so hoch sein wie das der Gemeinen Fichte. Kein Wunder, dass sie bei uns heute die wirtschaftlich bedeutendste ausländische Baumart ist.

unten mit 2 weißen Bändern

Nadeln 2–4 cm lang, weich, dünn

oben matt dunkelgrün

Äste in Quirlen

Zapfen hängend, 5–8 cm lang

Stamm gerade

3-spitzige Schuppen

# Gemeine Fichte

*Picea abies* (Kieferngewächse)
H 25–50 m   Mai   Baum

weibliche Blüten-
stände aufrecht

Fichten wurden lange Zeit hauptsächlich in dichten Monokulturen gezogen. In diesen Forsten breiten sich aber Schädlinge wie etwa Borkenkäfer stark aus. Mittlerweile pflanzt man den „Brotbaum der Forstwirte" deshalb vermehrt in Mischkulturen mit anderen Bäumen.

**Vorkommen** *Ist in Nordeuropa und den Gebirgen Mitteleuropas beheimatet. In tieferen Lagen oft als Forstbaum. Die Nadeln sitzen rundherum an den Zweigen.*

> **preisgünstiger Weihnachtsbaum**
> **Nadeln zersetzen sich nur langsam**
> **bevorzugt luftfeuchte, kühle Standorte**

gleichmäßig kegelförmige Krone

Äste waagerecht oder bogig aufwärts

junge männliche Blüten rot

Nadeln schraubig um den Zweig

Zapfen hängend, bis 16 cm lang

gerader, säulenförmiger Stamm

Nadeln bis 2,5 cm lang, stechend spitz

4-kantig

sitzen auf einem Höcker

# Europäische Eibe

*Taxus baccata* (Eibengewächse)
H bis 15 m   März–Mai   Baum

Eiben wachsen sehr langsam und sind selten, daher sind dichtere Bestände oft die Folge uralter Anpflanzungen. Obwohl die Eibe tödlich giftig ist, nutzte man sie in der Volksheilkunde als Wurmmittel, bei Herzschwäche und zur Förderung der Menstruation.

**Vorkommen** *Wild nur selten, vereinzelt in Wäldern. Park- und Zierbaum.*

> **immergrün**
> **männliche und weibliche Blüten auf unterschiedlichen Pflanzen**
> **Nadeln weich, in 2 Reihen**

roter beerenartiger Samenmantel

Samen dunkelbraun

weibliche Blüten grün

männliche Blüten gelblich

# Großfrüchtiger Wacholder

*Juniperus oxycedrus* (Zypressengewächse)
H 2–15 m   Febr.–März   Strauch oder Baum

**Vorkommen** *Im Mittelmeergebiet in Strauchbeständen und lückigen Wäldern. An den rotbraunen Früchten gut vom Gewöhnlichen Wacholder zu unterscheiden.*

> *heißt auch „Rotbeeriger Wacholder"*
> *wächst meist auf steinigem oder sandigem Boden*
> *Früchte reifen im 2. Jahr*

oben mit 2 weißen Mittelstreifen

1,2–1,8 cm lang

3 abstehende, starre Nadeln in einem Quirl

Krone unregelmäßig

Im Altertum bezeichnete man baumförmige Wacholderarten auch als „Zedern". So bedeutet der wissenschaftliche Artname *oxycedrus* so viel wie „Rotzeder" und bezieht sich auf die Farbe der Früchte. Manchmal wird der kleine Baum oder Strauch auch „Zedern-Wacholder" oder „Spanische Zeder" genannt, was jedoch zu Verwirrungen führen kann.

Äste sehr dicht, steif

reif rotbraun

Beerenzapfen um 1 cm dick

# Gewöhnlicher Wacholder

*Juniperus communis* ssp. *communis* (Zypressengewächse)
H 30–100 cm   Aug.–Okt.   Strauch

**Vorkommen** *Heiden, magere Weiden, trockene Wälder. Meist auf kalkhaltigen Böden. Nördliche Hemisphäre.*

> *männliche und weibliche Blüten meist auf unterschiedlichen Pflanzen*
> *Zapfen beerenartig fleischig*

Im Mittelalter verbrannte man das Holz gegen Hexenzauber und glaubte sich mit den Beeren vor der Pest schützen zu können. Die Beeren sind eine Wasser treibende Droge. Von längerem Gebrauch wird aber wegen möglicher Nierenschäden abgeraten – Wacholderbeeren als Gewürz sind demgegenüber unkritisch.

Nadeln stechend

reife Wacholderbeeren sind blau

männliche Blüten gelblich, die weiblichen sind grün

# Europäische Lärche

*Larix decidua* (Kieferngewächse)
H 25–35 m   April–Mai   Baum

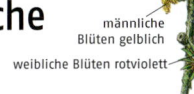
männliche Blüten gelblich
weibliche Blüten rotviolett

Die Lärche ist der einzige heimische Nadelbaum, der seine Nadeln im Herbst abwirft. Lärchenholz ist sehr langlebig und widerstandsfähig gegen Pilze, Laugen, Säuren und Wasser. Heute nutzt man es als Bauholz für Fenster und Türen sowie der schönen Maserung wegen auch für den Innenausbau und für Möbel.

Krone gleichmäßig kegelförmig

**Vorkommen** *Wild ursprünglich in den Alpen und Karpaten. Weit verbreitet im Forst, in Parks und Gärten. Die Bäume leuchten im Herbst goldgelb.*

> *wächst im Hochgebirge bis zur Waldgrenze*
> *braucht viel Licht*
> *kann bis 600 Jahre alt werden*

hell- bis dunkelgrüne Nadeln in Büscheln zu 30–40

Äste fast waagerecht bis überhängend

Zapfen bis 4 cm lang, braun

Zweige dünn, von den Hauptästen hängend

Schuppen anliegend

bis 3 cm lang

# Echte Zypresse

*Cupressus sempervirens* (Zypressengewächse)
H bis 30 m   April–Juni   Baum

Das ätherische Öl aus Blättern und jungen Zweigen fördert das Aushusten zäher Schleime bei Erkältungskrankheiten und ist in Schnupfensalben und Einreibemitteln enthalten. Wegen des intensiven Dufts werden einige der Komponenten in Parfüms, Badeölen und Raumsprays verarbeitet. In der Homöopathie nutzt man das Öl bei Kopf- und Gelenkschmerzen.

**Vorkommen** *Östliches Mittelmeergebiet, Vorderasien, häufig angepflanzt und in Südeuropa eingebürgert.*

> *immergrün*
> *säulenförmiger Wuchs*
> *Nadeln schuppenförmig*

eng anliegende Nadeln

Zapfen besteht aus 6–12 Schuppen

Zapfen kugelig, bis 4 cm

stumpfe Spitze

Nadeln in 4 dichten Reihen

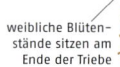

weibliche Blüten-
stände sitzen am
Ende der Triebe

# Schwarz-Kiefer

*Pinus nigra* (Kieferngewächse)
H 20–30 m   Mai–Juni   Baum

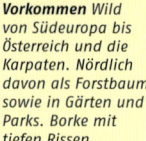

**Vorkommen** *Wild von Südeuropa bis Österreich und die Karpaten. Nördlich davon als Forstbaum sowie in Gärten und Parks. Borke mit tiefen Rissen.*

> **es gibt verschiedene Unterarten**
> **kommt gut mit Trockenheit zurecht**
> **widerstandsfähig gegen Sturm**

bis über 10 cm
lang

dunkelgrüne
Nadeln in Bündeln
zu 2.

Die Zapfen öffnen sich bei Trockenheit und schließen sich wieder bei feuchtem Wetter. Dieser Mechanismus sorgt dafür, dass die geflügelten Samen nur dann vom Wind davongeblasen werden können, wenn günstige Flugbedingungen herrschen.

Krone anfangs kegelförmig,
später breit ausladend,
abgerundet

Zapfen 3–8 cm
lang, meist
eiförmig

# Berg-Kiefer

*Pinus mugo* ssp. *mugo* (Kieferngewächse)
H 1–5 m   Mai–Juli   Baum

**Vorkommen** *Moore der Mittelgebirge. Alpen und Karpaten oberhalb der Baumgrenze.*

> **immergrün, strauchige Wuchsform**
> **überlebt unter Schneebedeckung**
> **Zapfen im 2. Jahr reif**

Nadeln zu 2.
in Büscheln

Das sogenannte Latschenkiefernöl stammt aus den Nadeln und frischen Zweigspitzen der Berg-Kiefer. In seiner Wirkung gleicht es den Ölen anderer Nadelbäume: Es fördert das Aushusten von Schleimen bei Erkältungskrankheiten und Bronchitis. Äußerlich wird es zum Einreiben und als Badezusatz verwendet.

weibliche Blüten
an der Spitze von
Neutrieben

weiblicher
Blütenstand

reife Zapfen
2–5 cm lang

reifer Zapfen
zimtbraun

männliche Blüten
kätzchenartig

# Wald-Kiefer

*Pinus sylvestris* var. *sylvestris* (Kieferngewächse)

H bis 40 m   Mai–Juni   Baum

Das Öl der Wald-Kiefer wird genauso wie die anderen Nadelholz-
öle angewandt – bei Erkältungskrankheiten und Durchblutungsstörungen. In der Volksheilkunde
greift man allerdings direkt auf
die frischen Sprosse zurück,
zur Inhalation bei Erkältungskrankheiten, um Bäder zu
aromatisieren oder Sirup aus
dem Auszug zu kochen.

weibliche Blüten-
stände zu 1–3 an
der Spitze

rundlich, kurz gestielt

3–7 cm lang,
meist um die
eigene Achse
gedreht

reifender Zapfen
rötlich grün

reife Zapfen hängend

blaugrüne
Nadeln in
Bündeln
zu 2.

# Pinie

*Pinus pinea* (Kieferngewächse)

H 15–30 m   April–Mai   Baum

Die flache Krone hat für die Pinie wohl zwei Vorteile: Sie
beschattet den Boden und schützt so die Wurzeln gegen zu
starke Austrocknung. Außerdem bietet sie dem oft starken
Küstenwind nur geringen Widerstand.
Die Samenkerne schmecken
angenehm, etwas mandelartig.

Zapfen bis 14 cm
lang und 10 cm
dick

Krone auffällig
schirmförmig, flach
gewölbt, an jungen
Bäumen kugelig

glänzend braun

Samen mit
holziger Schale

Borke tiefrissig

Spitze scharf

bis 15 cm
lang, steif

dunkelgrüne Nadeln
in Bündeln zu 2.

# Zirbel-Kiefer

*Pinus cembra* (Kieferngewächse)

H 10–20 m    Juni    Baum

Die Zapfen öffnen sich nicht am Baum, sondern fallen als Ganzes ab und werden dann meist von Nagetieren und Vögeln zerlegt, für die die Samen ein schmack- und nahrhafter Leckerbissen sind. Arven ertragen große Kälte und wachsen bis an die Baumgrenze.

ziemlich steif, 5–8 cm lang

dunkelgrüne Nadeln in Bündeln zu 5.

Äste und Zweige dicht

Krone anfangs kegelförmig, später breit gerundet, oft unregelmäßig

anfangs violett, dann zimtbraun

Zapfen eiförmig, 6–8 cm lang

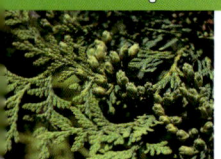

# Abendländischer Lebensbaum

*Thuja occidentalis* (Zypressengewächse)

H 5–20 m    April–Mai    Baum

Der Abendländische Lebensbaum kam um 1536 von Nordamerika nach Europa. Heute gehört er zu unseren beliebtesten Gartengehölzen. Früher nahm man Zubereitungen missbräuchlich als Abtreibungsmittel ein – eine Anwendung, die für die Schwangere tödlich enden konnte.

Schuppenblätter stumpf, bis 0,7 cm lang

auffällige Wachsdrüse

Krone schmal kegelförmig

Äste dicht

Äste reichen weit hinab

Zweige flach ausgebreitet

Zapfen eiförmig, bis 1 cm lang

„leere" Zapfen oft lange am Zweig sitzend

Blüten unscheinbar

# Gewöhnlicher Stechginster

*Ulex europaeus* (Schmetterlingsblütengewächse)

H 0,6–2 m   April–Juni   Strauch

Besonders auf den Britischen Inseln hat sich der Gewöhnliche Stechginster zu einem lästigen „Unkraut" auf Rinderweiden entwickelt, als die Engländer die Kaninchenplage in ihrem Land bekämpften: Sie dezimierten damit den wichtigsten Fressfeind des Strauchs. Wiederkäuer meiden die dornige Pflanze. Für den Menschen ist das Gehölz sehr stark giftig.

Früchte kurz, mit Kelch

**Vorkommen** *Wild in Westeuropa von Portugal bis Großbritannien. In Mitteleuropa selten gepflanzt. Blüten einzeln zwischen und an den Dornen.*

> die Dornen dienen als Fraßschutz
> braucht milde Winter
> friert in Mitteleuropa in strengen Wintern weit zurück

1,5–2 cm lange Schmetterlingsblüte

Blütenblätter klappen weit auseinander

Wuchs sparrig

Blätter und kurze Triebe zu Dornen umgebildet

Dornen verzweigt, starr

# Echter Feigenkaktus

*Opuntia ficus-indica* (Kakteengewächse)

H 2–5 m   April–Juli   Strauch

Bereits kurz nach der Entdeckung Amerikas brachten die Spanier den Echten Feigenkaktus ans Mittelmeer. Die Früchte schmecken – nach Entfernen der Borstenpolster – süßlich aromatisch. Sie werden auch bei uns als Obst angeboten. Auch schützen die Pflanzen als „lebender Zaun" landwirtschaftliche Kulturen in Trockengebieten.

aus verkehrt eiförmigen Sprossgliedern zusammengesetzt

Blüte 6–10 cm breit

viele gelbe oder orangenfarbene Blütenblätter

bläulich grün bereift

zahlreiche Staubblätter

an der Spitze eingesenkt

Wuchs aufrecht, sparrig

feigenähnliche, 5–9 cm große Frucht

Borstenpolster

**Vorkommen** *Heimisch im tropischen Amerika. Im Mittelmeerraum kultiviert und eingebürgert. Auch von Ferne durch die Sprosse unverwechselbar.*

> braucht Sonne und erträgt große Trockenheit
> Samen sind lange keimfähig
> kleine Stücke wachsen zu neuen Pflanzen aus

polsterförmige Gruppen mit kleinen Borsten

flache, fleischige Sprosse

unter 1 cm lange Dornen

# Rosmarinheide

*Andromeda polifolia* (Heidekrautgewächse)

H 0,1–0,3 m   Mai–Aug.   Strauch   ☠

*Andromeda* ist in der griechischen Mythologie die Tochter von Kassiopeia. Beide wurden der Legende nach als Gestirne an den Nordhimmel versetzt, also den Himmel, der sich über das Verbreitungsgebiet der Rosmarinheide wölbt. Die Pflanze enthält Giftstoffe, die den Blutdruck senken und zu Atemlähmung führen können.

**Vorkommen** Wild in Hochmooren Nord- und Mitteleuropas. Auf nährstoffarmen Böden, oft in Torfmoospolstern. Die Blüten sitzen an den Enden der Äste.

> **Blätter immergrün**
> **wirkt wie in den Boden gesteckte Äste des Rosmarins (S. 305)**
> **Hauptachse kriecht im Boden**

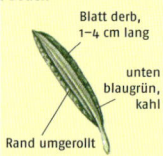

Blatt derb, 1–4 cm lang

unten blaugrün, kahl

Rand umgerollt

Äste aufrecht

Blätter wechselständig

Blütenkrone kugelig bis eiförmig, 0,5–0,8 cm lang

# Glockenheide

*Erica tetralix* (Heidekrautgewächse)

H 15–45 cm   Juli–Sept.   Strauch

**Vorkommen** Wild im nördlichen Westeuropa und Mitteleuropa auf sauren, feuchten Böden in Mooren und Heiden, auch in lichten Kiefernwäldern und in Küstennähe.

> **immergrüner Zwergstrauch**
> **seltene, geschützte Art**
> **verschiedene Zuchtformen für den Garten**

Da die Glockenheide feuchte Standorte bevorzugt, wird sie auch als „Sumpfheide" bezeichnet. Der Nektar befindet sich tief in der glockenförmigen Blüte und ist dort nur für langrüsselige Insekten wie Bienen, Hummeln und bestimmte Schmetterlinge erreichbar. Durch die Zerstörung ihrer Lebensräume ist die Glockenheide vielerorts selten geworden.

zu 4. quirlständig

nadelförmige Blätter 3–5 mm lang

Blüten rot bis violett, zu 5–20 in endständiger Traube

Blüten ca. 7 mm lang

glockenförmige Blüten

meist aufrechter Wuchs

# Besenheide
*Calluna vulgaris* (Heidekrautgewächse)
H 30–100 cm   Aug.–Okt.   Strauch

Aus Heidekraut bereitet man bei Blasen- und Nierenleiden einen harntreibenden Tee, der auch bei Schlaflosigkeit und Rheuma helfen soll. In der Bachblütentherapie soll Heather zwischenmenschliche Kontakte erleichtern.

**Vorkommen** Heiden, magere Weiden, Moore und Kiefernwälder. Auf nährstoffarmen, sauren Böden. Europa bis Kleinasien.

> **Blüten in einseitswendiger Traube**
> **blütenblattartiger Kelch doppelt so lang wie die Krone**

4 Kelch- und 4 Kronblätter

Kronblätter am Grund verwachsen

Blätter immergrün, in 4 Zeilen um holzigen Stängel

# Rosmarin
*Rosmarinus officinalis* (Lippenblütengewächse)
H 50–200 cm   Jan.–Dez.   Strauch

Wollte man alle Anwendungsbereiche des Rosmarins schildern, ließen sich viele Seiten füllen. Das ätherische Öl soll die Durchblutung bei Rheuma und Nervenschmerzen fördern, die Verdauung anregen sowie Blähungen und Krämpfe lindern. Früher wob man Rosmarin als Glücksbringer in Brautsträuße ein. Nicht verwenden in der Schwangerschaft.

Krone 10–12 mm lang

**Vorkommen** Immergrüne Gebüsche. Mittelmeergebiet, weiter verbreitet als Heil- und Zierpflanze.

> **immergrüner, stark duftender Strauch**
> **Blätter nach unten umgerollt**

Blätter nadelartig

2 heraushängende Staubblätter

# Rot-Buche

*Fagus sylvatica* (Buchengewächse)
H 25–30 m   April–Mai   Baum

3-kantige Früchte, die „Bucheckern"

verholzter Fruchtbecher

**Vorkommen** Heimisch in Wäldern fast ganz Europas. Als Forst- und Parkbaum häufig kultiviert. Geschlossene Früchte fallen durch die Stacheln auf.

> **wichtiger Holzlieferant**
> **empfindlich gegen Staunässe**
> **sehr schatten-verträglich**

Ohne die Eingriffe des Menschen in die Natur wäre die Rot-Buche in Mitteleuropa die häufigste Baumart. Bereits in prähistorischer Zeit sammelten die Menschen Bucheckern. In Notzeiten dienten sie bis ins 20. Jahrhundert als Nahrungsmittel.

Krone oft hoch gewölbt
Stamm gerade, reicht bis weit in die Krone
je nach Standort breit oder schmäler
Borke grau, relativ glatt
weibliche Blütenstände aufrecht
männliche Blüten in hängenden Köpfchen

Blatt 5–10 cm lang, elliptisch bis eiförmig

Rand schwach wellig

# Stein-Eiche

*Quercus ilex* (Buchengewächse)
H 5–25 m   April–Mai   Baum

Blattrand auch gezähnt
unten graufilzig
Eichel bis 3 cm lang
zur Hälfte vom Frucht-becher umgeben

**Vorkommen** Heimisch in Wäldern und Gebüschen des Mittelmeergebiets. In England in Parks. Fällt durch die festen, dunkelgrünen Blätter auf.

> **immergrün**
> **in Deutschland nicht winterhart**
> **Blattform sehr variabel**

Die Borke der Stein-Eiche enthält sehr viel Gerbstoffe und wird zum Gerben von Leder verwendet. Das Holz liefert gute Holzkohle. In Spanien und Nordafrika pflanzt man eine Sorte der Stein-Eiche, bei der die Früchte süß schmecken. Die Früchte dieser „Haselnuss-Eiche" kann man geröstet oder roh essen.

zahlreiche, kräftige Äste
Krone rundlich
Stamm meist kurz

Blatt oben glänzend dunkelgrün

spitz

2–8 cm lang, ledrig

# Tulpen-Magnolie

*Magnolia x soulangiana* (Magnoliengewächse)
H 3–6 m   April–Mai   Strauch oder Baum

Frucht zapfenartig

Die erste Tulpen-Magnolie entstand um 1820 auf einem Anwesen bei Paris als zufällige Kreuzung zweier aus China stammender Arten, der Purpur-Magnolie und der Yulan-Magnolie. Heute gibt es verschiedene Sorten auf dem Markt.

Krone breit

untere Äste weit ausladend

Blüten bis 30 cm breit

8–10 weiße oder rosa Blütenblätter

meist bereits weit unten verzweigt

> prächtiges Gartengehölz
> lockt Käfer als Bestäuber an
> benötigt einen geschützten Standort

zugespitzt

matt dunkelgrün

Blatt 10–18 cm lang, verkehrt eiförmig

# Gewöhnlicher Judasbaum

*Cercis siliquastrum* (Johannisbrotgewächse)
H 3–10 m   Mai   Strauch oder Baum

6–15 cm lange, flache, harte Hülsenfrucht

Der Baum schmückte schon zu biblischen Zeiten die Gärten von Judäa. Der Legende nach soll sich Judas an diesem Baum erhängt haben. Es heißt auch, dass die Blüten ursprünglich weiß waren und sich erst nach der Kreuzigung Christi gefärbt haben. Mit den Blüten lassen sich Salate garnieren. Die Früchte sind nicht essbar.

Krone breit ausladend, oft unregelmäßig

bis 2 cm lange, rosarote Schmetterlingsblüten

meist mit mehreren Stämmen

> winterhart, bevorzugt aber milde Lagen
> einer der beliebtesten Zierbäume Südeuropas
> Früchte im Winter am Baum

Blatt bis 11 cm groß, rund bis nierenförmig

derb ledrig, unbehaart

Basis herzförmig

# Echte Quitte

*Cydonia oblonga* (Rosengewächse)

H 4–6 m   Mai–Juni   Baum

Blüte um 5 cm groß

5 Kronblätter

Ausgereifte Quitten verströmen einen intensiven, fruchtig-aromatischen Duft. Roh sind die harten, herb-säuerlichen Früchte kaum genießbar. Als Saft oder Gelee schmecken sie jedoch hervorragend.

**Vorkommen** Heimisch in Westasien; kam vor über 2500 Jahren nach Südeuropa, später nach Mitteleuropa. Die Früchte können auch birnenförmig sein.

> braucht ausreichend Wärme
> ausgereifte Früchte erst im Oktober oder November
> mehrere Sorten in Kultur

Krone breit ausladend

Frucht bis 15 cm lang, filzig behaart

Filz an reifen Früchten abwischbar

oft apfelförmig

Blatt 5–15 cm lang, eiförmig

oben mattgrün

unten filzig behaart

Stamm kurz oder strauchartig mit mehreren Stämmen

# Lorbeer-Kirsche

*Prunus laurocerasus* (Rosengewächse)

H 1–6 m   Mai   Strauch oder Baum ☿ ☠

aufrechte, bis 20 cm lange Traube

um 8 mm große Blüten

Die immergrünen Blätter erinnern an die des Lorbeers, die Früchte an Kirschen. Verwandtschaftlich steht die Art tatsächlich den Kirschen nahe. Im Gegensatz zu diesen sind jedoch alle Pflanzenteile giftig. Sie enthalten Giftstoffe, aus denen Blausäure freigesetzt wird. Beim Zerreiben der Blätter oder Schälen der Rinde entwickelt sich deshalb ein typischer „Bittermandelgeruch".

**Vorkommen** Wild auf dem Balkan und in Kleinasien. In Mittel- und Südeuropa oft als Zier- und Heckenstrauch. Oft reife und unreife Früchte gleichzeitig.

> wächst in Gärten meist eher als Strauch
> blüht manchmal im Herbst ein zweites Mal
> heißt auch „Kirschlorbeer"

Äste nach oben gerichtet oder ausgebreitet

immergrüner kleiner Baum oder breit buschiger Strauch

kugelige, erbsengroße Früchte

Blatt 5–25 cm lang

glänzend dunkelgrün, ledrig

beim Reifen erst rot, dann schwarz

# Weidenblättrige Zwergmispel

*Cotoneaster salicifolius* (Rosengewächse)

H 2–3 m   Juni   Strauch

Die Blätter ähneln etwas denen der Echten Mispel (S. 333). Die sehr zahlreichen Blüten enthalten, obwohl sie ziemlich klein sind, viel zuckerhaltigen Nektar und eiweißreichen Blütenstaub. Sie locken deshalb zahlreiche Insekten, darunter auch Honigbienen, als Bestäuber an.

zahlreiche vielblütige Blütenstände mit weißen Blüten

Wuchs breit, mit langen, überhängenden Zweigen

viele Früchte dicht beieinander

Frucht 4–6 mm dick, rot

Blatt 4–8 cm lang, lanzettlich

Oberseite wirkt runzelig

Rand eingerollt

unten filzig

# Buchsbaum

*Buxus sempervirens* (Buchsbaumgewächse)

H 0,3–4 m   April–Mai   Strauch

Im Volksglauben galt der Buchsbaum als Schutz- und Zauberpflanze, die vor Blitz und Krankheiten schützen sollte. Buchsbäume lassen sich gut zu Figuren stutzen und waren deshalb besonders in der Renaissance und im Barock beliebt. Eine Verwendung als Umrandung von Gartenbeeten geht auf die Römer zurück, die diesen Brauch nach West- und Mitteleuropa brachten.

geschlossene Frucht mit 3 Hörnern

Wuchs buschig

gelblich weiße Blüten in Büscheln in den Blattachseln

Blattoberseite glänzend

Blätter immergrün, ledrig, oval, 1–2,5 cm lang

Rand nach unten gebogen

gegenständig

# Gewöhnlicher Faulbaum

*Frangula alnus* (Rhamnus frangula)
H 1–4 m   Mai–Juni   Strauch oder Baum   ☠

**Vorkommen** *Moore, Auwälder, lichte Wälder und Gebüsche. Auf feuchten bis nassen Böden. Europa, Nordafrika, Asien.*

> **sommergrün, Blätter wechselständig**
> **Zweige ohne Dornen**
> **trägt Blüten und Früchte gleichzeitig**

Der Faulbaum ist sehr giftig und darf nicht für eine Selbsttherapie verwendet werden. Die Volksheilkunde benutzt die Rinde seit dem Mittelalter als starkes – und gefährliches – Abführmittel, denn die Wirkstoffe verhindern die Flüssigkeitsresorption aus dem Dickdarm. Darüber hinaus nahm man sie als Schlankheitsmittel und missbrauchte sie für Abtreibungen.

Blattadern bogenförmig, mattgrün

Blätter 2–8 cm lang, breit elliptisch

Steinfrüchte 8 mm groß

Früchte erst rot, dann schwarz

Blüten winzig, in Dolden

Blätter breit elliptisch

# Kornelkirsche

*Cornus mas* (Hartriegelgewächse)
H 3–8 m   März–April   Strauch oder Baum

**Vorkommen** *In Mittel- und Südeuropa in sonnigen Gebüschen und lichten Wäldern, an Böschungen. Blüht lange vor dem Laubaustrieb.*

> **Blätter gegenständig**
> **schönes, frühblühendes Ziergehölz**
> **nützlich für Bienen und Vögel**

Die Früchte heißen in Österreich „Dirndln" und sind ein echter Geheimtipp für Liebhaber von Wildobst. Marmelade aus den vollreifen, säuerlichen Früchten schmeckt vorzüglich nach Walderdbeeren und Hagebutten.

Steinfrucht bis 2 cm lang, reif leuchtend rot

unten heller

Blatt bis 8 cm lang, breitlanzettlich

meist 4 Paar bogige Blattadern

im Umriss meist unregelmäßig rundlich

ein oder mehrere Stämme

Äste meist sehr sparrig

Blüten um 5 mm groß, gelb

zu 10–25 beieinander

# Blutroter Hartriegel

*Cornus sanguinea* (Hartriegelgewächse)
H 2–5 m  Mai–Juni  Strauch

Blüten mit 4 weißen Kronblättern

Das sehr harte, zähe Holz des Strauches fand früher verschiedene Verwendungen: Es eignete sich für Holznägel, Zeigestöcke, Ladestöcke für Gewehre und nicht zuletzt für stabile Querhölzer zum Verriegeln von Toren. Hiervon leitet sich der Name „Hartriegel" ab. Die Zweige lieferten kräftige Ruten zum Flechten von Zäunen.

**Vorkommen** *Fast in ganz Europa wild in Hecken, lichten Wäldern, an Waldrändern. Auch gepflanzt. Blüten bilden flache, bis 5 cm breite Blütenstände.*

Früchte bis 8 mm dick, blauschwarz

Blätter im Herbst auffällig dunkel- oder purpurrot

Wuchs breit, oft dicht

> **Blätter gegenständig**
> **Zweige besonders auf der Sonnenseite dunkelrot**
> **Blüten riechen unangenehm**

Blatt bis 8 cm lang

3–4, gelegentlich 5 Paar bogige Nerven

**311**

# Gemeiner Sanddorn

*Hippophae rhamnoides* (Ölweidengewächse)
H 1–5 m  April–Mai  Strauch

kräftige, starre Dornen

Sanddornfrüchte enthalten ein fettes Öl, viele Vitamine und Mineralstoffe. Die Früchte werden besonders von Fasanen, aber auch von anderen Vögeln gefressen. Diese scheiden die harten Kerne unverdaut wieder aus und sorgen so für die Verbreitung.

2 Kelchblätter

männliche Blüte mit 4 Staubblättern

**Vorkommen** *Wild in Gebirgen Mittel- und Südeuropas, an der Nord- und Ostsee. Gepflanzt an Straßen und Dämmen. Weibliche Sträucher fruchten reichlich.*

Wuchs aufrecht, dicht sparrig verzweigt

Äste wirken starr

> **es gibt männliche und weibliche Sträucher**
> **Früchte reifen von September bis Dezember**
> **erträgt Salz im Boden**

Blatt schmal, 2–8 cm lang

oben grau punktiert

Frucht bis 8 mm dick, orange, mit silbrigen Schuppen

unten silbrig weiß bis kupferrot

# Netz-Weide

*Salix reticulata* (Weidengewächse)
H 0,1–0,3 m   Juli–Aug.   Strauch

Blütenkätzchen länglich zylindrisch, bis 1,5 cm lang

**Vorkommen** Wild in Nordeuropa und den Gebirgen Mittel- und Südeuropas. Meist oberhalb der Waldgrenze bis auf 3000 m. Die Blätter wirken runzelig.

> **kann große Matten bilden**
> **Äste treiben Wurzeln in den Boden**
> **wächst auf offenem, steinigem Boden und Schutt**

Die Netz-Weide gehört zu den „Gletscher-Weiden" oder „Teppich-Weiden". Sie wachsen so hoch in den Gebirgen oder im Norden, dass sie lange vom Schnee bedeckt sind. Trotzdem schaffen sie es, in der kurzen Wachstumszeit zu blühen und Samen auszubilden.

Äste niederliegend, kriechend

Blätter anfangs wollig behaart

Blatt 2–5 cm lang, rund bis breit eiförmig

unten dicht behaart

auffallendes, tief liegendes Nervennetz

# Dorniger Kapernstrauch

*Capparis spinosa* (Kaperngewächse)
H 0,3–1,5 m   April–Okt.   Strauch

Blüten 4–5 cm breit
Staubblätter sehr zahlreich
Fruchtknoten lang gestielt

**Vorkommen** Wild an Felsen, auf Ödland, an Straßenrändern im Mittelmeerraum. Die reifen Früchte platzen auf und geben zahlreiche schwarze Samen frei.

> **Zweige des Strauchs oft niederliegend oder hängend**
> **kann etwas klettern**
> **Blüten nur wenige Stunden geöffnet**

Sowohl geschlossene Blütenknospen als auch unreife Kapernfrüchte können als Gewürz in Salz, Essig oder Öl eingelegt werden. Sie haben ein würzig-pikantes, etwas eigenartiges Aroma. Die eingelegten Früchte, auch Kapernäpfel genannt, schmecken intensiver als die Blütenknospen.

vorn mit deutlicher Spitze

Blatt breit elliptisch

auffallende, bis 7 cm große Blüten in den Blattachseln

Blätter wechselständig

# Besenginster

*Cytisus scoparius* (Schmetterlingsblütengewächse)

H 1–2 m   Mai–Juni   Strauch   🙂

untere Blätter
kleeartig 3-zählig — gestielt

Die reifen Früchte heizen sich in der Sonne stark auf und platzen dann mit einem lauten Knacken. Dabei schleudern die Samen mehrere Meter weit fort. Aus den struppigen, zähen Zweigen stellte man früher haltbare Kehrbesen her. Medizinisch hilft das Kraut in genau dosierten Mengen bei Herz- und Kreislaufbeschwerden.

**Vorkommen** *Wild fast in ganz Europa auf Heiden, Waldschlägen, an Weg- und Straßenrändern. Die Blüten stehen einzeln oder zu zweit beieinander.*

> **bildet zweierlei Blätter, die meist früh abfallen**
> **junge Zweige 5-kantig**
> **tödlich giftig!**

Wuchs besenartig

blüht meist üppig

goldgelbe, 2–2,5 cm lange Schmetterlingsblüte

obere Blätter einfach, bis 2 cm lang

Frucht behaart

Äste streben aufwärts

Klappen rollen sich nach dem Öffnen auf

# Färber-Ginster

*Genista tinctoria* (Schmetterlingsblütengewächse)

H 0,3–0,7 m   Juni–Aug.   Strauch   🙂

In der frühen englischen Färbeindustrie war der Färber-Ginster eine der bedeutendsten Quellen für gelbe Farbstoffe. Färbende Substanzen kommen sowohl in Blüten und Blättern als auch in dünnen Zweigen vor. Je nach Zusatzbehandlung variiert die Farbe von Zitronengelb bis Dunkelbraun oder Grünoliv.

**Vorkommen** *Wild fast in ganz Europa auf mageren Wiesen, Moorwiesen und an Waldrändern. Die Stängel sind im oberen Teil hellgrün und unverholzt.*

> **obere Abschnitte der Stängel sterben im Winter ab**
> **zeigt nährstoffarme Standorte an**
> **giftig!**

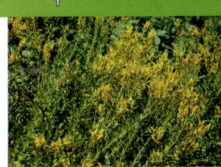

8–16 mm lange Schmetterlingsblüte

klappt weit auseinander

erst im Blütenbereich verzweigt

Zweige ohne Dornen

Blatt 0,5–4,5 cm lang, lanzettlich

Wuchs locker

# Lack-Zistrose

*Cistus ladanifer* (Zistrosengewächse)

H 0,5–2,5 m   April–Juni   Strauch

Wuchs aufrecht mit aufstrebenden Ästen

**Vorkommen** *In Südfrankreich und Spanien heimisch. In Südeuropa häufig gepflanzt. Die Blütenblätter der auffälligen Blüten wirken zerknittert.*

> **Blätter gegenständig**
> **Pflanze fühlt sich klebrig an und duftet angenehm aromatisch**
> **erträgt Trockenheit gut**

Wenn Ziegen zwischen den Sträuchern weiden, bleibt das klebrige Harz der Pflanze an ihren Beinen und Bärten hängen. Im Altertum sammelte man es direkt von den Ziegen ab und verwendete es zum Räuchern und für Salben. Die Parfümindustrie schätzt das Harz noch immer, gewinnt es mittlerweile aber durch Auskochen der Blätter. Auch Süßigkeiten lassen sich damit aromatisieren.

Blatt oben glänzend

ungestielt

4–8 cm lang, schmal

Blüte bis 10 cm groß

am Grund mit dunkelrotem Fleck

5 zerknittert wirkende Kronblätter

Blätter immergrün

# Gewöhnlicher Seidelbast

*Daphne mezereum* (Seidelbastgewächse)

H 40–120 cm   März–April   Strauch

Blattaustrieb an der Spitze

**Vorkommen** *Misch-wälder mit reichem Unterwuchs. Auf nährstoffreichen, möglichst kalkhal-tigen Böden. Europa bis Westasien.*

> **sommergrün, Blätter lanzettlich**
> **Blätter erscheinen nach den Blüten**
> **nur Kelch-, keine Kronblätter**

Der Seidelbast ist eine gefährliche Giftpflanze und darf daher auf keinen Fall gesammelt werden. Früher nutzten Heilkundige Beeren und Rindenextrakt als starkes Abführmittel, aber auch gegen Blasen, bei Rheuma und Gicht und sogar bei Keuchhusten. Heute wird die grüne Rinde als homöopathisches Mittel bei Hautleiden, Verdauungsstörungen und Rheuma verordnet.

Blatt 3–8 cm lang, lanzettlich

Stiel kurz

Steinfrüchte 5–10 mm groß

# Oleander

*Nerium oleander* (Hundsgiftgewächse)

H 1–4 m   Juli–Sept.   Strauch

Bei uns ist der Oleander eher als Kübelpflanze für den Garten bekannt. In seiner mediterranen Heimat galt er seit der Antike als Heilmittel gegen Schlangenbisse – auch in der arabischen Medizin. In jüngerer Zeit sind Oleanderblätter nur noch selten als Fertigpräparate in Gebrauch. Sie enthalten herzwirksame Glykoside, die bei Herzmuskelschwäche oder Altersherz verordnet werden.

Kronblätter schief abgeschnitten

ledrige, lanzettliche Blätter

# Kahle Drillingsblume

*Bougainvillea glabra* (Wunderblumengewächse)

H 5–8 m   April–Sept.   Kletterpflanze

Der Name „Drillingsblume" bezieht sich darauf, dass immer drei Hochblätter drei Blüten umgeben. Die gelblichen Blüten fallen jedoch zwischen den leuchtend gefärbten Hochblättern kaum auf. So sind es auch die Hochblätter, die in der Heimat der Pflanze Kolibris als Bestäuber zu den Blüten locken: Für diese Vögel wirken rote Farbtöne besonders attraktiv.

Blüten röhrenförmig, bis 2,5 cm lang

Wuchs kletternd oder auch strauchig

3 Hochblätter um die Blüten

Blüten von gefärbten Hochblättern umgeben

vorn spitz

Blatt eiförmig oder länglich

kahl

# Ölbaum

*Olea europaea* (Ölbaumgewächse)
H 5–15 m   Mai–Juni   Baum

Frucht bis
3,5 cm lang

reif
schwarzblau

Bereits die Völker des Altertums nutzten den Ölbaum. Das aus den fast vollreifen Oliven gepresste Öl bildet eine wertvolle Zutat der gesunden Mittelmeerküche. Gutes Speiseöl wird aus gemahlenen Früchten ohne Hitzeeinwirkung (kalt) ausgepresst. Warm gepresstes Öl ist von schlechterer Qualität, heiß gepresstes eignet sich nur für technische Zwecke.

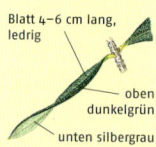

Blatt 4–6 cm lang, ledrig

oben
dunkelgrün

unten silbergrau

Äste meist dick

Krone weit ausladend

4 Kronblätter

Stamm oft knorrig

Blüte nur wenige Millimeter groß

# Gewöhnlicher Liguster

*Ligustrum vulgare* (Ölbaumgewächse)
H 2–7 m   Juni–Juli   Strauch

Blüten weiß, klein

4 ausgebreitete Kronzipfel

Der Gewöhnliche Liguster erträgt starkes Beschneiden und eignet sich deshalb gut für Hecken. Die Früchte werden oft erst im Spätwinter von Vögeln gefressen, die mit den unverdaut ausgeschiedenen Samen für die Verbreitung des Strauches sorgen.

Blatt ledrig, 2–6 cm lang

gegenständig

Beeren bis 1 cm groß, schwarz, innen grün

Zweige aufstrebend

Wuchs dicht, oft unregelmäßig

# Gewöhnlicher Flieder

*Syringa vulgaris* (Ölbaumgewächse)

H 2–6 m   April–Mai   Strauch

öffnet sich
mit 2 Klappen

Fruchtkapsel
ledrig

Im 16. Jahrhundert kam der erste Fliederstrauch von Konstantinopel nach Wien und von dort nach ganz Mitteleuropa. Obwohl eine intensive Züchtung erst im 19. Jahrhundert begann, gibt es heute rund 900 Sorten.

**Vorkommen** Heimisch in Südosteuropa an Felshängen und in Wäldern. In Mitteleuropa in Gärten und Parks. Die Blüten bilden dichte Blütenstände.

> **wächst fast in jedem Bauerngarten**
> **Blüten duften sehr intensiv**
> **es gibt Blütenfarben von Weiß bis Dunkelviolett**

Blütenstände am Ende der Zweige

4 ausgebreitete Kronzipfel

bis 1,5 cm lange Kronröhre

Zweige steif aufrecht

Grund keil- oder herzförmig

gegenständig

Blatt 5–12 cm lang, eiförmig

# Gewöhnliche Schneebeere

*Symphoricarpos albus* (Geißblattgewächse)

H 1,5–2 m   Juni–Sept.   Strauch

Früchte dicht beieinander

Die Früchte des Strauches werden je nach Gegend „Knallerbsen", „Knatschbeeren" oder „Knackerbsen" genannt. Wirft man sie mit Wucht auf den Boden oder tritt darauf, zerplatzen sie mit einem mehr oder weniger lauten Knall. Das schwammige Fruchtfleisch enthält keinen weißen Farbstoff, sondern reflektiert das einfallende Licht vollständig.

**Vorkommen** Stammt aus Nordamerika. In Europa in Gärten, Parks und an Böschungen. Unverwechselbar durch die schneeball-ähnlichen Früchte.

> **Beeren können Erbrechen oder Durchfall auslösen**
> **oft auch grob gelappte Blätter vorhanden**
> **Blüten locken Bienen an**

Blätter gegenständig

Früchte kugelig, 1–1,5 cm groß, weiß, leicht zu zerdrücken

Zweige dünn

Blüten glockig, etwa 5 mm lang, rosa

Blatt um 5 cm lang, elliptisch bis rundlich

oben dunkelgrün

unten bläulich grün

# Laubholz-Mistel

*Viscum album* ssp. *album* (Mistelgewächse)
H 20–50 cm    Febr.–April    Strauch  ☠

**Vorkommen** Halb-Parasit auf Laub-bäumen. Selten oder zerstreut. Europa, Asien.

> **andere Unterarten parasitieren auf Nadelbäumen**
> **männliche und weibliche Blüten auf unterschiedlichen Pflanzen**

Die Mistel lebt als Halbschmarotzer. Sie bohrt ein Saugorgan in den Zweig des Wirtsbaumes und entzieht diesem damit Wasser und Nährsalze. Kohlenhydrate kann sie jedoch selbst bilden, da sie Blattgrün besitzt. Von den keltischen Völkern wurde sie als Dämonen abwehrend verehrt.

Blätter immergrün

glänzende, klebrige Früchte

Wirts-baum

Einzelblüten in Büscheln

Blatt 3–5 cm lang, fleischig

glänzend weiße Beeren

# Wald-Geißblatt

*Lonicera periclymenum* (Geißblattgewächse)
H 3–6 m    Mai–Juli    Kletterpflanze  ☠

Früchte leuchtend rot, bis 1 cm groß

**Vorkommen** Wild in West- und Mitteleuropa in Laubwäldern, an Waldrändern, Ge-büschen. Viele Blüten bilden einen Kopf.

> **alle Blätter unver-wachsen**
> **braucht Standorte mit hoher Feuchtigkeit**
> **duftet etwas weniger stark als das Wohl-riechende Geißblatt**

Das Wald-Geißblatt wird wie das Wohlriechende Geißblatt häufig „Jelängerjelieber" genannt. Dies kann sich sowohl auf die Blütezeit als auch die Länge der Kletterzweige beziehen. Ende des 19. Jahrhunderts galt „Jelängerjelieber" als „un-anständiger bzw. eine unanständige Deutung zulassender Pflanzen-name" und sollte deshalb im Schulunterricht nicht erwähnt werden.

Blatt bis 6 cm lang, eiförmig bis elliptisch

meist mit Stiel

vorn spitz

Zweige winden sich um die Unterlage

Blüte bis 6 cm lang

lange, dünne Röhre

üppige Blütenstände

# Rote Heckenkirsche

*Lonicera xylosteum* (Geißblattgewächse)

H 1–3 m   Mai–Juni   Strauch

Früher pflanzten Gärtner den Strauch gelegentlich als Hecken um Gärten und Anlagen. Besonders für Spielplätze ist er jedoch ungeeignet, da die giftigen roten Beeren das Interesse von Kindern wecken. Der Name *xylosteum* bedeutet „Beinholz" oder „Knochenholz" und bezieht sich auf das sehr harte Holz, das beim Zerbrechen der Zweige laut knackt.

Krone erst weißlich, später hellgelb, 1–1,5 cm lang

je 2 Blüten auf einem gemeinsamen Stiel

dicht verzweigt

glänzend rote, etwa 0,5 cm dicke Beeren

Wuchs breit aufrecht

paarweise beieinander

> wächst im Schatten oder Halbschatten
> Blätter treiben früh aus
> Früchte giftig!, führen zu Übelkeit und Herzklopfen

gegenständig

Blatt bis 6 cm lang, breit elliptisch

meist auf beiden Seiten weichhaarig

# Echte Bärentraube

*Arctostaphylos uva-ursi* (Heidekrautgewächse)

H 0,2–0,3 m   April–Mai   Strauch

Die Echte Bärentraube wächst in Europa, Sibirien und Nordamerika in Regionen, in denen das Sternbild des Großen Bären zu sehen ist (Name!). Die Blätter liefern einen wichtigen Bestandteil von Blasentee. Sie desinfizieren den Harn und helfen so bei Blasenentzündung und Harnwegsinfektionen. Der Tee sollte jedoch nicht länger als eine Woche getrunken werden.

Wuchs teppichartig

5 rosa Zipfel

Blüten krugförmig, etwa 0,5 cm groß

> Blätter immergrün
> bildet oft große Bestände
> kann bis 100 Jahre alt werden

oben glänzend dunkelgrün

unten hellgrün

vorn mit Griffelrest

Zweige liegen auf dem Boden

Früchte leuchtend rot, 6 mm dick

Blatt 1–3 cm lang, oval, derb

# Rhododendron-Hybriden

*Rhododendron*-Hybriden (Heidekrautgewächse)
H 0,5–4 m   Mai–Juni   Strauch   ☠

**Vorkommen** Aus verschiedenen amerikanischen und ostasiatischen Arten entstanden. In Europa beliebt in Parks und Gärten. Blühen meist sehr üppig.

> brauchen Halbschatten
> heißen auch „Japanische Azalee"
> Sorten mit weißen, rosa, violetten oder roten Blüten

Die immergrünen Rhododendren, die in verschiedenen Farben und Formen unsere Gärten schmücken, sind das Ergebnis vieler Züchtungen. Sie benötigen lockere, kalkfreie Böden und ausreichende Luft- und Bodenfeuchtigkeit. Besonders gut wachsen sie in Mitteleuropa deshalb in den küstennahen Gebieten mit sandigen oder moorigen Böden.

oft mit Mustern auf den oberen Kronblättern

Blüte breit glockig, bis 10 cm groß

Blütenstände am Ende der Zweige

Wuchs breit und dicht

Blatt fest, ledrig, bis 15 cm lang

oft kahnartig nach unten gebogen

Blätter immergrün

**320**

# Bewimperte Alpenrose

*Rhododendron hirsutum* (Heidekrautgewächse)
H 0,3–1 m   Juni–Aug.   Strauch   ☠

**Vorkommen** Heimisch in den Alpen in Zwergstrauchheiden und Wäldern an der Waldgrenze. Meist auf Kalk. Je drei bis zehn Blüten stehen dicht beieinander.

> Blätter bleiben über den Winter grün
> viel seltener als die Rostblättrige Alpenrose
> schützenswert

Die Alpenrosen sind zwar an die rauen kalten Winter des Gebirges gut angepasst, benötigen aber für eine gute Entwicklung eine ausreichende Schneebedeckung. Ins Flachland gepflanzt sind sie weniger kältetolerant und erfrieren oft. Die Sträucher wachsen nur sehr langsam, können jedoch bis 60 Jahre alt werden.

etwa 1,5 cm lang

Blüte hellrot, tricherförmig-glockig

Wuchs buschig, dicht verzweigt

Blatt bis 3 cm lang, ledrig

Äste aufwärtsgebogen

Rand stark borstig bewimpert

# Gewöhnliche Rauschbeere

*Vaccinium uliginosum* (Heidekrautgewächse)
H 0,2–0,8 m   Mai–Juli   Strauch

Beeren kugelig oder birnenförmig, blau, bereift

Die Beeren können zu einem rauschartigen Zustand mit Erbrechen führen. Verantwortlich dafür ist ein Pilz, der Rauschbeeren-Fruchtbecherling (*Monilinia megalospora*). Früchte unbefallener Pflanzen zeigen keine Wirkung. Da die Fruchtbecher des Pilzes erst auf mumifizierten Früchten erscheinen, lässt sich äußerlich nicht feststellen, ob eine frische Beere infiziert ist.

**Vorkommen** Heimisch in Europa in Mooren auf nassen, sauren Böden. Im Süden nur im Gebirge. Fällt durch die bläulichen Blätter auf.

> Blätter auf der Unterseite deutlich graugrün
> Früchte im Gegensatz zur Blaubeere (S. 340) mit hellem Fleisch und hellem Saft
> wächst oft in Gruppen

Früchte einzeln

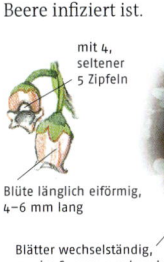

mit 4, seltener 5 Zipfeln

Blüte länglich eiförmig, 4–6 mm lang

Blätter wechselständig, nur im Sommer vorhanden

vorn stumpf

oben blaugrün

Blatt um 2 cm lang, derb

# Preiselbeere

*Vaccinium vitis-idaea* (Heidekrautgewächse)
H 0,1–0,3 m   Mai–Aug.   Strauch

Die Früchte enthalten verschiedene Säuren, viele Mineralstoffe, Vitamin A und C sowie Vitamine der B-Gruppe. Sie lassen sich ziemlich lange lagern. Roh schmecken sie nicht besonders gut, umso schmackhafter sind sie als Kompott oder als Saft. Am bekanntesten sind sie als Beilage zu Wildbraten.

**Vorkommen** Wild fast in ganz Europa in Kiefern- und Fichtenwäldern und Mooren. Auf sauren Böden. Wächst in Mooren oft zwischen dem Moos.

> Blätter immergrün
> Früchte reifen meist nicht gleichzeitig
> heißt auch „Kronsbeere"

kleiner Zwergstrauch mit dicht beblätterten Zweigen

Fruchtstände hängend

Beeren rot

um die Spitze stehen Reste des Kelchs

Blüten glockenförmig, weiß bis hellrosa, 4-zipfelig

Blatt 1–3 cm lang, oval, derb

Rand etwas umgebogen

oben glänzend

unten punktiert

# Kork-Eiche

*Quercus suber* (Buchengewächse)
H 6–10 m   April–Mai   Baum

Eichel 1,5–3 cm lang

Fruchtbecher mit Schuppen

**Vorkommen** Im mittleren und westlichen Mittelmeergebiet verbreitet. Seit langer Zeit kultiviert. Typisch ist die sehr dicke, gefurchte Korkrinde.

> *immergrün*
> *Stämme im 1. Jahr nach dem Schälen dunkelrot gefärbt*
> *wächst in Mitteleuropa nur als Kübelpflanze*

Rand beidseitig mit 3–6 Zähnen

Blatt 3–7 cm lang, ledrig

oben dunkelgrün

unten graufilzig

Besonders in Südportugal und Südspanien wächst der Baum in Kulturen zur Korkgewinnung. Nach 15 bis 20 Jahren schält man die Stämme das erste Mal. Diese Prozedur schädigt den Baum nicht, da es sich ausschließlich um totes Gewebe handelt. Etwa alle zehn Jahre hat sich der Korkmantel so weit erneuert, dass er wieder geerntet werden kann.

Krone locker, meist breit gewölbt

Äste oft dick

# Ess-Kastanie

*Castanea sativa* (Buchengewächse)
H 10–30 m   Juni–Juli   Baum

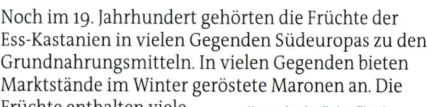

bis 15 cm lange Blütenkätzchen

zahlreiche männliche Blüten

wenige weibliche Blüten

**Vorkommen** In Wäldern besonders in Südeuropa, in Deutschland in Weinbaugebieten und Parks. Die geschlossenen Stachelhüllen wirken wie kleine Igel.

> *Blüten riechen unangenehm*
> *nicht mit der Rosskastanie (S. 352) verwandt*
> *nördlich der Alpen durch die Römer eingebürgert*

Blatt bis 30 cm lang, länglich lanzettlich

Rand grob gesägt

fest, etwas ledrig

Noch im 19. Jahrhundert gehörten die Früchte der Ess-Kastanien in vielen Gegenden Südeuropas zu den Grundnahrungsmitteln. In vielen Gegenden bieten Marktstände im Winter geröstete Maronen an. Die Früchte enthalten viele Kohlenhydrate sowie auch etwas Fett und schmecken süß-aromatisch.

Krone breit säulenförmig bis kugelig

Fruchthülle öffnet sich reif mit 4 Klappen

stachelige Hülle, umschließt 1–3 Maronen

Stamm oft verdreht

# Berg-Ulme

*Ulmus glabra* (Ulmengewächse)
H 20–40 m   März–April   Baum

Die geflügelten Früchte reifen sehr rasch und werden als Scheibenflieger schon im Mai vom Wind verblasen. Das harte, elastische und zähe Holz der Berg-Ulme zeigt eine sehr schöne Maserung und liefert vor allem Furnier für Möbel und den Innenausbau.

dichte Büschel mit vielen Blüten

rote Staubbeutel

Krone länglich bis breit eiförmig

Samen sitzt in der Mitte

Früchte ringsum mit flachem Flügel

oft unregelmäßig mehrteilig

**Vorkommen** *Fast in ganz Europa in Wäldern, Hecken und an Ufern. Auch in Parks und an Straßen. Früchte entwickeln sich bereits vor dem Blattaustrieb.*

> **blüht sehr früh**
> **bevorzugt kühle, luftfeuchte Gegenden**
> **kann um 400 Jahre alt werden**

Blatt 8–16 cm lang

oft mit 3 Spitzen

oben sehr rau

am Grund unsymmetrisch

# Feld-Ulme

*Ulmus minor* (Ulmengewächse)
H 20–35 m   März–April   Baum

dichte Büschel mit vielen kurz gestielten Blüten

Früher übernahmen Ulmen in manchen Gegenden die Rolle von Linden: Sie waren der zentrale Punkt auf Dorfplätzen und markierten als Gerichtsbäume die Orte, an denen verbindliche Urteile gefällt wurden. Die Feld-Ulme lässt sich gut zurückschneiden und eignet sich deshalb als Hecke. Ihre Blätter dienten früher als Schaffutter.

Krone oft unregelmäßig

Krone kegelförmig bis eiförmig, gewölbt

Samen sitzt im oberen Drittel

Früchte elliptisch, 7–15 mm lang

stark verzweigt

**Vorkommen** *Wild in Gebüschen, Auen- und Hangwäldern fast ganz Europas. Auch in Parks und an Straßenböschungen. Äste oft mit erhabenen Leisten.*

> **im Wuchs und in der Blattform sehr variabel**
> **licht- und wärmeliebend**
> **zeigt nährstoffreiche Böden an**

oben glatt und glänzend

am Grund unsymmetrisch

Blatt meist 4–10 cm lang

# Sal-Weide

*Salix caprea* (Weidengewächse)
H 2–10 m   März–Mai   Strauch oder Baum

fruchtendes Kätzchen

Samen mit langen Haaren

**Vorkommen** *Wild fast in ganz Europa auf Waldschlägen, an Waldrändern, in Kiesgruben und Steinbrüchen. Besonders die männlichen Kätzchen fallen auf.*

> **es gibt männliche und weibliche Bäume**
> **kommt mit nassen und trockenen Böden zurecht**
> **auch als Hängesorte in Gärten**

Die Sal-Weide blüht früh und liefert reichlich Nektar. Für Bienen gehört sie damit zu den ersten ergiebigen Nahrungsquellen im Frühjahr. Man sollte die Zweige deshalb nicht in größerem Umfang für Zimmerschmuck schneiden.

gelbe Staubbeutel

Wuchs rundlich

Blüten in bis 4 cm langen Kätzchen, erscheinen vor dem Laubaustrieb

kräftige Äste

Stamm kurz, häufig schief oder mehrere Stämme bildend

Rand gekerbt, gewellt oder glatt

mehr oder weniger runzelig

Blätter 3–10 cm lang

oft mit Nebenblättern

---

# Silber-Weide

*Salix alba* (Weidengewächse)
H 8–20 m   April–Mai   Strauch oder Baum

männliche Blüten in gelben, bis 7 cm langen Kätzchen

**Vorkommen** *Wild fast in ganz Europa an Fluss-, Bach- und Seeufern und in Auenwäldern. Die Blätter glänzen auffallend silbrig.*

> **größte und häufigste heimische Weide**
> **wächst im Jahr bis zu 2 m**
> **blüht gleichzeitig oder mit dem Blattaustrieb**

Alte Bäume sind oft innen hohl, da das Holz rasch verwittert. Die Höhlungen dienen Vögeln, Kleinsäugern und anderen Tieren als Unterschlupf. Die biegsamen, dünnen Zweige der Silber-Weide eignen sich für Flechtarbeiten. Regelmäßig geschnittene Bäume entwickeln sich zu eindrucksvollen Kopfweiden mit dicken Stämmen.

Krone anfangs kegelförmig, später hoch gewölbt

stark verzweigt

Äste ausladend

unten dicht silbrig behaart

oben locker behaart

Blatt 5–8 cm lang, schmal lanzettlich

weibliche Blütenkätzchen grünlich

# Bastard-Schwarz-Pappel

*Populus x canadensis* (Weidengewächse)

H 20–30 m   März–April   Baum

Die Bäume wachsen sehr rasch und liefern ein weiches Holz, aus dem Zellulose gewonnen wird. Bienen sammeln die klebrigen Tröpfchen von Pappelknospen und einigen anderen Bäumen und vermischen diese mit Speichel und Wachs. Das so entstandene Propolis verwenden sie als Kittharz in ihren Bienenstöcken.

Krone schmal bis breit kegelförmig

Äste in spitzem Winkel vom Stamm abgehend, aufstrebend

bis 8 cm lang, hängend

männliche Blütenkätzchen rot

**Vorkommen** *Durch Kreuzung zwischen europäischen und nordamerikanischen Schwarz-Pappeln entstandene Bäume; oft gepflanzt. Borke tief gefurcht.*

> *heißt auch „Kanada-Pappel"*
> *Blätter im Austrieb oft rötlich*
> *kann wie das von ihr stammende Propolis Hautallergien auslösen*

Blatt 7–10 cm lang, mehr oder weniger 3-eckig

meist mit Drüsen am Stielansatz

Stiel zusammengedrückt

# Zitter-Pappel

*Populus tremula* (Weidengewächse)

H 10–30 m   März–April   Baum

männliche Blütenkätzchen zottig grau behaart

Der Ausdruck „wie Espenlaub zittern" hängt mit den langen, seitlich zusammengedrückten Blattstielen zusammen: Schon ein geringer Lufthauch führt zu einer Unruhe der Blätter.

Krone schmal

Das unablässige raschelnde Blätterrauschen interpretierte man früher als Klagen und hielt die Zitter-Pappel oder Espe deshalb für einen Baum der Unterwelt.

Äste locker, oft unregelmäßig

**Vorkommen** *Wild in ganz Europa in lichten Wäldern, auf Waldschlägen, an Felsen und Straßenrändern. Herbstfärbung goldgelb bis orangerot.*

> *bildet durch Austriebe aus den Wurzeln oft dichte Gruppen*
> *braucht viel Licht*
> *besiedelt als Pionier neu geschaffene Standorte*

Spreite 3–8 cm lang, rund bis breit eiförmig

Rand buchtig gezähnt

weibliche Blütenkätzchen grünlich

Stiel meist länger als die Spreite, seitlich zusammengedrückt

# Schwarz-Erle

*Alnus glutinosa* (Birkengewächse)
H bis 25 m   März–April   Baum

weibliche
Blüten

Die Rinde der Schwarz-Erle wird ausschließlich in der Volksheilkunde und Homöopathie verwendet. Erstere nutzt die Gerbstoffe und bereitet daraus eine Abkochung zum Gurgeln bei Entzündungen im Mund- und Rachenraum oder in Form von Klistieren bei Darmblutungen. Homöopathisch gilt Erlenrinde als heilend bei Hauterkrankungen.

männliche
Blüten in
Kätzchen

**Vorkommen**
*Auwälder, Bäche, Quellhorizonte. Ganz Europa bis Sibirien, Nordafrika.*

> **Blüten erscheinen vor dem Laub**
> **Frucht zapfenartig**
> **Blätter wechselständig**

unreifer
weiblicher
Zapfen

Blätter rundlich
bis oval

weibliche Blüten
traubig vereint

Erlenzapfen 1–2 cm lang

# Grün-Erle

*Alnus viridis* (Birkengewächse)
H 1–3 m   April–Juni   Strauch oder Baum

An schattigen Hängen oberhalb der Waldgrenze der Alpen besiedelt die Grün-Erle als Pioniergehölz oft von Natur aus Hangrutschungen und Lawinenschutt. Als Schutzgehölz gepflanzt kann sie auch gezielt Erosionen und Lawinenabgänge verhindern und die Aufforstung mit anderen Gehölzen ermöglichen.

**Vorkommen** *Gebirgsgehölz Mittel- und Südeuropas. Bildet besonders oberhalb der Waldgrenze oft große Bestände.*

> **Wuchs breit, oft niederliegend**
> **erträgt lange Schneebedeckung**
> **heißt auch „Laublatsche"**

Fruchtstände
zapfenartig, bis
1,3 cm lang

männliche
Blütenkätzchen
bis 7 cm lang,
hängend

Blatt 3–8 cm lang,
eiförmig bis rundlich

vorn
spitz

Rand
unregelmäßig
gesägt

weibliche
Blütenkätzchen
aufrecht

# Hänge-Birke

*Betula pendula* (Birkengewächse)

H 8–25 m   April–Mai   Baum

Vor dem Siegeszug der verschiedenen Kunststoffe spielte die Birke als Holzlieferant eine vielseitige Rolle. Propeller, Flugzeugflügel, Skier, Schlittenkufen, Radfelgen, Sportgeräte und Nähgarnrollen bestanden aus dem leichten, aber zähen Holz.

Krone länglich, locker

fruchtende Kätzchen zerfallen bei der Reife

weibliche Kätzchen grün bis rötlich, aufrecht

männliche Kätzchen bis 10 cm lang, hängend

Zweige dünn, meist hängend

Äste meist spitzwinklig vom Stamm abgehend

**Vorkommen** Heimisch in fast ganz Europa in Wäldern, auf Waldschlägen, Heiden, Ödflächen. Rinde leuchtend weiß mit dunklen Wülsten und Rissen.

> heißt auch „Sand-Birke" oder „Weiß-Birke"
> braucht viel Licht
> Pollen löst „Heuschnupfen" aus

Rand doppelt gesägt

Blatt 3–7 cm lang, 3-eckig bis rautenförmig

327

# Hainbuche

*Carpinus betulus* (Birkengewächse)

H 5–25 m   Mai   Baum

Das Holz ist das schwerste aller heimischen Bäume und gleichzeitig sehr hart und zäh. Hainbuchen ertragen starke Rückschnitte und wachsen dicht nach. Sie sind deshalb als Heckengehölz sehr beliebt.

harte Nussfrüchte

tragen je ein bis 4 cm langes Flugorgan

Stamm mit typischen Längswülsten und Furchen

gleichzeitig mit dem Blattaustrieb

weibliche Blütenkätzchen unscheinbar

Krone jung kegelförmig, später breit ausladend

oben rundlich

männliche Blüten-kätzchen 4–5 cm lang, hängend

ein oder mehrere Stämme

oft bis zum Boden mit starken Ästen

**Vorkommen** Wild besonders in Mitteleuropa in Laub-wäldern, an Hecken, Waldrändern. Häufig gepflanzt. Vertrock-nete Blätter bleiben oft lange am Baum.

> wurzelt sehr tief
> Früchte werden oft erst im Winter vom Wind verblasen
> heißt auch „Weißbuche"

Spreite wellblechartig durch eingesenkte Blattadern

Rand doppelt gesägt

Blatt 5–11 cm lang, eiförmig

# Winter-Linde
*Tilia cordata* (Lindengewächse)
H bis 25 m   Juni–Juli   Baum

Winter- und Sommer-Linde enthalten dieselben Wirkstoffe. Beide werden gleichermaßen in der Medizin und Volksheilkunde genutzt: Lindenblütentee war schon im Mittelalter als schweißtreibendes Mittel bekannt.

weiße Bärte in den Aderwinkeln

Blatt der Sommerlinde (*T. platyphyllos*)

Hochblatt

Früchte der Winter-Linde

Blattaufsicht Winterlinde

rostfarbene Bärte in Aderwinkeln

# Zitrone
*Citrus limon* (Rautengewächse)
H 5–10 m   März–Sept.   Baum

Das Fruchtfleich der Zitrone enthält doppelt so viel Vitamin C wie das einer Apfelsine (Orange) und ist daher eine gute Prophylaxe für Erkältungskrankheiten.

Kronblätter außen rosa

Blätter oval, am Grund keilförmig

Die Orange *Citrus sinensis* kam erst wesentlich später als die schon im Altertum bekannte Zitrone in den Mittelmeerraum.

# Süß-Kirsche

*Prunus avium* (Rosengewächse)
H 8–20 m   April–Mai   Baum

Blüte um 3 cm groß, weiß

Ihr wohlschmeckendes Fruchtfleisch enthält reichlich Zucker,
Mineralstoffe und Vitamine.
Mit Kirschkernen gefüllte
kleine Kissen lassen sich im
Backofen oder in der Mikro-
welle erwärmen. Sie wirken
wohltuend bei verspannten
Muskeln und Rheuma.

Äste schräg aufwärts-gerichtet

Krone breit eiförmig bis rundlich

Stiele bis 5 cm lang

Frucht bis 2,5 cm groß, kugelig

Borke typisch geringelt

Rand grob gesägt

Blatt 5–15 cm lang, eiförmig bis elliptisch

# Gewöhnliche Traubenkirsche

*Prunus padus* (Rosengewächse)
H 3–12 m   April–Mai   Strauch oder Baum

Die Borke des Baumes riecht unangenehm faulig und etwas
nach Essig. Norweger verwendeten sie früher zum Färben. Im
Herbst gesammelt, färbt sie Wolle je nach Vorbehandlung orange
oder dunkelbraun. In Russland
verwenden Korbflechter die
biegsamen, olivfarbenen oder
rotbraunen Zweige als
Flechtmaterial.

Krone schlank eiförmig bis rundlich

Hauptäste aufwärtsstrebend

Blüten in bis 15 cm langen Trauben

kein Kelchrest am Stiel

reife Frucht schwarz

bis 1,5 cm breit, weiß

meist mehrstämmig

2 Drüsen am Blattstiel

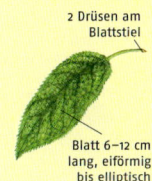

Blatt 6–12 cm lang, eiförmig bis elliptisch

# Gewöhnliche Schlehe

*Prunus spinosa* (Rosengewächse)

H 1–3 m   März–April   Strauch

Blüten weiß,
bis 1,5 cm breit

5 Kronblätter

Die Gewöhnliche Schlehe heißt auch „Schwarzdorn", ein Name, der sich auf die im Vergleich zum Weißdorn (S. 344) dunkle Rinde der Zweige bezieht. Die Sträucher stellen wichtige Schutz- und Nistgehölze für viele Tiere dar. Ihre Früchte verbleiben im Winter lange an den Zweigen und werden von Vögeln und Säugetieren gefressen.

bildet undurchdringliche Gestrüppe

Wuchs sehr sparrig und dicht

sehr viele harte, spitze Dornen

Frucht kugelig, bis 1,5 cm dick

Blatt bis 5 cm lang, lanzettlich

Rand gesägt

oben dunkelgrün

# Späte Traubenkirsche

*Prunus serotina* (Rosengewächse)

H 5–12 m   Mai–Juni   Strauch oder Baum

Kelchrest am Stielende

reife Frucht schwarz, bis 1 cm dick

Die Späte Traubenkirsche gelangte als eine der ersten amerikanischen Baumarten bereits 1623 nach Europa, als Ziergehölz für Gärten und Parks. Forstleute schätzen sie außerdem als Wind- und Bodenschutz und sie trägt zur Verbesserung der Humusqualität bei. Naturschützer stehen dem Baum kritisch gegenüber, da er in Heiden und Feuchtgebiete eindringt und diese dadurch verändert.

Hauptäste stehen steil aufwärts

Wuchs locker

oft mit mehreren Stämmen

Blatt 5–12 cm lang, länglich-eiförmig

2 Drüsen am Blattstiel

ledrig derb, oben lackartig glänzend

Trauben mit etwa 30 Blüten

weiß, bis 1 cm breit

# Pfirsich

*Prunus persica* (Rosengewächse)
H 3–10 m  März–April  Baum

Der Artname *persica* erinnert noch heute daran, dass der Pfirsich einst aus seiner fernen Heimat China über Persien nach Europa kam. Die Früchte schmecken erfrischend und sind sehr aromatisch. Die Nektarine ist eine Varietät des Pfirsichs mit glatter, unbehaarter Fruchtschale.

Krone ausladend, rundlich oder flach

Blüten 1–3 cm breit

5 tiefrosa Kronblätter

ein bis mehrere Stämme

Blatt 8–15 cm lang, breit lanzettlich

Rand scharf gesägt

# Pflaume

*Prunus domestica* (Rosengewächse)
H 3–15 m  April–Mai  Baum

je nach Sorte runde bis längliche Steinfrucht

Archäologen fanden bereits in prähistorischen Siedlungen Europas und Westasiens Kerne verschiedener wilder Pflaumensorten. Die ersten Kulturpflaumen gelangten von Syrien nach Griechenland. Etwa 100 v. Chr. brachten die Römer sie bei ihren Feldzügen nach Mitteleuropa. Die wohlschmeckenden Früchte eignen sich als Obst, Kuchenbelag und für Alkoholika.

Hauptäste oft steil aufwärtswachsend

Blüten weiß oder grünlich weiß

meist sparrig verzweigt und dadurch besenartig

Stiel flaumig behaart

Blatt 5–10 cm lang, eiförmig bis elliptisch

Rand gekerbt bis gesägt

unten heller, oft dicht behaart

# Mandel

*Prunus dulcis* (Rosengewächse)

H 3–10 m    März–April    Baum

Frucht flach eiförmig, 3–6 cm lang

filzig behaart

Mandeln sind sehr nahrhaft und reich an wichtigen Mineralstoffen. Besonders die Weihnachtsbäckerei wäre ohne sie kaum denkbar. Viele Rezepte verlangen süße Mandeln oder Marzipan, eine aromatische Spezialität, die aus Mandeln, Zucker und Aromastoffen besteht.

Krone rund bis breit ausladend

3–5 cm groß, blassrosa oder weiß

Blüten meist zu zweit

Samen, die „Mandel"

Fruchtfleisch trocken

Steinkern sehr hart

ein oder auch mehrere Stämme

 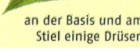

# Kultur-Apfel

*Malus domestica* (Rosengewächse)

H 2–15 m    April–Mai    Baum

Frucht je nach Sorte rundlich bis länglich

an der Spitze mit vertrocknetem Kelchrest

Bereits in der Antike gab es erste Kulturäpfel. Heute soll es allein in Deutschland über 1000 Sorten geben, die meisten davon allerdings nur noch in wenigen Exemplaren in Hausgärten. Die sehr gesunden Früchte enthalten Säuren, Zucker, Pektin, Vitamine und Mineralstoffe.

Wuchs sehr variabel

meist einige sehr kräftige Äste

5 weiße, oft rötlich überlaufene Kronblätter

Blüten bis 5 cm breit

Staubbeutel gelb

# Kultur-Birne

*Pyrus communis* (Rosengewächse)

H 1–25 m   April–Mai   Baum

Blatt häufig mit orangeroten Flecken

Birnbäume lassen sich im belaubten Zustand auch ohne Früchte oft auf eine recht einfache Weise erkennen. Ihre Blätter zeigen im Sommer und Herbst häufig leuchtend orangerote Flecken auf der Oberseite und hervorstehende Pusteln auf der Unterseite. Diese Blätter sind vom Birnen-Gitterrost befallen, einem Pilz.

**Vorkommen** *Nur in Kultur bekannt. In ganz Europa als Obstbaum ange-pflanzt. Die Blätter leuchten im Herbst gelb bis rot.*

Blüten 2–3 cm breit

Krone oft schmal bis breit kegelförmig oder gewölbt

Krone meist höher als breit

Staub-beutel rot

5 weiße Kronblätter

Früchte meist typisch geformt

> **wächst je nach Sorte und Schnitt sehr variabel**
> **Früchte reifen zwischen Juli und Oktober**
> **bereits im Altertum kultiviert**

Blatt 4–8 cm lang, rundlich bis eiförmig

mindestens 5 cm groß

ausgeprägter Hauptstamm oder einige starke aufrechte Äste

Rand fein gekerbt

333

# Echte Mispel

*Mespilus germanica* (Rosengewächse)

H 3–6 m   Mai–Juni   Baum

Im Mittelalter war die Echte Mispel bei uns eine verbreitete Obstart, deren Pflege Karl der Große sogar ausdrücklich anordnete. Die Früchte schmecken herb-bitter und zusammen-ziehend und werden erst genießbar, wenn sie weich und teigig sind und nach Most riechen. Als Zusatz zu Apfel- oder Birnen-most verbessern sie dessen Haltbarkeit.

**Vorkommen** *Ur-sprünglich aus West-asien. Seit der Antike im Mittelmeerraum, von den Römern nach Mitteleuropa gebracht. Früchte mit auffälligen Resten des Kelches.*

Krone ausladend

lange schmale Kelchblätter

Blüte bis 6 cm groß

> **heute nur noch selten kultiviert**
> **Früchte zum rohen Verzehr kaum geeignet**
> **schönes Ziergehölz**

5 verbleibende Kelchzipfel

Frucht um 4 cm breit

Blatt bis 15 cm lang und 3 cm breit

vorn spitz

unten graugrün

Rand fein gesägt oder auch ganzrandig

wächst meist mehrstämmig

vorn vertieft

# Kupfer-Felsenbirne

*Amelanchier lamarckii* (Rosengewächse)

H 6–8 m   Mai   Strauch

5 weiße, längliche, bis 1,5 cm lange Kronblätter

**Vorkommen** *Heimisch im östlichen Nordamerika. In Europa in Gärten und Parks, auch verwildert. Die Blätter färben sich im Herbst orange bis rot.*

> austreibende Blätter kupferrot überlaufen
> Blütenstände mit 8–10 Blüten
> Früchte locken Vögel an

Gewöhnlich wächst die Kupfer-Felsenbirne als Zierstrauch in den Gärten. Das Gehölz liefert jedoch auch wohlschmeckende, süße Früchte, deren Aroma etwas an das von Blaubeeren (S. 340) erinnert. Reife, schwarze Früchte eignen sich für Marmelade, Gelee oder Likör. Zerkaute Samen unreifer Früchte können zu Magen-Darm-Beschwerden führen.

Krone ausgebreitet

Früchte bis 1 cm dick

Blatt 4–8 cm lang, elliptisch

unten weißlich seidig behaart

Wuchs kräftig, breit

vertrockneter Kelch steht ab

---

334

# Mittelmeer-Feuerdorn

*Pyracantha coccinea* (Rosengewächse)

H 1–3 m   Mai–Juni   Strauch

**Vorkommen** *Wildform in Südeuropa. In Mitteleuropa in Hausgärten, Parks, an Straßen, für Hecken. Bildet unzählige, um 8 mm große, weiße Blüten.*

> nach der leuchtenden Farbe der Früchte benannt
> Blätter fallen meist erst im Frühjahr ab
> gutes Nistgehölz für Vögel

Der schöne Strauch hat außer den Dornen leider einen weiteren Nachteil: Er wird recht häufig vom Feuerbrand befallen, einer gefährlichen Bakterienkrankheit, die bei verschiedenen Rosengewächsen auftritt und zu großen Verlusten im Obstbau führt. Befallene Sträucher haben verdorrte Zweige mit anhaftenden, schwärzlich braun vertrockneten Blättern und Früchten.

Wuchs sparrig, dicht verästelt

Blatt bis 4 cm lang, ledrig

Rand fein gesägt

oben glänzend

Frucht 5–6 mm groß, orange bis rot

vertrockneter Blütenrest

fruchtet meist sehr reichlich

# Gewöhnliche Hasel

*Corylus avellana* (Haselgewächse)
H 2–7 m  Febr.–April  Strauch oder Baum

männliche Blüten
hängen in bis 10 cm
langen Kätzchen

Haselnüsse enthalten viel fettes Öl, Eiweiß, wertvolle Mineralstoffe sowie Vitamine. Als Nahrungslieferant war der Strauch früher den Kelten und den Wikingern heilig. Die Haselnüsse des Handels sind meist die größeren Früchte der südeuropäischen Lamberts-Hasel (*Corylus maxima*).

blüht lange vor dem
Laubaustrieb

weibliche Blüten sind in
einer Knospe verborgen

braune „Haselnüsse"

röhren- bis
glockenförmige
Fruchthülle

meist viele gerade
aufstrebende Stämme

**Vorkommen** *Wild in ganz Europa in Laubwäldern, an Waldrändern und in Hecken. Gepflanzt in Gärten und Parks. Die Früchte reifen ab September.*

> **blüht manchmal bereits im Dezember**
> **der Blütenstaub wird vom Wind verblasen**
> **kann Allergien auslösen**

Blatt 5–10 cm lang, oval,
rundlich oder herzförmig

Rand
doppelt
gezähnt

weich behaart

# Echter Kreuzdorn

*Rhamnus cathartica* (Kreuzdorngewächse)
H 2–6 m  Mai–Juni  Strauch

Aus den fast reifen Früchten des Echten Kreuzdorns lässt sich grüne Farbe herstellen, die früher sowohl in der Malerei als auch zum Färben von Papier oder Leder verwendet wurde. Diese Farbe heißt „Saftgrün" oder „Blasengrün", weil sie als dicker Saft in Schweins-, Rinder- oder Kalbsblasen gefüllt und in diesen eingetrocknet wurde.

Wuchs rundlich, sparrig

Steinfrüchte
erbsengroß,
reif schwarz

4 grünlich gelbe
Kelchblätter

Äste kräftig

Blüten
4–5 mm
breit

ein oder
mehrere kurze
Stämme

**Vorkommen** *In fast ganz Europa wild in sonnigen Hecken und an Waldrändern. Die Früchte stehen in dichten Büscheln.*

> **es gibt männliche und weibliche Bäume**
> **Blätter im Gegensatz zum Faulbaum (S. 310) gegenständig**
> **giftig!**

3–4-bogig verlaufende
Seitennerven

Rand fein
gesägt

Blatt eiförmig
bis elliptisch

# Gewöhnliche Berberitze

*Berberis vulgaris* (Berberitzengewächse)
H bis 300 cm   April–Juni   Strauch

Beeren bis
1 cm lang

**Vorkommen**
*Waldränder, Hecken,
lichte Kiefernwälder.
Europa bis Westasien.*

> *sommergrün*
> *Blätter in Büscheln*
> *Blüten riechen
  unangenehm*

Die Früchte des „Sauerdorns"
enthalten viel Vitamin C und
eignen sich vor allem für
Kompotte und Marmeladen.
Die Volksheilkunde nutzt sie
als Abführmittel, bei Leber-
und Milzleiden. Auch die
giftige Wurzelrinde war früher
Heilmittel: bei Gallenleiden,
Gelbsucht, Verdauungs-
beschwerden, Durchfall,
Nierensteinen, Rheuma
und anderem mehr.

geteilte
Blattdornen

Blüten hängend
in Trauben

6 Kelch- und
6 Kronblätter

336

---

# Gewöhnliches Pfaffenhütchen

*Euonymus europaeus* var. *europaeus* (Spindelbaumgewächse)
H 1,50–3 m   Mai–Juni   Strauch

**Vorkommen**
*Waldränder, Hecken,
Auwälder, Bachufer.
Auf nährstoffreichen
Böden. Europa,
Kleinasien.*

> *junge Zweige grün,
  4-kantig, schmal
  geflügelt*
> *Blätter gegenständig*

Die auffallenden Früchte enthalten herzwirksame Glykoside,
Alkaloide, Bitterstoffe, Gerbstoffe und Lektine. In der Medizin
setzt man die Früchte wegen ihrer Giftigkeit nicht mehr ein,
allerdings werden homöopathische Mittel aus ihr hergestellt.
Früher nutzte man sie bei Herzbeschwerden, doch wichtiger war
ihre Verwendung gegen Ungeziefer wie Läuse und Krätzmilben.

Kronblätter schmal,
bis 5 mm lang

Kapselfrucht
4-teilig,
aufspringend

Samen

Blätter oval,
fein gezähnt

reife Kapselfrucht auffällig
rosarot und orange

# Hybrid-Zaubernuss

*Hamamelis* x *intermedia* (Zaubernussgewächse)
H 3–5 m   Dez.–März   Strauch

Die ersten Sorten der Hybrid-Zaubernuss entstanden Anfang des 20. Jahrhunderts in Belgien. Es handelt sich um Kreuzungen der Japanischen Zaubernuss *(Hamamelis japonica)* mit der Chinesischen Zaubernuss *(Hamamelis chinensis)*. Zauberhaft an dem Strauch ist die Blüte in der kalten Jahreszeit, oft mitten im Schnee.

Wuchs aufrecht

4 schmale, riemenartige, bis 2 cm lange Kronblätter

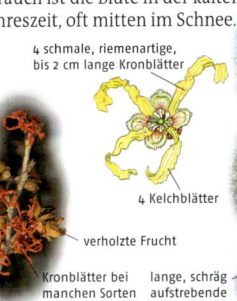

4 Kelchblätter

verholzte Frucht

Kronblätter bei manchen Sorten auch rot

lange, schräg aufstrebende Zweige

**Vorkommen** *Nur in Kultur bekannt. Verschiedene Sorten in Gärten und Parks kultiviert. Blüht sehr bald im Frühjahr, lange vor dem Laubaustrieb.*

> **Blätter ähneln denen der Gewöhnlichen Hasel (S. 335)**
> **Kronblätter bei Kälte eingerollt**
> **kann mehrere Wochen lang blühen**

Blatt 10–15 cm lang, oft ungleichseitig

oben rau

Rand unregelmäßig buchtig gezähnt

---

# Gewöhnlicher Pfeifenstrauch

*Philadelphus coronarius* (Hortensiengewächse)
H 1–3 m   Mai–Juni   Strauch

Da die Blüten des Gewöhnlichen Pfeifenstrauchs sehr intensiv nach Jasmin duften, wird er häufig mit dem Echten Jasmin verwechselt. Seine Blüten liefern zwar keinen Aromastoff für die Parfümindustrie, ein blühender Zweig bringt jedoch den betörenden Duft in die Wohnung.

Wuchs aufrecht, Zweige oft überhängend

vertrockneter Kelch

Kapselfrucht mit 4 Klappen

Blüten bis 3,5 cm breit

4 flach ausgebreitete, cremeweiße Kronblätter

**Vorkommen** *Wild vor allem im östlichen Mittelmeerraum und in Kleinasien. In Mitteleuropa in Gärten und Parks. Auffällige Blüten meist zu fünft bis neunt.*

> **Blüten duften sehr stark**
> **anspruchsloser, frostharter, weit verbreiteter Zierstrauch**
> **heißt auch „Falscher Jasmin"**

vorn spitz

Blatt bis 9 cm lang

Rand spitz gezähnt

# Gewöhnliche Stechpalme

*Ilex aquifolium* (Stechpalmengewächse)
H 1–6 m   Mai–Juni   Strauch   ☠

Nicht die giftigen Beeren erregten das Interesse der Heilkundigen, sondern die Blätter. In homöopathischer Verdünnung
werden sie bei grippalen Infekten, Bindehaut- und anderen
Augenentzündungen verordnet. In der Volksheilkunde dienten
sie dazu, Fieber zu senken sowie Rheuma und Bronchitis zu
behandeln. Als Holly in der Bachblütentherapie
gegen Gereiztheit und
Aggressionen.

männliche Blüten,
in den Blattachseln

Blätter immergrün,
stachelig

Blattoberseite
glänzend

kugelige
Steinfrüchte

---

338

# Forsythie

*Forsythia* sp. (Ölbaumgewächse)
H 2–3 m   April–Mai   Strauch

2-klappige Früchte,
selten ausgebildet

Die frühe Blütenpracht der Forsythien begeistert die meisten
Gartenliebhaber. Honig- und Wildbienen fliegen die Blüten
jedoch fast nie an, obwohl sie zuckerhaltigen Nektar und
eiweißreichen Pollen als Nahrung bieten. Warum dies so ist,
weiß man noch nicht. Im Naturgarten sollte
man jedoch auf die Forsythie verzichten und
lieber zum Beispiel Weiden pflanzen.

Krone
4-zipfelig

Äste aufrecht bis überhängend

Blatt eilänglich
bis lanzettlich

Rand meist
mindestens im
oberen Teil gesägt

Blüte bis 5 cm groß

Wuchs dicht
verzweigt

# Gewöhnlicher Sommerflieder

*Buddleja davidii* (Sommerfliedergewächse)

H 3–4 m   Juli–Sept.   Strauch

Die Blüten liefern reichlich Nektar und werden von zahlreichen Insekten, besonders Schmetterlingen besucht. Der Artenreichtum der Schmetterlinge wird dadurch aber nicht gefördert, da dieser in erster Linie von den Futterpflanzen der Raupen abhängt.

Blütenstände am Ende der Jahrestriebe

Wuchs oft kugelig

viele aufrechte Stämmchen

Blüten 4-zipfelig

bis 30 cm lange, dichte Blütenstände

> Blüten duften besonders abends stark aromatisch
> kam um 1900 nach Europa
> bekannt als „Schmetterlingsstrauch"

unten weißfilzig

Blatt bis 25 cm lang, lanzettlich

Rand mit kleinen, nach vorn gerichteten Zähnen

# Wolliger Schneeball

*Viburnum lantana* (Geißblattgewächse)

H 2–5 m   April–Mai   Strauch

Blätter gegenständig

Der Wollige Schneeball hat im Gegensatz zu den meisten anderen Holzgewächsen nackte Winterknospen ohne Knospenschuppen. Die deutlich erkennbaren Blättchen sind nur durch einen Haarfilz geschützt. Bauern verwendeten früher die jungen, sehr zähen Zweige zum Binden von Heuballen und Getreidegarben.

> Blüten riechen unangenehm
> erträgt Trockenheit
> sehr anspruchslos

Blatt bis 12 cm lang, eiförmig

Wuchs breit aufrecht

Früchte 7–9 mm lang, eiförmig, abgeflacht

färben sich von Rot nach Schwarz

Rand fein gezähnt

Unterseite dicht graubraun-filzig

# Westlicher Erdbeerbaum

*Arbutus unedo* (Heidelbeergewächse)
H 1,50–6 m   Okt.–März   Strauch

**Vorkommen** *Küsten des Mittelmeers, Macchien, immergrüne Lorbeerwälder.*

> **Blätter immergrün, lorbeerartig**
> **Früchte erdbeerartig**
> **Blüten rosa bis weiß**

Obwohl die Früchte an Erdbeeren erinnern, sind sie nur als Kompott genießbar. Der Erdbeerbaum ist mit dem Heidekraut verwandt. Die Blätter enthalten Arbutin, dessen Zerfallsprodukte antiseptisch wirken. Man nutzt sie bei Infektionen der Harnwege und gutartig vergrößerter Prostata. Außerdem gibt man einen Tee bei Durchfall und zum Gurgeln bei Wunden im Mund- und Rachenraum.

Blatt ledrig, glänzend

Rand fein gesägt

4–11 cm lang

Blüten glockenförmig

Beerenfrucht mit harter Schale

# Blaubeere

*Vaccinium myrtillus* (Heidekrautgewächse)
H 15–50 cm   April–Aug.   Strauch

**Vorkommen** *Artenarme Wälder, moorige Heiden. Auf sauren, nährstoffarmen Böden. Europa, Nordwestasien.*

> **Zweige scharfkantig bis geflügelt**
> **Blätter wechselständig, sommergrün, spitz eiförmig**

Die Blaubeere heißt auch Heidelbeere. Die Beeren sind nicht nur leckere Wildfrüchte, die leider in größeren Mengen Durchfall hervorrufen können, sondern auch Medizin. Sie enthalten größere Mengen Gerbstoff und wirken in getrockneter Form gegen Durchfall.

rundlich eiförmig, mehr oder weniger spitz

Blatt bis 3 cm lang

Blütenkrone 4–7 mm lang

# Stiel-Eiche

*Quercus robur* (Buchengewächse)

H 20–35 m   April–Mai   Baum

sitzt zu 1/4–1/3 im Fruchtbecher

1–5 Früchte auf langem Stiel

Eichel bis 3,5 cm lang

Die Eiche wurde schon früher hoch verehrt. Die Germanen weihten sie dem Gott Donar, bei den Kelten war sie der heiligste Baum überhaupt. Auch im Christentum galt sie als heilig und wurde gern an Wallfahrtsstätten gepflanzt. Der Baum symbolisiert Kraft, Macht, Frieden und Wachstum.

Wuchs breit, eher unregelmäßig

Äste mächtig, weit ausladend, oft knorrig, gewunden und krumm

weibliche Blütenstände sind lang gestielt

männliche Blüten bilden hängende Kätzchen

*Vorkommen In Wäldern fast ganz Europas. Gehört in Mitteleuropa zu den wichtigsten Forstbäumen. Der äußere Holzbereich ist hell, der innere dunkler.*

> bekanntester Baum Deutschlands
> kann bis 1000 Jahre alt werden
> frisches Eichenholz riecht säuerlich

Blatt 7–15 cm lang, kurz gestielt

am Grund mit Öhrchen

jederseits mit 5–7 meist stumpfen Lappen

# Flaum-Eiche

*Quercus pubescens* (Buchengewächse)

H 5–10 m   April–Mai   Baum

Nach der letzten Eiszeit war die Flaum-Eiche auch in Mitteleuropa weit verbreitet und waldbildend. Im Lauf der Zeit wurde sie aber von anderen Bäumen, vor allem der Rot-Buche (S. 306), verdrängt. An einigen wenigen, sehr warmen Standorten wie etwa dem Kaiserstuhl, dem südlichen Baden oder dem Saaletal bei Jena konnten sich allerdings bis heute Restvorkommen halten.

Krone relativ breit

Eichel 1–2 cm lang, eiförmig

Äste stehen sparrig ab

Wuchs oft krumm

sitzend oder kurz gestielt

*Vorkommen Besonders in Südeuropa in trockenen, warmen Wäldern. Blätter auf der Unterseite deutlich filzig.*

> wächst manchmal auch strauchartig
> bildet besonders in Südfrankreich größere Wälder
> braucht Wärme

Blatt 7–10 cm lang

unten hellgrau grün, filzig

beidseitig mit 4–8 rundlichen Lappen

# Silber-Pappel
*Populus alba* (Weidengewächse)
H 15–30 m   März–April   Baum

Blattunterseite
und Stiel weiß-
bis graufilzig

**Vorkommen** Wild
in Mittel- und
Südeuropa in Auen-
wäldern. Gepflanzt
in Kiesgruben, an
Straßen. Borke weiß-
lich, oft mit rauten-
förmigen Rissen.

> **leuchtet von Ferne
besonders bei Wind
silberweiß**
> **erträgt auch
Trockenheit**
> **widerstandsfähig
gegen Industrieabgase**

oben dunkelgrün

Rand
buchtig
gezähnt

Blatt 4–12 cm lang,
3–5-lappig

Die Silber-Pappel wächst an Straßenböschungen oder auf
Abraumhalden oft nur strauchförmig und eignet sich dort zum
Befestigen der Böden, da sich ihr
Wurzelwerk sehr weit und flach
ausbreitet. Außerdem bilden
sich um das ursprüngliche
Gehölz häufig ganze Gruppen
mit Jungwuchs.

Krone breit
oval oder
rundlich

weibliche Blütenkätzchen
mit gelben Narben

Blütenkätzchen bis 8 cm
lang, zottig behaart

oft an der Basis
mit Ausläufern

männliche Blüte mit
purpurnen Staubbeuteln

hängen oft den
Winter über
am Baum

# Ahornblättrige Platane
*Platanus* x *hispanica* (Platanengewächse)
H 10–35 m   Mai   Baum

kugelige, stachelige, bis
4 cm dicke Fruchtstände

**Vorkommen** Wild nicht
bekannt, ist wohl eine
in Europa entstandene
Kreuzung aus der
Amerikanischen und
der Morgenländischen
Platane. Häufig an
Straßen und in Parks.
Von der Borke lösen
sich große dünne
Platten ab.

> **Blätter im Gegensatz
zum Ahorn
wechselständig**
> **widerstandsfähig
gegenüber
Luftverschmutzung**

Blatt bis 20 cm
lang, mit 3–7 drei-
eckigen Lappen

Stiel an der
Basis stark verdickt

Auf ausreichend feuchten Böden können die Bäume bis
400 Jahre alt werden. Platanen ertragen jedoch auch Trockenheit
im Boden und Stadtklima. Viele
Platanen in den Städten
werden aus Sicherheits-
gründen gefällt, wenn
ihre dicken Äste
brüchig werden.

Krone groß, breit
ausladend

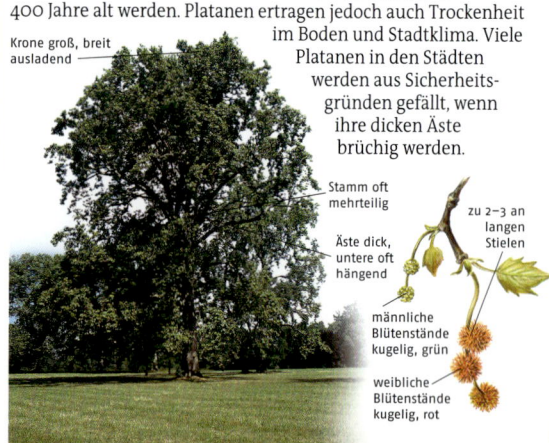

Stamm oft
mehrteilig

Äste dick,
untere oft
hängend

zu 2–3 an
langen
Stielen

männliche
Blütenstände
kugelig, grün

weibliche
Blütenstände
kugelig, rot

# Berg-Ahorn

*Acer pseudoplatanus* (Ahorngewächse)

H 25–30 m   Mai   Baum

Blüten gelbgrün

viele Blüten in einer hängenden Traube

Das Holz zählt zu den wertvollsten heimischen Laubhölzern. Es ist sehr hell, besitzt eine gleichmäßige Struktur und lässt sich leicht polieren, beizen oder färben. Es dient für Möbel und Parkett oder für Küchengeräte wie etwa Fleischklopfer und Holzlöffel. Musikbauer schätzen es für Flöten und Fagotte sowie als Resonanzholz für Streichinstrumente.

Krone breit kegelförmig bis rundlich

Äste kräftig, dicht aufstrebend, auch knorrig

2 geflügelte Nüsse

Flügel stehen etwa rechtwinklig zueinander

*Vorkommen* Heimisch in Schlucht- und Gebirgswäldern Mittel- und Südosteuropas. In Parks und an Straßen häufig. Reife Früchte hängen oft lange am Baum.

> **Blätter gegenständig**
> **Blüten erscheinen gleichzeitig mit den Blättern**
> **braucht Feuchtigkeit und Halbschatten**

Blatt bis 20 cm lang, 5-lappig

Rand unregelmäßig grob gesägt

# Spitz-Ahorn

*Acer platanoides* (Ahorngewächse)

H 15–25 m   April–Mai   Baum

Blüten gelbgrün, um 1 cm groß

Blüten in aufrechten Büscheln

Die Blätter des Spitz-Ahorns standen wohl Pate, als er und seine Verwandten die Namen *Acer* bzw. „Ahorn" erhielten. Beides leitet sich vom indogermanischen *ak* ab, das „scharf, spitz" bedeutet.

Krone rund bis breit kegelförmig, besonders im Alter weit ausladend

2 geflügelte Nüsse

Flügel stehen in stumpfem Winkel oder fast waagerecht ab

Feld-Ahorn
*Acer campestre*

*Vorkommen* Besonders in Mitteleuropa wild in Wäldern und Feldgehölzen

2 geflügelte Nüsse

Flügel stehen fast waagerecht ab

Rand buchtig

Lappen stumpf

Blatt bis 8 cm lang, 3–5-lappig

Äste reich verzweigt

*Vorkommen* Wild in Wäldern Europas, Kleinasiens und im Kaukasus. Gepflanzt in Parks, Gärten und an Straßen. Blätter im Herbst goldgelb bis rot.

> **Blätter gegenständig**
> **blüht vor dem Laubaustrieb, Bäume leuchten dann gelbgrün**
> **für Gärten gibt es auch eine dunkelrote Sorte**

Stiel enthält milchigen Saft

Rand mit großen spitzen Zähnen

Blatt 12–18 cm lang, meist 5-lappig

# Eingriffliger Weißdorn

*Crataegus monogyna* (Rosengewächse)
H 2–6 m   Mai–Juni   Strauch oder Baum

Blüte 0,8–1,5 cm groß

1 Griffel
Staubbeutel rot

**Vorkommen** Wild fast in ganz Europa in sonnigen Hecken, Wäldern, Gebüschen, an Felsen. Die Blüten erscheinen nach den Blättern.

> Äste tragen Dornen
> bekannte Heilpflanze
> blüht meist etwas später als der Zweigrifflige Weißdorn

Schon Dioskurides, einer der bedeutendsten Heilkundigen des Altertums, beschrieb den Weißdorn als Heilpflanze. Die noch heute bedeutsame herzstärkende Wirkung wurde erst später erkannt.

Wuchs dicht verzweigt, oft unregelmäßig

bis 1 cm große, rote Früchte mit 1 Samen

**Zweigriffliger Weißdorn**
*Crataegus laevigata*

Staubbeutel rot

2 oder 3 Griffel

Blüte etwa 1,5 cm breit

Blatt mit 3–7 bis über die Mitte eingeschnittenen Lappen

ein bis mehrere Stämmchen

---

**344**

# Gewöhnlicher Schneeball

*Viburnum opulus* (Geißblattgewächse)
H 150–300 cm   Mai–Juni   Strauch

**Vorkommen** Auwälder, Waldränder, Hecken, Bachufer. Auf nährstoffreichen Böden. Europa, Asien.

> Blätter gegenständig, ahornartig
> große Randblüten unfruchtbar, innere fruchtbar
> Vögel verschmähen die Beeren

Bei den Schneeball-Arten und -Sorten, die unsere Gärten zieren, handelt es sich oft um Exoten. Die Rinde dieses heimischen Schneeballs enthält Gerbstoffe und kaum untersuchte Inhaltsstoffe. Sie wird nur in der Homöopathie und Schulmedizin bei schmerzhafter Menstruation und allgemeinen Funktionsstörungen der Fortpflanzungsorgane verwendet.

Randblüten 1,5–2 cm breit

Doldenrispen 10 cm breit

Blattstiel mit meist 2 Drüsen

Blatt mit 3–5 Lappen

reife Früchte rot

# Echte Feige

*Ficus carica* (Maulbeergewächse)
H 200–1000 cm   Juni–Sept.   Strauch oder Baum

Dass Adam und Eva ihre Blöße symbolisch mit einem Feigenblatt bedeckten, ist sicher kein Zufall, war die Feige doch bereits seit den Assyrern als Kulturpflanze bekannt. Frisch sind die Früchte als ein mildes Abführmittel und als Hausmittel gegen Hämorriden, Nieren- und Blasensteine in Gebrauch. Die Blätter werden bei Wunden, Verdauungsbeschwerden und Wurmbefall verordnet.

Feigenfrucht

reifende Frucht

**Vorkommen** Heimat Mittelmeergebiet, Kleinasien bis Nord-westindien, vielerorts als Fruchtbaum kultiviert.

> Laub abwerfender Baum
> Blüten in Becher verborgen
> Pflanzenteile mit Milchsaft

3–5-lappige Blätter

# Ginkgo

*Ginkgo biloba* (Ginkgogewächse)
H 10–40 m   April   Baum

weibliche Blüten zu 2–3, unscheinbar

Der Ginkgo ist so robust, dass er mit Luftverschmutzungen in Innenstädten gut zurechtkommt. Ein Ginkgobaum überlebte sogar den Atombomben-angriff auf Hiroshima. Die Japaner sehen in dem Baum seither ein Symbol der Hoffnung.

Krone sehr variabel, oft breit kegelförmig

Samen pflaumenartig, 2–3 cm groß

Blätter im Herbst goldgelb

meist wenige, jedoch kräftige Äste

männliche Blüten in Kätzchen

**Vorkommen** Wild nur in der chinesischen Provinz Tschekiang. In Europa in Parks und als Straßenbaum. Die typischen Blätter sind unverwechselbar.

> wirkt wie ein Laub-baum, ist aber mit den Nadelbäumen verwandt
> es gibt männliche und weibliche Bäume
> winterhart

Blatt fächerförmig, 5–8 cm breit, ledrig

Blattnerven gabelig

vorn oft eingeschnitten

# Gewöhnlicher Hopfen

*Humulus lupulus* (Hanfgewächse)
H 200–400 cm  Juli–Aug.  Kletterpflanze

männlicher
Blütenstand
5–10 cm lang

obere Blätter einfach

Hopfenzapfen
(weiblicher
Blütenstand)
hängend

**Vorkommen**
*Auwälder,
Waldränder. Selten,
meist kultiviert. Süd-
und Mitteleuropa,
Südwestasien,
Nordamerika.*

> **männliche und
> weibliche Blüten auf
> unterschiedlichen
> Pflanzen**
> **Kletterpflanze**

untere Blätter
3–5-lappig

Ausschließlich die
unbefruchteten, weiblichen
Pflanzen werden angebaut. Nur sie
lagern in den Hopfenzapfen die
begehrten Bitterstoffe für das Bier ab.
In der Pflanzenmedizin wird Hopfen als
beruhigendes und schlafförderndes Mittel
eingesetzt. Vor allem in der Volksheilkunde regt
der bittere Hopfentee Appetit und Verdauung an.

# Gewöhnlicher Efeu

*Hedera helix* (Efeugewächse)
H 0,5–20 m  Sept.–Okt.  Kletterpflanze

**Vorkommen** *Wild fast
in ganz Europa in
Wäldern, an Felsen,
Gemäuer. Gepflanzt
an Mauern, in Gärten
und Parks. Die Blüten
entwickeln sich im
Herbst.*

> **eignet sich zum
> Begrünen von Mauern
> in vielen Formen in
> Kultur
> Früchte dienen im
> Frühling als Nahrung
> für Vögel**

Blatt 3–5-lappig, ledrig,
immergrün

dicht belaubt

Der Gewöhnliche Efeu wächst
mithilfe von Haftwurzeln an
Gestein und Stämmen empor.
Im christlichen Glauben sieht
man im immergrünen Efeu ein
Zeichen der Unsterblichkeit.
Deshalb pflanzt man ihn gern
auf Gräber und meißelt seine
Blattform auf Grabsteine.

Blüten grünlich
gelb, um
0,5 cm groß

Zweige
kletternd

bildet Stämme
mit Haftwurzeln

Früchte bis
1 cm breit,
blauschwarz

# Weinrebe

*Vitis vinifera* (Weinrebengewächse)
H 5–20 m   Juni–Juli   Kletterpflanze

Wissenschaftler datieren die ältesten Belege für Weinanbau auf 3500–2900 v. Chr. Damit gehört der Wein zu den ältesten Kulturpflanzen. Ein großer Teil der Trauben wird nicht frisch gegessen, sondern zu Wein gekeltert.

Zweige kletternd

Fruchtstände hängend

Beeren je nach Sorte gelblich bis blauviolett

unscheinbare Blüten in länglichen, dichten Rispen

*Vorkommen* Wild selten in Auenwäldern. Kultursorten häufig in warmen Gegenden gepflanzt, gelegentlich verwildert. Herbstfärbung gelb oder rot.

> hält sich mithilfe von Ranken fest
> Blüten duften
> in vielen Sorten weltweit in Kultur

Blätter meist 3–5-lappig

Basis herzförmig

Rand unregelmäßig gezähnt

# Schwarze Johannisbeere

*Ribes nigrum* (Stachelbeerengewächse)
H 1–2 m   April–Mai   Strauch

Rest des Blütenkelchs

etwa 1 cm dicke, schwarze Beere

Der Strauch riecht je nach Nase angenehm aromatisch oder wanzenartig stinkend. Die Früchte enthalten Fruchtsäuren, Mineralstoffe und Vitamin C und werden besonders für Saft oder Cassislikör verarbeitet. Die Blätter des Strauches lieferten, als schwarzer und grüner Tee im 18. und 19. Jahrhundert knapp oder sehr teuer waren, einen wichtigen Ersatz dafür.

*Vorkommen* Selten wild in Auenwäldern, besonders in Mittel- und Nordeuropa. Oft als Beerenstrauch kultiviert. Die Früchte reifen meist nicht gleichzeitig.

> Blätter riechen besonders zerrieben stark aromatisch
> Blattunterseite mit Drüsenpunkten
> Zweige ohne Dornen

Kronblätter klein, bräunlich

Blüten in Trauben

glockiger Blütenbecher

Äste lang, wenig verzweigt

Wuchs breit ausladend

Blatt bis 10 cm breit, 3–5-lappig

Grund herzförmig

# Rote Johannisbeere

*Ribes rubrum* (Stachelbeerengewächse)
H 1–2 m    April–Mai    Strauch

Beeren einiger
Sorten weiß

Rote Johannisbeeren gehören zu den säurereichsten heimischen Früchten. Die Fruchtsäuren reinigen beim Abstreifen der Beeren von den Stängeln die Hände ähnlich gut wie eine Zitrone. Besonders gut schmecken die Früchte gemischt mit Himbeeren oder anderem Obst in Mischmarmeladen oder Sorbet. Sie sind auch wichtiger Bestandteil von „Cumberlandsoße".

viele aufstrebende, kaum verzweigte Äste

erhabener Wulst

Blatt bis 8 cm breit, 3–5-lappig

Grund meist spitzwinklig

Beeren meist rot, durchscheinend

5 grünlich gelbe Kronblätter

# Stachelbeere

*Ribes uva-crispa* (Stachelbeerengewächse)
H 0,5–1,5 m    April–Mai    Strauch

Blüten unscheinbar, grünlich oder braunrot

Die meisten Stachelbeersorten entstanden nach dem Zweiten Weltkrieg, als Lebensmittel knapp waren und die heimischen Obststräucher im Ansehen wieder stiegen. Die Beeren schmecken je nach Sorte sauer-aromatisch oder süß. Es gibt auch robuste Kreuzungen aus Stachelbeeren und Schwarzen Johannisbeeren, die „Josta-" oder „Jochelbeeren".

alle Äste dornig

Wuchs breit buschig

Dornen zu 1–3 beieinander

Beeren einzeln hängend

Blatt 1–6 cm breit, 3–5-lappig

Rand gekerbt

vorn mit Kelchrest

# Echte Brombeere

*Rubus* sect. *fruticosus Rubus* (Rosengewächse)

H 1–4 m  Mai–Aug.  Strauch

Sammelfrucht erst rot, dann schwarz

Die getrockneten Blätter helfen bei Durchfall, als Waschung bei Hautleiden und zum Gurgeln bei Entzündungen im Mund- und Rachenraum. Der Saft der vollreifen Früchte enthält Fruchtsäuren und Vitamine.

Blätter wintergrün

Kelchblätter nach der Blüte ausgebreitet oder zurückgeschlagen

Krone weiß bis rosa, bis 3 cm

**Vorkommen** *Hecken, Gebüsche, Gärten, Waldränder und Waldlichtungen. Nordhalbkugel.*

> **klettert mit hakigen, unterschiedlichen Stacheln**
> **Stängel 2-jährig, verholzend**
> **formenreiche Sammelart**

Blätter 3–7-zählig gefingert

# Kratzbeere

*Rubus caesius* (Rosengewächse)

H 0,5–1 m  Mai–Aug.  Strauch

schwarzblau bereifte, aus 5–20 Früchtchen zusammengesetzte Frucht

Die saftigen Kratzbeeren schmecken weit weniger aromatisch und meist wesentlich herber als Brombeeren. Sie eignen sich jedoch zusammen mit anderem Wildobst für Mischkonfitüren oder auch für einen sehr guten Likör („Kroatzbeerenlikör"). Wer Brombeeren sammelt, sollte also ruhig auch die Kratzbeeren mit abernten.

Blüte 2–2,5 cm groß

Zweige dünn, bläulich bereift

5 weiße, ovale Kronblätter

zahlreiche Staubblätter

Wuchs meist niederliegend, fast mattenartig

**Vorkommen** *Fast in ganz Europa in Auenwäldern, Hecken, an Ufern, Waldrändern, auf Schuttplätzen. Typisch sind die bereiften Früchte.*

> **Frucht ist nach dem Abpflücken innen nicht hohl**
> **zeigt verdichteten Boden an**
> **kann sich mit der Brombeere kreuzen**

nur das Endblättchen gestielt

beide Seiten grün

Blatt 3-zählig geteilt

# Himbeere
*Rubus idaeus* (Rosengewächse)
H 60–200 cm   Mai–Juni   Strauch

**Vorkommen** *Waldlichtungen und -wege, Schutthalden. Auf nährstoffreichen Böden. Nordhalbkugel.*

> **Stängel mit Stacheln**
> **Blätter 3–7-zählig ge-fiedert, Nebenblätter**
> **Kelchblätter grünlich weiß, Kronblätter abfallend**

Blatt mit 3–7 Fiederblättchen

Blättchen unten weißfilzig

am Grund mit Nebenblättern

Auch die Himbeere ist ein Gewächs der Volksheilkunde. Ein Tee aus den gerbstoffhaltigen Blättern wird bei Durchfall, Entzündungen im Mund- und Rachenraum, aber auch zur Blutreinigung getrunken. Die Blätter sind Bestandteil sogenannter Haustees. Saft oder Sirup aus den Früchten mildert den bitteren Geschmack von Arzneien, der Saft wird von Fieberkranken getrunken.

Sammelfrucht aus Steinfrüchten

Kelchblätter

Kronblätter schmal, 5 mm lang

# Hunds-Rose
*Rosa canina* (Rosengewächse)
H 1–3 m   Juni   Strauch

**Vorkommen** *Hecken, Waldränder, Ödland, Straßen- und Wegbepflanzungen. Europa bis Zentralasien.*

> **Zweige mit Stacheln kletternd oder überhängend**
> **Stacheln sichelförmig mit scheibenförmigem Grund**

5–7 Fiederblättchen

Blättchen kahl, oft blaugrün

Frisch zu Marmelade verarbeitete Hagebuttenschalen behalten ihren hohen Vitamin-C-Gehalt. Die getrockneten Schalen der Frucht sind in Tees zur Vorbeugung gegen Erkältung enthalten, in der Medizin dagegen werden die ganzen Hagebutten verwendet. Das Samenöl dient zur Behandlung von Narben und glättet Falten der Haut. In der Bachblütentherapie nimmt man Wild Rose gegen Resignation.

Blätter in Paar gefiedert

Kronblätter hellrosa bis weiß

Hagebutte leuchtend rot, schmal eiförmig

# Kartoffel-Rose

*Rosa rugosa* (Rosengewächse)
H 1–2,5 m   Juni–Sept.   Strauch

Die großen Früchte liefern wesentlich mehr Fruchtfleisch als die der Hunds-Rose. Sie können auf gleiche Weise verarbeitet werden. Rosen-Züchter verwendeten die Kartoffel-Rose als Basis zur Züchtung von „Öfter-blühenden-Strauchrosen". Die Art hat ihre Hauptblüte zwar im Juni, bildet jedoch noch bis Mitte September weitere Blüten aus.

**Vorkommen** *Stammt aus Ostasien. In Europa oft in Hecke, an Straßenböschungen, auf Dünen, auch verwildert. Typische, kugelig abgeflachte Früchte.*

> **blüht und fruchtet oft gleichzeitig**
> **Blüten duften**
> **erträgt salzhaltigen Boden**

Blüte meist
6–8 cm groß

bildet oft breite Gestrüppe

Kronblätter
dunkelrosa,
hellrosa oder
weiß

Wuchs gedrungen

Blatt mit 5–9
Fiederblättchen

Blättchen stark
runzelig, oben
glänzend dunkelgrün

  **351**

# Götterbaum

*Ailanthus altissima* (Bittereschengewächse)
H 20–25 m   Juni–Juli   Baum

bis 1 cm breite Blüten
in aufrechten Rispen

Der Baum erträgt Trockenheit, Rauch und Abgase. Er eignet sich deshalb für Aufforstungen in Steppengebieten. In Deutschland erlangte er eine traurige Berühmtheit, als er sich nach dem Zweiten Weltkrieg in den Trümmern zerstörter Städte stark ausbreitete. Auch heute wachsen häufig wilde Exemplare auf Abbruchgeländen, Bahn- oder Hafenanlagen.

Krone breit,
unregelmäßig

**Vorkommen** *Heimisch in China. In Mitteleuropa oft in Parks und Gärten, auch verwildert. Meist werden sehr viele Früchte ausgebildet.*

> **Blätter riechen unangenehm scharf, etwas gummiartig**
> **oft mehrstämmig oder mit Jungtrieben aus den Wurzeln**
> **wird nur 50–60 Jahre alt**

Früchte bis 5 cm lang

Same liegt
im Zentrum

Flügel oft schraubig

Äste aufwärts
gerichtet, wenig
verzweigt

Blatt unpaarig
gefiedert mit
13–31 Blättchen,
bis 60 cm lang

Fiedern mit 1–2
Zähnen, diese
auf der Unterseite mit Drüse

# Gewöhnliche Rosskastanie

*Aesculus hippocastanum* (Rosskastaniengewächse)
H 15–25 m   April–Mai   Baum

**Vorkommen** *Wild auf dem Balkan. In Mittel- und Westeuropa gepflanzt an Straßen, Plätzen, in Parks. Die Samen fallen im September und Oktober.*

> **austreibende Blätter dicht wollig behaart**
> **Knospen besonders am Ende des Winters stark klebrig**
> **beliebter „Biergartenbaum"**

In Deutschland pflanzen Gärtner den Baum seit 1646. Anfangs wuchs er nur in höfischen Parks und Alleen. Heute ist er mit seiner Schatten spendenden Krone der typische „Biergartenbaum". In Notzeiten entbitterte man die Samen und gewann Bratöl und Mehl daraus.

Krone oben abgerundet

Krone breit

Äste abstehend, Zweige alter Bäume etwas überhängend

bis 2 cm große Blüten

weiß mit gelber oder roter Zeichnung

aufrechter, kegelförmiger Blütenstand

stark stachelig

kugelige, bis 6 cm große Kapselfrucht

Samen dunkelbraun, glänzend

Blättchen im obersten Drittel am breitesten

Blatt handförmig geteilt

5–7 bis 20 cm lange, ungestielte Blättchen

# Rotblühende Rosskastanie

*Aesculus* x *carnea* (Rosskastaniengewächse)
H 10–15 m   Mai   Baum

Krone breit, kuppelförmig

**Vorkommen** *Nur in Kultur bekannt. In Europa in Parks, an Straßen, in Anlagen. Die roten Blüten bilden auffallende Rispen.*

> **blüht später als die Gewöhnliche Rosskastanie**
> **bildet nur wenige Früchte aus**
> **wird oft als Hochstamm veredelt**

Diese Kastanie ist eine Anfang des 19. Jahrhunderts entstandene Kreuzung zwischen der Gewöhnlichen Rosskastanie und der Roten Pavie. Einige Sorten sind kaum anfällig gegenüber der Kastanienminiermotte und stellen damit gute Alternativen dar. Der Schmetterling legt zwar seine Eier auf die Blätter, die jungen Larven sterben jedoch meist ab.

5–7 fast sitzende Blättchen

oben dunkelgrün, glänzend

unten heller

Blatt handförmig geteilt

Blüten bis 2 cm groß, hellrot

ohne oder mit wenigen Stacheln

dicht geschlossen

kugelige Kapselfrucht

# Echte Walnuss

*Juglans regia* (Walnussgewächse)
H bis 25 m   Mai   Baum

männliche
Blüten hängen

etwa 10 cm
lange Kätzchen

Die Samen der Walnuss werden als Nahrungs- und Genussmittel verzehrt, die Fruchtschalen dienten zum Färben, nur die Blätter und Früchte nutzte man als Medizin, sie dienten in Form von Umschlägen, Waschungen und Spülungen dazu, Hautunreinheiten, Ekzeme, Fußschweiß und Wunden zu heilen.

**Vorkommen** *Heimat Balkanhalbinsel bis Südwestasien, als Fruchtbaum vielerorts kultiviert und eingebürgert.*

Steinfrucht („Walnuss"),
hier noch unreif

grüne
Steinfrucht

Blattfiedern
länglich oval

> **sommergrün**
> **2–3 weibliche Blüten am Ende der Triebe**
> **Blätter wechselständig, gefiedert**

Blatt unpaarig gefiedert,
bis 40 cm lang

5–9 derbe,
kahle
Blättchen

Rand
meist
glatt

 353

# Gemeine Esche

*Fraxinus excelsior* (Ölbaumgewächse)
H 15–35 m   April–Mai   Baum

bräunliche Blüten
in Büscheln

Die Früchte lösen sich erst im Winter bei starkem Wind und fliegen drehend davon. Aufgrund der hochwachsenden Form des Baumes verglichen die alten Wikinger die Welt mit einer riesigen Esche – der Weltenesche „Yggdrasil". Eschenrinde ist eines der ältesten Ersatzmittel für Chinarinde und diente früher zur Behandlung von Malaria.

**Vorkommen** *Wild in Auen- und Schluchtwäldern, an Bächen, Flüssen, Felsen. Mit auffallenden, schwarzen Winterknospen.*

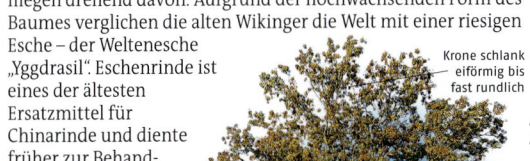

Krone schlank
eiförmig bis
fast rundlich

Hauptäste aufsteigend
oder aufrecht

geflügelte
Nüsse

Samen sitzt
an der Basis

> **Blätter gegenständig**
> **blüht vor dem Laubaustrieb**
> **wächst an sehr feuchten und an trockenen Standorten**

Blatt unpaarig
gefiedert
mit 9–15
Blättchen

Rand gesägt

# Eberesche

*Sorbus aucuparia* (Rosengewächse)
H 5–15 m   Mai–Juni   Strauch oder Baum

Früchte bis 1 cm
groß, orangerot

**Vorkommen** *Wild fast in ganz Europa in Wäldern, auf Felsen. Oft gepflanzt in Parks und Gärten. Die auffallenden Früchte locken Vögel an.*

> **besonders schöne Bäume stehen meist im Gebirge**
> **Blüten riechen unangenehm**
> **Früchte gekocht essbar**

Krone rund bis eiförmig, meist etwas sparrig

Der Baum heißt auch „Vogelbeere": Vögel fressen die Früchte im Winter, scheiden die unverdauten Samen wieder aus und sorgen so für ihre Verbreitung. Wegen des Reichtums an Vitamin C bezeichnete man die Eberesche im Zweiten Weltkrieg als die „Zitrone des Nordens".

Blatt unpaarig gefiedert
mit 9–17 Blättchen

Rand gesägt

unten grau-
bis blaugrün

ein oder
mehrere Stämme

Blüten um
1 cm groß

bis 15 cm breite,
auffallende
Blütenstände

---

**354**

---

# Schwarzer Holunder

*Sambucus nigra* (Geißblattgewächse)
H 3–7 m   Juni–Juli   Strauch oder Baum

Steinfrüchte
4–6 mm groß

**Vorkommen** *Wälder, Waldränder, Schutt-plätze, Ödland. Europa, Kleinasien.*

> **Nährstoffzeiger**
> **Blüten stark duftend**
> **Äste mit weißem Mark**

Aus den Blüten bereitet man einen schweißtreibenden Tee bei Erkältungskrankheiten, die Blätter werden ähnlich verwendet. Der Saft der Früchte wird bei Verstopfung, Kopfschmerz und als schweiß- und harntreibendes Mittel genutzt. Rinde und Wurzel sollen bei Rheuma helfen.

schirmförmiger
Blütenstand

Blatt unpaarig gefiedert
mit meist 5, seltener 7
oder 9 Blättchen

Rinde mit
Korkwarzen

Rand gesägt

# Roter Holunder

*Sambucus racemosa* (Geißblattgewächse)

H 2–4 m   April–Mai   Strauch   ☠

etwa 5 mm große,
leuchtend rote Steinfrüchte

Die rohen, herb sauer schmeckenden Früchte des Roten Holunders können zu Brechdurchfall führen. Früher dienten sie in der Heilkunde als Abführ- und Brechmittel. Wer gern mit Wildfrüchten experimentiert, kann jedoch die Beeren kräftig kochen, die Samen abtrennen und den Saft verwenden.

Blätter gegenständig

Blüten in bis 8 cm langen dichten Rispen

Früchte in dichten, überhängenden Rispen, ab Juli reif

Blüten etwa 0,5 cm groß, grünlich gelb

**Vorkommen** *In Mitteleuropa wild, in Skandinavien eingebürgert. In Wäldern, Gebüschen, an Felshängen. Die Blütenstände erscheinen mit den Blättern.*

> **Früchte locken Vögel an**
> **erträgt schattige Standorte**
> **wächst häufiger in den Bergen als im Flachland**

meist 5 Fiederblättchen

Rand scharf gesägt

Blättchen bis 8 cm lang

# Gemeine Robinie

*Robinia pseudoacacia* (Schmetterlingsblütengewächse)

H 10–25 m   Mai–Juni   Baum   ☠

Dornen verholzen, bleiben an den Zweigen

Krone locker, unregelmäßig

An den Wurzeln der Robinie sitzen kleine Knöllchen mit Bakterien, die Stickstoff aus der Luft binden. Diese Nährstoffversorgung ermöglicht es ihr, sehr arme Böden zu besiedeln. Die Blüten enthalten sehr viel Nektar und locken Bienen an. Für ein Kilo „Akazienhonig" müssen diese rund 1 600 000 Blüten besuchen.

**Vorkommen** *Stammt aus Nordamerika. Häufig angepflanzt, an Straßen, in Parks, an Hängen. Blüten bilden auffallende weiße Trauben.*

> **sehr giftig!**
> **Blüten duften angenehm süßlich**
> **Blättchen nachts nach unten geneigt**

oft sparrig verzweigt

bis 2 cm lange Schmetterlingsblüten

4–10 dunkelbraune Samen

Früchte bis 10 cm lang, flach

ein oder mehrere Stämme

Blatt unpaarig gefiedert mit bis 23 Blättchen

unten heller

oft 2 Dornen an der Basis

# Gewöhnlicher Goldregen

*Laburnum anagyroides* (Schmetterlingsblütengewächse)
H bis 8 m   Mai–Juni   Strauch oder Baum ☠

**Vorkommen** *Gebirge Süd- und Südosteuropas, als Zierpflanze nördlich der Alpen und auf sonnigen Hängen verwildert.*

> **Blütentrauben hängend, bis 25 cm lang**
> **Blattstiele und -unterseiten behaart**
> **sehr giftig**

Blättchen eiförmig, bis 8 cm lang

Obwohl insbesondere die Samen sehr giftig sind (Alkaloide), wurde die Pflanze früher genutzt. Die Blätter dienten als schleimlösendes und Abführmittel. Die Samen nahm man in der Volksheilkunde bei Verstopfung, als Brechmittel, bei Asthma und zur Entwässerung ein. Geblieben sind nur homöopathische Anwendungen, die bei Erkrankungen des zentralen Nervensystems, Magen-Darm-Beschwerden und Schwindel verordnet werden.

Blätter 3-zählig

Blätter 3-zählig

hängende Blütentrauben

Schmetterlingsblüten 15–20 mm lang

356

# Essigbaum

*Rhus typhina* (Sumachgewächse)
H 4–8 m   Juni–Juli   Strauch oder Baum ☠

junge Zweige dicht samtig behaart

**Vorkommen** *Im östlichen Nordamerika beheimatet. In Europa in Parks und Gärten, verwildert auf Ödflächen. Blätter im Herbst orange bis rot.*

> **heißt auch „Kolben-Sumach"**
> **es gibt männliche und weibliche Sträucher**
> **Fruchtstände bleiben den Winter über erhalten**

Blatt unpaarig gefiedert mit bis zu 31 Blättchen

lang zugespitzt

auf beiden Seiten jung stark, später schwächer behaart

Die Indianer Nordamerikas benutzten den Essigbaum zum Gerben von Leder und zum Färben. Aus den Zweigen, die sich leicht aushöhlen lassen, stellten sie Pfeifen her. Mit den Früchten lässt sich der saure Geschmack von Essig verstärken und ein limonadenartiges Getränk herstellen.

wenig, aber sparrig verzweigt mit dicken Ästen

Wuchs breit, baum- oder strauchförmig

Fruchtstand rot, aufrecht, kolbenartig

ein oder mehrere Stämme

männliche Blüten in dichten Rispen

# Gewöhnliche Mahonie

*Mahonia aquifolium* (Berberitzengewächse)
H 0,5–1,5 m   April–Mai   Strauch

Die Beeren dienen Amseln und anderen Singvögeln als Winterfutter. Diese verbreiten mit ihrem Kot die Samen und tragen so zur Verwilderung des Strauches bei. Bei Menschen können größere Mengen roher Früchte Übelkeit und Fieber auslösen. Gekocht und durch ein Sieb gestrichen eignen sie sich jedoch als Farb- und Säurezusatz für Marmeladen und Quarkspeisen.

Äste aufrecht

Blätter ledrig, immergrün

etwa 1 cm breite, gelbe Blüten in dichten Blütenständen

Früchte etwa 8 mm groß, ab August purpurschwarz, bläulich bereift

**Vorkommen** *Aus dem westlichen Nordamerika stammender Zierstrauch, gelegentlich verwildert. Die Blüten bilden auffallende dichte Blütenstände.*

> **Innenseite der Rinde sowie Holz gelb gefärbt**
> **wächst an sonnigen und schattigen Standorten**
> **gedeiht auch in Industriegebieten**

Blatt unpaarig gefiedert

Rand stachelig gezähnt

5–11 eiförmige Blättchen

357

# Winter-Jasmin

*Jasminum nudiflorum* (Ölbaumgewächse)
H 2–3 m   Dez.–April   Strauch

Im Gegensatz zum verwandten Echten Jasmin bildet der Winter-Jasmin keine Duftstoffe. Er ist jedoch als Zierstrauch beliebt, da er mit seinen langen Zweigen über Mauern und Garagendächer hängt und so manche Bausünde verhüllen kann. Die ersten Blüten im Winter erfrieren bei uns oft, später ist der Strauch dann mit Blüten übersät.

Zweige sehr dünn und lang

überhängend

meist mit 6 Zipfeln

Blüte um 2 cm breit

dünne Kronröhre

Zweige 4-kantig, grün

**Vorkommen** *In den Gebirgen Nordchinas beheimatet. Im Mittelmeerraum und Mitteleuropa als Ziergehölz. Blüht vor dem Laubaustrieb.*

> **blüht oft bereits im Schnee**
> **Blätter fallen kaum auf**
> **bevorzugt milde Lagen, ist aber ziemlich winterhart**

Blätter 3-zählig

gegenständig

Blättchen 1–3 cm lang, oben glänzend grün

# Gewöhnliche Waldrebe
*Clematis vitalba* (Hahnenfußgewächse)
H 5–15 m   Juni–Sept.   Kletterpflanze   🐛

Die Blüten locken mit ihrem unangenehmen Duft Bienen und Fliegen an. Die Früchte reifen erst im Winter und lösen sich nur durch starke Winde von der Mutterpflanze. Vom 16. bis 19. Jahrhundert pflanzte man die Gewöhnliche Waldrebe auch in Gärten, vor allem zum Begrünen von Lauben. Heute gibt es hierfür attraktivere Waldreben mit größeren und farbigen Blüten.

Blatt unpaarig gefiedert mit 3 oder 5 lang gestielten Blättchen

Stiel oft gekrümmt oder geschlungen

Frucht mit langem, fedrig behaartem Griffel

4 bald abfallende Blütenblätter

zahlreiche Staubblätter

überwuchert die Stütze oft vollständig mit windenden Stämmen

dicht beblättert

Blüten bis 2,5 cm groß

# Gewöhnliche Jungfernrebe
*Parthenocissus quinquefolia* (Weinrebengewächse)
H 8–15 m   Juni–Aug.   Kletterpflanze   🐛

Die anspruchslose Kletterpflanze kam etwa um 1610 nach Europa und wurde schon bald in Parks zum Begrünen von Bogengängen verwendet. An Hauswänden kann sie sich jedoch nicht so gut festhalten wie die Dreilappige Jungfernrebe. Man pflanzt sie deshalb besser an Gerüste, die sie mit ihren Ranken umwickeln kann.

Blatt meist handförmig 5-teilig

Rand grob gesägt

Stiel lang

unscheinbare Blüten in lockeren Rispen

Blätter färben sich im Herbst rot

dicht beblättert

klettert mit Ranken

# Chinesischer Blauregen

*Wisteria sinensis* (Schmetterlingsblütengewächse)
H 8–10 m   Mai–Juni   Kletterpflanze

In China schlingen sich die Stämme wild wachsender Blauregen um Bäume und überwuchern Hecken. Dort pflanzten Gärtner die Art auch schon lange als dekorative Zierpflanze, bevor das erste lebende Exemplar im Jahr 1816 nach Europa kam.

Kletterstrauch mit links windenden Stämmen

bis 30 cm lange Blütentrauben erscheinen vor den Blättern

braucht an Mauern eine Kletterhilfe

Blüten um 2,5 cm groß

blauviolette Schmetterlingsblüten

**Vorkommen** *Stammt aus China. In warmen, sonnigen Lagen an Mauern, Pergolen und Balkonen kultiviert. Die Einzelblüten der Trauben öffnen sich gleichzeitig.*

> *ganze Pflanze, besonders die Samen, giftig!*
> *Blüten duften stark*
> *im Winter kahl*

Blatt unpaarig gefiedert

7–13 eilängliche Blättchen

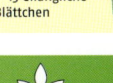

359

# Zwergpalme

*Chamaerops humulis* (Palmengewächse)
H 1–10 m   März–April   Strauch

Früchte 1–3 cm lang, ziemlich fest

Diese Palme stellt eine Besonderheit dar, da sie in Europa nicht nur angepflanzt, sondern beheimatet ist. Die Blätter liefern Fasern, die sich als Stopfmaterial für Matratzen und Polstermöbel eignen. Bis vor zwei Millionen Jahren gab es in Europa einige Palmen, denen es jedoch während den Eiszeiten zu kalt wurde.

**Vorkommen** *Wild auf Sizilien und in Südostspanien. Im Süden in Parks gepflanzt, in Mitteleuropa Kübelpflanze. Typisch ist der dornige Blattstiel.*

> *Früchte nicht essbar*
> *wächst auf stark beweideten Flächen*
> *nur strauchig*
> *besiedelt offene, trockene Standorte*

Blätter bilden an der Spitze des Stammes einen Schopf

Stamm von Fasern bedeckt, bei kleinen Palmen durch die Blätter verdeckt

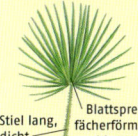

Stiel lang, dicht bedornt

Blattspreite fächerförmig, bis 80 cm breit

# Blumen duften und heilen

Kräuter und Blumen locken mit verführerisch duftenden Blättern und Blüten – manche wirken beruhigend, andere anregend oder betörend und einige sogar aphrodisierend. In ihrem Inneren warten die zarten Schönheiten dann noch mit heilkräftigen Substanzen auf, unter denen etliche den Weg in unsere Apotheken fanden.

## Verführerische Düfte...

Die Lust an schönen Düften ist uralt und hat ihren Ursprung wahrscheinlich bei den alten Ägyptern, die bereits um 5000 vor unserer Zeitrechnung Blumen und Kräuter ins Feuer warfen, um mit dem duftenden Rauch ihre Wünsche und Gebete gen Himmel zu ihren Göttern zu schicken. So leitet sich das Wort Parfum vom lateinischen per-fumum = „durch Rauch" ab. Heute dienen zur Herstellung von Parfum auch viele heimische Blumen wie Maiglöckchen, Veilchen, Alpenveilchen, Kamille, Narzisse, Rose und Thymian.

## ... und verborgene Heilkräfte

Aus Grabfunden wissen wir, dass Heilkräuter bereits vor über 60 000 Jahren von Menschen genutzt wurden. Zu den wichtigsten Heilstoffen der Pflanzen zählen ihre ätherischen Öle. Viele Pflanzen wirken krampflösend oder beruhigend, wie Kamille, Kümmel, Fenchel und Baldrian. Bitterstoffe, wie sie reichlich im Wermutkraut, der Enzianwurzel und dem Tausendgüldenkraut vorhanden sind, helfen den Verdauungsorganen und Gerbstoffe aus Frauenmantel, Rhabarberwurzeln, Blutwurz und Salbei wirken entzündungshemmend und antimikrobiell. Doch sind nicht alle Heilkräuter bedenkenlos verwendbar: Einige von Ihnen sollten nur mit entsprechender Fachkenntnis oder besser gar nicht angewandt werden. So enthalten Maiglöckchen und Fingerhut herzwirksame Glykoside, sie sind ebenso wie der gefürchtete Eisenhut und die Tollkirsche in entsprechender Dosierung tödlich giftig.

# Großer Sauerampfer

*Rumex acetosa* (Knöterichgewächse)

H 30–100 cm   Mai–Juli   Staude

Blütenstand mit vielen Blüten

Stängel aufrecht

**Vorkommen** *Wiesen, Weiden, Wegränder, Fluss- und Bachufer. Ganz Europa.*

> **Blätter schmecken sauer**
> **fällt besonders im Mai und Juni auf**
> **zeigt Stickstoffreichtum an**

Für den sauren Geschmack der Pflanze sind die gleichen Inhaltsstoffe verantwortlich, die auch im Sauerklee vorkommen. Junge Blätter lassen sich als Salatbeigabe und in Suppen verwenden. Zu große Mengen führen jedoch zu Durchfall und Erbrechen und können Nierenschäden verursachen.

männliche Blüte weit geöffnet

6 gelbe Staubbeutel

untere Blätter pfeilförmig

Ecken spitz

3 rundliche Blätter um die Frucht

weibliche Blüte mit grünen oder rötlichen Blättern

Narben ragen heraus

# Schlaf-Mohn

*Papaver somniferum* (Mohngewächse)

H 40–150 cm   Juni–Aug.   einjährig   ☠

Kapsel fast kugelig, 5–12 Narbenstrahlen

**Vorkommen** *Ödland, Schutt. Auf nährstoffreichen Lehmböden. Heimat Westasien, legal und illegal angebaut.*

> **Blätter unregelmäßig tief gezähnt, am Grund stängelumfassend**
> **Blüten einzeln, bis 10 cm groß**
> **Pflanze mit weißem Milchsaft**

Der Schlaf-Mohn ist ein gutes Beispiel dafür, dass eine Droge Segen und Fluch bedeuten kann. Ritzt man die unreifen Kapseln des Schlaf-Mohns an, tritt ein weißer Milchsaft aus, der an der Luft trocknet. Er enthält Alkaloide, die zu medizinischen Produkten verarbeitet werden: Morphin, Codein, Noscapin und Papaverin sind die bekanntesten. Opium und seine Derivate (z. B. Heroin) sind aber auch Rauschgifte mit hohem Abhängigkeitspotenzial.

Kronblätter mit dunklem Fleck

Kronblätter rot bis violett

Blätter stängelumfassend

# Klatsch-Mohn

*Papaver rhoeas* (Mohngewächse)
H 30–90 cm   Mai–Juli   einjährig

Blatt fiederteilig

Blüten einzeln

Jede Blüte produziert die außergewöhnlich große Menge von rund 2,5 Millionen Pollenkörnern, die sehr nahrhaft sind und von verschiedenen Insekten gesammelt werden. Besonders Hummeln warten am Morgen oft schon auf den Blüten, bis sich diese entfalten. Den meisten Blütenstaub geben die Blüten morgens bis etwa 10 Uhr ab.

***Vorkommen***
*Getreidefelder, Wege, Bahnhofsgelände, Ödflächen, an Straßenböschungen auch zur Begrünung angesät. Ganz Europa.*

> **Blüten öffnen sich am frühen Morgen**
> **wurzelt bis etwa 1 m tief**
> **braucht im Sommer warme Standorte**

öffnet sich mit Poren

Kapselfrucht breit eiförmig

am Grund oft mit schwarzem Fleck

Kronblätter nach dem Öffnen zerknittert

sehr viele Staubblätter

4 Kronblätter, bis 4 cm lang

363

# Meersenf

*Cakile maritima* (Kreuzblütengewächse)
H 15–30 cm   Juli–Okt.   einjährig

Blüten in lockeren Trauben

Blatt fleischig

Der Meersenf gehörte zu den ersten Blütenpflanzen, die die Vulkaninsel Surtsey nach deren Entstehung besiedelten. Der obere Teil seiner zweigliedrigen Frucht enthält ein lufthaltiges Gewebe und kann mit Wasser weit weggespült werden; der untere verbleibt zunächst an der Pflanze, fällt später zu Boden und verankert sich dort.

***Vorkommen*** *An sandigen oder kiesigen Meeresstränden im Spülsaum. Wächst oft in lockeren Gruppen. Küsten ganz Europas.*

> **Blätter oft mit schmalen Abschnitten**
> **verträgt Salz**
> **schmeckt scharf**

4 rosa, lila oder weiße Kronblätter, 0,6–1 cm lang

Früchte 1–2 cm lang

in 2 Glieder geteilt

4 schmale Kelchblätter

# Schmalblättriges Weidenröschen

*Epilobium angustifolium* (Nachtkerzengewächse)
H 60–120 cm Juli–Aug. Staude

**Vorkommen** *Wald-lichtungen, Kahl-schläge, Sturmwurf-flächen, Waldwege, Ufer. Auf meist kalk-armen Böden. Fast ganz Europa.*

> **Samen leben nicht lange**
> **auffälligste Weiden-röschen-Art**
> **kann riesige Flächen bedecken**

Die Volksheilkunde empfiehlt Tee aus dem Schmalblättrigen Weidenröschen gegen Vergrößerungen der Prostata (Vorsteherdrüse). Ganz junge Blätter und Triebe eignen sich auch für Wildgemüse. Die Blüten sind nur anfangs strahlig-symmetrisch. Während der Blütezeit rücken die beiden unteren Kronblätter nach oben, die frei werdende Lücke wird vom unteren Kelchblatt eingenom-men, sodass die Blüten zweiseitig-symmetrisch werden.

Stängel aufrecht

4 Kronblätter, bis 1,5 cm Länge

4 Kelchblätter

Narbe mit 4 stern-förmigen Ästen

Frucht undeutlich 4-kantig

Blüten in langen endständigen Trauben

Blätter lanzettlich

# Wasser-Minze

*Mentha aquatica* (Lippenblütengewächse)
H 20–80 cm Juli–Okt. Staude

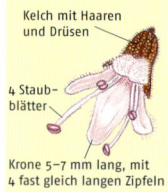

**Vorkommen** *An Ufern, in Gräben, im Schilf, auf nassen Wiesen und Moorwiesen. Ganz Europa.*

> **riecht und schmeckt nach Pfeffer-Minze**
> **erträgt Überschwem-mung**
> **duftende Blüten locken viele Insekten an**

Die Wasser-Minze zählte neben dem Echten Mädesüß und dem Eisenkraut zu den heiligen Kräutern der Druiden. Man kann sie für Tee sammeln, allerdings ist ihr Aroma nicht so angenehm wie das der Pfeffer-Minze. Diese kommt wild nicht vor, sondern entstand erst Ende des 17. Jahrhunderts in England aus einer Kreuzung der Wasser-Minze mit der Grünen Minze.

Blütenstand dicht, kopfig

Kelch mit Haaren und Drüsen

4 Staub-blätter

Krone 5–7 mm lang, mit 4 fast gleich langen Zipfeln

Blatt kurz gestielt

Blätter oval

Rand mit groben, nach vorn gerichteten Zähnen

# Kuckucks-Lichtnelke

*Silene flos-cuculi* (Nelkengewächse)

H 30–80 cm   Mai–Juli   Staude

Die Blütezeit im Frühling führte zur Namensgebung nach dem Kuckuck als Frühjahrskünder. Auch der häufig an der Pflanze zu findende Schaum von Schaumzikaden hat wohl mit dazu beigetragen. Diesen nennt man im Volksmund „Kuckucksspeichel". Früher glaubte man, dieser Vogel habe bei seiner Ankunft im Frühjahr auf die Pflanzen gespuckt.

Blütenstände mit bis zu 30 Blüten, diese 3–4 cm breit

schmal-lanzettlich

Blätter gegenständig

**Vorkommen** *Wiesen, Sumpf- und Moorwiesen. Auf nassen oder feuchten nährstoffreichen Böden. Von der Ebene bis ins Gebirge in ganz Europa.*

> **zeigt feuchten Boden an**
> **Blüten wirken zerzaust**
> **schön in Wildpflanzengärten**

Kronblätter rosa, tief 4-teilig

Zipfel schmal

# Rote Lichtnelke

*Silene dioica* (Nelkengewächse)

H 30–90 cm   April–Sept.   Staude

Blätter gegenständig, eiförmig

Stängel mit bis über 2 mm langen, abstehenden Haaren

Die männlichen und die weiblichen Blüten sitzen auf verschiedenen Pflanzen. Beide locken besonders Tagfalter und langrüsselige Hummeln als Bestäuber an. Wiesen an geeigneten Standorten sind im Mai durch die üppige Blütenpracht oft rotviolett gefärbt. Nur wenige Nachzügler blühen später.

**Vorkommen** *Feuchte Wiesen und lichte Wälder. Fast ganz Europa.*

> **zeigt nährstoffreiche Böden an**
> **Blüten duften nicht**
> **die ähnliche Weiße Lichtnelke blüht weiß**

mehrere 1,5–2,5 cm breite Blüten in einer Rispe am Stängelende

weibliche Blüte mit bauchig eiförmigem Kelch

Kronblätter 2-spaltig

männliche Blüte mit zylindrischem Kelch

# Grasnelke

*Armeria maritima* (Bleiwurzgewächse)
H 5–50 cm   Mai–Nov.   Staude

Die Grasnelke verträgt nicht nur Salz, einige Sippen können
sogar Böden besiedeln, die mit giftigem Schwermetall verseucht
sind. Die Pflanze lagert die aufgenommenen Metalle dann in die
Blätter am Grund ein. Die Blütenköpfe behalten auch getrocknet
in Trockensträußen ihre Farbe und
Form. Man darf sie jedoch nicht
von Wildpflanzen sammeln,
da diese geschützt sind.

Blüten bilden ein
endständiges Köpfchen

dicklich,
bis 3 mm
breit

trockenhäutige
Blätter unterhalb
des Köpfchens

Blätter alle am Grund

Krone um 5 mm breit

Kelch
trichter-
förmig

# Schlangen-Wiesenknöterich

*Bistorta officinalis* (Knöterichgewächse)
H 30–100 cm   Mai–Juli   Staude

Die Pflanze ist nicht nur schön anzusehen, sondern auch nützlich:
In den Blüten finden Insekten reichlich Nektar. Junge Stängel und
Blätter werden gern vom Vieh
gefressen und ergeben
schmackhaftes Wildgemüse.
In Sibirien und auf Island aß
man früher den gerösteten,
stärkereichen Wurzelstock.

dichte Blütenstände
am Ende der Stängel

Blütenstand
3–6 cm lang,
1–2 cm dick

Rand der Stängel-
blätter wellig

Wurzelstock s-förmig oder
schlangenartig gebogen

Stängel
von einer
Scheide
umhüllt

Staubblätter ragen
weit heraus

Blütenblätter
4–5 mm lang

# Echte Tollkirsche

*Atropa bella-donna* (Nachtschattengewächse)
H 50–150 cm   Juni–Aug.   Staude

Diese Giftpflanze enthält eine Reihe von Alkaloiden (Hyoscyamin), Gerbstoffe und Flavonoide. Der Wirkstoff Atropin bildet sich erst, wenn die Pflanze getrocknet wird. Wegen ihrer Giftigkeit spielte die Tollkirsche keine große Rolle in der Volksheilkunde, musste aber für allerlei Zauber herhalten.

**Vorkommen** Wald-lichtungen, Kahl-schläge, Wegränder. Mitteleuropa, Süd-westasien, Nordafrika.

> **Blätter breit lanzett-lich, wechselständig**
> **im Blütenbereich großes und kleines Blatt scheinbar gegen-ständig**

Blüten einzeln, glockig hängend

Frucht erst grün, dann schwarz

367

# Wilde Malve

*Malva sylvestris* (Malvengewächse)
H 30–100 cm   Juni–Okt.   Staude

Kronblätter 20–25 mm lang

Blüten und Blätter der Wilden Malve enthalten vor allem Schleimstoffe, aber auch Gerbstoffe und Flavonoide. Der Schleim legt sich lindernd über entzündete Schleimhäute und macht einen Malventee zum wirkungsvollen Heilmittel bei Husten, Katarrhen und Entzündungen von Magen und Darm.

**Vorkommen** Weg-ränder, Ödland, Schuttplätze. An sonnigen, trockenen Standorten. Europa, Asien, Nordafrika.

> **zeigt stickstoffreiche Böden an**
> **Blüten zu 2–6 in den oberen Blattachseln**
> **Stängel niederliegend bis aufsteigend**

zur Röhre verwachsene Staubfäden

Blätter bis zur Hälfte handförmig geteilt

Kronblätter mit dunklen Nerven

# Graubehaarte Zistrose
*Cistus incanus* (Zistrosengewächse)
H 30–100 cm    April–Juni    Strauch

Aus den Blättern und Zweigen einer Unterart bereitet man „Cystus-Tee", der Herz- und Kreislauferkrankungen vorbeugen und die allgemeine Abwehrkraft verbessern soll. Extrakte wirken auch gegen Halsschmerzen und konnten zumindest in Laborversuchen die Vermehrung von Grippeviren hemmen – eine Fähigkeit, welche die Bedeutung der Pflanze in Zukunft steigern könnte.

Blüten 4–6 cm breit

Blatt eiförmig lanzettlich

Rand oft wellig

Blattnerven oben eingesenkt

Blätter gegenständig

5 zerknitterte Blütenblätter

zahlreiche Staubblätter

# Alpenveilchen
*Cyclamen purpurascens* (Primelgewächse)
H 5–15 cm    Juni–Sept.    Staude

Da die Knollen Erbrechen, Durchfälle bis hin zu Lähmungen und Krämpfen hervorrufen, wurden sie als starkes Abführmittel eingesetzt. In der Homöopathie ist die frische Knolle immer noch gegen Kopfschmerzen, Migräne und Verdauungsstörungen in Gebrauch. In der Antike war man offenbar weniger vorsichtig: Schlangenbisse, Augenkrankheiten, Gicht und Milzleiden sollten durch Alpenveilchen geheilt werden.

blattloser Blütenstiel

Blätter silbrig gezeichnet

Blätter grundständig

Krone mit hochgeschlagenen Zipfeln

# Mehl-Primel

*Primula farinosa* (Primelgewächse)

H 10–30 cm   Mai–Juli   Staude

Die Mehl-Primel kann nur an offenen Standorten gedeihen. Ist der Bewuchs dichter, verschwindet sie, da ihre dicht dem Boden anliegende Blattrosette dann nicht mehr genügend Licht bekommt. Der gelbe Ring am Eingang zur Röhre weist den blütenbesuchenden Insekten, besonders Tagfaltern, den Weg zum Nektar.

**Vorkommen** Quellige Moore, moorige Wiesen, steinige Rasen. Alpenvorland, Alpen, Nordeuropa, Pyrenäen.

> duftet nur schwach
> kenntlich an den unten weißmehligen Blättern
> braucht viel Feuchtigkeit

3–15 Blüten bilden eine Dolde

Stängel ohne Blätter

unten dicht weiß bepudert

alle Blätter in einer Rosette

Krone radförmig, bis 1,5 cm groß

gelber Ring

Zipfel tief eingebuchtet

# Echter Baldrian

*Valeriana officinalis* (Baldriangewächse)

H 40–100 cm   Mai–Aug.   Staude

Blätter tief unpaarig gefiedert

Die sprichwörtliche Anziehungskraft auf Katzen geht auf den spezifischen Duft der trocknenden Wurzeln zurück. Mit diesem Duft hofften die Menschen des Mittelalters bösen Zauber und sogar die Pest abwehren und Partner anlocken zu können. Die Verwendung als Beruhigungsmittel war damals unbekannt und ist eine Erkenntnis jüngerer Zeit.

**Vorkommen** Feuchte Wiesen und Wälder, Flussufer, Gräben. Häufig. Europa, Asien.

> Formenreiche Sammelart
> verschiedene Blütenstände
> Früchte mit fedrigen Borsten

Blüten in kugeliger Scheindolde

zahlreiche, gleichartige Wurzeln

### Gesundheitstipp

*Ein beruhigendes Vollbad bereitet man aus 100 g Wurzeln, die mit 2 l Wasser übergossen und aufgekocht werden. Nach 10 Minuten wird abgeseiht und die Flüssigkeit ins Badewasser gegeben.*

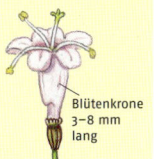

Blütenkrone 3–8 mm lang

# Sumpfblutauge
*Potentilla palustris* (Rosengewächse)
H 30–100 cm   Juni–Juli   Staude

Blätter unten bläulich grün

5–7 Fieder- blättchen

**Vorkommen** *Sümpfe, Moore, Gräben. Auf nassen, oft über- schwemmten, mäßig sauren Böden. Von der Ebene bis ins Gebirge. Mittel- und Nord- europa.*

> **braucht kühles Klima**
> **vermehrt sich auch durch abgerissene Stängel**
> **steht oft direkt im Wasser**

Kelch und Krone dunkel- purpurn

viele Staub- blätter

wenige bis 2,5 cm große Blüten auf aufrechtem Stängel

Die Früchte des Sumpfblutauges erinnern etwas an eine Erdbeere. In manchen Gegenden haben Kinder sie früher tatsächlich gesammelt und gegessen. Auch Tiere fressen sie beim Weiden. Dabei scheiden sie die unverdauten Kerne wieder aus und sorgen so für die Verbreitung der Pflanze. Außerdem können losgelöste Kerne mit Wasserströmungen davonschwimmen.

Kelch um die Frucht bleibend

mit vielen Griffeln

370

# Bach-Nelkenwurz
*Geum rivale* (Rosengewächse)
H 30–70 cm   April–Juli   Staude

dicker Wurzelstock

**Vorkommen** *Nasse Wiesen, Moorwiesen, Gräben, Bäche, Au- wälder. Mitteleuropa, Asien, Nordamerika.*

> **Kronblätter weiß bis rosa**
> **Stängel aufrecht, dicht behaart**
> **Nährstoffzeiger**

Kelch purpurbraun

Die Wurzel enthält Gerbstoffe und ätherisches Öl. Sie setzt beim Trocknen Eugenol frei, das auch in Gewürznelken enthalten ist. Die Wurzel wird in der Volksheil- kunde bei Durchfall, Verdauungs- störungen, Appetitlosigkeit, zum Gurgeln und Spülen bei Husten und Entzündungen im Mund- und Rachenraum genutzt. Die verwandte Echte Nelkenwurz (S. 451) enthält mehr Eugenol.

Blüten nickend, bis 15 mm lang

Nussfrüchte mit langem Griffel

Detail Griffel

# Blutroter Storchschnabel

*Geranium sanguineum* (Storchschnabelgewächse)

H 15–50 cm   Juni–Aug.   Staude

Frucht 3–4 cm lang

Der Name der Pflanze kann verschiedene Ursprünge haben: Blütenfarbe, Herbstfärbung oder die blutrote Farbe des aufgeschnittenen Wurzelstocks. Dieser enthält reichlich Gerbstoffe. Früher diente er zum Blutstillen, neuere Untersuchungen zeigen, dass Auszüge daraus auch die Vermehrung von Grippeviren hemmen.

Blätter handförmig geteilt

Abschnitte in 2–3 Zipfel gespalten

überragen das nächste Blatt

Blüten einzeln

**Vorkommen** *Rand von Trockengebüschen und trockenen Wäldern, Felsen, Magerrasen, Böschungen. Besonders Mittel- und Südeuropa.*

> wärmeliebend
> lockt Bienen als Bestäuber an
> auch üppig blühende Gartenzierpflanze

Kronblätter bis 20 mm lang, leuchtend karminrot

vorn meist seicht eingebuchtet

# Stink-Storchschnabel

*Geranium robertianum* (Storchschnabelgewächse)

H 20–40 cm   Mai–Okt.   einjährig

Durch einen Schleudermechanismus können die Samen mehr als 3 m weit und fast 2 m hoch fliegen. Gelegentlich wächst die Pflanze deshalb auch auf moosigen Bäumen oder in Astgabeln. Die wegen des für die meisten Nasen unangenehmen Geruchs auch „Stinkender Storchschnabel" oder „Stinkender Robert" genannte Pflanze verwendete man früher gegen Motten.

Blüten meist zu zweit auf gemeinsamem Stiel

Wurzel sehr klein, bietet wenig Halt

Blattstiele sterben nicht ab und stützen die Pflanze

Blätter fast bis zum Grund handförmig 5–7-teilig

**Vorkommen** *Wälder, Schluchten, Auen, Mauern, Felsen, Hecken, steinige Plätze, Bahnareale, Ödflächen. Fast ganz Europa.*

> wächst häufig auch in Städten
> an sonnigen Standorten oft ganze Pflanze rot
> riecht bei Berührung sehr stark und typisch

Kronblätter um 1 cm lang, meist mit 3 Längsstreifen

# Echtes Tausendgüldenkraut

*Centaurium erythraea* (Enziangewächse)

H 10–50 cm   Juli–Sept.   einjährig

**Vorkommen**
*Waldlichtungen,
Halbtrockenrasen.
Sonnige, trockene
Standorte. Europa,
Westasien, Nordafrika.*

> *Blüten in Scheindolde*
> *Blätter in grund-*
>   *ständiger Rosette*
> *Stängel vierkantig*

Das hübsche Wiesenkraut ist geschützt und darf in Deutschland nicht gesammelt werden. Das verwendete Kraut stammt aus anderen Ländern. Der Tee regt den Fluss von Speichel und Magensaft an; er hilft bei Verdauungsproblemen und Völlegefühl. In der Volksheilkunde trank man ihn gegen Eingeweidewürmer, bei Bleichsucht und Blutarmut.

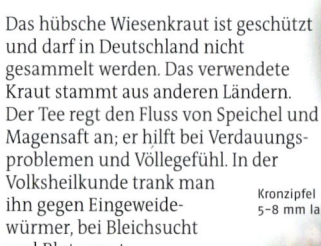

Kronzipfel
5–8 mm lang

Blüten unten
zur Röhre
verwachsen

Stängelblätter
gegenständig

372

# Arznei-Beinwell

*Symphytum officinale* ssp. *officinale* (Raublattgewächse)

H 30–100 cm   Mai–Juli   Staude

**Vorkommen** *Ufer,
Wegränder, Wiesen,
Auwälder. Auf feuch-
ten bis nassen, nähr-
stoffreichen Böden.
Europa, Asien.*

> *Pflanze rau behaart*
> *Blütenstände vor der*
>   *Blüte eingerollt*
> *Blütenfarben gelblich*
>   *weiß, purpurn oder*
>   *rotviolett*

Der Glaube, dass Beinwell bei Knochenbrüchen hilft, scheint so alt wie die Pflanzenmedizin selbst. Er reicht von der Antike über Hildegard von Bingen bis zu den späteren Kräuterbüchern. Die Wurzel enthält unter anderem Saponine, Gerbstoffe und Schleime. Die giftigen Pyrrolizidinalkaloide stehen im Verdacht Krebs zu erregen, die Wurzel wird daher nur noch für begrenzte Zeit äußerlich in Form von Umschlägen angewandt.

Krone
10–20 mm
lang

Blüten nickend

Blattspreite
am Stängel
herablaufend

# Echte Pfingstrose

*Paeonia officinalis* (Pfingstrosengewächse)

H 30–60 cm   Mai   Staude   ☠

Lange Zeit verwendete man die dicken Wurzeln gegen Gicht und nannte die Pflanze „Gichtrose". Der Blütenstaub jeder Blüte besteht aus rund 3,6 Millionen Körnern – ein Rekord im Pflanzenreich.

Blüten bis 12 cm breit

rote und schwarze Samen

Frucht öffnet sich mit Klappen

Blattrand glatt

knollige Wurzeln

Blätter tief gespalten

**Vorkommen** *Trockene Hänge, trockene Gebüsche auf kalkhaltigen Böden bis in Höhen um 1700 m. Südeuropa, südlicher Alpenraum.*

> **blüht um Pfingsten**
> **in Mitteleuropa teils**
> **aus Gärten verwildert**
> **duftende Blüten**

5–10 rosa bis dunkelrote Kronblätter

zahlreiche Staubblätter

 373

# Blut-Weiderich

*Lythrum salicaria* (Weiderichgewächse)

H 50–100 cm   Juli–Sept.   Staude

Das getrocknete, blühende Kraut enthält Gerbstoffe, Flavonoide und ätherisches Öl. Wie viele gerbstoffhaltige Heilkräuter diente es als Heilmittel gegen blutende Wunden – von starken Monatsblutungen bis hin zur äußerlichen Anwendung bei offenen Beinen und Ekzemen.

Blüten in hoher Ähre

**Vorkommen** *Nasse Wiesen, Gräben, Teichufer. Auf feuchten bis nassen Böden. Europa, Asien, Nordafrika.*

> **Blätter gegenständig**
> **oder in Quirlen**
> **Stängel vierkantig**
> **Griffel und Staubblätter in drei verschiedenen Anordnungen**

Einzelblüte etwa 1 cm lang

Staubblätter

Griffel

Blüte im Längsschnitt mit langem Becher

# Spinnweben-Hauswurz

*Sempervivum arachnoideum* (Dickblattgewächse)
H 5–15 cm   Juni–Sept.   Staude

**Vorkommen** Felsspalten, offene, magere Bergrasen, Felsköpfe, Mauerkronen. Gebirge Mittel- und Südeuropas bis in Höhen um 3000 m.

> **Pflanze an sonnigen Standorten oft rot überlaufen**
> **abgelöste Blattrosetten bewurzeln sich und sorgen für Vermehrung**
> **erträgt Trockenheit**

Die „Spinnweben", die sich zwischen den Blattspitzen spannen, stammen von der Pflanze selbst: Beieinanderliegende, junge Blattspitzen verkleben etwas miteinander, beim Wachsen „ziehen die Klebestellen Fäden". Die glänzenden Haarbildungen wirken als Strahlungsschutz an den trockenen, sonnigen Standorten.

beblätterte, aufrechte Stängel mit Blüten

lanzettliche Blätter bilden dichte Rosetten

spinnwebartige Haare zwischen den Blattspitzen

6–12 karminrote Kronblätter

Blüte 1–2 cm groß

# Große Klette

*Arctium lappa* (Korbblütengewächse)
H 80–150 cm   Juli–Aug.   zweijährig

**Vorkommen** Unkrautbestände an Schuttplätzen, Bahnanlagen, Wegen, Zäunen, Ufer, gestörte Waldstellen. Mittel- und Südeuropa, südliches Skandinavien.

> **Klettfrüchte oft noch im Winter an abgestorbenen Pflanzen**
> **Blätter bis 50 cm lang**
> **die ähnliche Filzige Klette hat spinnwebartig überzogene Körbchen**

Die Klettfrüchte bleiben an vorbeistreifenden Tieren oder an Kleidung hängen und können weit verschleppt werden. Die Widerhaken der Klettfrüchte waren Vorbild für den Klettverschluss. 1951 ließ der Belgier Mestral diesen Verschluss patentieren.

bis 4,5 cm breite, gestielte Blütenkörbchen

mehrere Körbchen bilden einen lockeren Blütenstand

dicke Speicherwurzel

Blätter breit 3-eckig

purpurrote Röhrenblüten
Hülle kugelig
Hüllblätter mit Hakenspitze

Unterseite dünn graufilzig

# Gewöhnlicher Wasserdost

*Eupatorium cannabinum* (Korbblütengewächse)
H 50–150 cm   Juli–Sept.   Staude

Köpfchen in großen Doldenrispen

Die Ärzte der Antike empfahlen den Wasserdost gegen Schlangenbisse, Ruhr und Leberkrankheiten, das Mittelalter sah in ihm ein Mittel zur Stärkung der Manneskraft. Die Inhaltsstoffe lassen eine immunstimulierende Wirkung vermuten, während die Volksheilkunde den Wasserdost als harntreibend, abführend und den Gallenfluss fördernd beschreibt. Heute spielt er in der Heilkunde keine Rolle mehr.

Blätter 3–5-teilig

Köpfchen mit nur 4–6 Röhrenblüten

Blütenhülle 4–6 mm lang

 375

# Grauer Alpendost

*Adenostyles alliariae* (Korbblütengewächse)
H 50–120 cm   Juli–Aug.   Staude

Blütenstände ragen weit über die Blätter empor

Der Graue Alpendost kann an nährstoffreichen Stellen bis 2 m hoch werden. Die Grundblätter erreichen Größen von bis 50 cm. Früher verwendete man sie im Freien als Toilettenpapier – sicher sind sie hierfür auch heute noch bei manchem Bergwanderer im Einsatz. Wenn die Pflanze nicht blüht, ist sie leicht mit der Gewöhnlichen Pestwurz zu verwechseln.

Griffel ragt heraus

Röhre rosa, mit 4 Zipfeln

Haarkranz

viele kleine Körbchen mit je 3–6 Röhrenblüten

# Gewöhnliche Pestwurz

*Petasites hybridus* (Korbblütengewächse)
H 15–150 cm  April–Mai  Staude

**Vorkommen** *Bach-
und Flussufer,
Gräben, nasse
Wiesen. Auf nähr-
stoffreichen Böden.
Europa, Westasien.*

> **Blütenstand erscheint
lange vor den Blättern**
> **Blätter bis 90 cm breit
und mit Stiel 150 cm
hoch**

bis zu 100
Blütenkörbchen
pro Blütenstand

Der deutsche Name stammt
aus dem Mittelalter: die
Wurzel sollte die Pest
heilen – leider ein Irrtum.
Die Wurzel enthält unter-
schiedliche Wirkstoffe, die
Krämpfe lösen, Schmerz
stillen, Entzündungen
hemmen und auch gegen
Spannungskopfschmerz
und Migräne helfen.

Blätter schuppenartig

Blütenstand
walzenförmig

knollig verdickter
Wurzelstock

# Acker–Kratzdistel

*Cirsium arvense* (Korbblütengewächse)
H 60–120 cm  Juli–Sept.  Staude

**Vorkommen**
*Unkrautbestände,
Äcker, Wege, Schutt-
plätze, Waldschläge,
Ödflächen. Auf nähr-
stoffreichen Böden.
Ganz Europa.*

> **blüht und fruchtet oft
gleichzeitig**
> **mit dem Getreide-
anbau weltweit
verschleppt**
> **verträgt Salz**

Die Acker-Kratzdistel gehört zu den
problematischen Unkräutern der
Landwirtschaft. Sie wurzelt bis etwa 3 m
tief. Bodenbearbeitung fördert die
Verbreitung ihrer Wurzelstücke.
Wissenschaftler suchen seit
längerer Zeit nach einem Weg,
sie außer mit Unkrautver-
nichtungsmitteln auch auf
biologische Weise mit einem
nur auf ihr wachsenden Pilz zu
bekämpfen.

viele Körbchen
beieinander

fruchtende
Körbchen
entlassen
fedrig behaarte
Früchte

lila Röhrenblüten

Stängel nicht
stachelig

Blätter
ungeteilt oder
eingeschnitten

Rand
dornig

Körbchen
bis 2 cm
lang

Hülle
kugelig
eiförmig

# Wiesen-Flockenblume

*Centaurea jacea* (Korbblütengewächse)
H 20–150 cm    Juni–Nov.    Staude

Die Wiesen-Flockenblume schmeckt dem Weidevieh nicht besonders, da sie viele Gerbstoffe enthält. So bleibt sie auf Weiden manchmal noch stehen, wenn alle anderen Pflanzen bereits abgefressen sind. In einigen katholischen Gegenden bindet man die Pflanze traditionsgemäß in die Kräuterbüschel, die an Mariä Himmelfahrt geweiht werden.

2,5–4 cm breite Blütenkörbchen einzeln an den Stängelenden

Hüllblatt mit rundlichem, zerschlitztem, braunem Anhängsel

Blatt eiförmig bis lanzettlich

Hülle braun, mit dachziegelartig angeordneten Blättern

Rand glatt oder entfernt gezähnt

**Vorkommen** Wiesen, Weiden, magere Rasen, Wegböschungen. Auf nährstoffreichen Böden an hellen Standorten. Fast ganz Europa.

> **Stängel zäh**
> **lockt Bienen und Schmetterlinge an**
> **die ähnliche Skabiosen-Flockenblume hat fiederspaltige Blätter**

äußere Röhrenblüten stark vergrößert

mit 5 Zipfeln

# Schwanenblume

*Butomus umbellatus* (Schwanenblumengewächse)
H 50–150 cm    Juni–Aug.    Staude

Der Name „Schwanenblume" bezieht sich auf den langen, dünnen, biegsamen Blütenstiel, den man mit einem Schwanenhals verglich. Wächst die Pflanze in tieferem Wasser, blüht sie nicht und bildet bandförmige Blätter. Früher stellte man aus diesen Körbe und Matten her. Als Zierpflanze für Gartenteiche bieten Gärtnereien Pflanzen aus Kulturen an.

**Vorkommen** Ufer oder Ufernähe von flachen, stehenden oder langsam fließenden, nährstoffreichen Gewässern und Gräben. Fast ganz Europa.

> **Blätter grasartig, bis über 1 m lang**
> **wärmeliebend**
> **an Teichen auch angepflanzt**

Blütenblätter außen mit dunklerem Streifen

bis 30 duftende, 2–2,5 cm große Blüten bilden eine Dolde

Stängel aufrecht, rund

3 kürzere und 3 längere, rosa bis weiße Blütenblätter

# Türkenbund-Lilie

*Lilium martagon* (Liliengewächse)
H 40–100 cm   Juni–Juli   Staude

Blatt mit paral-
lelen Nerven

Traube mit bis 10 hängenden Blüten

Die Blüten locken Schwärmer an, die beim Saugen des Nektars vor den Blüten schweben. Andere Schmetterlinge können sich auf den ölig überzogenen Blütenblättern kaum festhalten.

Blütenblätter rollen sich zurück

Früchte aufrecht

6 bis etwa 4 cm lange, hellpurpurne Blütenblätter mit dunkleren Flecken

rote Staubbeutel

# Gewöhnliche Schachblume

*Fritillaria meleagris* (Liliengewächse)
H 15–30 cm   April–Mai   Staude

Die deutschen Namen beziehen sich auf die ungewöhnliche Musterung der Blüten. Jedes Blütenblatt besitzt auf der Innenseite eine lange Längsfurche mit reichlich Nektar, der Bienen und Hummeln anlockt. Die Gewöhnliche Schachblume ist bei uns äußerst gefährdet, da es heute kaum noch für sie geeignete Standorte an Flüssen gibt.

Blüten hängen an gebogenen Stielen

Blüte glockig, schachbrettartig purpurrot und weiß gefleckt

Blüten einzeln, selten 2–3, bis 4 cm groß

Furche auf der Innenseite jedes der 6 Blütenblätter

# Schnitt-Lauch

*Allium schoenoprasum* (Lauchgewächse)

H 10–40 cm   Juni–Aug.   Staude

bis 5 cm breiter, kugeliger Blütenstand

Schnitt-Lauch wächst wild auch in Asien und Nordamerika, bis hinauf in die Arktis. In Mitteleuropa pflanzt man ihn seit dem späten Mittelalter als Gewürz. Er enthält aromatische Lauch- und Senföle sowie reichlich Vitamin C. Im Garten schneidet man die Büschel etwa dreimal jährlich. Ausgegrabene Zwiebeln lassen sich im Winter in Töpfen auf dem Fensterbrett antreiben.

bis 30 Blüten dicht beleinander

längliche, weiße Zwiebel

Blatt röhrenförmig, hohl, rund

**Vorkommen** Wild auf feuchtem Steinschutt der Gebirge. Verwildert an Sandbänken und Schotter entlang von Flüssen. Ganz Europa.

> bildet dichte Büschel mit grundständigen Blättern
> auch als Gewürz angepflanzt und verwildert
> typischer Lauchgeruch

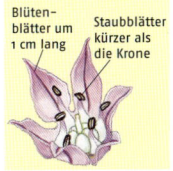

Blütenblätter um 1 cm lang

Staubblätter kürzer als die Krone

# Herbst-Zeitlose

*Colchicum autumnale* (Zeitlosengewächse)

H 5–40 cm   Aug.–Nov.   Staude

Kapselfrucht erscheint mit den Blättern

Die Herbstzeitlose enthält ein tödlich wirkendes Gift, daher trat sie nie als Hausmittel in Erscheinung. Immerhin kannten die antiken Ärzte Giftigkeit und Wirkung und setzten sie als Mittel bei starken Gichtanfällen ein. Noch heute wird Colchicin – so der Name des Giftes – bei dieser Indikation verwendet. Allerdings muss der Arzt stets Wirksamkeit und Gefahr gegeneinander abwägen.

**Vorkommen** Feuchte Wiesen, Streuobstwiesen. Auf nährstoffreichen Böden. Mitteleuropa, Nordafrika.

> Weidetiere meiden die giftige Pflanze
> Fruchtknoten tief unter der Erde
> Blätter erscheinen im Jahr nach der Blüte

Blütenblätter 4–6 cm lang

dünne Blütenröhre

Blüte erinnert an die des Krokus

# Hohler Lerchensporn

*Corydalis cava* (Erdrauchgewächse)
H 10–35 cm   März–Mai   Staude   ☠

Die Knolle ist giftig, sie enthält verschiedene Alkaloide. Früher diente
sie in der Volksheilkunde als
Betäubungsmittel, zudem sollte
sie Eingeweidewürmer
vertreiben und die Menstruation
erleichtern. Eine beruhigende
Wirkung auf das zentrale
Nervensystem ist heute
nachgewiesen und Knollen-
extrakte sind in Fertig-
präparaten gegen nervöse
Erregung und Schlaf-
störungen enthalten.

Blüten
purpurrot
oder weiß

Tragblätter der
Blüten eiförmig

Samen
mit hellen
Anhängseln

**380**

# Dornige Hauhechel

*Ononis spinosa* (Schmetterlingsblütengewächse)
H 30–60 cm   Juni–Juli   Staude, Strauch

Die Wurzel der Hauhechel enthält
unter anderem Flavonoide,
ätherisches Öl, Onocol und
Gerbstoffe. Der griechische Arzt
Dioskurides erkannte ihre
harntreibende Wirkung. Sowohl in
der Schulmedizin als auch in der
Volksheilkunde wird Hauhechel
in diesem Sinne genutzt.

Krone
10–20 mm
lang

Blüte mit großer,
runder Fahne

Kurztriebe
zu Dornen
umgewandelt

Blätter mit
Drüsenhaaren

# Wiesen-Klee

*Trifolium pratense* (Schmetterlingsblütengewächse)
H 15–40 cm   Juni–Sept.   Staude

Anstatt einen Acker brachliegen zu lassen, säen Bauern Wiesen-Klee aus. Dieser liefert nicht nur viel und wertvolles Futter für das Vieh, sondern verbessert gleichzeitig den Boden (s. Kasten).

1–4 kugelige bis eiförmige Köpfchen am Stängelende

Köpfchen von den obersten Blättern mehr oder weniger umhüllt

Blatt 3-zählig

Blättchen meist mit pfeilförmiger weißer Zeichnung

Die bis 2 m tief hinabreichenden Wurzeln tragen kleine Knöllchen, in denen Bakterien leben. Diese binden Stickstoff aus der Luft und machen diesen wichtigen Nährstoff der Pflanze verfügbar. Gleichzeitig düngen sie den Boden damit.

**Vorkommen** Wiesen, Weiden, Wegränder, in verschiedenen Kulturformen auf Äckern angepflanzt. Ganz Europa.

> **sehr häufiger Klee**
> **zeigt Nährstoffreichtum an**
> **lockt Hummeln an**

hellkarmin– bis fleischrote, 1–2 cm lange Schmetterlingsblüte

# Frühlings-Platterbse

*Lathyrus vernus* (Schmetterlingsblütengewächse)
H 20–40 cm   April–Mai   Staude

Die Farbe der Blüten hängt von deren Säuregehalt ab und ändert sich mit dem Alter der Blüte sehr auffällig. In der Knospe ist der Zellsaft sauer und der Farbstoff deshalb rot, in der offenen Blüte ist er neutral, was eine rotviolette und blaue Farbe zur Folge hat. Beim Abblühen schließlich ist die Blüte basisch wie Seife und ihre Färbung wechselt zu Türkis.

**Vorkommen** Wälder, besonders Buchenwälder mit reichlich krautigem Unterwuchs. Auf meist kalkhaltigen Böden. Fast ganz Europa.

> **paarig gefiederte Blätter ohne Ranke**
> **fällt durch die frühe Blütezeit auf**
> **schön im Wildpflanzengarten**

3–7 Blüten bilden eine lang gestielte Traube

Blüte im späteren Stadium blau bis türkisfarben

Schmetterlingsblüte 1–2 cm lang, jung rotviolett

# Diptam

*Dictamnus albus* (Rautengewächse)
H 60–120 cm   Mai–Juni   Staude   ☠

**Vorkommen** Wald-
ränder, Felshänge,
lichte Wälder. Auf
trockenen, kalkreichen
Böden. Mittel- und
Südeuropa, Klein-
asien.

> **Blätter mit 3–5 Fieder-
> paaren**
> **stark duftend,
> schwarze Drüsenhaare**

Blüten 4–5 cm
breit

Staub-
blätter
am Ende
nach oben
gebogen

Kronblätter
dunkel
geadert

Der Diptam zeichnet sich durch
leicht flüchtige ätherische Öle
in den Blütenblättern aus. An
sehr heißen Tagen lassen sie
sich direkt an der Pflanze
entzünden, daher trägt sie auch
den Namen „Brennender Busch".
Wegen der Giftigkeit verbietet
sich Selbstmedikation.

Blatt unpaarig
gefiedert

5 mehrsamige Teilfrüchte

**382**

# Drüsiges Springkraut

*Impatiens glandulifera* (Balsaminengewächse)
H 50–250 cm   Juli–Aug.   einjährig

Frucht 3–5 cm lang,
keulenförmig

**Vorkommen** Auen-
wälder, feuchte
Wälder, Ufer. Bevor-
zugt eher schattige
Standorte mit hoher
Luftfeuchtigkeit. Fast
ganz Europa.

> **Blüten duften intensiv**
> **reife Früchte platzen
> bei Berührung auf**
> **wächst sehr rasch**

Das Drüsige Springkraut stammt aus dem Himalaja. Als hübsche
Zierpflanze säte man es 1837 erstmals in Dresden, später in ganz
Europa in vielen Gärten. Von dort verwilderte es rasch. Heute bildet
die Pflanze an Ufern und in Auenwäldern teils dichte Gruppen und
verdrängt immer mehr die heimischen Pflanzen von diesen
Standorten. Naturschützer bekämpfen
sie deshalb vielerorts.

Blütenstände mit 5–20
bis 5 cm langen Blüten

oft gleichzeitig
Blüten und Früchte
vorhanden

Fruchtklappen
rollen sich auf

Samen schwarz

Blätter scharf
gezähnt

5 verschieden
große Kronblätter

weiter
Helm

grünlicher,
gekrümmter Sporn

Blattstiele
mit
gestielten
Drüsen

# Gefleckte Taubnessel

*Lamium maculatum* (Lippenblütengewächse)

H 15–60 cm   April–Sept.   Staude

Tief im Grund verborgen enthalten die Blüten reichlich Nektar. Dieser besteht zu rund 40 Prozent aus Zucker – kein Wunder, dass langrüsselige Hummeln die Blüten so gern besuchen. Kleinere Hummeln, deren Rüssel zu kurz ist, beißen die Röhre von der Seite an. Durch diese Löcher können dann auch Honigbienen ihren Rüssel bis in den Nektar strecken.

Rand unregelmäßig gezähnt

Blätter gegenständig

Blatt eiförmig, behaart

Kelch sternförmig mit 5 Zähnen

umgibt nach der Blüte die 4 kleinen Früchtchen

Stängel 4-kantig

quirlartige Blütenstände

**Vorkommen** Unkrautbestände, Auenwälder, Waldränder, Gräben, Hecken, Wegränder, Zäune. An halbschattigen Standorten. Mittel- und Südeuropa.

> **erinnert ohne Blüten etwas an eine Brennnessel**
> **zeigt nährstoffreiche Böden an**
> **schön für Wildpflanzengärten**

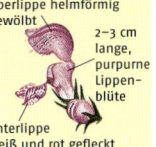

Oberlippe helmförmig gewölbt

2–3 cm lange, purpurne Lippenblüte

Unterlippe weiß und rot gefleckt

# Wald–Ziest

*Stachys sylvatica* (Lippenblütengewächse)

H 30–100 cm   Juni–Sept.   Staude

Als Eselsbrücke zu dem Namen und Standort dieser typischen Waldpflanze mag folgender Spruch dienen: „Wenn du in den Wald ziehst, siehst du den Wald-Ziest": Die Art gehört zu den wenigen Blütenpflanzen, die auch im schattigen Wald noch blühen. Bleiben blütenbesuchende Insekten aus, bestäuben sich die Blüten selbst.

Pflanze abstehend behaart

viele locker übereinanderstehende Blütenquirle am Stängelende

Rand grob und spitz gezähnt

Blätter gestielt

**Vorkommen** Wälder, Gebüsche, Waldquellen, Waldwege. Auf feuchten bis nassen, nährstoffreichen Böden. Fast ganz Europa, im Süden in den Gebirgen.

> **Blüten auffallend dunkel**
> **Blätter erinnern an Nesseln**
> **riecht beim Zerreiben unangenehm**

dunkel braunrote, 1–1,5 cm lange Lippenblüte

Oberlippe kleiner

Unterlippe mit auffälligem Muster

# Gewöhnlicher Dost

*Origanum vulgare* ssp. *vulgaris* (Lippenblütengewächse)
H 20–60 cm   Juli–Sept.   Staude

**Vorkommen** Trocken- und Halbtrocken- rasen. An sonnigen Standorten. Europa, Asien.

> rot überlaufener Stängel
> Blätter gegenständig, drüsig punktiert

Blütenkrone 4–7 mm lang

In seiner Würzkraft und dem Aroma ähnelt der heimische Dost dem Oregano. In seinem Kraut sind ätherisches Öl in unterschiedlicher Zusammensetzung, Gerbstoffe und Flavonoide enthalten. In der Volksheilkunde wurden daher die getrockneten, oberirdischen Teile bei Verdauungsstörungen, Erkrankungen der Atemwege, zum Gurgeln und als Appetit- anreger verordnet.

Blüten in dichten Köpfchen

Blätter gegenständig

# Arznei-Thymian, Feld-Thymian

*Thymus pulegioides* ssp. *pulegioides* (Lippenblütengewächse)
H 5–40 cm   Juni–Okt.   Halbstrauch

**Vorkommen** Nähr- stoffarme, trockene Wiesen und Weiden, Kiefernwälder. Auf kalkarmen Böden. Europa.

> Pflanze am Grund verholzend
> Stängel 4-kantig, krie- chend bis aufsteigend

Blütenkrone 3–6 mm lang

Die krautigen Teile werden zur Blütezeit gesammelt. Der Feldthymian enthält weni- ger ätherisches Öl als der Echte Thymian, wurde aber in der Volksheilkunde häufig benutzt. Die größte Bedeutung hatte er als Hustenmittel.

Blätter eiförmig, 2 cm lang

Blütenstände dicht köpfig

Stängel am Rand bewimpert

# Roter Fingerhut

*Digitalis purpurea* ssp. *purpurea* (Braunwurzgewächse)

H 40–150 cm   Juni–Aug.   zweijährig bis Staude   ☠

Die medizinisch sehr interessante Wirkung des Fingerhuts wurde erst in jüngster Zeit entdeckt. Die getrockneten Blätter des Roten Fingerhuts enthalten Digitalis-Glykoside, Saponine und andere Inhaltsstoffe. Das Digitoxin wird in der Schulmedizin bei Herzinsuffizienz eingesetzt.

bis zu 100 Blüten in einer Traube

Blatt eiförmig, unterseits graufilzig

Blüten in einseitswendiger Traube

auch helle und weiß blühende Formen

**Vorkommen** *Kahlschläge, Wegränder und Lichtungen im Wald. Auf lockeren, sauren Böden. Westeuropa.*

> *Stängel aufrecht, unverzweigt, filzig behaart*
> *im 1. Jahr Blattrosette, im 2. Jahr Stängel mit Blüten*

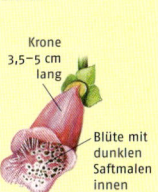

Krone 3,5–5 cm lang

Blüte mit dunklen Saftmalen innen

385

# Schuppenwurz

*Lathraea squamaria* (Braunwurzgewächse)

H 10–30 cm   März–Mai   Staude

Die Schuppenwurz lebt als Vollschmarotzer auf ausdauernden Pflanzen, hauptsächlich Erle, Hasel und Pappel. Sie senkt Saugwurzeln in deren Wurzeln und entnimmt ihnen alles, was sie zum Wachsen und Gedeihen benötigt: Wasser, Nährsalze und organische Substanzen. So braucht die Schuppenwurz kein Licht und kann an sehr dunklen Stellen im Wald wachsen.

dichte, einseitswendige Blütentrauben

Blütenkelche behaart

Blätter bleich, schuppenartig

**Vorkommen** *Auenwälder, Schluchtwälder. Meist in kleinen Gruppen von der Ebene bis in mittlere Gebirgslagen in fast ganz Europa.*

> *Pflanze fleischig, ohne Blattgrün*
> *wächst im Schatten oder Halbschatten*
> *braucht feuchten bis nassen Boden*

Blüte 2-lippig, 1,5–2 cm lang, hellrosa bis hellviolett

# Sommerwurz

*Orobanche sp.* (Sommerwurzgewächse)
H 20–50 cm   Juni–Juli   ein- bis mehrjährig

**Vorkommen** *Pflanzen sitzen den Wurzeln verschiedener Kultur- und Wildpflanzen auf. Fast ganz Europa.*

> *Pflanze vollständig ohne Blattgrün*
> *das Aussehen erinnert etwas an eine Orchidee*
> *stirbt nach der Blüte ab*

Die Sommerwurz lebt als Schmarotzer. Jede Art zapft die Wurzeln einer bestimmten Wirtspflanzengruppe an. Aus diesen entzieht die Pflanze mittels kräftigen Saugwurzeln Wasser sowie alle Nährstoffe. Einige Sommerwurz-Arten sind im Mittelmeerraum gefürchtete Kulturschädlinge.

lockere bis mäßig dichte Blütenähre

Blüten nach allen Seiten gerichtet

Oberlippe oft vorn abgewinkelt

Stängel an der Basis auffällig verdickt

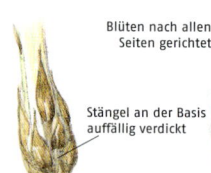

Blüte 2-lippig, bis 3,5 cm lang, hellgelb bis dunkelrot

# Rote Spornblume

*Centranthus ruber* (Baldriangewächse)
H 30–80 cm   Mai–Juli   Staude

**Vorkommen** *An sonnigen Mauern, Felsen und auf Schutt in Südeuropa. In Mitteleuropa als Zierpflanze kultiviert und an warmen Stellen verwildert.*

> *Blätter etwas blaugrün*
> *kann auch weiß blühen*
> *braucht ausreichend Wärme*

Nur Schmetterlinge haben einen Rüssel, der lang und dünn genug ist, um durch die Röhre der Krone an den Nektar im Sporn zu gelangen. Die Rote Spornblume ist eine dankbare Gartenstaude für sonnige Standorte. Ihre Wurzel wurde früher gelegentlich ähnlich wie Baldrianwurzel gegen Schlafstörungen verwendet.

Rand glatt

Blatt eiförmig oder breit-lanzettlich, kahl

auffällige Rispe mit sehr vielen Blüten

5 ungleiche Zipfel

etwa 1 cm lange Kronröhre

dünner Sporn

# Mücken-Händelwurz

*Gymnadenia conopsea* (Orchideengewächse)
H 25–60 cm   Mai–Aug.   Staude

Der lange dünne Blütensporn weist auf die Bestäuber dieser Orchidee hin: Tag- und Nachtfalter, die ihren dünnen Rüssel gut durch den weniger als 1 mm breiten Eingang in die Röhre einführen und den reichlichen, im Gegenlicht gut sichtbaren Nektar aufsaugen können. An manchen Standorten duften die Pflanzen besonders intensiv in der Abenddämmerung.

bis 15 cm lange, dichte, zylindrische Ähre mit bis zu 140 Orchideenblüten

Blätter aufrecht, 1–2 cm breit, grün

Stängel beblättert

**Vorkommen** *Moorige Wiesen, Magerrasen, lichte Wälder. Sowohl auf trockenen wie auch feuchten, meist kalkhaltigen Böden. Fast ganz Europa.*

> **Blüten duften stark**
> **blüht selten auch weiß**
> **wie alle Orchideen geschützt**

Lippe breiter als lang

sehr langer, dünner, abwärtsgerichteter Sporn

🌼 387

# Geflecktes Knabenkraut

*Dactylorhiza maculata* (Orchideengewächse)
H 10–60 cm   Mai–Aug.   Staude

Wie die anderen Orchideen bildet auch das Gefleckte Knabenkraut staubfeine, mit einer anfangs losen Hülle versehene Samen aus. Diese sind so hervorragend an eine Verbreitung durch den Wind angepasst, dass sie bis 10 km weit fliegen können. Für das Wachstum des Keimes ist die Lebensgemeinschaft mit einem Pilz erforderlich.

Blütenähre anfangs kegelförmig, später zylindrisch

dunkelgrün, oberseits dunkelbraun gefleckt

Samen von loser Hülle umgeben

20–70 meist blass violette Orchideenblüten

untere Blätter breit lanzettlich

Samen staubfein

**Vorkommen** *Feuchte Magerrasen, Heidemoore, Heiden. Auf nassen oder feuchten, modrigen oder humusreichen Böden. Fast ganz Europa.*

> **sehr variabel in der Blüte und im Wuchs**
> **duftet nicht**
> **bietet den Bestäubern keinen Nektar als Belohnung**

2 Blütenblätter stehen seitlich ab

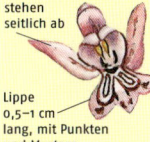

Lippe 0,5–1 cm lang, mit Punkten und Mustern

# Knoblauchsrauke
*Alliaria petiolata* (Kreuzblütengewächse)
H 20–100 cm   April–Juni   einjährig

**Vorkommen** *Unkraut-
flächen, Waldränder,
Hecken, Gärten, Parks.
Auf nährstoffreichen
Böden. Europa,
Nordwestafrika,
Südwestasien.*

> **Blätter riechen beim
Zerreiben nach
Knoblauch**
> **untere Blätter
nierenförmig**

Die Knoblauchsrauke – verwendet wird das frische Kraut –
nimmt eine Zwischenstellung zwischen Heil- und
Gewürzkraut ein. Die frischen Blätter der
Knoblauchsrauke können vom Frühling
bis in den Herbst gesammelt werden
und passen klein geschnitten in
grüne und bunte Salate: Sie geben
ihnen einen leichten Knoblauch-
geschmack, ohne dass der Duft
dem Esser anhaftet.

Blüten in
endständigen
Trauben

obere Blätter
herzförmig   Blätter gestielt

Samen

Kronblätter 5–7 mm lang

Schote 4-kantig,
abstehend

388

# Brunnenkresse
*Nasturtium officinale* (Kreuzblütengewächse)
H 20–80 cm   Mai–Okt.   Staude

**Vorkommen** *Bäche,
Quellen, Gräben. Nur
in sauberem Wasser.
Fast weltweit.*

> **auch ganz unter-
getauchte Formen**
> **teilweise wintergrün**
> **schon im Mittelalter als
Wintergemüse bekannt**

Die Blätter dieses Krauts enthalten Senföle, Vitamin C und
Mineralien. Frisch zu einem Salat oder als Frühjahrskur gegessen, sind sie in der Volksheilkunde sehr beliebt. Früher wurden
diese auch gegen Skorbut verwendet.
Brunnenkresse regt Appetit und
Verdauung an, ist harntreibend
und antibiotisch. Das Kraut
wird in den mittelalterlichen
Kräuterbüchern regelmäßig
erwähnt.

Blüten
5–10 mm breit

Blüten mit gelben
Staubbeuteln

Seitenfieder
kleiner

Endfieder größer

hohler, kantiger
Stängel

# Gewöhnliches Hirtentäschel

*Capsella bursa-pastoris* (Kreuzblütengewächse)

H 10–70 cm    Jan.–Dez.    ein- bis zweijährig

Das unscheinbare Kraut verrät sich, sobald die Früchte erscheinen. Die grünen Teile enthalten Flavonoide, verschiedene Pflanzensäuren und Salze sowie ein blutstillendes Peptid. Diese Wirkung wurde früh erkannt und Hirtentäschel diente als Heilmittel bei oberflächlichen Wunden, Nasenbluten und Gebärmutterblutungen. In der Volksheilkunde wird es für blutreinigende Tees verwendet.

Stängel mit lang gestielten Schötchen

Schötchen 3-eckig bis herzförmig

obere Blätter stängelumfassend

Kronblätter nur 3 mm lang

Schötchen 4–10 mm lang

✿ 389

# Schwedischer Hartriegel

*Cornus suecica* (Hartriegelgewächse)

H 5–25 cm    Mai    Staude

Die wenigen Vorkommen, an denen der Schwedische Hartriegel auch heute noch in Mitteleuropa zu finden ist, gelten als Eiszeitrelikte. Während der letzten Eiszeit war er weiter verbreitet. Die nächsten Verwandten dieser hübschen Staude wachsen strauch- oder baumförmig.

**Vorkommen** Moore, Heiden mit niedrigen Sträuchern. Auf torfigen Böden. Nordeuropa, Norddeutschland

> **Blätter im Herbst rot gefärbt**
> **unterirdischer, kriechender Wurzelstock**
> **braucht kühle Sommer**

ohne Blattstiel

Blätter eiförmig länglich

Fruchtstände am Ende der Stängel

Blattnerven bogenförmig

4 weiße oder cremefarbene, wie Blütenblätter wirkende Blätter

eigentliche Blüten winzig, bräunlich

# Waldmeister

*Galium odoratum* (Rötegewächse)

H 15–30 cm   Mai–Juni   Staude

**Vorkommen** *Krautiger Unterwuchs von Laub- und Mischwäldern auf humusreichen Lockerböden. Europa, Asien.*

> **typischer Duft entsteht erst beim Trocknen**
> **Bowlenzusatz, erzeugt Kopfschmerz bei reichlichem Genuss**

Krone trichterförmig mit 4 Zipfeln

Das kurz vor der Blüte gesammelte Kraut enthält eine Substanz, die sich beim Trocknen in das charakteristisch duftende Cumarin (Waldmeisteraroma) verwandelt. Das Kraut wird von der Schulmedizin bei Venenerkrankungen eingesetzt. In der Volksheilkunde sind die Anwendungen breiter: Unruhezustände, Schlaflosigkeit, Herzbeschwerden, Hämorriden.

Blüte 4–6 mm breit

Blätter in Quirlen

2 kugelige Teilfrüchte

# Wiesen-Labkraut

*Galium mollugo* (Rötegewächse)

H 25–100 cm   Mai–Sept.   Staude

**Vorkommen** *Wiesen, Wald- und Gebüschränder, Wegraine. Meist auf nährstoffreichen Böden. Ganz Europa.*

> **formenreiche Art**
> **fällt durch den Blütenreichtum auf**
> **stützt sich an anderen Pflanzen ab**

Krone mit 4 flachen, grannenartig bespitzten Zipfeln

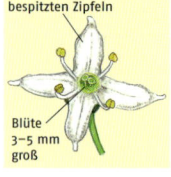

Blüte 3–5 mm groß

In manchen Gegenden nannte man das Wiesen-Labkraut früher auch „Wilde Röte". Seine Wurzeln enthalten einen roten Farbstoff. Mit dem Salz Alaun vorbehandelte Wolle lässt sich damit lichtecht in roten Farbtönen färben. Auch Ostereier färbte man früher mit Labkrautwurzeln.

länglich lanzettliche, derbe Blätter in Quirlen zu 6–9

stark verzweigter Blütenstand mit vielen Blüten

Stängel dünn

allmählich verschmälert

# Gewöhnliches Kletten-Labkraut

*Galium aparine* (Rötegewächse)
H 60–200 cm   Juni–Okt.   einjährig

Die dünnen Stängel der Pflanze sind zu schwach, als dass sie ohne Halt in die Höhe wachsen könnten. Mit ihren besonders ausgebildeten Haaren bleiben sie jedoch fast überall haften. So können sie problemlos an anderen Pflanzen hinaufklettern und niedere Vegetation oder Zäune über-wuchern, um ans Licht zu gelangen.

Früchte aus 2 Teilfrüchtchen zusammengesetzt

Blätter in Quirlen zu 6–8

Blüten unscheinbar

Stängel mit rückwärts-gekrümmten Borsten

ganze Pflanze borstig

am Rand und auf dem Nerv mit rückwärtsgerichteten Stachelhaaren

Blüten etwa 2 mm groß

Krone weiß oder grünlich, mit 4 flachen, spitzen Zipfeln

# Gewöhnlicher Froschlöffel

*Alisma plantago-aquatica* (Froschlöffelgewächse)
H 30–100 cm   Juli–Aug.   Staude

Die Pflanze und besonders ihr brennend scharfer Saft reizen die Haut, es können sich Blasen bilden. Die Blüten öffnen sich nur nachmittags, die des ähnlichen Lanzettblättrigen Froschlöffels (*Alisma lanceolatum*) dagegen vormittags. Sie werden besonders von Schwebfliegen besucht.

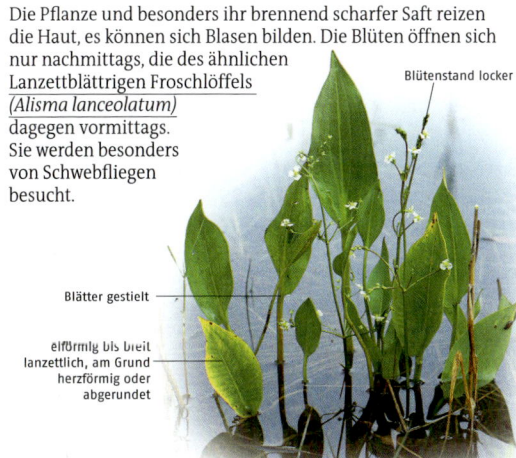

Blütenstand locker

Blätter gestielt

eiförmig bis breit lanzettlich, am Grund herzförmig oder abgerundet

Blüten um 1 cm groß

3 grüne Kelchblätter

3 weiße bis hellrosa Kronblätter, etwas gezähnt

# Europäischer Froschbiss

*Hydrocharis morsus-ranae* (Froschbissgewächse)
H 15–30 cm   Juni–Aug.   Staude

**Vorkommen** *Meist schwimmend zwischen Pflanzen in stehenden bis langsam fließenden Gewässern, Seen. Ganz Europa.*

> benötigt im Sommer ausreichend Wärme
> braucht nährstoffreiches Wasser
> erinnert von den Blättern her an eine kleine Seerose

Die am Grund eingebuchteten Blätter erscheinen wie ausgebissen. Da sich häufig Frösche zwischen den Pflanzen aufhalten, meinte man früher, dass diese die Pflanzen anfressen, und gab der Pflanze den Namen „Froschbiss". Frösche schnappen aber höchstens auf den Blättern sitzende Kleintiere weg.

Blüten ragen über das Wasser empor

herzförmig, 1,5–6 cm groß

Blatt lang gestielt

Blätter schwimmen auf der Wasseroberfläche

3 weiße, rundliche Kronblätter

Blüte 1–1,5 cm groß

# Krebsschere

*Stratiotes aloides* (Froschbissgewächse)
H 15–45 cm   Mai–Aug.   Staude

**Vorkommen** *In meist stehendem, nährstoffreichem Wasser von Tümpeln und Altwässern, in geschützten Uferbuchten. Fast ganz Europa.*

> kann Massenbestände ausbilden
> heißt auch „Wasseraloe"
> es gibt männliche und weibliche Pflanzen

Die Blätter unter den Blüten ähneln den Scheren eines Krebses und gaben der Pflanze ihren Namen. Ein weiterer ist „Wasseraloe". Er bezieht sich auf die Ähnlichkeit der Pflanze mit den zum Teil als Heilpflanzen eingesetzten Aloe-Arten. Stratiotes bedeutet „Schwertträger" und leitet sich von der Blattform ab. Die Pflanzen sinken im Spätherbst auf den Boden der Gewässer und überwintern dort.

2 gezähnte, derbe Blätter unter den Blüten

Blätter lanzettlich schwertförmig, 10–40 cm lang

Rand scharf gezähnt

halb untergetauchte Blattrosette

3 rundliche Kronblätter

Blüten um 2 cm groß

Blatt fleischig, im Querschnitt 3-eckig

# Schlangenwurz

*Calla palustris* (Aronstabgewächse)

H 15–30 cm   Mai–Sept.   Staude   ☠

Calla leitet sich von griechisch kallos = „Schönheit" ab und bezieht sich auf das auffällige, weiße Hochblatt, das direkt unter dem Blütenkolben sitzt. Der schlangenförmige Wurzelstock, der für den deutschen Namen der Pflanze verantwortlich ist, enthält Stärke. Früher verfütterte man ihn an Schweine.

Beeren scharlachrot, etwa 5 mm groß

zu vielen beieinander

Blätter rundlich, 4–10 cm groß

**Vorkommen** Ufer von Teichen, Waldtümpeln, Weihern, Mooren. An eher schattigen Standorten. Nord- und Mitteleuropa.

> auch in Teiche ausgepflanzt
> wächst oft in dichten Gruppen
> Blüten riechen unangenehm, locken Aasfliegen und kleine Käfer an

um 2 cm langer Kolben mit kleinen Blüten

blattähnliches, innen weißes Hochblatt

# Gewöhnliches Pfeilkraut

*Sagittaria sagittifolia* (Froschlöffelgewächse)

H 30–100 cm   Juni–Aug.   Staude

Die Pflanze überwintert mit den Knollen, die im Herbst entstehen. Sie sind sehr nahrhaft und schmecken gekocht etwas nussartig. In China baut man Pfeilkraut deshalb als Nahrungspflanze an. Auch bei uns hat man es früher gegessen. In der Volksmedizin galten die Knollen als wundheilend, außerdem sollten sie gegen Wasserscheu wirken.

Blüten in 3er-Quirlen übereinander

Blätter auffallend pfeilförmig

walnussgroße Knollen im Schlamm

**Vorkommen** In meist langsam fließenden, nährstoffreichen Flüssen und Gräben, an Teichufern. Fast ganz Europa.

> Sumpf- und Wasserpflanze
> kann auch ganz untergetaucht leben
> nach der Blattform benannt

Blüten 1,5–2,5 cm groß

3 weiße, am Grund rote Kronblätter

# Flutender Wasserhahnenfuß
*Ranunculus fluitans* (Hahnenfußgewächse)
H 50–600 cm   Juni–Aug.   Staude   🐝

**Vorkommen** In strömenden bis schnell fließenden Bächen und Flüssen mit sauerstoffreichem Wasser. Besonders Mitteleuropa.

> zaubert weiße Blüten-teppiche auf Flüsse
> braucht kühles Wasser
> nur untergetauchte Blätter vorhanden

Die ausgedehnten Bestände des Flutenden Wasserhahnenfuß werden von Fischen gern als Laichplätze genutzt. Die Pflanze ist mit ihren fein zerteilten, schlaffen Blättern ideal an fließendes Wasser angepasst. Die Blätter setzen der Strömung nur wenig Widerstand entgegen und werden so kaum zerstört, sondern umspült. Gleichzeitig nimmt die Pflanze so über die Oberfläche Nährsalze und Gase auf.

Blüten ragen einzeln aus dem Wasser

Stängel und Blätter treiben im Wasser

Blätter 10–30 cm lang

Kronblätter weiß, am Grund gelb

Blüten bis 3 cm groß

Zipfel lang, schlaff, fadenförmig

---

## 394

# Christrose
*Helleborus niger* (Hahnenfußgewächse)
H 5–25 cm   Dez.–März   Staude   🐝

**Vorkommen** Laub-wälder, Kiefernwälder, Gebüsche. Auf kalk-haltigen Böden. Oft auch Zierpflanze in Gärten. Alpen, Gebirge in Südosteuropa.

> heißt auch „Schwarze Nieswurz"
> in Gärten auch ähnliche Arten und Kreuzungen
> Blütenblätter bleiben nach der Blüte erhalten

Früher trocknete man die schwarzbraunen Wurzelstöcke, pulverisierte sie und stellte daraus Niespulver her. Auch gegen Geisteskrankheiten und Schwermut sowie als Abführmittel sollten sie helfen. Allerdings wussten die Kräuterkundigen des 16. und 17. Jahrhunderts von der Giftigkeit der Pflanze und rieten, sie nur sehr vorsichtig zu verwenden.

ledrig, über den Winter grün

1–2 Blüten pro Stängel

Blüten 5–10 cm groß

zahlreiche Staubblätter

Blütenblätter überlappen sich

Blätter fußförmig geteilt

# Große Sternmiere

*Stellaria holostea* (Nelkengewächse)

H 15–30 cm   April–Mai   Staude

Die steifen, oft nach rückwärts gebogenen Blätter finden untereinander oder an anderen Pflanzen Halt, sodass die Große Sternmiere trotz den recht dünnen Stängeln in die Höhe wachsen kann. Der schöne Frühjahrsblüher mit den vielen weißen Blüten eignet sich auch für Gebüschränder in Wildstaudengärten.

*Vorkommen Lichte Wälder mit reichlich krautigen Pflanzen auf dem Waldboden, Hecken, Waldränder, Waldwege. Fast ganz Europa.*

> **wächst oft in größeren Gruppen**
> **benötigt ausreichend Licht**
> **Stängel zerbrechlich**

gabelig verzweigt

lockere Blütenstände

Spitze lang ausgezogen

schmal lanzettlich

Blätter gegenständig

bis etwa zur Mitte 2-teilig

Kronblätter verdecken die Kelchblätter

# Vogel-Sternmiere

*Stellaria media* (Nelkengewächse)

H 5–40 cm   Jan.–Dez.   einjährig

Vögel lieben dieses Kraut, daher der Name. Die oberirdischen Teile enthalten keine pharmazeutisch wirksamen Inhaltsstoffe, allerdings Mineralien und Vitamin C. In der Homöopathie wird es bei Rheuma und Leberschmerzen, in der Volksheilkunde und von Sebastian Kneipp bei Hämorriden verordnet. Weitere Indikationen waren Hautausschläge und Lungenkrankheiten.

*Vorkommen Unkrautbestände in Gärten und Äckern. Auf nährstoffreichen Böden. Europa, weltweit verschleppt.*

> **typisches Unkraut des Hackfruchtbaus**
> **Stängel auf einer Längslinie behaart**

Blätter eiförmig

Kronblätter frei, 3 mm lang

Kronblätter tief 2-spaltig

# Taubenkropf-Leimkraut

*Silene vulgaris* (Nelkengewächse)

H 15–50 cm   Mai–Sept.   Staude

gestielte Blüten bilden lockeren Blütenstand

Namensgebend für diese Art ist der auffällige Kelch. Dieser bleibt auch noch nach der Blüte erhalten. Der Wind kann sich dann in ihm verfangen und die Samen aus den Kapseln schütteln. Aus den Blättern und jungen Sprossen kann man Wildgemüse kochen.

**Vorkommen** Steinschutthalden, Steinbrüche, Wegränder, Böschungen, Bahnschotter, trockene Wiesen. Ganz Europa.

> heißt auch „Aufgeblasenes Leimkraut"
> Pionierpflanze
> Blüten meist in eine Richtung ausgerichtet

Kelch stark aufgeblasen

gut sichtbares Nervennetz

Kronblätter 2-spaltig

länglich, zugespitzt

Blätter gegenständig

# Japanischer Flügelknöterich

*Fallopia japonica* (Knöterichgewächse)

H 100–200 cm   Juli–Sept.   Staude

oft in 2 Zeilen angeordnet

5–13 cm lang

Blätter wechselständig

breit eiförmig

Der Japanische Flügelknöterich kam um 1825 erstmals als dekorative Blattpflanze in europäische Parks. Die Art verwilderte jedoch bald und wurde zu einem lästigen Unkraut. Sie wächst sehr rasch und duldet kaum andere Pflanzen in ihrer Nähe. So kann sie einheimische Pflanzen großflächig von Fluss- und Bachufern verdrängen.

**Vorkommen** Gepflanzt, verwildert oder eingebürgert an Ufern und in Uferwäldern. Auf nassen, nährstoffreichen Böden. Fast ganz Europa.

> stammt aus Ostasien
> kann ausgedehnte, dichte Gruppen bilden
> verdrängt heimische Pflanzen

auffällige Rispen mit geflügelten Früchten

5 grünlich weiße Blütenblätter

Blüte gestielt

Blüten in 3–10 cm langen Rispen

# Rundblättriger Sonnentau

*Drosera rotundifolia* (Sonnentaugewächse)
H 5–20 cm   Juli–Aug.   Staude

Die zahlreichen Tröpfchen auf den Tentakeln glitzern wie Morgentau und inspirierten zu dem schönen Namen. Es handelt sich um einen klebrigen Schleim mit Verdauungsenzymen. Landet ein kleines Insekt auf den Blättern, bleibt es kleben. Die Bewegung des Tieres reizen die Tentakel, die sich nach ein bis zwei Minuten über dem Insekt zusammenbiegen. Die Beute wird durch abgegebene Enzyme verdaut und von den Tentakeln aufgenommen. So erhält die Pflanze lebensnotwendigen Stickstoff.

**Vorkommen** Hochmoore, saure Niedermoore, feuchte Heiden. Auf nassen, sehr nährstoffarmen, kalkfreien, sauren Torfböden. Fast ganz Europa.

> **durch Zerstörung der Moore bedroht**
> **insektenfangende Pflanze**
> **Blätter klebrig**

Oberseite mit langen, rötlichen, an der Spitze drüsigen Haaren (Tentakeln)

Blätter bilden eine Rosette

liegen dem Boden an

Blattspreite rundlich

Blattstiel 1–3 cm lang

5 freie Blütenblätter

5 Kelchblätter

397

# Sumpf-Herzblatt

*Parnassia palustris* (Herzblattgewächse)
H 10–25 cm   Juli–Sept.   Staude

Blätter herzförmig

langer Blattstiel

Die gelblichen Köpfchen in den Blüten glänzen, als ob sie von Nektar feucht wären und damit Insekten einen zuckerreichen Saft bieten könnten. In Wirklichkeit sind sie jedoch trocken. Die schalenförmigen Blüten wirken aber nicht nur wegen des vermeintlichen Nahrungsangebots attraktiv auf Fliegen: Wie in einem Parabolspiegel werden die Sonnenstrahlen in der Blüte gebündelt. So entsteht ein geheizter Rastplatz.

Blüten einzeln auf langem Stiel

**Vorkommen** Niedermoore, Quellmoore, Moorwiesen, nasse Magerrasen und Schutthänge. Bis auf über 2500 m. Fast ganz Europa, im Süden nur im Gebirge.

> **Blüten überragen oft die umgebenden Pflanzen**
> **wächst meist in Gruppen**
> **braucht Feuchtigkeit**

Blüte 1–3,5 cm groß
5 Staubblätter

vor jedem Kronblatt ein verzweigtes Gebilde mit glänzenden Köpfchen

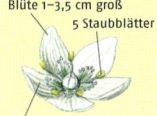

Kronblätter weiß mit dunkleren, eingesenkten Adern

# Rotfrüchtige Zaunrübe

*Bryonia cretica* ssp. *dioica* (Kürbisgewächse)
H 2–4 m   Juni–Sept.   Staude   ☠

Beeren
5–8 mm groß

Die Zaunrübe ist eine sehr giftige Pflanze!
Im Mittelalter nahm man dieses Risiko in Kauf:
Man verwendete sie, um starken Brechreiz und
Durchfall zu erzeugen. Die Inhaltsstoffe der Wurzel wirken reizend auf die Schleimhäute des Verdauungstraktes, äußerlich wandte man die Wurzel bei
Rheuma und Gicht an.

**Vorkommen** Hecken,
Gärten, Wegränder,
Ödland auf nährstoffreichen Böden.
Süd- und Mitteleuropa, Nordafrika.

> **Ranken mit Umkehrpunkt**
> **männliche und weibliche Blüten auf getrennten Pflanzen**
> **männliche Blüten in Trauben, weibliche zu 2–5 in Dolden**
> **heißt auch Alraune**

männliche
Blüten mit
grünen
Adern

weibliche
Blüte

Wurzeln mit
menschenähnlicher
Gestalt

# Geißbart

*Aruncus dioicus* (Rosengewächse)
H 80–150 cm   Juni–Juli   Staude

bis 50 cm lange Blütenrispen

**Vorkommen** Schluchtwälder, schattige,
feuchte Gebirgswälder,
vor allem Bachtäler.
Von der Ebene bis
ins Gebirge. Gebirge
Mitteleuropas.

> **es gibt männliche und weibliche Pflanzen**
> **Zierpflanze in Gärten und Parks**
> **Wildpflanzen in Deutschland geschützt**

Aus den jungen Trieben kann man
Gemüse kochen. Die Samen des
Geißbarts sind extrem leicht.
So können sie an dem oft
windarmen Standort der
Pflanze bereits von kleinsten Luftbewegungen
verweht werden. Als
Zierpflanze eignet
sich die Art für
eher schattige
Rabatten und
Gehölzgärten und als
Schnittblume.

männliche Blüten mit
20–30 Staubblättern

Blüten
2–4 mm groß

Blätter bis 1 m
lang, 2–3-fach
gefiedert

Teilblättchen eiförmig

# Wald-Erdbeere

*Fragaria vesca* var. *vesca* (Rosengewächse)

H 5–20 cm   Mai–Juni   Staude

Blätter
3-zählig,
gesägt

So lecker die Früchte der Walderd-
beere auch sein mögen, für die
Heilwirkung der Pflanze sind
die Blätter verantwortlich. Sie
enthalten reichlich Gerb-
stoffe, etwas ätherisches
Öl und Flavonoide. In der
Volksheilkunde wurden
Blätter und Wurzel bei
Durchfallerkrankungen,
Halsentzündungen, aber
auch bei Rheuma, Gicht
und Lebererkrankungen
empfohlen.

Früchte
nickend

Früchte lösen
sich vom Kelch

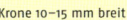

**Vorkommen** *Lichte
Wälder, Waldränder.
Auf nährstoffreichen
Böden. Europa,
Asien.*

> **Blütenstiele ange-
drückt behaart**
> **Ausläufer mit Tochter-
pflanzen bildend**

Krone 10–15 mm breit

# Mädesüß

*Filipendula ulmaria* (Rosengewächse)

H 50–150 cm   Juni–Aug.   Staude

Früchte fest
eingerollt

Die angenehm süßlich duftenden Blüten enthalten
ätherische Öle, Flavonoide und Gerbstoffe. Das
Salicylaldehyd des Öls war Vorbild
für das weltbekannte Schmerz-
mittel Aspirin. Der Tee aus
den getrockneten Blüten ist
schweißtreibend und wird
bei fiebrigen Erkäl-
tungen getrunken
(Schwitzkuren).

**Vorkommen** *Gräben,
Bäche, Ufer, Quell-
gebiete, Auwälder,
feuchte Wiesen.
Europa, Asien.*

> **Blütenstängel innen
im Blütenstand kürzer
als außen**
> **Blüten stark duftend**
> **Inhaltsstoffe wie in
Aspirin**

Kronblätter bis
5 mm lang

Blütenstand
außen höher als
innen

Blätter mit ungleich
großen Fiedern

# Wald-Sauerklee

*Oxalis acetosella* (Sauerkleegewächse)
H 5–15 cm    April–Mai    Staude

unterirdisch
kriechende Sprosse
(Rhizom)

Kronblätter
mit purpurnen
Adern

Die Teilblättchen des Wald-Sauer-
klees nehmen nachts eine senkrechte Ruhestellung ein. Sie richten sich morgens auf und gehen
wieder in die Ruhestellung, wenn
die Sonne zu heiß wird. Wirklich
gesund sind die Blätter eigentlich
nicht, denn sie enthalten Salze der
Oxalsäure. Einige frische Blätter
als säuerlich würzige Zutat zu
Wildkräutersalaten sind aber sehr
schmackhaft und unbedenklich.

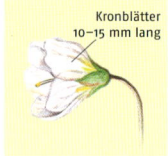

Kronblätter
10–15 mm lang

Blätter bei
Schwachlicht
ausgebreitet

Blätter bei
Starklicht in
Schlafstellung

# Wiesen-Kerbel

*Anthriscus sylvestris* (Doldengewächse)
H 60–150 cm    Mai–Aug.    Staude

kahl, glänzend,
schwarzbraun

Spaltfrucht
6–10 mm lang

Stark gedüngte Wiesen verwandelt der Wiesen-
Kerbel oft gemeinsam mit dem Scharfen Hahnen-
fuß (S. 446) im Frühjahr in weiß-gelbe Blütenmeere. Im
Gegensatz zum Garten-Kerbel riecht die Pflanze zerrieben nicht
besonders gut und eignet sich nicht
als Gewürz. In Verbindung mit
Sonnenlicht kann der Saft
sonnenbrandähnliche
Hautreaktionen auslösen.

8–16
Döldchen

Blüten in
lockeren,
6–12 cm
großen Dolden

Blüten um 4 mm groß

Kronblätter kahl

Blätter
dunkelgrün,
glänzend

2–3-fach
gefiedert

Stängel
scharfkantig
gefurcht

ohne
Flecken

# Gefleckter Schierling

*Conium maculatum* (Doldengewächse)

H 80–180 cm   Juni–Sept.   zweijährig

Vergiftungen mit der etwas nach Mäuseharn riechenden Pflanze führen zu Brennen im Mund, Sehstörungen und Lähmungen. Der Tod tritt durch Atemlähmung, meist bei vollem Bewusstsein, ein. Im Altertum verabreichte man zum Tode Verurteilten einen Schierlingsbecher. Berühmtestes Opfer einer solchen Hinrichtung war der griechische Philosoph Sokrates.

*Vorkommen* Unkrautbestände an Gräben, Schuttplätzen, Wegrändern in Dörfern. An im Sommer warmen Standorten. Fast ganz Europa.

> wächst oft in Gruppen
> zeigt stickstoffreiche Böden an
> typischer gefleckter Stängel

Blüten in 2–5 cm großen Dolden

Blätter 2–4-fach gefiedert oder fiederspaltig

bläulich bereift, rot oder violett gefleckt oder gestreift

Stängel rund

Pflanze kahl

Blüten etwa 3 mm groß

5 weiße Kronblätter

401

# Gewöhnlicher Giersch

*Aegopodium podagraria* (Doldengewächse)

H 50–90 cm   Juni–Juli   Staude

Gärtner kennen den Giersch als lästiges Unkraut, doch in der Volksheilkunde wurde er sehr geschätzt. Mit dem harntreibenden Tee heilte man Rheuma und Entzündungen, er hilft bei Durchfall und bei Hämorriden (Bäder). Frisch zerquetschte Blätter auf Mückenstichen und Hautverletzungen wirken lindernd.

*Vorkommen* Feuchte Wälder, Gärten, Parks, Ufer. Auf nährstoffreichen Böden. Europa, Westasien.

> breitet sich massenhaft aus
> Stängel hohl, gefurcht
> junge Triebe als Salat

Austriebe

stark Ausläufer bildend

Blätter doppelt 3-zählig

Dolden mit 15–25 Döldchen

Einzelblüte nur 3 mm breit

# Wilde Möhre

*Daucus carota* (Doldengewächse)
H 30–100 cm   Juni–Sept.   zweijährig

Blätter mit schmalen Zipfeln

von auffälligen Blättern umgeben

Bereits die alten Germanen kannten die Möhre als Kulturpflanze. Während die Wurzel der Wildform dünn und wenig ergiebig ist, bilden die daraus gezüchteten Kulturformen kräftige Wurzeln. Sie enthalten reichlich Karotin, aus dem im Körper Vitamin A entsteht, außerdem die Vitamine B und C sowie Zucker.

Dolde zur Fruchtzeit zusammengeneigt

5–10 cm breite, dichte Blütendolden

Kronblätter weiß oder cremefarben

in der Mitte eingesenkt

Blüten etwa 3 mm groß

# Wald-Engelwurz

*Angelica sylvestris* (Doldengewächse)
H 80–150 cm   Juli–Sept.   mehrjährig

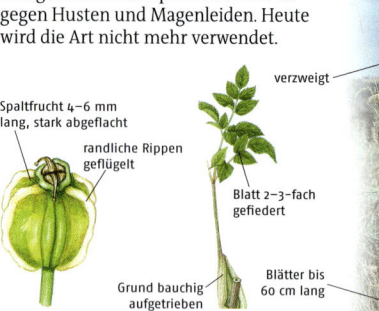

8–20 cm breite, stark gewölbte Dolden

Der Namensbezug zu „Engeln" leitet sich von den hochgelobten Heilkräften der verwandten Echten Engelwurz ab. Früher verwendete man die Wald-Engelwurz als Gemüse und stellte gelegentlich auch kandierte Stängel her. Als Heilpflanze diente sie gegen Husten und Magenleiden. Heute wird die Art nicht mehr verwendet.

verzweigt

Spaltfrucht 4–6 mm lang, stark abgeflacht

randliche Rippen geflügelt

Kronblätter weiß bis rötlich

Blatt 2–3-fach gefiedert

Grund bauchig aufgetrieben

Blätter bis 60 cm lang

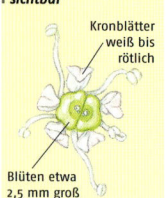

Blüten etwa 2,5 mm groß

# Wiesen-Bärenklau

*Heracleum sphondylium* (Doldengewächse)
H 50–150 cm   Juni–Sept.   Staude

Stängel gefurcht,
borstig behaart

äußere
Kronblätter der
Randblüten
vergrößert

Die vergrößerten Kronblätter der Randblüten erhöhen den Schaueffekt der Dolden, sodass sie besonders attraktiv auf Insekten wirken. Nach Kontakt mit dem Wiesen-Bärenklau können ähnliche Hautreaktionen wie beim Riesen-Bärenklau auftreten. Diese sind jedoch in der Regel nicht so heftig.

10–20 cm
breite Dolden

***Vorkommen*** *Wiesen, Ödflächen, Gräben, Waldränder. Auf frischen, nährstoffreichen Böden. Ganz Europa.*

> **wächst auf gedüngten Wiesen oft massenhaft**
> **Blattform vielgestaltig**
> **Früchte werden vom Wind verbreitet**

Kronblätter tief
eingebuchtet

Spaltfrucht kahl,
6–10 mm lang

scheibenförmig
mit breiten Flügeln

Blätter auffallend groß, fiederspaltig oder einfach gefiedert

# Riesen-Bärenklau

*Heracleum mantegazzianum* (Doldengewächse)
H 200–350 cm   Juli–Sept.   Staude

Ursprünglich stammt der Riesen-Bärenklau aus dem Kaukasus, von wo er um 1900 als Gartenpflanze nach Mitteleuropa kam. Kommt bei Sonnenschein Pflanzensaft auf die Haut, entzündet sie sich, wird rot und bildet Blasen wie bei Verbrennungen. Diese heilen nur langsam ab. Zurück bleibt dann oft eine langanhaltende braune Pigmentierung.

bis 50 cm große Dolden

***Vorkommen*** *An Ufern, Straßen, Waldschlägen. Oft als Einzelpflanze. Eingebürgert in fast ganz Europa.*

> **heißt auch „Herkules-staude"**
> **stattlichstes Doldengewächs Mitteleuropas**

Kronblätter tief
eingebuchtet

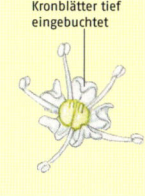

Stängel bis
10 cm dick

abgestorbene Stängel
und Dolden oft noch
lange erhalten

Blätter tief
3–5-teilig

Blätter bis
1 m lang

# Weiße Schwalbenwurz

*Vincetoxicum hirundinaria* (Schwalbenwurzgewächse)
H 30–120 cm   Mai–Aug.   Staude   ☠

Auf lockeren Schutthalden wirkt die Weiße Schwalbenwurz als Bodenfestiger, da sie sehr tief und stark wurzelt. Früher gewann man aus den Stängeln ziemlich lange, feste Fasern. Die Pflanze enthält Giftstoffe, die zu Krämpfen und Lähmungen führen können.

Stängel unverzweigt

Blätter gegenständig

Blüten in Knäueln in den Blattachseln

3–5 cm lange Balgfrüchte

Blatt eilanzettlich, lang zugespitzt

fast bis zum Grund in 5 Zipfel geteilt

Krone 3–8 mm groß

Staubblätter und Narbe in zentralem Komplex

Samen mit seidenglänzenden Haaren

# Stechapfel

*Datura stramonium* (Nachtschattengewächse)
H 30–120 cm   Juni–Okt.   einjährig   ☠

Früher nutzte man die getrockneten Blätter in der Medizin, um Asthma, krampfartigen Husten und die parkinsonsche Krankheit zu behandeln. Bei Infektionen mit hohem Fieber, Augenentzündungen und psychischen Erkrankungen werden die frischen Pflanzen als homöopathisches Präparat eingesetzt.

Kronblätter mit spitzen Zipfeln

Krone trichterförmig

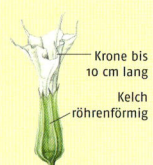

Krone bis 10 cm lang

Kelch röhrenförmig

Frucht stachelige Kapsel

Samen fast schwarz, nierenförmig

# Gewöhnliche Zaunwinde

*Calystegia sepium* (Windengewächse)
H 100–300 cm  Juni–Sept.  Staude

Die Triebspitzen führen gegen den Uhrzeigersinn kreisende Bewegungen aus, um Pflanzen, Zaunlatten u. Ä. zu umwinden. In etwa 2 Stunden findet eine Umdrehung statt. Mit der Pflanze lassen sich Gartenzäune oder Gitter begrünen. Sie kann sich jedoch stark ausbreiten, sodass sich für Gärten die als Zierpflanzen angebotenen bunten Prunkwinden meist besser eignen.

**Vorkommen** *Ufer, Auenwälder, Hecken, Zäune, Wegränder. Auf feuchten, nährstoffreichen Böden. Ganz Europa.*

Blüten einzeln

> **Blüten auch nachts geöffnet, nur bei schlechtem Wetter geschlossen**
> **lockt besonders Nachtfalter an**

Blätter herz- oder pfeilförmig

Blätter wechselständig

Krone weit trichterförmig, bis 5 cm lang

Kelch etwa 1 cm lang

Rand zurückgebogen

# Acker-Winde

*Convolvulus arvensis* (Windengewächse)
H 20–80 cm  Juni–Sept.  Staude

Die Acker-Winde gilt als lästiges Unkraut. Sie umschlingt andere Pflanzen und kann diese ersticken. Selbst Unkrautvertilgungsmittel können sie nicht vollständig vernichten. Nach Unkrautjäten wächst sie fast immer wieder nach, da man ihre unterirdischen Teile praktisch nie vollständig entfernt. Kleinste Bruchstücke entwickeln sich wieder zu neuen Pflanzen.

**Vorkommen** *Äcker, Weinberge, Gärten, Schuttplätze, Wegränder, Ödflächen. Ganz Europa.*

> **Blüten nur 1 Tag von etwa 7–14 Uhr geöffnet**
> **Wurzeln und Ausläufer reichen bis über 2 m tief**
> **braucht viel Licht**

Blätter spießförmig, 3–6-mal so lang wie breit

Stängel dünn, kriechend oder windend

Blüten zu 1–2 in den Blattachseln

weiß bis rosa oder gestreift

Kelch mit 5 ungleich langen Zipfeln

Krone weit trichterförmig, 1,5–2,5 cm lang

# Fieberklee

*Menyanthes trifoliata* (Fieberkleegewächse)
H 15–100 cm   Mai–Juli   Staude

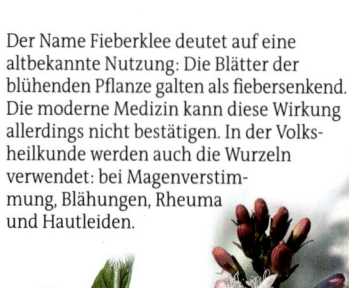

Knospen
leuchtend rosa

**Vorkommen** *Verlandende Seeufer, Sümpfe, Flachmoose, nasse Wiesen. Europa, Asien, Nordamerika.*

> **dicker, verzweigter Wurzelstock**
> **dichte Blütentrauben auf blattlosem Stängel**

Der Name Fieberklee deutet auf eine altbekannte Nutzung: Die Blätter der blühenden Pflanze galten als fiebersenkend. Die moderne Medizin kann diese Wirkung allerdings nicht bestätigen. In der Volksheilkunde werden auch die Wurzeln verwendet: bei Magenverstimmung, Blähungen, Rheuma und Hautleiden.

Kronblätter mit
Fransenhaaren

Krone bis
15 mm breit

Blätter 3-zählig,
lang gestielt

**406**

# Ährige Teufelskralle

*Phyteuma spicatum* (Glockenblumengewächse)
H 30–80 cm   Mai–Juli   Staude

**Vorkommen** *Wälder mit krautreichem Unterwuchs, Bergwiesen. Auf nährstoffreichen Böden von der Ebene bis auf über 2000 m. Fast ganz Europa.*

> **blüht öfter auch blau**
> **in schattigeren Wäldern oft ohne Blüten**
> **Blätter am schwarzen Fleck zu erkennen**

Knospen
gekrümmt

Blüten in
dichter
Ähre

Blätter und Wurzeln nutzte man früher für Salat und Gemüse. In der Volksmedizin empfiehlt man einen Tee gegen Gallensteine. Bei der in vielen medizinischen Präparaten gegen Rheuma verwendeten Teufelskralle handelt es sich dagegen nicht um ein heimisches Glockenblumengewächs, sondern um eine mit dem Sesam verwandte Pflanze aus dem südlichen Afrika.

Kronzipfel
anfangs an der
Spitze verbunden

Krone
1–1,5 cm lang

klafft in
der Mitte
auseinander

oft mit typischem
schwarzem Fleck

herzförmig

Stängel
unverzweigt

untere Blätter
gestielt

# Weiße Seerose
*Nymphaea alba* (Seerosengewächse)
H 50–250 cm   Juni–Aug.   Staude   ☠

Die Weiße Seerose gehört in der heimischen Flora zu den Rekordhaltern für die längsten Blatt- und Blütenstiele (bis 3 m) und die größten Blüten. Lufthaltiges Gewebe in den Stielen sorgt für ausreichend Auftrieb der Blätter und Blüten im Wasser. Die Seerose trägt ihren Namen *Nymphaea* nach den Wassernymphen, Naturgöttinnen der griechischen Mythologie.

7–12 cm große Blüten auf der Wasseroberfläche

Blatt an der Basis eingeschnitten

derbe Schwimmblätter

*Vorkommen* Teiche, Altwässer, ruhige Seen. In stehendem oder sehr langsam fließendem Wasser mit 1–3 m Wassertiefe. Fast ganz Europa.

> auch in Gärten
> Blüten nur tags offen
> Wasser abstoßende Wachsschicht auf der Blattoberseite

zahlreiche spiralig angeordnete Blütenblätter

zahlreiche Staubblätter

 **407**

# Europäischer Siebenstern
*Trientalis europaea* (Primelgewächse)
H 5–20 cm   Mai–Juli   Staude

Der Siebenstern war in kälteren Klimazeiten weiter verbreitet. Seine heutigen Vorkommen sind Relikte der Eiszeit. Der Name nimmt auf die Siebenzahl der Blütenblätter Bezug, eine Anzahl, die bei den Blütenpflanzen selten vorkommt. In manchen Gegenden nennt man die Pflanze auch „Sternblümchen" oder „Sternkraut".

Blüten einzeln

Blätter bis 5 cm lang

ganzrandig

die meisten Blätter quirlartig gehäuft

*Vorkommen* Moosige Fichtenwälder, Birkenmoore, nasse Weiden. Auf nährstoffarmen, sauren Böden. Nord- und Mitteleuropa.

> braucht Halbschatten
> nicht blühende Pflanzen ähneln dem Wald-Bingelkraut
> bildet lockere Gruppen

Blütenkrone sternförmig, 1,2–1,5 cm groß

7 spitze Zipfel

# Busch-Windröschen

*Anemone nemorosa* (Hahnenfußgewächse)
H 10–25 cm   März–Mai   Staude

Frucht aus zahlreichen, 1-samigen Nüsschen

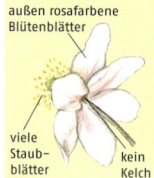

Das Busch-Windröschen nützt als Frühlings-
pflanze die guten Lichtverhältnisse im Wald,
bevor das Laub der Bäume austreibt und einen
Schatten wirft. Bereits im Mai oder Juni,
nach der Fruchtreife, zieht es seine
oberirdischen Teile zurück und
überdauert unterirdisch
bis zum nächsten Jahr.

Blüten einzeln,
1,5–4 cm groß

Blatt
3-teilig, kahl

3 Blätter am
Stängel

# Weiße Silberwurz

*Dryas octopetala* (Rosengewächse)
H 5–15 cm   Mai–Aug.   Strauch

Oberseite
dunkelgrün

Am Ende der letzten Eiszeit war die Pflanze in
ganz Deutschland verbreitet. Ihre Reste blieben
massenhaft in den Ablagerungen dieser Zeit – der
Dryaszeit – erhalten. Die Blüten richten sich zur Sonne aus und
wirken wie Parabolspiegel: Ihr Zentrum erwärmt sich um einige
Grad über die Außentemperatur. Insekten finden so einen Platz
zum Wärmen.

Blattrand
gekerbt

Blüten
einzeln,
2–4 cm groß

Blatt-
unterseite
weißwollig

# Gänseblümchen

*Bellis perennis* (Korbblütengewächse)
H 5–15 cm   Jan.–Nov.   Staude

Das unscheinbare Gänseblümchen
wird in allen wichtigen Kräuterbüchern
erwähnt und gilt darin als „fürtreffenlich"
für allerlei Krankheiten. In der Volksheilkunde
nimmt man die frischen Blätter gern für Frühlingssalate. Ihre
Bitterstoffe, Flavonoide und ätherisches Öl regen den
Stoffwechsel an.

Blätter in Rosette

äußere Zungenblüten
5–10 mm lang

zahlreiche
Röhrenblüten

Die Blütenkörbchen
sind nachts
geschlossen

**Vorkommen** *Rasen
in Gärten und Parks,
Wiesen, Weiden. Auf
nährstoffreichen
Böden. Fast ganz
Europa.*

> **verbreitet, zeigt Nähr-
stoffe an**
> **widersteht dem
Rasenmäher**
> **Blütenkörbchen auf
blattlosem Stängel**

äußere Blüten
weiß bis rosa

# Wiesen-Margerite

*Leucanthemum vulgare* (Korbblütengewächse)
H 20–70 cm   Juni–Okt.   Staude

Noch heute zupft man von der „Orakelblume" die weißen
Zungenblüten, um die Zukunft zu erfahren. Schon Gretchen in
Goethes „Faust" befragte die Blume mit „Er liebt mich – er liebt
mich nicht …". Margerite stammt vom französischen marguerite
und bedeutet „Perle". Auf den Kleidern der Gemahlin von Hein-
rich VI., die sich als „Perle
unter Perlen" fühlte,
prangten deshalb
drei gestickte
Margeriten.

1 Blütenkörbchen
am Stängelende,
2–7 cm breit

Stängel meist
unverzweigt

wenige Blätter
am Stängel

Hülle
dachziegelartig

**Vorkommen** *Wiesen,
Weiden, Halbtrocken-
rasen, Äcker,
Ödflächen, Felsen.
Von der Ebene bis ins
Hochgebirge. Fast
ganz Europa.*

> **heißt auch „Gewöhn-
liche Wucherblume"**
> **kann große Flächen
bedecken**
> **gehört in Wiesen-
blumensträuße**

gelbe Röh-
renblüten

bis 43 weiße
Zungenblüten

# Geruchlose Kamille

*Tripleurospermum perforatum* (Korbblütengewächse)
H 10–45 cm   Juni–Okt.   ein- bis zweijährig

*Vorkommen* Unkraut-
bestände auf Schutt-
plätzen, an Weg-
und Straßenrändern,
Mittelstreifen von
Autobahnen, Äcker.
Ganz Europa.

> *bildet oft große Bestände*
> *auch zerrieben ohne Duft*
> *heißt auch „Falsche Kamille"*

Echte und Geruchlose Kamille wachsen oft am gleichen Standort. Die beiden Arten werden öfter miteinander verwechselt. Anhand des fehlenden Dufts und des gefüllten Blütenkörbchens lässt sich die meist kräftigere Geruchlose jedoch gut von der Echten Kamille unterscheiden. Sie hat keine Heilwirkung, eignet sich aber für Wildblumensträuße.

gelbe
Röhrenblüten

2,5–5 cm
breite Blüten-
körbchen

weiße
Zungenblüten

Blütenkörbchen
einzeln

Körbchen
gefüllt, gewölbt

Stängel
verzweigt, oft
braunrot

Blätter mit fast
fadenförmigen Abschnitten

# Echte Kamille

*Matricaria recutita* (Korbblütengewächse)
H 15–50 cm   Mai–Aug.   einjährig

Blütenboden hohl

*Vorkommen* Weg-
und Straßenränder,
Getreidefelder,
Ödland. Heimat
östliches
Mittelmeergebiet,
weltweit verbreitet.

> *Blüten duften beim Zerreiben*
> *zeigt Lehmboden an*
> *sehr alte Heilpflanze*

Schulmedizin, Homöopathie, Volksmedizin und die pharmazeutische Industrie sind sich bemerkenswert einig: Kamille hilft bei Entzündungen im Magen-Darm-Trakt, bei Menstruationsbeschwerden, Leber- und Gallenerkrankungen, Schleimhautentzündungen und äußerlich bei Hautkrankheiten. Kamille wird als Tee, Bad, Spülung oder zur Inhalation angewandt.

Röhrenblüten

Blütenkörbchen
1,5–2,5 cm breit

Blätter 2–3-fach gefiedert

Zungenblüten
umgeschlagen

# Kleinblütiges Knopfkraut

*Galinsoga parviflora* (Korbblütengewächse)

H 10–60 cm  Mai–Okt.  einjährig

Die Pflanze kam ursprünglich aus Südamerika zu uns. Alle europäischen Pflanzen sollen von Exemplaren abstammen, die man 1794 im Botanischen Garten in Paris aussäte. Der Name „Franzosenkraut" bezieht sich darauf, dass sich die Pflanze Anfang des 19. Jahrhunderts, etwa zur gleichen Zeit wie der Vormarsch der französischen Armee, nach Osten ausbreitete.

Blätter gegenständig

untere Blätter eiförmig

Blütenkörbchen einzeln oder zu wenigen

Stängel stark verzweigt

***Vorkommen*** *Unkrautbestände auf Äckern, Schuttplätzen, in Gärten, Weinbergen. Wächst in fast ganz Europa bis in Höhen von 700 m.*

> *heißt auch „Franzosenkraut"*
> *weltweit eines der wichtigsten Unkräuter*
> *stark frostempfindlich, überdauert mit Samen*

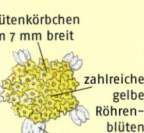

Blütenkörbchen um 7 mm breit

zahlreiche gelbe Röhrenblüten

meist 5 weiße, 3-zipfelige Zungenblüten

 **411**

# Gewöhnliche Schafgarbe

*Achillea millefolium* (Korbblütengewächse)

H 20–120 cm  Juni–Okt.  Staude

Der mythologische Achilles ist Namenspate dieser Pflanze – er soll mit dem Kraut seine Wunden geheilt haben. In den getrockneten, blühenden Sprossen sind über 100 unterschiedliche Wirkstoffe zu einem heilenden Cocktail vereinigt. Die Droge regt Appetit und Verdauung an, hemmt Entzündungen und löst Krämpfe im Verdauungstrakt.

einzelnes Körbchen 4–10 mm breit

Blätter mit feinen Abschnitten

***Vorkommen*** *Halbtrockenrasen, Wiesen, Weiden, Ackerraine. Auf nährstoffreichen Böden. Europa, Asien.*

> *zahlreiche, zähe Stängel*
> *Blätter wechselständig*
> *Körbchen zu schirmartigem Blütenstand zusammengefasst*

Röhrenblüten weiß

Zungenblüten weiß bis rosa

# Alpen-Edelweiß

*Leontopodium alpinum* (Korbblütengewächse)

H 5–20 cm   Juli–Aug.   Staude

**Vorkommen** Felsabsätze, Felsköpfe, steinige Rasen in Höhen von 1700 bis 3400 m. Gebirge Mittel- und Südeuropas.

> - bekannteste Hochgebirgspflanze
> - nicht abpflücken
> - im Steingarten ähnliche Arten aus dem Himalaja

Stern aus 5–15 weiß-filzigen Hochblättern

5–10 kleine Blütenkörbchen

Der wissenschaftliche Name Leontopodium bedeutet „Löwenfüßchen", man verglich die wollig filzigen Blütenstände mit kleinen Löwenpranken. Die Behaarung dient der Pflanze im Hochgebirge als Schutz vor zu hoher UV-Strahlung und vor Verdunstung. Im Tiefland kultiviert ist das Alpen-Edelweiß weniger dicht behaart und wirkt deshalb schmutzig grünlich.

ganze Pflanze wollig filzig

Blätter lanzettlich

# Gewöhnliches Maiglöckchen

*Convallaria majalis* (Maiglöckchengewächse)

H 10–20 cm   Mai–Juni   Staude

**Vorkommen** Laubwälder. Auf tiefgründigen, lockeren Böden. Europa, Asien.

> - Blüten auf kantigem Stängel, zu einer Seite gerichtet
> - nur 2 Blätter, übereinanderstehend

Blüte 6-zipflige Glocke

Blüten nickend

Die Pflanze ist sehr giftig und nicht für Selbstmedikation geeignet! Kraut und Blüten enthalten herzwirksame Glykoside wie der Fingerhut (S. 385). In der Schulmedizin setzt man die Pflanze in standardisierten Präparaten bei Herzmuskelschwäche ein; ähnlich auch in homöopathischen Verdünnungen. Trotz ihrer Giftigkeit waren Maiglöckchen in der Volksheilkunde sehr verbreitet.

rote Beeren

Blätter mit parallelen Adern

# Wohlriechende Weißwurz

*Polygonatum odoratum* (Maiglöckchengewächse)

H 15–45 cm   Mai–Juni   Staude

Die auffälligen Narben, die die Stängel nach dem Abwelken am Wurzelstock hinterlassen, ähneln kleinen Siegeln. So benannte man die Pflanze nach dem Siegelring des Königs Salomo, der im Morgenland ein Talisman für Weisheit und Zauberei war.

Wurzelstock auf der Oberseite mit Narben

Blattnerven parallel

Blattunterseite blaugrün

Stängel überhängend, scharfkantig

Blüten hängend, einzeln oder zu 2

Blätter in 2 Zeilen angeordnet

12–30 mm lange, weiße Röhre

6 grünliche, spreizende Zipfel

in der Mitte etwas bauchig

# Weißer Affodill

*Asphodelus albus* (Affodillgewächse)

H 50–120 cm   April–Juni   Staude

Nach der griechischen Mythologie bildet Affodill in der Unterwelt ausgedehnte Wiesen, auf denen das Gericht über die Toten tagt. Früher pflanzte man die Staude auf Gräber, damit die Toten die stärkereichen Wurzeln als Wegzehrung hatten. Auch den Lebenden dienten die Wurzeln, geröstet oder zu Mehl vermahlen, in Notzeiten als Nahrung.

Blütenstand aufrecht, ohne Blätter

6 Blütenblätter, 1,5–2 cm lang

# Bär-Lauch

*Allium ursinum* (Lauchgewächse)

H 20–50 cm   Mai–Juni   Staude

**Vorkommen** *Feuchte Laub- und Auwälder. Auf humusreichen Böden. Europa, Asien.*

> **bildet große Bestände**
> **bereits von Weitem am Lauchduft zu erkennen**
> **zeigt hohen Grundwasserstand an**

Die Inhaltsstoffe gleichen jenen des Knoblauchs, der Bär-Lauch duftet aber nicht so stark. Man verwendet die gesamte Pflanze kurz vor der Blüte. Die Pflanze senkt den Blutdruck und gilt als Hausmittel bei Magen- Darm-Störungen, Appetitlosigkeit und Schwäche (oft in Milch). Als Einreibung oder Packung benutzte man sie auch bei Wunden, Rheuma und Hautflechten.

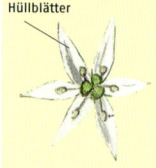

6 etwa 1 cm lange Hüllblätter

Blütenstand doldenartig

schmale Zwiebel

Blütenstängel ohne Blätter

# Kleines Schneeglöckchen

*Galanthus nivalis* (Narzissengewächse)

H 8–20 cm   Febr.–März   Staude

**Vorkommen** *Auenwälder, Schluchtwälder, feuchte Wälder. Im Halbschatten auf feuchten, nährstoffreichen Böden. Fast ganz Europa.*

> **oft aus Gärten verwildert**
> **Frühjahrspflanze mit unterirdischer Zwiebel**
> **blüht oft bereits im Schnee**

Die Blüten ertragen Frost. Insekten können die weißen Blüten auch im Schnee gut erkennen, da sie UV-Licht stark reflektieren. Ein aus Schneeglöckchen isolierter Inhaltsstoff wird seit einigen Jahren in Arzneimitteln zur Behandlung der Alzheimerkrankheit eingesetzt. Bei Vergiftungen mit der Pflanze kommt es zu Magen-Darm-Beschwerden.

3 abstehende, 12–30 mm lange Blütenblätter

3 kürzere Blütenblätter mit grünem Fleck

blaugrün bereift, fleischig

Blätter grasartig

2 grundständige Blätter

jeder Stängel mit 1 nickenden Blüte

# Frühlings-Knotenblume

*Leucojum vernum* (Narzissengewächse)

H 10–30 cm   Febr.–März   Staude   ☠

Die früh blühende Zwiebelpflanze ist auch in Gärten sehr beliebt. Wer sie pflanzen will, darf sie jedoch nicht von den geschützten Wildvorkommen sammeln. „Knotenblume" bezieht sich auf den Fruchtknoten, der wie ein dicker Knoten am Stängel unterhalb der Blütenblätter sitzt. Vergiftungen mit der Pflanze können zu Herzrhythmusstörungen führen.

Blüte nickend

meist 1 Blüte pro Stängel

Blätter glänzend, fleischig

Blätter 10–25 cm lang, 5–25 mm breit

**Vorkommen** *Feuchte Auenwälder, Schluchtwälder, waldnahe Feuchtwiesen. Auf feuchten Böden. Besonders in Mitteleuropa, im Norden verwildert.*

> **wächst meist in großen Gruppen**
> **auch als „Märzenbecher" bekannt**
> **duftet veilchenartig**

grüner oder gelber Fleck unterhalb der Spitze

Blüte glockig, bis 2,5 cm lang

6 etwa gleich lange Blütenblätter

# Dichter-Narzisse

*Narcissus poeticus* (Narzissengewächse)

H 20–60 cm   April–Juni   Staude   ☠

„Narzisse" leitet sich vom griechischen narkaein = betäubend ab und bezieht sich wohl auf den Duft der Blüten. Am Grund der langen, recht engen Röhre scheidet die Blüte Nektar ab. Nur Schmetterlinge mit einem genügend langen Rüssel können diesen erreichen. Schwebfliegen, die die Blüten ebenfalls besuchen, ernten nahrhaften Blütenstaub.

Blüten einzeln

Blätter flach, 5–15 mm breit

etwa so lang wie der Blütenstängel

Stängel ohne grüne Blätter

**Vorkommen** *Bergwiesen, lichte Bergwälder mit im Winter blattlosen Bäumen. Mittelmeerraum, Zentralfrankreich.*

> **Ausgangsart für viele Gartenzüchtungen**
> **duftet nelkenähnlich**
> **Wildvorkommen schonen**

gelbes, rot gerändertes, bis 3 mm langes „Krönchen"

6–3 cm lange Blütenzipfel

enge, 2–3 cm lange Röhre

# Weißer Germer
*Veratrum album* (Germergewächse)
H 50–150 cm   Juni–Aug.   Staude

Blätter
mehrfach
längs gefaltet

**Vorkommen** *Weiden in den Alpen, Moorwiesen, Auwälder der Voralpen. Gebirge Südeuropas, Asien.*

> **bildet dichte Bestände**
> **Blätter unten breit oval, oben schmaler, parallele Nerven**
> **Blütenblätter 10–20 mm lang**

Blütenblätter dunkel geadert

Die kräftige Wurzel enthält hochgiftige Alkaloide (1–2 g sind tödlich!); Germer ist besonders gefährlich, da man ihn mit dem Gelben Enzian verwechseln kann. Trotzdem wandten Kräuterkundige ihn bei Herzrhythmusstörungen, zur Behandlung von Krämpfen, bei Cholera und Fieber, äußerlich auch bei Rheuma und Gicht an. Heute taucht der Weiße Germer nur noch in der Homöopathie auf.

Blütenstand bis 50 cm hoch

Blätter wechselständig, schraubig um den Stängel

Der Wurzelstock enthält gefährliche Akaloide

---

**416**

# Frühlings-Krokus
*Crocus vernus* (Schwertliliengewächse)
H 5–15 cm   Febr.–Mai   Staude

**Vorkommen** *Bergwiesen, Bergweiden bis auf 2800 m. Auf feuchtem Boden, erträgt auch Düngung mit Stallmist. Gebirge Mittel- und Südeuropas.*

> **oft in Gruppen**
> **blüht unmittelbar nach der Schneeschmelze**
> **im Mittelmeerraum viele weitere Krokus-Arten**

6 Blütenblätter

Blüte trichterförmig

Die Blätter besitzen verdickte Spitzen, um die Schneedecke zu durchstoßen. Sobald die Sonne hinter Wolken verschwindet, schließen sich die Blüten, die auch hellviolett oder weiß-violett gestreift sein können. Die Pflanze bildet jedes Jahr eine neue Knolle über der alten. Besondere Zugwurzeln sorgen dafür, dass diese in die richtige Tiefe gelangt.

Blüten aufrecht, meist einzeln

Blätter grasartig

weißer Mittelstreifen

# Weiß-Klee

*Trifolium repens* (Schmetterlingsblütengewächse)
H 15–45 cm   Mai–Sept.   Staude

Kleeblätter spielen eine Rolle in Wappen und als Nationalsymbol Irlands. Der Legende nach soll St. Patrick den Iren anhand eines Kleeblatts die Dreieinigkeit erklärt haben. Iren tragen deshalb am Tag dieses Heiligen (17. März) ein Kleesträußchen. Davor war Klee Symbol der drei keltischen Priestergrade (Druiden, Barden, Ovaten).

*Vorkommen* Weiden, Parks, Wege, Gärten, Äcker, Ödflächen. Auf nährstoffreichen Böden in ganz Europa.

> *Pflanze kriechend erträgt Salz und Trittbelastung*
> *Blätter bei Wildpflanzen nur selten mit 4 Blättchen*

Blüten zu 30–70 in kugeligen Köpfchen

Köpfchen 1,5–2,5 cm groß

verblühte Blüten herabgebogen

Blütenstängel ohne Blätter

Blätter 3-zählig

Blättchen meist mit v-förmiger Zeichnung

7–12 mm lang

weiße oder gelblich bis rötlich überlaufene Schmetterlingsblüte

# Weiße Taubnessel

*Lamium album* (Lippenblütengewächse)
H 20–50 cm   April–Okt.   Staude

Die nicht blühende Pflanze erinnert an eine Brennnessel, hat aber keine Brennhaare. Taubnesseltee trank man bei Katarrhen in den Atemwegen, bei Magen-Darm-Beschwerden, Völlegefühl und Blähungen. Äußerlich diente er zu Umschlägen und Waschungen bei oberflächlichen Hautentzündungen und schmerzhafter Monatsblutung.

*Vorkommen* Wege, Hecken, Waldränder, Gräben, Gärten. Weit verbreitet, Europa und Asien.

> *zeigt Stickstoff an*
> *Lippenblüten in einem Ring in den Blattachseln*
> *Blätter gegenständig*

Blätter gezähnt, ohne Brennhaare

Blüten im Quirl

Blätter gekreuzt gegenständig

Krone 2–3 cm lang

Kelch mit 5 Zähnen

# Ausdauerndes Silberblatt
*Lunaria rediviva* (Kreuzblütengewächse)
H 30–140 cm   Mai–Juli   Staude

Blüte 1–2 cm groß, mit 4 hellvioletten Kronblättern

Blüten in kurzen Trauben

Die Pflanze trägt ihren wissenschaftlichen Namen *Lunaria* von lat. luna = „Mond", da die silbrig schimmernden, durchscheinenden Fruchtwände an Silbermonde erinnern. In diesen verfängt sich der Wind, sodass sich die Früchte bewegen und die Samen ausstreuen.

Blätter herzförmig, groß

Rand gezähnt

5–8 cm lange, flache Frucht

bei der Reife abfallende Klappe

flache Samen

durchscheinende Fruchtwand

# Wiesen-Schaumkraut
*Cardamine pratensis* (Kreuzblütengewächse)
H 10–60 cm   April–Juni   Staude

Kronblätter bis 2 cm lang

Der Schaum, dem das Kraut seinen Namen verdankt, stammt von einer Zikade. Sie ermöglicht darin ihren Larven eine sichere Entwicklung. In der Homöopathie dient die Pflanze dazu, eine Diabetestherapie zu unterstützen. In der Volksheilkunde war der relativ hohe Vitamin-C-Gehalt der Blätter von Bedeutung. Sie wurden Salaten beigegeben und dienten als Blutreinigungsmittel.

Kronblätter weiß, rosa bis violett

Schoten stabförmig, 1 mm dick

Brutpflanzen an den Rosettenblättern

# Gamander-Ehrenpreis

*Veronica chamaedrys* (Braunwurzgewächse)

H 15–40 cm   Mai–Juli   Staude

Der Gamander-Ehrenpreis ist auch unter dem Namen „Männertreu" bekannt. Dieser bezieht sich ironisch auf die wenig haltbaren Blüten. Pflückt man die Stängel für einen Blumenstrauß, so hat man oft nicht viel Freude daran: Schon nach wenigen Minuten fallen sehr viele der kleinen violetten Blütenkronen ab.

Rand grob gesägt

Blätter gegenständig

vielblütige Trauben in den Achseln der Blätter

Stängel besonders im unteren Teil auf 2 Seiten behaart

Blütenstände gestielt

**Vorkommen** Hecken, Gebüsch- und Waldränder, Wiesen, Wegränder, lichte, trockene Eichenwälder. Ganz Europa.

> **typische Haarreihen am Stängel**
> **wächst in der Sonne oder im Halbschatten**
> **eignet sich für Wildrasen**

Krone 1–1,5 cm groß, schüsselförmig, mit 4 ungleichen Zipfeln

dunklere Adern

2 Staubblätter

 419

# Wilde Karde

*Dipsacus fullonum* (Kardengewächse)

H 70–200 cm   Juli–Aug.   zweijährig

Das Blütenköpfchen der Wilden Karde zeigt eine Besonderheit: Die mittleren Blüten des Köpfchens blühen zuerst auf, anschließend gibt es 2 Ringzonen mit offenen Blüten.

stachelige Hüllblätter

Blüten in der Köpfchenmitte öffnen sich zuerst

Blüten bilden eiförmige bis zylindrische, 3–8 cm hohe Köpfchen

Stängel mit zahlreichen 1–5 mm langen Stacheln

Mittelnerv gezähnt

Blätter gegenständig

am Grund tütenartig verwachsen

**Vorkommen** In Unkrautbeständen an Wegen, Dämmen, Ufern, auf Ödflächen. Auf nährstoffreichen Böden. Ziemlich häufig.

> **abgestorbene Pflanzen den ganzen Winter sichtbar**
> **bildet oft große Gruppen**
> **zeigt Lehmboden an**

Krone lila, 4-zipfelig, etwa 1 cm lang

gerade, spitze, biegsame Tragblätter

# Gewöhnlicher Strandflieder

*Limonium vulgare* (Bleiwurzgewächse)
H 20–50 cm   Aug.–Sept.   Staude

In Anpassung an seinen salzigen Standort scheidet der Gewöhnliche Strandflieder über spezielle Drüsen eine Salzlösung aus. Trocknet die Lösung auf den Blättern, bleibt ein Überzug aus kleinen Kristallen zurück, der beim nächsten Regen wieder abgewaschen wird. Der deutsche Name bezieht sich auf die Farbe der Blüten, die an Flieder erinnert.

**Vorkommen** *Strandrasen und Schlickwatt der Nord- und Ostseeküste und des Atlantiks. Auf salzhaltigen Böden.*

> alle Blätter am Grund
> kann in Gruppen oder flächendeckend wachsen
> Trockensträuße bestehen aus angebauten Sorten

Blüten in dichten vielblütigen, einseitswendigen Rispen

Stängel ohne Blätter

Krone blauviolett

Blüte 3–8 mm lang

Kelch trichterig, trockenhäutig

an der Spitze mit kleinem Stachel

Rand glatt

Blatt bis 20 cm lang, immergrün, ledrig

# Wiesen-Storchschnabel

*Geranium pratense* (Storchschnabelgewächse)
H 20–60 cm   Juni–Aug.   Staude

Im unteren Teil der Frucht sitzen 5 Samen. Der obere, lang gestreckte, samenlose Abschnitt („Schnabel") hilft bei der Verbreitung: Beim Austrocknen spannen sich seine Abschnitte und rollen sich plötzlich von unten her wie eine Uhrfeder auf. Die Samen werden dabei katapultartig bis über 2 m weit weggeschleudert.

**Vorkommen** *Fettwiesen, Grabenränder, Straßenböschungen. Auf nährstoffreichen, meist kalkhaltigen Böden. Fast ganz Europa.*

> Blätter handförmig 7-teilig
> tritt oft in Gruppen auf
> der ähnliche Wald-Storchschnabel blüht rotviolett

Kronblätter 1,5–2 cm lang, vorn abgerundet, blauviolett

Stiel und Kelch behaart

Blüten überragen das daruntersitzende Blatt

Stiele der unreifen Früchte abwärtsgerichtet

Frucht mit lang gestrecktem „Schnabel"

Knospen nickend

# Strand-Mannstreu

*Eryngium maritimum* (Doldengewächse)
H 20–60 cm   Juni–Aug.   zweijährig   Staude

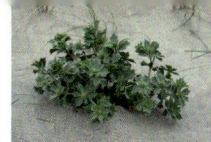

Die aparten Blütenstängel waren bei Strandtouristen für Trockensträuße beliebt. Der deutsche Name geht vermutlich auf die frühere Verwendung von Mannstreu als Liebesmittel zurück. Andere, ironische Erklärungen vergleichen die abgerissenen, vom Wind unstet umhergeblasenen Pflanzen mit der Treue der Männer.

***Vorkommen** Lückig bewachsene Dünen und Sandböden der Küsten ganz Europas.*

> ***sieht aus wie eine Distel, gehört aber zu den Doldengewächsen***
> ***gefährdet und deshalb geschützt***

Blüten in dichten, bis 2 cm großen Dolden
5–8 gräuliche bis bläulich überlaufene, dornig gezähnte Hüllblätter

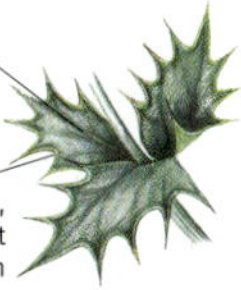

Blätter steif, derb, rundlich bis nierenförmig
Rand buchtig, gezähnt mit steifen Stacheln

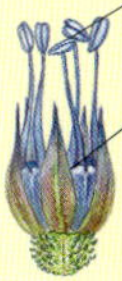

Staubblätter ragen weit heraus
Blüte etwa 5 mm lang, stahlblau bis violett



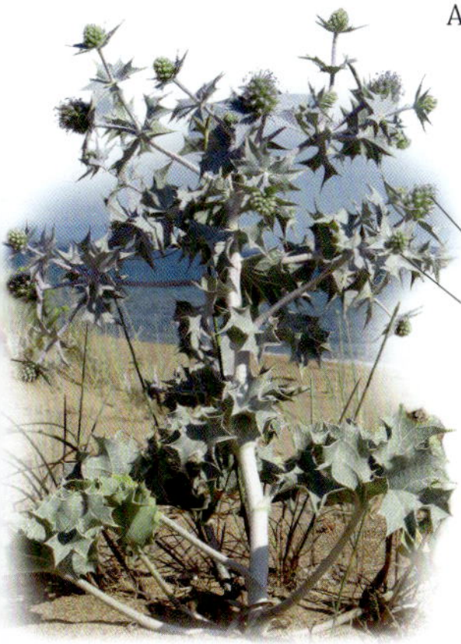

# Schwalbenwurz-Enzian

*Gentiana asclepiadea* (Enziangewächse)
H 30–80 cm   Juli–Sept.   Staude

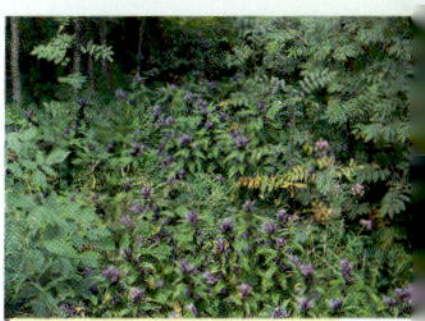

Der Name „Schwalbenwurz-Enzian“ deutet auf die Ähnlichkeit nicht blühender Pflanzen mit der Weißen Schwalbenwurz (S. 404) hin. Im schattigen Wald stellen sich die Blätter in zwei Zeilen waagerecht zum Licht, um dieses optimal ausnutzen zu können, an hellen Standorten stehen die Blätter nach allen Seiten ab.

***Vorkommen** Moorwiesen, Bergwälder, Waldränder. Auf feuchten Böden auch im Schatten. In den Gebirgen Mittel- und Südeuropas bis in Höhen um 2200 m.*

> ***bildet meist mehrere blühende Stängel***
> ***heißt auch „Dorant“***
> ***galt früher als Mittel gegen Verzauberung und Hexen***

je 1–3 fast sitzende Blüten in den oberen Blattachseln
Blätter gegenständig, lang zugespitzt

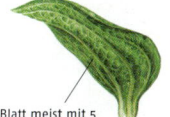

Blatt meist mit 5 parallelen Nerven

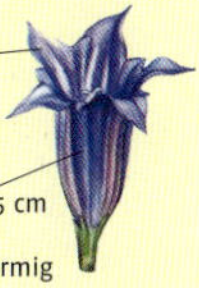

3-eckige Zipfel
Krone 3–5 cm lang, eng glockenförmig

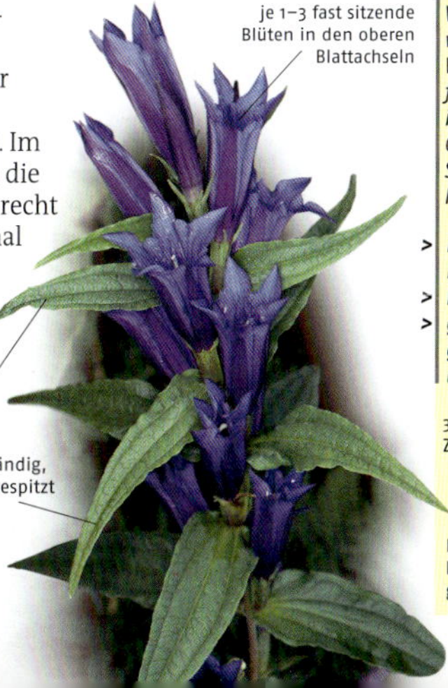

# Frühlings-Enzian
*Gentiana verna* (Enziangewächse)
H 5–20 cm   März–Aug.   Staude

**Vorkommen** *Magere Rasen, Schafweiden, Flachmoore. Auf meist kalkreichen Böden. Gebirge in Mittel- und Südeuropa.*

> **wächst oft in Gruppen**
> **blüht gelegentlich im Herbst ein 2. Mal**
> **heißt auch „Schusternagel"**

Blüten mit reinem Blau gibt es im Pflanzenreich nicht so häufig, wohl aber bei Enzianen. Da Blau für Treue steht, wurden diese, also auch der Frühlings-Enzian, zu Treuesymbolen. Die Blüten reagieren sensibel auf Temperatur und Erschütterungen durch Regen oder Wind: Bei schlechtem Wetter oder Temperaturen unter 10 °C schließen sie sich.

lockere Rasen mit meist vielen Blüten

Blüte einzeln

untere Blätter bis 3 cm lang, steif

bilden eine Rosette

2-spitzige Anhängsel zwischen den Zipfeln

5 ausgebreitete Zipfel

enge Röhre

# Kleines Immergrün
*Vinca minor* (Hundsgiftgewächse)
H 15–20 cm   April–Mai   Staude

**Vorkommen** *Laubwälder. Auf nährstoffreichen Böden. Europa, Westasien, auch aus Gärten verwildert.*

> **immergrün**
> **Stängel kriechend, bildet an den Knoten Wurzeln**

Die Droge enthält das Alkaloid Vincamin. Es wird in Form von Fertigpräparaten von der Schulmedizin gegen Durchblutungsstörungen in Gehirn und Innenohr verordnet. Die Volksheilkunde setzte das Kraut äußerlich gegen Blutergüsse, Ekzeme und zum Gurgeln ein. Auch bei Gedächtnisschwäche wurde es verwendet. Von einer Selbstmedikation wird abgeraten.

Blätter gegenständig

Kronblätter etwas asymmetrisch

Blüte 2–3 cm breit

# Bittersüßer Nachtschatten

*Solanum dulcamara* (Nachtschattengewächse)

H 30–200 cm   Juni–Aug.   Strauch  ☠

Die ganze Pflanze enthält Giftstoffe, die zu Krämpfen und Atemlähmung führen können. Deshalb muss dringend davon abgeraten werden, selbst zu testen, ob die Früchte wirklich anfangs bitter und dann süß schmecken, wie es der Name verheißt. Medikamente aus den Stängeln helfen bei chronischen Ekzemen.

Blütenstände überhängend, rispenartig

rote, eiförmige, bis 1 cm lange Beeren

Blätter wechselständig

**Vorkommen** *Feuchte Gebüsche, Grabenränder, Flussufer, Erlenwälder, Waldschläge. Meist auf nassen bis feuchten Böden. Fast ganz Europa.*

> hat oft Blüten und Früchte gleichzeitig
> wächst etwas windend
> Blätter sehr variabel, eiförmig oder fiederteilig

auffallende Staubblätter

Blüte mit 5 ausgebreiteten bis zurückgeschlagenen violetten Zipfeln

423

# Sodomsapfel

*Solanum sodomaeum* (Nachtschattengewächse)

H 50–300 cm   Mai–Sept.   Strauch  ☠

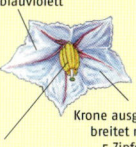

„Sodomsäpfel" gelten in der Literatur als Symbol für Falschheit und Heuchelei. Sie täuschen nur von außen Essbarkeit vor. Außer dem Nachtschattengewächs trägt auch noch eine mit der Weißen Schwalbenwurz (S. 404) verwandte Pflanze diesen deutschen Namen. Der Bibel nach wurden die Städte Sodom und Gomorrha von Gott wegen ihrer Sünden vernichtet.

**Vorkommen** *Im Mittelmeerraum eingebürgert an Wegrändern, auf Schuttplätzen und an sandigen Stränden.*

> Blüten und Früchte oft gleichzeitig vorhanden
> stammt aus S-Afrika
> äußerst stacheliger, sparriger Strauch

auf der Mittelrippe mit bis 1,5 cm langen Stacheln

Kelch stachelig

Blüte 2,5–3 cm breit, blauviolett

Blätter fiederteilig

Beere kugelig, 2–3 cm groß, reif gelb

Krone ausgebreitet mit 5 Zipfeln

Staubblätter zusammengelagert

# Rainfarnblättriges Büschelschön

*Phacelia tanacetifolia* (Wasserblattgewächse)
H 30–70 cm   Juni–Okt.   einjährig

**Vorkommen** *Stammt aus Kalifornien. In Europa angepflanzt und verwildert auf im Sommer warmen Ödflächen, an Wegrändern, in Weinbergen.*

> zaubert „blaue Felder"
> **Blätter erinnern an die des Rainfarns**
> **hat bei uns keine Schädlinge**

Staubblätter lila, ragen weit heraus

5 abgerundete Zipfel

Krone 6–9 mm lang, blauviolett

Felder mit Büschelschön bieten Bienen reichlich Nektar, eignen sich als schnell wachsende Gründüngung oder liefern Silagefutter für das Vieh. Seit mehreren Jahren säen Landwirte deshalb Brachäcker häufig mit der schönen Pflanze ein. Von dort aus verwildert sie immer wieder, kann sich jedoch meist nicht über längere Zeit an den neuen Standorten halten.

Blütenstände vor dem Aufblühen schneckenartig eingerollt

Pflanze rauhaarig

unpaarig gefiedert mit fiederteiligen Blättchen

Blätter wechselständig

# Sumpf-Vergissmeinnicht

*Myosotis scorpioides* (Raublattgewächse)
H 10–100 cm   Mai–Sept.   Staude

**Vorkommen** *Nasse Wiesen, Gräben, Ufer, Auenwälder. Auf nassen Böden von der Ebene bis ins Gebirge. Ganz Europa.*

> braucht Feuchtigkeit
> **der gelbe Blütenring wirkt attraktiv auf Insekten**
> **Blüten ändern ihre Farbe von Rötlich nach Blau**

Krone 6–8 mm groß

Vergissmeinnicht gilt in der Poesie und in Volkssagen als Blume der Liebenden. Es sollte als Liebesmittel wirken und beim Abschied die Erinnerung wachhalten. Vielleicht führten die vielen, über lange Zeit aufblühenden Blüten zu einem Vergleich mit immer wieder neu aufblühender Liebe und Freundschaft. In vielen Sprachen vergleicht man die Blüten auch mit einem Auge.

Blütenstände einseitswendig, vor dem Aufblühen eingerollt

gelber Ring

Blatt lanzettlich, abstehend oder anliegend behaart

ungestielt

# Gewöhnliche Ochsenzunge

*Anchusa officinalis* (Raublattgewächse)

H 30–80 cm   Mai–Aug.   zweijährig   Staude   ☠

Die rau behaarten Blätter erinnern wirklich etwas an die Zungen von Ochsen. Früher empfahl man die Pflanze ähnlich wie Beinwell äußerlich bei Prellungen, Knochen- und Gelenkerkrankungen sowie auch innerlich gegen Husten. Da sie jedoch Giftstoffe enthält, die die Leber schädigen und Krebs auslösen können, sollte man sie heute nicht mehr anwenden.

**Vorkommen** Unkrautbestände an Wegrändern, auf Schuttplätzen, Ödflächen. Auf sandigen bis kiesigen Böden an sonnigen Standorten. Fast ganz Europa.

> *Blüten nach dem Öffnen anfangs karminrot*
> *braucht viel Wärme*
> *die Wurzeln dringen tief in den Boden ein*

Krone dunkelblau-violett, etwa 1 cm breit

5 weiße, samtig behaarte Schuppen

Pflanze mit steifen Borsten

Blütenstände vor dem Aufblühen eingerollt

Blätter lanzettlich

Stängel aufrecht

# Echtes Lungenkraut

*Pulmonaria officinalis* (Raublattgewächse)

H 10–30 cm   März–Mai   Staude

Die Blätter enthalten Schleime und einen relativ hohen Anteil an Kieselsäure. Das Lungenkraut spielt nur in der Homöopathie bei Bronchitis und in der Volksheilkunde bei Entzündungen im Mund- und Rachenraum noch eine Rolle.

Blütenkrone 8–22 mm lang

**Vorkommen** Laubwälder und Gebüsche. Ganz Europa.

> *Pflanze rau, aber locker behaart*
> *Grundblätter lang gestielt*
> *P. obscura ähnlich, aber Blätter ungefleckt*

Blüten erst hellrot, später blauviolett

Blätter weiß gefleckt

Blätter gegenständig, sitzend

# Einjähriger Borretsch

*Borago officinalis* (Raublattgewächse)
H 20–80 cm   Mai–Sept.   einjährig

Während das kalt gepresste Öl unbedenklich ist und in der Nahrungsmittelindustrie verarbeitet wird, enthält das Kraut Spuren der gefährlichen Pyrrolizidinalkaloide. Als Einlegegewürz für Gurken dürfte es ungefährlich sein. Als Hausmittel gegen Husten und Nieren- beziehungsweise Blasenentzündungen sollte man es allerdings nicht mehr verwenden.

Kelchblätter behaart

Staubbeutel zur Säule vereinigt

Blüten 2–3 cm breit

Blätter eiförmig, zugespitzt

# Berg-Sandglöckchen

*Jasione montana* (Glockenblumengewächse)
H 10–45 cm   Juni–Aug.   ein- bis zweijährig

Die Wurzeln des Berg-Sandglöckchens reichen bis 1 m tief in den Boden und können so auch an sandigen Standorten noch genügend Wasser aufnehmen. Entgegen des Namens wächst die Pflanze nicht nur in den Bergen.

Krone 0,5–1,5 cm lang, hellblau

5 schmale Zipfel

Blütenköpfe am Ende der Stängel

Blüten bilden dichte, 1–2,5 cm große, kugelige Köpfe

Blütenköpfe von einigen kurzen, 3-eckigen Blättern umgeben

# Kugelige Teufelskralle

*Phyteuma orbiculare* (Glockenblumengewächse)

H 15–60 cm   Juni–Sept.   Staude

Der Name „Teufelskralle" bezieht sich auf die krallenartig eingekrümmten Blütenknospen, eine Eigenheit, die bei der Kugeligen Teufelskralle besonders gut zu erkennen ist. Auf diese Form nehmen auch die meisten Dialektnamen Bezug, wie „Katzenkralle" oder „Kuhhörner".

Blütenstand kugelig

bis 1,7 cm lange, in der Knospe gekrümmte Blüten

Stängelblätter eiförmig-lanzettlich, obere sitzend

**Vorkommen** *Magere Wiesen, steinige Rasen über Kalk, Moorwiesen. Von der Ebene bis auf über 2500 m. Mittel- und Südeuropa.*

> **leuchtend blaue Blütenköpfe ragen weit empor**
> **wächst oft zu vielen locker beieinander**
> **braucht viel Licht**

Kronzipfel beim Öffnen an der Spitze verbunden

in der Mitte auseinander-klaffend

427

# Wiesen-Glockenblume

*Campanula patula* (Glockenblumengewächse)

H 30–60 cm   Mai–Juli   zweijährig

Nachts und bei trübem Wetter hängen die Blüten abwärts und schützen dadurch den Blütenstaub vor Regen und Tau. Bei schönem Wetter richten sie sich auf und drehen sich am Stängel in Richtung Sonne.

weit ausladende, lockere Rispe

lanzettlich, spitz

Blüten bis 4 cm groß, hellblauviolett

Blätter am Stängel wechselständig

**Vorkommen** *Wiesen, Weiden, Wegränder, Brachflächen. Auf nährstoffreichen Böden an sonnigen Standorten. Fast ganz Europa.*

> **eine der häufigsten Glockenblumen**
> **wärmeliebend**
> **für Wildpflanzengärten geeignet**

Krone weit trichterförmig

5 schmale, spitze Zipfel

Kelchzipfel lanzettlich

# Gewöhnliche Kuhschelle

*Pulsatilla vulgaris* (Hahnenfußgewächse)

H 5–50 cm    April–Mai    Staude    ☠

**Vorkommen** *Mager-rasen, seltener Kalk-Kiefernwälder. Auf warmen, trockenen, meist kalkhaltigen, nährstoffarmen Böden in West- und Mitteleuropa.*

> **Blüten schließen sich über Nacht**
> **Wurzeln reichen bis über 1 m tief**
> **für Steingärten geeignet**

Die Blüten, die sich im Wind hin und her bewegen, erinnern etwas an Kuhglocken und gaben der Pflanze den Namen. Die Haare an den Früchtchen spreizen sich bei Trockenheit ab und sorgen dafür, dass der Wind sie gut wegblasen kann.

Blüten einzeln, 3–6 cm lang

6 violette, außen zottig weißhaarige Blütenblätter

zahlreiche Staubblätter

Früchte erinnern an „Wuschelköpfe"

Blütenstiele verlängern sich nach der Blüte

Früchtchen mit verlängertem, fedrig behaartem Griffel

Stängelblätter behaart, mit schmalen Zipfeln

untere Blätter zur Blütezeit noch nicht ausgewachsen

428 ✳

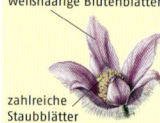

# Gewöhnliche Akelei

*Aquilegia vulgaris* (Hahnenfußgewächse)

H 40–80 cm    Mai–Juli    Staude    ☠

Frucht aufrecht, 5-teilig

**Vorkommen** *Lichte Laubwälder, Gebüsche, Hecken, schattige Wiesen. Meist auf Kalkböden. Von der Ebene bis auf 2000 m. Fast ganz Europa.*

> **blüht selten rosa oder weiß**
> **wärmeliebend**
> **als Zierpflanze oft in Gärten**

Blüten nickend, blauviolett

Wenn langrüsselige Hummeln in die Blütentüten kriechen, können sie Nektar aus dem Spornende saugen. Kurzrüsselige Hummeln dagegen beißen oft das Ende des Sporns von außen auf und stehlen von dort Nektar, ohne die Blüten zu bestäuben. Durch diese Löcher holen sich auch Bienen den süßen Saft.

5 tütenartige Blütenblätter mit hakig gebogenem Sporn

5 abstehende, bis 2,5 cm lange Blütenblätter

Stängel aufrecht, verzweigt

Blätter hauptsächlich am Grund

Blatt doppelt 3-zählig

# Gewöhnliches Leberblümchen

*Hepatica nobilis var. nobilis* (Hahnenfußgewächse)
H 5–15 cm   März–April   Staude

Die Pflanze ist in frischem Zustand giftig und wird heute nur noch von der Homöopathie bei Bronchitis, Rachenkatarrh und Leberleiden verordnet. Da die Blattform an eine Leber erinnert, galt das Leberblümchen nach der Signaturenlehre als Heilmittel bei „verstopfter" Leber und allen Arten von Leber-, Blasen- und Nierenleiden.

Blüten 1,5–3,5 cm breit

Blätter herzförmig, 3-lappig

Blätter glänzend

Blätter und Blüten lang gestielt

**Vorkommen** Buchen- und Eichenwälder. Auf lockeren Lehmböden. Europa, außer Westeuropa.

> zeigt Kalk im Boden an
> Blüten einzeln, bis 3,5 cm breit
> Blätter wintergrün, erscheinen nach der Blüte

5–10 Blütenblätter

 **429**

# Gewöhnliches Alpenglöckchen

*Soldanella alpina* (Primelgewächse)
H 5–15 cm   April–Juli   Staude

Die Pflanzen blühen sofort nach der Schneeschmelze. Oft ragen die Blütenstängel noch direkt aus dem Schnee. Die dunklen Stängel erwärmen sich dann durch die Sonne und Eigenwärme und schmelzen rund um sich etwas von der weißen Pracht weg. So kann die Pflanze rasch wieder ihren Stoffwechsel ankurbeln und Kohlenhydrate bilden.

2–3 nickende Blüten

Stängel ohne Blätter

Blätter rundlich nierenförmig, derb

Rand glatt

**Vorkommen** Bergwiesen, Bergweiden in Gebirgen Mittel- und Südeuropas oberhalb der Waldgrenze bis in Höhen um 2000 m.

> wächst auf vom Schnee feuchten Böden
> überwintert mit grünen Blättern unter dem Schnee
> heißt auch „Alpen-Troddelblume"

trichterförmig

Krone 1–1,5 cm lang

bis über die Mitte gefranst

# Strand-Aster

*Aster tripolium* (Korbblütengewächse)
H 15–60 cm   Juli–Sept.   zweijährig

Die Strand-Aster nimmt mit dem Wasser aus dem Boden auch das für ihren Stoffwechsel giftige Salz ihres Standorts auf. Dieses lagert sie jedoch ausschließlich in den unteren Stängelblättern ab. Ist in diesen Blättern eine tödliche Salzkonzentration erreicht, werden sie gelb und sterben ab. Durch ihr Abwerfen wird das Salz aus der Pflanze entfernt.

bis über 100 Körbchen beieinander

Blätter schmal

Blütenkörbchen 2–2,5 cm breit

2–3 mm breite, hellblaue oder blauviolette Zungenblüten

gelbe Röhren-blüten

Körbchen oft unregelmäßig

regelmäßig entwickelte Körbchen mit 20–30 Zungenblüten

# Kornblume

*Centaurea cyanus* (Korbblütengewächse)
H 30–60 cm   Juni–Okt.   einjährig

Die hübschen tiefblauen Blüten der Kornblume dürfen heute allenfalls als schmückende Beigabe anderen Tees eine besondere Note verleihen. Als die Getreidefelder noch nicht so stark gespritzt wurden, nutzte man die verbreitete Pflanze als Hausmittel gegen Appetitlosigkeit, bei Verdauungsstörungen, um Schleim zu lösen und gegen Kopfschuppen.

Körbchen 2,5–3,5 cm breit

Blätter unterseits wollig

äußere Blüten vergrößert

# Gewöhnliche Wegwarte

*Cichorium intybus* (Korbblütengewächse)
H 30–150 cm   Juli–Okt.   Staude

Wurzelstock
mit Wurzeln

Die großen Zeiten des Zichorienkaffees aus der gerösteten Wurzel sind sicher vorbei. Früher diente er als koffeinfreier Ersatz für den teuren Bohnenkaffee. Die Wurzel hat immer noch eine gewisse Bedeutung als Appetitanreger, harntreibendes und die Verdauung förderndes Mittel. In der Bachblütentherapie soll Chicory Eltern dabei helfen, ihre Kinder „loszulassen".

Körbchen 3–5 cm breit

untere Blätter tief
eingeschnitten

Pflanze
sparrig, steif

nur hellblaue
Zungenblüten

431

# Weinbergs-Traubenhyazinthe

*Muscari neglectum* (Hyazinthengewächse)
H 15–30 cm   April–Mai   Staude

Bis Anfang des 20. Jahrhunderts wuchs die Weinbergs-Traubenhyazinthe oft in Massen in den Weinbergen. Heute ist sie viel seltener. Verantwortlich für den Rückgang ist besonders die heute übliche tiefere Bodenbearbeitung, bei der die Zwiebeln zerstört werden. Unkraut-bekämpfungsmittel dagegen schädigen die Pflanzen weniger.

Blüten in sehr
dichten Trauben

Stängel ohne Blätter

Blätter
grundständig,
schlaff

Blätter 2–5 mm
breit, fleischig

eiförmige, bis 3 cm
dicke Zwiebel

Blüte
krugförmig,
4–7 mm
lang

dunkelblau,
wachsig bereift

6 kleine weiße Zipfel

# Zweiblättriger Blaustern

*Scilla bifolia* (Hyazinthengewächse)

H 10–20 cm   März–April   Staude   🐍

**Vorkommen** *Auen-wälder, Auenwiesen, Laubwälder, Obst-baumwiesen in Waldnähe. Auf feuchten Böden im Halbschatten. Mittel- und Südeuropa.*

> **wächst meist in Gruppen**
> **blüht selten auch rosa oder weiß**
> **2 Blätter erscheinen gleichzeitig mit den Blüten**

6 sternförmig ausgebreitete, 0,5–1 cm lange Blütenblätter

An vielen Wildstandorten ist der hübsche Zweiblättrige Blaustern durch Pflücken gefährdet. Besonders stark schädigt es die Pflanzen, wenn nicht nur der Blüten-stängel, sondern auch die beiden Blätter abgerissen werden. Auf Rasenflächen in Gärten wächst meist der ähnliche Sibirische Blaustern aus Russland und Vorderasien mit nickenden Blüten.

2–8 aufrecht abstehende Blüten

Stängel ohne Blätter

Blätter bis 1,5 cm breit, etwas fleischig

432 ❀

# Deutsche Schwertlilie

*Iris germanica* (Schwertliliengewächse)

H 30–100 cm   Mai–Juni   Staude   🐍

**Vorkommen** *Stammt aus dem östlichen Mittelmeerraum. In Mittel- und ganz Südeuropa an Mauern, Felsen und Böschungen. In Weinbaugegenden verwildert.*

> **Blüten duften**
> **vermehrt sich nicht über Samen, sondern durch Teilung des Wurzelstocks**
> **schöne Gartenpflanze**

3 aufgerichtete, breit elliptische Blütenblätter

gelber „Bart"

3 nach unten geschlagene Blütenblätter

bis 5 kurz gestielte Blüten

Wissenschaftlich heißt die Pflanze „Iris". In der griechischen Mythologie war Iris die Göttin des Regenbogens, die als Botin Nachrichten vom Götterhimmel zu den Menschen und in die Unterwelt brachte. Dass auch die Pflanze so heißt, bezieht sich auf die Farbenpracht vieler Arten.

äußere Blütenblätter um 8 cm lang

Blätter schwertförmig, graublau-grün bereift

# Blauer Eisenhut

*Aconitum napellus* (Hahnenfußgewächse)

H 50–150 cm   Juni–Aug.   Staude   ☠

obere Blätter sitzend

tief zerteilt

Blütenstand einfach oder verzweigt

Der Blaue Eisenhut ist eine tödlich giftige Pflanze. Besonders gefährlich ist, dass ihr Gift Aconitin durch Haut und Schleimhäute aufgenommen werden kann. Eine Vergiftung mit Eisenhut äußert sich rasch durch Brennen im Mund, Kribbeln und Schweißausbrüche im Wechsel mit Kälte. Es kommt zu Übelkeit und Erbrechen. Rufen Sie sofort einen Notarzt und versuchen Sie bis dahin, Erbrechen herbeizuführen.

2 Nektarblätter, normalerweise im Helm versteckt

Blüte ohne Helm

Stängel aufrecht

Staubgefäße und Narben

**Vorkommen**
Auwälder, Hochstaudenfluren, Bäche, Quellen. Gebirge von Süd- und Mitteleuropa.

> Wurzel knollig verdickt
> Blütenhelm etwa so hoch wie breit
> zeigt Feuchte und Nährstoffe an

Blütenhelm

Blüte blauviolett bis tiefblau

**433**

---

# Acker-Rittersporn

*Consolida regalis* (Hahnenfußgewächse)

H 20–40 cm   Mai–Aug.   einjährig   ☠

Blätter in schmale, spitze Zipfel gespalten

Der Sporn birgt süßen Nektar, den nur Hummeln und andere Insekten mit einem mindestens 15 mm langen Rüssel erreichen können. Im 16. und 17. Jahrhundert verwendete man den Acker-Rittersporn als Wundheilmittel, zur Förderung der Geburt und für Augenwasser.

Sporn gerade oder gebogen

sehr lockere Blütenstände

Blüten lang gestielt

**Vorkommen**
Getreidefelder, seltener an Wegen und auf Schutt. Warme, nährstoff- und kalkreiche Lehmböden. Mittel- und Südeuropa, Südskandinavien.

> Pflanze wirkt sehr zart
> durch intensiven Ackerbau stark im Rückgang begriffen
> überwintert manchmal als Blattrosette

Blüte dunkelblau

Sporn 1,5–3 cm lang

# März-Veilchen

*Viola odorata* (Veilchengewächse)

H 5–10 cm   März–April   Staude

**Vorkommen** *Wald-
ränder, Hecken,
Wegraine, meist
in Siedlungsnähe.
Heimat Mittelmeer-
gebiet, Südostasien.*

> **Blüten einzeln auf
> 3–7 cm langen Stielen**
> **alle Blätter
> grundständig**
> **oberirdische Ausläufer**

Blüte 1–2 cm lang

Die Blüten enthalten ätherisches Öl, das
Kraut und die Wurzel Schleimstoffe
und Alkaloide. Wurzel und Kraut
lösen Schleime und werden daher
in der Volksheilkunde bei Husten
verwendet. Sehr beliebt war der
sogenannte blaue Veilchensirup
aus den Blüten. Er wurde
löffelweise als Hustenmittel
eingenommen. Veilchen ist
als schmückender Zusatz in
anderen Tees enthalten.

5–7 mm langer Sporn

Blätter fast
herzförmig

weiß blühende
Gartenform

# Vielblättrige Lupine

*Lupinus polyphyllus* (Schmetterlingsblütengewächse)

H 100–150 cm   Juni–Aug.   Staude

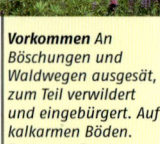

**Vorkommen** *An
Böschungen und
Waldwegen ausgesät,
zum Teil verwildert
und eingebürgert. Auf
kalkarmen Böden.
Fast ganz Europa.*

> **Blüten duften**
> **stammt aus
> dem pazifischen
> Nordamerika**
> **Samen bleiben über 50
> Jahre lang keimfähig**

1,2–1,6 cm lange
Schmetterlingsblüte

gebogenes,
spitzes Schiffchen

Für Gärten gibt es viele
Lupinensorten mit
Blütenfarben von Weiß bis
Rot und Gelb oder auch
zweifarbig. Sie bilden
dichte Büschel und
üppige Blütenstände.

Blüten in dichten, bis 60 cm
langen aufrechten Trauben

Blätter gefingert mit 9–17 Blättchen

Blättchen anliegend
behaart

# Gewöhnliche Vogel-Wicke

*Vicia cracca* (Schmetterlingsblütengewächse)

H 30–120 cm   Juni–Aug.   Staude

8–40 Blüten in schmalen Trauben

Auf der Suche nach einem Halt führen die Ranken kreisende Bewegungen durch. Erhalten sie Kontakt, reagieren sie sofort, halten sich fest und wickeln sich spiralförmig auf. Früher war die Gewöhnliche Vogel-Wicke ein gefürchtetes Unkraut in Feldern. Ein alter Bauernspruch besagt: „Raden, Trespen und Vogel-Wicken bringen den Bauern auf den Rücken."

Blüten nach einer Seite gerichtet

Blätter paarig gefiedert mit 12–20 Blättchen

Endranke meist verzweigt

**Vorkommen** Wiesen, Weiden, Äcker, Ödflächen, Waldränder, Gebüsche und Flussufer. Ganz Europa.

> hält sich mit Ranken an anderen Pflanzen fest
> Blüten können blau- oder rotviolett sein
> Vögel fressen die Samen

um 1 cm große Schmetterlingsblüte

# Gewöhnlicher Natternkopf

*Echium vulgare* (Raublattgewächse)

H 25–100 cm   Mai–Juli   zweijährig

Die Blüten des Natternkopfes wurden von dem englischen Kräuterarzt W. Coles (1656) als Heilmittel gegen Schlangenbisse empfohlen, da die Blüten einem Schlangenkopf gleichen (Signaturenlehre). In der mitteleuropäischen Volksheilkunde verordnete man die getrockneten Wurzeln bei Epilepsie und schlecht heilenden Wunden.

Blüten erinnern an Schlangenkopf

rau und drüsig behaart

**Vorkommen** Unkrautbestände, Wege, Ödland, Schuttflächen. Auf steinigsandigen Böden. Europa, Kleinasien, Nordwestafrika.

> im 1. Jahr nur Blattrosette
> Blütenstand bis 50 cm hoch
> Staubblätter und Griffel weit herausragend

Krone bis 2 cm lang

# Kriechender Günsel

*Ajuga reptans* (Lippenblütengewächse)

H 10–30 cm   Mai–Aug.   Staude

Blüten zu 2–6
in den Achseln
der Blätter

**Vorkommen** *Wiesen,
Rasen, Gebüsche,
Wälder. Verbreitet.
Nördliche Hemi-
sphäre.*

> **Stängel 4-kantig,
auf 2 Seiten behaart**
> **Blütenstand
ährenartig**
> **bildet beblätterte
Ausläufer**

Der Günsel brachte es zwar nie zu
großen Ehren in der Medizin,
aber es sind einige Hausmittel
überliefert. Angeblich half die
Pflanze aber nur dann, wenn es
bei Neumond vor Sonnenaufgang gepflückt wurde. Man
nahm es bei Leber- und
Gallenleiden, bei Mund-
und Kehlkopfentzün-
dungen und äußerlich
zur Wundbehandlung.

Oberlippe sehr kurz

Krone 10–15 mm lang

Blätter gegenständig,
ganzrandig

436

# Gewöhnlicher Gundermann

*Glechoma hederacea* (Lippenblütengewächse)

H 10–40 cm   April–Juni   Staude

**Vorkommen** *Wiesen,
Auwälder, Wald-
ränder, Hecken. Auf
nährstoffreichen
Böden. Europa,
Asien.*

> **Pionierpflanze**
> **wintergrün**
> **Stängel niederliegend,
an den Knoten
bewurzelt**

Tragblätter oft rötlich

Der Gundermann war schon
den Germanen als
Heilpflanze (Atemwege,
Verdauung, Wechselfie-
ber) bekannt. Das Kraut
wurde in der Volksheil-
kunde bei Magen-Darm-
Katarrhen, bei Durchfall,
Husten und Bronchial-
erkrankungen
empfohlen.

Blätter herzförmig,
grob gezähnt

Unterlippe
dunkel
gezeichnet

Stängel
4-kantig

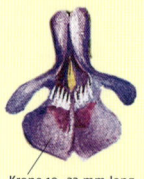

Krone 10–22 mm lang

# Kleine Braunelle

*Prunella vulgaris* (Lippenblütengewächse)
H 5–30 cm   Juni–Sept.   Staude

Blätter länglich eiförmig

Blütenstände
dichtkopfig am
Stängelende

Der Kelch, der die reifen Früchtchen umgibt, öffnet sich nur bei feuchtem Wetter. Fallen dann Regentropfen darauf, wird er nach unten gedrückt und schleudert beim Zurückschnellen die Früchtchen wie von einem Katapult heraus. Diese sind feucht klebrig und bleiben z. B. an Schuhsohlen hängen.

Blätter gegenständig

nach der Blüte
bleibender, ver-
trockneter Kelch

4 Früchtchen

*Vorkommen Wiesen, Weiden, Ufer, Wald-wege, Parks, Garten-rasen. Auf frischen oder feuchten Böden an hellen Standorten. Ganz Europa.*

> *zeigt Nährstoff-reichtum an*
> *trockene Fruchtstände lange sichtbar*
> *die ähnliche Großblü-tige Braunelle hat bis 2,5 cm große Blüten*

Oberlippe helmförmig

0,7–1,5 cm lange
Lippenblüte

 437

# Wiesen-Salbei

*Salvia pratensis* (Lippenblütengewächse)
H 30–60 cm   Mai–Aug.   Staude

4–8-blütige Quirle bilden
lockere Blütenstände

Die beiden Staubblätter gleichen kleinen, parallel an Gelenken aufgehängten Eisenbahnschranken. Kriecht eine Biene oder Hummel in die Blüte, drückt sie dabei auf das kürzere Ende, und das lange Ende mit den Staubbeuteln klappt auf ihren Rücken. Das Insekt wird dadurch mit Blütenstaub regelrecht eingepudert.

Blätter runzelig

Staubblätter in der
Oberlippe verborgen

Gelenk

Stängel 4-kantig

Rand stumpf gezähnt

Längsschnitt durch die Blüte

*Vorkommen Mager-rasen, Halbtrocken-rasen, Fettwiesen, Wege, Böschungen, Dämme. An wärmeren Standorten. Ganz Europa.*

> *blüht selten auch weiß*
> *nur 1–3 gegenständige Blattpaare am Stängel*
> *Pflanze duftet beim Zerreiben aromatisch*

Oberlippe breit
sichelförmig

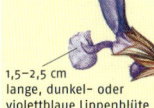

1,5–2,5 cm
lange, dunkel- oder
violettblaue Lippenblüte

# Echter Lavendel

*Lavandula angustifolia* ssp. *angustifolia* (Lippenblütengewächse)
H 50–100 cm   Juli–Sept.   Strauch

**Vorkommen** *Felsen, Garigue. Heimat Südeuropa. Im Norden vielfach kultiviert als Nutz- und Zierpflanze.*

> **aromatisch duftender, kompakter Strauch**
> **Blütenstand auf langem Stiel, überragt den Strauch**

Wer in der Provence kurz vor der Erntezeit die langen Reihen der Lavendelsträucher – und die vielen Produkte in den Andenken-läden – gesehen hat, dürfte diese Droge wohl nie mehr vergessen. Der Blütentee gilt als entspannend, fördert den Appetit, soll Magen, Darm und Nerven beruhigen sowie das Einschlafen fördern.

Blütenstand kopfig

Lippenblüte
10–12 mm lang

junge Blätter
filzig behaart

# Schopf-Lavendel

*Lavandula stoechas* (Lippenblütengewächse)
H 30–100 cm   März–Juni   Strauch

**Vorkommen** *Trockene Buschsteppen, lichte Buschwälder und Kiefernwälder. Auf Silikatgestein. Mittelmeerraum.*

> **farbiger Blattschopf lockt Insekten an**
> **Blätter duften nach Kampfer**
> **für Balkon oder Terrasse geeignet**

Der Schopf-Lavendel trägt seinen wissenschaftlichen Namen „stoechas" nach einer Inselgruppe vor Marseille, die von den Griechen die „Stoechaden" genannt wurde. Auf den heute als „Iles des Hyères" bezeichneten Inseln soll die Pflanze früher so häufig gewesen sein, dass der Duft den Schifffahrern als Wegweiser diente.

6–8 mm lange
schwarzviolette
Lippenblüte

auffälliges Blattbüschel
am Ende

ährenähnlicher, bis 3 cm
langer Blütenstand

Blätter 1–4 cm lang,
graufilzig

Rand nach
unten
umgerollt

# Gewöhnliches Fettkraut

*Pinguicula vulgaris* (Wasserschlauchgewächse)

H 5–15 cm   Mai–Juni   Staude

Fettkräuter fangen Kleintiere, die ihnen auf den nährstoffarmen Standorten als zusätzliche Stickstoffquelle dienen. Sie sondern hierzu auf der Blattoberseite einen klebrigen Schleim ab, an dem kleine Fliegen, Käfer und Spinnen hängen bleiben. Anschließend gibt die Pflanze Enzyme ab und verdaut den Fang.

Blüte 1–2,5 cm lang

Blüte 2-lippig, mit langem Sporn

oft mit festgeklebten Insekten

5–8 gelbgrüne Blätter bilden eine Rosette am Boden

**Vorkommen** Flachmoore, Quellaustritte, wasserberieselte Rasen. An hellen Standorten. Nordeuropa, in Mitteleuropa im Gebirge bis über 1600 m.

> fleischfressende Pflanze
> das ähnliche Alpen-Fettkraut blüht weiß
> verschwindet bei Düngung oder Entwässerung

Blüte im Schlund weiß, kurz behaart

# Wiesen-Witwenblume

*Knautia arvensis* (Kardengewächse)

H 30–80 cm   Juli–Aug.   Staude

„Witwenblume" würde bei uns eher für die Tauben-Skabiose mit den schwarzen Kelchborsten passen. Der Name leitet sich tatsächlich von einer Skabiosen-Art ab, der in Südeuropa heimischen Purpur-Skabiose. Er bezog sich auf deren an Trauerkleidung erinnernde schwarzrote Blüten. Früher unterschied man häufig nicht zwischen Skabiosen und Witwenblumen.

Blüten bilden flache, 2–4 cm breite Köpfchen

äußerer Zipfel besonders an den Randblüten länger

obere Blätter fiederteilig mit schmalen Abschnitten

Blätter gegenständig

**Vorkommen** Wiesen, Halbtrockenrasen, Wegränder, Waldränder, Äcker. Auf nährstoffreichen Böden an wärmeren Standorten. Fast ganz Europa.

> Blüten duften
> Blütenköpfchen locken viele Insekten an
> selten auch mit weißen Blüten

Kelch mit kurzen hellen Borsten

Krone blau- bis rotviolett, bis 1,8 cm lang

4 ungleich lange Zipfel

# Gewöhnliches Schöllkraut

*Chelidonium majus* var. *majus* (Mohngewächse)
H 30–70 cm   April–Okt.   Staude 🕱

**Vorkommen** *Wege, Hecken, Waldränder, Gärten. Auf nährstoffreichen Lehmböden. Ganz Europa und Asien.*

> **Blätter gefiedert mit ovalen Abschnitten**
> **Kapselfrucht schotenartig**
> **zwei hellgelbe Kelchblätter**

In der Volksheilkunde benutzt man den frischen Milchsaft, um Warzen zu entfernen. Die Schulmedizin verordnet Medikamente auf Schöllkrautbasis bei Leber- und Gallenleiden.

zahlreiche Staubblätter

Blattränder unregelmäßig eingeschnitten

orangegelber Milchsaft im Stängel

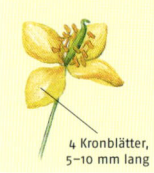

4 Kronblätter, 5–10 mm lang

440 ✿

# Gewöhnliches Barbarakraut

*Barbarea vulgaris* (Kreuzblütengewächse)
H 30–90 cm   Mai–Juli   zweijährig

**Vorkommen** *Unkrautbestände an Wegen, Bach- und Flussauen, Ackerrändern, auf Waldschlägen, Erdaufschüttungen, Kiesgruben. Fast ganz Europa.*

> **Blätter auch im Winter grün**
> **heißt auch „Echte Winterkresse"**
> **schmeckt säuerlich herb, etwas kresseartig**

Das Barbarakraut erhielt seinen Namen nach der Heiligen Barbara, die zu den Nothelferinnen gehört. Vielleicht dachte man daran, dass die Blätter auch am Barbaratag (4. Dezember) geerntet werden können. Diese ungewöhnliche Erntezeit war wichtig, denn die Blätter halfen im Winter gegen den zu dieser Jahreszeit verbreiteten Vitamin-C-Mangel.

endständige Blütentrauben

Blüte 4–9 mm groß

4 verkehrt eiförmige Kronblätter

4 hellgrüne, kahle Kelchblätter

Blätter dunkelgrün, glänzend

Endabschnitt groß

Stängelblätter umfassen den Stängel

fiederteilig mit jederseits 1–5 Seitenabschnitten

# Acker-Senf

*Sinapis arvensis* (Kreuzblütengewächse)

H 30–60 cm   Juni–Okt.   einjährig

Die stechend riechenden, scharf schmeckenden Senföle schützen verwundete Pflanzen vor Pilzbefall und Pflanzenfressern. Acker-Senf war schon in der Bronzezeit ein häufiges Unkraut, wie Funde in Pfahlbausiedlungen beweisen.

endständige Blütentrauben

kahle Schotenfrüchte, reif 2,5–4 cm lang, 2–3 mm dick

Rand unregelmäßig buchtig gezähnt

Blätter gestielt

**Vorkommen** Unkrautbestände auf Äckern, Brachflächen, Schuttplätzen, Ödflächen, an Wegen, Straßenböschungen. Fast ganz Europa.

> wächst oft in Gruppen
> beim Zerreiben typischer Senfgeruch
> Samen bleiben lange keimfähig

Blüte 1–2 cm groß

4 Kronblätter

4 grüne, schmale Kelchblätter

# Raps

*Brassica napus napus* (Kreuzblütengewächse)

H 70–150 cm   April–Juni   1–2-jährig

Meist wird bei uns Winterraps angebaut, der im Herbst gesät wird, den Winter als niedriges Pflänzchen mit blaugrünen Blättern überdauert und schließlich im Frühjahr als leuchtend gelbe Felder auffällt. Der Anbau dient hauptsächlich der Gewinnung von Rapsöl. Raps ist mit Kohlpflanzen verwandt.

5–10 cm lange, schlanke Schote

enthält 12–20 schwärzliche, runde Samen

leuchtend gelb

obere Blätter stängelumfassend

gewellte Blattränder

**Vorkommen** Auf Feldern angebaut mit Schwerpunkt in Norddeutschland, teilweise verwildert an Feldrainen und Wegrändern.

> Blätter blaugrün bereift
> Stängel im oberen Abschnitt verzweigt
> mit ungestielten, aufwärtsweisenden Schoten

4 gelbe Kronblätter

Blüte 1,5–2,5 cm groß

# Wechselblättriges Milzkraut

*Chrysosplenium alternifolium* (Steinbrechgewächse)

H 15–20 cm   März–Mai   Staude

**Vorkommen** Auen-
und Schluchtwälder,
Bachufer. Auf nassen,
kalkreichen Böden.
Besonders Nord- und
Mitteleuropa bis auf
2500 m.

> braucht luftfeuchte
Standorte
> wächst meist in
Gruppen
> trägt seinen Namen
nach der Form der
Blätter

Die Fruchtkapseln öffnen sich zu flachen Schalen, aus denen die
Samen von hineinfallenden Regentropfen hinausgeschleudert
werden. Das Regenwasser schwemmt im günstigen Fall die
Samen auch noch weiter weg.

Blätter nierenförmig

um die Blüten
mehrere gelbgrüne
bis goldgelbe
Blättter

8–20 Blüten

Blattrand
gekerbt

Blätter wechselständig

offene Kapselfrucht
schalenförmig

Blüte 3–5 mm groß

4 gelbliche Kelchblätter

zahlreiche Samen

---

442

---

# Gewöhnlicher Frauenmantel

*Alchemilla vulgaris* (Rosengewächse)

H 3–30 cm   Mai–Sept.   Staude

**Vorkommen** Wiesen,
Weiden, Gebüsche,
Waldwege, Gräben.
Auf nährstoffreichem
Boden. Fast ganz
Europa von der Ebene
bis ins Gebirge.

> sehr vielgestaltige Art
> Blätter auffälliger als
die Blüten
> in Gärten oft der
stärker behaarte
Weiche Frauenmantel

An den Rändern der Blätter sitzen kleine
Spalten, die aktiv Wasser abgeben können.
Dieses Wasser sowie Regentropfen zer-
fließen nicht auf der Wasser abstoßenden
Blattoberfläche, sondern bleiben als silber-
glänzende Tropfen liegen. Dies führte dazu, dass
die Alchemisten des Mittelalters den Frauenmantel für ein
Wunderkraut zur Goldmacherei hielten.

Blätter kreis- bis
nierenförmig

oft Tröpfchen
am Rand

mit halbkreisförmigen
bis 3-eckigen Lappen

Blüte 4–6 mm groß

reichblütige,
knäuelige
Blütenstände

Blätter matt, behaart

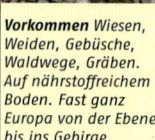

4 äußere und
4 innere Kelchblätter

# Aufrechtes Fingerkraut

*Potentilla erecta* (Rosengewächse)
H 10–30 cm   Mai–Aug.   Staude

Die Wurzel des Fingerkrauts zeichnet sich durch einen hohen Gehalt an Gerbstoffen aus. Sie wird seit alters sowohl von der Volksheilkunde als auch von der Schulmedizin und der Homöopathie genutzt. Die Wurzel wirkt innerlich und äußerlich blutstillend und zusammenziehend, sie hilft auch bei Durchfällen.

*Vorkommen* Heiden, Magerrasen, Flachmoore, lichte Wälder. Nord- und Mitteleuropa, Nordasien.

> *Stängel niederliegend bis aufsteigend*
> *Blätter 3-zählig, aber mit 2 großen Nebenblättern*

Wurzel im Anschnitt blutrot

Blüten 1 cm breit

443

# Gewöhnliche Nachtkerze

*Oenothera biennis* (Nachtkerzengewächse)
H 50–200 cm   Juni–Aug.   zweijährig

Stängel dicht behaart

Die Samen der Nachtkerze enthalten ein sehr wertvolles Öl. Es enthält bis zu 14 % Gamma-Linolensäure – eine Fettsäure – und wird in Fertigprodukten gegen Neurodermitis verordnet. Vermutet wird außerdem eine Senkung der Cholesterinwerte (Arteriosklerose-Prophylaxe) und eine Linderung des prämenstruellen Syndroms (PMS). Die Blätter gelten als Mittel gegen Durchfall.

*Vorkommen* Heimat Nordamerika, in Europa verwildert auf Schuttplätzen, Ödland, Bahndämmen.

> *im 1. Jahr nur Blattrosette*
> *Blütenöffnung mit bloßem Auge sichtbar*

Blüten sehr kurzlebig

Blätter schmal lanzettlich

Austrieb der Grundblätter im 1. Jahr

Pfahlwurzel

Kronblätter bis 5 cm lang

# Zypressen–Wolfsmilch

*Euphorbia cyparissias* (Wolfsmilchgewächse)

H 10–30 cm   April–Aug.   Staude   ☠

**Vorkommen** *Magere Weiden, Rasen, Wege und Wegraine, Öd-land. Auf trockenen, kalkreichen Böden. Europa.*

> **Pflanze mit weißem Milchsaft**
> **4 halbmondförmige Nektardrüsen**
> **unscheinbare Blüten**

Der giftige Milchsaft ist möglicherweise krebserregend und reizt Haut und Schleimhäute. Er darf auf keinen Fall mit den Augen in Kontakt kommen und ist nicht für eine Selbstmedikation geeignet! Früher legte man die Wurzel in Essig ein und nutzte sie als Hausmittel bei Verstopfung und Zahnschmerzen, den frischen Milchsaft gegen Warzen.

Blütenstand doldenartig

Blätter wechselständig

gelbgrüne Hochblätter

444

# Echtes Labkraut

*Galium verum* (Rötegewächse)

H 30–60 cm   Juni–Sept.   Staude

**Vorkommen** *Magere Wiesen und Weiden, Böschungen, Weg-raine, Gebüschränder, Moorwiesen. Ganz Europa, von der Ebene bis ins Gebirge.*

> **Blüten duften honigartig**
> **benötigt Wärme**
> **blüht meist sehr reichlich**

Das Echte Labkraut ist an seine meist recht trockenen Standorte gut angepasst: Die durch die eingerollten Blattränder fast nadelartig erscheinenden Blätter verdunsten nur wenig Wasser.

mittlere Blätter zu 8–12 in Quirlen

Rand eingerollt

lineal, nadelartig, höchstens 2 mm breit

goldgelbe Krone mit 4 Zipfeln

Blüte 2–4 mm breit

dichte, endständige Blütenrispen

# Gelbe Teichrose
*Nuphar lutea* (Seerosengewächse)
H 50–250 cm   Juni–Aug.   Staude ☠

In vielen Gegenden heißt die Gelbe Teichrose auch „Mummel". Dieser Name leitet sich von „Muhme" ab, weiblichen Wassergeistern, die dem Volksglauben nach die Pflanze beschützen. So heißt es, dass man die auf dem Wasser schwimmenden Blüten nicht pflücken dürfe, da sonst die Muhmen den Störenfried ins Wasser ziehen.

Blüten einzeln

breit ovale, 10–30 cm lange Blätter schwimmen auf der Wasseroberfläche

**Vorkommen** *Stehende und langsam fließende Gewässer mit bis 6 m Tiefe. Fast ganz Europa von der Ebene bis in mittlere Gebirgslagen.*

> **Blüten ragen etwas über die Wasseroberfläche**
> **Früchte reifen unter Wasser**
> **wurzelt im Gewässergrund**

Blüten 3–5 cm groß

zahlreiche Staubblätter

445

# Gelbes Windröschen
*Anemone ranunculoides* (Hahnenfußgewächse)
H 10–20 cm   April–Mai   Staude ☠

meist 2 Blüten auf 1 Stängel

Der Saft der frischen Pflanze reizt Haut und Schleimhäute. Getrocknete Pflanzen verlieren diese Wirkung. Der Wurzelstock speichert reichlich Nährstoffe, sodass sich die Pflanze im Frühjahr rasch entwickeln kann. Sie kommt schon zur Blüte, bevor das Laub der Bäume austreibt und sie beschattet.

Quirl mit 3 Blättern

Blätter bis zum Grund 3-teilig

**Vorkommen** *Feuchte Laub- und Auenwälder, Hecken. Wächst oft in größeren Gruppen. Fast ganz Europa.*

> **braucht nährstoffreiche Böden**
> **Blüten meist zu zweit**
> **ähnelt stark dem Busch-Windröschen (S. 408)**

Blüte 1,8–2,5 cm groß

zahlreiche Staubblätter

# Sumpfdotterblume

*Caltha palustris* (Hahnenfußgewächse)
H 15–30 cm  April–Juni  Staude ☠

Früchtchen öffnen
sich sternförmig

 — not navigation

**Vorkommen** *Sumpf-wiesen, Quellen, an Bächen und Gräben, in Auenwäldern. Auf nassen, nährstoff-reichen Böden. Ganz Europa.*

> **verschwindet nach Entwässerungs-maßnahmen**
> **kann später im Jahr ein zweites Mal blühen**
> **Stängel lassen sich zusammendrücken**

Manchmal steht der Sumpfdotterblume das Wasser buchstäblich bis zum Hals. Sie erträgt dies jedoch ganz gut, da in ihren hohlen Stängeln Luft verbleibt.

Blätter
rundlich

mehrere fettartig
glänzende Blüten

Basis herz– oder
nierenförmig

Pflanze kahl

Blätter glänzend

Blüten 2–4 cm groß

zahlreiche
Staubblätter

---

## 446

# Scharfer Hahnenfuß

*Ranunculus acris* (Hahnenfußgewächse)
H 30–100 cm  Mai–Sept.  Staude ☠

**Vorkommen** *Wiesen und Weiden aller Art von der Ebene bis ins Hochgebirge. Auf etwas feuchten, nährstoffreichen Bö-den. Ganz Europa.*

> **unser häufigster Hahnenfuß**
> **wächst oft in großen Mengen auf den Wiesen**
> **kann Hautrötungen und Blasen hervor-rufen**

stark verzweigte,
lockere Blütenstände

Weidevieh meidet die scharf schmeckende, in frischem Zustand giftige Pflanze. Getrocknet ist sie jedoch auch in großen Mengen unschäd-lich. Dies ist einer der Gründe, warum Flächen mit Massenbe-ständen meist nicht als Weiden, sondern eher als Wiesen zur Heugewinnung genutzt werden. In den betroffenen Gegenden halten die Bauern das Vieh häufig in den Ställen.

Blüte 2–3 cm groß,
goldgelb

Stängel aufrecht

Blätter 5–7-spaltig

untere Blätter gestielt

zahlreiche Staubblätter

# Tüpfel-Hartheu, Johanniskraut

*Hypericum perforatum* (Johanniskrautgewächse)
H 30–60 cm  Juli–Aug.  Staude

Lange Zeit galt das Kraut als Mittel gegen Zauberer und Hexen. Heute gilt als gesichert, dass das Öl bei depressiven Zuständen hilft. In der Volksheilkunde nutzte man das Öl bei Hautverletzungen und Verbrennungen und das Kraut gegen Durchfall.

Staubblätter in 3 Gruppen

**Vorkommen** *Magere Weiden, Heiden, Brachflächen, Schuttplätze, Ödland. Europa, Asien.*

> **Stängel mit 2 Längsleisten**
> **zerquetschte Blüten bluten rot**
> **wird kommerziell angebaut**

Kronblätter leicht symmetrisch

Blütenstände doldenartig

Blätter punktiert

 **447**

---

# Gewöhnliches Sonnenröschen

*Helianthemum nummularium* (Zistrosengewächse)
H 10–20 cm  Juni–Okt.  Strauch

offene Blüten aufrecht

Die Blüten öffnen sich nur bei Sonnenschein während eines Vormittags. Nachmittags schließen sie sich wieder und die Blütenblätter fallen ab. Da jedoch über einen langen Zeitraum immer wieder neue Blüten entstehen, eignen sich die Pflanzen auch für Steingärten. Gärtnereien bieten hierzu Züchtungen mit Blütenfarben von Weiß bis leuchtend Rot an.

Blüten in Trauben

Knospen hängend

**Vorkommen** *Sonnige Halbtrocken- und Trockenrasen, Böschungen, Raine, trockene Kiefernwälder. Auf kalkreichen Böden. Fast ganz Europa.*

> **typisch durch die zerknitterten Blütenblätter**
> **Staubblätter bewegen sich nach Berühren auswärts**
> **Blätter im Winter grün**

Kronblätter 8–18 mm lang, goldgelb

Stängel niederliegend oder aufsteigend

oval oder länglich bis lineal

bis 4 cm lang, ledrig

Blätter gegenständig

zerknittert

zahlreiche Staubblätter

# Pfennig-Gilbweiderich

*Lysimachia nummularia* (Primelgewächse)
H 10–50 cm   Mai–Juli   Staude

**Vorkommen**
*Feuchtwiesen,
Auwälder, Ufer,
Gräben, Wegränder.
Auf feuchten Böden.
Fast ganz Europa.*

> **Stängel niederliegend**
> **Blätter wintergrün**
> **Kelchblattzipfel rot
>   punktiert**

Der Namensgeber dieser Pflanze soll Lysimachos sein, ein griechischer Feldherr von Alexander dem Großen. Im Mittelalter hieß sie centimorbia, sollte also 100 Krankheiten heilen. Heute wird das Kraut allenfalls von der Volksheilkunde bei Husten, Durchfall, Rheuma, Ekzemen und zur Wundbehandlung verordnet.

Blüten lang gestielt

Blätter rundlich,
3 cm groß

Blüten 1–2,5 cm breit

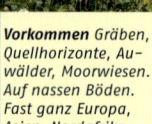

# Echter Gilbweiderich

*Lysimachia vulgaris* (Primelgewächse)
H 50–150 cm   Juni–Aug.   Staude

**Vorkommen** *Gräben,
Quellhorizonte, Au-
wälder, Moorwiesen.
Auf nassen Böden.
Fast ganz Europa,
Asien, Nordafrika.*

> **Stängel aufrecht,
>   behaart**
> **Blüten endständig
>   oder in den oberen
>   Blattachseln**
> **Kelchzipfel rötlich**

Diese Art des Gilbweiderichs stand nie in ähnlich gutem Ansehen wie ihr „kleiner Bruder", der Pfennig-Gilb-weiderich (s. o.). Immerhin wurde er in der Antike als Räuchermittel gegen Schlan-gen und Fliegen genutzt – so Dioskurides. Wegen der Gerbstoffe diente er in der Volksheilkunde als Durchfallmittel und sollte Skorbut verhindern.

Blüten
1,5–2,5 cm breit

Blätter zu 2–4

# Hohe Schlüsselblume

*Primula elatior* (Primelgewächse)

H 10–30 cm   März–Mai   Staude

Bei den Schlüsselblumen gibt es Pflanzen, deren Blüten lange Griffel und tief in der Blütenröhre sitzende Staubblätter haben. Andere Exemplare haben kurze Griffel und hoch sitzende Staubblätter. Beide Formen sind etwa gleich häufig und treten meist gemeinsam am gleichen Standort auf.

runzelig

Blatt bis 25 cm lang

Blüten in einseitswendigen Dolden

Stängel ohne Blätter

Blätter bilden eine Rosette

Staubblätter

Kelch liegt der Kronröhre an

Griffel

**Vorkommen** *Wälder mit krautigem Unterwuchs, Schluchtwälder, Bergwiesen. Auf feuchten Böden. Mittel- und Südeuropa.*

> **wächst und blüht auch an schattigen Standorten**
> **heißt auch „Wald-Primel"**
> **Blüten duften schwach**

Krone 1,2–2 cm im Durchmesser, hellgelb

Kelch kantig

# Echte Schlüsselblume

*Primula veris* ssp. *veris* (Primelgewächse)

H 10–30 cm   April–Juni   Staude

Im Schlund 5 rote Flecken

Die früh im Jahr aufblühende Primel hatte in der nordischen Mythologie eine große Bedeutung – Nixen, Elfen und andere Wesen galten als ihre Beschützer. Die Wurzeln lindern die Beschwerden bei Katarrhen der Atemwege und sind harntreibend. Aus den Blüten bereitet man Tee gegen Husten und zur Beruhigung.

**Vorkommen** *Magerrasen und -wiesen, Waldränder, lichte Wälder. Meist auf kalkreichen Böden. Weite Teile Europas, Asien.*

> **Blüten duftend auf blattlosem Stängel**
> **Blüten meist nach einer Seite gerichtet**

Kelch aufgeblasen

Kelch 10–15 mm lang

Blätter bis 12 cm, runzelig

# Scharfer Mauerpfeffer

*Sedum acre* (Dickblattgewächse)

H 5–15 cm   Juni–Aug.   Staude

**Vorkommen** *Felsen, Mauern, Pflasterfugen, Kiesflächen. Auf trockenen, warmen Standorten. Europa, Westasien.*

> **Pionierpflanze**
> **Blätter im Querschnitt unten gewölbt und oben flach**

Heute wird der Mauerpfeffer allenfalls in Volksheilkunde und Homöopathie bei Gefäßkrankheiten verordnet. Die saftigen Blätter rufen in größeren Mengen Erbrechen und Durchfall hervor. Sie wurden früher bei Herz- und Kreislaufschwäche, Bluthochdruck, Fieber und äußerlich zur Wundbehandlung sowie gegen Warzen und Flechten benutzt.

Kronblätter zugespitzt

Blüte 15–20 mm breit

Blätter in 4 Längsreihen

## 450 ✿

# Fetthennen-Steinbrech

*Saxifraga aizoides* (Steinbrechgewächse)

H 5–20 cm   Juni–Okt.   Staude

**Vorkommen** *Überrieselte Felsen und Schutt, Kiesbänke, feuchte Hänge. In Höhen von 600 bis über 3000 m. Nordeuropa, Alpen, Pyrenäen.*

> **kann flächig wachsen**
> **Blätter immergrün**
> **blüht seltener auch orange oder dunkelrot**

Allein über 85 Fliegenarten locken die Blüten dieser Steinbrech-Art an. Außerdem auch Hummeln, Wespen, Bienen, Schmetterlinge und Käfer. Die oft ausgedehnten Rasen der Pflanze stellen im Gebirge somit eine wichtige Nahrungsquelle für Insekten dar.

Kronblätter vorn abgerundet

Blüte 7–15 mm groß

Kelchblätter zwischen den Kronblättern sichtbar

nicht alle Stängel blühen

Blüten in endständigen Blütenständen

Rand mit Haaren

Blatt fleischig, 1–2,5 cm lang

wächst rasenartig

# Kleiner Odermennig

*Agrimonia eupatoria* (Rosengewächse)
H 30–100 cm   Juni–Sept.   Staude

lange, lockere
Blütentrauben

behaart

Die Früchte bleiben mit ihren Haken wie Kletten im Tierfell hängen und werden so über weite Strecken verbreitet. Die Pflanze enthält Gerbstoffe und kann deshalb leichte Durchfälle, Entzündungen im Mund- und Rachenraum und leichte Hautentzündungen lindern.

**Vorkommen** *Hecken, Böschungen, Mager-rasen. Bevorzugt sonnige Standorte. Von der Ebene bis in mittlere Gebirgs-lagen. Fast ganz Europa.*

> **Früchte hängen oft an Strümpfen und Hosen**
> **Stängel sehr zäh**
> **hieß früher auch „Heil aller Welt"**

Frucht kegelförmig, gefurcht

Stängel aufrecht

Blatt unpaarig gefiedert

vorn mit zahlreichen Haken

dazwischen oft weitere, kleine Fiedern

5–9 Paar Fiederblätter

Kronblätter 4–6 mm lang, goldgelb

10–20 Staubblätter

# Echte Nelkenwurz

*Geum urbanum* (Rosengewächse)
H 30–120 cm   Mai–Okt.   Staude

Die getrockneten Wurzeln der Gewöhnlichen Nelkenwurz duften nach Gewürznelken. Sie enthalten auch tatsächlich dasselbe ätherische Öl wie das tropische Gewürz, allerdings nur rund $\frac{1}{100}$ seiner Menge. Früher verwendete man sie als Gewürznelken-ersatz und gegen Zahnfleischentzündungen. Wurzelauszüge eignen sich als Zusatz für Zahnpasta oder Likör.

**Vorkommen** *Wälder, Zäune, Mauern, Waldwege, Ödflä-chen. Auch an schat-tigen Standorten. Fast ganz Europa.*

> **wächst oft im Bereich von Siedlungen**
> **zeigt Nährstoff-reichtum an**
> **Früchtchen verhaken sich wie Kletten**

mit Haken

Blüten meist aufrecht, 1–1,8 cm groß

Früchtchen zusammengelagert

Stängelblätter 3-teilig

Kelchblätter von oben sichtbar

zahlreiche Staubblätter

Kronblätter rundlich

# Gänse-Fingerkraut
*Potentilla anserina* (Rosengewächse)
H 15–80 cm   Mai–Aug.   Staude

Blätter gefiedert, gesägt

Die getrockneten, oberirdischen Teile enthalten vor allem Gerbstoffe. Entsprechend werden sie in Medizin und Volksheilkunde bei Durchfall und Entzündungen im Mund- und Rachenraum verordnet. Umschläge sollen bei schlecht heilenden Wunden helfen.

Blüten einzeln auf langen Stielen

bewurzelter Knoten

Blüten bis 3 cm breit

Stängel kriechend

452

# Echter Pastinak
*Pastinaca sativa* (Doldengewächse)
H 30–100 cm   Juli–Sept.   zweijährig

Der Pastinak, beziehungsweise seine rübenartig verdickte Wurzel, liefert ein nahrhaftes Gemüse. Er besitzt aber auch Heilkraft. Die Wurzel wurde in der Volksheilkunde bei Zahnschmerzen, Magen-, Lungen- und Nierenleiden sowie zur Förderung der Verdauung genutzt. Die Samen dienten als Gewürz und sollten bei Blasenleiden helfen.

Einzelblüten 2 mm breit

Dolde mit 7–20 Strahlen

Pfahlwurzel rübenartig

# Gemeines Rutenkraut

*Ferula communis* (Doldengewächse)
H 100–300 cm   April–Juli   zweijährig

große, aus zahlreichen Dolden zusammengesetzter Blütenstand

Die Stängel dienten im Altertum als Spazierstöcke, aber auch zum Prügeln von Sklaven. *Ferula* leitet sich vielleicht von lat. ferire = schlagen, geißeln ab. Das lockere Mark der Stängel lieferte Zunder zum Feuer machen. Prometheus, der in der griechischen Mythologie das Feuer der Götter raubte, soll dieses in einem solchen Stängel zur Erde gebracht haben.

Zentrum durch Nektar glänzend

5 eingerollte, gelbe Kronblätter

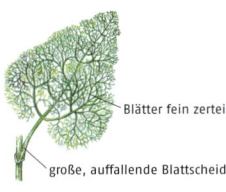

Blätter fein zerteilt

große, auffallende Blattscheide

 **453**

# Fenchel

*Foeniculum vulgare* (Doldengewächse)
H 50–200 cm   Juli–Okt.   einjährig oder Staude

Teilfrucht

Früchte mit 5 Rippen

Das ätherische Öl der Früchte löst den Schleim bei Husten und Erkältungskrankheiten und lindert Verdauungsbeschwerden. Fencheltee ist ein mildes Mittel, um Säuglingen mit Blähungen Linderung zu verschaffen. In der Volksheilkunde nahm man Fenchel auch, um den Milchfluss stillender Mütter anzuregen.

Dolde mit 15–25 Strahlen

Dolde und Döldchen ohne Tragblätter

Blattfiedern schmal

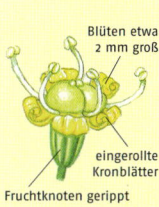

Blüten etwa 2 mm groß

eingerollte Kronblätter

Fruchtknoten gerippt

# Gelber Enzian

*Gentiana lutea* (Enziangewächse)
H 50–140 cm   Juni–Aug.   Staude

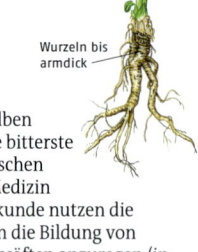

Wurzeln bis armdick

Blüten an 1 cm langen Stielen

Die Wurzel des Gelben Enzians liefert die bitterste Droge der heimischen Pflanzenwelt. Medizin und Volksheilkunde nutzen die Bitterkeit, um die Bildung von Verdauungssäften anzuregen (in Aufgüssen und Bitterschnäpsen). Enzian behebt Appetitlosigkeit, fördert die Verdauung, lindert Völlegefühl und Übelkeit.

Krone tief geteilt

3–10 Blüten in Blattachseln

# Gewöhnliche Seekanne

*Nymphoides peltata* (Fieberkleegewächse)
H 80–150 cm   Mai–Juni   Staude

Samen sehr flach

Die Fransen an den Kronblättern sorgen dafür, dass die Blüten auf die bestäubenden Insekten besonders attraktiv wirken. Die Samen sind schwimmfähig und können mit Wasserströmungen verbreitet werden. Sie bleiben auch an Wasservögeln haften und können so in weit entfernte Gewässer gelangen.

Spreite tief herzförmig, gänzend

Rand der Kronblätter gefranst

Blüten ragen wenig aus dem Wasser

5 ausgebreitete Zipfel

Krone goldgelb, etwa 3 cm groß

Blätter schwimmend

Blatt 3–10 cm groß

# Schwarzes Bilsenkraut

*Hyoscyamus niger* (Nachtschattengewächse)

H 20–80 cm   Juni–Okt.   ein- bis zweijährig

Kapsel-
frucht
öffnet sich
mit einem
Deckel

enthält zahlreiche
Samen

Das Bilsenkraut gehört zu den ältesten bekannten Giftpflanzen. Im Mittelalter verwendete man es zur Herstellung von Hexensalben, da es Sinnestäuschungen auslösen kann. Bei Vergiftungen kommt es jedoch auch zu tiefem Schlaf und tödlicher Lähmung des Atemzentrums. In Shakespeares „Hamlet" wurde der König mit Bilsenkraut vergiftet. In der Medizin benutzte man Bilsenkraut früher gemeinsam mit Schlafmohn und anderen Pflanzen als Narkosemittel.

meist nach einer
Seite orientiert

Blüten einzeln in den
Blattachseln

graugelb, meist mit
dunkelvioletten Adern

Blatt länglich
eiförmig

Pflanze
zottig
behaart

Rand grob buchtig gezähnt

Krone 2–3 cm lang,
weit glockenförmig

5 etwas ungleiche Zipfel

# Schwarze Königskerze

*Verbascum nigrum* (Braunwurzgewächse)

H 50–120 cm   Juni–Sept.   zweijährig

Staubfäden violett
wollig behaart

Die violetten Haare auf den Staubblättern bilden einen starken Kontrast zum Gelb der Blütenkrone. Die Blüten wirken deshalb besonders attraktiv auf Insekten. Wie bei den meisten Pflanzen mit langen Blütenständen öffnen sich auch bei der Königskerze zuerst die unteren Blüten. Bienen und Hummeln besuchen solche Blütenstände deshalb regelmäßig von unten nach oben.

langer, ähren-ähnlicher
Blütenstand

Oberseite
dunkelgrün

Stängel oft
braunviolett
überlaufen

Unterseite
dicht filzig

obere Blätter
sitzend

untere Blätter bis
25 cm lang gestielt

Krone dunkelgelb,
1,5–2,5 cm groß

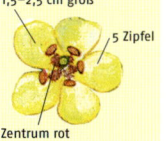

5 Zipfel

Zentrum rot

# Frühlings-Adonisröschen

*Adonis vernalis* (Hahnenfußgewächse)

H 10–40 cm   April–Mai   Staude 🕱

**Vorkommen** *Trockenrasen, Wiesensteppen, trockenwarme, buschige Hügel. An im Sommer warmen Standorten. Mittel-, Süd- und Osteuropa.*

> **bei uns stark gefährdet und geschützt**
> **in Osteuropa häufiger**
> **Stängel verlängern sich nach der Blüte**

Die Blüten öffnen sich nur bei Sonnenschein und folgen ähnlich wie eine Sonnenblume dem Sonnenstand. In der Heilkunde verwendet man Adoniskraut bei leichter Herzschwäche und nervösen Herzbeschwerden. Die Giftpflanze eignet sich jedoch nicht zur Selbstbehandlung. Bei Vergiftungen wird der Puls langsam und es kommt zum Herzstillstand.

stehen einzeln

Früchtchen bilden einen kugeligen Kopf

sehr viele Staubblätter

Blüten 4–6 cm groß

12–20 glänzende Kronblätter

Blätter sehr fein zerteilt

**456**

# Südeuropäischer Winterling

*Eranthis hyemalis* (Hahnenfußgewächse)

H 5–15 cm   Febr.–April   Staude 🕱

**Vorkommen** *Wälder, Gebüsche, Weinberge, Obstgärten, Parkanlagen, Gebüsche. Südeuropa, in Mitteleuropa verwildert.*

> **blüht bereits im Schnee**
> **beliebter Frühblüher in Gärten**
> **erinnert an einen Hahnenfuß**

Während der bis zu einer Woche dauernden Blütezeit verlängern sich die Blütenblätter durch Wachstum beim Öffnen und Schließen um gut das Doppelte. Die Früchtchen öffnen sich zu kleinen Schaufeln, aus denen die Samen durch Regentropfen bis über 40 cm weit hinausgeschleudert werden.

Blüten einzeln, 2–2,5 cm groß

3 eingeschnittene Blätter dicht unter der Blüte

zahlreiche Staubblätter

Stängel sonst ohne Blätter

innerhalb der Blütenblätter trichterförmige Blätter mit Nektar

6–10 Blütenblätter

4–8 Früchtchen

# Europäische Trollblume

*Trollius europaeus* (Hahnenfußgewächse)

H 30–60 cm   Mai–Juni   Staude   🐾

meist 1, seltener 2–3 Blüten am Stängelende

Blüten 2–3 cm breit

Auch wenn es eine Sage gibt, in der Kobolde Trollblumen als Fackeln tragen, hängt der Name wohl nicht mit den als Trolle bezeichneten Berggeistern zusammen. „Trollen" bedeutet eher so viel wie „rollen, wälzen" oder „Knolle" und bezieht sich damit auf die ungewöhnliche Blütenform. Während früher Trollblumenwiesen auch im Hügelland noch recht häufig waren, ist die Pflanze heute vielerorts verschwunden, da zahlreiche Feuchtwiesen entwässert wurden.

**Vorkommen** *Feuchte bis nasse Wiesen, Niedermoore, Bachränder. Vor allem im Gebirge bis in Höhen über 2000 m. Fast ganz Europa.*

> **gefährdet und bei uns geschützt**
> **blüht manchmal nochmals im Herbst**
> **wächst meist zu vielen locker beieinander**

Blüte kugelig

10–15 Blütenblätter

Stängel aufrecht

Blätter bis zum Grund geteilt

Abschnitte nochmals eingeschnitten

# Gewöhnliches Scharbockskraut

*Ranunculus ficaria* (Hahnenfußgewächse)

H 5–20 cm   März–Mai   Staude

Die jungen Blätter enthalten relativ viel Vitamin C und wurden als Frühlingssalat gegen Skorbut, der frische Presssaft zur Blutreinigung eingenommen. Dagegen reichert sich vor allem in Blüten und Sprossen das hautreizende, giftige Protanemonin an. Eine Waschung sollte Hautunreinheiten beseitigen.

**Vorkommen** *Auwälder, Laubmischwälder, feuchte Wiesen, Parks. Europa, Asien, Nordafrika.*

> **meist in Massen auftretend**
> **Stängel liegend bis aufsteigend**
> **Blätter herzförmig**

8–12 glänzende Blütenblätter

Blüte 2–3 cm breit

Blatt herzförmig

Brutknöllchen in den Blattachseln

# Echte Arnika

*Arnica montana* (Korbblütengewächse)
H 20–50 cm  Juni–Juli  Staude

Wurzelstock mit
vielen Wurzeln

Auszüge aus Arnikablüten hemmen Entzündungen und lindern Schmerzen. Äußerlich helfen die Präparate deshalb bei Prellungen, Quetschungen, Muskel- und Gelenkrheuma und Insektenstichen.

Blütenkörbchen 4–8 cm breit

Blätter ganzrandig

Blätter am Stängel gegenständig

zahlreiche gelbe Röhrenblüten

meist 1–3 Blütenkörbchen

Stängel aufrecht, behaart

fast alle Blätter in grundständiger Rosette

3–6 mm breite, goldgelbe Zungenblüten

# Jakobs-Greiskraut

*Senecio jacobaea* (Korbblütengewächse)
H 30–100 cm  Juli–Sept.  zweijährig  Staude

Früchte mit weißem Haarkranz (Name!)

viele 1,2–1,5 cm große Körbchen

Der Name „Greiskraut" bezieht sich auf die Fruchtstän-de, die an die weiße Haar-pracht alter Leute erinnert. „Jakobs-Greiskraut" heißt die Art nach dem Apostel Jakob, möglicherweise weil sich ihre ersten Blüten etwa um den St. Jakobstag (25. Juli) öffnen.

Blätter fiederspaltig

zahlreiche Röhrenblüten

Abschnitte zum Ende hin verbreitert

Stängel aufrecht, kantig oder gerillt

12–15, etwa 1,5 mm breite Zungenblüten

# Huflattich

*Tussilago farfara* (Korbblütengewächse)
H 10–30 cm  März–April  Staude

filzige Blattunterseite

Die Blüten und jungen Blätter des Huflattichs enthalten reichlich Schleimstoffe und werden daher seit der Antike als Heilmittel bei Husten und Heiserkeit empfohlen (lateinisch *tussis* = Husten). Leider enthalten sie auch Pyrrolizidinalkaloide und sind damit für den uneingeschränkten Gebrauch nicht geeignet.

bis 300 Zungenblüten

bis 40 Röhrenblüten

**Vorkommen** *Wege, Straßenränder, Ufer, Kiesgruben, Europa, Westasien, Nordafrika.*

> **Blütenkörbchen nur bei Sonne geöffnet**
> **bis 300 Zungen- und 40 Röhrenblüten**
> **Laubblätter erscheinen erst nach der Blüte**

Blütenkörbchen 2–3 cm breit

Laubblätter herzförmig

 **459**

# Erdbirne, Topinambur

*Helianthus tuberosus* (Korbblütengewächse)
H 100–250 cm  Okt.–Nov.  Staude

Die Erdbirne ist zwar keine Heilpflanze im strengen Sinn, aber ein interessantes Nahrungsmittel für Diabetiker. Im Unterschied zur Kartoffel lagert die Erdbirne keine Stärke, sondern den Vielfachzucker Inulin ein. Inulin enthält keine Glukose und erhöht daher nicht den Blutzuckergehalt. In der Volksheilkunde wird Erdbirne bei Verstopfung empfohlen.

Zungenblüten 3–4 cm lang

essbare Knolle

**Vorkommen** *Heimat Nordamerika, als Futterpflanze nach Europa eingeführt, in Mittel- und Osteuropa verwildert.*

> **Blütenkörbchen mit Zungen- und Röhrenblüten**
> **Blätter zu 2–3 je Knoten**

Blütenkörbchen 4–14 cm breit

# Gewöhnliche Sonnenblume

*Helianthus annuus* (Korbblütengewächse)
H 100–300 cm   Juli–Okt.   einjährig

> viele kleinere Kultursorten
> Blätter herzförmig
> Blütenkörbchen mit flachem Blütenboden

Blütenkörbchen bis 40 cm breit

Das bekannteste Produkt der Sonnenblume ist sicher das Samenöl, das aber nicht nur in der Küche, sondern auch zum Einmassieren in schmerzende Glieder genutzt wird. Die gelben Blütenblätter dienen wie Arnika oder Ringelblume äußerlich zur Wundbehandlung und innerlich als Kur bei fiebrigen Erkrankungen, Gallen- und Leberleiden.

Öl aus den Samen

braune Röhrenblüten

gelbe Zungenblüten

# Gewöhnliche Goldrute

*Solidago virgaurea* ssp. *virgaurea* (Korbblütengewächse)
H 10–100 cm   Juli–Okt.   Staude

> 10–30 Röhren- und 6–12 Zungenblüten je Blütenkörbchen
> untere Blätter gestielt, eiförmig, obere sitzend

Blütenkörbchen 1–2 cm breit

Angeblich war die Goldrute bereits den Germanen als „Wundkraut" bekannt. Sie enthält nachweislich entzündungshemmende Phenolglykoside (Leiocarposid). Als Hausmittel wird sie bei Entzündungen im Hals- und Rachenraum, aber auch gegen Rheuma, Gicht und Hautkrankheiten empfohlen.

lockerer Blütenstand

obere Blätter schmal

Hüllblätter dachziegelartig

# Kanadische Goldrute

*Solidago canadensis* (Korbblütengewächse)
H 50–250 cm   Aug.–Okt.   Staude

unzählige 3–5 mm breite Blütenkörbchen in pyramidenförmiger Rispe

Die aus Nordamerika stammende Kanadische Goldrute breitet sich seit dem 19. Jahrhundert bei uns aus. Sie vermehrt sich sowohl über unzählige Samen wie auch unterirdisch über Ausläufer des zähen Wurzelstocks. Da sie durch Massenentwicklung die heimische Flora verdrängt, versuchen Naturschützer vielerorts, ihre Bestände einzudämmen.

Rand scharf gezähnt

Blatt lanzettlich

blühende Äste ausgebreitet oder überhängend

Stängel flaumig behaart

wenige Röhrenblüten

10–17 kurze Zungenblüten

461

# Rainfarn

*Tanacetum vulgare* (Korbblütengewächse)
H 60–120 cm   Juli–Sept.   Staude  ☠

Hildegard von Bingen empfiehlt das Kraut gegen Eingeweidewürmer – diese Anwendung hat sich in der Volksheilkunde lange gehalten. Wegen des Gifts ist von Selbstversuchen aber dringend abzuraten. Die Blüten fanden auch bei Magenkrämpfen, Verdauungs- und Menstruationsbeschwerden Verwendung.

gelbe Röhrenblüten

doldenartiger Blütenstand

Blätter gefiedert und gezähnt

Blütenkörbchen 1 cm breit

# Echter Wermut
*Artemisia absinthium* (Korbblütengewächse)
H 60–120 cm   Juli–Sept.   Staude   ☠

**Vorkommen**
*Wegränder, Mauern, Schuttplätze, Ödland. Auf nährstoffreichen Böden. Europa und Asien.*

> *untere Teile verholzt*
> *aromatisch duftend*
> *ganze Pflanze graufilzig behaart*

Blütenkörbchen
2–4 mm breit

Wermut hat einen extrem bitteren Geschmack, enthält aber auch ätherisches Öl. Es war früher im Absinth enthalten und führte wegen des hohen Thujongehalts zu Bewusstseinsstörungen. Heute verwendet man nur noch die Bitterstoffe. Das Kraut regt den Appetit an, fördert die Verdauung und löst Krämpfe im Magen-Darm-Bereich: Das Öl soll krebserregend sein und darf nicht mehr verwendet werden.

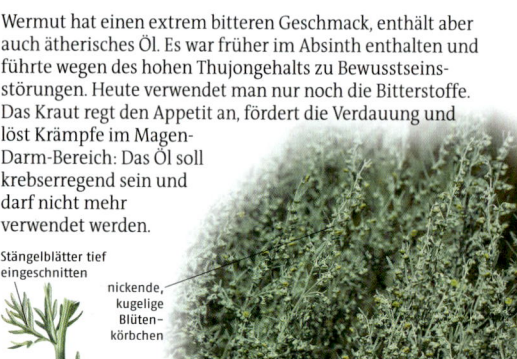

Stängelblätter tief eingeschnitten

nickende, kugelige Blütenkörbchen

# Gewöhnlicher Beifuß
*Artemisia vulgaris* (Korbblütengewächse)
H 60–250 cm   Juli–Nov.   Staude

**Vorkommen** *Wegränder, Schuttplätze, Ödland, Ufer. Verbreitet in Europa und Asien.*

> *zahlreiche Blütenkörbchen*
> *nur Röhrenblüten, gelb bis rötlich*
> *schwacher Geruch beim Zerreiben*

Blütenkörbchen
3–4 mm lang

Blütenkörbchen länglich

Der Beifuß hat zahlreiche sagenhafte Wirkungen: So legten angeblich römische Soldaten ihre Sandalen zum Schutz vor Müdigkeit damit aus, und ein walisisches Kräuterbuch empfiehlt schwangeren Frauen, es zur Geburtshilfe an den Oberschenkel zu binden. Das Kraut regt den Appetit an und fördert die Verdauung, es war Wurmmittel und Bratgewürz.

Blätter tief eingeschnitten

# Kronen-Wucherblume

*Chrysanthemum coronarium* (Korbblütengewächse)

H 30–80 cm   März–Sept.   einjährig

Besonders die zweifarbige Form wächst oft als Zierpflanze in Gärten. Ostasiaten kochen Blätter und Stängel der Kronen-Wucherblume als Gemüse. Auch die alten Griechen kannten diese Verwendung. Sie hielten die Pflanze auch für ein Zauberkraut, das vor bösen Geistern und Hexen schützen sollte. Bei ihnen hieß die Pflanze *Dios ofrya* = „Zeusbrauen".

Stängel reich verzweigt

3–6 cm breite Blütenkörbchen an den Enden der Äste

Abschnitte spitz

Blatt doppelt fiederteilig

Zungenblüten oft 2-farbig

gelbe Röhrenblüten

# Kohl-Kratzdistel

*Cirsium oleraceum* (Korbblütengewächse)

H 50–150 cm   Juni–Sept.   Staude

Der Name Kohl-Kratzdistel weist darauf hin, dass man die jungen Blätter und Sprosse wie Kohl zubereiten kann. Während diese Nutzung bekannt war, haben sich nur wenige Kräuterkundige mit der Heilwirkung befasst. Angeblich helfen Wurzel und Kraut bei Krämpfen, Zahnschmerzen und äußerlich bei Hauterkrankungen und Rheuma.

kohlblattartige Hochblätter umgeben Blütenkörbchen

Blätter weich, nicht stechend

Blütenkörbchen bis 4 cm lang

# Rainkohl

*Lapsana communis* (Korbblütengewächse)
H 30–100 cm   Juni–Sept.   einjährig   Staude

mehrere
längliche
Früchte im
gemeinsamen
Körbchen

**Vorkommen** *Unkraut-
bestände an Hecken,
Zäunen, Straßen-
rändern, in Wäldern,
Gärten, auf Schutt-
plätzen, Äckern. Fast
ganz Europa.*

> *zeigt nährstoffreiche
> Böden an*
> *wächst gern im
> Halbschatten oder
> Schatten*
> *weißer Milchsaft*

Die Blütenkörbchen des Rainkohls öffnen sich nur bei schönem Wetter morgens von etwa 6 bis 11 Uhr. Bei schlechtem Wetter bestäuben sie sich selbst, indem sich die äußeren Blüten über die inneren krümmen und so die Staubbeutel mit den Narben in Kontakt kommen. Die Pflanze eignet sich trotz des Namens nicht als Gemüse.

Stängel
reich
verzweigt

viele 1–1,5 cm
breite Körbchen

große Endfieder

untere Blätter mit bis zu
4 kleinen Fiederpaaren

Blütenkörbchen mit 8–18
hellgelben Zungenblüten

# Gewöhnlicher Löwenzahn

*Taraxacum Sect. Ruderale* (Korbblütengewächse)
H 5–40 cm   April–Juli   Staude

**Vorkommen** *Wiesen,
Weiden, Parks, Un-
krautflächen, Gärten.
Weltweit verbreitet.*

> *Pflanze enthält
> weißen Milchsaft*
> *einzelnes Blüten-
> körbchen auf hohlem
> Stängel*
> *Blätter in Rosette*

Löwenzahn war sehr beliebt für die früher üblichen Frühjahrs-kuren. Presssaft und Salate aus den Blättern enthalten viel Kalium und Bitterstoffe, die Appetit und Verdauung anregen. In der Volksheilkunde dient er als harntreibendes Mittel und wird bei Leber- und Gallenleiden empfohlen. Ähnlich nutzt ihn auch die Homöopathie. Nicht verwenden bei Gallensteinen.

Körbchen mit
Zungenblüten

Flugfrüchte der
„Pusteblume"

Blätter tief
eingeschnitten

tief reichende
Pfahlwurzel

Blütenkörbchen
2,5–4 cm breit

# Wiesen-Bocksbart

*Tragopogon pratensis* (Korbblütengewächse)
H 20–70 cm  Mai–Juli  zweijährig  Staude

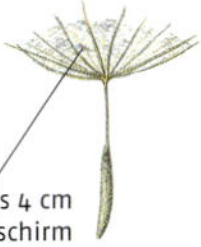

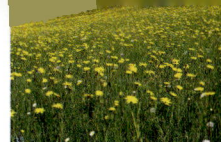

Frucht mit bis 4 cm breitem Fallschirm

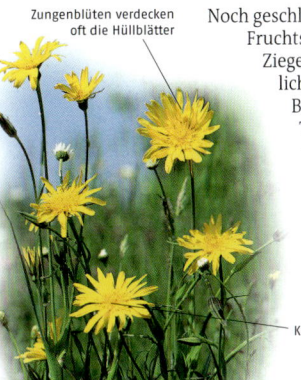

Zungenblüten verdecken oft die Hüllblätter
Körbchen 3–7 cm breit

Noch geschlossen erinnert der Fruchtstand an den Bart eines Ziegenbocks (siehe wissenschaftlicher Name: griechisch tragos = Bock, pogon = Bart). Bei Trockenheit öffnet er sich und die fein und dicht gewobenen Fallschirme der Früchte entfalten sich. Sie sorgen für besonders gute Flugeigenschaften und damit eine gute Ausbreitung der Pflanze.

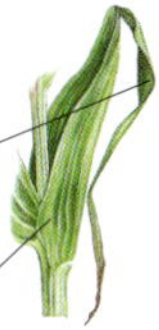

Blätter schmal, lang zugespitzt
stängelumfassend

***Vorkommen*** *Oft große Bestände auf Wiesen, Halbtrockenrasen, an Wegrändern, Bahnhöfen. An im Sommer warmen Standorten. Fast ganz Europa.*

> ***Blüten nur vormittags bei gutem Wetter geöffnet***
> ***weißer Milchsaft***
> ***erinnert etwas an einen großen Löwenzahn***

Körbchen mit unterschiedlich langen Zungenblüten
8 grüne Hüllblätter



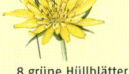

# Kohl-Gänsedistel

*Sonchus oleraceus* (Korbblütengewächse)
H 30–100 cm  Juni–Okt.  einjährig

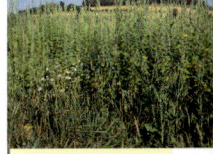

Anders als es der Name erwarten lässt, ist die Pflanze nicht wehrhaft wie eine echte Distel. Sie enthält reichlich Nährstoffe. Bauern schätzten sie als Viehfutter, was zum deutschen Namen „Gänsedistel" führte. Junge Stängel, Blätter und Wurzeln kochte man früher auch zu Gemüse oder als Suppeneinlage (lateinisch *oleraceus* = als Gemüse gebraucht).

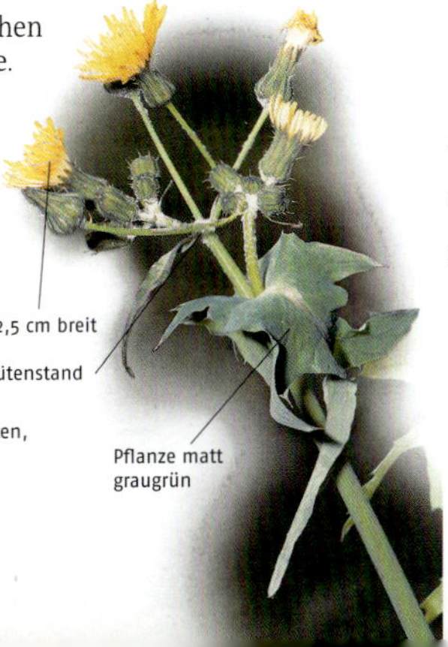

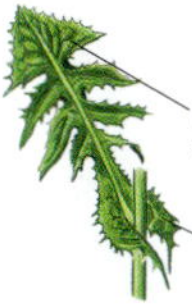

Körbchen 1,5–2,5 cm breit
lockerer Blütenstand
Pflanze matt graugrün

obere Blätter mit breiten, zugespitzten Zipfeln
stängelumfassend

***Vorkommen*** *Lockere Unkrautbestände an Wegen, Mauern, auf Schuttplätzen, Äckern, Gärten, Ödflächen. Auf nährstoffreichen Böden. Ganz Europa.*

> ***zeigt Stickstoff im Boden an***
> ***an ihren Standorten sehr konkurrenzstark***
> ***Pflanze mit Milchsaft***

Körbchen mit gelben bis weißlich gelben Zungenblüten
außen oft rötlich

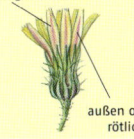

# Kleines Habichtskraut

*Hieracium pilosella* (Korbblütengewächse)
H 5–30 cm   Mai–Okt.   Staude

**Vorkommen** *Magere Wiesen, Trockenrasen, trockene Wälder, Felsen. Fast ganz Europa, Westasien.*

> **Pflanze mit Milchsaft**
> **Blütenkörbchen nur mit Zungenblüten**
> **Blätter in Rosette**

Laut Hildegard von Bingen stärkt Habichtskraut das Herz und verringert die schlechten Säfte. Nach einem alten Volksglauben machte es sogar unverwundbar, sofern man das Kraut bei Vollmond ausgrub und in ein weißes Tüchlein einschlug. Heute wird das Habichtskraut allenfalls bei Durchfall und Rachenentzündungen verwendet.

Zungenblüten
außen rötlich
gestreift

Blütenkörbchen
2–3 cm breit

Blätter bei
Trockenheit eingerollt

466

# Hundertjährige Agave

*Agave americana* (Agavengewächse)
H 300–800 cm   Juni–Aug.   Staude

**Vorkommen** *Heimat Mexiko. Als Zierpflanze im Mittelmeergebiet kultiviert und dort verwildert.*

> **Blütenstand erst im 10. Jahr**
> **Blätter in grundständiger Rosette**
> **Blätter bis 2 m lang, stachelig**

Mayas und Azteken trugen den frischen Presssaft auf Wunden auf und heilten mit ihm Durchfälle. Der Saft liefert den Rohstoff für alkoholische Getränke (Tequila). In der Volksheilkunde des Mittelmeerraums konnte sich die Agave nicht durchsetzen, wird aber in der Homöopathie bei Mundfäule und Blutarmut verwendet.

bis 2 m lange Blätter

Blüten 7–9 cm lang

# Gelbe Narzisse

*Narcissus pseudonarcissus* (Narzissengewächse)
H 20–40 cm   März–Mai   Staude

Die griechische Sage berichtet, dass der schöne Jüngling Narziss die Liebe der Nymphen nicht erwiderte und nur sich selbst liebte. Deshalb bestraften ihn die Götter: Als er in einem See sein Spiegelbild umarmen wollte, stürzte er ins Wasser und ertrank. Die Götter verwandelten ihn in eine Narzisse. Die Blüte mit ihrem Kranz soll sein Abbild sein, wie er sich übers Wasser beugt.

Stängel ohne Blätter

Blätter lang

Blüten meist
einzeln, nickend

Blatt flach

unterseits
gekielt

**Vorkommen** *Berg-wiesen, Wälder mit im Winter blattlosen Bäumen, verwildert auf Baumwiesen. Mittelgebirge, besonders in Westeuropa.*

> *auch als „Osterglocke" bekannt*
> *Wildstandorte gefährdet*
> *in vielen Sorten in Kultur*

bis 4 cm lange dunkel-gelbe Nebenkrone („Trompete")

1,5–2 cm
breit,
Rand
gewellt

6 Blütenzipfel
hellgelb, bis 4 cm lang

467

# Wald-Gelbstern

*Gagea lutea* (Liliengewächse)
H 10–30 cm   April–Mai   Staude

Der am Grund der Blütenblätter frei zugängliche süße Nektar kann auch von kleinen Fliegen und Käfern aufgesaugt werden. Nach dem Blühen liegen die Stängel schlaff auf dem Boden. Die aus den reifen Kapseln herausfallenden Samen tragen ein nahrhaftes Anhängsel und werden von Ameisen verbreitet.

Blüten außen grüngelb

Grundblatt überragt
den Blütenstand

Dolde mit
1–10 Blüten

1 grundständiges,
flaches Blatt

Zwiebel
etwa
1,5 cm
lang

viele Wurzeln

**Vorkommen** *Auen-wälder, Waldränder, Obstbaumwiesen in Waldnähe, Hecken. Auf kalk- und nähr-stoffreichen Böden. Fast ganz Europa.*

> *braucht ausreichend Feuchtigkeit im Boden*
> *wächst meist im Schatten von Bäumen*
> *Blüten duften nicht*

6 Blütenblätter,
zitronengelb, um
1,5 cm lang

vorn stumpf

# Wilde Tulpe
*Tulipa sylvestris* (Liliengewächse)
H 20–45 cm   April–Mai   Staude

**Vorkommen** Weinberge, Waldwiesen, Gebüsche, Baumgärten. Südeuropa, in Mitteleuropa im 16. Jahrhundert als Zierpflanze eingeführt und teilweise verwildert.

> **Blüten duften**
> **braucht viel Sonne**
> **im Mittelmeerraum gibt es weitere Wildtulpen-Arten**

6 spitze, bis 7 cm lange Blütenblätter

gelb, außen oft grünlich

Tulpenblüten öffnen sich nur tagsüber an schönen Tagen, nachts schließen sie sich. Die Bewegung entsteht, indem die Außen- und Innenseiten der Blütenblätter unterschiedlich stark wachsen. So werden die Blüten größer. Gleichzeitig verlängern sich auch die Stängel. Sind die Blüten voll ausgewachsen, hören die Bewegungen auf.

1 endständige Blüte

Narbe schmäler als der Fruchtknoten

6 Staubblätter

Staubfäden am Grund dicht behaart

Stängel aufrecht

2–4 bis 2 cm breite, etwas fleischige Blätter

**468**

---

# Sumpf-Schwertlilie
*Iris pseudacorus* (Schwertliliengewächse)
H 50–100 cm   Mai–Juni   Staude

**Vorkommen** Ufer von Teichen, verschmutzten Bächen, Gräben. Wald- und Wiesensümpfe. Fast ganz Europa.

> **braucht nassen Boden**
> **heißt auch „Gelbe Iris"**
> **ist eine Giftpflanze und führt zu Erbrechen und Durchfall**

3 aufgerichtete kurze Blütenblätter

blütenblattartige Griffel

3 nach unten geschlagene Blütenblätter

bis über 3 cm breit

In der Irisblüte bilden jeweils 1 Blütenblatt, 1 Staubblatt und 1 Griffelblatt eine Einheit. Bestäuber reagieren auf die 3 Teile wie auf getrennte Blüten, die sie nacheinander besuchen müssen.

Blütenstand mit 4–12 Blüten

Stängel etwas zusammengedrückt

Blätter lineal, 1–3 cm breit

# Gewöhnliche Osterluzei

*Aristolochia clematitis* (Seitwächse)
H 30–70 cm   Mai–Juni   Staude   ⚲

Osterluzei wird wegen der Giftigkeit heute in der Schulmedizin und Volksheilkunde nicht mehr verwendet. Dabei war sie seit altägyptischer Zeit eine begehrte Heilpflanze. Sie wirkt immunstimulierend und diente vor allem als Wundheilmittel. Daneben galt sie stets auch als Zauberpflanze und ist noch heute Bestandteil der geweihten Mariä-Himmelfahrts-Sträuße.

**Vorkommen** Heimat Südosteuropa bis Südostasien, in Mitteleuropa auf trockenen, sonnigen Standorten selten verwildert.

> zeigt ehemalige Weinberge an
> Stängel hin und her gebogen

Blüte als Fliegenfalle

Sperrhaare

2–8 Blüten in den Blattachseln

Blätter herzförmig

Blüte 3–8 cm lang

469

---

# Gelber Eisenhut

*Aconitum lycoctonum* (Hahnenfußgewächse)
H 50–150 cm   Juni–Aug.   Staude   ⚲

Beim Eisenhut kommen die Bestäuber nur sehr schwer an den Nektar. Der Blüteneingang ist schwer zugänglich, sodass nur langrüsselige Hummeln die Blüten bestäuben können. Kurzrüsselige Hummeln beißen oft den Helm am oberen Ende an. Früher stellte man aus der Pflanze Giftköder für Wölfe und Füchse her.

Blüten in Trauben

**Vorkommen** Schlucht- und Auenwälder, feuchte, staudenreiche Standorte. Alpen, Gebirge in Mittel- und Südeuropa bis auf 2300 m.

> braucht ausreichend Feuchtigkeit
> heißt auch „Wolfs-Eisenhut"
> tödlich giftig

Helm etwa 3-mal so hoch wie breit, flaumig behaart

Blüten 1,5 bis 2 cm hoch

Blüte längs geschnitten

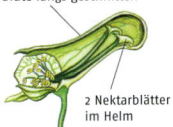

2 Nektarblätter im Helm

Blüte blassgelb

# Wildes Stiefmütterchen

*Viola tricolor* (Veilchengewächse)
H 10–40 cm   April–Sept.   einjährig   Staude

Sporn am
unteren Kronblatt

**Vorkommen** Böschungen, Wald-, Wiesen- und Wegränder, grasige Hänge, Brachflächen. Ödflächen. Fast ganz Europa.

> **Blüten können auch ganz gelb oder gelbweiß sein**
> **das ähnliche Acker-Stiefmütterchen hat kleinere Blüten mit größerem Kelch**

Blüten
1,5–3 cm groß

einzeln auf
3–8 cm langen
Stielen

Für den deutschen Namen „Stiefmütterchen" gibt es ein Märchen, nach dem das große Kronblatt die Stiefmutter ist, die auf zwei Stühlen (zwei der Kelchblätter) sitzt. Ihre eigenen Töchter sitzen ihr zur Seite auf je einem Stuhl, die beiden Stieftöchter teilen sich den kleinsten Stuhl. Sie trauern deshalb in Violett.

obere beide Kronblätter
meist blauviolett

seitliche
aufwärts-
gerichtet

Kelchblätter
deutlich kürzer
als die Krone

untere Kronblätter gelb,
mit Strichmuster

Blattrand
mit einigen
Kerben

zahlreiche
kugelige
Samen

Frucht öffnet sich
mit 3 Klappen

# Gewöhnlicher Wundklee

*Anthyllis vulneraria* (Schmetterlingsblütengewächse)
H 15–30 cm   Mai–Aug.   Staude

**Vorkommen** Magerrasen, magere Weiden, Straßenränder, Ödland. Häufig auf Kalk. Fast ganz Europa bis Vorderasien, Nordafrika.

> **Pflanze seidig behaart**
> **gelbe neben verblühten braunen Blüten im Köpfchen**

Wie der deutsche Name andeutet, galt diese Art früher als heilend bei offenen Wunden. Man legte die zerquetschten Blüten auf oder wusch die Wunde mit dem Aufguss. Die Blüten wurden ausschließlich in der Volksmedizin geschätzt. Der Wundklee half angeblich bei Geschwüren, offenen Beinen und Frostbeulen, wurde aber auch als Tee bei Entzündungen im Mund- und Rachenraum getrunken.

Stängelblätter
gefiedert

Kelche zottig behaart

10–30 Blüten
im Köpfchen

# Echter Steinklee
*Melilotus officinalis* (Schmetterlingsblütengewächse)
H 30–100 cm   Juni–Sept.   zweijährig

Der seit der Antike bekannte Steinklee wird noch immer zu Arzneimitteln verarbeitet, die bei Venenerkrankungen, zur Nachbehandlung von Thrombosen, bei Hämorriden und Krampfadern verordnet werden. In der Volksheilkunde trank man den Tee gegen Krampfadern, Hämorriden, Husten und legte getränkte Umschläge auf geschwollene Beine und Gelenke. Die Homöopathie nutzt ihn bei Migräne und Nasenbluten.

Trauben
4–10 cm lang

Blätter 3-zählig

**Vorkommen**
*Unkrautbestände,
Wege, Bahndämme,
Steinbrüche, Ödland.
Europa, Asien.*

> bis zu 70 Blüten in
> einem Blütenstand
> Flügel der Blüten länger als das Schiffchen
> rundlich eiförmige
> Hülsenfrucht

Blüte 5–7 mm lang

471

# Gewöhnlicher Hornklee
*Lotus corniculatus* (Schmetterlingsblütengewächse)
H 5–40 cm   Juni–Aug.   Staude

Wissenschaftlich heißt der Hornklee Lotus, so hießen im Altertum viele Pflanzen, die essbare Früchte lieferten. Auch die Früchte eines Hornklees aus Südeuropa wurden verzehrt. Der Gewöhnliche Hornklee eignet sich jedoch nur als Viehfutter. Die bei Wandfarben als „Lotuseffekt" bezeichnete Fähigkeit, Schmutz abzustoßen, bezieht sich nicht auf Hornklee, sondern auf ein Seerosengewächs.

Blatt mit 5 Fiedern

untere Fiedern
sitzen meist
am Stängel

Dolden mit 3–8 Blüten

besonders Knospen
oft rot überlaufen

gerade
Hülsenfrüchte,
1,5–3 cm lang

**Vorkommen** *Wiesen,
Weiden, Halbtrockenrasen, Gebüsch- und
Wegränder, Böschungen. Von der Ebene
bis auf über 3000 m.
Ganz Europa.*

> Wurzeln reichen bis
> 1 m tief
> liefert gutes Viehfutter
> dient vielen Wildbienen als Nahrungspflanze

1–2 cm lange
Schmetterlingsblüte

# Wiesen-Platterbse

*Lathyrus pratensis* (Schmetterlingsblütengewächse)
H 30–100 cm    Juni–Aug.    Staude

Die schwarzen Früchte heizen sich an warmen Sonnentagen stark auf und trocknen aus. Dabei entstehen Spannungen, bis die Frucht an Nahtstellen aufreißt, sich blitzschnell einrollt und die Samen dabei fortschleudert.

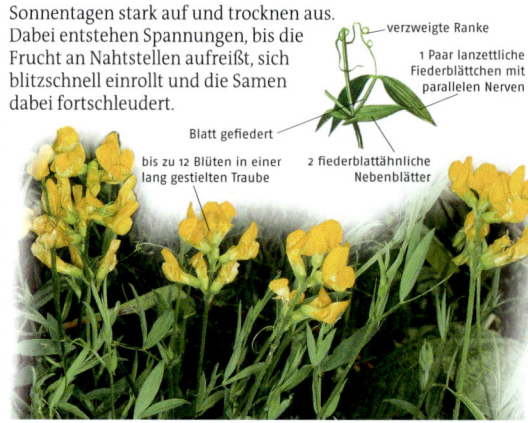

verzweigte Ranke

1 Paar lanzettliche Fiederblättchen mit parallelen Nerven

Blatt gefiedert

bis zu 12 Blüten in einer lang gestielten Traube

2 fiederblattähnliche Nebenblätter

1–1,5 cm lange Schmetterlingsblüte

# Kleinblütiges Springkraut

*Impatiens parviflora* (Balsaminengewächse)
H 30–60 cm    Juni–Sept.    einjährig

Blatt kahl

Rand spitz gezähnt

1837 säten Gärtner das Kleinblütige Springkraut in Dresden aus, Ende des 19. Jahrhunderts hatte es sich bereits über ganz Deutschland ausgebreitet. Nur mit seinem Schleudermechanismus (s. folgende Art) hätte es dies wohl nicht geschafft. Der Mensch half unfreiwillig mit, da die nassen Samen klebrig sind und in Reifenprofilen hängen blieben.

wenige Blüten in aufrechten Trauben

Stängel aufrecht

Blüte um 1 cm lang, trichterförmig, blassgelb

gerader Sporn

im Schlund mit rotem Muster

# Großblütiges Springkraut

*Impatiens noli-tangere* (Balsaminengewächse)
H 30–100 cm   Juli–Aug.   einjährig

Springkräuter haben speziell aufgebaute Fruchtkapseln. Während der Reife baut sich in ihnen eine Spannung auf. Ist diese ausreichend hoch, platzen die Früchte bei der leichtesten Berührung von selbst auf und schleudern die Samen dabei bis über 3 m weit weg.

> *einzige heimische
> Springkraut-Art*
> *braucht Schatten und
> Feuchtigkeit*
> *wächst oft in Gruppen*

geöffnete Frucht mit
aufgerollten Klappen

Frucht 2–3 cm
lang

Blüten hängen in
den Blattachseln

Blüten
2,5–3 cm lang

oft Tröpfchen an
den Blattzähnen

Blüte
trichterförmig

mit roten
Punkten

Sporn an der Spitze
hakig gekrümmt

473

# Bunter Hohlzahn

*Galeopsis speciosa* (Lippenblütengewächse)
H 50–100 cm   Juni–Okt.   einjährig

Die hohlen Zähne auf der Unterlippe der Blüte dienen als Führungsschiene für Insekten, besonders langrüsselige Hummeln: Diese müssen ihren Kopf zwischen den Zähnen hindurch in den Schlund stecken, um an den Nektar im Grund der Röhre zu gelangen. Auf diese Weise berühren sie sowohl die Narbe wie auch die Staubblätter und bestäuben so die Blüte.

> *zeigt Stickstoff im
> Boden an*
> *braucht viel
> Feuchtigkeit*
> *blüht auch im Schatten*

violette Zeichnung

Lippenblüten
2,2–3,5 cm lang

Blüten quirlartig in
den Blattachseln

Blätter
gekreuzt
gegenständig

borstig
behaart

Stängel
4-kantig

Oberlippe helmförmig

Unterlippe mit
2 kegelförmigen,
hohlen Zähnen

stachelig begrannte
Kelchzähne

# Klebriger Salbei

*Salvia glutinosa* (Lippenblütengewächse)

H 40–80 cm   Juli–Okt.   Staude

Die Staubblätter liegen in der Oberlippe der Blüte verborgen. Erst wenn man z. B. einen Grashalm in die Blüte einführt und ein Gelenk berührt, bewegen sie sich heraus. Die klebrigen Haare der Pflanze hindern vor allem kleine flügellose Insekten wie Ameisen, die diesen Mechanismus nicht auslösen können, daran, den Stängel hinaufzuklettern und von dem Nektar der Blüten zu naschen.

dicht drüsig behaart

Blüten in Quirlen übereinander am Stängelende

hohe, seitlich zusammengedrückte Oberlippe

hellgelbe, 3–4 cm lange Lippenblüte

Spreite am Grund pfeilförmig

oft kleben kleine Insekten an der Pflanze

langer Blattstiel

474

# Gewöhnliche Goldnessel

*Lamium galeobdolon* (Lippenblütengewächse)

H 15–80 cm   Mai–Juli   Staude

Blätter gekreuzt gegenständig

In Gärten wächst meist die Form mit silberweißen Flecken auf den Blättern, die „Silberblättrige Goldnessel". Diese verwildert oft in der Nähe der Siedlungen. Die Flecken erscheinen dadurch, dass die Blattoberhaut dem Blattgewebe nicht direkt anliegt. Es befindet sich Luft dazwischen, die das Licht reflektiert. Die Goldnessel eignet sich auch als Zimmerpflanze.

Oberlippe helmförmig

Unterlippe 3-teilig, mit Strichmuster

Blüten quirlartig in den Blattachseln

hell- bis goldgelbe, 1,5–2,5 cm lange Lippenblüten

Blätter oft mit silberweißen Flecken

Rand gezähnt

# Strauchiges Brandkraut

*Phlomis fruticosa* (Lippenblütengewächse)

H 50–130 cm   April–Juli   Strauch

Nur sehr schwere Insekten wie große Hummeln oder Holzbienen können die Unterlippe der Blüte hinunterdrücken, um den Nektar am Blütengrund zu erreichen. „Brandkraut" weist darauf hin, dass sich die Pflanze auf Brandflächen in Massen entwickeln kann. Die Früchte besitzen eine sehr feste Wand, wodurch sie widerstandsfähig gegen Feuer sind.

**Vorkommen** Buschgebiete, felsige Flächen, offene Standorte, Kahlschläge. Auch als Zierstrauch in Gärten und von dort verwildert. Mittelmeerraum.

> *immergrüner Blütenstrauch*
> *wird vom Vieh gemieden*
> *weitere ähnliche Arten im Mittelmeergebiet*

Oberlippe helmförmig

Blütengewebe sehr fest

2,5–3,5 cm lange Lippenblüte

auffällige Quirle mit bis über 30 Blüten

Blätter gegenständig grau behaart, runzlig

475

# Gewöhnliches Leinkraut

*Linaria vulgaris* (Braunwurzgewächse)

H 20–70 cm   Juni–Okt.   Staude

Im Mittelalter und der frühen Neuzeit diente das Leinkraut als Abwehrzauber: Es wurde in die Wiege gelegt und sollte Kinder vor „angezauberten" Krankheiten schützen. Die Volksheilkunde verwendete das Leinkraut als harntreibendes und Abführmittel und als Salbe auch gegen Hämorriden und Hautunreinheiten. Alte Kräuterbücher nennen es als Heilmittel gegen Leber- und Milzleiden.

**Vorkommen** Unkrautbestände, Äcker, Eisenbahndämme, Straßenränder, Ödland. Europa, Westasien.

> *Stängel aufrecht, kaum verzweigt*
> *Blüten mit gewölbtem Buckel, der den Schlund verschließt*

Blüte 2–3,5 cm lang

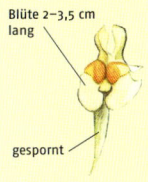

Unterlippe mit Buckel

Stängel dicht beblättert

gespornt

Blätter sehr schmal

# Wald-Wachtelweizen

*Melampyrum sylvaticum* (Braunwurzgewächse)
H 10–35 cm   Juni–Sept.   einjährig

Blüten meist zu zweit, nach einer Seite orientiert

Blüte bis 1 cm lang

Die Samen sind für Ameisen sehr interessant: Zum einen tragen sie einen nährstoffreichen Ölkörper, zum anderen ähneln sie in Größe und Form den Ameisenpuppen. Kein Wunder also, dass Ameisen sie in ihre Nester schleppen und so für die Ausbreitung sorgen. Oft keimen die Samen sogar direkt in den Ameisennestern.

Blätter gegenständig, lanzettlich

ölhaltiges Anhängsel

Rand glatt

Samen etwa 0,5 cm groß

4-teiliger Kelch

Oberlippe filzig behaart

Unterlippe 3-zipfelig

# Junkerlilie

*Asphodeline lutea* (Affodillgewächse)
H 40–100 cm   April–Juni   Staude

Der Teil „*lutea*" des wissenschaftlichen Namens bedeutet „gelb" und bezieht sich sowohl auf die Farbe der Blüten wie auch auf die der Wurzeln. Als die Pflanze in der Renaissance als Zierpflanze aus dem Mittelmeergebiet nach Deutschland kam, nannte man sie zuerst *Hastula regia*, was so viel wie „Königsspießchen" heißt. Der Name „Junkerlilie" bürgerte sich erst ab dem 19. Jahrhundert ein.

dichte, 10–15 cm lange Traube

2–3 cm große Blüten

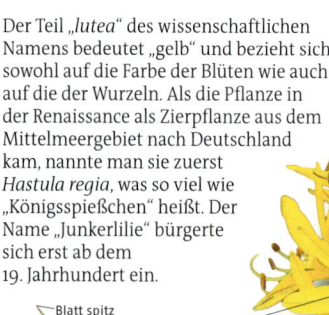

6 etwas ungleiche Blütenblätter

Mittelnerv grün

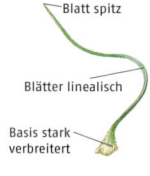

Blatt spitz

Blätter linealisch

Basis stark verbreitert

# Gewöhnlicher Wasserschlauch

*Utricularia vulgaris* (Wasserschlauchgewächse)
H 15–35 cm   Juni–Aug.   Staude

Die Fangblasen haben eine Klappe mit abstehenden Borsten. Berührt ein kleines Wassertier, etwa ein Wasserfloh, die Borsten, öffnet sich die Klappe. Ein Wassersog zieht das Tier in die Blase hinein. Dann schließt sich die Klappe wieder und das Tier wird im Innern verdaut. Über diesen Mechanismus versorgt sich die Pflanze mit zusätzlichen Nährstoffen.

je 4–25 Blüten

blühende Stängel ragen aus dem Wasser

Blätter in fadenförmige Zipfel geteilt

Borsten

zahlreiche Fangblasen

1–4 mm lange Fangblase

**Vorkommen** *Zwischen Seerosen oder im lichten Schilf in stehenden oder höchstens langsam fließenden, meist kalkarmen Gewässern. Ganz Europa.*

> **fleischfressende Pflanze**
> **fällt nur zur Blütezeit auf**
> **schwimmt meist frei im Wasser**

Krone 13–30 mm lang, goldgelb

Unterlippe sattelförmig

477

---

# Gelber Frauenschuh

*Cypripedium calceolus* (Orchideengewächse)
H 15–50 cm   Mai–Juni   Staude

Stängel beblättert

Die Unterlippe der Blüte wirkt wie eine Fallgrube. Insekten, die nach Nektar suchen, purzeln hinein. Um aus dem rutschigen Inneren hinauszukommen, müssen sie sich durch enge Öffnungen hinauszwängen. Dabei laden sie mitgebrachten Blütenstaub ab oder nehmen neuen mit.

1–3 Blüten an jedem Stängel

Blatt breit–elliptisch

Blattnerven parallel

**Vorkommen** *Wälder mit grasigem oder krautigem Unterwuchs, Gebüsch. Im Halbschatten. Selten. Mittel- und Nordeuropa.*

> **heimische Orchidee mit den größten Blüten**
> **erst mindestens 16 Jahre alte Pflanzen blühen**
> **stark gefährdet**

Blütenblätter purpurbraun, bis 6 cm lang

bauchig aufgeblasene, 3–4 cm lange Lippe

# Kleine Wasserlinse
*Lemna minor* (Wasserlinsengewächse)
H 2–4 mm Mai–Juni    Staude

**Vorkommen** *Überall häufige Art in nähr-stoffreichen Tümpeln, Teichen und Gräben sowie in windge-schützten Seebuchten.*

> auch „Entenflott" oder „Entengrütze" genannt
> pro Glied nur 1 Wurzel
> Überwinterung auf dem Gewässergrund

Wasserlinsen vermehren sich fast ausschließlich ungeschlecht-lich durch Sprossung, die Tochterglieder bilden dann selbst neue Glieder. Infolge dieser Vermehrung können Wasserlinsen in kurzer Zeit einen dichten grünen Teppich auf dem Wasser bilden, der ein beliebtes Futter für Gänse und Enten ist. Wasservögel verbreiten die Pflanzen von einem Gewässer zum nächsten, wenn diese im Gefieder hängen bleiben.

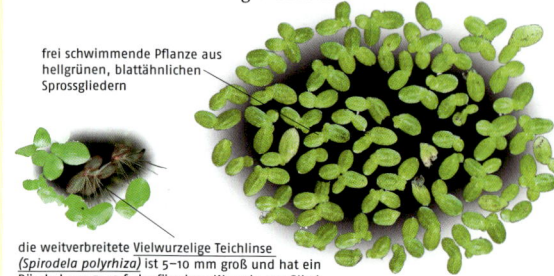

frei schwimmende Pflanze aus hellgrünen, blattähnlichen Sprossgliedern

2 männliche und 1 weibliche Blüte von Hüllblatt umgeben

die weitverbreitete Vielwurzelige Teichlinse (*Spirodela polyrhiza*) ist 5–10 mm groß und hat ein Büschel von 5–15 fadenförmigen Wurzeln pro Glied

478

# Wasserstern
*Callitriche spec.* (Wassersterngewächse)
H 5–40 cm   Mai–Okt.   Staude

**Vorkommen** *In fla-chen, nährstoffreichen stehenden oder träge fließenden Kleinge-wässern. Als Land- oder Uferformen auch am Gewässerrand, auf feuchten Waldwegen und -pfützen.*

> bildet schwimmende Polster
> Schwimmblätter rosettig gehäuft
> mehrere einander sehr ähnliche Arten

Wassersterne werden gern zur Gartenteich-Bepflanzung verwendet: Die Pflanze wird direkt in den Gewässerboden eingepflanzt. Die Pflanze breitet sich schnell aus und muss daher regelmäßig ausgedünnt werden. Wassersterne produzieren selbst unter einer Eisdecke noch Sauerstoff und verbessern somit die Wasserqualität. Durch Teilung lässt sich die Pflanze problemlos vermehren.

Blätter gegenständig

Stängel fadenförmig dünn

sternförmige Blattrosetten

winzige, unscheinbare Blüten in den Blattachsen

# Kanadische Wasserpest

*Elodea canadensis* (Froschbissgewächse)
H 30–60 cm   Juni–Aug.   Staude

Vor etwa 150 Jahren wurde die Wasserpest aus Nordamerika nach Europa eingeschleppt, wo sie sich schnell und in so ungeheuren Massen ausgebreitet hat, dass sie anfänglich Schifffahrt und Fischfang behinderte, Wasserabflüsse und Schleusen verstopfte und so zur Plage wurde (daher der Name „Wasserpest"). Die Vermehrung der Wasserpest erfolgt in unseren Gewässern ausschließlich ungeschlechtlich, jedes Bruchstück eines Zweiges vermag einen neuen Bestand zu gründen.

*Vorkommen* Häufig *in ganz Europa in nährstoffreichen stehenden und fließenden Gewässern auf schlammigem oder sandigem Grund.*

> *untergetauchte Wasserpflanze*
> *blüht sehr selten*
> *Blüte ragt über Wasserspiegel heraus*

Blüte an fädigem, 10–20 cm langem Blütenstiel

Blätter sitzend
Sprosse dicht beblättert

6–12 mm lange Blätter in Dreierquirlen

Blüte klein, etwa 5 mm lang

479

# Tannenwedel

*Hippuris vulgaris* (Tannenwedelgewächse)
H 10–50 cm   Mai–Aug.   Staude

Der Tannenwedel ist gegen Wasserverschmutzung empfindlich und verschwindet in belasteten Gewässern. Der Name bezieht sich auf den Wuchs, der einem kleinen Tannenbäumchen ähnelt. Alte Namen weisen auch auf eine Ähnlichkeit mit dem Schachtelhalm hin, mit dem der Tannenwedel aber genauso wenig verwandt ist wie mit der Tanne.

*Vorkommen* Wasser-*pflanze in stehenden oder langsam fließenden Gewässern mit max. 2 m Tiefe. Auch an Ufern. Ganz Europa.*

> *blüht sehr unscheinbar*
> *wächst meist in größeren Gruppen*
> *benötigt saubere, kühle, nährstoffreiche Gewässer*

Blätter um 1 mm breit

Stängel unverzweigt

Blätter in Quirlen zu 8–12, steif abstehend

Blüten winzig, sitzen in den Blattachseln

1 Staubblatt

1 Narbe

wulstartige Blütenhülle

# Quirlblättriges Tausendblatt

*Myriophyllum verticillatum* (Tausendblattgewächse)
H 50–200 cm   Juni–Sept.   Staude

**Vorkommen** *Unter Wasser wachsend, zwischen anderen Wasserpflanzen in stehenden und langsam fließenden Gewässern in bis zu 3 m Wassertiefe.*

> *frei flutend oder im Boden wurzelnd*
> *beliebt bei Garten-teichbesitzern, weil ausgesprochen gute Sauerstofflieferanten*

Der deutsche und der wissenschaftliche Gattungsname beziehen sich auf die unzähligen Blattfiedern. Im Herbst beginnt die Pflanze zu zerfallen und sich aufzulösen, die verdickten Endknospen der Stängel sinken ab und überwintern als sogenannte „Winterknospen" am Grund der Gewässer. Im Frühjahr wachsen sie wieder zu ganzen Pflanzen heran.

5-zählige Quirle aus 2–5 cm langen, kammartig gefiederten Blättern

Blütenähre ragt aus dem Wasser

ähnlich ist das Ährige Tausendblatt *(M. spicatum)*; die kammförmig gefiederten Blätter stehen hier in 4-zähligen Quirlen

unscheinbare, kleine Blüten in den Blattachseln

480

# Raues Hornblatt

*Ceratophyllum demersum* (Hornblattgewächse)
H 50–200 cm   Juni–Sept.   Staude

**Vorkommen** *Unter Wasser wachsende, häufige Wasser-pflanze in stehenden oder langsam flie-ßenden, nährstoff-reichen Gewässern.*

> *blüht unter Wasser*
> *fühlt sich rau an*
> *beliebt für Garten-teiche und Aquarien*

7–12 Blätter in Quirlen stehend

Das Hornblatt bildet unter Wasser kleine unscheinbare Blüten aus, deren Pollen durch die Wasserbewegungen übertragen werden. Dies geschieht jedoch nur selten, hauptsächlich findet die Vermehrung ungeschlechtlich durch Ableger statt, bei der selbst kleinste Bruchstücke zu neuen Pflanzen heranwachsen.

Blätter starr und leicht zerbrechlich

Blüten in den Blattachseln

Blätter 1–2-mal gabelig gespalten

unscheinbare, weibliche Blüte mit Narbe

# Krauses Laichkraut

*Potamogeton crispus* (Laichkrautgewächse)
H 40–200 cm   Mai–Sept.   Staude

Winterknospe

Neben der Vermehrung durch Samen findet noch eine ausgiebige unge-schlechtliche (vegetative) Vermehrung der Pflanze statt – aus jedem abgebro-chenen Zweig kann eine neue Pflanze entstehen. Im Herbst reifen Winter-knospen mit dicken, kräftig bedornten Blättern heran. Diese sinken zu Boden und bilden im Frühjahr neue Pflanzen, während der Rest der Pflanze abstirbt.

4-kantiger Stängel oft rötlich überlaufen

Blätter schmal-länglich, 4–6 cm lang, 0,5–1 cm breit, am Rand wellig gekraust

**Vorkommen** *Weit verbreitet und meist häufig in nährstoff-reichen, schlammigen stehenden oder langsam fließenden Gewässern in bis zu 4 m Wassertiefe.*

> **bildet an seinen Stand-orten dichte Bestände**
> **alle Blätter unter Wasser**
> **bietet Jungfischen Schutz**

etwa 2 cm lange Blüten-ähre mit kleinen unscheinbaren Blüten ragt aus dem Wasser

 481

---

# Schwimmendes Laichkraut

*Potamogeton natans* (Laichkrautgewächse)
H 60–150 cm   Juni–Aug.   Staude

Die Oberfläche der schwimmenden Blätter weist durch einen Ölfilm das Wasser ab. Früher sammelten Bauern die verdick-ten, stärkereichen Wurzelstöcke und nutzten sie besonders zur Schweinemast. In Gartenteichen wächst die Pflanze zu dichten Beständen, die meist schon bald ausgelichtet werden müssen, da sonst kaum noch Licht ins Wasser gelangen kann.

Blütenstände ragen empor

breit elliptische bis fast runde Blätter

Blüten nach allen Seiten orientiert

dichte, bis 8 cm lange Ähre

**Vorkommen** *Weiher, Tümpel, Seebuchten, Altwässer. Oft zwischen anderen Schwimm-blattpflanzen wie Seerosen. Ganz Europa.*

> **wächst ziemlich rasch**
> **Blätter schwimmen auf der Wasseroberfläche**
> **kann größere Wasser-flächen bedecken**

4 grüne rautenförmige Blätter

Staubblätter im Innern verborgen

# Ästiger Igelkolben

*Sparganium erectum* (Igelkolbengewächse)
H 30–50 cm   Juni–Aug.   Staude

Die reifen Früchte in den morgensternartigen Fruchtköpfchen können bis zu 12 Monate im Wasser schwimmen und so auch weit entfernte Standorte erreichen. Die Blätter enthalten reichlich spitze, nadelförmige Kristalle, die als wirksamer Fraßschutz dienen.

oben kugelige männliche Köpfchen

weibliche Blüte mit herausragender Narbe

männliche Blüte mit 3 Staubblättern

Blütenstand verzweigt

unten weibliche Köpfchen

Blütenblätter winzig

weibliche Köpfchen morgensternartig

Blätter grasartig, 1–1,5 cm breit

# Breitblättriger Rohrkolben

*Typha latifolia* (Rohrkolbengewächse)
H 100–200 cm   Juli–Aug.   Staude

Rest des männlichen Kolbens

Heute verwendet man nur noch die als „Schilfzigarren" bezeichneten Fruchtstände für Trockengestecke. Früher jedoch verfütterten Bauern die stärkereichen Wurzelstöcke an Schweine oder verwendeten sie gemahlen in Notzeiten zum Strecken von Brotmehl.

männliche Blüte mit Staubblättern

Einzelblüte winzig

dünne Fäden am Stiel

weiblicher Fruchtkolben 2–3 cm dick, braun

Blätter 1–2 cm breit, steif aufrecht, graugrün

große Narbe

weibliche Blüte mit Fruchtknoten

# Europäische Haselwurz

*Asarum europaeum* (Osterluzeigewächse)

H 5–10 cm   März–Mai   Staude

Früher verwendete man die Europäische Haselwurz für Niespulver und gegen Bronchitis. Die Blüten locken Pilzmücken an. Diese kleinen Insekten legen ihre Eier normalerweise in Pilze. Sie lassen sich jedoch vom Duft der Haselwurz irreführen und platzieren ihr Gelege stattdessen in deren Blüten. Dabei bestäuben sie diese.

Blatt nierenförmig bis rundlich, ledrig fest

oben glänzend dunkelgrün

langer, verzweigter, kriechender Wurzelstock

kurz gestielt

Blüten sitzen am Ende des Stängels

Blüte außen grünlich, innen rotbraun

3–4 feste Zipfel

# Gefleckter Aronstab

*Arum maculatum* (Aronstabgewächse)

H 15–40 cm   April–Juni   Staude

Das Hüllblatt bildet eine Kesselfalle. Es entfaltet sich am Abend, der Kolben verströmt einen harnartigen Geruch und lockt kleine Schmetterlingsmücken an. Diese rutschen in den Kessel und bestäuben die weiblichen Blüten. Die Staubbeutel der männlichen Blüten öffnen sich erst später. Die Reusen- blüten halten die Mücken im Kol- ben gefangen und entlassen sie, mit Blütenstaub bepudert, erst am nächsten Abend – rechtzei- tig, um in den nächsten Kessel zu fallen.

Hüllblatt tütenförmig eingerollt

keulenartiger Kolben

Blüten im Kessel verborgen

Fruchtstand mit leuchtend roten Beeren

borstige, sterile Reusenblüten

noch geschlossene männliche Blüten

Abschnitt mit weiblichen Blüten

# Große Brennnessel

*Urtica dioica* (Brennnesselgewächse)
H 30–15 cm   Juli–Okt.   Staude

In der Volksheilkunde taucht sie als Mittel gegen Rheuma, Gicht, Lähmungen und Hautkrankheiten auf. In der Tat regen die Wirkstoffe in den Blättern die Harnausscheidung an. Daher wird Brennnesseltee auch von der modernen Pflanzenmedizin zur Durchspülung bei entzündeten ableitenden Harnwegen empfohlen.

männliche
Blütenstände
aufrecht

Blätter mit Brennhaaren

weibliche
Blütenstände
hängend

# Kurzähren-Queller

*Salicornia europaea* (Gänsefußgewächse)
H 5–30 cm   Aug.–Okt.   einjährig

Der Kurzähren-Queller gehört zu den wenigen Pflanzen, die zum Keimen und für ein optimales Wachstum Salz benötigen. Sein fleischiges Aussehen erhält er durch Salz- und Wassereinlagerung. Gelegentlich verwendet man heute die Pflanze als salzig-würzige Salatbeigabe.

Stängel und Äste
dickfleischig

blühende
Zweigenden
zapfenartig
verdickt

herausragende
Staubblätter

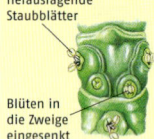

Blüten in
die Zweige
eingesenkt

knotig gegliedert,
ohne Blätter

# Wald-Bingelkraut

*Mercurialis perennis* (Wolfsmilchgewächse)
H 15–30 cm  April–Mai  Staude  ☠

Das Kraut wird bereits im 4./5. Jahrhundert v. Chr. als abführend und harntreibend erwähnt. Der wissenschaftliche Gattungsname Mercurialis verweist auf den römischen Gott Merkur, der die Heilkraft des Bingelkrauts erkannte. Bei den Germanen war es Wotan geweiht. Für einen Zauber musste das Kraut am Wotanstag (Mittwoch) ausgegraben werden.

männlicher Blütenstand in den oberen Blattachseln

Blätter oval, gezähnt

Blüten fast sitzend

Einjähriges Bingelkraut

Stängel unverzweigt

Stängel verzweigt

> 
> 

**Vorkommen**
*Krautreiche Wälder. Auf feuchten Böden. Europa, Südwest-asien.*

**zeigt Grundwasser im Boden an**
**männliche und weibliche Blüten auf unterschiedlichen Pflanzen**

weibliche Blüte mit dickem Fruchtknoten

# Spitz-Wegerich

*Plantago lanceolata* (Wegerichgewächse)
H 10–50 cm  Mai–Sept.  Staude

Staubblätter gelblich, lang herausragend

Blütenähre 1 cm lang

Die Blätter des Spitzwegerichs sind vielerorts als Hausmittel gegen Insektenstiche und kleine Wunden bekannt: Der frische Presssaft wirkt antibakteriell und verhindert Entzündungen. Die getrockneten Blätter werden als Tee bei Katarrhen der Atemwege und Entzündungen im Mund- und Rachenraum getrunken, sie gibt es auch als Fertigpräparat.

**Vorkommen**
*Fettwiesen, Weiden, Parks, Ödland, Äcker, Wegränder. Europa, Asien.*

**Blütenähre auf fünf-furchigem Stängel**
**Blätter in grund-ständiger Rosette**

Blätter mit 3–7 Nerven

Einzelblüte 2–4 mm lang

# Breit-Wegerich
*Plantago major* (Wegerichgewächse)
H 5–40 cm   Juni–Okt.   Staude

**Vorkommen** *Wege, Plätze und Pflaster-fugen, Rasen, Ödland. Weltweit.*

> **Pionierpflanze, die sogar Trittbelastung verträgt**
> **Rosettenblätter oft aufgerichtet**

Der Breit-Wegerich wird in der Volksheilkunde seltener verwendet als sein schmalblättriger Verwandter (s. S. 485). Eingesetzt werden die Samen als Abführmittel und die Blätter bei Husten und als Wundmittel. Dafür verordnet ihn die Homöo-pathie bei unterschiedlichen Indikationen, unter anderem Hautausschlägen, Bettnässen, Wundschmerzen, Mittelohr-entzündung.

Blütenähre bis 10 cm lang

Blätter oval

Rosettenblätter gestielt

486 🍀

# Strand-Wegerich
*Plantago maritima* (Wegerichgewächse)
H 15–40 cm   Juli–Okt.   Staude

**Vorkommen** *Häufig in Küstennähe auf Salz-wiesen, am Strand und an Felsküsten, außerdem an salzbe-einflussten Standorten im Binnenland.*

> **Blätter in Grundrosette**
> **erträgt hohe Salz-konzentrationen**
> **Keimlinge sind im Frühjahr wichtige Nah-rung für Ringelgänse**

Die jungen Blätter und Sprosse der Pflanze schmecken salzig und können sowohl roh als auch gekocht als Wildgemüse oder im Salat verzehrt werden. Im Friesischen nennt man diese Pflanze auch Sudden und ein daraus zubereitetes traditionelles Gericht wird entsprechend Suddenkohl genannt.

Blüten in end-ständiger Ähre

aufgeblühte Blüten ring-förmig um die Ähre zwischen den ver-blühten und den noch knospenden Blüten

lange gelbe Staubbeutel

Blüten 4–5 mm lang

fleischige, schmale Blätter

# Stinkende Nieswurz

*Helleborus foetidus* (Hahnenfußgewächse)

H 30–80 cm   März–Mai   Staude   🕷

Die Blütenknospen entwickeln sich bereits im Herbst, öffnen sich aber erst im Frühjahr. Bei der Stinkenden Nieswurz gehen die Laubblätter stufenweise in Blütenblätter über. Sie dient deshalb als Paradebeispiel, um zu zeigen, dass Blütenblätter entwicklungsgeschichtlich aus Laubblättern entstanden sind. In manchen Weingegenden hofften die Winzer nach einer reichlichen Blüte der Pflanze auf ein gutes Weinjahr.

oft viele hängende Blüten

obere Blätter heller

Spreite klein oder fehlend

Stiel verbreitert

untere Blätter mit 3–9 lanzettlichen Abschnitten

Blüte glockig

zahlreiche Staubblätter

Blütenblätter grün, am vorderen Rand oft rot

487

---

# Weißer Gänsefuß

*Chenopodium album* (Gänsefußgewächse)

H 20–150 cm   Juli–Okt.   einjährig

Heute gilt der Weiße Gänsefuß als Unkraut. Seine Samen bleiben bis zu mehreren Jahrhunderten keimfähig. Da jede Pflanze bis zu 100 000 davon bilden kann, können sich diese im Boden stark anreichern und für Massenbestände sorgen.

Blüten stehen in Knäueln

Pflanze graugrün, mehr oder weniger dicht weiß bestäubt

Blätter oft grob und unregelmäßig gezähnt

Blätter wechselständig

Blätter auch lanzettlich, ganzrandig

Blüten winzig

Blütenhülle 5-zipfelig, grün, weiß bestäubt

# Beifußblättriges Traubenkraut

*Ambrosia artemisiifolia* (Korbblütengewächse)
H 50–150 cm   Aug.–Okt.   einjährig

viele männliche
Blütenkörbchen in
blattlosen Trauben

**Vorkommen** *Unkraut-
bestände auf Schutt, in
Häfen und Gärten. Auf
warmen, nährstoff-
reichen Böden. Mittel-
und Südeuropa.*

> **stammt ursprünglich
> aus Nordamerika und
> Mexiko**
> **breitet sich bei uns aus**
> **problematischer
> Heuschnupfenauslöser**

Die Früchte waren mehrere Jahrzehnte in
Winter-Vogelfutter-Mischungen enthalten.
Die Art ist eines der wenigen
Korbblütengewächse, das vom Wind
bestäubt wird. Auf den reichlich
gebildeten Blütenstaub reagieren
in den Ursprungsländern rund
10 Prozent der Bevölkerung mit
Heuschnupfen oder Asthma.
Wissenschaftler empfehlen
deshalb, die Pflanze auszureißen.

halbkugelige
Hülle

anliegend behaart

Stängel
abstehend
behaart

Blattabschnitte
lineal-lanzettlich

5–12
Röhren-
blüten

männliche
Blütenkörbchen
nickend

Blätter doppelt
fiederspaltig

# Vierblättrige Einbeere

*Paris quadrifolia* (Dreiblattgewächse)
H 10–30 cm   Mai–Juni   Staude

**Vorkommen**
*Krautreiche, feuchte
Mischwälder,
Auwälder. Europa,
Westasien.*

> **zeigt Grund- oder
> Sickerwasser an**
> **meist 4 Blätter kreuz-
> förmig angeordnet**

Der wissenschaftliche Gattungsname *Paris* entstammt der
griechischen Mythologie, und zwar setzte man die Einbeere mit
dem berühmten Erisapfel gleich (Urteil des Paris). Wie die
Erklärung des Namens ist auch der Gebrauch dieser heute
vergessenen Heilpflanze sagenhaft: Wer die Beeren bei sich trug,
glaubte sicher vor der Pest zu sein. Verwendet wird das Kraut nur
noch in der Homöopathie bei
Kopfschmerz und Atemwegs-
entzündungen.

Blütenblätter

schwarze
Beere

2-mal 4 Blütenblätter

Beere bis 1 cm dick

# Knotige Braunwurz

*Scrophularia nodosa* (Braunwurzgewächse)
H 40–120 cm   Juni–Sept.   Staude

knollig verdickter
Wurzelstock

Die Blüte der Knotigen Braunwurz ist
eine typische Rachenblume: Man
meint geradezu, in den Rachen
eines gähnenden Tiers zu
schauen. Die Pflanze lockt
bei uns besonders Wespen
als Bestäuber an.

endständige Rispe

Blüten unscheinbar

Blätter gegenständig

Blatt eiförmig

unregelmäßig
gezähnt

Krone 7–9 mm lang,
kugelig

innen rötlich braun

# Vogel-Nestwurz

*Neottia nidus-avis* (Orchideengewächse)
H 20–50 cm   Mai–Juni   Staude

Die Vogel-Nestwurz verzichtet darauf, wie grüne Pflanzen
Kohlenhydrate mit der Energie der Sonne aus
Kohlendioxid und Wasser zu gewinnen
(Fotosynthese). So kann sie auch an
ausgesprochen dunklen Standorten
im Waldesinneren gedeihen. Sie
ernährt sich ausschließlich von
Pilzfäden, die in ihre wie ein
Vogelnest verflochtenen Wurzeln
eindringen.

Traube mit bis zu
60 hellbraunen
Orchideenblüten

übrige Blütenblätter
zusammengeneigt

zahlreiche
fleischige
Wurzeln

ganze Pflanze
hellbraun

etwa 1 cm lange,
2-spaltige Lippe

# Schilf, Schilfrohr

*Phragmites australis* (Süßgräser)
H 100–400 cm   Juli–Sept.   Staude

**Vorkommen** *Häufig und über ganz Europa verbreitet am Ufer stehender und langsam fließender Gewässer, auch in Auwäldern und auf Sumpfwiesen.*

> *mit weit kriechenden, ober- und unterirdischen Wurzelausläufern*
> *dringt bis in 2 m tiefes Wasser vor*
> *dient in Norddeutschland zum Decken von Reetdächern*

Blüten in einer 20–50 cm langen, oben meist etwas überhängenden Rispe

Schilfgürtel umgeben oftmals ganze Gewässer und bilden hier einen eigenen, ökologisch sehr wertvollen Lebensraum. Allein in der Vogelwelt sind viele Enten-, Gänse-, Rallen-, Taucher-, Reiher- und Singvogelarten auf das Schilfröhricht als Nistplatz angewiesen und Namen wie Rohrsänger, Rohrammer und Rohrdommel weisen auf die überragende Bedeutung dieser Gräserart hin.

bräunlich violette Ährchen 10–15 mm lang mit feinen Härchen

an der Basis der Blattspreite mit weißem Haarkranz

bis 30 cm lange und 3 cm breite Blätter

# Rohr-Glanzgras

*Phalaris arundinacea* (Süßgräser)
H 50–200 cm   Juni–Aug.   Staude

**Vorkommen** *Weit verbreitet und häufig am Ufer stehender und fließender Gewässer, in Auwäldern und auf Sumpfwiesen, oft bestandsbildend.*

> *schilfartiges Gras mit langen Ausläufern*
> *Zuchtformen mit unterschiedlichen Blattzeichnungen an Gartenteichen*

Rohr-Glanzgras verträgt stark schwankende Wasserstände, schneller fließendes Wasser und heftigen Wellenschlag deutlich besser als das ansonsten konkurrenzstärkere Schilf und bildet an derartigen Standorten mitunter ausgedehnte Röhrichtzonen.

10–20 cm lange, mitunter rötlich überlaufende Blütenrispe

jedes Ährchen hat vier gekielte Hüllspelzen

Blattspreite am Grund mit großem, bis 10 mm langem Blatthäutchen (wichtiger Unterschied zum Schilf)

Stängel steif aufrecht

bis 35 cm lange und 8–15 mm breite, allmählich zugespitzte Blätter

# Wiesen-Rispengras

*Poa pratensis* (Süßgräser)
H 10–80 cm   Mai–Juli   Staude

Das Wiesen-Rispengras ist eines der am weitesten verbreiteten und am häufigsten für Rasen und Weiden gesäten Gräser Europas. In nahezu jeder Rasenmischung ist es zu einem hohen Prozentsatz enthalten. Es gilt als hervorragendes Viehfutter auf Weiden und als Heu, zudem ist es ausgesprochen trittfest und robust gegen Trockenheit, Kälte und Schnee.

reichblütige, bis zu
15 cm lange Rispe

Blätter bis
5 mm breit

Basis der Blattspreite mit etwa
2 mm langem Blatthäutchen

4–6 mm lange, seitlich
zusammengedrückte,
2–5-blütige Ährchen

# Wiesen-Knäuelgras

*Dactylis glomerata* (Süßgräser)
H 40–120 cm   Mai–Sept.   Staude

Das Wiesen-Knäuelgras oder auch Knaulgras ist ein wichtiges Weide- und Heugras, das bereits früh im Jahr austreibt und als recht ertragsreich gilt. Zur Heugewinnung sollte es allerdings früh im Jahr gemäht werden, da es im Alter ansonsten relativ hart und spröde wird und dann vom Vieh gemieden wird.

annähernd dreieckiger
Blütenstand mit dicht
zusammengeknäulten
Ährchen (Name!)

Blütenrispe
5–25 cm lang

Basis der Blattspreite mit
etwa 3–5 mm langem,
zugespitztem Blatthäutchen

untere
Rispenästchen
waagerecht
abstehend

*Vorkommen* In ganz
Europa häufig auf
Wiesen und Weiden,
an Straßen- und
Wegrändern, in
Gebüschen und auf
Waldlichtungen.

> *Pflanze gräulich grün*
> *kräftige, aufrechte
> Halme*
> *Blätter fühlen sich
> rau an*

5–9 mm lange, seitlich
zusammengedrückte,
3–5-blütige Ährchen

# Wiesen-Fuchsschwanz

*Alopecurus pratensis* (Süßgräser)
H 30–100 cm   April–Aug.   Staude

**Vorkommen** *In ganz Europa von den Ebenen bis ins Gebirge häufiges Gras auf feuchten Wiesen, an Wegen und Ufern, wird auf Weiden auch regelmäßig ausgesät.*

> **fühlt sich weich an**
> **Stängel meist aufrecht**
> **blüht als eines der ersten Gräser im Jahr**

Für die Weidewirtschaft ist der Wiesen-Fuchsschwanz eines der besten und ertragreichsten Gräser überhaupt und liefert ein wertvolles Futter. Der Name des Grases leitet sich von der Form des Blütenstandes ab, der entfernt an den Schwanz eines Fuchses erinnert.

dichter, weicher, walzenförmiger, bis 10 mm dicker und 6–10 cm langer Blütenstand

6–10 mm lange, leicht gekniete Granne

Ährchen 1-blütig, 4–6 mm lang

Basis der Blattspreite mit etwa 2–3 mm langem Blatthäutchen

# Gewöhnliche Quecke

*Elymus repens* (Süßgräser)
H 30–150 cm   Juni–Aug.   Staude

einzelnes Ährchen

**Vorkommen** *Unkrautfluren, Gärten, Äcker, Flussufer. Europa, Asien.*

> **Ausläufer treibendes Gras**
> **Ährchen in einem zweizeiligen Blütenstand**

Der englische Kräuterarzt John Gerard (1545–1612) nannte die Quecke einen „unwillkommenen Gast" auf den Feldern, dessen „medizinische Tugenden" das aber wettmachen. Sie ist harntreibend bei Entzündungen der Harnwege und wird von der Volksheilkunde unter anderem auch als Abführmittel, bei Bronchialleiden, Rheuma und Gicht empfohlen.

Ährchen seitlich abstehend

gelbe Staubgefäße

Blütenstand 10 cm hoch

Wurzelstock mit langen Ausläufern

# Strand-Hafer

*Ammophila arenaria* (Süßgräser)
H 60–110 cm   Juni–Aug.   Staude

Mit seinem reich verzweigten, tief reichenden Wurzelwerk hält der Strand-Hafer den losen Sand von angewehten Dünen fest und nimmt selbst Übersandungen nicht krumm: Dann wächst er einfach nach oben weiter. Er wird aus Küstenschutzgründen häufig an der Windseite zur Dünenbefestigung angepflanzt.

Blüten dicht gedrängt in einer 10–20 cm langen Rispe

kräftige Halme

reich verzweigtes Wurzelsystem

Basis der Blattspreite mit auffallend großem, 25–33 mm langem, tief gespaltenem Blatthäutchen

Ährchen 1-blütig, 10–16 mm lang

# Mais

*Zea mays* (Süßgräser)
H 100–300 cm   Juni–Aug.   einjährig

Mais wurde erstmals durch die Indios vor ca. 5000 Jahren in Mexiko als Kulturpflanze angebaut und gezüchtet. Mit Kolumbus kam der Mais nach Spanien, wo er etwa ab dem Jahr 1525 feldmäßig angebaut wurde. Heute ist Mais weltweit eine der wichtigsten Getreidesorten und bildet einen bedeutenden Anteil der Nahrungsgrundlage für die Weltbevölkerung. Aus dem in unseren Breiten angebaute Mais wird im Wesentlichen Tierfutter gewonnen.

männliche Blüten in 20–40 cm langen, endständigen Rispen angeordnet

Maiskörner in Längsreihen an fleischigen Achse eines Kolbens angeordnet

weibliche Blütenstände an kurzen Seitenästen des Halmes, von zahlreichen Blattscheiden eingehüllt

Die Griffel der weiblichen Blüte

# Saat-Roggen

*Secale cereale* (Süßgräser)
H 100–180 cm   Mai–Juli   einjährig

**Vorkommen** *In den gemäßigten Breiten als Getreide angebaut.*

> **Blätter bläulich bereift**
> **seit über 6000 Jahren kultiviert**
> **anspruchsloser als andere Getreidesorten**

Roggen wird fast ausschließlich als Wintergetreide angebaut. Im Herbst ausgesät überwintert er als niedrige Pflanze und reift im kommenden Frühjahr und Sommer heran. Roggen wird vor allem zum Brotbacken genutzt. Roggenmehl ist im Vergleich zum Weizenmehl dunkler und dichter, es liefert das bekannte Schwarzbrot. Auch für die Herstellung von Knäckebrot wird Roggen verwendet.

4–8 cm lange Granne

reife Ähre

Ähre 4-kantig, anfangs aufrecht, später nickend

Blattbasis mit schmalem, den Halm umgreifenden Öhrchen

494

# Saat-Weizen

*Triticum aestivum* (Süßgräser)
H 50–160 cm   Juni   einjährig

**Vorkommen** *Weltweit als Getreide angebaut, Heimat unbekannt.*

> **bis 1 m tiefe Wurzeln**
> **Ährchen mit sehr kurzen oder fehlenden Grannen**

Das aus den Weizenkörnern gewonnene Stärkemehl wird bei der Zubereitung von Fertigarzneien als Hilfsstoff verwendet (Puder, Pasten, Tabletten). Das wertvolle Weizenkeimöl enthält mehrfach ungesättigte Fettsäuren und Vitamin E. Weizenkleie lindert als Badezusatz juckende und nässende Hautkrankheiten, gegessen liefert es Ballaststoffe.

reife Ähre

Ähre regelmäßig 4-zeilig

Blattbasis mit Öhrchen

# Mehrzeilige Gerste

*Hordeum vulgare* (Süßgräser)
H 50–150 cm  Mai–Juni  einjährig

Der weitaus größte Teil der Gersten-
ernte fließt natürlich in die Brauereien. Das dabei hergestellte
Gerstenmalz wird aber auch
zu Malzbonbons verarbei-
tet, die den rauen Hals bei
Katarrhen beruhigen. Aus
den Körnern stellte man
als altes Hausmittel gegen
Durchfall und Magen-Darm-
Beschwerden einen Schleim
her.

reife Ähre

Grannen bis 15 cm lang

Blätter
stängelumfassend

Ähre 4-kantig,
nickend

# Saat-Hafer

*Avena sativa* (Süßgräser)
H 60–150 cm  Juni–Aug.  einjährig

Hafer ist vor allem ein Nahrungsmittel, das hohe Cholesterin-
werte absenken soll. Haferschleim aus den Flocken hilft bei
Durchfallerkrankungen, als Hausmittel in Form von „Grünem
Hafer" aber auch gegen Erschöpfung, Gicht und Rheuma.
Haferstroh als Bad wird in der
Volksheilkunde gegen
Hautentzündungen und
-leiden, Juckreiz, Gicht und
Rheuma empfohlen.

Ährchen mit 2 Blüten

lockerer
Blütenstand

Blätter mit glatter
Blattscheide

hängende
Ährchen

# Flatter-Binse

*Juncus effusus* (Binsengewächse)

H 30–100 cm   Juni–Aug.   Staude

**Vorkommen** *Häufig in ganz Europa von der Ebene bis ins Gebirge auf feuchten Wiesen und Weiden, in lichten Wäldern und in Gräben.*

> **zeigt Nässe an**
> **weitverzweigter Wurzelstock**
> **Blätter sehen aus wie Stängel**

Als Binsenweisheit bezeichnet man eine interessant vorgetragene Information, die im Grunde genommen allgemein bekannt und ohne größeren Erkenntniswert ist. Der Begriff leitet sich von der Häufigkeit sowie der einfachen, knotenlosen Form der Binsen ab.

runder, glatter Stängel wächst aufrecht

vielblütiger, lockerer Blütenstand

Einzelblüte mit 6 Blüten- und 3 Staubblättern

runder, mit Mark gefüllter Stängel

# Scheiden-Wollgras

*Eriophorum vaginatum* (Sauergräser)

H 20–70 cm   März–Juli   Staude

**Vorkommen** *In weiten Teilen der Nordhalbkugel in Hochmooren, Dünen-mooren und lichten Waldsümpfen.*

> **wächst in dichten Horsten**
> **auffällige weiße Wollschöpfe**
> **Charakterart in Mooren**

In Mooren sind abgestorbene Wollgräser nach den Torfmoosen ganz wesentlich an der Bildung von Torf beteiligt. Die wollähn-lichen Blütenhüllfäden der Wollgräser dienen der Frucht als Flug- und Schwimmhilfe. In der Volksmedizin wurde diese „Wolle" als Wundwatte verwen-det. Ferner nutzte man die weichen Wollschöpfe früher zum Füllen von Kissen.

fruchtendes Ährchen mit wattebauschartigen Härchen

Blütenstand aus nur einem einzigen endständigen Ährchen

Stängel im Querschnitt rund, oben 3-kantig

Blattscheiden der Stängelblätter charakteristisch aufgeblasen

# Sand-Segge
*Carex arenaria* (Sauergräser)
H 10–50 cm   Mai–Juni   Staude

Die Sand-Segge wurde erst Mitte des 18. Jahrhunderts als Heilpflanze entdeckt. Die Wurzel galt als Heilmittel gegen die Syphilis, als nördlicher Ersatz für die teure Smilaxwurzel (Sarsaparille). Sie ist harn- und schweißtreibend und wurde in der Volksheilkunde als Blutreinigungsmittel, zur Gicht- und Rheumaprophylaxe und bei Hautleiden verwendet.

**Vorkommen** *Heiden, Dünen auf Sandböden. West-, Nord- und Mitteleuropa.*

> **Wurzelstock bildet lange Ausläufer**
> **Stängel 3-kantig**
> **Pflanze duftet beim Zerreiben aromatisch**

einzelne Ähren 1 cm lang

4–6 cm hoher Blütenstand

kriechender Wurzelstock

Blütenstängel

# Scheinzypergras-Segge
*Carex pseudocyperus* (Sauergräser)
H 40–100 cm   Mai–Juli   Staude

Die hübsche, immergrüne Segge wird gern zur Bepflanzung von Gartenteichen und Sumpfbeeten verwendet und eignet sich hier besonders zum Befestigen ufernaher Flächen. Da sie sich schnell ausbreitet, indem sie viele Samen bildet und aussät, wird man ihr Wachstum allerdings bald eindämmen müssen.

**Vorkommen** *In weiten Teilen Europas an Gewässerufern, in Gräben, Sümpfen, Schilfzonen und Erlenbruchwäldern.*

> **auch im Winter grün**
> **bildet Horste**
> **männliche und weibliche Blüten in getrennten Blütenständen**

weibliche Blüte mit langer, deutlich gesägter Granne

Blätter 5–15 mm breit mit rauem Rand

1 (selten 2) endständige männliche Ähre

laubblattartiges Tragblatt der Ährchen viel länger als der Blütenstand

3–10 cm lange, weibliche Ähren

rauer Stängel mit 3 scharfen Kanten

# Riesen-Schachtelhalm

*Equisetum telmateia* (Schachtelhalmgewächse)
H 20–150 cm    Staude

bis 7 cm lange,
sporentragende Ähre

Die unfruchtbaren (sterilen),
grünen Sprossen werden bis
1,5 m hoch.

Schachtelhalme
und Bärlappe sind
eine Art lebender
Fossilien, die letz-
ten Zeugen der
vor rund 300 Mil-
lionen Jahren ver-
sunkenen Sumpf-
wälder. Sie haben seither ihr
Aussehen kaum verändert und
geben uns heute noch eine Vor-
stellung davon, wie unsere ersten Wälder beschaffen waren:
Damals wuchsen Schachtel-
halme zu bis zu 30 m hohen
Riesen heran.

fruchtbarer
(fertiler) Spross

Die in Quirlen
angeordneten Seitenäste
sind unverzweigt.

**Vorkommen** In Mit-
tel- und Südeuropa
in lichten Wäldern,
in Gebüschen, an
Wegrändern und in
Flussauen.

> größter einheimischer
> Schachtelhalm
> Sprosse unterscheiden
> sich: unfruchtbare und
> fruchtbare
> Sporenreife März–Mai

unfruchtbarer
Sprossabschnitt

# Acker-Schachtelhalm

*Equisetum arvense* (Schachtelhalmgewächse)
H 20–50 cm    Staude

Ähre mit Sporangien

In die Zellwände des Acker-Schachtelhalms ist
Kieselsäure eingelagert, die das Kraut sehr widerstandsfähig gegen mechanische Belastung
machen. Früher benutzte man es daher gern,
um Zinn zu polieren („Zinnkraut"). Heute
wird Schachtelhalmtee häufig verordnet,
um bei Entzündungen die ableitenden Harnwege durchzuspülen
oder zum Gurgeln bei Ra-
chenentzündungen.

**Vorkommen** Nördliche
Hemisphäre. Auf
nährstoffreichen,
feuchten Böden.
Äcker, Wegränder, Un-
krautfluren, Wälder.

> braune sporen-
> tragende Sprosse im
> Frühling
> grüne sterile Sprosse
> im Sommer
> beim giftigen Sumpf-
> Schachtelhalm sind
> sterile und sporen-
> tragende Sprosse
> gleichförmig grün

Stängelscheide mit schmalen Zähnen

giftiger Sumpf-Schachtelhalm,
Zähne länger als das untere Glied
des zugehörigen Seitentriebs

Beim Acker-
Schachtelhalm
Zähne kürzer
als das untere
Glied des
Seitentriebs

Seiten-
trieb

unfruchtbarer
Spross

# Keulen-Bärlapp

*Lycopodium clavatum* (Bärlappgewächse)

H 5–30 cm   Staude

Die staubfeinen Sporen des Bärlapps wurden früher auf Pillen gestreut, damit diese nicht aneinanderklebten – auch als Wund- und Gleitmittel waren die Sporen nützlich. Die Volksheilkunde benutzte das ganze Kraut als harntreibendes Mittel, wobei wegen der giftigen Alkaloide davon heute abgeraten wird.

Sporangienähren auf langem Stängel

2–3 Sporangienähren

Spross kriechend

**Vorkommen** *Nördliche Hemisphäre. Auf sauren Böden. Zwergstrauchheiden, Moore, Nadelwälder.*

> **Spross weit kriechend, kaum verzweigt**
> **Blätter spiralig angeordnet**

Blättchen mit weißer Spitze

**499**

# Braunstieliger Streifenfarn

*Asplenium trichomanes* (Streifenfarngewächse)

H 10–25 cm   Staude

Seinen auf der Blattunterseite streifig angeordneten Sporenbehältern verdankt er den Namen „Streifenfarn". Der hübsche Farn ist wintergrün und eignet sich gut für die Bepflanzung von Steinmauern und Steingärten, er gedeiht auch an sonnigen Standorten.

Ähnlich ist der Grünstielige Streifenfarn (*A. viride*) mit grünem Blattstiel.

bräunlich schwarz glänzende Blattstiele

abgerundete Fiederblättchen paarig angeordnet

**Vorkommen** *In ganz Europa weit verbreitet und häufig in Felsnischen und in den Ritzen älterer Mauern.*

> **Blätter in Rosetten**
> **wintergrün**
> **Sporenreife August–November**

Als Sorus (plural Sori) werden die Sporenbehälter bei Farnen bezeichnet, die bei vielen Farnarten auf der Blattunterseite liegen. Ihre Form, Größe und Anordnung zueinander sind wichtige Artmerkmale.

Sporen auf der Blattunterseite in strichförmigen sogenannten Sori

# Milzfarn

*Asplenium ceterach* (Streifenfarngewächse)
H 5–20 cm    Staude

**Vorkommen** *In Mitteleuropa auf „Wärmeinseln" wie Weinanbaugebiete beschränkt, im Mittelmeerraum häufig; wächst in Fels- und Mauerspalten.*

> *auch Schriftfarn oder Apothekerfarn genannt*
> *in Deutschland gefährdete und geschützte Art*
> *Sporenreife Juni–August*

rundliche, am Stängel gegeneinander versetzte Fiederblättchen

Der Milzfarn gehört zu den sogenannten Auferstehungspflanzen: Bei längerer Trockenheit rollen sich die Blätter ein und sehen dann völlig vertrocknet und welk aus. Die Schüppchen auf der Blattunterseite wirken dabei als Verdunstungsschutz. Sobald es wieder regnet, entrollen sich die Blätter und ergrünen wieder. Dies ist eine überlebenswichtige Anpassung an trocken-heiße Standorte.

bei Trockenheit eingerollt

Blattunterseite mit Schuppen bedeckt

strichförmige Sori (S. 499) auf der Blattunterseite von Schuppen überdeckt

# Gewöhnlicher Tüpfelfarn

*Polypodium vulgare* (Tüpfelfarngewächse)
H 10–40 cm    Staude 

**Vorkommen** *Europa, Asien, Amerika. Meist auf kalkarmen Böden. Baumrinde, schattige Mauern und Felsen.*

> *Wedel sommergrün, einzeln stehend*
> *gelbliche Sporenbehälter*

Der alte Name Engelsüß weist auf das süße Osladin hin, das 3000-mal süßer als Zucker ist, und auf den Glauben, dass Engel die Menschen auf den Wurzelstock hingewiesen haben sollen. Die Droge wird nur in der Volksheilkunde als schleimlösendes und mildes Abführmittel eingenommen. Früher wurde die Wurzel auch bei Milz- und Lungenleiden angewendet.

kriechender Wurzelstock

Fiedern glatt oder gezähnt

Wedel einfach gefiedert

# Gewöhnlicher Wurmfarn

*Dryopteris filix-mas* (Schildfarngewächse)
H 30–120 cm   Staude

Schon in der Antike wussten die Kräuterkundigen, dass man mit dem Wurzelstock Eingeweidewürmer lähmen und mit einem Abführmittel endgültig aus dem Darm entfernen kann. Diese Verwendung hielt sich bis in die Zeit von Friedrich dem Großen. Problematisch an dieser Behandlung war nur, dass Patienten an Überdosen erblindeten oder gar starben.

**Vorkommen** *Europa, Asien, Amerika. Auf feuchten Böden. Schattige Wälder.*

> **Wedel wintergrün, in Rosetten**
> **Fiederblätter mit rundlich eingeschnittenem Rand**
> **Sporangien durch nierenförmige Hülle verdeckt**

Sporangien auf fruchtbaren Wedeln

Wurzelstock mit Blattbasen

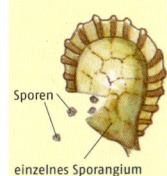

Sporen

einzelnes Sporangium

# Adlerfarn

*Pteridium aquilinum* (Adlerfarngewächse)
H 60–200 cm   Staude

Der Adlerfarn breitet sich nach Waldbränden und Kahlschlägen oft massenhaft auf den neu entstandenen Lichtungen aus und verhindert durch die Schattenwirkung seiner großen Wedel das Wachsen von Bäumen. Die ältesten Adlerfarne hat man in Finnland gefunden: Ihre Wurzelsprosse messen 60 m Länge und mehr, ihr Alter beträgt rund 1500 Jahre!

**Vorkommen** *Weltweit verbreiteter, häufiger und anspruchsloser Farn in allen Waldtypen, an Waldrändern oder in Gebüschen.*

> **größter heimischer Farn**
> **bildet oft dichte Bestände**
> **ist giftig und wirkt krebserregend**

Wedel sind 3–4-fach gefiedert.

Die jungen Blatttriebe sind eingerollt.

Sporen am Rand der Blattunterseite, häufig vom eingerollten Blattrand bedeckt

# Brunnen-Lebermoos

*Marchantia polymorpha* (Lebermoose)

H 1–10 cm    Thallus

502

**Vorkommen** Weltweit an feuchten Standorten wie in Mooren, auf nassen Wiesen, an Bachufern, an Wegrändern oder auch in Gewächshäusern.

> bildet „Schirmchen" aus
> mit tassenförmigen Brutbechern
> „Unkraut" in Blumentöpfen und auf Gartenwegen

Auf der Unterseite der scheibenförmigen Schirmchen befinden sich die männlichen Geschlechtszellen.

Beim Brunnen-Lebermoos werden insbesondere durch Regentropfen die männlichen zu den weiblichen Geschlechtszellen geschleudert, wo es zur Verschmelzung mit der Eizelle kommt. Hieraus entwickeln sich Sporen, die sich ausbreiten und neue Pflanzen bilden.

Auf der Unterseite der 2–8 cm hohen sternförmigen Schirmchen befinden sich die weiblichen Geschlechtszellen.

Thallus mit gewelltem Rand

Auf der Pflanze finden sich oftmals rundliche Brutbecher, in denen kleine Brutkörperchen schwimmen. Wenn diese herausgeschwemmt werden, keimen sie am neuen Ort und ermöglichen so eine ungeschlechtliche (vegetative) Vermehrung.

# Torfmoos

*Sphagnum spec.* (Laubmoose)

H 5–20 cm    Thallus

Blätter je nach Art grünlich, bräunlich oder auch kräftig rötlich gefärbt

**Vorkommen** Weltweit verbreitet, bilden große Bestände insbesondere in Hochmooren, auch in Flachmooren, auf sumpfigen Wiesen, in feuchten Wäldern und nährstoffarmen Tümpeln und Bächen.

> Hauptbestandteil von Torf
> können mehr als das 30-Fache ihres Trockengewichts an Wasser speichern
> geschützte Art

Die Sporenkapseln sitzen auf einem kurzen Stiel.

Die wurzellosen Torfmoos-Arten wachsen nach oben hin immer weiter, während die unteren Teile absterben und vertorfen. Durch diese Torfbildung und ihre immensen, schwammartigen Wasserspeichermöglichkeiten tragen sie vor allem zur Bildung eines Hochmoors bei. Die Torfnutzung zu Brenn- und Düngezwecken hat zur Zerstörung weiter Moorgebiete geführt.

büschelig verzweigte Stängel, Stängelende mit palmenartiger Krone

# Gewöhnliches Widertonmoos

*Polytrichum commune* (Laubmoose)
H 10–40 cm   Thallus

In der Magie wurde das Moos gegen bösen Zauber verwendet –
der Name Widertonmoos leitet sich von „Wider das Antun" ab.
Außerdem wurde das Moos als Matratzenfüllung genutzt und
zum Abdichten von Fugen beim Hausbau und im Bootsbau
verwendet, da sich die Blätter in der Feuchtigkeit ausdehnen.

gelbbraune Kapsel im jungen Zustand von
einer Haube aus Filzhärchen umgeben

Sporenkapseln stehen auf einem 5–10 cm langen Stiel.

> *auch Goldenes Frauen-
> haarmoos genannt*
> *bildet auffällige
> dunkelgrüne Polster*
> *das größte Moos
> Mitteleuropas*

sternchenartiges
Aussehen

Blättchen 8–13 mm lang,
spiralig um Stängel angeordnet

lanzettliche Blättchen
zugespitzt, Blattrand
fein gesägt

# Zypressen-Schlafmoos

*Hypnum cupressiforme* (Laubmoose)
H 3–10 cm   Thallus

Das „Allerweltsmoos" wurde früher in rauen Mengen gesammelt, getrocknet und als Füllung für Matratzen, Kissen und
Zudecken verwendet. Auch der wissenschaft-
liche Name leitet sich vom griechischen
„hypnos" ab und bedeutet „Schlaf".

2–3 mm lange, sichelförmige Blättchen
in lange Spitzen ausgezogen

die Sporenkapseln sitzen auf
rötlichen, 1–3 cm langen Stielen

> *eines unserer
> häufigsten Moose
> bedeckt häufig als
> dicker weicher Teppich
> die Stammbasis älterer
> Bäume*

Stängel dicht
beblättert

die reifen Sporenkapseln
sind leicht gekrümmt

# Meersalat

*Ulva lactuca* (Grünalgen)
H 10–80 cm   Thallus

**Vorkommen** *Häufige Alge in Ost- und Nordsee, am Atlantik und am Mittelmeer. Wächst auf größeren Steinen und auf Felsen in der Gezeitenzone bis in etwa 15 m Wassertiefe.*

> erinnert an Blattsalat
> essbar
> häutige, folien-
>   ähnliche Blätter

Der Meersalat erhielt seinen Namen zunächst wegen seiner salatblattartigen Erscheinung, erst später stellte sich heraus, dass er tatsächlich essbar ist. Er ist vitamin- und mineralienreich, in einigen Küstenländern, z. B. in Schottland, wird er gern als Salat, Gemüse oder in Eintöpfen gegessen.

Blätter leuchtend grün

gewellter Blattrand

Losgerissene Blätter finden sich häufig im Spülsaum.

Blattquerschnitt: Das hautartige Blatt besteht aus 2 Zellschichten.

# Blasentang

*Fucus vesiculosus* (Braunalgen)
H 10–80 cm   Thallus

**Vorkommen** *Felsen der Gezeitenzone. Atlantikküste, Nord- und Ostsee.*

> wird oft angespült
> Thallus oliv bis
>   gelbbraun, gabelig
>   verzweigt

An manchen Stellen der Meeresküste wird der Blasentang in derart großen Mengen angespült, dass er gesammelt und in der Landwirtschaft als Viehfutter und Dünger genutzt wird. Der wichtigste Inhaltsstoff dieser Alge ist das Jod aus dem Meerwasser. Es regt die Funktion der Schilddrüse an und wurde daher von Ärzten bei Unterfunktion der Schilddrüse verordnet.

Hauptader des Thallus

Schwimmblasen sind luftgefüllt

Fortpflanzungsorgane an den Zweigenden

# Zuckertang

*Laminaria saccharinum* (Braunalgen)
H 50–500 cm   Thallus

Der Zuckertang hat von alters her eine große wirtschaftliche Bedeutung. Entweder wurden angespülte Tange gesammelt oder gezielt bei Niedrigwasser an ihren Wuchsorten geerntet. Die Einsatzmöglichkeiten reichen vom Dünger für die Landwirtschaft über Emulgatoren und Geliermittel in der Nahrungsmittelindustrie (Speiseeis, Fleischsülzen) bis hin zur Herstellung von Schaumgummi und Papier.

ledrige, 10–30 cm breite Blätter

Blattrand gewellt

Tang ist mit krallenartigen Haftorganen am Untergrund verankert

Haftorgan

**Vorkommen** *Auf felsigem Untergrund in Ost- und Nordsee sowie an den Atlantikküsten von der Gezeitenzone abwärts bis in etwa 40 m Wassertiefe.*

> **riesige, mehrjährige Braunalge**
> **bildet gemeinsam mit anderen Großalgen unter Wasser ganze Tangwälder**

Blatt ungeteilt, bandförmig

# Irländisches Moos

*Chondrus crispus* (Rotalgen)
H 5–20 cm   Thallus

Bei diesem „Moos" handelt es sich um Tang, also eine Rotalge. Sie wird getrocknet und die Carrageen genannten Schleimstoffe isoliert. Früher nutzte man die ganze getrocknete Alge bei Husten, Schleimhautentzündung oder Durchfall, heute nur noch das Carrageen. Es wird nicht verdaut und dient als Dickungsmittel in der Lebensmittel-, Kosmetik- und pharmazeutischen Industrie.

Tang bei Ebbe

getrockneter Thallus

**Vorkommen** *Felsküsten des Atlantiks, wächst knapp unterhalb der Wasserlinie.*

> **Thallus violettrot bis grünlich**
> **sitzt mit einer Haftscheibe den Felsen auf**

Thallus gabelig verzweigt

# Goldgelbe Wandflechte
*Xanthoria parietina* (Blattflechten)

H 3–10 cm   Thallus

Auf Felsen, Kunststein, Dachziegeln und Grabsteinen wächst die leuchtend orange gefärbte Zierliche Gelbflechte *(X. elegans)*.

Eine Flechte ist ein Doppelwesen, das nur existiert, weil zwei Partner in einer festen Beziehung leben: eine Alge und ein Pilz. Die grüne Alge produziert selbst Nährstoffe und gibt dem Pilz davon ab; im Gegenzug umwächst er sie mit seinem derben Körper und schützt sie vor dem Austrocknen. So erobern die zwei, als unzertrennliches Paar, Lebensräume wie Steine und Rinde.

Fruchtkörper orange

Fruchtkörper (Apothecium) etwa 4 mm im Durchmesser, mit hellem, aufgewölbtem Rand

Blättchen 1–5 mm breit

leuchtend gelb

# Echte Lungenflechte
*Lobaria pulmonaria* (Blattflechten)

H 5–20 cm   Thallus

Aufgrund ihres lungenartigen Aussehens wurde die Flechte früher als Heilmittel gegen Lungenleiden, Bronchitis und dergleichen verwendet. Noch heute spielt sie in der Homöopathie bei der Behandlung von Erkältungskrankheiten eine Rolle.

Unterseite hell mit Vorwölbungen, die an das Aussehen einer Lunge erinnern

Oberseite mit netzförmigen Rippen

rötlich braune Fruchtkörper (Apothecien) auf der Oberseite

Lappen 1–3 cm breit

# Bartflechte

*Usnea spec.* (Strauchflechten)
H 10–30 cm   Thallus

Das Vorkommen von Bartflechten ist ein zuverlässiges Zeichen für gute Luft. Durch die Luftverschmutzung und auch durch die intensive Forstwirtschaft ist die Art bei uns leider stark zurückgegangen, in deutschen Wäldern ist sie daher nur noch selten zu finden.

hängende, gelblich grüne Flechte

mit abstehenden Kurzzweigen

**Vorkommen** *Lebt auf Bäumen in europäischen, niederschlagsreichen Wäldern, insbesondere in Bergwäldern und skandinavischen Nadelwäldern.*

> **hängt wie lange Bärte von Baumästen hinunter**
> **steht bei uns als stark gefährdete Art unter Naturschutz**

Typisch für Usnea-Arten ist ein zäher, weißlicher Markstrang, der beim vorsichtigen Zerreißen eines Ästchens sichtbar wird.

# Eichenmoos

*Evernia prunastri* (Strauchflechten)
H 3–10 cm   Thallus

Besonders in Alleen überzieht das Eichenmoos die Stämme oft wie ein weicher Mantel. In Frankreich wird es kommerziell in großen Mengen gesammelt und zur Herstellung von Parfums („mousse de chêne" oder „mousse odorante") benutzt.

oberseits gräulich grün

bandartige Abschnitt bis 5 mm breit

**Vorkommen** *Mit Ausnahme arktischer Gebiete über ganz Europa verbreitet und häufig, wächst an Baumstämmen, insbesondere an Eichen.*

> **moosartiger Wuchs an Stämmen**
> **mit heller Unterseite**
> **häufigste Strauchflechte an Bäumen**

die körnig mehligen, sogenannten Soralen dienen der ungeschlechtlichen (vegetativen) Vermehrung

# Sternförmige Rentierflechte

**Cladonia stellaris** (Strauchflechten)
H 5–10 cm    Thallus

In der Tundra und den Nadelwäldern Skandinaviens wächst die Sternförmige Rentierflechte häufig, mitunter bestandsbildend, und ist dort eine wichtige Nahrungsgrundlage für Rentiere. Außerdem wird sie ausgeführt und wirtschaftlich genutzt, unter anderem im Modelleisenbahnbau als Dekoration sowie bei der Grabpflege, in Blumengestecken und auf Friedhofskränzen.

dicht und gleichmäßig in alle Richtungen verzweigt

graugrün, kuppelförmiger Wuchs

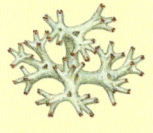

Ästchen 1–2 mm dick

Die dekorative Flechte wird gern auf Friedhofsgestecken verwendet.

# Rotfrüchtige Becherflechte

**Cladonia coccifera** (Strauchflechten)
H 1–2 cm    Thallus

Typisch für viele der etwa 70 europäischen Becherflechten-Arten sind ihre aufgerichteten Stämmchen, die in einem trompeten-, stiel- oder becherförmigen Abschnitt enden, an dem sich die Fruchtkörper (Apothecien) befinden.

Thallus gräulich grün

Die etwa 2 cm hohe Trompetenflechte *(C. fimbriata)* hat am Rand des Bechers kleine braune Fruchtkörper.

Fruchtkörper 8–10 mm

Stämmchen bis oben hin beschuppt

# Landkartenflechte

*Rhizocarpon geographicum* (Krustenflechten)

H 1–10 cm   Thallus

gefeldertes, rissiges Mosaik

Schwarze Vorlager grenzen einzelne Thalli („Körper" der Flechte) voneinander ab.

Landkartenflechten können zur Altersbestimmung des Bewuchses ihres Standorts eingesetzt werden: Wie viele andere Flechten hat sie ein extrem langsames Wachstum und wächst je nach Standort pro Jahr nur 0,1–0,6 mm radial nach außen. Ist die Wachstumsrate an einem Standort bekannt, kann anhand der größten Exemplare die letzte Eisbedeckung berechnet werden und dieses zum Beispiel zur Datierung des Rückgangs von Gletschern genutzt werden.

schwarze, etwa 1–1,5 mm große Fruchtkörper

# Mauerflechte

*Lecanora muralis* (Krustenflechten)

H 1–10 cm   Thallus

Die Mauerflechte liebt Standorte mit ausreichend Nährstoffen. Sie ist jedoch relativ unempfindlich gegenüber Luftverschmutzung und sonstige Umweltgifte sowie resistent gegen Trockenheit und Überschwemmungen. All diese letztgenannten Eigenschaften ermöglichen ihr ein Überleben an ansonsten eher lebensfeindlichen Standorten.

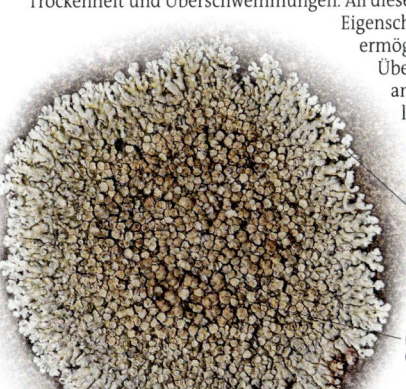

am Rand mit blättchenförmigen, strahlig ausgerichteten Lappen

scheibenförmige Fruchtkörper, etwa 1–1,5 mm im Durchmesser

bräunliche Fruchtkörper (Apothecien)

# Pilze geheimnisvoll und unterirdisch

Wohl kaum eine andere Gruppe von Lebewesen gibt uns so derart viele Rätsel auf wie die Pilze. Es fängt ja schon damit an, dass sich kaum sagen lässt, ob es sich bei ihnen um Pflanzen oder um Tiere handelt. Eine Pflanze ohne Blätter? Ein Tier ohne Maul?

## Was isst der Pilz?

Da Pilzen grüne Blätter fehlen, können sie nicht wie Pflanzen Fotosynthese betreiben und eigene Zucker und Stärke aufbauen. Andere Tiere erbeuten geht auch nicht, dazu fehlt ihnen die Mundöffnung und das passende Verdauungssystem. Pilze haben daher ihre ganz eigene Art des Speisens: Mit hauchdünnen, manchmal kilometerlangen Fäden, den Mycelen, dringen sie in ihre Beute ein, das kann ein geschwächter Baum sein oder auch ein totes Tier. Hier, im Inneren des anderen Organismus, gibt der Pilz Verdauungssäfte ab. Ist die Beute feucht genug, lösen die Säfte kleine Nahrungspartikel ab, die der Pilz aufnehmen kann.

## Stock und Hut

Was wir oberirdisch als „Pilz" bezeichnen, das ist streng genommen nur ein verschwindend kleiner Teil des Pilzes, wenn auch ein sehr wichtiger: Stiel und Hut sind nämlich zur Vermehrung da. An der Unterseite des „Hutes" sitzen entweder Lamellen oder ein Porengewebe – in jedem Fall wachsen darin mikroskopisch kleine, staubähnliche Pilzsporen heran. Sind sie reif, fallen sie zu Boden und wachsen zu neuen Pilzfäden im Erdreich heran.

# Fichten-Steinpilz, Herrenpilz 🍴

*Boletus edulis* (Röhrlinge)
Hut 10–20 cm   Juli–Nov.

Stielnetz weiß, relativ fein, unterhalb der Stielmitte auslaufend

Hut glatt, etwas uneben, mit weißem Randsaum

**Vorkommen** in Fichtenwäldern und unter Buchen auf sauren Böden, kalkmeidend.

> **Poren jung weiß, dann gelbgrün**
> **Sporenpulver olivbraun**
> **in ganz Europa häufig**
> **Doppelgänger Gallen-Röhrling**

weinrote Linie unter der Huthaut

Fleisch im Anschnitt weiß, unveränderlich

Gute Steinpilzstellen verraten sich oft durch die Anwesenheit von Fliegenpilzen und Pfeffer-Röhrlingen, denn diese drei Arten treten in Fichtenwäldern auffallend häufig als Standortgemeinschaft auf. Der Name „Herrenpilz" steht sprichwörtlich für die Hochwertigkeit des Pilzes: Die Bauern mussten früher die gesammelten Leckerbissen an ihren Herren abliefern.

**Vorsicht, giftig!**

*Gallenbitter, wenn auch nicht giftig, ist der Gallen-Röhrling, der oft an denselben Standorten wie der Steinpilz wächst. Ein Stück vom Hutfleisch probiert und der Fall ist klar!*

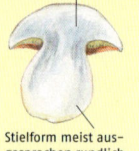

# Satans-Röhrling ☠

*Boletus satanas* (Röhrlinge)
Hut 10–25 cm   Juli–Okt.

**Vorkommen** in Laubwäldern, Parks und an Böschungen, nur auf Kalkböden.

> **Röhren und Poren rot**
> **Geruch jung nach Windeln, alt aasartig**
> **Sporenpulver olivbraun**
> **im Süden zerstreut, nördlich des Mains selten**

Fleisch im Anschnitt nur mäßig blau anlaufend

Stielform meist ausgesprochen rundlich

„Es war eine bange, grausenvolle Nacht." So resümiert Dr. Harald Othmar Lenz die Schilderung seiner Vergiftung mit einem bis 1830 noch unbekannten Pilz. Er gab ihm den Namen Satanspilz. Über die Gefährlichkeit des Satans-Röhrlings wird viel diskutiert. Auch wenn manche Menschen ihn mehr oder weniger beschwerdefrei vertragen, löst er meist heftige Magen-Darm-Vergiftungen aus. Daher muss er als Giftpilz eingestuft werden.

Hut dick polsterförmig, weißlich bis cremegrau

Stiel mit Farbverlauf von Orange nach Karminrot

# Gemeiner Birkenpilz 🍴

*Leccinum scabrum* (Röhrlinge)
Hut 8–15 cm   Juli–Okt.

Alle Röhrlinge mit schuppigem Stiel sind essbar! Diese einfache Regel gilt für alle Raufüße (Birkenpilze und Rotkappen). Vor allem Arten, die an feuchten Standorten wachsen, werden schnell weich. So kann es passieren, dass die Pilze, trotz sachgemäßem Sammeln, matschig zu Hause ankommen. Der Gemeine Birkenpilz dagegen ist im jungen Zustand schön festfleischig.

Hut in verschiedenen Brauntönen

**Vorkommen** in Wäldern, Parks und Gärten, stets unter Birken, auf eher trockenen Böden.

> **Röhren und Poren schmutziggrau**
> **Fraßstellen am Stiel ockergelb verfärbend**
> **Sporenpulver olivbraun**
> **in ganz Europa häufig**

Schwärzend und mit glatter, unebener Hutoberfläche ist der Hainbuchen-Raufuß (*L. carpini*). Er wächst ausschließlich unter Hainbuchen.

Stiel mit schwärzlichen Schüppchen auf weißlichem Untergrund

Fleisch weißlich, nicht oder kaum rosa anlaufend

# Birken-Rotkappe 🍴

*Leccinum versipelle* (Röhrlinge)
Hut 8–15 cm   Juli–Nov.

Alle Rotkappen sind gut gegart schmackhafte Speisepilze, roh sind sie jedoch sehr giftig! Das Schwärzen des Fleisches lässt sich verhindern, wenn die Pilze in Essig oder Zitronensaft geschnitten werden.

Hut gelb- bis rotorange, mit überhängendem Randsaum

Stielpusteln schwarz auf weißem Untergrund

**Vorkommen** unter Birken auf sandigen, sauren Böden, gern in Heidelandschaften.

> **Poren jung weiß, dann gelblich grau**
> **Stielbasis oft mit blaugrünen Flecken**
> **Verbreitung in ganz Europa, im Norden und Osten häufiger**

## Schon gewusst?

*Es gibt etwa 5 Rotkappenarten, die jeweils an bestimmte Baumarten gebunden sind: (li.) Espen-Rotkappe: Stielschuppen jung weiß; (Mi.) Eichen-Rotkappe: Stielschuppen fuchsig braun; (re.) Kiefern-Rotkappe: Stielschuppen rauchgrau*

Fleisch in wenigen Minuten über Fleischrosa zu Violettschwarz verfärbend

# Grüner Knollenblätterpilz ☠

*Amanita phalloides* (Knollenblätterpilze)
Hut 8–15 cm   Juli–Okt.

Der Grüne Knollenblätterpilz ist aufgrund der langen Zeit bis zum Auftreten erster Symptome („Latenzzeit" 6–48 Stunden) einer der gefährlichsten Giftpilze. Schon beim Genuss von nur 50 Gramm des Pilzes verlaufen etwa die Hälfte aller Vergiftungen ohne Behandlung tödlich!

Hut eingewachsen faserig, gelb- bis olivgrün, meist ohne Hüllrest

Stiel mit Natterung in Hutfarbe

Selten findet man auch reinweiße Albinos

Stielbasis rund, mit abstehender Volva

---

# Roter Fliegenpilz ☠

*Amanita muscaria* (Wulstlinge)
Hut 10–20 cm   Juli–Nov.

Die im Fliegenpilz enthaltenen Giftstoffe wie Ibotensäure können auch psychedelisch wirken. Er wurde daher bei einigen Völkern zu religiös-kultischen Zwecken verwendet, zum Beispiel in Sibirien und Südamerika. In Mitteleuropa dagegen nutzte man ihn, indem man eine Schüssel Milch mit Pilzstücken auf die Fensterbank stellte, wodurch davon trinkende Fliegen getötet wurden. Daher kommt wohl auch der deutsche Name.

Hut orange bis rot, mit weißen Hüllresten

Ring weiß, hängend

Knolle rund, mit regelmäßigen Warzengürteln

# Gemeiner Riesenschirmling, 🍴 Parasol

*Macrolepiota procera* (Schirmlinge)    Hut 15–25 cm    August–Okt.

Der Parasol ist zu Recht einer der beliebtesten Speisepilze. Zum einen ist er nahezu unverwechselbar, zum anderen kann er vielfältig zubereitet werden. Große Hüte brät man im Ganzen paniert wie Schnitzel.

Hutmitte nussbraun, gebuckelt

Stiel genattert

Hutschuppen zum Rand hin kleiner werdend

**Vorkommen** in Laub- und Nadelwäldern, weitgehend bodenunabhängig, auf sehr sauren Böden fehlend.

> - **Lamellen frei, stets weiß**
> - **Fleisch unveränderlich**
> - **Sporenpulver weiß**
> - **in ganz Europa verbreitet**
> - **Doppelgänger Grünsporschirmlinge**

Ring doppelt, mit Laufrille, verschiebbar

**Vorsicht, giftig!**
*Riesenschirmlinge mit rötendem Fleisch und nicht genattertem Stiel können giftig sein. Der Parasol hat immer unveränderliches Fleisch und einen auffällig genatterten Stiel!*

# Wiesen-Egerling, 🍴 Wiesen-Champignon

*Agaricus campestris* (Champignonartige)    Hut 4–10 cm    Juni–Okt.

An seinen typischen Standorten in Wiesen und Weiden fernab von Bäumen hat der Wiesen-Egerling keine giftigen Doppelgänger. Wächst er aber in der Nähe des Waldes, also weniger als 30 m von Bäumen entfernt, muss man mit dem Auftreten von Knollenblätterpilzen rechnen. Eine sorgfältige Prüfung der Lamellenfarbe und der Stielmerkmale ist unverzichtbar!

**Vorkommen** auf mäßig gedüngten Wiesen und Weiden, empfindlich gegen Gülle und Kunstdünger.

> - **Geruch pilzartig**
> - **Sporen dunkelbraun**
> - **in ganz Europa verbreitet, insgesamt rückläufig**
> - **Doppelgänger Karbol-Egerlinge, Knollenblätterpilze**

Hut weiß

Stiel weiß, beringt

Fleisch weiß, unveränderlich oder schwach rötend

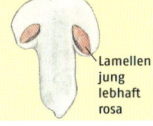

Lamellen jung lebhaft rosa

# Schopf-Tintling 🍴

*Coprinus comatus* (Champignonartige)
Hut 4–10 cm hoch    Juli–Okt.

*Vorkommen an stark gedüngten Stellen an Weg- und Wiesenrändern, auch auf vermodernden pflanzlichen Abfällen an Waldrändern.*

> *Sporen schwärzlich*
> *Fleisch sehr brüchig*
> *in ganz Europa häufig*
> *Doppelgänger Falten-Tintling*

Fängt man die Tinte eines zerfließenden Schopf-Tintlings in einem Becher auf und versetzt sie mit einigen Tropfen Gummiarabicum, dann erhält man eine schreibfähige Tinte, die früher tatsächlich auch benutzt wurde.

Hut walzenförmig

Hutschuppen fransig, etwas abstehend

Lamellen jung weiß, über rosa zu schwarz verfärbend

Stiel weiß, hohl, beringt

In manchen Ländern wird aus zu Tinte zerflossenen Schopf-Tintlingen eine Suppe zubereitet. Der Genuss von zerfließenden Exemplaren soll aber auch zu Lebensmittelvergiftungen führen können!

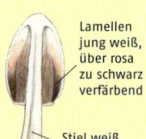

# Grünblättriger Schwefelkopf ☠

*Hypholoma fasciculare* (Träuschlingsartige)
Hut 2–6 cm    April–Dez.

*Vorkommen in Wäldern aller Art, an morschem Laub- oder Nadelholz, an Holzstümpfen, Wurzeln oder auf vergrabenem Holz.*

> *Sporenpulver violettschwarz*
> *Geschmack bitter*
> *in Europa sehr häufig*

Viele Pilzsucher sind sich unsicher im Erkennen dieser Art gegenüber dem Rauchblättrigen Schwefelkopf. In solchen Zweifelsfällen hilft ganz einfach eine Geschmacksprobe: mild = Rauchblättriger, bitter = Grünblättriger Schwefelkopf. Doch Vorsicht: Das gilt nur für diese beiden Arten und lässt sich nicht für alle Pilze verallgemeinern!

Hut gelb- bis orangebraun, hygrophan

Lamellen jung grüngelb

Stiel grünlich gelbbraun

# Stockschwämmchen 🍴

*Pholiota mutabilis* (Träuschlingsartige)
Hut 2–5 cm    Mai–Okt.

Nur die Stielmerkmale
bieten Sicherheit beim
Unterscheiden von
Gift-Häubling (li.,
silbrig längsfaserig und
faserige Ringzone) und
Stockschwämmchen
(re., braunschuppig
und häutiger Ring).

Das Stockschwämmchen ist wegen seines
angenehmen Geschmacks ein hochgeschätzter
Speisepilz, der sich besonders für Pilzsuppen
eignet. Da die Stiele aber zäh sind, sammelt man
zum Essen nur die Hüte. Will man allerdings
seinen Stockschwämmchenfund vom Pilzberater überprüfen
lassen, dann müssen die Pilze mit
Stiel gesammelt werden, denn nur
so ist eine sichere Bestimmung
gewährleistet!

*Vorkommen auf
totem, vermodertem
Laub–, seltener
Nadelholz, meist auf
Holzstümpfen.*

> *Geschmack angenehm
nussartig*
> *Sporenpulver erdbraun*
> *in Europa häufig*
> *Doppelgänger
Gift-Häubling*

Hut gelb- bis
orangebraun, hygrophan

Fleisch bräunlich

### Vorsicht, giftig!
*Der tödlich wirkende Gift-
Häubling kann in bestimmten
Durchwässerungsstadien aus-
gesprochen ähnlich aussehen.
Jeder Stockschwämmchen-
Sammler muss die Art kennen!*

Stielspitze
cremefarben

Stiel mit häutiger
Ringzone, darunter
braunschuppig

Lamellen
nussbraun

---

# Echter Pfifferling 🍴

*Cantharellus cibarius* (Leistlinge)
Größe 3–10 cm    Juli–Nov.

Dieser wohl bekannteste aller Speisepilze hat eine Vielzahl von
regionalen Eigennamen, die auf Vorkommen oder Färbung ver-
weisen, beispielsweise Rehling
(wächst entlang der
Rehfährten) oder Eier-
schwamm (Farbe). Der
Name Pfifferling
dagegen kommt
von seinem pfeff-
rigen Geschmack.

ganzer Pilz
dottergelb

Leisten dick, gegabelt

*Vorkommen in
Nadelwäldern, selten
unter Laubbäumen
(Rot-Eiche), vor-
wiegend auf sauren
Böden.*

> *Geschmack roh pfeffrig*
> *Sporenpulver gelb*
> *in ganz Europa häufig*
> *Doppelgänger Ölbaum-
trichterling*

Fleisch zur Mitte hin blasser

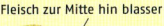
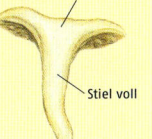

### Vorsicht, giftig!

*In Südeuropa beheimatet und in
Mitteleuropa selten ist der giftige
Ölbaumtrichterling, der stets mit
Verbindung zu Holz wächst. Da dieser
Pilz auch im Boden stecken kann, ist
beim Pfifferlingsammeln in Südeuropa
besondere Vorsicht geboten!*

Stiel voll

# Schwefel-Porling (🍴)

*Laetiporus sulphureus* (Porlinge)
Größe 15–30 cm    April–Sep.

**Vorkommen** in Au-
wäldern, Alleen und
an einzeln stehenden
Laubbäumen oder
liegenden Stämmen,
selten auch an
Nadelbäumen (Eibe).

> *Fleisch gelb, saftig*
> *Poren nur mit Lupe*
>   *erkennbar*
> *in ganz Europa häufig*
> *Doppelgänger Zimtfar-*
>   *bener Weichporling*

Der Schwefel-Porling bildet oft meterlange Teppiche an den Bäumen, die er parasitisch befällt. Aber nur in jungem Zustand ist er je nach Zubereitung recht schmackhaft. Ein beliebtes Rezept ist es, den Schwefel-Porling wie Hühnerfrikassee zuzubereiten. Sein etwas säuerlicher Geschmack sagt jedoch nicht jedem zu.

Hüte fächerförmig, sitzend

Fruchtkörper
einheitlich
schwefelgelb

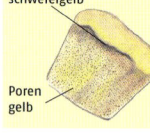

Hutrand eingebogen,
schwefelgelb

Poren
gelb

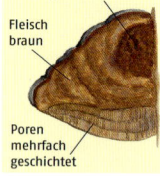

# Echter Zunderschwamm ✗

*Fomes fomentarius* (Porlinge)
Größe 10–50 cm    mehrjährig

**Vorkommen** in
Wäldern und Forsten,
an toten, dicken
Laubholz-Stämmen,
vor allem von Buchen
und Birken.

> *Geruch stark säuerlich*
> *Fruchtkörper sehr hart*
> *in ganz Europa sehr*
>   *häufig*

Seit alters her wird der Echte Zunderschwamm vom Menschen genutzt. Zum einen wurde er zur Erhaltung und zum Transport der lebensnotwendigen Glut verwendet, da der ausgehöhlte Fruchtkörper zwar nicht brannte, aber stunden- bis tagelang vor sich hin glomm. Zum anderen wurde aus dem wergartigen Inneren, dem Myzelialkern, ein lederartiges Material gewonnen.

Oberseite
grau

Randzone
mit mehreren
Wulsten

faseriger brauner
Myzelialkern

Fleisch
braun

Poren
mehrfach
geschichtet

# Gemeines Judasohr ✇

*Auricularia auricularia-judae* (Gallertpilze)
Größe 2–10 cm   ganzjährig

Aufgrund ihrer etwas knorpeligen Konsistenz sind diese und ähnliche asiatische Arten ein wichtiger Bestandteil der chinesischen Küche. In China wird die Art Muh-Err genannt, was „Wolkenohr" bedeutet, bei uns kommen die Pilze meist unter der (irreführenden) Bezeichnung Chinesische Morchel in den Handel.

Fruchtkörper ohrförmig lappig

ganzer
Fruchtkörper
violettbraun

*Vorkommen in Wäldern, Gebüschen und an Waldrändern, vor allem an toten Holunderästen, seltener an Buchen und anderen Laubbäumen.*

> *Fleisch gallertartig*
> *Fruchtkörper trocken hornartig hart*
> *in ganz Europa sehr häufig*

Fruchtkörper jung fast becherförmig

 519

# Goldgelber Zitterling ✇

*Tremella mesenterica* (Gallertpilze)
Größe 2–5 cm   ganzjährig

Der Name Zitterling für diese Pilze kommt nicht von ungefähr, denn ihre Konsistenz erinnert an Gelee oder Wackelpudding. Allerdings trifft dies nur bei entsprechend feuchter Witterung zu, bei Trockenheit werden solche Arten hornartig hart und schrumpfen fast unsichtbar zusammen.

*Vorkommen in diversen Biotopen mit hoher Luftfeuchtigkeit, stets an totem, meist noch in der Luft hängendem Laubholz.*

> *Fleisch gallertartig*
> *Fruchtkörper trocken hornartig hart*
> *in ganz Europa häufig*

ganzer Fruchtkörper goldgelb

Der Rotbraune Zitterling (*T. foliacea*) sieht auf den ersten Blick wie brauner Tang aus.

Fruchtkörper hirnartig gewunden

Fruchtkörper unregelmäßig geformt

# Gemeine Stinkmorchel (🍴)

*Phallus impudicus* (Rutenpilze)
Höhe 12–20 cm   Juni–Nov.

Der reife Fruchtkörper mit seiner bemerkenswerten Gestalt und dem widerlich stinkenden, olivfarbenen Kopfteil ist unverwechselbar. Ausgewachsen ist dieser Pilz ungenießbar, aber im Hexenei-Zustand ist er durchaus essbar.

Kopfteil mit olivgrüner Sporenmasse

Stiel weiß, brüchig, porig

Hülle des Hexeneis

bereits im Hexenei ist der Fruchtkörper erkennbar

Außenhülle des Hexeneis gallertartig

### Schon gewusst?
*Die Sporenverbreitung dieser Art wird von Fliegen, Mistkäfern und anderen Insekten übernommen, die durch den aasartigen Geruch der Sporenmasse angelockt werden und diese abfressen. Nach ein bis zwei Tagen bleibt nur noch der weiße gekammerte Hut übrig.*

# Dickschaliger Kartoffelbovist ☠

*Scleroderma citrinum* (Bauchpilze)
Größe 5–15 cm   Juli–Dez.

Kartoffelboviste sind die einzigen Bauchpilze, die, herkömmlich zubereitet, giftig sind. Getrocknet darf er aber in kleiner Menge zum Würzen verwendet werden. Da diese Arten bereits jung innen violett gefärbt sind, kann man sie gut von den essbaren Stäublingen unterscheiden.

Der Dünnschalige Kartoffelbovist (*S. verrucosum*) ist kleiner, brauner und hat eine dünnere Rindenschicht.

Fruchtkörper rundlich knollig

Außenseite grob gefeldert

innen violettschwarz werdend

Rindenschicht sehr dick

# Zinnoberroter Pustelpilz ✕

*Nectria cinnabarina* (Kernpilze)
Größe 0,2–0,3 cm   ganzjährig

Der Zinnoberrote Pustelpilz beginnt bereits auf der Rinde noch stehender Bäume zu wachsen und kann diesen schädigen. Er ist daher auch der erste Pilz an frisch gefälltem Holz. Dabei besiedelt er alles, von dünnem Reisig bis hin zu meterdicken Stämmen.

*Vorkommen auf frisch gefälltem Laubholz, bisweilen an noch stehenden Laubbäumen.*

> *Fruchtkörper mit spröder Außenschale*
> *in ganz Europa sehr häufig*

erst rosa, dann rot gefärbt

Fruchtkörper winzig, dicht gedrängt

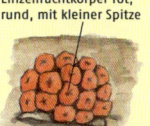

Einzelfruchtkörper rot, rund, mit kleiner Spitze

Der Polster-Pustelpilz (*Hypocrea gelatinosa*) hat grüne Sporen, ein nahezu einzigartiges Merkmal in der Pilzwelt!

521

# Geweihförmige Holzkeule ✕

*Xylaria hypoxylon* (Kernpilze)
Größe 2–5 cm   ganzjährig

Die Geweihförmige Holzkeule ist vielleicht der häufigste Großpilz Mitteleuropas und in kaum einem Gehölz dürfte diese Art fehlen. Ihre Hauptwuchszeit ist Frühjahr bis Herbst, doch kann man die langlebigen Fruchtkörper auch im Winter finden.

*Vorkommen auf nicht zu morschem Holz jeglicher Art, unabhängig von bestimmten Biotopen.*

> *Fleisch weiß, zäh-korkig*
> *in ganz Europa sehr häufig*

Spitzen weiß gepudert

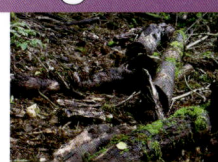

Fruchtkörper meist geweihförmig verzweigt (Name!)

Weniger verzweigt und fädig dünn ist die häufige Bucheckern-Holzkeule (*X. carpophila*), die in der Laubstreu auf den Fruchthüllen von Buchen wächst.

Fruchtkörper an der Basis schwarz

# Register

# Bildnachweis

**Zeichnungen**
**Böhning/Kosmos** (21), **Dougalis/Kosmos** (335), **Gminder/Kosmos** (1), **Golte-Bechtle/Kosmos** (546), **Haag/Kosmos** (47), **von Hacht** (1), **Hofmann/Kosmos** (39), **Kohnle/Kosmos** (12), **Söllner/Kosmos** (4), **Spohn/Kosmos** (289), **Walentowitz** (4), **Weigl** (2), **Willbarth** (1), alle Verbreitungskarten, Silhouetten und die Schemazeichnung des Pilzes von **Wolfgang Lang**

**Fotografien**
Mit 1435 Fotos von **Frank Hecker**, alle übrigen **Adam** 43uH, 46uH, 540H, 590H, 63uH, 63uZ, 68uH, 70uH, 720R, 74uH, 770H, uH, 780H, 790H, 82uH, 840H, 88uH, 106uR, oZ, 1070R, 1100R, oZ, 1110H, 1120R, 1180H, 1200H, 1210H, 1240H, 129uH, 132uZ, 137uH, **Albers/Hecker** 3720R, 373uR, 422uR, 475uH, **Angelmayer** 570R, 58uH, 90uR, 136uR, **Bärtels** 3220H, 328uH, **Bauer** 187uH, **Bellmann** 172uZ, 1730R, 174uH, 184uZ1, 1860Z2, 195uZ2, 204uZ1, 205uZ, 2100Z2, 2200H, 225uZ1, 227uR, 228uH, 230uZ, 232uZ1, 2340Z, 238uR, 240uR, uZ2, 2460H, 2470R, 2490Z1, 2600R, 269uZ, 4910H, 4960H, **blickwinkel/Bala** 4800R, **blickwinkel/Dirscherl** 37uH, 168uH, 289uH, 289uR, **blickwinkel/Menz** 35uZ2, **blickwinkel/Frischknecht** 27uZ, 1560R, **blickwinkel/Gerth** 190H, **blickwinkel/Hartl** 300H, 34uH, 1540Z, 168uR, 199uR, 2680R, 268uR, 2880R, 4980R, **blickwinkel/Hicken** 550R, **blickwinkel/Höfer** 55uH, **blickwinkel/Jagel** 350R, **blickwinkel/Jagl** 478uR, **blickwinkel/König** 2810Z, **blickwinkel/Layer** 21uH, uR, 300R, **blickwinkel/Lenz** 220H, 1310Z, **blickwinkel/Liedtke** 1250R, **blickwinkel/Linke** 290H, 285uR, **blickwinkel/McPhoto** 86uR, **blickwinkel/Meyer** 34uZ, **blickwinkel/Meyers** 27uR, **blickwinkel/Ott** 4900R, **blickwinkel/Schmidbauer** 169uH, **blickwinkel/Schulz** 350Z, **blickwinkel/Trapp** 1470R, **blickwinkel/Volz** 27uH, **blickwinkel/Walch** 950R, **blickwinkel/Woicke** 84uH, **blickwinkel/Wothe** 131uR, **Böhning** 5120H, oH, uR, 513uH, uR, uZ3, 518uH, 521uH, oZ, uZ, **Bollmann** 5120Z, 5130R, oZ, uZ1, uZ2, 5140H, uH, 5150H, uH, 516uH, 517uH, oZ, 5190H, uH, uZ, 5200H, uH, 5210H, **Buchhorn/Hecker** 260R, 51uH, **Buchner/Limbrunner** 117uH, **Danegger** 40uH, 510Z1, 640H, 680H, 73uH, 840H, 89uH, 101uZ2, 1030Z, 1060H, 108uH, 126uR, 131uH, 133uH, **Delpho** 94uZ, 970Z, **Diedrich** 41uR, 99uH, oR, 1020H, 114uH, 1230H, 1300R, **Diemer** 102uZ, **Dierschke** 940R, 1040Z, 1300Z, **Frei** 1540R, 156uH, uH, 1570H, uH, oR, uR, 1580H, uH, oR, uR, 1590R, uH, 1600H, oR, uR, uZ, 1610H, uH, oR, uZ, 1620H, uH, oR, oZ, 163uH, uH, 1640R, 1650H, uH, oR, 1660H, oR, uR, 1680R, 1690H, **Fünfstück** 41uZ, 540R, 680R, 890H, 113uR, 1280Z, 1330H, 134uZ, 136uH, **Fürst** 420H, 59uH, 62uH, 650H, 670R, 730H, 80uR, 89uR, 106uH, 108uR, 1160R, **Gminder** 512uH, 5130H, 5140R, oZ, uZ, 5150R, uR, 5160H, oH, uR, 5170H, oH, uR, 5180H, oH, uR, 5190R, uH, 5200R, uH, oZ, uZ, 5210R, uR, **Gottschling** 1190Z, **Groß** 450R, 49uR, 510Z2, 52uR, 56uR, 57uH, 580H, 59uR, 600R, 640R, 67uR, 69uZ, 70uR,

oZ, 710R, 790R, 820H, oR, 85uZ, 860H, uH, 91uR, 103uR, 105uH, 107uR, 1090R, 118uR, **Grüner** 44uH, 480H, uH, 500R, 54uH, uR, 570Z, 60uZ, 62uH, 67uH, 69uR, 72uH, 86uZ, 890R, 970R, 98uZ, 104uR, 1080R, 119uZ, 1200R, uR, uZ, 1210R, 1230R, 1270H, 129uZ, 132uR, 1350Z, **Gust** 1530H, uH, 273uR, 2740R, 275uR, 2760R, 2770R, uR, 283uR, 2930H, oR, uR, **Haag** 111uZ, 127uZ, 4580Z, **Halley** 490H, uH, 540Z, 740R, 75uR, 930H, 950H, uH, 96uZ1, uZ2, 97uR, 103uH, 1110R, 1150H, 120uH, 125uR, **Harrop** 410H, **Hartl** 163uZ, 1680Z, **Hassler** 480uR, 4910R, 4980H, **Heintzenberg** 1180Z, 133uZ, 1000R, **Hinze** 830R, oZ, 128uH, **Höfer** 40uR, 42uH, 440H, oR, 47uH, 500H, 520H, 59uZ, 61uH, 630H, 65uR, 660H, 700H, 740H, 750H, uH, 760H, 80uH, 87uH, uR, 880R, 930R, 97uH, 100uR, 101uZ1, 1020R, 1050H, 109uH, uR, 1120H, 113uH, 1160H, 117uR, 118uH, 119uR, 121uR, oZ, 123uH, uR, 1240R, 129uR, 130uR, 137uZ, **Janke** 287uR, **Kalden** 1070Z, **Klees** 470R, uR, 51uZ, 550Z, 60uH, 73uH, 870H, 101uR, 1060R, 1180R, **König** 224uZ1, 3380R, 3400R, 362uH, 395uR, 443uR, 457uR, 462uR, 4710R, 492uR, 4950R, 4970R, 505uH, **Lanse/Hecker** 362uR, **Laux** 297uR, 305uR, 3150R, 3360R, 3530R, 383uR, 435uR, 4540R, 4830R, 494uH, **Limbrunner** 18uH, uR, 250Z, 26uH, uR, uZ1, 28uH, 290R, 30uH, uR, 350H, 590R, 63uR, 660R, 69uH, 730R, 830H, 850H, oR, 870R, 88uR, 910H, oR, uZ, 94uR, 96uH, 980R, 990H, uR, 1010R, 105uR, 115uH, 116uH, uR, 119uH, 1260Z, 1320R, oZ, 134uR, 135uH, 1360H, uZ, 146uH, 211uZ, **Mazzei** 244uH, **Mertz/Hecker** 4160R, 470uR, **Mestel/Hecker** 200Z1, oZ2, 22uH, 450H, 79uH, 129uZ1, 133uR, 1350R, uZ, 1360R, **Moosrainer** 42uR, 45uH, 50uR, 510H, 56uH, oR, 570H, 610H, oR, 62uR, 720H, 76uH, oR, 800H, 81uR, oZ, 84uR, 85uR, 93uR, 940H, uH, 100uH, 1030H, oR, 104uH, 107uH, 110uH, 111uH, 1130H, 1140R, 1220H, 126uH, 1300H, **Müller** 5160Z, **Nill** 420R, 620R, 640Z, 66uR, 72uR, 77uR, 810H, 860R, 920H, uH, oR, 960R, 980H, uH, 1000H, 1370H, **Noguere** 5150Z, Pforr 44uR, 66uH, 79uR, 95uR, 1070H, 1080H, 318uH, 364uR, 3700H, 371uH, 376uH, 376uR, 3770H, uH, oR, uR, 3780H, uH, oR, 3790H, oR, 391uH, uR, 393uH, uR, 3950R, 3960H, 3970H, uH, uR, 398uR, 4050H, oR, 407uR, 4170H, 4180R, 426uH, 4270R, 4280R, 4300H, 4350H, 4390H, 440uH, 442uH, 444uH, 4450H, oR, 446uH, 4490R, 4510H, 455uH, uR, 458uH, uR, 4640H, 4650H, uH, 4680H, 469uH, 471uH, 472uH, 474uH, 476uH, 477uH, oR, 4890R, **Pölting/Angelmayer** 1290R, **Reinhard** 3860H, oR, 387uR, 4010H, 4770H, 4820R, **Reinhard/Angelmayer** 560Z, **Sauer/Hecker** 3670R, uR, 370uH, 375uH, 3800H, 3850Z, 388uH, 3990H, 399uH, 4160H, 4210R, 4330H, 4330R, 4340H, 4340R, 435uH, 449uH, 4500R, 4600H, 466uH, uH, 4710H, 485uH, 4860H, 4950H, 5010H, 504uH, **Schmidt** 45uR, 510R, 730Z, 82uR, 102uH, 110uR, 810H, **Schmidt/Angelmayer** 55uR, 600H, **Schön** 241oZ1, **Schönfelder** 363uH, uR, 364uH, 389uH, uR, 4110R, 4210H, 4230H, oR, uR, 4290H, 4320H, 4380R, 4470R, 4480H, 451uH, 4530H, oR, 4630H, oR, 464uH, 467uR, 4680R, 483uH, 488uR, 492uH, 495uH, 4970H, **Spohn** 2960H, uH, oR, uR, oZ, 2970H, oR, 2980H, oR, 2990H, oR, 3000H, oR, uR, 301uH, uR, 3020H, uH, oR, uR, 3030H, uH, oR, 3040H, oR, 3060H, uH, oR, 3070H, uH, oR, uR, 3080H, uH, uR, oZ, 3090H, uH, oR, uZ, 310uH, uR, 3110H, uH, oR, uR, 3120H, uH, oR, uR, uZ, 3130H, uH, oR, uR, 3140H, oR, 315uH, uR, 3160H, uH, oR, uR, 3170H, uH, oR, uR, 318uR, 3190H, uH, oR, uR, 3200H, uH, oR, uR, oZ, 3210H, uH, oR, uR, 322uH, oR, uR, 3230H, uH, oR, uR, 3240H, uH, oR, uR, 3250H, uH, oR, uR, 326uH, uR, 3270H, uH, oR, uR, 3280H, 3290H, uH, oR, uR, oZ, 3300H, uH, oR, uR, 3310H, uH, oR, uR, 3320H, uH, oR, uZ, 3330H, uH, oR, uR, 3340H, uH, oR, uR, 3350H, uH, oR, uR, 3370H, uH, oR, uR, 338uH, uR, 3390H, uR, 3410H, uH, oR, uR, 3420H, uH, oR, uR, 3430H, uH, oR, uR, 3440H, oR, uR, 345uH, 346uH, oR, uR, 3470H, uH, oR, uR, oZ, 3480H, uH, oR, uR, 349uH, oR, uR, 3510H, uH, oR, uR, 3520H, uH, oR, uR, 353uH, oR, uZ, 3540H, oR, oZ, 3550H, uH, oR, uR, 356uH, uR, 3570H, uH, oR, uR, 3580H, uH, oR, uR, 3590H, uH, oR, uR, 3620H, oR, 3630H, oR, 3650H, uH, oR, uR, 3660H, uH, oR, uR, 3680H, oR, uR, 3690H, oR, 3700R, 3710H, uH, oR, uZ, 3730H, oR, uZ, 3740H, uH, oR, uR, 375uR, 3760R, 378uR, oZ, 379uR, 3810H, oR, 382uH, oR, uR, 3830H, uH, oR, 385uH, uR, 386uH, uR, 387uH, 390uH, uR, 3910H, oR, 3920H, uH, oR, uR, 3930H, oR, 3940H, uH, oR, uR, 3950H, 396uH, oR, 396uR, 3970H, 398uH, 400uH, uR, 4010R, 4020H, uH, oR, uR, 4030H, uH, oR, uR, oZ, 4040H, oR, uR, 405uH, uR, 406uH, uR, 407uH, oR, uR, 4080H, uH, oR, uR, 409uH, uR, 4100H, oR, uR, 4110H, 4120R, 4130H, uH, oR, uR, 414uH, uR, 4150H, uH, oR, uR, 416uH, uR, 4170R, 4180H, 4190H, uH, oR, uR, uZ, 4200H, uH, oR, uR, 421uH, uR, 4220H, oR, uR, 423uH, 4240H, uH, oR, uR, 4250H, oR, uR, 438uH, uR, 439uH, oR, uR, oZ, 440uR, 4410H, oR, 4420H, oR, uR, uZ, 4444uH, 445uH, uR, 4460H, oR, uR, 447uH, uR, 4490H, 450uH, oR, 4510H, uR, 453uH, uR, 4550H, oR, 4560H, uH, oR, uR, 4570H, oR, 4580H, oR, 459uR, 4610H, oR, 463uH, uR, 4640R, 4650R, uR, 4670H, uH, oR, 468uH, uR, 469uR, 4700H, oR, 471uR, 4720H, oR, uR, 4730H, uH, oR, uR, 4740H, oR, uR, 4750H, oR, 4760H, uR, oZ, 477uR, 479uH, uR, 481uH, uR, 4820H, uH, uR, 483uZ, 484uH, uR, 4870H, uH, oR, uR, 4880H, oR, 4890H, uH, uR, 494uR, 500uR, Stock 2840H, **Synatschke** 400R, 460R, 660Z, 89uZ, 92uR, 900H, 1090Z, 1150R, **Tuschel/Willner** 400H, , 460H, 64uH, 970H, 98uR, 1360Z, **Volmer** 1370Z, **Wendl/Angermayer** 530H, **Wendl/Zeininger** 93uH, **Wernicke** 96uR, 1000Z, 102uR, 1090H, 1100H, 114uH, 1160Z, 1170R, 121uH, 1220R, 124uH, uR, 1250H, 1260H, 1270R, 128uR, 1290H, 130uH, 1310H, 137uR, **Wilhelm** 517uZ, **Willner** 64uZ, 113uZ, 1330R, oZ, 1340R, 135uR, 1370R, **Wothe** 1040H, **Zankl** 370H, 1480R, 168uZ, **Zeininger** 41uH, 43uR, 46uR, 470H, 480R, uR, 490R, 50uH, 51uR, 520R, 550R, 58uR, 61uR, 620H, 630R, 64uR, 650R, 670H, 68uR, 710H, 76uR, 770R, 780R, uR, 83uH, 850Z, 880H, 900R, 960H, 1010H, uH, 1040R, uZ, 107uZ, 1130R, 1140H, 115uH, 122uH, 127uR, 1280R, 1340H, oZ

**Erklärungen:** o = oben, u = unten, H = Hauptmotiv, R = Randmotiv (Spalte rechts/links), Z = Zusatz

# Impressum

Mit Texten von Dr. Volker Dierschke, Andreas Gminder, Frank Hecker,
Dr. Wolfgang Hensel und Margot Spohn

Gesamtbearbeitung: Frank Hecker


Mit 2666 Farbfotos und 1302 Zeichnungen (siehe Bildnachweis Seite 539f.) sowie
362 Verbreitungskarten und 19 Silhouetten von Wolfgang Lang.
Die 251 Aufnahmen der Tierstimmen, die für den TING-Stift hinterlegt sind,
stammen von Jean C. Roché.

Umschlaggestaltung von eStudio Calamar unter Verwendung von 6 Farbfotos.
Die Bilder auf der Vorderseite zeigen Fuchs (Danegger), Tagpfauenauge und
Früchte der Hunds-Rose (beide Hecker), die drei Bilder auf der Rückseite zeigen
Gewöhnliches Gänseblümchen, Laubfrosch und Blaukehlchen (alle Hecker).
Das Foto auf Seite 1 zeigt eine Stiel-Eiche und das Foto auf 3–4 zeigt einen
Eisvogel (beide Frank Hecker).

Unser gesamtes lieferbares Programm und viele
weitere Informationen zu unseren Büchern,
Spielen, Experimentierkästen, DVDs, Autoren und
Aktivitäten finden Sie unter **kosmos.de**

MIX
Papier aus verantwor-
tungsvollen Quellen
**FSC® C004592**

FSC
www.fsc.org

ISBN: 978-3-440-13119-0
Projektleitung und Lektorat: Carsten Vetter
Produktion: Markus Schärtlein
Printed in Germany / Imprimé en Allemagne

# KOSMOS.
## *Die Natur entdecken.*

Bärbel Oftring | **Naturlust**
144 S., 241 Abb., €/D 16,99

### *Draußen mehr erleben!*

Mit diesem Buch wird die Lust auf Natur ganz neu entfacht. Emotional und abwechslungsreich, mit stimmungsvollen Tier- und Pflanzenfotografien, bietet es einen lebendigen und lehrreichen Jahresstreifzug von Frühlingserwachen bis Winterstille. Dazu gibt es spannende Beobachtungstipps, Wissenswertes zur heimischen Flora und Fauna und kreative Bastel-, Spiele und Rezeptideen. Nie war es unterhaltsamer, die Sehnsucht nach authentischem Naturerleben zu stillen.

### **kosmos.de/natur**

# Macht Spaß.
# Macht Sinn.

Die Natur erleben
mit dem NABU.
Mach mit!

www.NABU.de/aktiv

# Symbole und Abkürzungen

Nadel oder schuppenförmige Blätter

Ungeteilte Blätter mit glattem Blattrand

Ungeteilte Blätter mit gezähntem oder gesägtem Blattrand

Gelappte Blätter

Aus mehreren Blättchen zusammengesetzte Blätter

Blüten mit höchstens 4 Blütenblätter

Blüten mit 5 Blütenblättern

Blüten mit mehr als 5 Blütenblätter oder Blüten in Körbchen

Blüten zweiseitig-symmetrisch

giftige Arten

essbare Pilze

eingeschränkt essbarer Pilz, siehe den dazugehörigen Text zur Art

kein Speisepilz, ungenießbar

♀ Weibchen

♂ Männchen

Stimmen hörbar mithilfe des TING-Stiftes, siehe auch letzte Seite

H Höhe

L Länge

SpW Spannweite